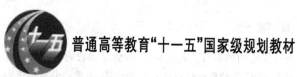 普通高等教育"十一五"国家级规划教材

 北京市高等教育精品教材立项项目

操作系统教程

(第二版)

陈向群　杨芙清　编著

内 容 简 介

《操作系统教程(第二版)》在第一版的基础上,进行了全面的修订。其特点是,在保持课程内容相对稳定基础上,注重反映当代操作系统发展的最新成果和动向;既注重经典操作系统理论的论述,也重视分析主流操作系统(包括 Windows 和 Linux)的实际设计技术;注重操作系统设计实践,提高学生设计实际操作系统的动手能力。本书分为操作系统概述、操作系统的硬件环境、用户接口与作业管理、进程管理、存储管理、文件管理、设备管理、死锁、操作系统设计以及操作系统安全等 10 章。

本书可作为高等学校特别是研究性大学的计算机专业和相关专业的操作系统课程教材以及参考书,也可供操作系统领域的有关科技人员阅读和参考。

图书在版编目(CIP)数据

操作系统教程(第二版)/陈向群,杨芙清编著. —北京:北京大学出版社,2006.6
ISBN 978-7-301-08144-0

Ⅰ. 操… Ⅱ. ①陈…② 杨… Ⅲ. 操作系统-高等学校-教材 Ⅳ. TP316

中国版本图书馆 CIP 数据核字(2004)第 112555 号

书　　　名:操作系统教程(第二版)
著作责任者:陈向群　杨芙清　编著
责 任 编 辑:沈承凤
标 准 书 号:ISBN 978-7-301-08144-0/TP · 0030
出 版 发 行:北京大学出版社
地　　　址:北京市海淀区成府路 205 号　100871
网　　　址:http://www.pup.cn
电 子 信 箱:zpup@pup.pku.edu.cn
电　　　话:邮购部 62752015　市场营销中心 62750672　编辑部 62752038　出版部 62754962
印 刷 者:北京大学印刷厂
经 销 者:新华书店
　　　　　787 毫米×1092 毫米　16 开本　31.5 印张　786 千字
　　　　　2001 年 9 月第 1 版　2006 年 6 月第 2 版　2014 年 12 月第 6 次印刷
定　　　价:46.00 元

未经许可,不得以任何方式复制或抄袭本书之部分或全部内容。
版权所有,侵权必究
举报电话:(010)62752024　电子信箱:fd@pup.pku.edu.cn

第二版前言

自本书第一版在 2001 年问世以来,计算机操作系统技术的发展可谓一日千里,新思想、新技术层出不穷。其最突出的变化是,一个在 Internet 上传播的 Linux 操作系统,已经成为可以在嵌入式系统到服务器系统普遍应用的主流操作系统之一。

同样,随着人们对操作系统重要性认识的不断深入,各种有关操作系统的教材、参考书等也如雨后春笋纷纷出版,为高等学校的操作系统教学工作的开展,提供了前所未有的便利条件。

目前,人们对操作系统的认识,通常是从操作系统在整个软件系统中的地位角度来认识的。操作系统是整个软件系统的基础,是计算机系统的核心软件。但是人们往往忽视了操作系统课程在培养高级计算机软件人才上的作用。从某种角度看,操作系统是一种大型通用软件系统,如 Windows、Linux;虽然有的操作系统从代码规模上看非常之小,只有几十 K 到几百 K 字节,如某些智能卡操作系统和嵌入式操作系统。但是,由于操作系统要管理控制和调度计算机系统中的所有资源,从软件设计的角度看,操作系统内部几乎集中了软件领域最精华的算法和最巧妙的设计技巧。操作系统是所有软件系统中功能最复杂、设计最困难、调试难度最大的一类软件。因此,同样从事一项大型软件系统的研究和设计,受过操作系统设计训练的人才,要比那些没有受过类似训练的人才,更能够出成果、出水平、出效益。这已经在国内外众多研究机构和大型企业中得到了反复的验证。所以,操作系统课程在培养高级计算机软件人才方面具有不可替代的作用。

不同类型的教材,有不同的针对性,适用于不同的高等学校的专业和培养目标。北京大学是一所研究型大学,本书作为北京大学计算机科学技术类专业的基础教科书之一,也要为这个目标服务,即面向研究型大学相关专业。

所谓研究型大学,其任务是以创新性的知识传播、生产和应用为中心,以贡献高水平的科研成果和培养高层次精英人才为目标的大学。显然,作为研究型大学的基础教科书,其内容不仅要传授对应学科的基础知识、基本理论体系和技术原理,更重要的是要培养学生在该学科领域中的创新意识和知识创新能力。

本书的第二版,就是在上述背景条件下编写出版的。总的来说,本书有如下特点:

(1) 在浓缩传统理论精华,保持课程内容相对稳定基础上,注重反映当代操作系统发展的最新成果和动向;

(2) 既注重经典操作系统理论的讲授,也重视分析主流操作系统包括 Windows 和 Linux 的实际设计技术;

(3) 注重操作系统设计实践,提高学生设计实际操作系统的动手能力。

与第一版相比较,在本书第二版中,几乎已经重新写作了所有的章节,删除了较为陈旧的内容,并增加了既结合基本原理又反映当代发展和动向的内容。在每一章中,都安排了对主流操作系统 Windows 和 Linux 实际设计技术的分析,便于读者掌握从原理到实际设计的转化过程。对 Windows 和 Linux 的具体分析也有助于读者从整体系统的角度,把握和运用主流操作系统。

第二版全书共分为10章,分别是:第1章,操作系统概述;第2章,操作系统的硬件环境;第3章,用户接口与作业管理;第4章,进程管理;第5章,存储管理;第6章,文件管理;第7章,设备管理;第8章,死锁;第9章,操作系统设计;第10章,操作系统安全。

本书可作为高等学校特别是研究性大学计算机专业和相关专业的操作系统课程教材以及参考书,也可供操作系统领域的有关科技人员阅读和参考。

编 者

2006年1月10日

前　言

信息是客观事物状态和运动特征的一种普遍形式。进入 21 世纪以来,信息产业在持续快速发展,信息技术已经广泛渗透到生产、经营、管理以及人类社会生活的各个层面,成为经济发展的关键因素和倍增器。人类抽象的经验、知识正逐步由软件予以精确地体现。软件是人类知识的固化,已成为信息时代的新型"物理设施"。

信息的收集、处理和服务是信息产业的核心内容,这几个环节均离不开软件。在信息技术中,微电子是基础,计算机及通信设施是载体,而软件是核心,没有软件就没有信息化。

系统软件是计算机系统中最靠近硬件层次的软件,而操作系统则是系统软件中管理硬件资源、控制程序运行、改善人机界面等功能的一类软件。操作系统实际上是一个计算机系统中硬、软件资源的总指挥部,其性能的高低,决定着整体计算机的潜在硬件能力是否能充分发挥出来。操作系统本身的安全可靠程度,决定了整个计算机系统的安全性和可靠性。操作系统正是软件技术含量最大、附加值最高的部分,是软件技术的核心,是软件的基础运行平台。

进入新世纪以来,在我国的高等学校和信息技术界,对计算机操作系统投入了前所未有的关心和重视。人们普遍认识到,计算机操作系统是整个信息技术领域中的一块极其重要的基石。要构建现代化的、稳固而又可靠的信息技术大厦,不掌握计算机操作系统原理是不行的。

本书是作者在北京大学计算机科学技术系近年来讲授《操作系统》课程的教学实践和科学研究的基础上,参考了国内外出版的各种操作系统教材,编写的一本讲述计算机操作系统原理的教科书。

为了教学上的便利,本书在保持操作系统理论体系完整性的基础上,有意识地突出了基本概念和原理的分析。从便于读者掌握主要内容的考虑出发,本书在每一章的开始部分,都列有"本章要点"和对本章主要内容的浓缩性叙述。考虑到学习和发展操作系统的需要,对于近年来国际上操作系统等领域中的新发展,本书也安排了一定的篇幅加以介绍。

操作系统是一门实践性非常强的学科,必需对实践和应用给予必要的重视。为此,从强调应用、注重实践出发,本书以 Windows 2000 和 Linux 等操作系统为例子,具体分析了当代操作系统的设计思想和实现技术。本书在每一章的后面附有习题,其中一部分习题有相当的实践难度。

回顾操作系统的发展,有一些技术似乎已经退出了历史舞台。然而,新思想、新原理、新方法和新技术并不是突然出现的,它们是从过去的技术中演变、发展而来的。不论是从教学角度出发,还是从研究角度出发,对在操作系统发展史上有重要作用的设计思想和技术加以分析介绍,仍然是有必要的。

本书在收集资料和写作过程中,得到了北京大学计算机科学技术系领导的大力支持,北京大学计算机系邵维忠教授对本书的成稿给予了很大帮助;参加本书编写工作的还有北京大学操作系统实验室的朱伟、王汐、刘昕、叶松、翁念龙;另外,张乃琳、冯燕、林原、钟诚、涂欣、景春辉、王宏光、高志完成了一些画图工作,并对本书若干章节进行了校对。编者谨在此对上述老师、同事和同学们的支持、帮助表示诚挚的谢意。

特别要指出的是,由于有北京大学出版社的领导和编辑们的热心支持和辛勤编辑工作,本书得以顺利出版。

作者在此对所有支持本书写作的人士表示由衷的感谢。

限于作者本人的水平,书中难免存在一些错误和不足之处,敬请各位老师和读者批评指正,并给予谅解。也恳请各位老师和读者一旦发现错误,及时与编者联系,以便尽快更正,编者将不胜感谢。联系的电子邮件是:cherry_pku@hotmail.com。

编者
2001.07 于北京

目　录

第1章　操作系统概述	1
1.1　计算机系统概观	2
1.2　操作系统的概念	8
1.3　操作系统的功能	13
1.4　操作系统的发展	17
1.5　操作系统的分类	25
习题一	32

第2章　操作系统的硬件环境	34
2.1　中央处理器(CPU)	35
2.2　存储系统	38
2.3　缓冲技术	41
2.4　中断技术	43
2.5　I/O技术	52
2.6　时钟	53
习题二	68

第3章　用户接口与作业管理	69
3.1　概述	70
3.2　批处理系统的作业管理	72
3.3　交互式系统的作业管理	83
3.4　系统调用	87
3.5　操作系统的安装与启动	96
习题三	99

第4章　进程管理	101
4.1　多道程序设计	102
4.2　进程	105
4.3　进程同步与互斥	113
4.4　进程通信	128
4.5　进程调度	130
4.6　系统内核	133
4.7　线程的基本概念	134
4.8　Linux的进程管理	138
4.9　Windows Server 2003进程管理与处理机调度	163
习题四	172

第5章　存储管理	176
5.1　概述	177
5.2　分区管理	181
5.3　页式存储管理	185
5.4　段式存储管理	190
5.5　段页式存储管理	192
5.6　覆盖技术与交换技术	195
5.7　虚拟存储管理	197
5.8　Linux的内存管理	212
5.9　Windows Server 2003内存管理	239
习题五	247

第6章　文件管理	250
6.1　概述	251
6.2　文件的逻辑结构与存取方式	254
6.3　文件的物理结构与存储介质	257
6.4　文件目录	267
6.5　文件系统的实现	272
6.6　文件系统的使用	282
6.7　文件系统的安全	285
6.8　文件系统的性能问题	291
6.9　文件系统的可靠性	295
6.10　Linux的文件系统	298
6.11　Windows Server 2003文件系统	317
习题六	328

第7章　设备管理	332
7.1　概述	333
7.2　I/O硬件特点	340
7.3　I/O软件的组成	345
7.4　I/O设备分配	351
7.5　I/O设备有关技术	354
7.6　几种典型I/O设备	362
7.7　Linux I/O设备管理	366
7.8　Windows Server 2003 I/O设备管理	376

习题七 ……………………………… 394
第8章 死锁 …………………………… 396
8.1 死锁基本概念 …………………… 397
8.2 死锁预防 ………………………… 400
8.3 死锁避免 ………………………… 402
8.4 死锁检测与解除 ………………… 407
8.5 资源分配图 ……………………… 410
习题八 ……………………………… 412
第9章 操作系统设计 ………………… 416
9.1 操作系统设计问题 ……………… 417
9.2 操作系统的设计目标 …………… 418
9.3 操作系统的设计阶段 …………… 419
9.4 操作系统结构设计 ……………… 420
9.5 操作系统的体系结构范型 ……… 427
9.6 其他设计问题 …………………… 446
9.7 Linux 的体系结构 ……………… 448
9.8 Windows Server 2003 的操作系统体系结构 ……………………… 451

习题九 ……………………………… 456
第10章 操作系统安全 ………………… 458
10.1 计算机系统安全性 …………… 459
10.2 操作系统安全 ………………… 463
10.3 硬件安全机制 ………………… 466
10.4 软件安全机制 ………………… 468
10.5 信息安全与加密 ……………… 476
10.6 恶意程序防御机制 …………… 476
10.7 隐蔽信道 ……………………… 480
10.8 基准监视器与安全内核 ……… 482
10.9 计算机安全模型 ……………… 484
10.10 计算机安全分级系统 ………… 486
10.11 操作系统运行安全与保护 …… 489
10.12 网络安全 ……………………… 492
10.13 安全防范实施 ………………… 493
习题十 ……………………………… 494
参考文献 …………………………… 496

第 1 章　操作系统概述

本 章 要 点

- 计算机系统的软件和硬件构成
- 操作系统的基本概念
- 操作系统的技术发展过程
- 操作系统的特征
- 操作系统的分类
- 操作系统的功能
- 研究操作系统的几种观点

计算机系统包括硬件和软件两个部分,操作系统属于系统软件,是扩充硬件功能、提供软件运行环境的一类重要系统软件,它实现了应用软件和硬件设备的连接,对计算机系统向广泛的应用领域进军起到了重要的作用。

操作系统是计算机系统中的一个系统软件,它是这样一些程序模块的集合——它们能有效地组织和管理计算机系统中的硬件及软件资源,合理地组织计算机工作流程,控制程序的执行,并向用户提供各种服务功能,使得用户能够灵活、方便、有效地使用计算机,使整个计算机系统能高效地运行。一般来说,操作系统要实现进程管理、存储管理、设备管理和文件管理等系统功能。因为操作系统在计算机系统中的特殊地位和起到的作用,它具有并发、共享、随机三个主要特征。

根据用户界面、使用环境和功能特征等方面的不同,操作系统可以分为服务器操作系统、多处理器操作系统、网络操作系统、分布式操作系统、个人操作系统、嵌入式操作系统和微型操作系统等。

操作系统作为与硬件直接接触的系统软件,它的运行环境具有与其他软件不同的地方,操作系统需要借助一些特权指令和硬件机制(中断机制、存储机制、时钟)实现对硬件资源的管理,达到稳定、高效、安全、可靠地运行应用程序的目的。

研究操作系统可以从不同的角度出发。可以把操作系统视作计算机系统资源配置的中枢,也可以把操作系统视作为计算机硬件经过功能扩展的后的虚拟机器,还可以把操作系统看成为用户提供各种功能的服务提供者。一般情况下,需要从多个角度综合考虑以解决操作系统中的特殊问题。

随着计算机技术的迅速发展,以软件为核心的信息产业对人类经济、政治、文化产生了深刻的影响。信息化水平的高低,已成为衡量一个国家综合国力的重要标志。信息的收集、处理和服务是信息产业的核心内容,它们都离不开软件。在信息技术中,微电子是基础,计算机及通信设施是载体,而软件是核心。软件是计算机的灵魂,没有软件就没有计算机应用,也就没有信息化。信息社会需要众多千变万化的软件系统,因此,对于软件的研究和开发,成为当前一个极其重要的方面。在众多的软件系统中有一类非常重要的软件,它为建立丰富的应用环境奠定了重要基础,它就是这门课程的主题:操作系统。

1.1 计算机系统概观

1.1.1 计算机的发展与分类

当今世界上几乎人人都在使用的计算机,是一种数字电子计算机,之所以要指出这一点是因为不是所有的计算机都是数字电子计算机。早在世界上第一台数字电子计算机问世之前,就已经存在着各种计算机或者计算装置。在数字电子计算机出现之前,计算机曾经经历过手动操作、机械操作和电动操作等阶段。

1. 手动、机械和电动计算机

我们知道,数学是人类探索世界本原的工具,计算工具的发明和演化来自于人类对高效计算的需要。我们以古代中国为例,来说明这一点。在珠算发明前,占统治地位的是筹算工具,这是一种以算筹(木棍、铁筹等)为计算工具的计算方法。但是,筹算的计算方法比较复杂,也不直观。而后出现了珠算。关于算盘的来历,最早可以追溯到公元前 600 年。珠算是以算盘为计算工具的计算方法,是中国古代数学在计算方法方面的一项重大发明。到了宋代,珠算开始在商业活动中占有一定位置。《清明上河图》中药店柜台上就放着一把算盘,它和我们现在仍在使用的算盘是一样的。从 15 世纪开始,中国的算盘逐渐传入日本、朝鲜、越南、泰国等地,对这些国家数学的发展产生了重要的影响。以后又经欧洲的一些商业旅行家把它传播到了西方。可以把算盘看成是世界上最早的手动式计算机。

1617 年,苏格兰出现了计算尺。

1624 年,海德堡大学开始研制第一台有加减乘除四种运算功能的计算器。

1673 年,莱布尼茨(G. W. Leibnitz,1646~1716,德国数学家)建造了一台能进行四则运算的机械计算机器。

1884 年,美国工程师赫尔曼·霍勒雷斯(Herman Hollerith)制造了第一台电动计算机。在 1890 年,他用电磁继电器代替一部分机械元件来控制穿孔卡片,在美国人口普查时大显身手,这是第一台机电式计算机。

1937 年,德国的康拉德·朱斯(Konrad Zuse)建造了 Z-1 机电式计算机;后来 Z-3 研制成功,这是完全由程序控制的机电式计算机,全部使用继电器。

1942 年,爱荷华州立学院数学系教授文森特·阿特纳索夫(Vincent Atanasoff)设计的机器模型诞生。它有 300 个电子管,能做加法和减法运算,以鼓状电容器来存储 300 个数字。这是有史以来第一台用电子管为元件的有再生存储功能的数字计算机。

2. 数字电子计算机

世界上第一台电子数字计算机是 1946 年由宾夕法尼亚大学设计制造的。这台机器用了 18000 多个电子管,重量达 30 吨,而运算速度只有 5000 次/秒。虽然今天看来这台计算机没有任何价值,但却是科学技术史上一次划时代的创新,从此人类进入了电子计算机时代。自从这台计算机问世以来,电子计算机的发展大致经历了四代的变化,如表1.1所示。

表1.1 计算机的发展

	时间	基本器件	运算速度	代表机型
第一代	1946～1957	电子管	几千至几万次	ENIAC
第二代	1958～1964	晶体管	几万至几十万次	CDC7600
第三代	1965～1970	集成电路	几十万至几百万次	IBM360
第四代	1971～至今	大规模/超大规模集成电路	几百万次至若干亿次以上	PC
第五代	正在研究		几亿至上万亿次	

第一代是电子管计算机:

年代是1946～1957年。运算速度一般为每秒几千次至几万次,体积庞大,成本很高,可靠性较低。在此期间,形成了计算机的基本体系,确定了程序设计的基本方法,数据处理机开始得到应用。主要支撑软件是机器语言和汇编语言。

第二代是晶体管计算机:

年代是1958～1964年。运算速度提高到每秒几万次至几十万次,可靠性提高,体积缩小,成本降低。在此期间,工业控制机开始得到应用。主要支撑软件是算法语言、管理程序。而管理程序则是操作系统的前驱。

第三代是集成电路计算机:

年代是1965～1970年。运算速度是每秒几十万次到几百万次,可靠性进一步提高,体积进一步缩小,成本进一步下降。在此期间形成的机器种类多样化、生产系列化、使用系统化,小型计算机开始出现。主要支撑软件是操作系统。

第四代为大规模集成电路计算机:

年代是1971年以后。可靠性更进一步提高,体积更进一步缩小,成本更进一步降低,速度提高到每秒几百万次至若干亿次以上。各种高性能微处理器、个人计算机以及计算机网络得到广泛应用。主要支撑软件是操作系统与数据库。

至于第五代计算机是什么,到目前为止还是未知数。

3. 电子计算机的分类

电子计算机分数字和模拟两类。本书所说的计算机均指数字计算机,其运算处理的数据,是用离散数字量表示的。而模拟计算机,则是通过各种模拟物理量的演化来完成各种数学运算的。把模拟机和数字机相比较,其速度快、与物理设备接口简单,但精度低、使用困难、稳定性和可靠性相对较差、价格昂贵。故模拟机已趋淘汰,仅在要求响应速度快但精度低的场合尚有应用。把二者优点巧妙结合而构成的混合型计算机,尚有一定的生命力。

4. 图灵机与存储程序原理

英国科学家艾伦·图灵1937年发表著名的《论应用于解决问题的可计算数字》一文,构成了现代计算机的理论基础。图灵提出了一种抽象计算模型,用来精确定义可计算函数。图灵机由一个控制器、一条可无限伸延的带子和一个在带子上左右移动的读写头组成。这个在概念上如此简单的机器,理论上却可以计算任何可计算的函数。图灵机作为计算机的理论模型,在有关计算机和计算复杂性的研究方面得到广泛应用。

1945年,冯·诺依曼发表了名为《First Draft of a report to the EDVAC》的论文,奠定了当代数字电子计算机的设计基础。EDVAC方案明确了新机器由五个部分组成,包括:运算器、逻辑控制装置、存储器、输入和输出设备,并描述了这五部分的职能和相互关系。EDVAC机对计算机还有两个非常重大的改进,即:(1) 采用了二进制,不但数据采用二进制,指令也采用二进制;(2) 建立了存储程序,指令和数据便可一起放在存储器里,并作同样处理,从而简化了计算机的结构,大大提高了计算机的运算速度。

"冯·诺依曼机"的中心就是存储程序原理。其原理就是,运算指令和数据一起存放在计算机的存储器中,计算机程序由指令组成,计算机一经启动,就由指令驱动,按照程序所确定的逻辑顺序把指令从存储器中读出来逐条执行,从而自动完成由程序所描述的处理工作。存储程序原理被誉为"计算机发展史上的一个里程碑"。它标志着数字电子计算机时代的真正开始,是电子计算机与一切其他手工、机械和电动计算工具的根本区别,指导着以后的计算机设计。

5. 未来的计算机

自然界中一切事物总是在发展着的,随着科学技术的进步,人们逐步认识到"冯·诺依曼机"的不足。由于所有的数据和指令都必须事先存储起来,然后再从存储器中取出进行运算,所以存储器的存取速度就不可避免地成为进一步提高运算速度的瓶颈,它妨碍着计算机速度的进一步提高。为了克服这个局限,有人提出了"非冯·诺依曼机"的设想。

从大规模集成电路未来发展的角度上看,当代的数字电子计算机正在一步一步地逼近它的理论计算极限。芯片线宽小到一定程度后,线路与线路之间就会因靠得太近而容易互相干扰。由于集成的密度太高,电路的发热和散热问题也会成为难点。而如果通过线路的电流微弱到只有几十个甚至几个电子,电子信号的背景噪声将大到不可忍受。在线宽 0.1 微米的芯片尺寸上,晶体管可能由不到 100 个的原子构成。但是芯片尺寸进一步缩小,量子效应就会起主导作用,从而使经典的电子线路理论失去基础。目前,人们尚未找到超越该极限的方法,一些科学家将其称之为"半导体产业面临的最大挑战"。

在这种情况下,人们必须使用全新的理论、设计方法和材料,使计算机业突破传统理论的极限,另辟蹊径寻求出路。

那么未来的计算机究竟是什么样呢? 有人说是光子计算机,有人说是生物计算机,也有人说是量子计算机,当然还有其他的各种预言。

(1) 光子计算机

光子计算机和传统硅芯片计算机的差异在于用光子来代替电子,进行运算和存储。然而要想造出光子计算机,需要设计相应的光子逻辑运算部件、运算器以及存储部件。现在科学家们正在为此努力。

(2) 生物计算机

生物计算机是以生物界处理问题的方式为运算原理的计算机。人们借鉴生物界的各种处理问题的方式,即所谓生物算法,提出了一些生物计算机的模型。目前已经提出的生物计算机主要有以下几种类型:生物分子芯片类,寻找高效且体积微小的信息载体及信息传递体。生物自动机模型类,以基本生物现象的类比,致力于寻找新的计算机模式,如神经网络、细胞自动机等。生物化学反应算法类,立足于可控的生物化学反应,追求运算的高度并行化,从而提高运算的效率,DNA 计算机当属于此类。DNA 计算机的基本设想是以 DNA 序列作为信息编码的载体,利用分子生物学技术,控制 DNA 序列反应作为实现运算的过程,以反应后的 DNA 序列作为运算的结果。

到目前为止,所有的生物计算机只是理论设想,尚有大量理论和技术难题需要解决。

（3）量子计算机

量子计算机是建立在量子力学的原理上工作的,其优越性主要体现在量子并行处理上。有人认为具有 5000 个量子位的量子计算机,可以在 30 秒内解决传统超级计算机要 100 亿年才能解决的大数因子分解问题。量子计算本质上利用了量子相干性。但在实际系统中量子相干性却很难保持。因为执行运算的量子比特不是一个孤立系统,它会与外部环境发生相互作用,导致消相干,即量子相干性的衰减。相干性的衰减就会使运算结果出错。那么如何进行可靠的量子运算呢?这就需要量子纠错。研究结果表明,在量子计算机中,只要错误率低于一定的阈值,就可以进行任意精度的量子计算。大量的研究成果表明,在通往量子计算的征途上,已经不存在任何理论上的障碍。

与量子计算理论上的突飞猛进相比,量子计算机的实验方案很初步,在技术上还有很大的障碍,关键是人们还无法完全实现对"量子态"的操作。

1.1.2 计算机系统

计算机系统就是按人的要求接收和存储信息,自动进行数据处理和计算,并输出结果信息的机器系统。计算机是脑力的延伸和扩充,是现代科学的重大成就之一。

计算机系统由硬件(子)系统和软件(子)系统组成。前者是借助电、磁、光、机械等原理构成的各种物理部件的有机组合,是系统赖以工作的实体;后者是各种程序和文件,用于指挥全系统按指定的要求进行工作。自 1946 年第一台数字电子计算机问世以来,计算机技术在元器件、硬件系统结构、软件系统、应用等方面,均有惊人的进步。现代计算机系统小到微型计算机和个人计算机,大到巨型计算机及其网络,其形态、特性多种多样,已广泛用于科学计算、事务处理和过程控制,日益深入社会各个领域,对社会的进步产生了深刻影响。

1. 计算机系统的组成

现代计算机不再简单地被认为是一种电子设备,而是一个十分复杂的硬、软件结合而成的整体。

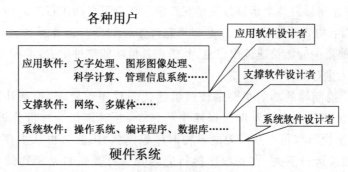

图 1.1 计算机系统组成

图 1.1 是一般的计算机系统的层次结构:最下面是硬件系统,是进行信息处理的实际物理装置;最上面是使用计算机的人,即各种各样的用户;人与硬件系统之间是软件系统,它大致可分为系统软件、支撑软件和应用软件三层。系统软件是最靠近硬件的一层,其他软件一般都通过系统软件发挥作用;支撑软件一般用于支持应用系统的开发和运行;应用软件则是特定应用领域相关的软件。

2. 计算机的硬件

计算机硬件是指计算机系统中由电子、机械和光电元件等组成的各种计算机部件和计算机设备。这些部件和设备依据计算机系统结构的要求构成的有机整体,称为计算机硬件系统。硬件系统是计算机系统快速、可靠、自动工作的基础。计算机硬件就其逻辑功能来说,主要是完成信息变换、信息存储、信息传送和信息处理等功能,它为软件提供具体实现的基础。计算机硬件系统主要由运算器、主存储器、控制器、输入输出设备、辅助存储以及将这些部件连接起来的系统总线等功能部件组成,如图1.2所示。

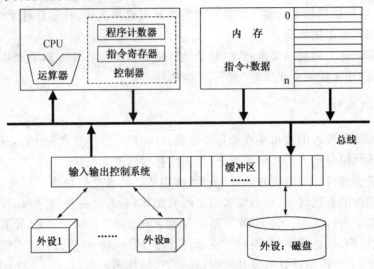

图 1.2 计算机硬件系统的顶层视图

(1) 运算器:它的主要功能是对数据进行算术运算和逻辑运算。操作时,运算器从主存储器取得运算数据,经过指令指定的运算处理,所得运算结果或留在运算器内以备下次运算时使用,或者写入主存储器。整个运算过程是在控制器控制下自动进行的。

(2) 主存储器:主要功能是存储二进制信息。主存储器与运算器、控制器等部件直接交换信息。从主存储器中应能快速读出信息,并送到其他功能部件中去,或将其他功能部件处理过的信息快速写入主存储器。

(3) 控制器:控制器的功能主要是按照机器代码程序的要求,控制计算机各功能部件协调一致地动作。即从主存储器取出程序中的指令,并对该指令进行分析和解释,然后向其他功能部件发出执行该指令所需要的各种时序控制信号;然后再从主存储器取出下一条指令执行,如此连续运行下去,直到程序执行完为止。计算机自动工作的过程就是逐条执行程序中指令的过程。控制器与运算器一起构成中央处理器;中央处理器与主存储器一起构成处理机。

(4) 输入设备:它的功能主要是将用户信息(数据、程序等)变换为计算机能识别和处理的信息形式。输入设备种类很多,如键盘、鼠标等。输入设备把相应媒介物上载有的信息转换为二进制编码形式的电信号,为计算机所接收,并存入存储器。

(5) 输出设备:它主要是将计算机中二进制信息变换为用户所需要并能识别的信息形式。输出设备种类很多,如打印机、绘图仪、显示终端等。它们的工作特点与输入设备正好相反,是将计算机中二进制信息经过相应的转换,成为用户需要的信息形式,记录在媒介物上或显示出来供用户使用。输出的信息形式多为十进制数字、字符、图形、表格等。

(6) 辅助存储器：它主要是存储主存储器难以容纳、又为程序执行所需要的大量文件信息。它的特点是存储容量大,存储成本低,但存取速度较慢。它不能与主存储器直接交换信息,也不能与中央处理器直接交换信息。辅助存储器一般为磁盘机、光盘机和磁带机等。

(7) 总线：总线是将数据从一个部件传送到另一个部件的一束连接线。总线包括总线自身和相关的总线控制器。目前在一台 Intel Pentium 系统中可能有多条传输速度和功能都不同的总线。在图 1.2 中,可以看出总线是公用的。这样,在一条总线上的某个时刻传输什么数据,以及把数据传送到哪里去,就需要有总线控制器进行控制。

(8) 转换设备：转换设备的功能主要是在实时控制系统或过程控制系统中,将模拟量变换为相应的数字量,输入到计算机中;或者将计算机中数字量变换为相应的模拟量,输出到测试或控制对象中。

(9) 输入/输出控制系统：它主要是控制输入、输出设备的工作过程。具体功能是：向输入、输出设备发送动作命令;控制输入输出数据的传送;检测输入输出设备状态等。输入/输出控制系统包括控制输入/输出操作的通道、输入/输出处理机和输入/输出设备控制器等。

(10) 电源和场地设备：作为计算机不可缺少的组成部分,还有计算机电源和计算机通风散热等工作环境保障系统等。此外还有为用户上机做准备工作的一些数据准备设备。

计算机硬件性能正向微型化、智能化方向发展。多机系统、分布式处理、计算机网络和计算机智能化等,是计算机硬件结构的重要发展方向。计算机硬件与软件日益紧密结合已成为明显趋势。

3. 计算机的软件

软件是计算机系统中的程序和有关的文档的统称。程序是对计算任务的处理对象和处理规则的一种执行性描述。程序作为一种具有逻辑结构的信息,精确而完整地描述计算任务中的处理对象和处理规则。这一描述还必须通过相应的实体才能体现,即程序必须装入机器内部才能工作。文档是为了便于了解和执行程序所需的说明与必要资料。文档一般是供人阅读的,通常都是采取光盘形式保存,由用户自行决定是否入机器。不过那些直接为程序服务的文档,则必须装入机器。程序和文档都可以视作某种信息,而记载这些信息的实体则是硬件中的存储部件。

用户要使用计算机解决应用问题,就必须针对待解的问题拟订算法,然后用计算机所能识别的语言对有关的数据和算法进行具体描述,即必须开发相关的应用软件。用户主要是通过软件与计算机进行交互。软件是用户与硬件之间的接口界面。由此可见,软件是计算机系统中的指挥者,它规定计算机系统的工作,包括各项计算任务内部的工作内容和工作流程,以及各项任务之间的调度和协调。在设计计算机系统时,软件是从事计算机系统结构设计时的重要依据之一。为了方便用户,必须通盘考虑软件与硬件的结构特点,以及用户的要求和软件的要求。

按照应用和虚拟机的观点,软件可分为系统软件、支撑软件和应用软件三类。

(1) 系统软件：居于计算机系统中最靠近硬件的一层。其他软件一般都通过系统软件发挥作用。它与具体的应用领域无关,如编译程序和操作系统等。编译程序把程序人员用高级语言书写的程序翻译成与之等价的、可执行的低级语言程序;操作系统则负责管理系统的各种资源、控制程序的执行。在任何计算机系统的设计中,都要优先考虑系统软件。

(2) 支撑软件:支撑其他软件的编制和维护的软件。随着计算机科学技术的发展,软件的编制和维护代价在整个计算机系统中所占的比重很大,远远超过硬件。因此,支撑软件的研究具有重要意义,直接促进软件的发展。当然,从某种角度上看,编译程序、操作系统等系统软件也可算作支撑软件。20世纪70年代中期和后期发展起来的软件支撑环境,可看成为现代支撑软件的代表,主要包括数据库、各种接口软件和工具组。三者形成整体,协同支撑其他软件的编制。

(3) 应用软件:特定应用领域专用的软件,例如字处理程序、财务管理系统、飞机订票系统、各种游戏软件等。

系统软件、支撑软件以及应用软件之间既有分工又有结合,不可以截然分开。

1.2 操作系统的概念

按照一般的研究规律,我们先来建立一个线条比较明快的操作系统图景。

1.2.1 操作系统的地位

上一节已经提到计算机系统是由硬件和软件两部分构成的。操作系统属于软件中的系统软件。操作系统是紧密接近硬件的第一层软件,是对硬件功能的首次扩充,其他软件则是建立在操作系统之上的。操作系统对硬件功能进行扩充,各种软件在操作系统的统一管理和支持下运行。

因此,操作系统在计算机系统中占据着一个非常重要的地位,它不仅是硬件与所有其他软件之间的接口,而且任何数字电子计算机,从微处理器到巨型计算机都必须在其硬件平台上加载相应的操作系统之后,才能构成一个可以协调运转的计算机系统。只有在操作系统的指挥控制下,各种计算机资源才能被分配给用户所使用。也只有在操作系统的支撑下,其他系统软件如各类编译系统、程序库、运行支持环境才得以取得运行条件。没有操作系统,任何应用软件都无法运行。

可见,操作系统实际上是一个计算机系统中硬、软件资源的总指挥部。操作系统的性能高低,决定了整体计算机的潜在硬件性能能否发挥出来。操作系统本身的安全可靠程度,决定了整个计算机系统的安全性和可靠性。操作系统正是软件技术含量最大、附加值最高的部分,是软件技术的核心,是软件的基础运行平台。

1.2.2 操作系统的定义

1. 操作系统的定义

操作系统是计算机系统中的一个系统软件,它是这样一些程序模块的集合——它们能有效地组织和管理计算机系统中的硬件及软件资源,合理地组织计算机工作流程,控制程序的执行,并向用户提供各种服务功能,使得用户能够灵活、方便、有效地使用计算机,并使整个计算机系统能高效地运行。

其中,"有效"主要指操作系统在管理资源方面要考虑到系统运行效率和资源的利用率,要尽可能地提高处理器的利用率,让它的空转尽可能少,其他的资源,例如内存、硬盘则应该在保证访问效能的前提下尽可能地减少浪费的空间,等等。

"合理"主要是指操作系统对于不同的用户程序要"公平",以保证系统不发生"死锁"和"饥饿"的现象。

"方便"主要是指人机界面方面,这包括用户使用界面和程序设计接口两方面的易用性、易学性和易维护性。

2. 操作系统的主要作用

(1) 操作系统要管理系统中的各种资源,包括硬件及软件资源

在计算机系统中,所有硬件部件(如 CPU、存储器、输入输出设备)称作硬件资源;而程序和数据等信息称作软件资源。因此,从微观上看,使用计算机系统就是使用各种硬件资源和软件资源。特别是在多用户、多道程序的系统中,同时有多个程序在运行,这些程序在执行的过程中可能会要求使用系统中的各种资源。操作系统就是资源的管理者和仲裁者,由它负责在各个程序之间调度和分配资源,保证系统中的各种资源得以有效的利用。

在这里,操作系统管理的含义是多层次的,操作系统对每一种资源的管理都必须进行以下几项工作:

① 记录资源的使用状况。该资源有多少(How much),资源的状态如何(How),它们都在哪里(Where),谁在使用(Who's),可供分配的又有多少(Who's free),资源的使用历史(When),等等内容,都是记录的内容。

② 确定资源分配策略以决定谁有权限可获得这种资源,何时可获得,可获得多少,如何退回资源,等等。

③ 实施资源分配。按照已决定的资源分配策略,对符合条件的申请者分配资源,并进行相应的处理。

④ 回收资源。在使用者放弃资源后,对该资源进行处理,如果是可重复使用的资源,则进行回收、整理,以备再次使用。

从资源管理的角度考察应用程序的执行,可以认为,应用程序的执行就是按照系统中应用程序执行的策略,为符合运行条件的、即将要运行的应用程序分配相关的 CPU 时间、内存空间及其他各种需要的硬件和软件资源。

而从资源管理的角度考察对用户的服务,可以说,服务就是系统按照某种策略,按照用户对服务资源的需要,为用户提供各种相关的服务资源。比如,用户想拨号上互联网,系统则要首先查询有否相关的可分配的资源:网络通信端口是否可用,有无可用的拨号软件模块和TCP/IP 协议模块,准备相应内存空间,等等。在所需软、硬件资源齐备的前提下,系统提供相关的程序资源。接着,有关连网的程序就利用已分配的资源,按照用户要求发出申请连网信号,开始一系列操作,争取真正实现连网服务。这一连网服务能否成功,还取决于对外部资源的申请状态,如电话线是否畅通,有没有占线,对应 ISP 是否还有容量可接纳上网申请,等等。与此同时,系统还要监视相关的资源分配和进程操作的状态,并随时做出相应的处理。

(2) 操作系统要为用户提供良好的界面

一般来说,使用操作系统的用户有两类。一类是最终用户,他们只关心自己的应用需求是否被满足,而不在意其他情况,至于操作系统的效率是否高,所有的计算机设备是否正常,只要不影响他的使用,则一律不去关心。例如,用户在使用邮件服务器收发自己的电子邮件时,他只注意自己邮件是否快捷安全地收发,并不在意有多少用户同时使用这台邮件服务器。只要

在这台邮件服务器上出现的堵塞、安全问题不影响到他的邮件收发,他一般不会去关心这台邮件服务器的整体状态。但是另一类用户就必须关心整个邮件服务器的工作状态,这就是邮件服务器管理员。这类用户一般称为系统用户。他必须时刻监视系统的整体运行状态,如空间的使用情况,有否发生通信堵塞,有否黑客攻击系统,等等。

有时系统用户和最终用户可能是同一个人,比如许多使用 Windows 2000 的用户,他可能正在用 Office 2000 写一份报告,此时他是一位最终用户。一会儿,他想查看一下,所使用硬盘上的 D 盘,还有多少空间,是否需要删除一些不用的文件,以获得更多的自由空间等,此时他是一位系统用户。

操作系统必须为最终用户和系统用户这两类用户的各种工作提供良好的界面,以方便用户的工作。

对于为最终用户使用的界面而言,其界面应该便于最终用户的使用。早期的操作系统界面有命令行界面,如 UNIX 和 MS DOS。显然,这种界面不适合最终用户的使用。而现代典型的操作系统界面则是图形化的,如 MS Windows,他们对最终用户的使用特别有利。

对于为系统用户使用的界面而言,其界面应该便于程序设计和对系统进行控制和调整。尽管命令行界面不受最终用户的欢迎。但是由于命令行界面的简洁和使用上的高效,仍旧得到了相当多系统用户的偏爱。这就是目前在图形化界面成为主流的情形下,在 UNIX 和 Linux 世界中系统用户仍旧愿意使用 shell 的原因。

1.2.3 研究操作系统的几种观点

我们已经知道,操作系统具有多项重要的功能,它管理着计算机系统中的所有硬件和软件资源,它既为普通用户服务,提供各种使用计算机系统的便利手段服务,也为程序设计人员服务,提供一系列必要的程序设计工具。

计算机在机器语言一级的体系结构,大多数是很原始的。对于程序设计,尤其是为 I/O 进行程序设计,显得十分笨拙。这里,不必列举硬件细节就会明白,一般的程序设计师不愿意陷入这一泥潭中去。相反,他们希望处理一种简单而又高级的抽象。例如,对磁盘的抽象:磁盘是一个文件卷,它有一批命名的文件,文件可以打开供存取之用,然后可以读写,最后关闭之。不论是普通用户还是程序设计人员,在使用文件时,都无需关心某个文件磁盘上数据的具体物理位置、各磁道的区段号码、扇区之间的间隙、控制器返回的状态和错误字段、驱动器的电机是否启动及至启动延迟时间大小等细节。能够向用户隐蔽硬件的真相,对可供读写的文件提供"按名存取"的服务,自然是操作系统。另外它为用户提供各种有关中断、计时和存储器管理等等的杂项服务。所以,从某种角度上看,操作系统又是向用户提供一个与硬件等价,但比硬件更易于进行程序设计的一个扩展机器或称为虚拟机器。

正是由于操作系统在功能上的多样性,所以在研究操作系统时,也有着不同的研究视角,不同的观点。从不同视角或观点研究同一个操作系统,有助于我们更深刻地把握操作系统的不同侧面,全面地理解和掌握操作系统的本质。这里介绍常见的研究操作系统的几种观点。

1. 软件的观点

从软件的观点来看,操作系统有其作为软件的外在特性和内在特性。

所谓外在特性是指,操作系统是一种软件,它的外部表现形式,即它的操作命令定义集和它的界面,完全确定了操作系统这个软件的使用方式。比如,操作系统的各种命令,各种系统调用及其语法定义等。我们需要从操作系统的使用界面上,即从操作系统的各种命令、系统调用及其语法定义等方面学习和研究操作系统,唯如此才能从外部特征上把握住每一个操作系统的性能。

所谓内在特性是指,操作系统是一种软件,它具有一般软件的结构特点,然而这种软件不是一般的应用软件,它具有一般软件所不具备的特殊结构。因此,学习和研究操作系统时就需要研讨,从而更好地把握住其结构上的特点。比如,操作系统是直接同硬件打交道的,那么,同硬件交互的软件是怎么组成的?每个组成部分的功能和各部分之间的关系是什么?等等,即要研究其内部算法。

2. 资源管理的观点

一个计算机系统包含的硬件、软件资源可以分成以下几部分:处理器(CPU)、存储器(内存和外存或称主存、辅存)、外部设备和信息(文件)。现代的计算机系统都支持多个用户、多道作业共享。那么,面对众多的程序争夺处理器、存储器、设备和共享软件资源,如何协调,从而有条不紊地进行分配呢?操作系统就是负责登记谁在使用什么样的资源,系统中还有哪些资源空闲以及当前响应谁对资源的要求,以及收回哪些不再使用的资源等。操作系统要提供一些机制去协调程序间的竞争与同步,提供机制对资源进行合理使用,施加保护,以及采取虚拟技术来"扩充"资源,等等。图1.3示意了操作系统管理的基本资源。

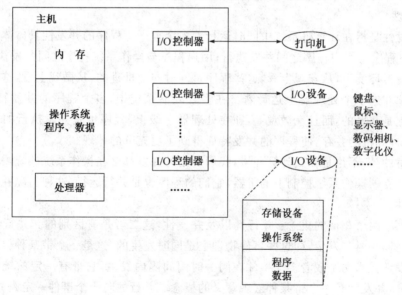

图1.3 操作系统作为资源管理者

3. 进程的观点

这种观点把操作系统看作由若干个可以同时独立运行的程序和一个对这些程序进行协调的核心所组成,这些同时运行的程序称为进程。每个进程都完成某一特定任务(如控制用户作业的运行、处理某个设备的输入/输出、……);而操作系统的核心则控制和协调这些进程的运行,解决进程之间的通信。它以系统各部分可以并行工作为出发点,考虑管理任务的分割和相互之间的关系,通过进程之间的通信来解决共享资源时所带来的竞争问题。通常,进程可以分为用户进程和系统进程两大类,由这两类进程在核心控制下的协调运行来完成用户的作业要求。

4. 虚机器观点

从用户的机器扩充的观点来看,操作系统为用户使用计算机提供了许多功能和良好的工作环境。用户不再直接使用硬件机器(称为裸机),而是通过操作系统来控制和使用计算机,从而把计算机扩充为功能更强、使用更加方便的计算机系统(称为虚拟计算机)。操作系统的全部功能,如系统调用、命令、作业控制语言等,称为操作系统虚机器。

虚机器观点从功能分解的角度出发,考虑操作系统的结构,将操作系统分成若干个层次,每一层次完成特定的功能从而构成一个虚机器,并为上一层次提供支持,构成它的运行环境。通过逐个层次的功能扩充最终完成操作系统虚机器,从而向用户提供全套的服务,完成用户的作业要求。

5. 服务提供者观点

在操作系统以外,从用户角度看操作系统,操作系统通过一组功能强大的、方便、好用的广义指令(系统调用)为用户提供服务,它是一个比裸机功能更强、质量更高、使用更觉方便的灵活的服务提供者。

1.2.4 操作系统的特征

操作系统作为一种系统软件,有着与其他一些软件所不同的特征。

1. 并发性

所谓**并发性**是指在计算机系统中同时运行着多个程序。程序的并发性具体体现在如下两个方面:用户程序与用户程序之间并发执行;用户程序与操作系统程序之间并发执行。

在单处理器环境下,从宏观上看,这些程序是同时向前推进的,从微观上看,这些并发执行的程序交替地在这单个处理器上运行着。在多处理器系统中,多个程序的并发特征表现为:不仅在宏观上是并发的,而且在微观上,即在处理器一级上,程序也是并发执行的。在分布式系统中,多个计算机的并存,使程序的并发特征得到了更充分的体现。

应该注意的是,不论是什么计算环境,我们所指的并发都是在操作系统的统一指挥下的并发。在两个独立的操作系统控制下的机器,它们的程序也是并行运行,这种情况并不是我们所讨论的并发性。

前面提到了两个相似的概念:并行性以及并发性,这二者是有区别的。并行性是两个或者多个事件在同一时刻发生,即这些事件物理上是同时发生的,这是一个带某种微观意义上的概念。而并发性是指两个或者多个事件在同一时间间隔内发生,它带有一定的统计涵义。相对并行性而言,并发性是一个带某种宏观意义的概念。并行的若干个事件一定是并发的,反之则非亦然。例如,在单处理器系统中,多个程序的并发执行不具有任何的并行性,因为它们在微观上确实是顺序执行的,没有任何两条指令是并行执行的。

2. 共享性

所谓资源**共享性**是指操作系统程序与多个用户程序共用系统中的各种资源。这种共享是在操作系统控制下实现的。这种共享包括几方面的内容:

(1) 操作系统要管理并发程序对处理器资源的共享,即在多个并发程序间通过调度来分配处理器时间。

(2) 操作系统要负责管理对主存和对外部存储器的共享使用,并且保证对系统数据共享的正确性以及数据的完整性。

(3) 操作系统要管理各种外部设备的共享使用。

共享一般有两种形式：互斥共享以及同时共享。

① 互斥共享。系统中的有些资源比如打印机、磁带机、扫描仪等，虽然可以供多个用户程序同时使用，但是在一段特定的时间内只能由某一个用户程序使用。当这类资源中的一个正在被使用的时候，其他请求该资源的程序必须等待，并且在这个资源被使用完了以后才由操作系统根据一定的策略再选择一个用户程序占有该资源。通常把这样的资源称为临界资源。许多操作系统维护的重要系统数据都是临界资源，它们都要求被互斥共享。

② 同时共享。系统中还有一类资源，它们在同一段时间内可以被多个程序同时访问。需要说明的一点是这种同时是指宏观上的同时，在微观上若干程序访问这个资源仍然是交替进行的，而且它们交替访问这个资源的顺序对访问结果没有什么影响。一个典型的可以同时共享的资源就是硬盘。当然，那些可以重入的操作系统代码也是可以被同时共享的。

3. 随机性

操作系统是在一个随机的环境中运行的，也就是说不能对于所运行的程序的行为以及硬件设备的情况作任何的假定。一个设备可能在任何时候向处理器发出中断请求，我们也无法知道运行着的程序会在什么时候做什么事情，因而一般来说操作系统正处于什么样的状态之中是无法确切知道的，这就是随机性的含义。但是，这并不是说操作系统不可以很好地控制资源的使用和程序的运行，而是强调了操作系统的设计与实现要充分考虑各种可能性，以稳定、可靠、安全、高效地达到程序并发和资源共享的目的。

有关操作系统设计上很多难点的产生，都与操作系统所处的随机性环境有着密切的关系。举例来说，现代服务器操作系统在设计时已经尽可能地考虑了可能的黑客攻击手段，并做了防范。但是，智者千虑，必有一失，操作系统的设计者无论怎么下工夫，也很难说没有考虑不到的地方。谁能预测那些分布在全球成千上万的黑客们，会想出什么办法、在什么时候攻击某个谁都可以访问的 Web 服务器上的操作系统，如 Windows Server 2003 呢？

1.3 操作系统的功能

操作系统都能做什么呢？从下面的 Hello World 程序的执行过程可以看出一点端倪。
Hello World 程序：

```
#include <tdio.h>
void main(void)
{
    printf("Hello World!");
}
```

经过编译，这个程序的可执行映像为 Hello.exe。现在通过某种方式（例如命令行或者鼠标点击）通知操作系统去执行这个程序，下面将依次发生这些事件：

(1) 操作系统找到该程序，检查类型；

(2) 检查程序首部，找到程序的代码和数据地址；

(3) 文件系统找到第一个磁盘块；

(4) 操作系统需要创建一个新进程来运行 hello.exe；

(5) 操作系统将可执行文件映像 hello.exe 映射成为一个进程结构；

(6) 操作系统设置 CPU 上下文环境，并跳到程序开始处；

(7) 程序的第一条指令执行，失败，缺页中断发生；

(8) 操作系统分配一页内存，并将代码从磁盘读入，继续执行；

(9) 更多的缺页中断，读入更多的页面；

(10) 程序执行系统调用，在文件描述符中写一字符串；

(11) 操作系统检查字符串的位置是否正确；

(12) 操作系统找到字符串被送往的设备；

(13) 设备是一个伪终端，由一个进程控制；

(14) 操作系统将字符串送给该进程；

(15) 该进程告诉窗口系统它要显示字符串；

(16) 窗口系统确定这是一个合法的操作，然后将字符串转换成像素；

(17) 窗口系统将像素写入存储映像区；

(18) 视频硬件将像素表示转换成一组模拟信号控制显示器（重画屏幕）；

(19) 显示器发射电子束；

(20) 在屏幕上看到 Hello World。

这里只罗列了整个过程的框架，实际的操作过程将比这个框架复杂得多。不过从这个框架已经可以看出操作系统应该包括哪些基本功能。下面将对这些功能一一加以说明。

1. 进程管理

进程管理主要是对处理器进行管理，所以进程管理有时又被称为处理器管理。但是这种称呼法不太准确，因为随着操作系统技术的不断前进，进程已经不再是处理器资源分配的基本单位。

CPU 是计算机系统中最宝贵的硬件资源，为了提高 CPU 的利用率，现代操作系统都采用了多道程序技术。如果一个程序因等待某一条件而不能运行下去时，就把处理器占用权转交给另一个可运行程序。或者，当出现了一个比当前运行的程序更重要的可运行的程序时，后者应能抢占 CPU。为了描述多道程序的并发执行，就要引入进程的概念。通过进程管理协调多道程序之间的关系，解决对处理器分配调度策略、分配实施和回收等问题，以使 CPU 资源得到最充分的利用。

正是由于操作系统对处理器管理策略的不同，其提供的程序作业处理方式也就不同，例如批处理方式、分时处理方式和实时处理方式。从而呈现在用户面前的就是具有不同性质的操作系统。

进程管理主要包括以下几方面的内容：

(1) 进程控制。在多道程序环境下，进程是系统进行资源分配的单位。在进程创建时，系统要为进程分配各种资源，例如内存、外设等等；在进程退出的时候，系统要从进程空间中回收所分配给它的资源。进程控制的主要任务就是创建进程、撤消结束的进程以及控制进程运行时候的各种状态转换。

(2) 进程同步。多个进程的执行是并发的，它们以异步的方式运行，它们的执行进度也是不可预知的。为了使多个进程可以有条不紊地运行,操作系统要提供进程同步机制,以协调进程的执行。一般有两种协调方式:互斥和同步。互斥指多个进程对临界资源访问时采用互斥的形式;同步则是在相互协作共同完成任务的进程之间,用同步机制协调它们之间的执行顺序。

最简单的实现互斥的方法就是给资源加锁,并提供操纵锁变量的原语。包括开锁和关锁原语。所谓原语就是指实现一定功能、具有运行"原子性"的一小段程序。原子性保证这一段程序要么全部被执行,要么全部不起作用,即这一操作不可以被分割或者打断。有关进程同步、信号量等内容在后面的章节中将详细讲述。

(3) 进程间通信。进程间通信主要发生在相互协作的进程之间,由操作系统提供的进程间通信机制是它们之间相互交换数据和消息的手段。一个比较典型的例子是通过网络的在线流式媒体播放。流式媒体源获取进程(实际上是一个线程,线程是现代操作系统中处理器时间分配的基本单位,它代表一个指令的执行流及执行的上下文环境,一个进程可以包含多个线程,这个概念将在后面的章节中详细描述)负责将媒体数据从远端的服务站点下载到本地的数据缓存中。流媒体的播放进程(线程)负责将缓存中的数据作流媒体数据分离(视频流和音频流)和解码,还原成实际的图像帧和声音数据。然后渲染进程(线程)将把数据送往显示设备和声音设备。整个播放过程中,为了保证播放的流畅,这三个进程(线程)的执行是有一定关系的,原始数据获取的速度要比解码的速度快,解码又要和渲染输出的速度匹配。这种执行速度的协调以及数据在不同进程(线程)之间的传递就需要进程间通信和进程同步机制来共同保证。

(4) 进程调度。调度又称为处理器调度,通常包括进程(线程)调度和作业调度等。进程(线程)调度的任务就是从进程(线程)的就绪队列中按照一定的算法挑选出一个进程(线程),把处理器资源分配给它,并准备好特定的执行环境让它执行起来。

2. 存储管理

存储管理主要管理内存资源。虽然内存芯片的集成度不断地提高,价格不断地下降,但,由于计算机对内存的需求量大,所以相对来看内存整体的价格仍然较昂贵,而且受 CPU 寻址能力的限制,内存的容量也是有限的。因此,当多个程序共享有限的内存资源时,就需要考虑如何为它们分配内存空间,同时,要使用户存放在内存中的程序和数据彼此隔离、互不侵扰,又能保证在一定条件下共享。尤其是当内存不够用时,要解决内存扩充问题,即将内存和外存结合起来管理,为用户提供一个容量比实际内存大得多的虚拟存储器。操作系统的这一部分功能与硬件存储器的组织结构密切相关。

存储管理主要提供以下功能:

(1) 内存的分配与回收。操作系统要为每个进程分配内存空间,并且要尽可能提高内存资源的使用效能。内存的分配与回收允许正在运行的进程申请额外的内存空间以适应应用的需求。

(2) 存储保护。目的是确保每一道程序都在自己的内存区运行,防止某个进程因为意外的地址越界而破坏了其他进程的运行。在现代的计算机系统中,存储保护的基本机制一般由硬件实现,操作系统则利用这一机制实现进程的地址保护,等等。

(3) 内存扩充。物理内存总是比较有限的,有的时候会难以满足需求,内存扩充功能就是借助于虚拟存储技术在逻辑上增加进程空间的大小,这个大小往往比实际的物理内存要大得多。例如，在现有的 x86 系统中进程的地址空间有 4G 大小，而各个分立的进程空间总和则可以达到 64T，操作系统则通过 4K 大小的页框进行调度，将不用的页面换到外存上，把要用的页面换到内存中，以实现内存的扩大。要实现这一机制，系统必须提供请求页面调入的功能和页面置换功能。

3. 文件管理

系统中的信息资源（如程序和数据）是以文件的形式存放在外存储器（如磁盘、磁带）上的，需要时再把它们装入内存。文件管理的任务是有效地支持文件的存储、检索和修改等操作，解决文件的共享、保密和保护问题，以使用户方便、安全地访问文件。操作系统一般都提供很强的文件系统。

(1) 文件存储空间的管理

文件系统的一个很重要的功能就是为每个文件分配一定的外存空间，并且尽可能提高外存空间的利用率和文件访问的效能。文件系统会设置专门的数据结构记录文件存储空间的使用情况。为了提高空间利用率，存储空间的分配通常是离散分配方式，以 512 字节或者几 K 大小的块为基本单位进行分配。

(2) 目录管理

目录管理的主要任务就是给出组织文件的方法，它为每个文件建立目录项，并对众多的目录项加以有效的组织，以实现方便的按名存取。

(3) 文件系统的安全性

安全性包括文件的读写权限管理以及存取控制，用以防止未经核准的用户存取文件，防止越权访问文件，防止使用不正确的方式访问文件。

4. 设备管理

设备管理是操作系统提供的又一项基本管理功能。**设备管理**是指计算机系统中除了 CPU 和内存以外的所有输入、输出设备的管理。除了进行实际 I/O 操作的设备外，还包括诸如控制器、通道等支持设备。外部设备的种类繁多、功能差异很大。设备管理负责外部设备的分配、启动和故障处理，用户不必详细了解设备及接口的技术细节，就可以方便地对设备进行操作，为了提高设备的使用效率和整个系统的运行速度，可采用中断技术、通道技术、虚拟设备技术和缓冲技术，尽可能发挥设备和主机的并行工作能力。此外，设备管理应为用户提供一个良好的界面，使用户不必涉及具体的设备物理特性即可方便灵活地使用这些设备。

5. 作业管理

操作系统应该向用户提供使用它自己的手段，这就是操作系统的作业管理功能。按照用户观点，操作系统是用户与计算机系统之间的接口。因此，作业管理的任务是为用户提供一个使用系统的良好环境，使用户能有效地组织自己的工作流程，并使整个系统能高效地运行。

所谓作业，是在早期计算机系统中形成的一个概念，指各个用户向计算机系统提交的一个具体运算任务，包括要执行的程序、数据和记载了该运算任务对运算时间、内存大小、各种输入输出文件和中间结果文件以及外部设备等有关运行资源要求的作业说明书。作业调度的基本任务则是从作业后备队列中按照一定的算法挑出若干个作业，并依照作业说明书为它们分配一定的资源，把它们装入内存并为每个作业建立相应的进程。

除此之外，操作系统还要具备中断处理、错误处理等功能。操作系统的各功能之间并非是完全独立的,它们之间存在着相互依赖的关系。

6. 其他功能

随着社会的发展和技术的飞速进步,现代社会对操作系统功能的要求也越来越高、越来越复杂。除了上述四项功能之外,操作系统还应该向用户提供其他一些必不可少的功能,如系统安全和网络通信等。

(1) 系统安全

在信息社会中,大量的信息在计算机系统中保存、加工和传送。操作系统的安全性能如何,直接关系到信息自身的安全,所以安全已经成为衡量一个操作系统性能的极为重要的方面。

系统安全通常有两个方面的含义。一个方面的含义是安全,即保存的系统中的数据或信息不会被未经授权的任何单位、个体或操作而窥看、复制或修改。系统安全的另一个含义是防护机制,即操作系统应该为用户提供一套信息防护的手段。按照不同信息系统的防护要求,这套手段或机制必须能够经得起一定强度的入侵攻击。

比如,在一台PC机最普通的文字编辑软件Word里,通常人人都可以打开任何一个Word文件。不过Word编辑软件还提供了可以把某个文件加上口令的手段,没有获得某个文件的口令,就不能打开该文件。然而,虽然打不开这个加上口令的文件,但是它还是可以被复制走。盗窃者可以先复制这个文件,然后回去尝试破解这个文件的密码。显然,要防止文件被复制,操作系统就要提供某种安全机制,如登录系统时的口令机制。当然,在保存机密文件的重要机构中,对操作系统所提供防护机制的要求,要比一般人使用的PC机的防护机制要高得多。

(2) 网络通信

人们往往不把网络通信的功能看作是操作系统的功能。但是在Internet时代里,任何计算机的实际应用都已经离不开网络通信了。当代所有的操作系统,不论在林林总总的商业操作系统中,还是在学术界里的各种研究型操作系统中,都注重为用户提供可靠、快捷的网络通信功能。这里所说的网络通信功能主要是指,操作系统为应用提供必要的网络协议栈,即一组为网络通信所必需的通信协议程序。

常用的网络通信协议是TCP/IP协议(Transmission Control Protocol/Internet Protocol),这是Internet最基本的协议。最早的TCP/IP协议是在UNIX操作系统BSD版中实现的。TCP/IP协议是层次化的,底层是链路层,处理网络传输中的物理细节,包括网络设备驱动程序和发送、接收数据包的底层接口;其次是网络层,提供基于IP地址的数据包寻址、路由、发送、接收的功能,这种发送和接收是不可靠的;再上面是传输层,基于IP层工作,TCP是面向连接的可靠的数据传输方式,实现字节流的有序可靠传输。

网络通信协议的实现涉及到操作系统内部的多种核心功能,将网络通信协议作为操作系统的一项功能一并设计,有利于提高网络通信的效率和和可靠性。

1.4 操作系统的发展

操作系统的发展是随着计算机硬件技术的发展和应用需求的增长而不断发展的。如同任何其他事物一样,操作系统也有它的诞生、成长和发展的过程。为了更清楚地把握操作系统的实质,了解操作系统的发展历史很有必要,因为操作系统的许多基本概念,都是在操作系统的发展过程中出现并逐步得到发展和成熟。了解操作系统的发展过程,有助于我们更深刻地认识操作系统基本概念的内在含义。下面我们来看一看操作系统历史分期。

计算机的发展经历了第一代电子管时代(1946～1957年)、第二代晶体管时代(1958～1964年)、第三代集成电路时代(1965～1970年)以及第四代大规模/超大规模集成电路时代(1971年～至今)等阶段。我们将沿着这个线索介绍操作系统的发展历史。

第一台数字分析机是英国数学家Charles Babbage(1792～1871年)设计的。尽管Babbage投入了毕生精力,但却没能让它成功地运行起来,因为当时的技术不可能达到需要的精度。当然,这个分析机没有操作系统。

1. 手工操作——操作系统的史前"文明"

由于二次大战对武器装备设计的需要,美国、英国和德国等国家,陆续开始了电子数字计算机的研究工作。20世纪40年代中期,哈佛大学的Howard Aiken、普林斯顿高等研究院的John Neumann(冯·诺依曼)、宾夕法尼亚大学的J. Presper Eckert和William Mauchley、德国电话公司的Konraad Zuse以及其他一些人,都使用真空管成功地建造了运算机器。这些非常巨大的机器,使用了数万个真空管,占据了几个房间,然而其运算速度却比现在最便宜的家用计算机还要慢得多。图1.4是第一台数字电子计算机ENIAC工作时的情形。

在这个阶段,程序设计全部采用机器语言,通过在一些插板上的硬连线来控制其基本功能,没有程序设计语言(甚至没有汇编语言),更谈不上操作系统。使用机器的方式是程序员提前在墙上计时表上预约一段时间,然后到机房将他的插件板插到计算机里,在接下来的几小时里计算自己的题目,期盼着在这段时间中,在几万个真空管中不会有烧断的(参见图1.5)。这时实际上所有的题目都是数值计算问题。

图1.4　ENIAC(5000次/每秒,占地100平方米)

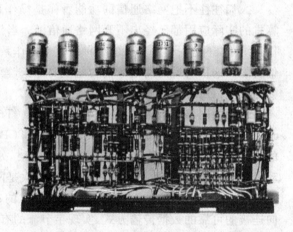

图1.5　IBM 701(1952年)计算机的一个使用真空管的部件

到了20世纪50年代早期,出现了穿孔卡片,可以将程序写在卡片上,然后读入计算机,此时不再用插板了,但计算过程则依然如旧。

在一个程序员上机期间,整台计算机连同附属设备全被其占用。程序员实际上兼职操作员,效率低下。其特点是手工操作,独占方式。后来人们开发了汇编语言及其汇编编译程序,以及其他一些控制外设的程序等。但工作方式仍属于这一阶段。

2. 监控程序(早期批处理)——操作系统初具雏形

20世纪50年代晶体管的发明极大地改变了整个状况。计算机比较可靠,厂商可以成批地生产计算机并将其销售给用户,用户可以指望计算机长时间运行,完成一些有用的工作。FORTRAN高级语言于1954年提出,1956年正式设计完成。ALGOL高级语言于1958年引入。COBOL高级语言于1959年引入。此时,设计人员、生产人员、操作人员、程序人员和维护人员之间第一次有了明确的分工。

这些计算机安装在专门空调房间里,有专业人员操作。只有少数大公司、主要的政府部门或大学才忍受得住数百万美元的售价。要运行一个作业(job),程序员首先将程序写在纸上(用高级语言或汇编语言),然后穿孔成卡片(参见图1.6)。再将卡片盒带到输入室,交给操作员。

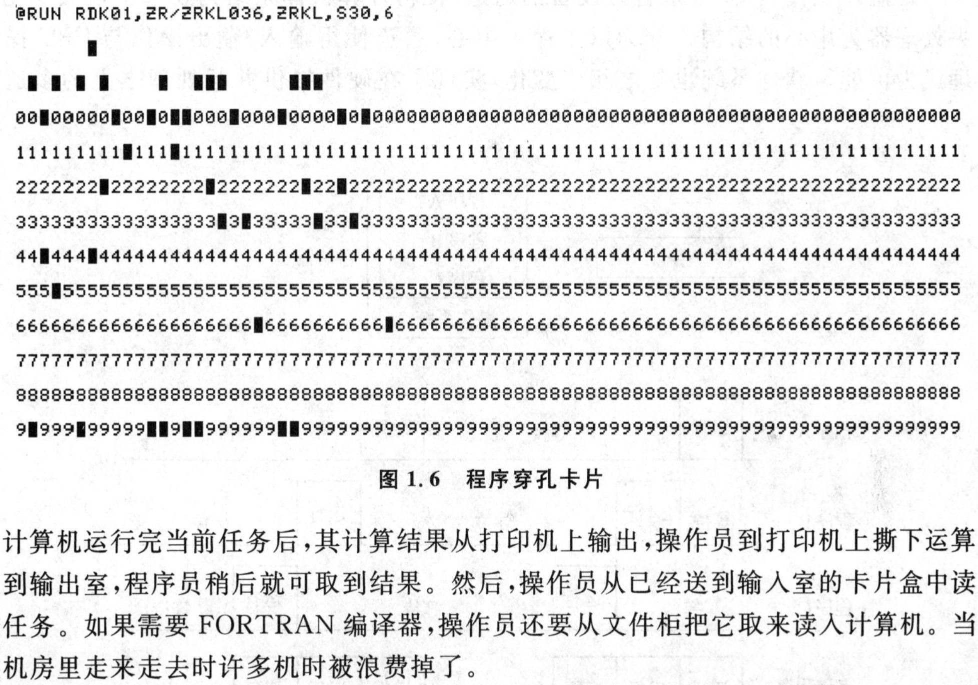

图1.6 程序穿孔卡片

计算机运行完当前任务后,其计算结果从打印机上输出,操作员到打印机上撕下运算结果并送到输出室,程序员稍后就可取到结果。然后,操作员从已经送到输入室的卡片盒中读入另一个任务。如果需要FORTRAN编译器,操作员还要从文件柜把它取来读入计算机。当操作员在机房里走来走去时许多机时被浪费掉了。

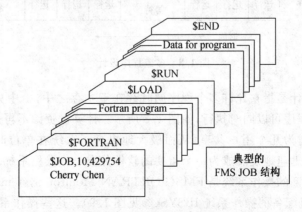

图1.7 作业卡片示意图

由于处理器速度提高,使得手工操作设备输入/输出信息与计算机计算速度不匹配。因此,人们设计了监督程序(或**管理程序**),来实现作业的自动转换处理。这期间,每道作业由程序提供一组在某种介质上准备好的作业信息(文件)。它们是:用作业控制语言书写的作业说明书,相应的程序和数据。作业控制语言被穿孔成一叠作业卡片(参见图1.7),由程序员提交给系统操作员。而操作员将作业"成批"地输入到计算机中,由监督程序识别一个作业,进行处理后再取下一个作业。这种自动定序的处理方式称为"批处理"方式。而且,由于是串行执行作业,因此称为单道批处理。

3. 多道批处理——现代意义上的操作系统

在第二代计算机后期,特别是进入第三代以后,系统软件有了很大发展,它的作用也日益显著。与此同时,硬件也有了很大发展,特别是主存容量增大,又出现了大容量的辅助存储器——磁盘以及代理CPU来管理设备的通道,使得计算机体系结构发生了很大变化。由以中央处理器为中心的结构改变为以主存为中心,通道使得输入/输出操作与CPU操作并行处理成为可能。软件系统也随之相应变化,实现了在硬件提供并行处理之上的多道程序设计。

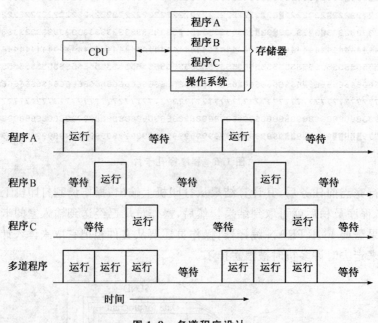

图1.8 多道程序设计

所谓多道程序设计是指它允许多个程序同时存在于主存之中,由中央处理器以切换方式为之服务,使得多个程序可以同时执行,如图1.8所示。计算机资源不再是"串行"地被一个个用户独占,而可以同时为几个用户共享,从而极大地提高了系统在单位时间内处理作业的能力。这时管理程序已迅速地发展成为一个重要的软件分支——操作系统。

这一代计算机典型的操作系统是FMS(FORTRAN Monitor System,FORTRAN监控系统)和IBM为7094机配备的操作系统IBSYS(参见图1.9)。这些操作系统由监控程序、特权指令、存储保护和简单的批处理构成。

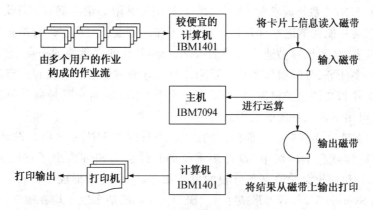

图 1.9 批处理操作系统示意图

4. 分时与实时系统出现——操作系统步入成熟

第三代计算机很适于大型科学计算和繁忙的商务数据处理,但其实质上仍旧是批处理系统。许多程序员很怀念第一代计算机的使用方式,他们那时可以几个小时独占一台机器,可以即时地调试他们的程序。而对第三代计算机,从一个作业提交到运算结果取回往往长达数小时,更有甚者,一个逗号的误用就会导致编译失败,而可能浪费程序员半天时间。

这种需求导致了分时系统(CTSS:Compatible Time Sharing System)的出现,使程序员们的希望最终得到了响应。所谓分时系统是指多个用户通过终端设备与计算机交互作用来运行自己的作业,并且共享一个计算机系统而互不干扰,就好像自己有一台计算机。在分时系统中,假设有 20 个用户登录,其中 17 个在思考或谈论或喝咖啡,则 CPU 可给那三个需要的作业轮流分配服务。由于调试程序的用户常常只发出简短的命令(如编译一个五页的源文件),而很少有长的费时命令(如上百万条记录的文件排序),所以计算机能够为许多用户提供交互式快速的服务,同时在 CPU 空闲时还能运行大的后台作业。分时系统的思想于 1959 年在 MIT 正式提出。第一个分时系统由 MIT 的 Fernando Corbato 等人于 1961 年在一台改装过的 IBM 7090/94 机上开发成功,当时有 32 个交互式用户。IBM 7090/94 计算机本身有 32K 内存,系统使用 5K,用户使用 27K。用户存储映像在内存和一台磁鼓之间切换。CPU 调度采用多级反馈队列算法。

5. 高级语言书写的可移植操作系统——UNIX 革命

20 世纪 60 年代末,贝尔实验室、通用电器和 MIT 共同启动了一个通用操作系统 Multics 的项目。在 1969 年 3 月,这个项目因为工程过于庞大、复杂性太高又缺乏软件工程化管理的有效方法而被迫中止。一些开发研究人员开始寻找其他项目,其中贝尔实验室的 Ken Thompson 和 Dennis M. Ritchie 在一台无人使用的 PDP-7 机器上开发了一个称作"空间旅行"的游戏。为了使这个游戏软件能够在 PDP-7 机器上顺利运行,他们陆续开发了浮点运算软件包、显示驱动软件,设计了文件系统、实用程序、命令解释器(shell)和汇编程序。到了 1970 年,在这一切都完成之后,他们给新系统起了一个名字——UNIX。随后,整个 UNIX 用 C 语言全部重写。自此,UNIX 诞生了。

UNIX 是现代操作系统的代表,显示出了强大的生命力。UNIX 运行时的可靠性以及强大的计算能力赢得广大用户的信赖。

是什么促使 UNIX 系统成功呢？首先，由于 UNIX 是用 C 语言编写，因此它是可移植的，UNIX 是世界上唯一能在笔记本计算机、PC 机、工作站直至巨型机上运行的操作系统。第二，系统源代码非常有效，系统容易适应特殊的需求。最后，也是最重要的一点，它是一个良好的、通用的、多用户、多任务、分时操作系统。UNIX 有良好的树形文件系统和一定的安全机制；有简洁的字符流文件和文件保护机制；UNIX 有功能强大的 shell，它既是命令解释器，又是编程用高级语言，还可用于扩充系统的功能。

UNIX 不但在理论界有着广泛而深入的影响，而且因为 UNIX 出色的设计思想与实现技术，它在产业界同样掀起了一场革命，许多重要的软件公司相继推出了自己的 UNIX 版本。最早的是 AT&T 和加州大学伯克利分校的发行版本，它们逐渐形成了两种 UNIX 风格和规范，前者发展为 System V，而后者形成了 4.3BSD。此后的诸多版本均在很多方面力求兼容这两种规范，并增加一些"特色"。但这些增值特色导致了 UNIX 的移植困难，于是在产业界出现了几种可移植操作系统标准，包括 POSIX、SVID、XPG 等规范，这进一步推动了 UNIX 的发展。

6. 面向各种用户群的通用操作系统

（1）个人计算机操作系统

20 世纪 70 年代末期，随着个人计算机的出现和迅猛发展，对于个人计算机操作系统的需求也日益强烈，出现了多种富有特色的个人计算机操作系统。其中比较典型的有 CP/M、DR-DOS 和微软公司的 MS DOS 操作系统。MS DOS 操作系统具有性能优良的文件系统，但它受到 Intel x86 体系结构的限制，并缺乏以硬件为基础的存储保护机制，它仍属于单用户单任务操作系统。

1984 年，配有交互式图形功能操作系统的苹果 Macintosh 计算机取得了巨大成功。1992 年 4 月，微软推出了有交互式图形功能的操作系统 Windows 3.1。1993 年 5 月，微软发表 Windows NT，它具备了安全性和稳定性，主要是针对网络和服务器市场。Windows 95 在 1995 年 8 月正式登台亮相，这是第一个不要求使用者先安装 MS DOS 的 Windows 版本，Windows 9x 取代 Windows 3.x 以及 MS DOS 操作系统，成为 20 世纪 90 年代个人计算机平台的主流操作系统。而现在的个人计算机主流操作系统则是 Windows 2000/XP。相信 Windows 操作系统的版本更新趋势还会持续一段时间。

（2）开放源代码的代表——Linux

20 世纪 90 年代，Internet 已经在全球获得普遍的应用。Internet 的出现，迅速改变着社会的面貌，也影响了操作系统的发展进程。

1991 年 Linus 在 Internet 上发了一则消息，说用户可以自由下载 Linux 的公开版本。到 1992 年 1 月止，全世界大约有 100 个左右的人在使用 Linux，他们的上载代码和评论对 Linux 的发展做出了关键性的贡献。于是，Linux 从最开始的一个人的产品变成了在 Internet 上由无数志同道合的程序高手们参与的一场运动。Linux 遵从国际上相关组织制定的 UNIX 标准 POSIX。它的结构、它的功能以及它的界面都与经典的 UNIX 并无二致。然而 Linux 的源码完全是独立编写的，与 UNIX 源码无任何关联。Linux 继承了 UNIX 的全部优点，而且还增加了一条其他操作系统不曾具备的优点，即 Linux 源码全部开放，并能在网上自由下载。Linux 对硬件配置要求不高，甚至只需一台 386 微机便能高效实现。Linux 极其健壮，世界上很多 Linux 连续不停机运行一年以上而不曾崩溃过。

Linux 实际上是 UNIX 操作系统家族中,具有自由版权的 UNIX 类操作系统中一个较突出的代表。在这一家族中,FreeBSD、NetBSD 以及 OpenBSD 等都是较为优秀的具有自由版权的 UNIX 类操作系统。FreeBSD 主要面向 Intel 平台;NetBSD 的目标是开发出在任何硬件环境都能运行的操作系统;而 OpenBSD 则对系统安全性能给予特别的注意。

从 Linux 的发展可以看出,是 Internet 孕育了 Linux,没有 Internet,不可能有 Linux 今天的成功。从某种意义上讲,Linux 是 UNIX 在 Internet 这一国际互联网环境下的一次凤凰涅槃。

在 Linux 的影响下,一批具有开放源代码特征的各类操作系统陆续在 Internet 上发布。其中一些操作系统和 Linux 类似,更多的程序设计人员通过 Internet 参加到系统设计、代码编写和测试的行列中,相应地,系统代码的质量不断获得提高,用户群也逐步扩大,并在操作系统的应用市场取得了稳固的地位。

7. 当代操作系统的发展方向

在信息时代,计算机的应用已经渗入到社会生活的方方面面,对操作系统的要求也越来越多,推动着操作系统呈现更加迅猛的发展态势。

从操作系统应用的规模上看,操作系统正向着大型和微型的两个不同的方向发展着。大型系统的典型是分布式操作系统(含机群操作系统和网格操作系统等);而微型系统的典型则是嵌入式操作系统。

(1) 分布式操作系统

分布式操作系统是适应计算平台向异构、网络化演变而出现的。分布式系统是由多个连接的处理资源组成的计算系统,它们在整个系统的控制下可合作执行一个共同任务,最少依赖于集中的程序、数据或硬件。这些资源可以是物理上相邻的,也可以是在地理上分散的。

一个分布式操作系统的硬件基础虽然是一系列联网的计算机,但是分布式操作系统就像是在一台计算机上的操作系统呈现在用户面前,而不是多个独立计算机的集合。也就是说分布式操作系统运行在一群联网的机器上,其行为像是一台虚拟单处理机,用户不用关心系统中多 CPU 的存在。尽管目前不存在完全满足该条件的系统,但已经有一些分布式操作系统原型机开始出现,其中较为突出的是机群操作系统和网格操作系统。

机群操作系统适用于由多台计算机密集构成的计算机系统。通常,机群的地理分布范围是在同一建筑物到局部地区内的若干建筑物。机群中的计算机通常采用商业化的微型计算机,其间通过局域网连接。较典型的有加州大学伯克利分校 NOW 机群操作系统和 NASA Goddard 空间飞行中心(GSFC)的 Beowulf。

网格计算(Grid Computing)是巨型计算机技术与 Internet 技术结合的产物,它将分布在各地的计算机资源通过高速互联网组成充分共享的资源集成。网格资源层是构成网格系统的硬件基础,它包括各种计算资源,如超级计算机、贵重仪器、可视化设备、大型应用软件等,这些计算资源通过网络设备连接起来。网格资源层仅仅实现了计算资源在物理上的连通,但从逻辑上看,这些资源仍然是孤立的,资源共享问题仍然没有得到解决。因此,必须在网格资源层的基础上通过网格操作系统来完成广域计算资源的有效共享。

网格操作系统在网格计算中起着关键的作用,它提供单一系统映像、透明性、可靠性、负载平衡和资源共享等功能。网格操作系统既提供网格的底层管理功能;还要为编程和使用环境提供用户接口,使一般应用和专门为网格开发的应用能方便和有效地利用网格资源。可以认为,网格操作系统是在巨型计算机技术与 Internet 技术结合基础上的一类分布式操作系统。近年来,在国际高性能计算领域,网格计算已成为非常引人注目的热点,但到目前为止,仍有相当多的关键技术还有待突破。

(2) 嵌入式操作系统

在当代,除了传统的工业控制、航空航天和武器制导等领域外,嵌入式操作系统正在向各类家电、智能电器渗透。在移动计算、有线电视、数字影像等领域都需要各种实时的、嵌入式操作系统,为各类设备提供与因特网、计算机、电器连接以及字处理、邮件、浏览等等功能,甚至是控制功能。VxWorks、pSOS、eCOS、QNX 以及 RTEMS 等都是较为突出的、受到欢迎并广泛应用的嵌入式操作系统。图 1.10 是 VxWorks 系统在美国火星探测项目中的一个应用。

图 1.10　登陆火星飞行器"极地探路者"采用了 VxWorks 嵌入式操作系统

此外,因为自由软件的大发展,改造 Linux 成为一个适合实时嵌入式应用的操作系统也成为了理论界和工业界争相研究的一个热点。其中基本上已经步入应用的系统有 RTLinux、KURT 等系统,他们都有一个典型特征,即通过对 Linux 源代码级的扩充和少量修改(通常以打补丁的形式出现)和通过编译控制,定制生成实时、嵌入式 Linux 新核心。在国内,目前对改造 Linux 为嵌入式操作系统方面也有比较多的研究,若干商业化的嵌入式 Linux 已经投入应用。

嵌入式操作系统的另一个重要应用领域是嵌入式传感网络。随着计算机运算速度、数据处理和计算能力的迅速提高,存储器容量的急剧增长,网络带宽的一再提升,硬件成本的大幅度不断下跌以及相关硬件体积的持续缩小,融合了传感器技术、信息处理技术和网络通信技术的嵌入式计算机的网络化系统,即嵌入式传感网络开始出现。嵌入式传感网络通过连接在一起的一组装置和传感器,以前所未有的方式收集、共享和处理信息,具有从根本上改变人们与周围环境的交互方式的潜在能力,是信息技术中的一个正在快速发展的崭新领域,在军事和民用领域均有着非常广阔的应用前景,如军事侦察、环境监测、医疗监护、空间探索、智能交通和精细农业管理等等。

研制用于嵌入式传感网络的操作系统是一项新的挑战,这是因为用于嵌入式传感网络的操作系统应该至少具有如下特性:① 可配置性。嵌入式传感网络是千变万化的,在采用操系统时将要能够根据具体嵌入式传感网络的物理限制和应用需求进行剪裁,这种操作系统可更新、有高可用性,并且能够与新硬件工作。② 可演化性。在许多情形下,嵌入式传感网络将被嵌入到长寿命的物理构造中去。为了适应未来环境的变化,整个嵌入式传感网络还要能够进化。当然其进化程度取决于外部条件的变化以及相应于时间前进所对应的技术的演进。但是,如果网络的核心,即操作系统不能演化的话,那么硬件技术上的演化将成为空中楼阁。可见能够应付这类演化的操作系统将是关键性的。③ 实时和其他性能。嵌入式传感网络常常对操作系统提出实时和其他某些性能方面的要求。

目前已经开始出现用于嵌入式传感网络研究用的实验性嵌入式操作系统,如美国加州大学伯克利分校研制的 TinyOS 等。

1.5 操作系统的分类

根据操作系统在用户界面的使用环境和功能特征的不同,操作系统一般可分为三种基本的类型,即批处理系统、分时系统和实时系统。随着计算机体系结构的发展,又出现了许多类型的操作系统,较为典型的有嵌入式操作系统、个人操作系统、网络操作系统和分布式操作系统。

在前一节中,我们沿着操作系统历史发展的时间线索,介绍了在计算机各个发展时期的主要操作系统。为了使读者能够准确地把握不同类型操作系统的使用环境和功能特征,本小节从操作系统的内在功能角度再一次描述各类主要的操作系统。

1. 批处理操作系统

批处理(Batch Processing)操作系统的基本工作方式是:用户将作业交给系统操作员,系统操作员将许多用户的作业组成一批作业,之后输入到计算机中,在系统中形成一个自动转接的连续的作业流,然后启动操作系统,系统自动、依次执行每个作业。最后由操作员将作业结果交给用户。

批处理操作系统追求的目标是作业吞吐量大、系统资源利用率高。所谓吞吐量是指单位时间内计算机系统处理作业的个数。

批处理操作系统的特点是:成批处理。用户自己不能干预自己作业的运行,因此,一旦发现错误不能及时改正,延长了软件开发时间,所以只适用于成熟的程序。批处理操作系统的优点是作业流程自动化较高,资源利用率较高,作业吞吐量大,从而提高了整个系统效率;其缺点是用户不能直接与计算机无交互,调试程序困难。

批处理操作系统依据复杂程度和出现时间先后可以分为简单批处理系统和多道批处理系统。

简单批处理系统因为出现得很早,有时又被称为早期批处理系统,它的设计思想是:编写一个常驻内存的监控程序,操作员有选择地把若干作业合成一批,安装在输入设备上并启动监控程序,监控程序将自动控制这批作业的执行。监控程序首先把第一个作业调入主存,启动之。等这一个作业运行结束之后再把下一个作业调入主存并运行它,如此往复,直到这一批所有的作业都处理完了,操作员就把运行的结果一起交给用户。按照这种方式处理作业,作业的运行以及作业之间的衔接都由监控程序自动控制,有效地缩短了作业运行的准备时间。

在简单批处理系统中作业的运行步骤是由作业控制说明书来传递给监控程序的。作业控制说明书是由作业控制语言编写的一段程序,它通常存放在被处理作业的前面,监控程序解释作业控制说明书中的语句,以控制各个作业步的执行。例如某用户作业包括 A、B 两个程序段,A 由 FORTRAN 编写,B 由汇编语言编写。用户要求把两段程序分别编译、汇编之后链接成一个程序并运行它。它的作业说明书可能采取如下形式:

.STEP1　FTN　A
.STEP2　ASM　B
.STEP3　LINK　A,B,C
.STEP4　RUN　C

监控程序将逐条解释每一行语句。第一句告诉监控程序把 FORTRAN 的编译程序调入主存,并启动编译程序编译源程序 A 得到相应的目标代码。编译结束之后,控制权转回监控程序,它继续解释作业说明书的第二个作业步,其结果是调入汇编程序汇编源程序 B 从而得到目标代码。第三步监控程序则调入链接装配程序将前面两个作业步得到的目标代码装配成可执行的程序 C。最后一步,程序 C 被监控程序启动。

在这一阶段,处理器引入了运行模式(mode)的概念,又称处理器状态,主要用于区分一般指令和特权指令,以避免由于用户的错误而导致整个系统发生不可预料的后果。特权指令包括输入/输出指令、停机指令等等,只有监控程序才能执行它们,用户程序只能执行一般指令,一旦它们执行特权指令,处理器会通过特殊的机制将控制权移交给监控程序。有了这样的区分,用户程序将不能直接使用外部设备,于是它们必须向操作系统请求这些功能,这个请求通过系统调用或者广义指令完成。监控程序实现这些共用功能,当系统调用发生时,处理器通过特殊的机制,一般是中断机制把控制流程转移到监控程序的一些特殊位置,并把处理器状态(模式)转变成特权状态(模式),然后由监控程序执行被请求的功能代码。处理结束之后,监控程序恢复系统调用之前的现场,把运行状态(模式)变成用户状态(模式),并将控制权转移回用户的程序。

简单批处理系统的监控程序犹如一个系统操作员,它负责批处理作业的输入输出,自动根据作业控制说明书以串行方式运行各个作业,并且提供一些最基本的系统功能。但是,它并不具有并发能力。真正引入并发机制的是多道批处理系统。

为了提高硬件资源的利用率,人们在监控程序中间引入了缓冲技术和多道程序设计的概念,批处理系统发展为更加高级的多道批处理系统,其中关键技术就是多道程序运行和假脱机(SPOOLing:Simultaneous Peripheral Operation On_Line)技术等。

在简单批处理系统中,作业是串行执行的,执行作业的速度受到各种慢速设备的制约,系统有很多时候(尤其在操纵慢速外设时)只能忙等待,处理器利用率难以提高。为了解决这个问题,出现了脱机输入输出技术。为主机配备相对高速的磁带设备,主机的所有输入输出操作在磁带机上完成,另外配备若干卫星机负责将用户作业从卡片传输到磁带上,执行时,由操作员负责把成卷记录了若干用户作业的磁带装到主机上去处理。这种技术通过使输入输出与计算在不同的设备上并行操作,从而有效地提高了处理器的利用率。不过这种技术并没有从根本上解决输入输出缓慢的问题,于是出现了假脱机技术,借助硬件通道技术,实现了输入输出操作和处理器动作的自动并行处理。通道是指专门用来控制输入输出的硬件设备,可以看作是专门的 I/O 处理机,基本上是自主控制外设的,可以与 CPU 并行工作。假脱机技术的全称是同时的外部设备联机操作,这种技术的基本思想是用磁盘设备作为主机的直接输入输出设备,主机直接从磁盘上选取作业运行,作业的执行结果也存在磁盘上;相应地,通道则负责将用户作业从卡片机上动态写入磁盘,而这一操作与主机并行,类似的操作也用于打印输出用户作业运行结果。如图 1.11 所示。

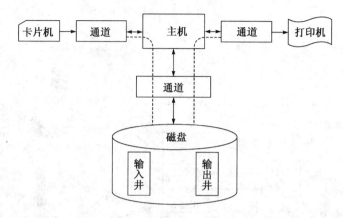

图 1.11　SPOOLing 技术示意图

通道直接受主机控制,它们之间通过中断相互通信。假脱机技术为实现多道批处理系统中的多道程序设计思想提供了重要的基础。

多道程序设计的基本思想是在内存中同时保持多个作业,主机可以以交替的方式同时处理多个作业。一般来说任何一道作业的运行总是交替使用处理器和外设资源,而不同的作业一般也不会同时要求使用外设或者处理器,如果通过合理的调度,让它们交替地同时使用不同的资源将可以大大提高各种设备的利用率。多道批处理系统实现了这一基本思想。

2. 分时操作系统

分时(Time Sharing)操作系统的工作方式是一台主机连接了若干个终端,每个终端有一个用户在使用。用户交互式地向系统提出命令请求,系统接受每个用户的命令,采用时间片轮转方式处理服务请求,并通过交互方式在终端上向用户显示结果。用户根据上一步的结果发出下道命令。

分时操作系统将 CPU 的时间划分成若干个片段,称为时间片。操作系统以时间片为单位,轮流为每个终端用户服务。每个用户轮流使用一个时间片而并不感到有别的用户存在。例如,在一个有 n 个在线用户的分时系统,时间片为 Q,每个人在 n * Q 的时间内至少能得到 Q 的时间,因为这些时间片段轮回的速度远远比用户敲击键盘的速度快,所以用户感觉到系统是被他独占的。

分时系统具有多路性、交互性、"独占"性和及时性的特征。

"多路性"是指同时有多个用户使用一台计算机,宏观上看是多个人同时使用一个 CPU,微观上是多个人在不同时刻轮流使用 CPU。

"交互性"是指用户根据系统响应结果进一步提出新请求,用户直接干预每一步。

"独占性"是指用户感觉不到计算机为其他人服务,就好像整个系统为他所独占。

"及时性"是指系统对用户提出的请求及时响应。

分时操作系统追求的目标是及时响应,衡量及时响应的指标是响应时间,即系统对一个输入的反应时间。在一个交互系统中,可定义为从终端发出命令到系统给予回答所经历的时间。响应时间越短越好。

常见的通用操作系统是分时系统与批处理系统相结合的。其原则是:分时优先,批处理在后。"前台"响应需频繁交互的作业,如终端的要求;"后台"处理时间性要求不强的作业(参见图1.12)。

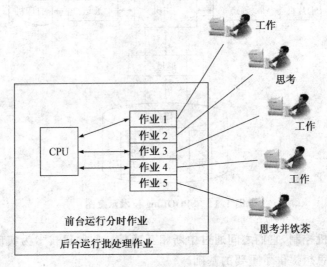

图1.12 分时操作系统

3. 实时操作系统

实时操作系统(RTOS：Real Time Operating System)是指使计算机能及时响应外部事件的请求,在严格规定的时间内完成对该事件的处理,并控制所有实时设备和实时任务协调一致地工作的操作系统。实时操作系统主要追求目标是:对外部请求在严格时间范围内作出反应,有高可靠性和完整性。

依据对系统时间响应性能的不同要求,实时操作系统可以划分为硬实时系统和软实时系统两类。如果系统的操作必须绝对地在规定的时刻(或规定的时间范围内)完成,那么这类系统就属于硬实时系统。用在工业生产和武器装备领域中的实时过程控制,通常是硬实时系统。例如,飞机上的防碰撞系统,就必须在严格限定的时间间隔内发生作用,否则就可能发生飞机相撞的惨剧。再比如,汽车在装配线上移动时,焊接机器人必须在限定的时间内完成规定的操作,如果焊接得太早或太迟,都会毁坏汽车,造成事故。

如果出现偶尔违反最终时限的情况是可以接受的,那么这个系统就是软实时系统。常见的数字视频、音频处理系统就是软实时系统。一个网络视频会议系统将视频信息定期地(例如每一秒钟每个用户15帧图像)传送给多个用户,对一帧图像处理的延迟,只会使观众在视觉上感到屏幕有点跳动,绝不会出现危害安全的事件。当然,如果经常出现图像的延迟,造成屏幕画面的持续抖动,那么这个系统的实时性能也是不可接受的。

从另一种角度也可以将实时操作系统划分为两类:第一类是实时过程控制,用于工业控制、军事控制等领域。比如火箭飞行控制系统就是实时的,它对飞行数据采集和燃料喷射时机的把握要非常准确,否则难以达到精确控制的目的,只会导致飞行控制失败。这种时间精确度的要求通常会在微秒以下。第二类是实时通信(信息)处理,用于电信(自动交换机)、银行、飞机订票等领域。

实时操作系统通常需要有以下几方面的能力。

（1）实时时钟管理。实时操作系统的主要设计目标是对实时任务能够进行实时处理。实时任务根据时间要求可以分为两类：第一类是定时任务，它依据用户的定时启动并按照严格的时间间隔重复运行；第二类是延时任务，它非周期地运行，允许被延后执行，但是往往有一个严格的时间界限。依据任务功能，还可以分为主动式任务和从动式任务：前者依据时间间隔主动运行，多用于实时监控；后者的运行依赖于外部事件的发生，当外部事件出现时（例如某个中断），这种实时任务应尽可能快地进行处理，并且尽量保证不丢失事件。绝大多数实时任务均与时间相关，良好的实时时钟管理能力就成为实时系统的一个关键能力。

（2）过载防护。实时操作系统中的实时任务往往取决于环境，它们的启动时间和数量的随机性非常大，极有可能超出系统的处理能力，即过载。当系统出现过载现象时，实时系统要有能力判断各个实时任务的重要性，通过抛弃或者延后次要任务以保证重要任务成功的执行。

（3）高可靠性。这是实时操作系统的设计目标之一，因为实时操作系统往往用在一些关键应用上，例如航空控制、工业机器人等等，它们需要有很强的健壮性和适应性。当然这不仅仅是对软件系统的要求，对硬件也有同样的要求。

4. 嵌入式操作系统

在各种电器、电子和智能机械上，嵌入安装着各种微处理器或微控制芯片。**嵌入式操作系统**（Embedded Operating System）就是运行在嵌入式芯片环境中，对整个芯片以及它所操作、控制的各种部件装置等等资源进行统一协调、调度、指挥和控制的系统软件。

嵌入式操作系统具有高可靠性、实时性、占有资源少、智能化能源管理、易于连接、低成本等优点。嵌入式操作系统的功能可针对需求进行裁剪、调整和生成，以便满足最终产品的设计要求。

嵌入式操作系统通常配有对应的嵌入式操作系统开发环境，在开发环境中提供了源码级可配置的系统模块设计、多种同步原语、可选择的调度算法、可选择内存分配策略、定时器与计数器、多方式中断处理支持、多种异常处理选择、多种通信方式支持、标准C语言库、数学运算库和开放式应用程序接口。用户可以使用嵌入式操作系统开发环境，设计开发出符合各种应用要求的定制嵌入式操作系统。

嵌入式操作系统是嵌入式系统（Embedded System）的控制中心，而嵌入式系统则是嵌入式操作系统、相应设备环境与应用环境的结合，是一个很宽的概念。从字面理解好像"嵌入"就应该很小，实际上并不是这样，小到手机的通信控制，大到一枚导弹，都可以视为嵌入式系统。或许将它理解为其他更大系统的构成子系统更合理一些。

嵌入式操作系统在工业监控、智能化生活空间（信息家电、智能大厦等等）、通信系统、导航系统等等领域中的应用非常广泛，也极为重要。举个简单的例子，一辆现代化的轿车里面可能有数十个微处理器，它们监控汽车发动机和各个部件的运行，彼此通信，组成一个嵌入式系统网络。这些嵌入式微处理器要接受驾驶员通过驾驶操纵装置发来的各种控制汽车运行的命令，控制汽车发动机转速的高低、喷射量的大小、转向的角度和快慢以及刹车减速的力度等。这些嵌入式微处理器还要接受汽车上大量传感器发来各种数据，如进入发动机空气流量的大小，燃油的燃烧状态（废气中 CO 的含量、CO_2 的含量以及氧的含量）等。所有的数据采集、实时计算、智能控制、网络通信、数据管理和人机交互等诸多方面的功能，以及计算资源的分配等都需要嵌入式操作系统进行控制、协调。系统的任何故障，小则会引起汽车发动机工作不正常、浪费燃油,重则会引起汽车驾驶操纵失控、引发事故。

5. 个人计算机操作系统

个人计算机操作系统(Personal Computer Operating System)是一种单用户多任务的操作系统。个人计算机操作系统主要供个人使用,功能强,价格便宜,在几乎任何地方都可安装使用。它能满足一般人操作、学习、游戏等方面的需求。个人计算机操作系统的主要特点是:计算机在任一时间内为单个用户服务;采用图形界面人机交互的工作方式,界面友好;使用方便,用户无须有专门的知识背景也能熟练使用个人计算机系统。

6. 网络操作系统

为计算机网络配置的操作系统称为**网络操作系统**(Network Operating System)。网络操作系统是基于计算机网络的,是在各种计算机操作系统之上按网络体系结构协议标准开发的软件,处理包括网络管理、通信、安全、资源共享和各种网络应用。

网络操作系统把计算机网络中的各个计算机有机地连接起来,其目标是相互通信及资源共享。用户可以使用网络中其他计算机的资源,实现计算机间的信息交换,从而扩大了计算机的应用范围。

网络有不同的模式。在集中式模式中,运算处理在中央计算机里发生,终端仅作为输入/输出设备使用,通过连接两台或更多主机的方式构成网络。在分布式模式中,多台计算机通过网络交换数据并共享资源和服务。协同式计算使得在网络环境中的计算机不仅能共享数据、资源及服务,还能够共享运算处理能力。

7. 分布式操作系统

大量的计算机通过网络被连结在一起,可以获得极高的运算能力及广泛的数据共享。这种系统称为**分布式系统**(Distributed System)。为分布式系统配置的操作系统称为**分布式操作系统**(Distributed Operating System)。

可以说,分布式操作系统是网络操作系统的更高级形式,它保持了网络操作系统的各种功能,并具备如下特征:

(1) 它是一个统一的操作系统,所有主机使用的是同一个操作系统。

(2) 资源的进一步共享。在网络操作系统中,由于各个主机使用不同的操作系统,一个计算任务不能随意从一台主机迁移到另一台主机执行;而在分布式系统中,由于使用的是统一的操作系统,计算任务可以从一台主机迁移到另一台主机上执行,实现了处理机资源的共享。

(3) 透明性,即用户并不知道分布式系统是运行在多台计算机上,在用户眼里整个分布式系统像是一台计算机。主机地理位置的差异对用户来讲是透明的,分布式操作系统屏蔽了这种差异;而在网络操作系统中,用户能够感觉到本地主机和非本地主机的区别。

(4) 自治性,即处于分布式系统中的各个主机都处于平等地位,没有主从关系,一个主机的失效一般不会影响整个系统。

分布式系统中,所有计算机构成一个完整的、功能更加强大的计算机系统。而分布式操作系统可以使系统中若干台计算机相互协作,共同完成一个计算任务,即把一个计算任务分解成若干可以并行执行的子任务,让每个子任务分别在不同的计算机上执行,充分利用各种资源,从而使计算机系统处理能力增强,速度更快,可靠性增强。

分布式系统的优点在于它的分布式,分布式系统可以以较低的成本获得较高的运算性能。分布式系统的另一个优势是它的可靠性。由于有多个CPU系统,当一个CPU系统发生故障时,整个系统仍旧能够工作。对于高可靠的环境,如核电站等,分布式系统是有其用武之地的。

网络操作系统与分布式操作系统主要的概念上的不同之处在于网络操作系统可以构架于不同的操作系统之上,也就是说它可以在不同的本机操作系统上通过网络协议实现网络资源的统一配置。在网络操作系统中并不要求对网络资源透明的访问,即需要显式的指明资源位置与类型,对本地资源和异地资源访问区别对待。分布式比较强调单一性,它是由一种本地操作系统构架的,在这种操作系统中网络的概念在应用层被淡化了,所有资源(本地的和异地的)都用同一的方式管理与访问,而不必关心它在哪里,或者怎样存储。

在分布式系统中,机群操作系统针对的是在小范围地理空间中、通过局域网连接的、同型号密集配置的微型计算机机群。而网格操作系统所管理的是在地理上广域分布的、配置动态变化的、通过 Internet 通信的大量异构计算机系统。

8. 智能卡操作系统

在日常生活中的各类智能卡中,都隐藏着一个微型操作系统,称为**智能卡操作系统**。这恐怕是目前获得实际商业应用的最小的操作系统了。智能卡操作系统围绕着智能卡的操作要求,提供了一些必不可少的管理功能。

智能卡的名称来源于英文名词"Smart Card",又称集成电路卡,即 IC 卡(Integrated Circuit Card),它将一个集成电路芯片镶嵌于塑料基片中,封装成卡的形式,其外形与覆盖磁条的磁卡相似。严格地讲,只有根据卡中的集成电路包括中央处理器 CPU 的 IC 卡才是真正的智能卡。在智能卡中的集成电路包括有中央处理器、存储部件以及对外联络的通信接口(参见图 1.13)。智能卡实际上是一台卡上的单片微机系统。

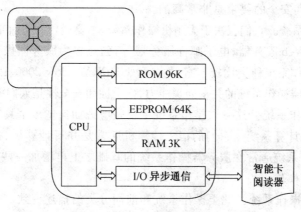

图 1.13 一种智能卡的结构

智能卡操作系统,又称片内操作系统(COS:Chip Operating System),其功能不可避免地受到了智能卡内微处理器芯片的性能及内存容量的影响。通常智能卡的存储容量为若干 K 字节。因此,智能卡操作系统在很大程度上不同于我们通常所见到的操作系统。

常见的智能卡操作系统一般都是根据某种智能卡的特点及其应用范围而设计开发的。智能卡操作系统的基本指令集由 ISO/IEC7816-4 国际标准给出,所提供的指令类型大致可分为:数据管理类、通信控制类和安全控制类。

一般而言,智能卡操作系统具有四个基本功能:资源管理、通信管理、安全管理和应用管理。作为操作系统,管理卡的硬件资源和数据资源是其基本任务,智能卡上的硬件资源包括

CPU、存储部件以及通信接口。通信管理主要功能是：执行智能卡的信息传送协议，接收读写器发出的指令，并对指令传递是否正确进行判断；自动产生对指令的应答并发回读写器，也能为送回读写数据及应答信息自动添加传输协议所规定的附加信息。智能卡操作系统最重要的功能之一就是安全管理，包括对用户与卡的鉴别，核实功能以及对传输数据的加密与解密操作等。应用管理功能包括对读写器发来的命令进行判断，译码和处理。智能卡的各种应用以专有文件形式存在卡上，各专有文件则由智能卡的指令系统中的指令排列所组成。

智能卡进行具体处理时，读写器与智能卡之间通过"命令-响应对"方式进行通信和控制，即读写器发出操作命令，智能卡接收命令，操作系统对命令加以解释，完成命令的解密与校验。然后操作系统调用相应程序来进行数据处理，产生应答信息，加密后送给读写器。

随着计算机技术的快速发展，智能卡 CPU 的功能也越来越强，存储容量也不断增大，有的智能卡的存储容量已达到 512KB 的容量。有的智能卡系统中还有一个 Java 解释器，可以从网络下载并运行 Java Applet，从而不断更新智能卡的功能。

9. 其他分类方法简述

当然，上面介绍的对操作系统的分类也不是绝对的，分类的角度可以有很多。Andrew Tanebaumn 按照运行环境规模的不同，对操作系统进行了如下分类。

(1) 大型机操作系统。这是最高端计算机使用的操作系统，典型的系统如 IBM 为 S390 系统开发的 OS390。这样的计算机注重 I/O 能力和稳定性，对操作系统也有特殊要求。大型机操作系统要有很强的并发处理能力，可以一次性地处理非常多的频繁访问 I/O 的作业。大型机系统经常用于事务处理，比如银行的交易处理系统，航空公司的飞机订票系统，所以对大型机操作系统而言，其安全的要求是非常高的。

(2) 服务器操作系统。它们仅次于大型机操作系统，主要运行在各种服务器上。在 Internet 上的各种服务器，如 Web 服务器、电子邮件服务器等，已经成为服务器操作系统的重要应用领域。在这个领域的操作系统种类比较丰富，如各种 UNIX、Window 2000、Linux 等都可以充当服务器操作系统。服务器操作系统的并发处理能力、稳定性和安全性是人们关注的主要方面。

(3) 多处理器操作系统。这一类操作系统主要是考虑如何把多个具有处理能力的计算单元整合成一个单一的计算系统。它们的宿主计算机通常是并行计算机、机群系统或者多处理器系统。这一类操作系统通常在服务器操作系统的基础之上再增加一些针对不同宿主计算机硬件的一些特性功能模块。

(4) 个人计算机操作系统。此类操作系统和前面分类的描述一致。

(5) 实时操作系统。此类操作系统和前面分类的描述一致。

(6) 嵌入式操作系统。此类操作系统和前面分类的描述一致。

(7) 智能卡操作系统。此类操作系统和前面分类的描述一致。

<h1 style="text-align:center">习　题　一</h1>

1. 什么是计算机系统？计算机系统是怎样构成的？了解 PC 的组成情况，说明：(1) 硬件组织的基本结构；(2) 主要系统软件和应用软件(若有的话)及它们的作用。

2. 什么是操作系统？请举例说明操作系统在计算机系统中的重要地位。

3. 请将操作系统和一个企业的管理功能做一个比较。

4. 为什么说"操作系统是控制硬件的软件"的说法不确切?
5. 操作系统的基本特征是什么?说明它们之间的关系。
6. 试从独立性、并发性、交互性和实时性四个方面来比较批处理系统、分时系统以及实时系统。
7. 多道程序设计的并发度是指在任一给定时刻,单个 CPU 所能支持的进程数目的最大值。讨论要确定一个特定系统的多道程序设计的并发度必须考虑的因素。可以假定批处理系统中进程数量与作业数量相同。(这些因素中的某些在后面章节会有详细论述)
8. 什么情况下批处理方式是比较好的策略?什么情况下分时方式是比较好的策略?现代通用操作系统往往需要把二者结合,请举出这样的例子,并说明它们是怎样相互结合的,并讨论通过这样的结合获得了什么好处。
9. 操作系统的技术发展过程是怎样的,从这一技术演化的过程可以得到什么启发?
10. 请做一个调查,看看各种计算机的应用领域都在使用什么样的操作系统,它们分别是什么类型的操作系统。调查的内容应该涵盖现代操作系统的主要类别。
11. 现有以下应用计算机的场合,请为其选择适当的操作系统。(1) 航空航天,核变研究;(2) 国家统计局数据处理中心;(3) 学校学生上机学习编程;(4) 高炉炉温控制;(5) 民航订票系统;(6) 发送电子邮件(在两个地区之间)。
12. 请根据读者自己的理解,说明用于个人计算机系统的操作系统和用于 Internet 服务器的操作系统之间主要存在哪些差别?
13. 什么是 SPOOLing 技术?它有什么作用?你认为未来先进的个人计算机会把 SPOOLing 技术作为一个关键特性吗?
14. 先了解一下 UNIX 系统的外壳程序(Shell),它是不是操作系统的一部分,为什么?
15. 图形用户界面(GUI)或浏览器是不是操作系统的一部分,为什么?
16. 你能举出一个不用操作系统,但是又能真正运行的计算机系统例子吗?如果有这样的例子,请分析这个计算机系统为什么不用操作系统。如果找不到这样的例子,为什么?
17. 如果你有一个可用的类 UNIX 系统,例如 Linux、Minix 或者 BSD 等,而且你有足够的权限重新启动或者使系统崩溃,请编写一个 shell 程序进行下面的试验:用该 shell 程序不停地产生新进程,观察发生的事情。在运行 shell 程序之前,请用 sync 命令同步硬盘以及内存中的磁盘缓存,以免在程序运行过程中访问文件系统。注意,请不要在任何共享的系统中做这件事情。
18. 世界进入 2000 年之后,微软公司的 Windows 2000 以及它的后继操作系统 Windows XP 仍旧主导着个人计算机操作系统的市场,请从操作系统的技术特性角度分析 Windows 操作系统成为市场的主导者的原因。
19. 计算机硬件系统主要由运算器、主存储器、控制器、输入输出设备、辅助存储器以及将这些部件连接起来的系统总线等等功能部件组成,请举出一个包含了上述主要硬件部件的、一个尽可能最小配置的、实用的单板计算机硬件系统(或者单片计算机,或者片上系统(System on Chip))。比如,辅助存储器可以不配备,也可以只提供输入输出的接口,不必直接配备有输入输出设备。
20. 延续前一个问题。请根据这样一个最小配置的、实用的计算机硬件系统所能从事的应用环境,提出一个操作系统的功能配置要求。比如,某个小计算机硬件系统可能对从事某一类实时工业控制合适,另一类小计算机硬件系统可能适合用于掌上电脑。显然这两种应用对操作系统的功能要求是不一样的。
21. 选择一个在本章中没有讨论到的现代操作系统,写一篇小论文概述该系统如何进行设备管理、文件管理、进程管理和内存管理。不需要对所叙述的操作系统进行严格的分析。本题的目的是让读者去查阅技术文献,不要拿另外一本教科书作为主要信息来源。
22. 有没有这样的操作系统,它既有批处理系统的功能,又是一个分时系统,还能从事实时处理并具备网络操作系统的功能?如果有,请举例说明这个操作系统的相关功能。
23. 试比较分时操作系统与实时操作系统。
24. 说明网络操作系统与分布式操作系统的特点和它们之间的差异。

第 2 章 操作系统的硬件环境

本 章 要 点

- 操作系统运行的硬件环境组成
- 中央处理器
- 存储系统
- 中断机制
- I/O 系统
- 时钟以及时钟队列
- Linux 的中断处理

一个程序在计算机上运行需要有一定的条件,或者说要有一定的环境。例如要有处理器、内存及输入输出设备和有关系统软件等。操作系统的运行环境主要包括系统的硬件环境和由其他的系统软件形成的软件环境,本章主要讨论操作系统对所运行的硬件环境的基本要求。任何系统软件都是硬件功能的延伸,并且都是建立在硬件基础上的,离不开硬件设施的支持。而操作系统更是直接依赖于硬件条件,与硬件的关系尤为密切。操作系统的硬件环境以比较分散的形式同各种管理相结合。

中央处理器专门为操作系统设计了一系列基本机制,包括具有特权级别的处理器状态,以及能在不同特权级别运行的各种特权指令。通过处理器状态和特权指令,操作系统可以做一般程序无法做的事情,这样的硬件机制使得操作系统可以和普通程序隔离,实现操作系统的保护,帮助操作系统实现控制。

存储系统提供了分层的存储体系结构和存储保护能力,为操作系统实现用户程序的虚拟地址空间隔离和保护提供了基础,同时为操作系统更加有效地管理各种存储设备提供了可能。

中断机制是操作系统得以正常工作的最重要的手段,它使得操作系统可以截获普通程序发出的系统功能调用,可以及时处理设备的中断请求,可以防止用户程序做各种有破坏性的活动,等等。

I/O 机制是操作系统管理各种系统设备的基础设施。时钟则是操作系统定时以及操作系统多道程序运转能力的推动力。

一个程序在计算机上运行需要有一定的条件,或者说要有一定的环境。例如要有处理器、内存、输入输出设备和有关系统软件等。而操作系统作为系统的管理程序,为了实现其预定的各种管理功能,更需要有一定的条件,或称之为运行环境来支持其工作。操作系统的运行环境主要包括系统的硬件环境和由其他的系统软件形成的软件环境,本章主要讨论操作系统对所运行的硬件环境的特殊要求。

任何系统软件都是硬件功能的延伸,并且都是建立在硬件基础上的,离不开硬件设施的支持。而操作系统更是直接依赖于硬件条件,与硬件的关系尤为密切。操作系统的硬件环境以比较分散的形式同各种管理相结合。本章讨论各种管理技术均要用到的基本的硬件技术和概念。

2.1 中央处理器(CPU)

操作系统作为一个程序需要在处理器上执行。如果一个计算机系统只有一个处理器,我们称之为单机系统。如果有多个处理器则称之为多处理器系统。

每个处理器都有自己的指令系统,早期的微处理器,它的指令系统的功能相对来说比较弱。然而,当代的微处理器,由于大规模集成电路技术的飞速发展,结构已经非常复杂。在各种 RISC 处理器出现之后,微处理器技术的发展进入了新阶段。

2.1.1 CPU 的构成与基本工作方式

一般的处理器由运算器、控制器、一系列的寄存器以及高速缓存构成。运算器实现任何指令中的算术和逻辑运算,是计算机计算的核心;控制器负责控制程序运行的流程,包括取指令、维护 CPU 状态、CPU 与内存的交互等;寄存器是指令在 CPU 内部作处理的过程中暂存数据、地址以及指令信息的存储设备,在计算机的存储系统中它具有最快的访问速度;高速缓存处于 CPU 和物理内存之间,一般由控制器中的内存管理单元(MMU:Memory Management Unit)管理,它的访问速度快于内存,低于寄存器,它利用程序局部性原理使得高速指令处理和低速内存访问得以匹配,从而大大地提高了 CPU 的效率。

1. 处理器中的寄存器

寄存器为处理器本身提供了一定的存储能力,它们的速度比内存快得多,但是因为造价很高,存储容量一般都很小。处理器一般包括两类寄存器:一类称为用户可见寄存器,对于高级语言来说,编译器通过一定的算法分配并使用这些寄存器,以最大限度地减少程序运行时访问内存的次数,这对程序的运行速度影响很大;第二类称为控制和状态寄存器,它们用于控制处理器的操作,一般由具有特权的操作系统代码使用以控制其他程序的执行。

用户可见寄存器通常对所有程序都是可用的,由机器语言直接使用。它一般包括数据寄存器、地址寄存器以及条件码寄存器。数据寄存器(data register)有时又称为通用寄存器,主要用于各种算术逻辑指令和访存指令,对具有浮点能力和多媒体能力的处理器来说,浮点处理过程的数据寄存器和整数处理时的数据寄存器一般是分离的。地址寄存器(address register)用于存储数据及指令的物理地址、线性地址或者有效地址,用于某种特定方式的寻址。例如变址寄存器(index register)、段指针(segment pointer)、栈指针(stack pointer)等。条件码寄存器保存 CPU 操作结果的各种标记位,例如算术运算产生的溢出、符号等,这些标记在条件分支指令中被测试,以控制程序指令的流向。一般来讲,条件码可以被隐式访问,但不能通过显式的方式修改。

处理器中有很多寄存器用于控制处理器的操作,多数处理器上,这些寄存器的大部分对于用户是不可见的,有一部分可以在某种特权模式(由操作系统使用)下访问。最常见的控制和状态寄存器包括程序计数器(PC:Program Counter),它记录了将要取出的指令的地址;指令寄存器(IR:Instruction Register),包含了最近取出的指令;程序状态字(PSW:Program Status Word),它记录了处理器的运行模式信息等,有的处理器中 PSW 还包含了条件码。

2. 指令执行的基本过程

处理指令最简单的方式包括两个步骤：处理器先从存储器中每次读取一条指令，然后执行这条指令，一个这样的单条指令处理过程称为一个指令周期。程序的执行就是由不断取指令和执行指令的指令周期组成的。仅当机器关机、发生某些未发现的错误或者遇到停机相关的指令时，程序才会停止，如图2.1所示。

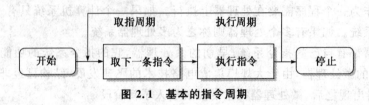

图 2.1 基本的指令周期

典型处理器中，每个指令周期开始的时候，处理器依据在程序计数器中保存的指令地址从存储器中取一条指令，并在取指令完成后根据指令类别自动将程序计数器的值变成下一条指令的地址，通常是自增1。取到的指令被放在处理器的指令寄存器中，指令中包含了处理器将要采取的动作的位，处理器于是解释并执行所要求的动作。这些指令大致可以分成5类：访问存储器指令，它们负责处理器和存储器之间的数据传送；I/O 指令，它们负责处理器和 I/O 模块之间的数据传送和命令发送；算术逻辑指令，有时又称为数据处理指令，用以执行有关数据的算术和逻辑操作；控制转移指令，这种指令可以指定一个新的指令的执行起点；处理器控制指令，这种指令用于修改处理器状态，改变处理器工作方式；等等。

2.1.2 特权指令和非特权指令

对于一个单用户、单任务方式下使用的微型计算机，普通的非系统用户通常都可使用该计算机的指令系统中的全部指令。但是如果某微型计算机是用于多用户或多任务的多道程序设计环境中，则它的指令系统中的指令必须区分成两部分：特权指令和非特权指令。

所谓**特权指令**是指在指令系统中那些只能由操作系统使用的指令，这些特权指令是不允许一般的用户使用的，因为如果允许用户随便使用这些指令（如启动某设备指令、设置时钟指令、控制中断屏蔽的某些指令、清内存指令和建立存储保护指令等），就有可能使系统陷入混乱。所以一个使用多道程序设计技术的微型计算机的指令系统必须将特权指令和非特权指令区分开。用户程序只能使用**非特权指令**，只有操作系统才能使用所有的指令（包括特权指令和非特权指令）。如果一个用户程序使用了特权指令，一般将引起一次处理器状态的切换，这时处理器通过特殊的机制将处理器状态切换到操作系统运行的特权状态（管态，详见下文），然后将处理权移交给操作系统中的一段特殊代码，这一个过程形象地称为陷入。

一台微型计算机的指令系统中，如果不能区分特权指令和非特权指令，那么在这样的硬件环境下要设计出一个具有多道程序运行的操作系统是相当困难的。至于CPU如何知道当前运行的是操作系统还是一般应用软件，则有赖于处理器状态的标识。

2.1.3 处理器的状态

处理器有时执行用户程序，有时执行操作系统的程序。在执行不同程序时，根据运行程序对资源和机器指令的使用权限而将此时的处理器设置为不同状态。多数系统将处理器工作状态划分为管态和目态。前者一般指操作系统管理程序运行的状态，具有较高的特权级别，又称为特权态（特态）、系统态；后者一般指用户程序运行时的状态，具有较低的特权级别，又称为普通态（普态）、用户态。另外，还有些系统将处理器工作状态划分多个系统状态，例如核心状态，管理状态和用户程序状态（又称目标状态）三种，它们的具体含义与前面的双状态分级大同小异。作为一个实例，英特尔公司出品的 x86 系列处理器（包括 386、486、Pentium、Pentium Pro、Pentium Ⅱ、Pentium Ⅲ 以及现在的 Pentium Ⅳ 处理器），都支持 4 个处理器特权级别（特权环：R0、R1、R2 和 R3）。从 R0 到 R3 特权能力依次降低，R0 相当于双状态系统的管态，R3 相当于目态，而 R1 和 R2 则介于两者之间，它们能够运行的指令集合具有包含关系：$I_{R0} \supseteq I_{R1} \supseteq I_{R2} \supseteq I_{R3}$，处理器在各个级别下的保护性检查（例如地址校验、I/O 限制）以及特权级别之间的转换方式也不尽相同。这四个级别被设计成运行不同类别的程序：R0 运行操作系统核心代码；R1 运行关键设备驱动程序和 I/O 处理例程；R2 运行其他受保护的共享代码，例如语言系统运行环境；R3 运行各种用户程序。不过现有的基于 x86 处理器的操作系统（包括 UNIX、Linux 以及 Windows 系列）大都只用到 R0 和 R3 两个特权级别。

当处理器处于管态时全部指令（包括特权指令）可以执行，可使用所有资源，并具有改变处理器状态的能力。当处理器处于目态时，就只能执行非特权指令。不同处理器状态之间的区别就在于赋予运行程序的特权级别不同，可以运行的指令集合也不相同，一般说来，特权级别越高，可以运行的指令集合也越大，而且高特权级别对应的可运行指令集合包含低特权级别对应的可运行指令集合。

2.1.4 程序状态字 PSW

为了解决处理器当前工作状态的问题，所有的处理器都有一些特殊寄存器，用以表明处理器当前的工作状态。比如用一个专门的寄存器来指示处理器状态，称为程序状态字（PSW）；用程序计数器（PC）这个专门的寄存器来指示下一条要执行的指令。

处理器的状态字（PSW）通常包括以下状态代码：
(1) CPU 的工作状态码——指明管态还是目态，用来说明当前在 CPU 上执行的是操作系统还是一般用户，从而决定其是否可以使用特权指令或拥有其他的特殊权力；
(2) 条件码——反映指令执行后的结果特征；
(3) 中断屏蔽码——指出是否允许中断。

不同机器的程序状态字的格式及其包含的信息都不同，现以微处理器 M68000 的程序状态字为例（见图 2.2）介绍程序状态字 PSW 包含的若干指示位。

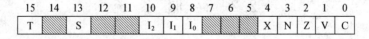

图 2.2　M68000 程序状态字

图 2.2 中，
C：进位标志位；
V：溢出标志位；

Z：结果为零标志位；

N：结果为负标志位。

以上四位称为标准的条件位，几乎所有的微型计算机的 PSW 中都有此四位标志位。

$I_0 \sim I_2$：三位中断屏蔽位，它建立 CPU 的中断优先级，值由 0 到 7，只接受优先级高于此值的那些中断。

S：CPU 状态标志位，该位为 1 时 CPU 处于管态，为 0 时处于目态。

T：陷阱(Trap)中断指示位，该位为 1 时，则在下一条指令执行后引起自陷中断，这主要用于联机调试排错以及用户程序请求系统服务。

M 68000 还有一个 32 位的程序计数器 PC。

再以微处理器 Pentium Pro、Pentium Ⅱ 和 Pentium Ⅲ 的对应程序状态字寄存器（EFLAGS）中包含的若干标志位为例，来介绍程序状态字 PSW，如图 2.3 所示。

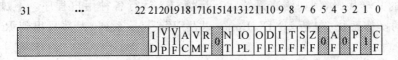

图 2.3 Pentium 系列程序状态字

我们介绍图 2.3 中的某些标志位：

CF：进位标志位。

ZF：结果为零标志位。

SF：符号标志位。

OF：溢出标志位。

TF：陷阱标志位。

IF：中断使能(中断屏蔽)标志位。

VIF：虚拟中断标志位。

VIP：虚拟中断待决标志位。

这里 VIF 和 VIP 用于支持对一类可屏蔽的硬件中断处理。

IOPL：IO 特权级别，它的作用在前面已有叙述。

在图 2.3 中，还有其他许多标志位，从这些众多的标志位的设计中可看出 Pentium 系列微处理器的功能是非常强的，有兴趣的读者可以参考有关资料。

其他微型计算机程序状态字大致上都差不多。

2.2 存储系统

一个作业必须把它的程序和数据存放在内存(又称主存储器、主存)中才能运行。在多道程序系统中，有若干个程序和相关的数据要放入内存。操作系统不但要管理、保护这些程序和数据，使它们不被破坏，而且操作系统本身也要存放在内存中并运行，因此内存以及与存储器管理有关的机构是支持操作系统运行的硬件环境的一个重要方面。

2.2.1 存储器的类型

在微型计算机中使用的半导体存储器有若干种不同的类型,但基本上可划分为两类:一类是读写型的存储器,另一类是只读型的存储器。

所谓读写型的存储器,是指可以把数据存入其中任一地址单元,并且可在以后的任何时候把数据读出来,或者重新存入另外的数据的一种存储器。这类存储器常被称为随机访问存储器(RAM:Random Access Memory)。RAM 主要用作存放随机存取的程序和相关数据。

所谓只读型的存储器,是指只能从其中读取数据,但不能随意地用普通的方法向其中写入数据(向其中写入数据只能用特殊方法进行)的存储器。这类存储器常被称为只读存储器(ROM:Read-Only Memory)。作为其变型,还有 PROM 和 EPROM。PROM 是一种可编程的只读存储器,它可由用户使用特殊写入器向其中写入数据。EPROM 是可擦写可编程只读存储器,它可用特殊的紫外线光照射此芯片,以"擦去"其中的信息位,使之恢复原来的状态,然后使用特殊写入器向其中写入数据。

在微型计算机中,通常把一些常驻内存的模块以微程序形式固化在 ROM 中,如早期 IBM-PC 的基本输入输出系统程序 BIOS 和 BASIC 解释程序就被固化于 ROM 中。

2.2.2 存储器的层次结构

计算机存储系统的设计主要考虑三个问题:容量、速度和成本。首先,只要有容量,就能开发出合适的软件加以利用,但容量的需求一般来说是无止境的。速度则要能匹配处理器的速度,在处理器处理时不应该因为等待指令和操作符而发生暂停。成本问题在设计一个实际的计算机系统时,也是一个很重要的问题,存储器的成本和其他部件相比应该在一个合适的范围之内。一般来说三个目标不可能同时达到最优,需要作权衡。存取速度越快,每比特价格越高;容量越大,每比特价格越低。这就给设计带来了一个二律被反的情况:一方面需要较低的比特价格和较大的容量;另一方面对计算机性能又有着高要求,这就需要价格昂贵、存储量相对较小但速度很快的存储器。解决的方案就是采用层次化的**存储体系**结构,见图 2.4。当沿着层次下降时,每比特的价格将下降,容量将增大,速度将变慢,而处理器的访问频率也将下降。

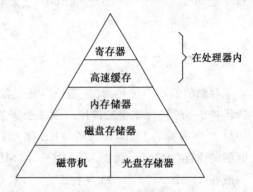

图 2.4 计算机系统中的存储装置

从整个系统来看,在计算机系统中的存储装置是由寄存器、高速缓存、内存储器、磁盘存储器、磁带机和光盘存储器等装置构成的。较小、较贵而快速的存储设备有较大、较便宜而慢速的存储设备做后盾,它们通过访问频率的控制来提高存储系统的效能。

能达到提高存储系统效能这个目的的关键点就在于程序的存储访问局部性原理。程序执行时,处理器为了取得指令和数据而访问存储器。现代的程序设计技术很注重程序代码的复用,这样,程序中会有很多的循环和子程序调用,一旦进入这样的程序段,就会重复存取相同的指令集合。类似地,对数据存取也有这样的局部性。在经过一段时间以后,使用到的代码和数据的集合会改变,但在较短的时间内它们能比较稳定地保持在一个存储器的局部区域中,处理器也主要和存储器的这个局部打交道。

基于这一原理,就有充分的理由设计出多级存储的体系结构,并使得存取级别较低的存储器的比率小于存取级别较高的存储器的比率。假设处理器存取两级存储器,第Ⅰ级包含1KB,存取时间为 $0.1\mu s$,第Ⅱ级包含 1MB,存取时间为 $1\mu s$;假定存取Ⅰ级中的内容,处理器直接存取,如果是Ⅱ级,它首先被转移到Ⅰ级,然后再由处理器存取;并且假设用于确定这个内容所在位置的时间可以忽略。如果处理器在Ⅰ级存储器中发现存取对象的概率是95%,那么平均访问时间为

$$(0.95)(0.1\mu s)+(0.05)(0.1\mu s+1\mu s)=0.15\mu s$$

这个结果是非常接近Ⅰ级存储的存取时间的。这种关系可以用图2.5来表示。其中 T_1 是Ⅰ级存储器的存取时间, T_2 是Ⅱ级存储器的存取时间。有关的内容还将在缓冲技术中继续讨论。

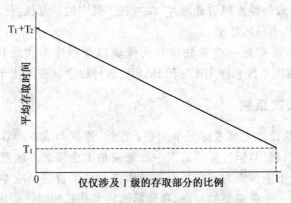

图2.5 一个简单二级存储系统的性能

2.2.3 存储分块

存储的最小单位称为"二进位",它包含的信息为0或1。存储器的最小编址单位是字节,1个字节一般包含8个二进位。而2字节一般称为一个字,4个字节称为双字。再大一点,1024个字节称为1KB,1024个1KB称为1MB,1024个1MB称为1GB,等等。现在主流个人电脑的内存(内存)一般在 128MB~512MB 之间,而辅助存储器(外存,一般为硬盘)的存储量一般在 20GB~70GB。而各种工作站、服务器的内存大约在 512MB~4GB 之间,硬盘容量则可以高达数百 GB,有的系统还配有磁带机,它们用于海量数据存取。

为了简化对存储器的分配和管理,在不少计算机系统中把存储器分成块。在为用户分配内存空间时,以块为最小单位,这样的块有时被称为一个物理页(page)。而块的大小随机器而异,512 B、1 K、4 K、8 K 的都有,也有其他大小的。

2.2.4 存储保护

存放在内存中的用户程序和操作系统,以及它们的数据,很可能受到正在CPU上运行的某用户程序的有意或无意的破坏,这会造成十分严重的后果。例如该用户程序向操作系

统区写入了数据,将有可能造成系统崩溃。所以对内存中的信息加以严格的保护,使操作系统内核及其他程序不被破坏,是其正确运行的基本条件之一。下面介绍几种最常用的存储保护机制。

1. 界地址寄存器(界限寄存器)

界地址寄存器是被广泛使用的一种存储保护技术。这种机制比较简单,易于实现。其方法是在 CPU 中设置一对界限寄存器来存放该用户作业在内存中的下限和上限地址,分别称为下限寄存器和上限寄存器。也可将一个寄存器作为基址寄存器,另一寄存器作为限长寄存器(指示存储区长度)来指出程序在内存的存放区域。每当 CPU 要访问内存时,硬件自动将被访问的内存地址与界限寄存器的内容进行比较,以判断是否越界。如果未越界,则按此地址访问内存,否则将产生程序性中断——越界中断,也称为存储保护中断,如图2.6所示。

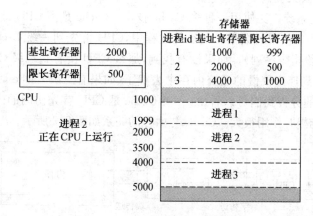

图 2.6 界地址寄存器存储保护技术

2. 存储键

在有的机器中,除上述存储保护措施之外,还有"存储保护键"机制来对内存进行保护。为了达到存储保护的目的,每个存储块都有一个与其相关的由二进位组成的存储保护键附加在该存储块上。当一个用户作业被允许进入内存时,操作系统分给它一个唯一的、与其他作业不同的存储键号,并将分配给该作业的各存储块的存储键也设置成相同的键号。当操作系统挑选该作业上 CPU 运行时,操作系统同时将它的存储键号放入程序状态字 PSW 的存储键("钥匙")域中。这样每当 CPU 访问内存时,都将该内存块的存储键与 PSW 中的"钥匙"进行比较。如果相匹配,则允许访问,否则,拒绝并报警。

2.3 缓冲技术

缓冲区是硬件设备之间进行数据传输时专门用来暂存这些数据的一个存储区域。

缓冲技术一般在三种情况下采用。一种是用在处理器与内存之间的,一种是用在处理器和其他外部设备之间的,还有一种是用在设备与设备之间的通信上的。无论哪一种,都是为了解决部件之间速度不匹配的问题。例如,当从某输入设备输入数据时,通常是先把数据送入缓冲区,然后 CPU 再将数据从缓冲区读入用户工作区中进行处理和计算。

那么为什么不直接把数据送入用户工作区,而要设置缓冲来暂存呢?最根本的原因是CPU处理数据速度与设备传输数据速度不匹配,用缓冲区来缓解一下其间的速度矛盾。如果把用户工作区直接作为缓冲区则有许多不便。首先,当从工作区向设备输出或从设备向工作区输入时,工作区被长期占用而使用户无法使用。其次,为了方便对缓冲区的管理,缓冲区往往是与设备相联系的,而不直接同用户联系。再者,也为了减少输入输出次数,以减轻对通道和输入输出设备的压力。缓冲区信息可供多个用户共同使用,并且反复使用。每当用户要求输入数据时,先在这些缓冲区中去找,如果已经在缓冲区,即可直接从中读取,这样就减少了输入输出次数。

为了提高设备利用率,通常使用单个缓冲区是不够的。因为在单缓冲区情况下,设备向缓冲区输入数据直到装满后,必须等待 CPU 将其取完,才能继续向其中输入数据。有两个缓冲区时,设备利用率可大大提高。

目前许多计算机系统广泛使用一种多 Cache 技术。Cache 是离 CPU 最近的高速缓存,能使CPU 更快速地访问经常使用的数据。在运行过程中,CPU 首先到一级 Cache 中去找数据(可能是数据,也可能是一段指令序列)。如果没有找到,那么 CPU 接着到二级 Cache 中去找,如果还找不到,CPU 就只好到速度较慢的系统内存中去找了(如果有三级 Cache 话,CPU 还会在 Cache中找下去)。从以上的分析我们可以看出,一级 Cache 是 CPU 首先访问的内存,因此一级 Cache的性能对系统的性能提升作用很大。Cache 与内存的关系如图 2.7 所示。

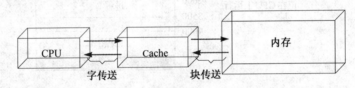

图 2.7 Cache 与内存

内存一般由 2^n 个可寻址的字组成,每个字有一个唯一的 n 位地址。为了使 Cache 中的存储单元和内存中的存储单元可以对应,一般将内存视作由一些固定大小的块构成,每块含 K个字,即将内存划分为 $M=2^n/K$ 个块。Cache 中有 C 个存储槽,每个槽也是 K 个字,当然 C远小于 M。内存中的一些块的集合常驻在 Cache 的相应槽中,如果要读某一块中的一个字,而它又不在 Cache 的槽中,那个块将整个被移到一个槽中。替换哪一个槽中的内容将由处理器的 Cache 管理单元按照一定的策略来选择,并且相应的 Cache 槽中会有一个专门的标记,以表明它对应的是内存的什么地址的块。发生读操作的处理过程如图 2.8 所示。

再以 Intel Pentium Ⅲ 处理器和 AMD Athlon 处理器为例,说明 Cache 缓冲技术。在整个Intel Pentium Ⅲ 处理器系统中,有两个 Cache。Pentium Ⅲ 的一级 Cache 为 32 KB。PentiumⅢ 的二级 Cache 以 CPU 的半速运行,其标准配置为 512 KB,最高可达到 2 MB。而 AMD Athlon 的一级 Cache 有 128 KB。这 128 KB 分成两部分:64 KB 作为数据 Cache,64 KB 作为指令Cache(指令缓存的实际容量是 94 KB,因为它同时还保存着预解码位),其二级 Cache 最高可以达到 8 MB。目前,随着微电子技术的发展,新一代微处理器中缓冲区的规模在继续扩大。在这些缓冲区的支持下,新一代微处理器高速运算能力得以充分发挥。

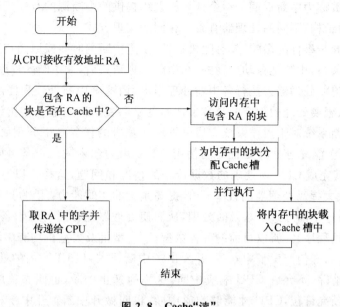

图 2.8 Cache"读"

2.4 中断技术

前面已多次提到中断技术,中断对于操作系统的重要性就像机器中的齿轮一样,所以也有人把操作系统称为是由"中断驱动"或者"(中断)事件驱动"的。

2.4.1 中断的概念

1. 什么是中断

所谓**中断**是指计算机在执行期间,系统内或系统外发生异步事件,使得 CPU 暂时中止当前正在执行的程序而转去执行相应的事件处理程序,待处理完毕后又返回原来被中断处继续执行或调度新的进程执行的过程。异步事件是指无一定时序关系,或非预期的事件,如外部设备完成数据传输,实时控制设备出现异常情况等。这种情况很像我们日常生活中的一些现象,例如,某人正在看书,此时电话响了(异步事件),于是用书签记住正在看的那一页(中断点),再去接电话(响应异步事件并进行处理),接完电话后再从被打断那一页继续往下看(返回原程序的中断点执行)。

最初,中断技术是向处理器报告"设备已完成操作"的一种手段,以免处理器不断查看设备是否已完成操作而消耗大量宝贵的处理器时间。中断的出现解决了主机和外设并行工作的问题,消除了因外设的慢速而使得主机等待的现象,提高了可靠性,为多机操作和实时处理提供了硬件基础。目前,中断技术的应用范围非常广泛,通常中断是作为所有要打断处理器正常工作并要求其去处理某一事件的一种常用手段出现的。我们把引起中断的那些事件称为中断事件或中断源,中断源向处理器发出的请求信号称为中断请求,而把处理中断事件的那段程序称为中断处理程序。一台计算机中有多少中断源,要视各个计算机系统的需要而安排。就 PC 机而言,它的微处理器就能处理 256 种不同的中断。发生中断时正在执行的程序的暂停点叫做**中断断点**,处理器暂停当前程序转而处理中断的过程称为**中断响应**,中断处理结束之后恢复原来程序的执行被称为**中断返回**。一个计算机系统提供的中断源的有序集合一般被称为**中断字**,这是一个逻辑结构,不同的处理器有着不相同的实现方式。

中断受外来异步事件的影响,具有随机特性,发生中断的时间或原因与正在执行的程序一般没有任何逻辑关系,中断是自动处理的,在中断处理结束后,被中断的程序可以恢复。

由于中断能迫使处理器去执行各中断处理程序,而这个中断处理程序的功能和作用可以根据系统的需要、想要处理的预定的异常事件的性质和要求以及输入输出设备的特点进行安排设计。所以中断系统对于操作系统完成其管理计算机的任务是十分重要的,一般来说中断具有以下作用:① 能充分发挥处理器的使用效率。因为输入输出设备可以用中断的方式同 CPU 通信,报告其完成 CPU 所要求的数据传输的情况和问题,这样可以避免 CPU 不断地查询和等待,从而大大提高处理器的效率。② 提高系统的实时能力。因为具有较高实时处理要求的设备,可以通过中断方式请求及时处理,从而使处理器立即运行该设备的处理程序(也是该中断的中断处理程序)。所以目前的各种微型机、小型机及大型机均有中断系统。

在有些情况下,即使产生了中断源,并发出了中断请求,但 CPU 内的处理机状态字 PSW 的中断允许位被清除,不允许 CPU 响应中断,这称为禁止中断,也叫做关中断。只有通过软件重新设置了中断允许位,CPU 才能够响应中断,也叫做开中断。开中断和关中断的目的是为了保证 CPU 在执行某些代码时的原子性,常常被操作系统用来实现原子操作。

除了禁止中断的概念以外,还有一个概念是中断屏蔽。中断屏蔽是指,系统通过软件设置(通常是通过对中断控制器编程设置),有选择地封锁部分中断源而允许其他中断源的中断信号被送入 CPU。中断控制器通过为每一类中断源设置一个中断屏蔽触发器来屏蔽它们的中断请求。在计算机系统中,有些中断是不能屏蔽的,甚至是不可禁止的,称为不可屏蔽中断。这类中断一旦发生,CPU 必须立即响应。例如电源掉电事件。

从用户的角度来看,中断正如字面的含义,即正常执行的程序被打断,当完成中断处理后再恢复执行。这完全由操作系统控制,用户程序不必做任何特殊处理。这一过程可以用图 2.9 示意。

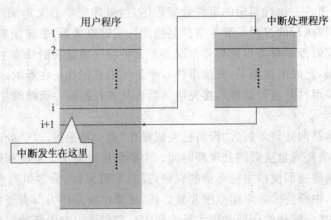

图 2.9 从用户角度看中断

2. 中断的分类

系统划分中断类型,对不同的中断赋予不同优先级,从而便于在多个中断同时发生时,能根据不同的优先级来处理。无论是哪一种计算机都有很多中断源,不同的系统依据这些中断

源引起的中断特性划分为若干个不同中断类型。这种分类在不同的系统中往往差异比较大。例如,微机中,中断可分为:

(1) 程序中断,在某些条件下由指令执行结果产生,例如算术溢出、被零除、试图执行非法指令以及访问不允许访问的存储位置等;

(2) 软件中断(Trap 指令或中断指令 INT);

(3) 时钟中断,由处理器内部的计时器产生,允许操作系统按规定执行例程;

(4) I/O 中断,由 I/O 控制器产生,用于通知一个 I/O 操作的正常完成或者发生的错误;

(5) 硬件失效中断,由掉电、存储器校验错等硬件故障引起,等等。

根据中断是否可屏蔽,可以分为:

(1) 可屏蔽中断(IO 中断);

(2) 不可屏蔽中断(机器内部故障、掉电中断)。

又如,IBM370 系统中把中断划分为五类:

(1) 机器故障中断:如电源故障,机器电路检验错,存储器奇偶校验错等;

(2) 输入输出中断:用以反映输入输出设备和通道的数据传输状态(完成或出错);

(3) 外部中断:包括时钟中断,操作员控制台中断,多机系统中其他机器的通信要求中断,各种外设或传感器发来的实时中断等;

(4) 程序中断:程序中的问题引起的中断,如错误地使用指令或数据,溢出,存储保护,虚拟存储管理中的缺页、缺段等;

(5) 访管中断:用户程序在运行中经常要请求操作系统为其提供某种功能的服务(如为其分配一块内存空间,建立进程等)。那么用户程序是如何向操作系统提出服务请求呢?用户程序和操作系统间只有一个相通的"门户",这就是访管指令或陷阱指令(Trap 指令),指令中的操作数规定了要求服务的类型。每当 CPU 执行访管指令或陷阱指令时,即引起中断(称访管中断或陷阱中断)并调用操作系统相应的功能模块为其服务。

另一种分类是根据中断产生的来源划分的,可以分为硬中断和软中断,其中硬中断又分为外中断和内中断。

(1) 外中断指来自处理器和内存以外的中断,包括外设的 IO 中断、定时器引发的中断、调试程序的断点中断等,往往和此时正在执行的指令没有直接的关系,操作系统一般在系统上下文中处理中断。狭义的中断就是指这类中断。

(2) 内中断指在处理器和内存内部产生的中断,一般是由正在执行的指令引发的,也叫陷阱或异常。包括程序运算引起的各种错误,如非法地址、页面失效、存取访问控制、算术溢出、被零除、用户执行特权指令、用户态下执行中断指令引发的中断等,异常处理程序一般在当前进程的上下文中执行。

以上两种中断都可以看作硬中断,是由硬件产生相应的中断请求。软中断则是进程间通信的一种方式,是对硬件中断的模拟。软中断也叫信号,通过向接收进程的进程控制块结构中的数据结构设置相应位。接收进程被调度执行的时候,检查到有信号,就会执行相应的信号处理程序。可见,软中断不是在收到中断信号立即执行的,而是等到再次执行时才能处理。

另一种分类的观点是,中断依据被激发的手段可以分为强迫性中断和自愿性中断。强迫性中断事件是正在运行的程序所不期望发生的,它们出现的随机性比较强。强迫性中断包括:时钟中断、I/O 中断、控制台中断、硬件故障以及程序性中断(如非法指令)等。自愿性中断是正在运行的程序有意安排执行的，通常由访管指令引起，目的是要求操作系统提供系统服务。这一类中断发生的时间以及位置具有确定性。

中断依据中断事件发生和处理是否是异步的可以分为异步中断和同步中断，在很多系统中，异步中断被简称为中断(interrupt)，而同步中断一般称为异常(exception)。异步中断的发生一般是由相对于当前程序的外部事件激发的，属于外源性质，例如某种硬件发出的中断请求。这种类型的中断发生的时间具有很大的随机性，在程序执行的过程中，这种中断发生的位置和时间不可预测，它一般和当前程序没有逻辑关联。异常的发生则是当前程序的编码和逻辑激发的，属于"内因"性质，例如非法指令。对于当前程序来说，异常是必然事件，它由当前程序的编码决定，发生的位置可以准确预言。

中断的分类也不是单一角度的，在很多成功的操作系统中，往往会定制一个较完备的中断系统，使得它可以映射到不同处理器的中断机制上去，在这样的系统中，中断的分类一般要比上面的分类更加细致，有的时候甚至是几种分类方法混合的结果，例如在 Windows Server 2003 中异常、（异步）中断以及软件中断的概念都是存在的。又例如 Linux 也将所有 256 种中断分为两大类：异常和中断。异常可以是故障或陷阱，特点是既不使用中断控制器，又不能被屏蔽。中断可以是可屏蔽中断或不可屏蔽中断，所有 I/O 设备产生的中断请求都引起可屏蔽中断，而紧急事件产生的故障会引起不可屏蔽中断。

2.4.2 中断系统

中断系统是现代计算机系统的核心机制之一，它不是单纯的硬件或者软件的概念，而是硬件和软件相互配合、相互渗透而使得计算机系统得以充分发挥能力的计算模式。中断系统包括两大组成部分：中断系统的硬件中断装置和软件中断处理程序。**中断装置**负责捕获中断源发出的中断请求，并以一定的方式响应中断源，然后将处理器的控制权移交给特定的中断处理程序。**中断处理程序**则负责辨别中断类型并根据请求做出相应的操作。中断装置提供了中断系统的基本框架，是中断系统的机制部分；中断处理程序是利用中断机制对处理能力的扩展和对多种处理需求的适应，属于中断系统的策略部分。

现代计算机系统的中断装置一般要提供如下的基本功能：

(1) 提供识别中断源的方法，例如提供查询中断源的方法或者通知中断处理程序中断源是什么的方法；

(2) 提供查询中断状态的方法，通常使用一个中断寄存器存储有关中断的状态信息，寄存器中的内容一般称为中断字；

(3) 提供中断现场保护的能力，包括保护程序状态字、程序计数器和必要的系统寄存器的能力；

(4) 提供中断处理程序寻址能力，这使得中断装置可以找到恰当的中断处理程序；

(5) 具有预定义的系统控制栈和中断处理程序入口地址映射表（又称中断向量表，表中的每一项称为一个中断向量）等数据结构和它们在内存中的位置，以辅助操作系统定制中断处理策略和中断调度机制。

2.4.3 中断逻辑与中断寄存器

如何接受和响应中断源的中断请求，往往因机器而异。比如，在 IBM-PC 中有可屏蔽的中断请求INTR,这类中断主要是输入输出设备的I/O中断。这种I/O中断可以通过建立在程序状态字PSW中的中断屏蔽位加以屏蔽,此时即使有I/O中断,处理器也不予响应；另一类中断是不可屏蔽的中断请求,这类中断属于机器故障中断,包括内存奇偶校验错以及掉电使得机器无法继续操作下去等中断源。它是不能被屏蔽的,一旦发生这类中断,处理器不管程序状态字中的屏蔽位是否建立都要响应这类中断并进行处理。此外还有程序中的问题所引起的中断(如溢出、除法错都可以引起中断)和软件中断等,由于计算机中可能有很多中断源请求,它们可能同时发生,因此由中断逻辑按中断优先级加以判定,究竟先响应哪个中断请求。

有的大型计算机为了区分和不丢失每个中断信号,通常对每个中断源分别用一个固定的触发器来寄存中断信号。并常常规定其值为1时,表示该触发器有中断信号,为0时表示无中断信号。这些触发器的全体称为中断寄存器,每个触发器称为一个中断位。所以中断寄存器是由若干个中断位组成的。

中断信号是发送给中央处理器并要求它处理的,但处理器又如何发现中断信号呢？为此,处理器的控制部件中增设一个能检测中断的机构,称为中断扫描机构。通常在每条指令执行周期内的最后时刻扫描中断寄存器,询问是否有中断信号到来。若无中断信号,就继续执行下一条指令。若有中断到来,则中断硬件将该中断触发器内容按规定的编码送入程序状态字PSW的相应位,称为中断码。

2.4.4 中断优先级和中断屏蔽

目前多数微型处理器有着多级中断系统,即可以有多根中断请求线(级)从不同设备连接到中断逻辑。如M 68000有7级,PDP11有11级。通常具有相同特性和优先级的设备可连到同一中断级(线)上,例如系统中所有的磁盘和磁带可以使用同一级,而所有的终端设备又是另一级。

与中断级相关联的概念是中断优先级。在多级中断系统中,很可能同时有多个中断请求,这时CPU接受中断优先级为最高的那个中断(如果其中断优先级高于当前运行程序的中断优先级时),而忽略中断优先级较低的那些中断。

在另一些机器中,中断优先级按中断类型划分,以机器故障中断的优先级最高；程序中断和访问管理程序中断次之；外部中断更次之；输入输出中断的优先级最低。

对于以实时处理为主要任务的机器,显然,必须把具有重要意义的传感器发出的中断作为高优先级,这样才能有较好的响应。现代实时系统中,中断优先级的设计都是灵活可变的,允许用户根据自己应用的需要,选择不同中断优先策略。

当同一中断级中的多个设备接口同时都有中断请求时,中断逻辑又怎么办呢？这时有两种办法可以采用：

(1) 固定的优先数：给每个设备接口安排一个不同的、固定的优先顺序。一种办法是以该设备在总线中的位置来定,离CPU近的设备,其优先数高于离CPU远的设备。

(2) 轮转法：用一个表,依次轮转响应,这是一个较为公平合理的方法。

所谓中断屏蔽是指主机可以允许或者禁止某些类别中断的响应,对于被禁止的中断,有些以后可以继续响应,有些将被简单地丢弃。还有一些中断,例如自愿访管中断,是不能被禁止的。

主机是否允许某些中断,一般由 PSW 中的某些位决定,这些屏蔽位标识了那些被屏蔽的中断类或者中断。

2.4.5 中断响应

中断响应是由硬件完成的,其作用是通过交换中断向量引出中断处理程序。

CPU 如何响应中断呢?可以归纳为三个问题:

一是响应的时机,通常是在一条指令执行完毕之后,更确切地说是在指令周期最后时刻接受中断请求,或是在此时扫描中断寄存器。

二是响应的条件:其一是 CPU 没有被禁止,即 PSW 中的中断允许位是开中断的。其二是中断没有被屏蔽,即中断控制器中相应中断源的屏蔽位是开启的。

三是中断源的识别,即判断是哪个中断源发的中断,才能调用相应的中断处理程序到 CPU 上执行。这也可以有两种方法:一是用软件指令去查询各设备接口,但这种方法比较费时。所以多数微型机对此问题的解决方法是使用一种称为"向量中断"的硬件设施。当 CPU 接受某优先级较高的中断请求时,该设备接口给处理器发送一个具有唯一性的"中断向量",以标识该设备。

"中断向量"设施在各计算机上实现的方法差别比较大。在有的机器中,将内存最低位的 128 个字保留作为中断向量表,每个中断向量占两个字。中断请求的设备接口为了标识自己,向处理器发送一个该设备在中断向量表中表项的地址指针。Linux 中的中断向量表也称为中断描述符表(IDT:Interrupt Descriptor Table),表中的表项由 8 个字节组成,其中的每个表项称为中断描述符。

2.4.6 中断处理

1. 中断处理的一般过程

(1) 简单中断处理

广义上中断处理是由计算机的硬件和软件(或固件)配合起来完成的,其中硬件部分完成的过程称为中断响应,这部分内容在 2.4.5 节中进行了叙述,而软件部分则是执行中断处理程序的过程。一个典型的处理过程如下:

① 设备给处理器发了一个中断信号。

② 处理器处理完当前指令后响应中断,这个延迟非常短(要求处理器没有关闭中断)。

③ 处理器处理完当前指令后检测到中断,判断出中断来源并向发送中断的设备发送了确认中断信号,确认信号使得该设备将中断信号恢复到一般状态。

④ 处理器开始为软件处理中断做准备:保存中断点的程序执行上下文环境(中断处理后从中断点恢复被中断程序执行的必要信息),这通常包括程序状态字 PSW、程序计数器 PC 中的下一条指令位置、一些寄存器的值,它们通常保存在系统堆栈中。处理器状态切换到管态。

⑤ 处理器根据中断源查询中断向量表,获得与该中断相联系的处理程序入口地址,并将 PC 置成该地址,处理器开始一个新的指令周期,结果是控制转移到中断处理程序。

⑥ 中断处理程序开始工作,其中包括检查 I/O 相关的状态信息,操纵 I/O 设备或者在设备和内存之间传送数据等。

⑦ 中断处理结束时,处理器检测到中断返回指令,从系统堆栈中恢复被中断程序的上下

文环境。处理器状态恢复成原来的状态。

⑧ PSW 和 PC 被恢复成中断前的值,处理器开始一个新的指令周期,中断处理结束。

整个过程如图 2.10 所示。

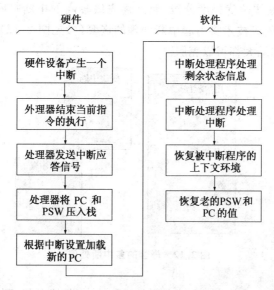

图 2.10 简单的中断处理过程

Linux 内核的中断处理过程与上面讲的简单的中断处理过程相似。当外设产生一个中断信号,也即外设发出一次中断请求。这个中断请求通过中断控制器 8259A 到达 CPU 的中断请求引脚 INTR,CPU 在执行完当前指令后来响应该中断。CPU 从中断控制器的一个端口获得中断向量,然后根据该中断向量从中断描述符表 IDT(中断向量表)中找到相应的表项,CPU 从这个表项中获得中断处理程序的入口地址。中断发生时 CPU 运行在用户空间,而中断处理程序属于内核,因此要进行堆栈的切换。切换后内核栈中保存着用户栈指针、EFLAGS 寄存器值和返回地址等内容,同时这条中断线也会被禁用直到重新启用。中断处理程序调用函数 do_IRQ(),这个函数执行中断服务例程 ISR(Interrupt Service Routine)。中断处理结束后,内核栈栈顶包含的就是中断的返回地址,这个地址指向 ret_from_intr,从而进入中断返回的汇编代码处理,进行恢复中断现场和处理器状态切换等操作。Linux 中断处理的详细过程见后面的 2.7 节。

(2) 多个中断的处理

一般的计算机系统中都有多个中断源,在这样的系统中,如果一个中断的处理过程中又发生了中断,那么将引起多个中断处理问题。一般有两种策略处理多中断问题。

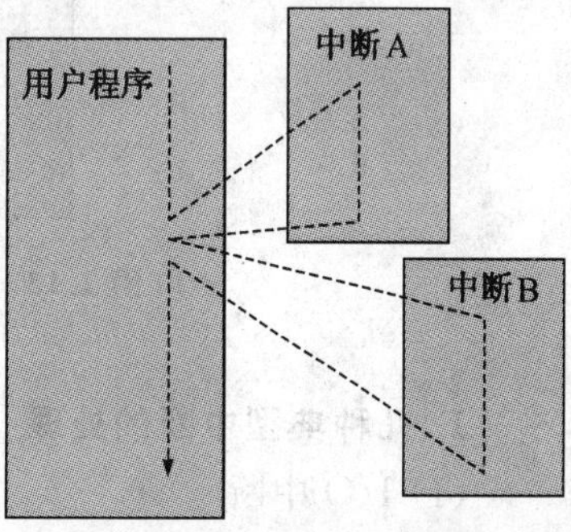

第一种方法是:当处理一个中断时禁止中断,此时系统将对任何新发生的中断置之不理。在这期间发生的中断将保持挂起状态。当处理器再次允许中断时,这个新的中断信号会被处理器检测到,并做出处理。这种处理方法可以用软件简单地实现,只要在任何中断处理之前使用禁止中断指令,在处理结束之后使用开放

图 2.11 顺序的多中断处理

中断指令就可以了,这样所有的中断将严格地按照发生的顺序被处理。不过这样的系统并不考虑中断的紧急程度,通常无法满足比较严格的时间要求。这种多中断处理策略如图 2.11 所示。

第二种方法是:中断按照优先度分级,允许优先级较高的中断打断优先级较低的中断处理过程。这样的中断优先级技术将引起中断处理的嵌套(参见图 2.12),只要合适地定义中断的优先级别,方法一的弊端大都可以克服。

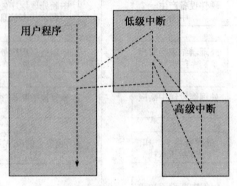

图 2.12 嵌套的多中断处理

作为中断分优先级的处理策略的一个例子,看看一个系统中总线、硬盘以及扫描仪三个设备同时操作时的时间处理情况。假定三者的中断优先级依次分别为 6、4、1。扫描动作的处理从某个时间开始,它的处理时间较长,其间发生了一次网络关键数据传送,于是扫描仪中断被打断,首先处理通信时的总线服务请求,在这期间,操作员恰好提交了存储文件的请求,因为硬盘中断优先级较低,于是硬盘中断的处理简单地被延后到总线请求处理完之后,同时由于它的优先级高于扫描仪的中断,所以它的处理先于扫描仪中断的处理。这一处理过程如图 2.13 所示。

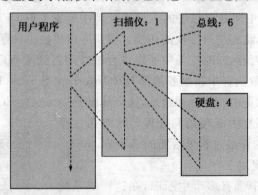

图 2.13 一个多优先级中断系统中多个中断的处理示例

2. 几种典型中断的处理

(1) I/O 中断

I/O 中断一般由 I/O 设备的控制器或者通道发出,通常有两类:I/O 操作正常结束以及 I/O 异常。对于前者来说,如果要继续进行 I/O 操作,则需要在准备好以后重新启动 I/O,若请求 I/O 的程序正处于等待 I/O 的状态,则应该将其唤醒。对于后者,常常需要重新执行失败的 I/O 操作,不过这个重试的次数常常有一个上限,因为错误可能由硬件损伤引起,当重试次数过大的时候,系统将判定硬件故障,并通知管理员。

(2) 时钟中断

时钟中断是计算机系统多道处理能力的重要推动力,时钟中断处理程序通常要做较多与系统运转、管理和维护相关的工作,主要包括:

① 维护软件时钟:系统有若干个软件时钟,控制着定时任务以及进程的处理器时间配额,时钟中断需要维护、定时更新这些软件时钟。

② 处理器时间调度:维护当前进程时间片软件时钟,并在当前进程时间片到时以后运行调度程序选择下一个被调度的进程。

③ 控制系统定时任务:通过软件时钟和调度程序定时激活一些系统任务,例如监测死锁、进行系统记账、对系统状况进行审计等。

④ 实时处理,例如产生系统"心跳",激活系统看门狗。

当然,在不同的操作系统设计中,时钟中断处理的内容也不一样,但是它们对于整个系统是非常重要的。很多系统的时钟中断通常只处理软件时钟,并在一定条件下激活系统调度程序。一般来说,调度程序并不在时钟中断里,因为时钟中断的优先级往往比较高,而且频繁发生,如果时钟中断处理时间过长,结果就会使一些较低优先级的中断丢失。

(3) 硬件故障中断

硬件故障一般是由硬件问题引起的,排除此类故障一般需要人工的干预,例如复位硬件或者更换设备等等。硬件故障中断处理程序一般需要做的工作是保存现场,使用一定的手段警告管理员并提供一些辅助的诊断信息,此外在高可靠的系统中,中断处理程序还需要评估系统的可用性,并尽可能地恢复系统。例如,Windows Server 2003 在关键硬件发生故障时,例如显示卡损坏,会出现系统蓝屏,这时系统实际上进入了相应的故障处理程序,并发现这个故障是不可恢复的,于是 Windows Server 2003 在屏幕上打印出了发生故障时的程序位置(通常在某个核心态驱动程序中),并且(缺省的)开始进行内存转储(将一定范围的内存内容写到磁盘上去,实际上是系统发生故障时的全系统"快照"),以备日后进行程序调试及故障诊断。

(4) 程序性中断

程序性中断多数是程序指令出错、指令越权或者指令寻址越界而引发的系统保护,它的处理方法可以依据中断是否可以由用户程序自己处理分成两类:

其一,这个中断处理只能由操作系统完成,这种情况多为程序试图做自己不能做的操作引起的系统保护,例如访问合法的但是不在内存的虚地址引发的缺页中断等。此时,一般由操作系统设计的相关扩展功能模块完成中断处理,上述的缺页中断一般会引发操作系统的虚存模块完成换入一个页面的工作。

其二,这个中断处理可以由程序自己完成,例如一些算术运算错误。因为不同的程序可能有不同的处理方法,所以很多操作系统提供由用户自己处理这类中断的"绿色通道"。一般来说,系统调试中断(断点中断、单步跟踪)也可以由用户程序处理,用于支持各种程序的调试。

(5) 系统服务请求(自愿性中断)

系统服务请求一般由处理器提供专用指令(又称访管指令)来激发,例如 x86 处理器提供 int 指令,用来激发软件中断,其他的不少处理器则专门提供系统调用指令 syscall。执行这些指令的结果是系统切换到管态,并且转移到一段专门的操作系统程序开始执行。这种指令的格式通常是指令名加上请求的服务识别号(有时是中断号),操作系统利用处理器提供的这种接口建立自己的系统服务体系。处理器机制一般不负责定义系统调用所传递参数的格式,因为不同的系统会提供不同的系统调用,而不同的系统调用需要不同的参数,所以给哪个系统服务例程传递什么样的参数以及如何传递这些参数都由操作系统规定。这方面的实例可以参看 DOS 定义的 21h 号中断的系统服务功能以及参数列表,这可以在很多讲 DOS 程序设计的书的附录中查到。现代操作系统一般不会提供直接使用系统调用指令的接口,通常的做法是提供一套方便、实用的应用程序函数库(又称为应用程序设计接口 API),这些函数从应用的较高层面重新封装了系统调用,一方面屏蔽了复杂的系统调用传参问题(用汇编语言传参),另一方面是高级语言接口,有助于快速开发。还有的系统在更高层面提供了系统程序设计的模板库和类库。例如 Windows Server 2003 提供了封装系统调用的 Win32 API 和高层编程设施 MFC 以及 ATL,而 Linux 则提供了封装系统调用的符合 POSIX 标准的 API 和 C 运行库。

2.5 I/O 技 术

计算机系统中的 I/O 控制通常使用下面几种技术:程序控制、中断驱动、直接存储器存取(DMA)和通道。

2.5.1 程序控制 I/O 技术

程序控制 I/O 是由处理器提供相关的 I/O 指令来实现的,这种方法中,I/O 处理单元处理请求动作并设置 I/O 状态寄存器中的相关位,它不中断处理器,也不给处理器任何警告信息,而由处理器定期轮询 I/O 单元的状态,直到处理完毕。I/O 软件则包含了直接操纵 I/O 的指令,包括:控制指令,用于激活外设,并告诉它做什么;状态指令,用于测试 I/O 控制中的各种状态和条件;数据传送指令,用于在设备和内存之间来回传送数据。

程序控制 I/O 技术的主要缺陷是处理器必须关注 I/O 处理单元的状态,因而它会耗费大量的时间轮询以获得这个信息,这严重地降低了系统的性能。

2.5.2 中断驱动 I/O 技术

为了解决程序控制 I/O 方法的主要问题,应该让处理器从轮询任务中解放出来做些更有用的事情,使 I/O 操作和指令执行并行起来。具体的作法就是当 I/O 处理单元准备好与设备交互的时候,通过物理信号通知处理器,即中断处理器。这在前面已经有所介绍,此处不再赘述。

2.5.3 DMA 技术

尽管中断的引入大大地提高了处理器处理 I/O 的效率,但是当处理器和 I/O 之间传送数据的时候,处理器还要做很多工作,效率仍旧不高,特别是在传输的数据很多的时候,比如硬盘读写这样的操作。直接存储器访问(DMA:Direct Memory Access)技术正是解决这个问题的方法。顾名思义,DMA 通过系统总线中的一个独立控制单元——DMA 控制器,自动地控制成块数据在内存和 I/O 单元之间的传送。当处理器需要读写一整块数据的时候,它给 DMA 控制单元发送一条命令,通常包含了:是否请求一次读或写、I/O 设备的编址、开始读或写的内存编址、需要传送的数据长度等信息。处理器发送完命令之后就可以处理其他的事情了,DMA 控制器将自动管理数据的传送,当这个过程完成后,它会给处理器发一个中断,这样处理器只在开始传送和传送结束时关注一下就可以了,这再一次大大提高了处理I/O的效能。

处理器和DMA传送也不是完全并行的,它们之间有时会有总线竞争的情况发生,处理器想使用总线的时候可能会稍作等待,这不会引起中断,也不会引起程序上下文的保存,通常这个过程只有一个总线周期。这使得在DMA传送发生时,处理器访问总线的速度会变慢。不过,对于大量数据的I/O传送来说,DMA技术是很有价值的。

2.5.4 通道

通道是独立于中央处理器的、专门负责数据I/O传输工作的处理单元,它对外设实现统一管理,代替CPU对I/O操作进行控制,使CPU和外设可以并行工作。所以通道又称为I/O处理机。通道技术一般使用于大型机系统和那些对I/O处理能力要求比较严格的系统中,微机一般没有通道。

2.6 时 钟

在计算机系统中,设置时钟是十分必要的。这是由于时钟可以为计算机完成以下必不可少的工作:

(1) 在多道程序运行的环境中,它可以为系统发现一个陷入死循环(编程错误)的作业,从而防止机时的浪费;

(2) 在分时系统中,用间隔时钟来实现作业间按时间片轮转;

(3) 在实时系统中,按要求的时间间隔输出正确的时间信号给一个实时的控制设备(如A/D、D/A转换设备);

(4) 定时唤醒那些要求延迟执行的各个外部事件(如定时为各进程计算优先数,银行系统中定时运行某类结账程序等);

(5) 记录用户使用各种设备的时间和记录某外部事件发生的时间间隔;

(6) 记录用户和系统所需要的绝对时间,即年、月、日。

由上述时钟的这些作用可以看到,时钟是操作系统运行的必不可少的硬件设施。不管是什么时钟,实际上都是硬件的时钟寄存器,按时钟电路所产生的脉冲数对这些时钟寄存器进行加1或减1的工作。

绝对时钟记录当时的时间(年、月、日、时、分、秒)。一般来说,绝对时钟准确。当计算机停机时,绝对时钟值仍然自动修改。

间隔时钟,又称相对时钟,也是通过时钟寄存器来实现的,同样由操作人员置好时间间隔的初值,以后每经过一个单位的时间,时钟的值减1。直到该值为负时,则触发一个时钟中断,并进行相应的处理。

微机系统中通常只有一个间隔时钟,大型机中时钟类型会多一些。但硬件提供的时钟总是比较少,往往不能满足多个进程的不同时钟要求,因而操作系统会提供虚拟时钟(软时钟),它通常是一个软件计数器,由操作系统负责维护,使其与硬件时钟保持同步。多个虚拟时钟的组织通常通过队列的数据结构完成。这一工作过程的实现因系统而异,但基本原理相似。下面通过一个抽象的例子进行说明。

假定有四个作业：

A 作业：从现在起过 50 毫秒后运行；
B 作业：从现在起过 60 毫秒后运行；
C 作业：从现在起过 65 毫秒后运行；
D 作业：从现在起过 65 毫秒后运行。

此时钟队列可以用如图 2.14 方式组织。

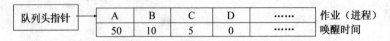

图 2.14　时钟队列的组织

时钟队列的头指针指向时钟队列在内存中的地址。这个时钟队列采用时间增量方法登记各个定时项，每当时钟经过 1 毫秒，时钟中断将时钟队列的第一个软时钟计数减 1，当这个软时钟计数为 0 时，系统将唤醒对应的作业 A 运行，同时 B 成为队列中的第一个项目……如此循环。若作业 A 在 50 毫秒后还要继续运行，则按照时间先后插入队列，若作业 D 是队尾，A 应该处于 D 之后，时间增量为 50－10－5－0＝35。

2.7　Linux 的中断处理

2.7.1　中断处理的硬件机制

在了解软件如何处理中断之前，有必要了解中断处理的硬件机制，如图 2.15 所示。外部

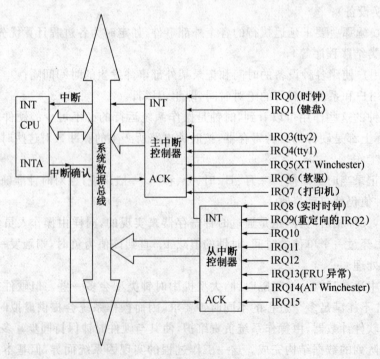

图 2.15　32 位 i386 中断处理硬件机制

设备产生的中断实际是电平的变化信号,信号的变化出现在中断控制器的 IRQ(中断请求)管脚上,这一信号首先由中断控制器处理。中断控制器可以响应多个中断输入,它的输出连接到 CPU 的 INT 管脚,CPU 在该管脚上的电平变化可通知处理器产生了中断。如果 CPU 这时可以处理中断,CPU 会通过 INTA(中断确认)管脚上的信号通知中断控制器已接受中断,这时,中断控制器可将一个 8 位数放置在数据总线上,这一 8 位数据也称为中断向量号,CPU 依据中断向量号和中断描述符表(IDT)中的信息自动调用相应的中断服务程序。

中断方式实际上是异步驱动设备的方式,所以,通过使用中断机制可以有效地利用 CPU,下面就来看看 Linux 是如何具体处理中断的。

2.7.2 Linux 的中断描述符

1. 中断向量

前面提到过,Linux 将所有 256 种中断分为两大类:异常和中断。Linux 中的每个中断和异常是由 0 到 255 之间的一个整数来标识,Intel x86 对其编号,即赋予其一个中断类型码,把这个 8 位的无符号整数称为一个中断向量。

0 到 31 的向量对应于异常和不可屏蔽中断。

32 到 47 的向量对应于可屏蔽中断,即由 IRQ 引起的中断。

48 到 255 对应于软件中断。

2. 中断描述符表

在实地址模式下,内存中从 0 开始的 1K 字节用来做中断向量表,每个表项 4 个字节。而在保护模式下,引入了中断描述符表,除了用 2 个字节表示段地址描述符,用 4 个字节表示偏移量,还用 2 个字节表示模式切换。从而中断向量表中的表项由 8 个字节组成,中断向量表也称为中断描述符表(IDT:Interrupt Descriptor Table),其中的每个表项称为中断描述符。作为一个系统表,IDT 与每一个中断或异常向量相联系,每一个向量有相应的中断或异常处理程序的入口地址。

中断描述符有四种类型:任务门、中断门、陷阱门和调用门。

任务门:包含一个进程的 TSS 段选择符,当中断信号发生时,被用来取代当前进程的那个 TSS 段选择符。Linux 中未使用。

中断门:包含了段选择符和一个中断或异常处理程序的段内偏移量。当控制权通过中断门进入中断处理程序时,系统关中断。

陷阱门:与中断门类似,区别是当控制权通过陷阱门进入中断处理程序时,不关中断。

调用门:作用是让用户态的进程能够访问陷阱门。

3. 中断向量表的初始化

Linux 内核在系统初始化时也进行中断相关的初始化工作,例如初始化 8259A、将中断描述符表的起始地址装入指定寄存器 IDTR 并初始化各个表项(用空的中断处理程序填充中断描述符表)等。

在能够处理中断前,Linux 内核还要再次填写中断描述符表并完成一些初始化工作,即用实际的中断处理程序来替代表项中空的处理程序。

(1) 中断描述符表项的设置

IDT 表项的设置在文件 arch/i386/kernel/traps.c 中实现,主要是通过宏 _set_gate 来实

现的。_set_gate 的第一个参数为 gate_addr(门序号)，第二个参数为 type(描述符类型)，第三个参数为 dpl(特权级)，第四个参数为 addr(相应的处理程序)。

下面的 4 个函数调用了宏_set_gate 来设置 IDT 的内容。其中函数 set_trap_gate()的函数原型如下：

```
static void __init set_trap_gate(unsigned int n, void * addr)
{
    _set_gate(idt_table+n,15(陷阱门),0(特权级-系统),addr);
}
```

上面的 idt_table 是中断描述符表的基地址，它加上 n 就得到了中断描述符表的入口，与此类似，函数 set_intr_gate()、函数 set_system_gate()和函数 set_call_gate()的函数原型如下：

```
void set_intr_gate(unsigned int n, void * addr)
{
    _set_gate(idt_table+n,14(中断门),0(特权级-系统),addr);
}
static void __init set_system_gate(unsigned int n, void * addr)
{
    _set_gate(idt_table+n,15(陷阱门),3(特权级-用户空间到系统空间),addr);
}
static void __init set_call_gate(void * a, void * addr)
{
    _set_gate(a,12(调用门),3(特权级-用户空间到系统空间),addr);
}
```

(2) 陷阱门和调用门的初始化

陷阱门和调用门的初始化也在文件 arch/i386/kernel/traps.c 中由函数 trap_init()实现。其中调用了 set_trap_gate()、set_system_gate()和 set_call_gate()等函数进行初始化。

(3) 中断门的设置

在中断向量表 IDT 中填充外部中断门则是通过调用在文件 arch/i386/kernel/i8259.c 中的 init_irq()完成的。init_irq()从 FIRST_EXTERNAL_VECTOR 开始初始化外部中断门。这些语句的主要作用就是设置中断门等。函数中用来完成这部分功能的代码如下：

```
for (i = 0; i < NR_IRQS; i++) {
    int vector = FIRST_EXTERNAL_VECTOR + i;
    if (vector != SYSCALL_VECTOR)
        set_intr_gate(vector, interrupt[i]);
}
```

代码的含义就是从 FIRST_EXTERNAL_VECTOR 开始,设置 NR_IRQS－FIRST_EXTERNAL_VECTOR 个 IDT 表项。宏 FIRST_EXTERNAL_VECTOR 定义为 0x20,即第一个外部向量的入口,而宏 NR_IRQS 定义为 224,即中断门的个数。数组 interrupt[] 即是中断处理程序的入口地址,数组中的每个元素是指向中断处理函数的指针。

而代码中调用的函数 set_intr_gate 的原型如下:

```
void set_intr_gate(unsigned int n, void * addr)
{
    _set_gate(idt_table＋n,14(中断门),0(特权级-系统),addr);
}
```

不论是外部中断、陷入,还是系统调用,都按照中断向量表找到服务程序、保留信息、压栈、转移控制权,再返回进程的次序来处理。中断返回时都会检查并执行 scheduler 来调度进程,所以每次中断、陷入或系统调用返回后都不一定再执行刚才的进程。

下面再通过一个具体的例子——时钟中断(它是分时操作系统运行的关键)来说明中断的工作过程:

在文件 main.c 中,函数 start_kernel() 中要调用函数 time_init(),它用来初始化时钟中断,在这个函数中调用了函数 setup_x86_irq(0,&irq0)(见/arch/i386/kernel/irq.c),这里参数 0 表示参数在数组 irq_desc[] 中的下标,而 irq 是下面的结构变量 static struct irq0={timer_interrupt,SA_INTERRUPT,0,"timer",NULL,NULL};

从这里可以看见时钟中断的处理函数是"timer_interrupt()"(见/arch/i386/kernel/time.c)。

在中断处理函数的最后,调用了函数 do_timer_interrupt(),这个函数最终将导致进程切换。事实上,它调用了函数 do_timer()(见/kernel/sched.c)的函数原型。

当时钟中断发生时,硬件将控制转到函数 timer_interrupt() 中,然后上面所描述的函数将开始工作。

2.7.3 Linux 的中断处理

1. 中断请求

在 Linux 中,每个能够发出中断请求的硬件设备控制器都有一个称为 IRQ(Interrupt Request)的输出线,所有的 IRQ 线都与中断控制器的硬件电路的输入引脚相连。如果在 IRQ 线上产生信号,中断控制器将会把接收到的信号转换为一个对应的中断向量,将此向量放在中断控制器的一个 I/O 端口,允许 CPU 通过数据总线读此向量,并且把产生的信号发送到处理器的 INTR 引脚(即发出一个中断),等待直到 CPU 确认这个中断信号。

由于很多外设共享中断线,仅仅用中断描述符并不能提供中断产生的所有信息,因此 Linux 内核为每个中断请求 IRQ 设置了一个队列——中断请求队列。

(1)中断请求的数据结构

① IRQ 描述符。对于每个 IRQ,Linux 都用一个 irq_desc_t 数据结构来描述,称之为 IRQ 描述符。256 个中断向量中除了 32 个分配给异常外,剩下的 224 个 IRQ 构成一个 irq_desc 数组。

```
typedef struct {
    unsigned int status;                /*描述 IRQ 中断线状态的一组标志*/
    hw_irq_controller handler;          /*指向中断控制器描述符*/
    struct irqaction * action;          /*指向一个单链表的指针,这个链表是对中断服务例程进行描述
                                          的 irqaction 结构*/
    unsigned int depth;                 /*IRQ 中断线深度。如果启用这条 IRQ 中断线,depth 则为 0。
                                          每当调用一次 disable_irq(),depth 就加 1,如果 depth 等于 0,该函
                                          数就禁用这条 IRQ 中断线。而每当调用 enable_irq(),depth 就减
                                          1,如果 depth 变为 0,该函数就启用这条中断线*/
    spinlock_t lock;                    /*自旋锁*/
} ___cacheline_aligned irq_desc_t;      /* ___cacheline_aligned 表示这个数据结构的存放按 32 字节进
                                          行对齐以便将来存放在高速缓存中并容易存取*/
extern irq_desc_t irq_desc [NR_IRQS];
```

② 中断控制器描述符。该描述符包含一组指针,指向与特定中断控制器电路交互的低级 I/O 例程。

```
struct hw_interrupt_type {
    const char * typename;                                      /*类型*/
    unsigned int ( * startup)(unsigned int irq);                /*启动*/
    void ( * shutdown)(unsigned int irq);                       /*关闭*/
    void ( * enable)(unsigned int irq);                         /*使能*/
    void ( * disable)(unsigned int irq);                        /*禁用*/
    void ( * ack)(unsigned int irq);                            /*应答*/
    void ( * end)(unsigned int irq);                            /*终止*/
    void ( * set_affinity)(unsigned int irq, unsigned long mask); /*设置亲合集*/
};
```

③ 中断服务例程描述符。在 IRQ 描述符中有指针 action 的结构为 irqaction,它是为多个设备能共享一条中断线而设置的数据结构。

```
struct irqaction {
    void ( * handler)(int, void * , struct pt_regs * );   /*指向一个具体 I/O 设备的中断服务例程*/
    unsigned long flags;                                  /*一组标志描述中断线与设备之间的关系*/
    unsigned long mask;
    const char name;                                      /*设备名*/
    void dev_id;                                          /*设备的主设备号和次设备号*/
    struct irqaction next;                                /*指向 irqaction 描述符链表的下一个节点。共享同一中断线的每
                                                            个硬件设备都有其对应的中断服务例程,链表中的每个元素就是对
                                                            相应设备及中断服务例程的描述*/
};
```

注意中断服务例程和中断处理程序是两个不同的概念。中断处理程序相当于某个中断向

量的总处理程序,即共享同一中断号的几个设备拥有同一个中断处理程序,但是它们却拥有各自的中断服务例程。

图 2.16 描述了中断请求数据结构之间的关系。

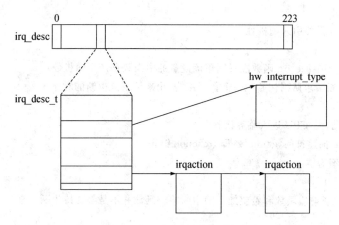

图 2.16　IRQ 描述符结构图

(2) 中断请求的操作

在 Linux 内核中,一个设备在使用一个中断请求号时,需要首先通过 request_irq 申请。request_irq 函数将对应的中断服务例程挂入中断请求队列。

下面介绍申中断请求函数 request_irq 的具体算法。

request_irq 算法

```
#if 1
    if 要求使用中断号共享
    {
    if 没有提供一个非零的 dev_id
        printk 函数产生一个出错信息;
    }
#endif
if 申请的中断号大于等于最大中断号
    return -EINVAL;
if 没有提供中断响应函数
    return -EINVAL;
为新的 irqaction 结构分配内存空间;
if 分配不成功
    return -ENOMEM;
填写 irqaction 结构变量中的成员。主要是将作为参数传入的中断处理函数、中断属性标志、终端设备名
    称、中断共享 id 号赋给变量中的相关成员。
调用 setup_irq 函数将 irqaction 结构变量加入相应的中断请求队列,返回值赋给变量 retval;
if 导入失败
    释放 irqaction 结构变量占用的内存空间;
    return retval;
```

request_irq 函数中调用了 setup_irq 函数，下面给出了其算法。

setup_irq 算法
获得 irq 的描述符；
if 该中断请求队列需要引入随机性
{
  调用 rand_initialize_irq 函数准备利用该设备的中断数据产生随机数；
  /* 为该中断请求队列初始化一个数据结构，用来记录该中断的时序 */
}
对中断请求队列加锁，CPU 进入临界区；
将指针 p 指向 irq 描述符的 action 域，即 irqaction 链表；
if irqaction 链表不为空
{
  if 原有的中断响应函数和希望加入的中断响应函数并不是都支持中断共享
  {
    对中断请求队列解锁，CPU 离开临界区；
    return －EBUSY；
  }
  do {
    p 指向 irqaction 链表的下个节点；
  } while irqaction 链表的下个节点不为空；
  irq 共享标志置 1；
}
将新的中断服务例程加入到 irq 中断请求队列；
if irq 共享标志为 0
{
  将中断嵌套层数设为 0；/* 启用这条 irq 线 */
  中断标志的 IRQ_DISABLED、IRQ_AUTODETECT、IRQ_WAITING 位清零；
  执行中断控制器的硬件启动函数；/* 如 8259A 芯片就对应 startup_8259A_irq 函数 */
}
对中断请求队列解锁，CPU 退出临界区；
在 proc 文件系统中显示 irq 的信息；
return 0；

在关闭设备时，常通过 free_irq 函数释放所用的中断请求号，下面介绍中断号释放算法函数 free_irq 的具体算法。

free_irq 算法
if 要释放的中断号超过了中断号所在的范围
  return；
获得 irq 的描述符；
对中断请求队列加锁，CPU 进入临界区；
将指针 p 指向 irq 描述符的 action 域，即 irqaction 链表；
for (；；)

```
{
    if 该中断对应的 irqaction 不为空
    {
        指针 p 指向 irqaction 链表的下一个节点；
        if 当前的 irqaction 节点的 dev_id 不等于要释放的 irq 的 dev_id
            continue；
            /* 找到了中断号对应的 irqaction 节点，将要删除 */
        if 没有其他的中断响应函数
        {
            中断标志置为 IRQ_DISABLED；
            执行中断控制器的硬件关闭函数；
        }
        对中断请求队列解锁，CPU 退出临界区；
    #ifdef CONFIG_SMP
        /* 对于 SMP 来说则要等到 irq 没有被其他 CPU 使用 */
        while irq 的状态是 IRQ_INPROGRESS
        {
            调用 barrier 函数屏蔽；
            调用 CPU_relax 函数使当前 CPU 处于循环等待状态；
        }
    #endif
        释放 action 所占用的内存空间；
        return；
    }
    printk("Trying to free free IRQ%d/n",irq)；
    对中断请求队列解锁，CPU 退出临界区；
    return；
}
```

2. 中断处理的执行

前面在中断处理部分已经提到过，在 Linux 中，CPU 从中断控制器的一个端口取得中断向量，再根据此中断向量从中断描述符表中找到相应的表项，也就是找到相应的中断门。CPU 就可以获得中断处理程序的入口地址。Linux 中用 IRQX_interrupt 来表示从 IRQ0x01_interrupt 到 IRQ0x0f_interrupt 任意一个中断处理程序。这个中断处理程序实际上调用了函数 do_IRQ()（在文件 arch/i386/kernel/irq.c 中定义）。

do_IRQ 函数用到了中断线的状态，表 2.1 列出这 9 种状态。

表 2.1　中断线的状态

状态	解释
IRQ_INPROGRESS	正在执行这个 IRQ 的一个处理程序
IRQ_DISABLED	由设备驱动程序已经禁用了这条 IRQ 中断线
IRQ_PENDING	一个 IRQ 已经出现在了中断线上并且被应答，但还没有为它提供服务
IRQ_REPLAY	当 Linux 重新发送一个已被删除的 IRQ 时

续表

状态	解释
IRQ_AUTODETECT	当进行硬件设备探测时,内核使用这条 IRQ 中断线
IRQ_WAITING	当进行硬件设备探测时,设置这个状态以标记正在被测试的 IRQ
IRQ_LEVEL	IRQ 多级触发
IRQ_MASKED	IRQ 被屏蔽
IRQ_PER_CPU	每个 CPU 上的 IRQ

函数 do_IRQ 处理所有外设的中断请求,下面给出了其算法。

do_IRQ 算法/*若函数返回 0 则说明这个 irq 正在由另一个 CPU 进行处理,或这条中断线被禁用*/
irq_desc_t *desc;struct irqaction *action;unsigned int status;
还原中断号;
获得 CPU 号;
在 irq_desc 数组中获得 irq 的描述符 desc;
内核统计数组的相应元素递增记录;
对多处理机加锁;
CPU 对中断请求给予确认;
status = desc->status & ~(IRQ_REPLAY | IRQ_WAITING);
status |= IRQ_PENDING;
/*如果 IRQ 被禁用,也不能使用自定义的中断服务例程*/
action= NULL;
if (!(status & (IRQ_DISABLED | IRQ_INPROGRESS))) {
  action = desc->action;
  status &= ~IRQ_PENDING; /*提交处理*/
  status |= IRQ_INPROGRESS; /*将要处理*/
}
desc->status=status;
/*如果没有中断服务例程或者 IRQ 被禁用,则退出。由于设置了 PENDING,如果另一个处理器正在
处理相同 IRQ 的一个不同的实例,其他处理器必须注意*/
if (! action) goto out;
  for (;;) {
    加锁进入临界区;
    调用 handle_IRQ_event 函数依次调用请求队列中的每个中断服务例程;
    解锁退出临界区;
    if (!(desc->status & IRQ_PENDING))
      break;
    desc->status &= ~IRQ_PENDING;
  }
  desc->status &= ~IRQ_INPROGRESS;
out:
  desc->handler->end(irq);

/＊如果没有设置 IRQ_DISABLED 标志位,就调用 enabled_8259A_irq()来启用这条中断线＊/
对多处理机解锁；
if 这个中断有后半部分
调用 do_softirq 函数处理软中断；
return 1；

3. 从中断返回

在中断处理函数 do_IRQ()执行的时候,内核栈的栈顶存有 do_IRQ 的返回地址,这个地址指向 ret_from_intr,这是个汇编语言的入口点。实际上,中断、异常和系统调用的返回是一起用嵌入式汇编实现的,下面介绍中断返回的汇编算法的代码流程。

ENTRY(ret_from_intr)
  将当前进程 task_struct 结构的指针放入寄存器 EBX 中
ret_from_exception：
  将中断发生前期 EFALGS 寄存器高 16 位与代码段 CS 寄存器的内容合为 32 位的长整数；
    #EFALGS 寄存器高 16 位中的标志位表示 CPU 是否运行在 VM86 模式下；
    CS 寄存器的最低两位表示中断发生时 CPU 的运行级别
  检验中断前期 CPU 是否够运行于 VM86 模式下以及中断前期 CPU 是运行在用户空间还是运行在内核空间；
  如果中断发生在用户空间或 VM86 模式下则跳转到 ret_from_sys_call 处；
  调转到 restore_all 处   #此时中断发生在内核空间

ENTRY(ret_from_sys_call)
  关中断；
  比较调度标志是否为 0；
  如果调度标志非 0 则跳转到 reschedule 处； #重新进行进程调度
  比较信号挂起标志是否为 0
  如果信号挂起标志非 0 则跳转到 signal_return 处； #处理完信号才从中断返回
restore_all：
  RESTORE_ALL   #当从中断返回时,该宏用来恢复相关寄存器的内容

2.7.4 中断的后半部分处理

总的来说,Linux 以两种方式来处理中断,一种在响应 PIC 后直接执行中断(如上所述),另一种是把中断相应处理任务挂在 bottom_half handler 上,等到下一次系统调用后执行,这种方式多被一些外设驱动程序使用。

1. 中断的后半部分处理机制

(1) 基本概念

中断服务例程一般都是在中断请求关闭的条件下执行的,以避免嵌套而使中断控制复杂化。然而,中断是随机事件,如果关中断的时间太长,CPU 就不能及时响应其他的中断请求,从而造成中断的丢失。因此,内核的目标就是尽可能快地处理完中断请求,尽其所能把更多的处理向后推迟。

为了实现这个目标,内核把中断分为两部分:前半部分(top half)和后半部分(bottom half),前半部分内核立即执行,而后半部分留着稍后处理。后半部分运行时是允许中断请求的,而前半部分运行时是关中断的,这是两者间的主要区别。

(2)实现机制

bottom half 机制

系统中最多可以有 32 个不同的底层处理过程,bh_base 是指向这些过程入口的指针数组,而 bh_active 和 bh_mask 用来表示哪些处于活动状态,哪些处理过程已经安装。如果 bh_mask 的第 N 位置位,则表示 bh_base 的第 N 个元素包含底层部分处理例程。如果 bh_active 的第 N 位置位,则表示第 N 个底层处理例程可在调度器认为合适的时刻调用。这些索引被定义成静态的,定时器底层部分处理例程具有最高优先级(索引值为 0),控制台底层部分处理例程其次(索引值为 1)。典型的底层部分处理例程包含与之相连的任务链表,例如 immediate 底层部分处理例程通过那些需要被立刻执行的任务的立即任务队列(tq_immediate)来执行。

有些核心底层部分处理过程是与设备相关的,但有些更加具有通用性(见图 2.17):

TIMER_BH:每次系统的周期性时钟中断发生时,此过程被标记为活动,它被用来驱动核心的定时器任务队列机制。

CONSOLE_BH:此过程被用来处理进程控制台消息。

TQUEUE_BH:此过程被用来处理进程 tty 消息。

net:此过程被用来做通用网络处理。

immediate:这是被几个设备驱动用来将任务排队成稍后执行的通用过程。

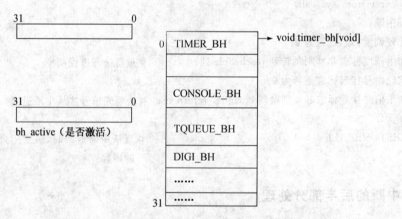

图 2.17 一个与底层部分处理相关的核心数据结构

当设备驱动或者核心中其他部分需要调度某些工作延迟完成时,它们将把这些任务加入到相应的任务队列中去,如定时器队列,然后对核心发出信号通知它需要调用某个底层处理过程,具体方式是设置 bh_active 中的某些位。如果设备驱动将某个任务加入到了 immediate 队列并希望底层处理过程运行和处理它,可将第 8 位置 1。每次系统调用结束返回调用进程前都要检查 bh_active,如果有某位被置 1,则调用处于活动状态的底层处理过程。检查的顺序是从 0 位开始直到第 31 位,即按照优先级从高到低的顺序。

每次调用底层处理过程时 bh_active 中的相应位将被清除。bh_active 是一个瞬态变量,它仅仅在调用调度管理器时有意义,同时它还可以在空闲状态时避免对底层处理过程的调用。

bh_mask 标志是否安装了中断下半部处理程序。

在 Linux2.4 以前的内核中,每次执行完 do_IRQ()中的中断服务例程之后,以及每次系统调用结束以前,就在 do_bottom_half()函数中执行相应的 bh 函数。

在 do_bottom_half()函数中对 bh 函数的执行是在关中断的情况下进行的,也就是说对 bh 的执行进行了严格的"串行化",这种方式简化了 bh 的设计。即对单 CPU 来说,bh 函数的执行可以不嵌套;而对多 CPU 来说,在同一时间内最多只允许一个 CPU 执行 bh 函数。

bh 函数的串行化是针对所有 CPU 的,根本发挥不了多 CPU 的优势。

在 Linux2.4 的内核中,继续保留 bh 机制,另外增加了一种或几种机制,并把它们纳入一个统一的框架中。

软中断机制

软中断机制的作用也是推迟内核函数的执行,然而,与 bh 函数严格地串行化执行相比,软中断在任何时候都不需要串行化。同一个软中断的两个实例可以在两个 CPU 上同时运行。当然,这时候软中断必须是可重入的。在检测到软中断请求后,就通过 do_softirq(在文件 kernel/softirq.c 中定义)执行软中断服务例程。

Tasklet 机制

Tasklet 机制建立在软中断之上,但与软中断的区别是,同一个 tasklet 只能运行在一个 CPU 上,而不同的 tasklet 可以同时运行在不同的 CPU 上。在这种情况下,tasklet 就不需要是可重入的。

2. 中断后半部分的数据结构

(1) bh 结构

```
static void ( * bh_base[32])(void);        /* 数组的每个元素指向一个 bh 函数 */
```

(2) 软中断结构

```
struct softirq_action
{
    void( * action)(struct softirq_action * );
    void * data;
};
```

(3) tasklet 结构

```
struct tasklet_struct
{
    struct tasklet_struct * next;
    unsigned long state;
    atomic_t count;
    void ( * func)(unsigned long);
    unsignd long data;
```

```
};
struct tasklet_struct bh_task_vec[32];              /* 它将所有的 tasklet 例程都组织起来 */
extern struct tasklet_head tasklet_hi_vec[NR_CPUS]; /* 每个 tasklet_head 结构就是一个 tasklet_struct
                                                       结构的队列头 */
```

3. 中断后半部分的标注

通过 void tasklet_enable()和 void tasklet_disable()两个函数,可以决定是否使用 ISR 的下半部。

当需要执行一个特定的 bh 函数时,首先要提出请求,这是由 mark_bh 函数来完成的。通过函数 void mark_bh(int nr)可以标注一个中断下半部,以便一旦有机会就执行。

内核中用 tasklet_struct 来定义一个 tasklet,下面介绍标注中断下半部函数的算法。

mark_bh 算法

调用 tasklet_hi_schedule(bh_task_vec+nr)函数;

tasklet_hi_schedule 算法

/* tasklet_struct 代表着将要对 bh 函数的一次执行,在同一时间内,只能把它链入到一个队列中,而不可能同时出现在多个队列中。对同一个 tasklet_struct 结构,如果已经对其调用了 tasklet_hi_schedule 函数,而尚未得到执行,就不允许再将其链入该队列 */

  if 当前的 tasklet_struct 结构还没有被该函数调用过

    调用_tasklet_schedule 函数;

_tasklet_schedule 算法

调用 smp_processor_id 函数得到当前进程所在的 CPU 号;
对队列加锁并关中断;
将该tasklet_struct 结构链入 tasklet_hi_vec 数组中相应的 tasklet_struct 队列中;
对队列解锁并开中断;
调用 cpu_raise_softirq(cpu, HI_SOFTIRQ) 函数发出软中断请求;/* bh 与 HI_SOFTIRQ 软中断对应 */

4. 中断后半部分的处理

ISR 后半部分的处理包括 bh 的处理和软中断的处理。

(1) bh 中断处理

在 bh 处理中,从上面我们看到 mark_bh 函数最终会调用 CPU_raise_softirq 函数发出软中断请求,bh 即与 HI_SOFTIRQ 软中断相对应。软中断 HI_SOFTIRQ 的服务例程是 tasklet_hi_action()。下面给出其具体算法。

tasklet_hi_action 算法

{
  调用 smp_processor_id 函数得到当前进程所在的 CPU 号;
  struct tasklet_struct * list;
  关中断;
  从数组 tasklet_hi_vec[]中取出当前要执行的任务;
  开中断;
  while 当前 tasklet 链表中的元素不为空 {

            当前指针指向链表中的第一个元素；
        if tasklet 加锁成功{
            if 当前 tasklet 的引用计数为 0 {
                if 未能消去当前 tasklet 的 TASKLET_STATE_SCHED 状态标志
                    BUG();
                调用 bh_action 函数执行 bh_base 数组中的当前 bh 函数；
                tasklet 解锁；
                continue；
            }
            tasklet 解锁；
        }
        关中断；
        将该 tasklet 挂到 tasklet_hi_vec 数组链表中；
        调用函数 __cpu_raise_softirq 继续发出软中断请求；
        开中断；
    }
}

bh_action 算法
调用 smp_processor_id 函数得到当前进程所在的 CPU 号；
if 全局 CPU 加锁未成功
    goto resched；
if 关闭硬中断未成功
    goto resched_unlock；
if (bh_base[nr])
    bh_base[nr]();   /* 执行 bh 函数 */
开启硬中断；
全局 CPU 解锁；
return；
resched_unlock：
    全局 CPU 解锁；
resched：
    调用函数 mark_bh；

(2) 软中断处理

在 do_IRQ 函数的最后会检测是否有软中断请求，如果有，就要调用 do_softirq 执行软中断服务例程。下面给出 do_softirq 的具体算法。

do_softirq 算法
调用函数 smp_processor_id 获得当前的 CPU 号；/* 对于多 CPU 系统获取当前的 CPU 号，单 CPU 为 0 */
if 正在处理中断
    return；
中断保存现场；

```
        if 有未处理的软中断 {
            禁止 bottom half 运行;
restart:
            在开中断前对挂起位掩码复位;
            开中断;/* 此时系统可以接受中断 */
            do {
                if 有未处理的软中断
                    执行 softirq_vec 数组中当前元素的中断服务例程;
                当前指针指向 softirq_vec 数组的下一个元素;
                pending >>= 1;
            } while (pending);
/* 由于 softirq_vec 数组中记录的不同中断服务程序与_softirq_active 每一位相对应,所以判断其每一位是
否为1,来决定是否执行相应的中断服务程序。*/
            关中断;
            if 有新的中断 {
                将掩码复位;
                goto restart;
            }
            允许 bottom half 运行;
            if 有未处理的软中断
                调用函数 wakeup_softirqd 唤醒被挂起的进程;
        }
        中断恢复现场;
```

习 题 二

1. 请简述处理器的组成和工作原理。你认为哪些部分和操作系统密切相关,为什么?
2. 为了支持操作系统,现代处理器一般都提供哪两种工作状态,以隔离操作系统和普通程序?两种状态各有什么特点?
3. 什么是分级的存储体系结构?它主要解决了什么问题?
4. 内存通常有哪两种类型?它们各自的特点是什么?用在哪里?
5. 请简述程序局部性原理。这个原理在分级的存储体系结构中是怎样起作用的?
6. 什么是存储保护?有哪些方法实现存储保护?
7. 查阅资料了解 Intel x86 处理器关于存储管理的材料,看看它是怎么支持操作系统实现内存管理以及存储保护的。
8. 缓冲技术在计算机系统中起着什么样的作用?它是如何工作的?
9. 什么是中断?为什么说中断对现代计算机很重要?
10. 中断的一般处理过程怎样的?若多个中断同时发生呢?
11. 请简述操作系统是如何利用中断机制的?
12. 画出中断处理的一般过程,并标出整个过程中哪些由硬件完成,哪些由软件完成?
13. 常用的 I/O 控制技术有哪些?各有什么特点?
14. 时钟对操作系统有什么重要作用?

第 3 章　用户接口与作业管理

本 章 要 点

- 程序的启动方式,程序结束时操作系统所做的工作
- 用户与操作系统的接口:用户级接口和程序级接口
- 作业的基本概念:作业、作业步、作业流,典型的作业步
- 批处理操作系统的作业管理:作业控制语言、作业说明书、作业控制块、作业的状态及其状态转换、作业调度、作业控制、各种常见的作业调度算法、评价作业调度算法的指标、作业调度与进程调度相互间的关系、SPOOLing 系统
- 交互式系统的作业管理:交互式命令、分时系统的终端管理
- 系统调用:用户程序向操作系统提出服务请求的手段,系统调用的基本思路,POSIX 系统调用,系统调用实现方法,Win32 应用程序接口,Linux 系统调用
- 操作系统的安装与启动

通常,有五种启动程序执行的方式:命令方式、批处理方式、EXEC 方式、由硬件装入程序并启动执行方式以及自启方式。程序执行结果有两种可能:正常结束、异常结束。此时,操作系统回收程序所用的资源,并返回结果信息或报告出错原因。

用户与操作系统之间有两类接口,一类是作业级接口,又分为联机作业控制方式的接口和脱机作业控制方式的接口;另一类是程序级接口,即系统调用。

在一次应用业务处理过程中,从输入开始到输出结束,用户要求计算机所做的有关该次业务处理的全部工作,称为一个作业。一个作业执行时要分若干个作业步,每个作业步完成一项指定工作,典型的作业步骤包括编译、装配和运行。

对批处理作业,用户预先要用作业控制语言写好一份作业控制说明书,连同源程序和被加工的数据一起输入到磁盘上的"输入井"中等待处理。在"输入井"中的后备作业经过作业调度进入内存,在多道批处理系统中,允许多个作业同时在内存,至于哪一个作业占有处理器运行则由进程调度决定。

对交互式作业,用户与计算机系统以对话方式控制作业的执行,利用显示屏幕、键盘和鼠标等设备在联机状态实现人机交互。用户输入命令决定作业执行步骤,操作系统按用户指定的要求去工作,且把工作情况及时通知用户。特别是在分时系统中,用户通过终端使用计算机系统,此时,用户先要让自己的终端与计算机系统在物理线路上连接,然后进行登录,登录成功后才能以交互方式控制作业的执行,作业执行结束后,如果用户没有其他的操作需要,则退出系统。

系统调用是操作系统提供给编程人员的唯一接口,通过系统调用,用户程序可以向操作系统发出请求,请求操作系统的各项服务功能。一般系统调用分为进程控制类、文件操作类、进程通信类、设备管理类、信息维护类等。系统调用的实现是借助于软中断(陷入机制)来完成

的。不同的操作系统系统调用的实现方式各有不同,且系统提供的系统调用数量也不一样。

POSIX 为不同的操作系统提供了一个设计系统调用的共同标准。微软 Windows 提供了一系列应用程序接口 Win32 API,通过 Win32 API,程序员能够得到操作系统的服务。而 Linux 则为用户态的进程提供了封装系统调用的符合 POSIX 标准的 API 和 C 运行库。

操作系统的引导有独立引导和辅助下装两种方式,通过引导完成操作系统初始化过程,使系统从程序的顺序执行转到并发执行的环境。

计算机配置操作系统的目的之一是方便用户使用。换言之,就是在操作系统协助下,用户能方便、快捷、灵活、安全可靠、经济有效地使用计算机系统的资源来解决其问题。在本章中我们从三个角度来介绍:

首先,要让计算机完成所要求的任务,一定要先编写程序,然后通过某种方式把该程序提交给计算机,这实际上就是用户与操作系统的接口。

接下来,计算机得到命令执行某个程序,所以本章将讨论在启动和结束程序过程中操作系统所完成的一系列工作。

为了提高计算机的利用率,早已产生了支持多个作业处理的系统,那么系统将采用怎样的处理和调度策略与方法,才能达到用户与系统之间的最优效率呢? 这是本章将探讨的第三个问题。

3.1 概　　述

3.1.1 程序的启动和结束

1. 程序的启动

一个程序开始执行时必须满足两个前提条件:一个是程序已装入内存;另一个是程序计数器 PC 中已置入该程序在内存的入口地址。

一般说来,有五种启动程序执行的方式,分别叙述如下:

(1) 命令方式

用户在命令提示符下输入程序名和参数并按回车键,由命令解释程序分析用户的输入,调用相应的程序开始执行。程序执行完毕,下一个命令提示符出现。在 Windows 中,命令方式是以窗口菜单显示和鼠标操作来体现的。

(2) 批处理方式

将若干条命令存在一个文件中,在提示符后输入该文件的名称,由计算机自动连续执行该文件的这组命令。例如,在调试一个新程序时,由于需要进行多次修改才能使其达到较为满意的效果,这就需要反复地输入编译、链接、装入并执行该程序的一组序列命令,这种输入一条执行一条的命令方式,既费时又不方便;有了批处理文件名,即可执行这组命令序列。

(3) EXEC 方式

在一个程序中通过 EXEC 语句运行另一个程序,当后一个程序执行完毕后再返回到前一个程序。

(4) 由硬件装入程序和启动程序执行

在早期计算机中,用户把装有可执行目标程序的纸带(或卡片)安装到纸带(或卡片)输入机上,按下机器面板上的一个特定按钮("装入程序并启动执行"),硬件将纸带(或卡片)上的内容顺序读入内存,直至纸带(或卡片)上的一个特殊的程序结束标志为止,然后,硬件开始从内存零地址处执行程序。

(5) 自启程序

自启程序是自己装入自己并启动自己开始执行的程序。自启程序由两部分组成:引导程序和程序主体。引导程序在外部设备的起始位置上顺序存放,开机时由硬件自动装入并启动;或 ROM 中放一个引导程序,则不必再装入引导程序而可以直接启动,即开机时硬件自动从 ROM 中该引导程序的起始地址开始执行它。由引导程序装入启动程序主体。

2. 程序的结束

程序启动之后,有两种结束的可能:正常结束、异常结束。

(1) 正常结束

程序按自身的逻辑有效地完成预定功能后结束。程序正常结束之后需要进行下述处理工作:

① 返回父程序并回送结果信息;

② 释放所用资源(空间、设备),记录使用情况,记账等。

(2) 异常结束

发生了某些错误而导致程序在没有完成预定功能的情况下结束。程序异常结束时应进行正常结束时所做的处理工作,除此之外,还应找出错误原因并报告给用户。

3.1.2 用户与操作系统的接口

用户与操作系统之间的接口通常分为作业级接口和程序级接口两级。

1. 作业级接口

这种类型的接口是用于作业控制的。用户通过键盘输入或在作业中发出一系列命令,告诉操作系统执行哪些操作。对于不同的作业,控制方式又分为两类:

(1) 联机作业控制方式的接口

这是由一组键盘操作命令组成,用户通过终端设备输入操作命令,向系统提出各种要求。用户敲入一条命令,控制就转入系统命令解释程序,对其解释、执行,完成要求的功能,之后控制又转回控制台或终端,用户又可继续敲入命令。如此反复直至作业完成为止。

(2) 脱机作业控制方式的接口

由一组作业控制语言组成,系统为脱机用户提供了作业控制语言。用户利用此语言将事先考虑到的对作业的各种可能要求写成作业操作说明书,连同作业一并交给系统。系统运行该程序时,一边解释作业控制命令,一边执行该命令,直到运行完该组作业。

2. 程序级接口

这是系统为用户在程序一级提供有关服务而设置的。由一组系统调用命令组成,它们负责管理和控制运行的程序,并在这些程序与系统控制的资源和提供的服务之间实现交互作用。这种交互作用可以是专门为程序员通过汇编程序与操作系统打交道而提供的。因而,用汇编语言编程序的用户,在程序中可以直接用这组系统调用命令,向系统提出各种外部设备要求,进行有关磁盘文件的操作,申请分配和回收内存的部分储存空间,以及其他各种控制要求等。至于使用其他高级语言的用户,则可以在编程时使用过程调用语句。它们通过相应的编译程序将其翻译成有关的系统调用命令,再去调用系统提供的各种功能或服务。

3.1.3 作业的基本概念

1. 作业

操作系统中的作业是一个含义比较广泛的概念,并不限于单纯的计算。例如:打印一个文件、检索一个数据库、发送一个电子邮件等都可视为作业。一般我们把一次应用业务处理过程中,从输入开始到输出结束,用户要求计算机所做的有关该次业务处理的全部工作,称为一个**作业**。

从系统的角度看,作业是一个比程序更广泛的概念。它由程序、数据和作业说明书组成。系统通过作业说明书控制文件形式的程序和数据,使之执行并对其进行操作。而且,在批处理系统中,作业是抢占内存的基本单位。也就是说,批处理系统以作业为单位把程序和数据调入内存以便执行。

2. 作业步

一般情况下,一个作业可划分成若干个相对独立的部分,每个部分称为一个**作业步**。任何一个作业都要经过若干加工步骤才能得到结果。作业运行期间,各作业步之间存在着相互联系,往往上一个作业步的结果作为下一个作业步的输入。

典型的作业控制过程可以分成"编译"、"连接装配"、"运行"三个作业步,如图 3.1 所示。其中,"编译"作业步是通过执行"编译程序"对源程序进行编译并产生若干目标程序段,编译过程中可把发现的错误或编译进展情况作为输出信息通知操作员;紧接着的"装配"作业步是执行"装配程序",把上一个作业步产生的目标程序段、调用的系统子程序以及库函数等连接装配成可执行的目标程序,必要时也可以输出一些信息;最后是"运行"作业步,由"运行程序"将可执行的目标程序读入内存并控制其执行,执行中调用动态库函数和读入初始数据进行处理,把产生的结果打印输出。

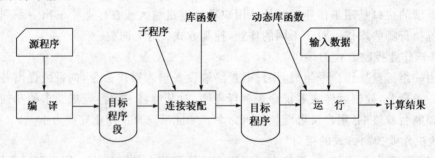

图 3.1 典型的作业步

3. 作业流

一次有一批作业进入系统,并在操作系统控制下,一个作业接一个作业地进行处理,这称之为作业流。

3.2 批处理系统的作业管理

3.2.1 批处理作业控制语言与作业说明书

1. 作业控制语言

作业说明书是用户用于描述批处理作业处理过程控制意图的一种特殊程序。用于书写作业说明书的语言称为**作业控制语言**(JCL：Job Control Language)。由于作业控制语言属于操作系统与用户之间的界面形式，对于不同的操作系统来说，作业控制语言各不相同，因而作业说明书在不同的操作系统中不能通用。大致说来，作业控制语言一般包括：I/O命令、编译命令、操作命令以及条件命令等几类。

I/O命令用来说明用户各种信息(包括程序、数据和作业说明书等)的输入、结果信息(包括编译好的目标程序、计算结果)的输出以及I/O设备使用等。

编译命令用于实现对不同语言的源程序分别进行相应的编译，此外还有与此有关的一些命令，诸如对编译出错的处理、列表输出、目标程序是否需要立即装入内存启动运行等。

操作命令是对作业运行中诸如启动、运行时的限制及作业终止等问题的控制。

条件命令是针对程序运行中发生某个重大事件时的处理方式而设置的，它使用户在充分估计作业运行情况的同时针对不同的情况予以相应的处理，以达到预想的效果。

2．作业说明书

作业说明书用作业控制语言来表达用户对作业的控制意图。作业说明书主要包括三方面内容，即作业基本描述、作业控制描述和资源要求描述。作业基本描述包括用户名、作业名、使用的编程语言名称、允许的最大处理时间等。而作业控制描述则大致包括作业在执行过程中的控制方式(例如是脱机控制还是联机控制)、各作业步的操作顺序以及作业不能正常执行的处理等。资源要求描述包括要求内存的大小、外设种类和台数、处理机优先级、所需处理时间、所需库函数或实用程序等。作业说明书的主要内容如图3.2所示。

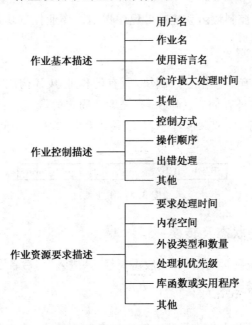

图3.2 作业说明书的主要内容

3.2.2 作业控制块与作业表

1．作业控制块(JCB：Job Control Block)

作业控制块是批处理作业存在的标志，其中保存有系统对于作业进行管理所需要的全部信息，它们被保存于磁盘区域中。

(1) 作业控制块的内容

作业控制块中所包含的信息数量及内容因系统而异。对于较简单的系统来说,作业控制块的内容较少;对于较复杂的系统来说,作业控制块的内容较多。图3.3给出了作业控制块通常所应包含的主要内容。

(2) 作业控制块的建立

当一个作业开始由输入设备向磁盘的输入井传输时,系统输入程序为其建立一个作业控制块,并对其进行初始化。初始化所需要的大部分信息取自作业说明书,如作业标识、用户名称、调度参数和资源需求等;其他一些信息由资源管理程序给出,如作业进入时间等。

(3) 作业控制块的使用

系统输入程序、作业调度程序、作业控制程序、系统输出程序等都需要访问作业控制块。如作业调度程序在选择作业时需要JCB中所提供的调度参数;作业控制程序在处理每一个作业步时都需要将该作业步的资源使用情况记录在JCB中;系统输出程序需要根据作业说明书中的内容形成输出报告。

| 作业标识 |
| 用户名称 |
| 用户账号 |
| 调度信息 |
| 资源需求 |
| 作业状态 |
| 作业类别 |
| 输入井地址 |
| 输出井地址 |
| 进入系统时间 |
| 开始处理时间 |
| 作业完成时间 |
| 作业退出时间 |
| 资源使用情况 |

图3.3 作业控制块JCB

(4) 作业控制块的撤消

作业完成后,其作业控制块由系统输出程序撤消。作业控制块被撤消后其作业也不复存在了。

2. 作业表

如前所述,每个作业有一个作业控制块,所有的作业JCB构成一个表,称为作业表,如图3.4所示。作业表存放在外存固定区域中,其长度是固定的,这就限制了系统所能同时容纳的作业数量。系统输入程序、作业调度程序、系统输出程序都需要访问作业表,因而这里存在互斥问题。

| JCB1 | JCB2 | …… | JCBi | ……JCBn |

图3.4 作业表

3.2.3 批处理作业的状态及转换

一个作业从进入系统到运行结束,一般需要经历"进入"、"后备"、"运行"、"完成"四个不同的状态。作业状态之间的转换可用图3.5表示。

1. 进入状态

一个作业交给操作员并由操作员装入输入设备进行输入,或由用户直接通过终端键盘向计算机中键入其作业的过程称为进入状态。

2. 后备状态

当作业的全部信息都已输入,且由操作系统将其存放在外存的某些区域(这些外存区专门存放输入作业,故称输入井)中等待调度运行,此时称作业处于后备状态。系统为每个后备作业建立一个作业控制块(JCB),并把它加入到后备作业队列中,从而标志该作业建立完成。这一过程

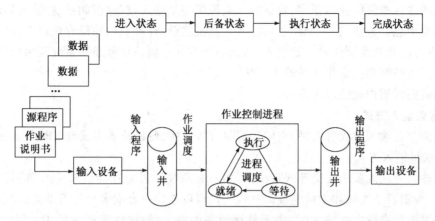

图 3.5 作业和进程的状态转换图

也称为作业注册。JCB 记录着作业的资源要求、运行状态等信息,是作业调度的基本依据。

3. 运行状态

一个作业被作业调度程序选中,且分配了必要的资源,建立一组相应的进程后,该作业就进入了运行状态(或称活动状态)。处于运行状态的作业(进程)在系统中可以从事各种活动。它可能被进程调度程序选中而在处理机上执行;或可能在等待某种事件或信息;也可能在等待进程调度。总之,它已有资格获得系统中所需要的资源。因此,从客观上来看,此时作业已开始"运行"了。

为了便于管理,对于运行状态的作业,根据其进程活动情况又把它分为三种状态:即就绪状态、执行状态、等待状态。刚创建的进程处于就绪状态,等待调度。由就绪状态向执行状态的转换,是由负责分派处理机的进程调度程序实现的。对于执行状态的进程,当其使用完分配给它的时间或被其他高优先级的进程剥夺 CPU 后,它又回到就绪状态,等待下一次调度。在作业执行过程中,如有 I/O 请求或 P 操作引起中断时,它将转入等待状态。系统中处于等待状态的进程,没有资格被进程调度程序挑选,直至等待的原因消除。即当它的 I/O 完成中断或 V 操作中断发生后,系统将其变为就绪状态,从而使它重新获得被调度的资格。

4. 完成状态

当作业正常运行结束或因发生错误而终止时,作业进入完成阶段。此时,由系统的"终止作业"程序将其作业控制块从现行作业队列中除去,并负责回收资源;然后,将作业的运行结果信息编入输出文件,再调用有关设备进程通过联机输出装置输出。在 SPOOLing 系统中,则把作业插入到"完成作业"队列中,将有关的输出文件送到输出井中;最后,通过调用系统输出程序将该作业的输出文件在打印机上印出。

3.2.4 作业的建立

建立一个作业必须把作业所包含的全部程序和数据输入到计算机的外存储器设备上,而且,还要由作业注册程序在系统中为该作业申请建立起一个相应的作业控制块 JCB。作业控制块 JCB 和作业之间具有一一对应关系。当一个作业的全部程序和数据输入到外存且在系统中建立了相应的 JCB 之后,就说一个作业已经建立起来了。

一个作业的建立过程包括两个子过程:一个是作业的输入;另一个是 JCB 的建立。

作业的输入指将作业的程序、数据和作业说明书从输入设备(例如键盘)输入到外存,并形成有关初始信息。显然,在一个作业未输入计算机之前,计算机内并没有任何有关该作业的信息,系统也无法预知作业何时开始输入,从而必须有外部启动信号通知系统调用相应的输入管理程序来负责控制和完成作业的输入工作。

下面我们讨论作业的输入方式。

1. 作业输入方式

常用的作业输入方式有三种,它们是联机输入方式、脱机输入方式和 SPOOLing 系统。

(1) 联机输入方式

联机输入方式大多用在交互式系统中,用户和系统通过交互会话来输入作业。在联机输入方式中,外围设备直接和主机连接。一台主机可以连接一台或多台外围设备。不过,在单台设备和主机连接进行作业输入时,由于外接设备的输入/输出速度远远低于 CPU 处理速度,有可能造成 CPU 资源的浪费。反过来,如果使用多台外围设备同时联机输入的话,则又成为后面要介绍的 SPOOLing 系统。

(2) 脱机输入方式

脱机输入方式又称预输入方式。脱机输入方式主要是为了解决单台设备联机输入时的 CPU 浪费问题而使用的一种输入方法,是利用低档个人计算机作为外围处理机进行输入处理。在低档个人机上,用户通过联机方式把作业首先输入到后援存储器,例如磁盘和磁带上;然后,用户把装有输入数据的后援存储器拿到主机的高速外围设备上和主机连接,从而在较短的时间内完成作业的输入工作。

脱机输入解决了快速输入/输出问题,提高了主机的资源利用率,但反过来说,这又是以牺牲低档机为代价的。而且,脱机输入/输出方式存在灵活性差的缺点,即遇到紧急任务需要处理时,无法直接交给主机以便优先处理。

(3) SPOOLing 系统

SPOOLing 系统中的输入输出方式属于联机操作的特例,有时又称为假脱机方式,其工作原理将在 3.2.7 小节详细介绍。

2. JCB 的建立

在系统把作业信息输入到外存输入井之后,还要根据作业说明书内容和有关作业信息在外存中的合适位置等建立作业控制表 JCB。JCB 包含了系统对作业进行管理所必需的信息。它们是:作业名、作业估计执行时间、优先数、作业建立时间、作业说明书文件名、程序语言类型、内存要求、外设要求、作业状态以及作业在外存中的存储地址等。

从系统的角度看,JCB 表的表项数是一个常数,建立一个作业的过程实质上是在输入了有关信息之后申请分得和填写一张空白的 JCB 表的过程。由于操作系统中所允许的 JCB 表项数是一个常数,因此,当 JCB 表中各项都已分配出去时,系统无法为用户建立作业,从而,作业建立过程失败。另外,由于外存输入井的大小也是有限的,如果输入井中没有足够的空间存放该作业的话,则作业的创建仍然是失败的。只有在获得 JCB 表项和足够的输入井空间之后,一个作业才可能创建成功。

3.2.5 批处理作业的调度

作业调度程序本身通常作为一个进程在系统中执行;它在系统初始化时被创建。它的主要功能是审查系统能否满足用户作业的资源要求以及按照一定的算法选取作业。前者是比较容易的,只要通过调用相应的资源管理程序(如存储管理、设备管理、文件管理等)中的有关部分,审核一下其资源登记表是否能满足作业说明书中所提出的各项要求即可。调度的关键在于选择恰当的算法,下面主要就作业调度的算法问题加以讨论。

1. 调度算法评价

调度实质上是一个策略问题,因此确定调度算法时应考虑一些因素。作业调度是为了达到某些目标,根据系统允许并行工作的作业道数和一定的策略,从输入井的后备作业队列中优先选择一个或若干作业把它们装入内存,使它们有机会获得处理机运行。但是,设定的目标往往是相互冲突的,这些目标通常为:

(1) 单位时间内运行尽可能多的作业;
(2) 使处理机尽可能保持"忙碌";
(3) 使各种 I/O 设备得以充分利用;
(4) 对所有的作业都是公平合理的。

显然,为了达到目标(1),每次调度时应选择所需时间短的作业;为了达到目标(2),应优先选择计算量大的作业;为了达到目标(3),则选择 I/O 繁忙的作业;对于目标(4),有一个"公平合理"的问题。先来先服务是否算合理?例如,一个需要运行两小时的作业来到后,又到了另一个只需运行一分钟的作业,如果让这个短作业等待两小时再运行,未必算合理吧!因此,要设计一个理想的调度算法是一件十分困难的事。在实际系统中,选用的调度算法往往是兼顾某些目标折中考虑的结果。下面我们列举一些设计调度算法时应考虑的因素:

(1) 选择的调度算法应与系统的整个设计目标保持一致。例如,批处理系统应注重提高计算机效率,尽量增加系统的平均吞吐量(指单位时间内平均算题个数);而分时系统应保证用户所能忍受的响应时间;实时系统的调度策略是在保证及时响应和处理与时间有关的事件的前提下,才能考虑系统资源的使用效率。

(2) 注意系统资源的均衡使用,使"I/O 繁忙"的作业与"CPU 繁忙"的作业搭配起来运行。

(3) 应保证提交的作业在规定的截止时间内完成,而且应设法缩短作业的平均周转时间。

必须指出,对于一个具体系统而言,如果考虑的因素太多,必然使算法变得很复杂,结果使系统开销增加,对资源的利用反而不利。因此,大多数操作系统都采用比较简单的调度算法。

2. 调度算法性能的衡量

在一个以批处理为主的系统中,为了吸引更多的用户来处理作业,系统总是力求缩短用户作业的周转时间。因此,通常用作业的平均周转时间或平均带权周转时间的长短来衡量调度性能的优劣。前者用来衡量不同调度算法对同一作业流的调度性能,而后者可用来比较某种调度算法对不同作业流的调度性能。

假定某一作业进入"输入井"的时间为 S_i,若它被选中执行,得到计算结果的时间为 E_i,那么,它的周转时间就为 $T_i = E_i - S_i$,则作业的平均周转时间为

$$T = \left(\sum_{i=1}^{n} T_i\right) \times \frac{1}{n}$$

其中,n 为被测定作业流中的作业数。

对于每个用户来说总希望自己的作业尽快完成,故希望周转时间 T_i 尽可能地小,最理想

的情况是进入"输入井"后立即被选中执行,这样 T_i 就几乎是作业计算时间。

平均带权周转时间为

$$W = \left(\sum_{i=1}^{n} W_i\right) \times \frac{1}{n} = \left(\sum_{i=1}^{n} \frac{T_i}{r_i}\right) \times \frac{1}{n}$$

其中,r_i 为某作业 i 的实际执行时间。

对每个用户来说,总是希望在提交作业后立即投入执行,并一直执行到完成,从而使其作业周转时间最短;但是,在批处理控制方式下实现多道作业并行工作时,不可能让每个用户都得到理想的效果,从系统的角度,则希望作业的平均周转时间(或带权周转时间)尽可能小。如果操作员不是对某个用户有"偏爱"的话,总是选择使作业的平均周转时间(或带权周转时间)最短的某种算法。显然,作业的平均周转时间 T 越短,意味着这些作业留在系统内的时间越短,因而系统资源的利用率也就越高;另外,这也能使用户们都感到比较满意,因而总的来说亦比较合理。

3. 常见的批处理作业调度算法

(1) 先来先服务算法(FCFS:First Come First Serve)

所谓**先来先服务算法**,就是按照各个作业进入系统(输入井)的自然次序来调度作业。这种调度算法的优点是实现简单、公平;其缺点是没有考虑到系统中各种资源的综合使用情况;往往使短作业的用户不满意,因为短作业等待处理的时间可能比实际运行时间长得多。

(2) 短作业优先算法(SJF:Shortest Job First)

所谓**短作业优先算法**,就是优先调度并处理短作业。这里应当明确"短作业"的含义,所谓"短作业"并不是指物理作业长度短,而是指作业的运行时间短。

由于在输入井中等待选择的作业是尚未投入运行的作业,因而此时作业调度程序只能知道作业的物理长度,而不可能知道作业的运行时间长度,也就是说作业的运行时间只能由用户提供,所以,用户在提交作业时必须在作业说明书中写明该作业大致需要运行多长时间,这个估计运行时间由系统输入程序获得并记录在该作业的 JCB 中,作为作业调度程序选择作业的依据。

当然,这里应当防止不诚实的用户"欺骗"系统,每个用户都希望自己的作业尽快得到处理,而这就需要说明其作业是短的。假若有用户"谎报"了作业估计运行时间长度,例如,一个实际需要运行 30 分钟的作业被说成是只需要运行 20 秒,则它可能被作为"短"作业优先调入系统进行处理,此时系统不能发现。但当该作业实际运行 20 秒后尚未完成,此时系统将能够发现。一旦遇到这种情况,系统将采用某种"惩罚"措施,如无限期地推迟该工作的处理,甚至将其"驱逐出系统"。

可以证明,假定系统中的所有作业是同时到达的,则采用短作业优先调度算法可使所有作业的平均周转时间最短。

(3) 最高响应比优先算法(HRN:Highest Response Ratio Next)

先来先服务算法可能造成短作业用户不满,最短作业优先算法可能使得长作业用户不满,为了克服上述两种算法的缺点而提出了**最高响应比优先算法**。一个作业的响应比定义如下:

$$\text{响应比 R} = \frac{\text{作业周转时间}}{\text{作业处理时间}} = \frac{(\text{作业处理时间} + \text{作业等待时间})}{\text{作业处理时间}}$$

$$= 1 + \frac{\text{作业等待时间}}{\text{作业处理时间}}$$

从公式中可得到,响应比 不仅是要求运行时间的函数,而且还是等待时间的函数。由于与要求运行时间成反比,故对短作业是有利的,即短作业可获得较高的响应比,从而被优先调度。另外,因与等待时间成正比,故长作业随着其等待时间的增长,也可获得较高的响应比。这就克服了短作业优先算法的缺点,既照顾了先来者,又优待了短作业,使上述两种算法有一种较好的折衷。

作业处理时间由用户在提交作业时给定,因而它是一个常量;作业等待时间初始为零,随作业在输入井中等待时间增加而动态增长,当需要将新的作业由输入井调入内存处理时,作业调度程序计算所有待处理作业的响应比,选择其值最高者。

对于几乎同时到达的一批作业来说,短作业将先被调度,因为它的处理时间短,而等待时间与其他后到达的作业几乎相同,所以其响应比高。对于不同时到达的一批作业来说,先到达的长作业可能先于后到达的短作业被调度,因为尽管前者的处理时间大于后者的处理时间,但前者的等待时间也大于后者的等待时间,所以前者的响应比可能大于后者的响应比。

(4) 基于优先数调度算法(HPF:Highest Priority First)

这种算法为每一个作业规定一个表示该作业优先级别的整数,当需要将新的作业由输入井调入内存处理时,优先选择优先数最高的作业。那么,如何确定作业的优先数呢?这有如下两种方法:

① 由用户规定优先数,又称外部优先数。用户在提交作业时,根据作业的急迫程度规定一个适当的优先数,将其写在作业说明书上,系统输入程序将其复制到该作业的JCB中。作业调度程序根据作业表中各作业JCB中的优先数决定作业进入内存的次序。为了防止用户无限制地提高自己作业的优先数,可以规定高优先数高收费的计价标准。显然,采用这种方法,作业的处理次序完全取决于用户,因而可能会造成低优先级作业的无限期等待(称为饥饿)甚至饿死。

② 由系统计算优先数,又称内部优先数。此时,系统根据作业本身的紧迫程度、作业所需的处理时间、作业在输入井中的等待时间、作业的最迟完成时间、作业的资源需求情况等信息通过计算得到一个优先数。

作业建立时,将作业按优先数大小加入后备作业队列中的相应位置,每次调度时,取一个或几个优先数最高的作业投入运行。也可以按优先级别设置若干个相应的后备队列,同一队列的作业按先来先服务原则排序。调度时,总是先从高级别的队列开始扫描,仅当该队列为空或没有能满足其资源要求的作业时,才扫描级别次之的队列。

(5) 均衡调度算法

又称分类排队算法,也是多道程序系统中常用的一种算法。该算法的基本思想是根据系统运行情况和作业属性将作业分类,作业调度时轮流从这些不同的作业类中挑选作业。其目标是力求均衡地利用各种系统资源,发挥资源的使用效率,又力求使用户满意。

可将输入井中待处理的作业分成若干个队列,同一队列中的诸作业可按先来先服务或优先数等调度算法进入内存,各队列中的作业则按某种方式相互搭配进入内存,以期达到更加理想的调度效果。

例如,可将待处理作业分成如下三个队列:

　　队列1　计算量大的作业

队列2　I/O量大的作业

队列3　计算量与I/O量均衡的作业

调度时,可在三个队列中各取一个(些)作业。这样,在内存中的作业有的使用处理机,有的使用外部设备,使得系统中的各种资源都能够得到充分的利用。

又如,可将待处理的作业分成如下三个队列:

队列1　长作业

队列2　中等长度作业

队列3　短作业

调度时,可取队列1中一个作业,队列2中一个作业,队列3中一个作业。这样,长作业用户和短作业用户均比较满意。

可以看出,每种算法均有其优点,也有其缺点,完美的算法是不存在的。在实际设计和实现系统时,应当根据系统的总体设计目标选择某种适应的作业调度算法。

4. 作业调度算法应用例子

假设在单道批处理环境下有四个作业,已知它们进入系统的时间、估计运行时间。应用先来先服务、最短作业优先和最高响应比优先作业调度算法,分别计算出作业的平均周转时间和带权的平均周转时间。

表 3-1 是先来先服务作业调度算法的计算结果;表 3-2 是最短作业优先作业调度算法的计算结果;表 3-3 是最高响应比优先作业调度算法的计算结果。

表 3-1　先来先服务作业调度算法计算结果

作业	进入时间	估计运行时间(分钟)	开始时间	结束时间	周转时间(分钟)	带权周转时间
JOB1	8:00	120	8:00	10:00	120	1
JOB2	8:50	50	10:00	10:50	120	2.4
JOB3	9:00	10	10:50	11:00	120	12
JOB4	9:50	20	11:00	11:20	90	4.5
作业平均周转时间 T = 112.5 分钟 作业带权平均周转时间 W = 4.975					450	19.9

表 3-2　最短作业优先作业调度算法计算结果

作业	进入时间	估计运行时间(分钟)	开始时间	结束时间	周转时间(分钟)	带权周转时间
JOB1	8:00	120	8:00	10:00	120	1
JOB2	8:50	50	10:30	11:20	150	3
JOB3	9:00	10	10:00	10:10	70	7
JOB4	9:50	20	10:10	10:30	40	2
作业平均周转时间 T = 95 分钟 作业带权平均周转时间 W = 3.25					380	13

表 3-3 最高响应比优先作业调度算法计算结果

作业	进入时间	估计运行时间(分钟)	开始时间	结束时间	周转时间(分钟)	带权周转时间
JOB1	8：00	120	8：00	10：00	120	1
JOB2	8：50	50	10：10	11：00	130	2.6
JOB3	9：00	10	10：00	10：10	70	7
JOB4	9：50	20	11：00	11：20	90	4.5
作业平均周转时间 T = 102.5 分钟 作业带权平均周转时间 W = 3.775					410	15.1

如果在两道环境下有四个作业,已知它们进入系统的时间、估计运行时间。系统采用短作业优先作业调度算法,作业被调度运行后不再退出,但当一新作业投入运行后,可按照作业运行时间长短调整作业执行的次序,请给出这四个作业的执行时间序列,并计算出平均周转时间及带权平均周转时间。

下面介绍分析解题过程。10：00 时,JOB1 进入系统,输入井中只有一道作业,故 JOB1 被调入内存在处理器上执行。10：05 时,JOB2 到达,根据前提,两道批处理系统意味着最多允许两个作业同时进入内存,所以 JOB2 也被调入内存。此时,内存中有两个作业,哪一个在处理器上执行?题目规定当一新作业投入运行后,可按照作业运行时间长短调整作业执行的次序,这就给出进程调度的原则,即基于优先数的可抢占式调度策略,其中优先数是根据作业估计运行时间大小来决定的。根据这一原则,由于 JOB2 运行时间(20 分钟)比 JOB1 少(到 10：05 时,JOB1 还需要运行 25 分钟),所以 JOB2 在处理器上执行,而 JOB1 在内存中等待。10：10 时,JOB3 到达输入井,但由于内存中已经有两个作业,所以,JOB3 不能马上进入内存;同样原理,10：20 时 JOB4 也不能进入内存。10：25 时,JOB2 运行结束,退出系统,此时内存中剩下 JOB1,而输入井中有两个作业 JOB3 和 JOB4。作业调度算法是最短作业优先,因此作业调度程序选择 JOB3 进入内存。通过比较内存中 JOB1 和 JOB3 的运行时间,得知 JOB3 运行时间短一些,故进程调度选中 JOB3 在处理器上执行。同样原理,当 JOB3 退出系统后,下一个运行的是 JOB4,直到 JOB4 运行结束后,JOB1 才能继续运行。

计算结果如表 3-4 所示。四个作业的执行时间序列为:
JOB1：10：00～10：05,10：40～11：05；
JOB2：10：05～10：25；
JOB3：10：25～10：30；
JOB4：10：30～10：40。

表 3-4 两道批处理系统中最短作业优先作业调度算法计算结果

作业	进入时间	估计运行时间(分钟)	开始时间	结束时间	周转时间(分钟)	带权周转时间
JOB1	10：00	30	10：00	11：05	65	2.167
JOB2	10：05	20	10：05	10：25	20	1
JOB3	10：10	5	10：25	10：30	20	4
JOB4	10：20	10	10：30	10：40	20	2
作业平均周转时间 T = 31.25 分钟 作业带权平均周转时间 W = 2.292					125	9.167

5. 多道程序对平均周转时间的影响

下面简单分析一下多道程序对周转时间的影响。

在多道程序系统中,利用 CPU 与 I/O 设备可以并行工作的特性而允许多个作业同时在系统中并发运行。当一个作业正在 CPU 上运行时,可以同时进行其他作业的 I/O 工作以及该作业本身与计算可并行的 I/O 部分工作。而当一个作业 I/O 完成时,又可让其他某一个作业占用 CPU。这无疑会提高系统的资源利用率,改善作业调度。那么,多道程序对作业周转时间是否会改善呢?

经过分析,如表 3-1 所示的作业流在多道环境下运行,其平均周转时间、带权平均周转时间比单道环境下都有明显改善。但是,多道程序作业调度并不是对任意作业组合都能改善基于周转时间的调度性能的,有时甚至可能变坏。例如,有四个运行时间各需两个小时的作业同时投入运行,假定它们的 I/O 等待时间均占 25%,即它们要占 CPU 时间各为 1.5 小时。根据计算公式,在这种情况下,CPU 的空转率为 0。因此,采用简单轮转法的进程调度,每小时各作业分别占用 25% 的 CPU 时间,于是可算得该作业组合的平均周转时间约为 6 小时,而平均带权周转时间约为 3。但是,若以单道程序方式运行,它们的平均周转时间 T=(2+4+6+8)/4=5 小时,平均带权周转时间 W=(1+2+3+4)/4=2.5。可见,对于这样的作业组合,多道程序反而使基于周转时间的调度性能变坏。可是,在单道环境中完成这四个作业共需 8 小时,而在多道环境中只需 6 小时。显然,在多道环境下明显地提高了系统的吞吐量。还可找到某些作业组合,以多道程序方式运行时,虽然平均周转时间增加了,但平均带权周转时间却得到了改善。因此,不能笼统地说采用了多道程序设计技术后是降低了还是改进了作业调度性能;亦不能以最小周转时间作为设计调度算法时的唯一目标,而应根据系统的要求着重考虑不同因素。

6. 作业调度与进程调度

作业调度按一定的算法从磁盘上的"输入井"中选择资源能得到满足的作业装入内存,使作业有机会去占用处理器执行。但是,一个作业能否占用处理器?什么时间能够占用处理器?必须由进程调度来决定。

所以,作业调度选中了一个作业且把它装入内存时,就应为该作业创建一个进程,若有多个作业被装入内存,则内存中同时存在多个进程,这些进程的初始状态为就绪状态,然后,由进程调度来选择当前可占用处理器的进程,进程执行中由于某种原因状态发生变化,当它让出处理器时,进程调度就再选另一个作业的进程执行。由此可见,作业调度与进程调度相互配合才能实现多道作业的并行执行。作业调度与进程调度之间的关系和各自的职责如图 3.5 所示。

3.2.6 批处理作业的控制

当作业由后备状态变为执行状态时,作业调度程序为其建立一个作业控制进程,再由该进程运行作业控制程序,具体控制该作业的处理。作业控制程序虽然是操作系统提供的一个程序,但它在用户态运行。该程序实际上是一个作业控制语言的解释程序,它读入用户书写的作业说明书,并根据作业说明书中所规定的步骤对作业进行处理。

在一个作业步的处理过程中,可能需要涉及如下操作:(1)建立子进程;(2)为其申请资源;(3)访问该作业的 JCB;(4)释放所占有的资源;(5)撤消子进程等。

应当指出,作业控制程序只有一个,但同时执行该程序的作业控制进程可能有多个。实际上,对应每一个处于执行状态的作业都有一个作业控制进程。

3.2.7 SPOOLing系统工作原理

SPOOLing系统,全称为Simultaneous Peripheral Operation On-Line,其含义是同时的外围设备联机操作,也称假脱机技术。SPOOLing系统主要包括输入模块、输出模块、作业调度及处理、井管理模块几部分。其工作原理是:利用SPOOLing系统的输入模块在作业执行前通过慢速设备将作业预先输入到磁盘(这部分磁盘空间称为输入井),这一过程称为预输入。作业进入内存运行后,使用数据时,直接从输入井中取出。另外,作业执行时不必直接启动外设输出数据,只需将这些数据写入磁盘的输出井(专门用于存放将要输出信息的磁盘),这一过程称为缓输出。待作业全部运行完毕,再启动外设输出全部数据和信息。这样一来就实现了对作业的输入、组织调度和输出管理的统一进行。同时,使外设在CPU直接控制下,又与CPU并行工作(故称为假脱机),其示意如图3.6所示。

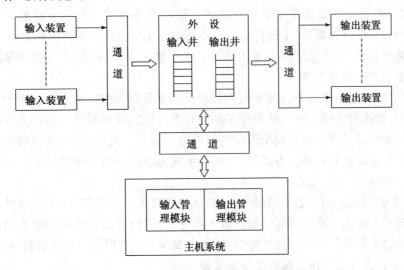

图 3.6 SPOOLing系统工作示意图

3.3 交互式系统的作业管理

3.3.1 概述

1. 命令接口

命令接口在操作系统与计算机用户之间提供人们易于理解的双向通信的机制,命令接口的基本任务如下:

(1)解释操作系统命令语言中的命令,将命令传送到系统以便执行;

(2)接受系统来的信息,以响应语言的形式提交给用户。

在某些系统中,命令接口是操作系统的一个组成部分;而在另外一些系统中,它是由分开的、独立的程序来实现的。但是,所有操作系统都应提供某种类型的命令接口。

命令接口的目的是向用户提供执行程序和过程的一系列命令。一个典型的命令系列是:

请求系统找到包含系统程序或应用程序的文件,然后装入并以合适的参数执行这个程序。

2. 联机用户与交互式命令接口

使用者用输入装置以各种操作方法向计算机发出命令,请求各种操作。系统收到命令请求之后,将控制转向命令解释系统,对该命令进行解释执行,完成指定功能。然后,系统等待新的命令输入。

交互式命令接口通常很复杂,包含功能结构,可能问题的处理办法,如各种约定、前端处理、求助功能、命令日志、命令注解、宏命令及命令组等。

交互式控制灵活方便,可以随时进行各种处理,排除问题,方便调试,但系统利用率低。

联机命令接口主要包括:一组联机命令,终端处理程序,命令解释程序。

3. 命令语言的操作方式与结构

(1) 终端处理程序

交互式命令接口用户与操作系统之间的通信是通过一个输入/输出装置来实现的。在绝大多数系统中,这个 I/O 装置是一个显示终端。输入是通过键盘传给系统的。在有的系统中,可通过指示装置(例如鼠标)来进行输入。系统输入呈现在显示器的屏幕上,一次显示若干正文行。在某些系统中,也提供图形显示功能。不管哪种 I/O 方式,这个终端装置是由一个终端处理程序来管理和控制的。

虽然,这个终端也是采用 I/O 装置相类似的技术来管理,但是,由于它在用户接口的中心作用,应给予它特殊的地位。终端处理程序提供的输入输出方式对整个用户命令接口有着重大影响;同时,也确定了用户与其应用程序之间的通信方式。所以,终端处理程序必须作为用户接口的一个组成部分来考虑。也就是说,直接影响命令接口的一些问题必须由终端处理程序来解决,其中包括:

① 回送显示(echoing)。通常情况下,每当从键盘打入一个字符,这个终端处理程序回送响应的字符到显示屏上。有时(例如,用户键入口令时)用户要求其显示一个不同的字符或不显示。对于通过远程通信线路访问的终端,可能需要抑制这种回送。在这种情况下,为了避免通信延迟,这个回送显示委托给远程终端来实现。

② 提前打入(type ahead)。假定输入字符在一个程序准备处理它们之前打入,则由一个"提前打入进程"把它们保存在缓冲区中。这个缓冲区的容量是有限的,当其存满后,再有输入时,或者漏掉,或者将破坏缓冲区原有的内容。如果在一个系统中允许这种提前提取这些字符打入时进行回送显示(如在大多数 UNIX shell 中),也可以在程序提取这些字符时回送显示(如在 VAX/VMS 或 CP/M 中)。

③ 字符变换。在有些情况下,需要对打入的字符进行代码变换。例如,把小写字母转换成大写字母,或者反之;或转换成一种新的编译系统。这种转换也可能在回送之前要求进行,例如把制表符转换成若干个空格符。

④ 行缓冲。打入的字符在送到程序之前,由终端接口保存,直到整个命令行打入为止。这种行缓冲技术为用户提供了校验、编辑,甚至取消命令的机会,只要该命令行的终止符键还未按下。

⑤ 中断字符(break characters)。大多数交互式命令接口可以接受一些称为中断字符的特殊字符,并立即采取相应的行动。例如,在许多系统中,同时打入 Ctrl-C 字符键,立即终止当前程序的执行,并使命令处理程序重新初始化。这要求终端处理程序必须能识别中断字符

并立即产生作用,即使在它们之前打入的其他字符仍在缓冲区中。

(2) 命令解释程序

用户在交互终端上键入的命令被操作系统中的命令解释程序接收,该程序对此命令进行分析,然后调用操作系统中的相应模块进行处理,完成命令所要求的功能。

对于终端用户所键入的终端命令,命令解释程序有如下两种处理方法:

① 由终端命令解释程序直接处理。在没有创建子进程功能的系统中,终端命令通常直接由对应的命令解释程序处理。因此在这样的系统中,任何时刻仅有一个进程对应一个终端用户。

② 由子进程代为处理。在具有创建子进程功能的系统中,对于较为单纯的命令,如列目录、拷贝文件等,命令解释程序本身便能完成,此时由命令解释程序直接处理;而对于比较复杂的命令,如对于一个 PASCAL 源程序进行编译,命令解释程序本身不能处理,此时他为终端用户创建一个子进程,并由该子进程运行 PASCAL 编译程序对用户的 PASCAL 源程序进行处理。

(3) 命令接口的结构

命令接口是由一个称为命令处理器的程序来实现的。而这个命令处理器可用不同的方式来实现,例如:

① 作为操作系统的一个组成部分,例如 OS/MVT 或 VAX/VMS;

② 作为操作系统的一个独特的模块,能方便地对它进行修改或替换,例如 RT-11 或 CP/M;

③ 作为一个易于被替换的普通程序,例如 UNIX 操作系统。

在某些系统中,用专门设计的命令接口来替代标准的命令接口也是可能的。在多用户 UNIX 系统中,每个用户甚至可以同时有不同的命令接口。

4. 命令语言

命令语言是规定由操作系统执行的一系列操作。在一般的命令语言中,用户通过打入称为命令行的一行指令来规定每一个动作。每一个命令行以命令开始,它标识所要执行的操作。大多数命令是用运行一个程序来执行所请求的操作的。

就多数命令来说,在命令行中要给出一些参数,诸如规定运行该程序所要用的文件等。每一个命令语句实际上是带有参数的一个过程调用。

一个命令语言通常提供下列几组命令:

(1) 系统访问命令。这类命令通常有两条。一条是登录命令,例如 login 等,此命令表示用户要求进入系统。系统接到此命令后,做一些准备工作,并显示一些信息,表示允许用户进入系统。通常系统在此刻要求用户打入口令,用户打入的口令经系统核准后,系统显示确认信息,此时,用户就可进行系统允许的任何操作。另一条系统访问命令是撤离命令,例如 logout 等,此命令用于作业结束时退出系统。

(2) 文件管理命令。这类命令包括显示文件目录、删除某个或某些磁盘文件、更改文件名、存储文件到磁盘、打印磁盘文件等。

(3) 编辑、编译和执行命令。编辑命令提供用户建立或修改用汇编语言或高级语言书写的源程序文件。打入编辑命令后,相应的文件编辑程序调入内存,并显示编辑提示符,随后即可打入各种编辑功能的命令。

编译和执行命令包含编译源程序、链接各有关目标模块为目标程序、装入和执行目标程序等。有的系统还包括暂停执行、继续执行以及退出执行等功能。

(4) 询问命令。用户可以用这类命令要求系统显示一个作业的运行时间、所占内存空间量等。此外，可要求显示磁盘上各文件所占的盘区数及磁盘剩余空间量，询问当前日期、当前时间等。

(5) 操作员专用命令。这些命令由操作员专用，并且只能从操作员控制台发出。操作员用这些命令来了解系统内部情况、系统内作业当前运行状态以及建立和修改系统时钟等。

5. 命令文件

许多命令接口允许用户提前写出命令并存入文件，且称之为命令文件。命令文件提供了一种把一系列命令组装成文件的方法，然后用文件名作为命令名执行另外一系列命令。

一个功能强大的命令文件机制能提供许多有用的特点：
(1) 如同标准命令一样接受参数和变量，并可如宏变量一样在文本中进行替换；
(2) 允许在命令文件中以嵌套形式调用其他命令文件；
(3) 允许参数来自终端的命令文件本身；
(4) 允许命令执行显示到终端、存入文件或送入打印机；
(5) 允许命令加入注释；
(6) 出错时允许用户干预，并在适当位置恢复命令文件的执行。

命令文件可把输入传给程序。命令文件可有循环、分支、转移等程序语言的特征。

6. 交互式系统的历史与展望

20世纪60年代中期出现了交互式终端和分时系统，交互的形式主要为问答式对话、文本菜单或命令语言，这种最早的交互式系统是基于命令行界面的。

进入20世纪七八十年代后，由于在超大规模集成电路、显示器、鼠标等硬件设备以及计算机图形学、窗口技术的软件技术的进步，交互式系统进入了图形用户界面的时代，形成了所谓的WIMP标准，即以窗口(Windows)、图标(Icon)、菜单(Menu)、指点装置(Pointing device)为基础的交互式系统。在这种系统中，常用命令大都通过鼠标来实现，鼠标驱动使得系统易于使用，从而实现了通过实际行动代替复杂的语法。而当前的多媒体界面也可以看作是WIMP的另一种风格，只是在表现形式上进行了改进。

但是，无论是命令行还是WIMP，都是属于单通道的；而未来的交互式系统必将是多通道的。广义上讲，允许用户通过各种不同的人体通道，如语音、手势、身体语言等与之交互，将大大提高交互的自然性和高效性。

总之，交互式系统虽然呈现出多种多样的风格，但都将遵循以人为中心的自然交互的特点，实现人与系统的无障碍的自然交互。

3.3.2 交互式系统实例——分时系统

分时系统中多个用户在各自的终端上以交互式方式联机使用计算机，因此，分时系统中的用户控制作业的执行大致有四个阶段：终端的连接、用户登录、控制作业执行和用户退出。

1. 终端的连接

任何一个终端用户使用终端时必须使自己的终端设备与计算机系统在线路上接通。一般来说,近程终端是直接与计算机系统连接的,所以,当终端设备加电后,终端就与计算机系统在线路上接通了。而远程终端借助于租用专线或交换线接到计算机系统,在终端加电后用户还需通过电话拨号进行呼叫,如果电话接通,表示终端与计算机系统在线路上接通了,否则重新拨号呼叫,直到接通。当终端与计算机系统在线路上接通后,计算机系统会在终端上显示信息告诉用户。

2. 用户登录

当终端与计算机系统在线路上接通后,用户必须向系统登录。用户首先输入"登录"命令(LOGON 或 LOGIN),系统会向用户询问用户名、作业名、口令和资源需求等,经过识别用户、核对口令,系统在终端上显示"已登录"和进入系统的时间等信息。若口令不对或资源暂时不能满足时,则系统在终端上显示"登录不成功"并给出登录失败的原因。

用户的登录过程实际上也可被看作是对终端作业的作业调度。

3. 控制作业执行

一个登录成功的终端用户,可从终端上输入作业的有关程序和数据,以及使用计算机系统提供的命令语言或会话语句控制作业的执行。用户每输入一个命令或一个会话语句后,由系统解释执行,且在终端上显示执行成功或出现的问题,由用户决定下一步命令或会话语句,直到作业完成。

4. 用户退出

当终端用户的作业已经结束,不再需要使用终端时,用户输入"退出"命令(LOGOFF 或 LOGOUT)请求退出系统。系统接收命令后就收回该用户所占的资源让其退出,同时在终端上显示"退出时间"或"使用系统时间",以使用户了解应付的费用。

对于每一个已经向系统登录了的终端用户来说,都希望系统能及时地响应自己的各种请求。因此,在分时操作系统控制下,对终端用户均采用"时间片轮转"的方法使每个终端作业都能在一个"时间片"的时间内去占用处理器。当一个时间片用完后,它必须让出处理器给另一个终端作业占用处理器。这样,可保证从终端用户输入命令到计算机系统给出应答只是几秒钟的时间,使终端用户感到满意。

3.4 系 统 调 用

3.4.1 系统调用简介

所谓**系统调用**,就是用户在程序中调用操作系统所提供的一些子功能。这是一种特殊的过程调用,这种调用通常是由特殊的机器指令实现的。除了提供对操作系统子程序的调用外,这条指令还将系统转入特权方式。因此,系统调用程序被看成是一个低级的过程,通常只能由汇编语言直接访问。系统调用是操作系统提供给编程人员的唯一接口。编程人员利用系统调用,动态请求和释放系统资源,调用系统中已有的系统功能来完成与计算机硬件部分相关的工作以及控制程序的执行速度等。因此,系统调用像一个黑箱子那样,对用户屏蔽了操作系统的具体动作而只提供有关的功能。

1. 系统调用与一般过程调用的不同点和相同点

由于操作系统的特殊性,应用程序不能采用一般的过程调用方式来调用这些功能过程,而是利用一种系统调用命令去调用所需的操作系统功能过程。因此,系统调用在本质上是应用程序请求操作系统核心完成某一特定功能的一种过程调用,是一种特殊的过程调用,它与一般的过程调用有以下几方面的区别:

(1) 运行在不同的系统状态。一般的过程调用,其调用程序和被调用程序都运行在相同的状态:核心态或用户态;而系统调用与一般调用的最大区别就在于:调用程序运行在用户态,而被调用程序则运行在核心态。

(2) 状态的转换。一般的过程调用不涉及系统状态的转换,可直接由调用过程转向被调用过程;但在运行系统调用时,由于调用和被调用过程工作在不同的系统状态,因而不允许由调用过程直接转向被调用过程,通常都是通过软中断机制先由用户态转换为核心态,在操作系统核心分析之后,转向相应的系统调用处理子程序。

(3) 返回问题。一般的过程调用在被调用过程执行完后,将返回调用过程继续执行。但是,在采用抢占式调度方式的系统中,被调用过程执行完后,系统将对所有要求运行的进程进行优先级分析。如果调用进程仍然具有最高优先级,则返回到调用进程继续执行;否则,将引起重新调度,以便让优先级最高的进程优先执行。此时,系统将把调用进程放入就绪队列。

系统调用与一般过程调用的相同点主要在于是否允许嵌套调用方面。像一般过程一样,系统调用也允许嵌套调用,即在一个系统调用过程的执行期间,还可再去调用另一个系统调用。一般情况下,每个系统对嵌套调用的深度都有一定的限制。

2. 系统调用的分类

通常,一个操作系统的功能分为两大部分:一部分功能是系统自身所需要的;另一部分功能是作为服务提供给用户的,有关这部分功能可以从操作系统所提供的系统调用上体现出来,不同的操作系统所提供的系统调用会有一定的差异。对于一般通用的操作系统而言,可将其所提供的系统调用分为以下几方面:

(1) 进程控制类系统调用。这类系统调用主要用于对进程的控制,如创建和终止进程的系统调用、获得和设置进程属性的系统调用等。

(2) 文件操作类系统调用。对文件进行操纵的系统调用数量较多,有创建文件、打开文件、关闭文件、读文件、写文件、创建一个目录、建立目录、移动文件的读/写指针、改变文件的属性等。

(3) 进程通信类系统调用。该类系统调用用于在进程之间传递消息和信号。

(4) 设备管理类系统调用。该类系统调用用于请求和释放有关设备以及启动设备操作等。

(5) 信息维护类系统调用。操作系统中还提供了一类有关信息维护的系统调用。用户可利用这类系统调用来获得当前时间和日期、设置文件访问和修改时间、了解系统当前的用户数、操作系统版本号、空闲内存和磁盘空间的大小等。

不同的系统提供有不同的系统调用。一般,每个系统为用户提供几十到几百条系统调用。

系统调用命令是作为扩充机器指令、增强系统的功能、方便用户使用而提供的。因此,在一些计算机系统中,把系统调用命令称为"广义指令"。但"广义指令"和机器指令在性质上是不同的。机器指令是由硬件线路直接实现的,而"广义指令"则是由操作系统所提供的一个或多个子程序模块,即软件实现的。从用户角度来看,操作系统提供了这些"广义指令",也就是系统调用指令,就好像扩大了机器的指令系统,增强了处理机的功能。用户不仅可以使用硬件提供的机器指令,也可以直接使用软件,即操作系统提供的广义指令,这就如同为用户提供了一台功能更强、使用更方便的处理机,即实现了处理机性能上的扩充。为了区别于真实的物理处理机,我们称它为"虚处理机"。

3. POSIX 标准

我们知道,不同的操作系统所提供的系统调用之间是有很大差别的。这为应用软件跨平台的移植带来了困难。POSIX 是为了解决这个问题而提出来的一个标准。POSIX 是 Portable Operating System Interface 的简称,是由 IEEE(Institute of Electrical and Electronic Engineers,Inc)开发的标准之一。POSIX 标准的大部分被 ISO 组织(International Organization for Standarization:国际标准化组织)和 IEC(International Electrotechnical Commission:国际电工委员会)采纳。简言之,POSIX 为不同平台下的应用程序提供了相同的 API。一个完全符合 POSIX 标准的优秀应用程序将能完全兼容 UNIX 和 Windows,也就是在这两种操作系统下能同样地运行。

严格地说,这些系统调用应该称为系统调用的库过程。POSIX 大约有 100 个过程调用。从广义上看,由这些调用所提供的服务确定了多数操作系统应该具有的功能。它们可以大致分为四类:进程管理类、文件管理类、目录管理类以及杂项类。

有必要指出,POSIX 标准定义了构造系统调用所必须提供的一套过程,但是,将 POSIX 过程映射到系统调用并不是一对一的,并没有规定它们是系统调用还是库调用或其他的形式。

如果不通过系统调用就可以执行一个过程(即,无需陷入内核),那么从性能上考虑,这个过程就可以在用户空间中完成。

不过,多数 POSIX 过程确实是一个过程直接映射到一个系统调用上。在某些情形下,特别是所需要的过程仅仅是某个调用的变种时,此时一个系统调用会对应若干个库调用。

3.4.2 系统调用的实现过程

为了提供系统调用功能,操作系统内必须有事先编制好的实现这些功能的子程序或过程。显然,这些程序或过程是操作系统程序模块的一部分,且不能直接被用户程序调用。而且,为了保证操作系统程序不被用户程序破坏,一般操作系统都不允许用户程序访问操作系统的系统程序和数据。那么,编程人员给定了系统调用名和参数之后是怎样得到系统服务的呢?显然,这里需要有一个类似于硬件中断处理的中断处理机构。当用户使用操作系统调用时,产生一条相应的指令,处理机在执行到该指令时发生相应的中断,并发出有关的信号给该处理机构;该处理机构在收到了处理机发来的信号后,启动相关的处理程序去完成该系统调用所要求的功能。

在系统中为控制系统调用服务的机构称为陷入(TRAP)机构或异常处理机构。与此相对应,把由于系统调用引起处理机中断的指令称为陷入指令或异常指令(或称访管指令)。在操作系统中,每个系统调用都对应一个事先给定的功能号,例如 0、1、2、3 等。在陷入指令中必须包括对应系统调用的功能号。而且,在有些陷入指令中,还带有传给陷入处理机构和内部处理程序的有关参数。Linux 中功能号又称系统调用号,每个系统调用至少应该有一个参数,即通过 eax 寄存器传递来的系统调用号。

为了实现系统调用,系统设计人员还必须为实现各种系统调用功能的子程序编造入口地址表,每个入口地址都与相应的系统程序名对应起来。然后,陷入处理程序把陷入指令中所包含的功能号与该入口地址表中的有关项对应起来,从而由系统调用功能号驱动有关子程序执行。Linux 中的子程序入口地址表是由系统调用表来实现的,内核根据特定系统调用在系统调用表中的偏移量,找到对应的系统调用响应函数的入口地址。

由于在系统调用处理结束之后,用户程序还需利用系统调用的返回结果继续执行,因此,在进入系统调用处理之前,陷入处理机构还需保存处理机现场。再者,在系统调用处理结束之后,还要恢复处理机现场。在操作系统中,处理机的现场一般被保护在特定的内存区或寄存器中,系统调用的一般处理过程如图 3.7 所示。

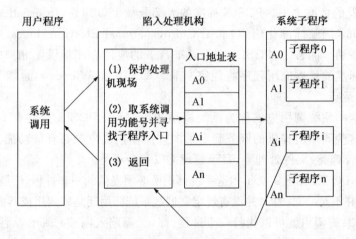

图 3.7 系统调用的处理过程

有关系统调用的另一个问题是参数传递过程问题。不同的系统调用需要传递给系统子程序以不同的参数,而且,系统调用的执行结果也要以参数形式返回给用户程序。那么,怎样实现用户程序和系统程序之间的参数传递呢？下面介绍几种常用的实现方法。一种是由陷入指令自带参数。一般来说,一条陷入指令的长度总是有限的,而且,该指令还要携带一个系统调用的功能号,从而,陷入指令只能自带极有限的几个参数进入系统内部。另一种方法是通过有关通用寄存器来传递参数。显然,这些寄存器应是系统程序和用户程序都能访问的。不过,由于寄存器长度也是较短的,从而无法传递较多的参数。因此,较多的系统中采用的方法是：在内存中开辟专用堆栈区来传递参数。例如 Linux 中系统调用的参数通常是先传递给 CPU 中的寄存器,再直接拷贝到内核堆栈区的。

另外,在系统发生访管中断或陷入中断时,不让用户程序直接访问系统程序,反映在处理机硬件状态的处理机状态字 PSW 中的相应位要从用户执行模式转换为系统执行模式。这一转换在发生访管中断时由硬件自动实现。一般我们把处理机在用户程序中执行称为用户态(或目态),而把处理机在系统程序中执行称为系统态(或管态)。

下面给出一个在 UNIX 系统中 read 系统调用的具体实现过程,以便把系统调用机制看得更清晰。read 系统调用有三个参数：第一个参数指定文件,第二个指向缓冲区,第三个说明要读出的字节数。由 C 程序进行的调用可有如下形式：

```
count = read(fd, buffer, nbytes);
```

系统调用（以及库过程）在 count 中返回实际读出的字节数。这个值通常和 nbytes 相同，但也可能更小，例如，如果在读过程中遇到了文件尾（end-of-file）的情形就是如此。

如果系统调用不能执行，不论是因为无效的参数还是磁盘错误，count 都会被置为 -1，而在全局变量 errno 中放入错误号。

在准备调用这个 read 库过程时，调用程序首先把参数压进堆栈，如图 3.8 中步骤 1~3 所示。第一个和第三个参数是值调用，但是第二个参数通过引用传递，即传递的是缓冲区的地址（由 & 指示），而不是缓冲区的内容。接着是对库过程的实际调用（第 4 步）。这个指令是用来调用所有过程的正常过程调用指令。

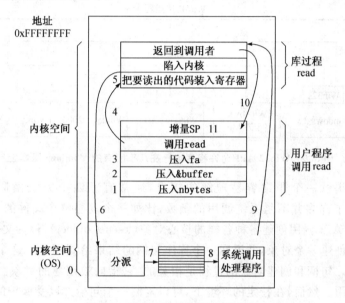

图 3.8 read 系统调用的具体实现

在库过程中，一般把系统调用的编号放在操作系统所期望的地方，如寄存器中（第 5 步）。然后执行一个 TRAP 指令，将用户态切换到核心态，并在内核中的一个固定地址开始执行（第 6 步）。内核代码开始考查系统调用编号，然后发出正确的系统调用处理命令，这通过一张由系统调用编号所引用的、指向系统调用处理器的指针表来完成（第 7 步）。此时，系统调用句柄运行（第 8 步）。一旦系统调用句柄完成其工作，控制可能会在跟随 TRAP 指令后面的指令中返回给用户空间库过程（第 9 步）。这个过程接着以通常的过程调用返回的方式，返回到用户程序（第 10 步）。

为了完成整个工作，用户程序还必须清除堆栈（第 11 步），以便清除调用 read 之前压入的参数。在这之后，原来的程序就可以随意执行了。

3.4.3　Win32 应用程序接口

Windows 和 UNIX 在它们各自的程序设计模式上有着根本的不同。一个 UNIX 程序包含着代码，代码使系统调用执行某种服务。而一个 Windows 程序一般是事件驱动的，主程序等待某些事件的发生,然后调用一个程序来处理它。典型的事件就是敲击键盘、移动鼠标、鼠标的点击或者是一个 USB 部件的插入。这时调用处理器来处理事件、改变屏幕显示以及改变内部程序状态。

在 Windows 中,微软定义了一系列程序,称为应用程序接口 Win32 API(Win32 Application Programming Interface)。通过 Win32 API 程序员就能得到操作系统的服务。虽然新的 API 频繁增加,Win32 API 并不随新的 Windows 的发布而改变。Intel x86 的二进制程序能很精确地衔接 Win32 API 接口,因此能在 Windows 95 之后的所有 Windows 版本上不经修改即可运行,如图 3.9 所示,不过,Windows 3.x 需要一个额外的库来把一部分 32 位 API 映射到 16 位操作系统的调用。

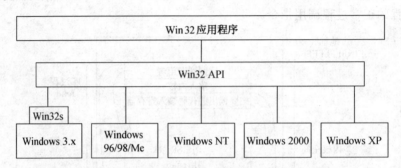

图 3.9 Win32 API 允许程序运行在几乎所有的 Windows 版本上

Win32 API 提供一个非常容易理解的接口,通常有三四个方法做同样的事情;而且 Win32 API 包含了许多并不是系统调用的函数,比如一个复制整个文件的 API 调用。

许多 Win32 API 调用创建各种各样的核心对象(kernel object),包括文件、进程、线程、管道等。每个调用创建一个对象,并返回一个称作句柄的结果给调用者。这个句柄可用来对这个对象执行操作。句柄和创建对象的进程是相关的,它指向被创建的对象。句柄不能直接传递给其他进程使用。然而,在特定的环境下,可以复制一个句柄并以受保护的方式把它传递给其他的进程,允许它们对其他进程的对象进行访问。每个对象也有一个安全描述符,用以详细地描述谁可以、谁不可以对此对象进行操作,以及能够进行何种操作。

Win32 API 调用覆盖了所有能够想到的、操作系统能够处理的方面,这包括了创建和管理进程和线程,还有许多调用与进程间通信有关,例如创建、撤消、使用临界资源、信号、事件,及其他 IPC 对象。Win32 API 也覆盖了一些实际与操作系统关系不大的方面。

一个对许多程序都十分重要的部分是文件 I/O。在 Win32 中,一个文件只是一个线性的字节序列。Win32 对创建和撤消文件和目录、打开和关闭文件、读写文件、获取和设置文件属性等提供了 60 多个调用。

进程、线程、同步信号、内存管理、文件 I/O 和安全系统调用并不是什么新的东西,其他操作系统也有这些特性。而真正区分 Win32 的是成千上万对图形接口的调用。这些调用包括创建、撤消、管理和使用窗口、菜单、工具栏、状态栏、滚动条、对话框、图标等显示在屏幕上的元素,包括画几何图形、填充图形、操作调色板、处理字体、将图标显示在屏幕上的调用,还包括处理键盘、鼠标和其他输入设备,以及音频、打印机和其他输出设备的调用。总之,Win32 API(尤其是 GUI 部分)范围极广,有兴趣的读者可以参考任何一本有关 Win32 API 的书籍。

3.4.4 Linux 系统调用

Linux 内核提供的系统调用实现了用户态进程和硬件设备之间进行交互的大部分接口。

1. 标准 API 和 C 运行库

Linux 中提供了封装系统调用的符合 POSIX 标准的 API 和 C 运行库。

标准 C 运行库定义了封装例程。一般来说,一个系统调用对应一个封装例程,而封装例程定义了应用程序要调用的 API。

这里介绍应用程序接口(API)与系统调用之间的区别和联系。API 是一个函数的定义,说明如何获得一个给定的服务;而系统调用是通过中断向内核发出一个请求。一个 API 函数可能不对应任何一个系统调用,也可能调用多个系统调用,同时几个 API 函数也可能封装了相同的系统调用。从编程角度来说,两者没有区别,只需要关心函数名、参数和返回值即可;但是从内核的角度来说,系统调用属于内核,而用户态的库函数不属于内核。

图 3.10 给出系统调用的执行流程,以便了解它们之间的关系。

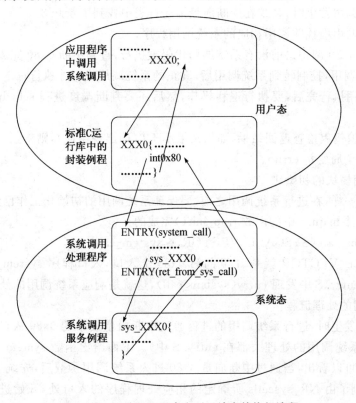

图 3.10 系统调用用户态到系统态的执行流程

2. Linux 系统调用的数据结构

(1) 系统调用号

在文件 include/asm-i386/unistd.h 中 Linux 内核给每个系统调用分配了一个唯一的编号——系统调用号。因为 Linux 内核实现了很多不同的系统调用,所以进程必须传递系统调用号的参数来识别所需的系统调用,EAX 寄存器就是用作这个用途。系统调用号的定义方式如下:

#define __NR_XXX　数字

　　XXX 代表系统调用的名字，可以是 exit、fork、read 等。数字从 1 开始依次增加，直到 237。

　　(2) 系统调用表

　　系统调用表定义在文件 arch/i386/kernel/entry.S 中，记录了各个 sys_XXX() 函数在表中的位置，共 221 项。通过系统调用表能够根据特定系统调用在表中的偏移量，找到对应的系统调用响应函数的入口地址。最多可容纳的系统调用个数为 256 个，除了系统调用表中的 221 个，剩下的 35 个就是供用户自己添加的系统调用空间。系统调用表的定义方式如下：

　　ENTRY(sys_call_table)
　　　.long SYMBOL_NAME(sys_XXX)

　　XXX 代表系统调用的名字，可以是 exit、fork、read 等。

　　3. 系统调用处理的程序

　　(1) 当系统调用发生时，系统在中断向量描述符表中找到中断 0x80；

　　(2) 它建立调用堆栈并调用相应的系统调用程序；

　　(3) 在中断 0x80 调用之前没有系统调用代码被执行，直到中断 0x80 完成寄存器保存，检查通过合法系统调用，控制转到系统调用后，真正的系统调用代码才执行；

　　(4) 系统调用执行完后，要执行退栈操作，然后还要判断调度进程 scheduler 是否要被执行；

　　(5) 最后汇编例程检查返回结果，如果结果小于 0(即出现错误)，则将正的返回值(返回结果乘以 −1)赋给全局变量 errno。

　　4. 系统调用模块的初始化

　　同中断处理一样，在进行系统调用之前，要保证系统调用的初始化工作已经完成了。而这部分工作是在文件 main.c 中的函数 trap_init() 完成的：

　　　set_system_gate(SYSCALL_VECTOR, & system_call);

　　而 SYSCALL_VECTOR 就是 IDT 的第 0x80 个入口，入口程序 system_call 是 entry.S 中的宏(可以在 entry.S 中发现 entry(system_call)，这就是响应系统调用的处理程序)。

　　5. 系统调用的处理流程

　　当系统调用发生时，进行系统调用的进程通过中断向量表中的 0x80 入口，进入中断处理程序的开始处(系统调用的处理大都在 entry.S 中)。下面给出函数 system_call() 的具体算法。从这算法中可以看出，当通过中断向量 0x80 进入系统调用函数后，先统一进行压栈等工作，然后控制转到了由 NR_syscalls 所确定的相应处理程序的入口处，开始进行相应的处理。在 entry.S 的最后可以看到不同处理程序的入口程序。处理后根据不同的方式返回，但因为将要执行一系列 handler 的处理并调用 scheduler，所以返回的往往不是刚才的进程。

　　system_call 算法
　　ENTRY(system_call)
　　将系统调用号压栈；
　　调用宏 SAVE_ALL 保存寄存器当前值；
　　得到当前进程描述符地址；

检查当前进程的 flags 域所包含的 PE_TRACESYS 标志是否等于 1,即检查是否有某一调试程序正在跟踪执行程序对系统调用的调用;

如果有调试程序在跟踪,跳转到 tracesys 处执行;

对用户态进程传递过来的系统调用号进行有效性检查,即判断系统调用号是否大于等于 NR_syscall;

如果系统调用号无效,跳转到 badsys 处执行;

call * SYMBOL_NAME(sys_call_table)(,%eax,4);

　　♯根据系统调用表和 EAX 中的系统调用号找到并转入系统调用对应的服务例程。因为系统调用表中的每个表项占 4 个字节,因此首先把系统调用号乘 4,再加上系统调用表的起始地址,然后从这个地址单元获取指向服务例程的指针,Linux 内核就得到了要调用的服务例程

从该服务例程返回后,由 EAX 寄存器保存函数的返回值;

tracesys:

把-ENOSYS 值存放在栈中已保存 EAX 寄存器的单元中;

根据系统调用表找到并转入 syscall_trace()函数;

从该函数返回后,由 EAX 寄存器保存函数的返回值;

对用户态进程传递过来的系统调用号进行有效性检查,即判断系统调用号是否大于等于 NR_syscall;

如果系统调用号无效,跳转到 tracesys_exit 处执行;

根据系统调用表和 EAX 中的系统调用号找到并转入系统调用对应的服务例程;

从该服务例程返回后,由 EAX 寄存器保存函数的返回值;

tracesys_exit:

根据系统调用表找到并转入 syscall_trace()函数;

跳转到 ret_from_sys_call 处执行;

badsys:

把-ENOSYS 值存放在栈中已保存 EAX 寄存器的单元中;

跳转到 ret_from_sys_call 处执行;

6. 格式转换和参数传递

普通函数的参数传递是通过把参数值写进活动的程序栈(或者是用户栈或内核堆栈)。但是系统调用的参数通常是传递给系统调用处理程序在 CPU 中的寄存器,然后再复制到内核堆栈,这是由于系统调用服务例程是普通的 C 函数。

Linux 中存放系统调用参数所用的 6 个寄存器是:EAX、EBX、ECX、EDX、ESI 和 EDI。系统调用处理程序会把这些寄存器的值存放到内核堆栈中。

在文件 arch/i386/kernel/entry.S 中,宏定义_syscallX()(X 是 0 到 6 的整数)用于系统调用的格式转换和参数传递。参数个数为 X 的系统调用由_syscallX()进行格式转换和参数传递。

_syscallN()的第一个参数是指响应函数返回值的类型,第二个参数是指系统调用的名称,而后面的参数则是系统调用参数的类型和名称。宏定义剩下的部分是参数描述、INT 0x80 启动和判断、接收返回值。

_syscall6 宏定义过程如下:

```
#define_syscall6(type,name,type1,arg1,type2,arg2,type3,arg3,type4,arg4,type5,arg5,type6,arg6)
type name(type1 arg1,type2,arg2,type3,arg3,type4,arg4,type5 arg5,type6 arg6)
{
long_res;
```

```
_asm_volatile("push%%ebp;movl %%eax,%%ebp;movl%1,%%eax;int $0x80;pop%%ebp"
    :"=a"(_res)
    :"i"(_NR_##name),"b"((long)(arg1)),"c"((long)(arg2)),
    "d"((long)(arg3)),"S"((long)(arg4)),"D"((long)(arg5)),
    "0"((long)(arg6)));
_syscall_return(type,_res);
}
```

由于系统调用既可以由用户进程调用,也可以由内核线程调用,而内核线程不能使用库函数,因此 Linux 内核中定义了宏_syscallX(),其目的是为了简化系统调用相应的封装例程的声明。当进程执行到用户程序的系统调用命令的时候,实际上是执行了由宏命令_syscallX()展开的函数,该函数编译后生成汇编代码。

7. 系统调用返回

所有的系统调用结束前,都要跳转到以 ret_from_sys_call 为入口地址的代码处。实际上,中断、异常和系统调用的返回是一起用嵌入式汇编实现的,这在前面讲中断返回时已经说过。

ret_from_sys_call( )函数的算法
ENTRY(ret_from_sys_call)
关中断
比较调度标志是否为 0
如果调度标志非 0 则跳转到 reschedule 处
#重新进行进程调度
比较信号挂起标志是否为 0
如果信号挂起标志非 0 则跳转到 signal_return 处
#处理完信号才从中断返回
restore_all:
RESTORE_ALL
#当从中断返回时,该宏用来恢复相关寄存器的内容

8. 系统调用返回值

所有系统调用都将返回一个整数值。在 Linux 内核中,正数或 0 表示系统调用成功结束,而负数表示一个错误条件,该值就是必须返回给应用程序错误码的负数。Linux 内核中没有设置或使用 errno 变量。

而封装例程的返回值约定和系统调用的有所不同。大部分封装例程返回一个整数,其值的含义依赖于相应的系统调用。返回值-1,大多表示内核不能满足进程的请求。系统调用处理程序的失败可能是由无效参数引起的,也可能是由资源的匮乏引起的,也或许是硬件出了问题等。在标准 C 运行库中定义的 errno 变量包含特定的错误代码,每个错误代码都与一个产生相应正整数值的宏相关。

3.5 操作系统的安装与启动

操作系统是一个由系统设计人员设计和编写的大型系统软件。当编制好的系统被证明是

正确的之后,便被设置在硬盘或软盘上,随机器硬件一起出售和运行。计算机系统要得以运行,首先就是装入和初启操作系统。

操作系统的初启是比较复杂的,而且具体的操作随系统的不同而异。大体上说,有以下过程:由装入机构把指定的操作系统(有的系统装有几个操作系统版本,操作员可指定一个)的目标代码从盘上读入内存,存放在内存中固定的区域,通常是低地址区域。

操作系统的装入机构由输入部件和固定于 ROM 中的装入程序组成,它们相互配合把操作系统代码装入内存。操作系统包含三部分内容:系统的程序代码、系统所基于的数据结构以及系统运行时所需要的工作空间。操作系统一经装入内存,便常驻内存。装入机构把操作系统代码装入内存后,便把控制转给操作系统中的初启程序。操作系统的初启程序应该做如下几件事:给系统需置初值的数据结构(全局变量)置初值;为操作系统中的某些程序建立进程;将控制转给调度(即 CPU 调度)。系统初启之后,便可接纳用户作业的运行,于是,整个系统便在操作系统的管理和控制下有条不紊地运转起来了。

对于 Linux 系统而言,系统加电后首先要做的就是 BIOS(Basic Input Output System)启动。BIOS 存放于 ROM 中,它的主要功能是提供 CPU 所需的启动指令集,该指令集除了完成硬件的启动之外,还要将软盘或硬盘上的有关启动的系统软件调入内存。BIOS 启动完成后,存放在启动扇区 MBR(Master Boot Record)中的 boot loader 将操作系统代码读入内存。之后 boot loader 将控制权交给操作系统的初始化代码,操作系统马上执行进程管理、存储管理、文件管理和设备管理等任务的初始化,最后进入用户态,等待用户的操作命令。Linux 系统的启动和初始化详见后面的 3.6 节。

对于大型计算机系统来说,系统一旦建立,便一直运行下去,直到系统出现严重或致命的故障,或者系统被淘汰、被撤除。但对于许多微型机来说,却会经常停机,甚至一天开启、关闭多次。当系统关闭时,并不需要把操作系统的代码送回盘上,因为盘上本来就有操作系统的原本。但当再次开机时,必须再次把操作系统从外存装入内存。

本节将讨论三个问题:

(1) 操作系统是怎样开始运行的?
(2) 怎样形成一种系统操作环境?
(3) 怎样从程序的顺序执行转换到支持程序的并发执行?

3.5.1 操作系统的引导和装入

操作系统的引导有两种方式:独立引导(bootup)和辅助下装(download)。

1. 独立引导方式

这是大多数系统采用的方式,操作系统的核心文件存储在系统本身的存储设备中,由系统自己将操作系统核心程序读入内存并运行,最后建立一个操作环境。

步骤如下:

(1) 系统加电,执行系统初启程序;
(2) 执行初启程序,对系统硬件和配置进行自检,保证系统没有硬件错误;
(3) 从硬盘中读入操作系统初启文件,并将控制权交给该程序模块;
(4) 执行操作系统初启程序,完成系统环境配置和操作系统初始化工作;
(5) 继续读入其余的操作系统文件,逐个执行相应的系统程序,完成操作系统各种功能模

块的装入,完善操作系统的操作环境,做好程序并发执行的准备;

(6) 等待用户请求和用户作业的输入,经过操作系统调度后并发执行。

2. 辅助下装方式

操作系统的主要文件并不放在系统本身的存储设备中,而是在系统启动后,执行下装操作,从另外的计算机系统或者主机系统中将操作系统常驻部分传送到该计算机中,使它形成一个操作环境。

辅助下装方式的优点是可以节省较大的存储空间。下装的操作系统也并非是全部程序代码,只是常驻部分或者专用部分,当这部分操作系统出现问题和故障时,可以再请求下装。

3.5.2 系统配置与初始化

操作系统的引导是一个从程序的顺序执行到并发执行的过程,只有在操作系统初始化完成后,才能建立这样一个环境。

步骤如下:

(1) 关掉系统中断,以保证系统的顺利引导;

(2) 对当前的系统运行环境进行检查,对系统的配置进行认定,并保存检测的结果作为系统的初始配置条件;

(3) 进行操作系统的初始化。

初始化工作要点如下:

(1) 根据操作系统设计时定义的全局参数,在内存中建立操作系统工作时所必需的数据结构和各种记录表格,并且根据当前系统的环境配置情况,填写相应的表格和结构,设定它们的初始条件、参数和状态。

(2) 在初始化过程中,最重要的是建立有关进程的所有数据结构;建立相应的进程队列;并且按照系统设计时的全局参数进行设置。

(3) 操作系统根据检查得到的数据获得自由存储空间的容量,并以此作为存储分配的基数之一,同时建立存储管理的若干数据结构,如自由空间队列、分配空间队列等,获得待分配的自由空间的地址。

(4) 然后,分别建立系统设备和文件系统的控制结构及相应表格,并填写好设备的初始条件、状态和类型,建立好访问文件系统的各种索引表格。

(5) 接着,对 PCB 表和几个进程队列进行初始化。此时,可以建立一个空进程(NULL),或者把执行的这个程序本身作为第一个进程。如果系统有实时时钟控制,还需对时钟控制逻辑进行初始化。

操作系统初始化完成后,系统给出系统版本提示和系统信息,开放系统中断。此时,若无其他进程,系统执行空进程,进入循环等待。

用户敲击键盘,将会产生键盘中断,从而引起对命令的解释,生成新的进程,引起进程调度。用户通过命令或者程序与操作系统交互,完成用户作业。如果是分时系统或者采用时间片调度,每当时间片到,系统产生中断,也引起新的进程调度。

需要注意以下几个问题:

(1) 系统初启引导过程不属于操作系统,由初启过程转入操作系统初始化程序才算进入了操作系统模块。

(2) 初启引导程序没有通过,不再进入系统初始化,系统出错提示用户重启或停机。

(3) 初始化程序开始要建立大量的数据结构,所有系统全局变量都在此过程中建立并定位。

(4) 对数据结构的初始化和赋初值是根据系统设计的目标和规范拟定而进行的,尤其是对 PCB 表的初始化,这些初值的设置构成并发运行的基础。

(5) 在操作系统初始化过程中不允许发生中断,因此必须关闭中断,初始化完成再打开中断,从而进入并发环境。

(6) 初启引导过程和初始化过程中的程序都是顺序执行的,一旦初始化完成便开放中断,当下一个时间片到来或者中断发生就进入了程序的并发执行。这才是顺序到并发的分界点。

(7) 若处于并发环境,没有多个进程或多道程序等待,此时运行空进程代码,或者进入一个无限循环,或者运行待机程序,或者运行安全检测程序等,直到有并发程序进入,引起调度切换。

习 题 三

1. 阐述程序、作业、作业步和进程之间的联系和区别。
2. 一个具有分时兼批处理功能的操作系统应该怎样调度和管理作业?为什么?
3. 在一个批处理系统中,一个作业从提交到运行结束并退出系统,通常要经历哪几个阶段和哪些状态?你能说出这些状态转变的原因吗?哪些程序负责这些状态的转变?
4. 假设有三个作业,它们的进入时间及估计运行时间如下:

作业号	进入时刻	估计运行时间(分钟)
1	10:00	60
2	10:10	60
3	10:25	15

在单道批处理方式下,采用先来先服务算法和最短作业优先算法进行作业调度。请给出它们的调度顺序,并分别计算出作业平均周转时间和带权平均周转时间。请对计算结果进行解释。

5. 有一个两道的批处理操作系统,作业调度采用最短作业优先的调度算法,进程调度采用基于优先数的抢占式调度算法,有如下的作业序列:

作业	进入时间	估计运行时间(分数)	优先数
JOB1	10:00	40	5
JOB2	10:20	30	3
JOB3	10:30	50	4
JOB4	10:50	20	6

其中优先数数值越小优先级越高。

(1) 列出所有作业进入内存时间及运行结束时间。
(2) 计算作业平均周转时间和带权平均周转时间。

6. 某系统采用不能移动已在内存储器中作业的可变分区方式管理内存储器,现有供用户使用的内存空间 100K,系统配有 4 台磁带机,有一批作业如下:

作业	进入时间	估计运行时间(分钟)	需要内存(K)	需要磁带机(台)
JOB1	10：00	25	15	2
JOB2	10：20	30	60	1
JOB3	10：30	10	50	3
JOB4	10：35	20	10	2
JOB5	10：40	15	30	2

该系统采用多道程序设计技术,对磁带机采用静态分配,忽略设备工作时间和系统进行调度所共花的时间,请分别写出采用"先来先服务调度算法"和"最短作业优先算法"选中作业执行的次序以及作业平均周转时间。

若允许移动已在内存中的作业,则作业被选中的次序又是怎样的呢？计算出作业平均周转时间。

7. 给定一组作业 $J_1, J_2, \cdots, J_n$，其运行时间分别为 $T_1, T_2, \cdots, T_n$。假定这些作业是同时到达的,并且将在一台 CPU 上按单道批处理方式运行。试证明：若按最短作业优先算法运行这些作业,则作业平均周转时间最少。

8. 有的系统在用户与命令接口之间提供一个终端处理程序,它的主要功能是什么？

9. 作业调度的主要功能是什么？常用的作业调度算法有哪几种？作业调度与进程调度有什么区别？各在什么情况下调用它们？如何评价一个作业调度算法的性能？确定调度算法的原则是什么？

10. 设有 I/O 密集、I/O 与计算均衡和计算量大的三个作业,它们同时进入内存并行工作,请给每个作业赋予运行优先数,并说明理由。

11. 为了在程序一级提供操作系统服务,系统必须做哪些工作？

12. 系统调用的作用是什么？请阐述系统调用的工作原理和实现过程。

13. 为什么要提出 POSIX 标准？作为一个通用操作系统,至少应该实现哪些符合 POSIX 标准的系统调用？

第4章 进程管理

本章要点

- 多道程序设计,并发程序
- 进程的基本概念,线程的基本概念,进程与线程的关系
- 进程控制块,进程状态及状态转换,进程队列
- 进程控制
- 进程的并发性,与时间有关的错误,进程同步与互斥,临界资源与临界区
- 进程同步机制,信号量与P、V操作,管程
- 经典的进程同步互斥问题:生产者-消费者问题,哲学家就餐问题
- 进程通信,消息缓冲通信机制
- 进程调度,选择进程调度算法的原则,常用的进程调度算法
- 系统核心

处理机是计算机系统中最重要的资源。在现代计算机系统中,为了提高系统的资源利用率,处理机将不为某一程序独占。通常采用多道程序设计技术,即允许多个程序同时进入计算机系统的内存并运行。多道程序设计系统充分发挥了处理器与外围设备以及外围设备之间的并行工作能力,从而极大地提高了处理器和其他各种资源的利用率。但是,多道程序设计可能会延长程序的执行时间。

进程是具有一定独立功能的程序关于某个数据集合上的一次运行活动,进程是系统进行资源分配的一个独立单位。进程是动态产生、动态消亡的,每个进程都有一个数据结构——进程控制块记录其执行情况。进程有三种基本状态,随着进程的进展,它们在状态之间相互变化。

在顺序执行指令的处理器上,进程的执行是按序的,即进程具有顺序性,但是,在计算机系统中往往有若干个进程请求执行,当一个进程的执行没有结束前允许其他进程也开始执行,则说这些进程是可同时执行的,可同时执行的进程交替地占用处理器,若系统中存在一组可同时执行的进程,则说该组进程具有并发性,把这些进程称为"并发进程"。

并发进程之间可能要共享资源,由于并发进程执行的相对速度受自身或外界的因素影响,也受进程调度策略的制约,并发进程在访问共享资源时可能会出现与时间有关的错误。多道程序系统中并发执行的进程之间存在着相互制约关系,这种相互制约的关系称作进程间的相互作用。进程之间相互作用有两种方式:直接相互作用和间接相互作用。这又称为"进程同步"和"进程互斥"。

并发执行各进程之间使用的资源称为"临界资源",各并发进程中涉及到临界资源的程序段称为"临界区"。进程互斥是指并发进程互斥地进入相关临界区,即每次只允许一个进程进

入临界区,当有一个进程在它的临界区执行时就不允许其他进程进入其临界区,直到该进程退出临界区为止。进程同步是指进程之间一种直接的协同工作关系,是一些进程相互合作,共同完成一项任务。可以说,进程互斥是一种特殊的进程同步关系。实现进程互斥、进程同步的机制统称为"同步机制"。

P、V 操作是一种简单、易于实现的同步机制,它包括"P 操作"和"V 操作"两个原语,P、V 操作是对信号量实施操作,用 P、V 操作可实现进程的同步和进程的互斥,若把信号量与共享资源对应起来,可给出信号量的物理含义(假定信号量用 S 表示):

S>0 时,S 表示可用资源数;

S=0 时,表示没有可用资源或表示不允许进程再进入临界区;

S<0 时,|S| 表示等待资源的进程个数或表示等待进入临界区的进程个数。

P(S)相当于申请一个资源,进程在使用共享资源前可调用 P 操作。V(S)相当于释放一个资源,进程可调用 V 操作来归还共享资源。

实现进程互斥时,用一个信号量与一组相关临界区对应,这些进程在同一个信号量上调用 P 操作和 V 操作来实现互斥,实现进程同步时,每一个消息与一个信号量对应,进程在不同的信号量上调用 P 操作以测试自己需要的消息是否到达。在不同信号量上调用 V 操作可把不同的消息发送出去。

"管程"是另一种进程同步机制。管程作为一种集中式同步机制,它的基本思想是将共享变量以及对共享变量能够进行的所有操作集中在一个模块中,一个操作系统或并发程序由若干个这样的模块所构成,由于每一个模块通常较短,模块之间关系清晰,提高了可读性,便于修改和维护,所以正确性易于保证。

进程通信机制由一些通信原语组成,进程之间可以通过通信原语传递大量信息,其中 send 原语、receive 原语是最基本的通信原语。进程高级通信机制包括共享内存、消息传递和管道通信。

线程,有时称轻量级进程,是进程中的一个实体,它是一个 CPU 调度单位。多线程技术是操作系统的发展趋势,它能提高计算机系统的性能。

系统核心向进程提供没有中断的虚拟机,每个进程好像在各自的处理机上顺序地执行。核心中包括中断处理、进程调度、进程控制、进程同步与互斥、进程通信、存储管理的基本操作、设备管理的基本操作、文件信息管理的基本操作和时钟管理。内核在管态下工作,内核的各种功能通过执行原语操作来实现。

4.1 多道程序设计

4.1.1 程序的顺序执行

程序是一个在时间上按严格次序前后相继的操作序列,这些操作是机器指令或高级语言的语句。人们习惯的传统程序设计方法是顺序程序设计,计算机也是以顺序方式工作的:CPU 一次执行一条指令,对内存一次访问一个字节或字,对外部设备一次传送一个数据块。顺序处理也是人们习惯的思考方法,为了解决一个复杂的问题,人们把它分解成一些较为简单、易于分析的小问题,然后逐个解决。也可以把一个复杂的程序划分为若干个程序段,然后按照某种次序逐个执行这些程序段。

我们把一个具有独立功能的程序独占 CPU 直到得到最终结果的过程称为程序的顺序执行。程序的顺序执行具有如下特点：

1. 顺序性

程序所规定的动作在机器上严格地按顺序执行。每个动作的执行都以前一个动作的结束为前提条件，即程序和机器的执行活动严格一一对应。

2. 封闭性

程序运行后，其计算结果只取决于程序自身，程序执行得到的最终结果由给定的初始条件决定，不受外界因素的影响。程序所使用的资源（包括 CPU、内存、文件等）是专有的，这些资源的状态（除了初始状态外）只有程序本身的动作才能改变。

3. 程序执行结果的确定性

也称为程序执行结果与时间无关性。程序执行的结果与它的执行速度无关，即 CPU 在执行程序时，任意两个动作之间的停顿对程序的计算结果都不会产生影响。

4. 程序执行结果的可再现性

如果程序在不同的时间执行，只要输入的初始条件相同，则无论何时重复执行该程序都会得到相同的结果。

程序的顺序性和封闭性是一切顺序程序所应具有的特性，从这两个特性出发，不难引出程序执行时所具有的另外两个特性。顺序程序与时间无关的特性，可使程序的编制者不必去关心不属于他控制的那些细节（如操作系统的调度算法和外部设备操作的精确时间等）；顺序程序执行结果的可再现性，为程序检测和校正程序的错误带来了方便。

4.1.2 多道程序系统中程序执行环境的变化

1. 多道程序设计技术的引入

为了提高计算机系统中各种资源的利用效率，缩短作业的周转时间，在现代计算机中广泛采用多道程序技术，使多种硬件资源能并行工作。顺序程序的上述特性是为人们所理解和熟悉的，但这不是一切程序所共有的。在追求多部件并行和多任务共享资源的多道程序操作系统的程序设计中，这些性质就不复存在了。

在许多情况下，要求计算机能够同时处理多个具有独立功能的程序，以增强系统的处理能力和提高机器的利用率。通常采用并行操作技术，使系统的各种硬件资源尽量做到并行工作。

多道程序同时在系统中存在并且运行，这时的工作环境与单道程序的运行条件相比，大不相同。首先，每个用户程序都需要一定的资源，如内存、设备、CPU 时间等，因此系统中的软、硬件资源不再是单个程序独占，而是由几道程序所共享。这样，共享资源的状态就由多道程序的活动共同决定。

此外，系统中各部分的工作方式不再是单纯串行的，而是并发执行的。所谓并发执行，如果是单 CPU，则这些并发程序按给定的时间片交替地在处理机上执行，其执行的时间是重叠的；如果是多 CPU，则这些并发程序在各自处理机上运行。

举一个例子，假定有两个程序 A 和 B 都要执行。A 程序的执行顺序为：在 CPU 上执行 10 秒，在设备 DEV1 上执行 5 秒，又在 CPU 上执行 5 秒，在设备 DEV2 上执行 10 秒，最后在 CPU 上执行 10 秒；B 程序的执行顺序为：在设备 DEV2 上执行 10 秒，在 CPU 上执行 10 秒，在设备 DEV1 上执行 5 秒,又在 CPU 上执行 5 秒,最后在设备 DEV2 上执行 10 秒。

在顺序环境下,或者 A 程序先执行,然后 B 程序执行;或者 B 程序先执行,A 程序后执行。假设 A 程序先执行,如图 4.1(a)所示,A、B 两个程序全部执行完毕需要 80 秒时间,其中有 40 秒是程序使用 CPU,15 秒使用设备 DEV1,25 秒使用设备 DEV2。经过计算,得出在顺序环境下:

CPU 的利用率 = 40/80 = 50%;
DEV1 的利用率 = 15/80 = 18.75%;
DEV2 的利用率 = 25/80 = 31.25%。

而在并发环境下,A、B 两个程序可以同时执行,当 A 程序在 CPU 上执行时,B 程序可以在设备 DEV1 上执行,如图 4.1(b)所示,A、B 两个程序全部执行完毕需要 45 秒时间。经过计算,得出在并发环境下:

CPU 的利用率 = 40/45 = 89%;
DEV1 的利用率 = 15/45 = 33%;
DEV2 的利用率 = 25/45 = 56%。

由此可见,采用多道程序设计技术执行同样的两个程序,就能大大改进系统性能。

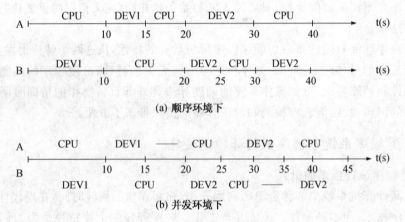

图 4.1 多道程序设计例子

2. 多道程序设计环境的特点

所谓**多道程序设计**,就是允许多个程序同时进入内存并执行。多道程序设计是操作系统所采用的最基本、最重要的技术,其根本目的是提高整个系统的效率。

衡量系统效率的尺度是系统吞吐量。所谓吞吐量是指单位时间内系统所处理作业(程序)的道数(数量)。如果系统的资源利用率高,则单位时间内所完成的有效工作多,吞吐量大;反之,如果系统的资源利用率低,则单位时间内所完成的有效工作少,吞吐量小。引入多道程序设计后,提高了设备资源利用率,使系统中各种设备经常处于忙碌状态,提高了内存资源利用率,同时进入系统中的多个程序可以保存于内存的不同区域中;提高了处理机资源利用率。最终,提高系统吞吐量。

多道程序设计改善了各种资源的使用情况,从而增加了吞吐量,提高系统效率,但也带来了资源竞争。因此,在实现多道程序设计时,必须协调好资源使用者与被使用资源之间的关系,即对处理机资源加以管理,以实现处理机在各个可运行程序之间的分配与调度;对内存资源加以管理,将内存分配给各个运行程序,还要解决程序在内存的定位问题,并防止内存中各个程序之间互相干扰或对操作系统的干扰;对设备资源进行管理,使各个程序在使用设备时不发生冲突。

多道程序环境具有以下特点:

(1) 独立性

在多道程序环境下执行的每道程序都是逻辑上独立的,且执行速度与其他程序无关,执行的起止时间也是独立的。

(2) 随机性

在多道程序环境下,程序和数据的输入与执行开始时间都是随机的。

(3) 资源共享性

一般来说,多道程序环境下执行程序的道数总是多于计算机系统中 CPU 的个数,单 CPU 系统更是如此。显然,同时执行的各个程序只能共享系统中已有的 CPU。同样,输入输出设备、内存、信息等资源都将被各个程序所共享。资源共享将导致对进程执行速度的制约。

4.1.3 程序的并发执行

所谓程序并发执行,是指两个或两个以上程序在计算机系统中同处于已开始执行且尚未结束的状态。能够参与并发执行的程序称为并发程序。引入程序并发执行,是为了充分利用系统资源,提高计算机的处理能力。但是,程序并发执行产生了一些和程序顺序执行时不同的特性,概括如下:

1. 并发程序在执行期间具有相互制约关系

多道程序的并发执行总是伴随着资源的共享和竞争,从而制约了各道程序的执行速度,使本来并无逻辑关系的程序之间产生了相互制约的关系;而各程序活动的工作状态与所处环境有密切关系,使并发执行的程序具有"执行—暂停—执行"的活动规律。

2. 程序与计算不再一一对应

在并发执行中,允许多个用户作业调用一个共享程序段,从而形成了多个"计算"。例如,在分时系统中,一个编译程序往往同时为几个用户服务,该编译程序便对应了几个"计算"。

3. 并发程序执行结果不可再现

并发程序执行结果与其执行的相对速度有关,是不确定的。

多道程序的并发执行是指它们在宏观上是同时进行的,但从微观上看,在单 CPU 系统中,它们仍然是顺序执行的。

4.2 进 程

4.2.1 进程的概念

并发程序和顺序程序有本质上的差异,为了能更好地描述程序的并发执行,实现操作系统的并发性和共享性,引入"进程"的概念。

进程是具有一定独立功能的程序关于某个数据集合上的一次运行活动,进程是系统进行资源分配和调度的一个独立单位。

从操作系统角度来看,可将进程分为系统进程和用户进程两类。系统进程执行操作系统程序,完成操作系统的某些功能。用户进程运行用户程序,直接为用户服务。系统进程的优先级通常高于一般用户进程的优先级。

4.2.2 进程的特性

1. 进程与程序的联系和区别

进程和程序既有联系又有区别。

(1) 联系。程序是构成进程的组成部分之一,一个进程的运行目标是执行它所对应的程序,如果没有程序,进程就失去了其存在的意义。从静态的角度看,进程是由程序、数据和进程控制块(PCB)三部分组成。

(2) 区别。程序是静态的,而进程是动态的。

进程既然是程序的执行过程,因而进程是有生命周期的,有诞生,亦有消亡。因此,程序的存在是永久的,而进程的存在是暂时的,动态地产生和消亡。一个进程可以执行一个或几个程序,一个程序亦可以构成多个进程。例如,一个编译进程在运行时,要执行词法分析、语法分析、代码生成和优化等几个程序。或者一个编译程序可以同时生成几个编译进程,为几个用户服务。进程具有创建其他进程的功能。被创建的进程称为子进程,创建者称为父进程,从而构成进程家族。

2. 进程的特性

进程的概念能很好地描述程序的并发执行,并且能够揭示操作系统的内部特性。事实上,操作系统的并发性和共享性正是通过进程的活动体现出来的。

进程具有以下特性:

(1) 并发性。可以同其他进程一道向前推进,即一个进程的第一个动作可以在另一个进程的最后一个动作结束之前开始。

(2) 动态性。进程是程序的执行过程,体现在两方面:其一,进程动态产生、动态消亡;其二,在进程生命周期内,其状态动态变化。

(3) 独立性。一个进程是一个相对完整的资源分配单位。

(4) 交往性。一个进程在运行过程中可能会与其他进程发生直接的或间接的相互作用。

(5) 异步性。每个进程按照各自独立的、不可预知的速度向前推进。

4.2.3 进程的状态及其状态转换

进程的动态性表明进程在其生存期内需要经历一系列的离散状态。运行中的进程可以处于以下三种状态之一:运行、就绪、等待。

1. 运行状态(Running)

是指进程已获得 CPU,并且在 CPU 上执行的状态。显然,在一个单 CPU 系统中,最多只有一个进程处于运行态。

2. 就绪状态(Ready)

是指一个进程已经具备运行条件,但由于没有获得 CPU 而不能运行所处的状态。一旦把 CPU 分配给它,该进程就可运行。处于就绪状态的进程可以是多个。

3. 等待状态(Waiting)

也称阻塞状态(Blocked)或封锁状态。是指进程因等待某种事件发生而暂时不能运行的状态。例如,当两个进程竞争使用同一个资源时,没有占用该资源的进程便处于等待状态,它必须等到该资源被释放后才可以去使用它。引起等待的原因一旦消失,进程便转为就绪状态,以便在适当的时候投入运行。系统中处于等待状态的进程可以有多个。

为什么要把进程的运行过程划分成三个基本状态呢?我们知道,在一个实际系统中,存在有大量并发活动的过程,如果每个进程所需要的各种资源都能立即得到满足,那么进程就不会处于等待和就绪状态而处于运行状态。实际上这是做不到的,而且也没有必要这样做。这是因为进程的活动不是孤立进行的,而是相互制约的。例如有的进程也可能正在等待另一进程的计算结果而无法运行。因此,在某一时刻就只有一个进程获得处理机而得以运行,一些进程可能因为等待某种事件发生(如等待输入输出设备)而被阻塞,另外一些进程可能一切准备就绪,只等待获得处理机而处于就绪状态。

在任何时刻,任何进程都处于且仅处于三种状态之一。进程在运行过程中,由于它自身的进展情况和外界环境条件的变化,三种基本状态可以相互转换。这种转换由操作系统完成,对用户是透明的。它也体现了进程的动态性。图4.2表示了三种基本状态之间的转换及其典型的转换原因。

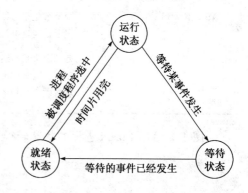

图 4.2 进程状态转换图

(1) 就绪→运行。处于就绪状态的进程,它已具备了运行的条件,但由于未能获得处理机,故仍然不能运行。对于单处理机系统而言,因为处于就绪状态的进程往往不止一个,同一时刻只能有一个就绪进程获得处理机。进程调度程序根据调度算法(如优先级或时间片)把处理机分配给某个就绪进程,建立该进程运行状态标记,并把控制转入该进程的启动程序,把它由就绪状态变为运行状态。这样进程就投入运行。

(2) 运行→就绪。这种状态变化通常出现在分时操作系统中。正在运行的进程,由于规定的运行时间片用完而使系统发出超时中断请求,超时中断处理程序把该进程的状态修改为就绪状态,根据其自身的特征而插入就绪队列的适当位置,保留进程现场信息,收回处理机并转入进程调度程序。于是,正在运行的进程就由运行状态变为就绪状态。

(3) 运行→等待。处于运行状态的进程能否继续运行,除了受时间限制外,还受其他种种因素的影响。例如,运行中的进程需要等待文件的输入(或其他进程同步操作的影响)时,控制便自动转入系统控制程序,通过信息管理程序及设备管理程序进行文件输入;在输入过程中这个进程并不恢复到运行状态,而是由运行变成等待(此时,标记等待原因,并保留当前进程现场信息),然后控制转入进程调度程序。进程调度程序根据调度算法把处理机分配给原已处于就绪状态的进程。

(4) 等待→就绪。等待的进程在其被阻塞的原因获得解除后,并不能立即投入运行,因为处理机满足不了进程的需要,于是将其状态由等待变成就绪,仅当进程调度程序把处理机再次分配给它时,才可恢复现场继续运行。

在一个实际的系统中,进程的状态不止三种,状态的划分更细致。Linux中的进程有五种状态,如表 4.1 所示。

表 4.1 Linux 进程状态

进程状态	含义
TASK_RUNNING	意味着进程准备好运行了,有不止一个任务同时处于 TASK_RUNNING 状态——TASK_RUNNING 并不意味着该进程可以立即获得 CPU(有时是立即获得 CPU),而是仅仅说明只要 CPU 一旦可用,进程就可以立即准备好执行了
TASK_INTERRUPTIBLE	两种等待状态的一种——这种状态意味着进程在等待特定事件,但是也可以被信号中断
TASK_UNINTERRUPTIBLE	另外一种等待状态。这种状态意味着进程在等待硬件条件而且不能被信号中断
TASK_ZOMBIE	意味着进程已经退出了,但是其相关的 task_struct 结构并没有被删除,这样即使子孙进程已经退出,也允许祖先进程对已经死去的子孙进程的状态进行查询
TASK_STOPPED	意味着进程已经停止运行了。一般情况下,这意味着进程已经接收到了 SIGSTOP、SIGSTP、SITTIN 或者 SIGTTOU 信号中的一个,但是它也可能意味着当前进程正在被跟踪,例如,进程正在调试器下运行,用户正在单步执行代码

图 4.3 给出 Linux 进程的状态转换图。

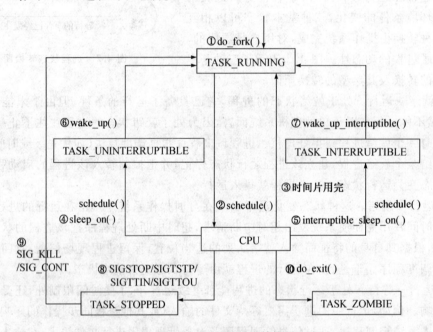

图 4.3 Linux 进程状态转换图

以下是进程状态转换各个步骤的说明:

① 进程刚开始都是由 do_fork()函数创建,新进程继承父进程的现有资源,它在完成初始化后就被挂到就绪队列上。从下面 do_fork()函数的算法中可以看到进程刚创建时的状态为 TASK_UNINTERRUPTIBLE,在 do_fork()函数结束前它会被父进程唤醒而其状态变成 TASK_RUNNING。

② 依据 Linux 的调度算法,在合适的时候使用调度函数 schedule()对就绪队列中的该进

程进行调度,在 CPU 上执行。

③ 如果调度采用的是时间片轮转法,当该进程拥有的时间片用完时,调用时钟中断程序 timer_interrupt()引发新的进程调度,而当前进程被挂到就绪队列队尾。

④ 正在 CPU 上运行的进程如果得不到某个资源(特定事件),调用函数 sleep_on()使得该进程睡眠,即进程状态变为 TASK_UNINTERRUPTIBLE,将其 task_struct 结构挂起到相应资源的等待队列上并重新调用 schedule()进行调度。

⑤ 正在 CPU 上运行的进程如果得不到某个资源(硬件条件),调用函数 interruptible_sleep_on()使得该进程睡眠,即进程状态变为 TASK_INTERRUPTIBLE,将其 task_struct 结构挂起到相应资源的等待队列上并重新调用 schedule()进行调度。

⑥ 处在 TASK_UNINTERRUPTIBLE 状态的进程在其等待的资源有效时被唤醒,进程状态变为 TASK_RUNNING 并挂入就绪队列。

⑦ 处在 TASK_INTERRUPTIBLE 状态的进程在其等待的资源有效时被唤醒,或由信号或定时中断唤醒,进程状态变为 TASK_RUNNING 并挂入就绪队列。

⑧ 正在 CPU 上运行的进程接受到 SIGSTOP、SIGTSTP、SIGTTIN 或 SIGTTOU 信号后就会暂时停止运行来接受特殊处理,即进程状态变为 TASK_STOPPED。

⑨ 处在 TASK_STOPPED 状态的进程收到其他进程发送的 SIG_KILL 或 SIG_CONT 信号时则被唤醒重新加入到就绪队列中。

⑩ 进程执行系统调用 sys_exit()或收到 SIG_KILL 信号时调用 do_exit()函数,进程状态变为 TASK_ZOMBIE,释放进程所占有的资源并重新调用 schedule()进行调度。

4.2.4 进程控制块

为了便于系统控制和描述进程的活动过程,在操作系统核心中为进程定义了一个专门的数据结构,称为**进程控制块**(PCB:Process Control Block)。

系统利用 PCB 来描述进程的基本情况以及进程的运行变化过程。PCB 是进程存在的唯一标志,当系统创建一个进程时,为进程设置一个 PCB,再利用 PCB 对进程进行控制和管理。撤消进程时,系统收回它的 PCB,进程也随之消亡。

例如 Linux 中就是用 task_struct 数据结构来描述每个进程的进程控制块,记录了进程状态、进程调度、进程标识、文件系统和存储管理等信息,详见后面的 4.8 节。

1. PCB 的内容

PCB 的内容可以分成调度信息和现场信息两大部分。调度信息供进程调度时使用,描述了进程当前所处的状况,它包括进程名、进程号、存储信息、优先级、当前状态、资源清单、"家族"关系、消息队列指针、进程队列指针和当前打开文件等。现场信息刻画了进程的运行情况,由于每个进程都有自己专用的工作存储区,其他进程运行时不会改变它的内容。所以,PCB 中的现场信息只记录那些可能会被其他进程改变的寄存器,如程序状态字、时钟、界地址寄存器等。一旦中断进程的运行,必须把中断时刻的内容记入 PCB 的现场信息。

需要指出的是,PCB 的内容和大小随系统不同而异,它不仅和具体系统的管理及控制方法有关,也和系统规模的大小有关。

2. 进程的组成

进程由程序、数据和进程控制块 PCB 三部分组成。PCB 是进程的"灵魂",由于进程控制块中保存了进程的地址信息,通过 PCB 可以得到进程程序的存储位置,也可以找到整个进程。程序和数据是进程的"躯体"。由于现代操作系统提供程序共享的功能,这就要求程序是可再入程序,且与数据分离。

所谓可再入程序是指"纯"代码的程序,即在运行过程中不修改自身。

3. PCB 组织

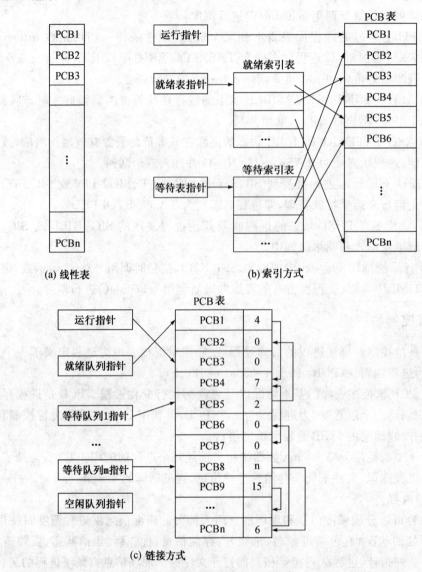

图 4.4 PCB 的组织方式

为了便于管理,系统把所有的 PCB 用适当方式组织起来。一般说来,大致有以下三种组织方式:

(1) 线性方式

将所有的 PCB 不分状态组织在一个连续表(称 PCB 表)中,该方式的优点是简单,且不需要额外的开销,适用于进程数目不多的系统;但缺点是往往需要扫描整个 PCB 表。如图 4.4(a)所示。

（2）索引方式

对于具有相同状态的进程，分别设置各自的 PCB 索引表，表目为 PCB 在 PCB 表（线性表）中的地址。于是就构成了就绪索引表和等待索引表。另外，在内存固定单元设置三个指针，分别指示就绪索引表和等待索引表的起始地址以及执行态 PCB 在 PCB 表中的地址，如图 4.4(b)所示。

（3）链接方式

对于具有相同状态进程的 PCB，通过 PCB 中的链接字构成一个队列。链接字指出本队列下一 PCB 在 PCB 表中的编号（或地址），编号为 0 表示队尾。队首由内存固定单元中相应的队列指针指示。如此便形成就绪队列和等待队列，等待队列可以有多个，对应于不同的等待原因，如等待 I/O 操作完成，等待分配内存，等待接收消息等。就绪队列的排队原则与调度策略有关，可以按优先数排序，也可以按"先进先出"的原则出队，等等。另外，还可以将 PCB 表中的各空表目链接起来构成一个自由队列。若队列指针为 0，表示该队列为空，如图 4.4(c)所示。

在 Linux 中，有散列表、双向循环链表、运行队列、进程运行队列链表和等待队列等五种方式来组织描述进程控制块的 task_struct 结构，其实它们每一种也是前面提到的三种组织方式中的一种，像散列表就是索引方式，4.8 节中做了较为详细的描述。

4. 进程的队列

为了对进程进行管理，系统将所有进程的 PCB 排成若干个队列。通常，系统中的进程队列分成如下三类，如图 4.5 所示。

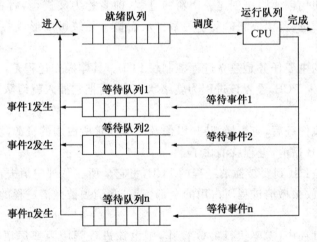

图 4.5 进程队列

（1）就绪队列

整个系统一个，所有处于就绪状态的进程都按照某种原则排在该队列中。进程入队和出队的次序与处理机调度算法有关。在有些系统中，就绪队列可能有若干个。

（2）等待队列

每一个等待事件一个队列。当进程等待某一事件时，进入与该事件相应的等待队列。当某事件发生时，与该事件相关的一个或多个进程离开相应的等待队列。

（3）运行队列

在单 CPU 系统中整个系统有一个运行队列。实际上，一个运行队列中只有一个进程，可用一个指针指向该进程。

4.2.5 进程控制

进程有一个从创建到消亡的生命周期，**进程控制**的作用就是对进程在整个生命周期中各种状态之间的转换进行有效的控制。进程控制是通过原语来实现的。Linux 中的进程控制是由几种系统调用来执行的，在后面的 4.8 节将会看到 Linux 进程创建、进程撤消、进程等待和进程结束四种控制的执行。

原语通常由若干条指令所组成，用来实现某个特定的操作。通过一段不可分割的或不可中断的程序实现其功能。原语的执行必须是连续的，一旦开始执行就不能间断，直到执行结束。原语是操作系统核心(不是由进程而是由一组程序模块所组成)的一个组成部分，它必须在管态下执行，并且常驻内存。原语和系统调用都可以被进程所调用，两者的差别在于原语有不可中断性，它是通过在其执行过程中关闭中断实现的，且一般由系统进程调用。许多系统调用的功能都可用目态下运行的系统进程完成，而不一定要在管态下完成。例如文件的建立、打开、关闭、删除等系统调用，都是借助中断进入管态，然后转交给相应的进程，最终由进程实现其功能。

用于进程控制的原语一般有：创建进程、撤消进程、挂起进程、激活进程、阻塞进程、唤醒进程以及改变进程优先级等。

1. 创建原语

一个进程可以使用创建原语创建一个新的进程，前者称为父进程，后者称为子进程，子进程又可以创建新的子进程，构成新的父子关系。从而整个系统可以形成一个树形结构的进程家族。

创建一个进程的主要任务是建立进程控制块 PCB。具体操作过程是：先申请一空闲 PCB 区域，将有关信息填入 PCB，设置该进程为就绪状态，最后把它插入就绪队列中。

2. 撤消原语

当一个进程完成任务后，应当撤消它，以便及时释放它所占用的资源。撤消进程的实质是撤消 PCB。一旦 PCB 撤消，进程就消亡了。

具体操作过程是：找到要被撤消进程的 PCB，将它从所在队列中消去，撤消属于该进程的一切"子孙进程"，释放被撤消进程所占用的全部资源，并消去被撤消进程的 PCB。

3. 阻塞原语

某个进程执行过程中，需要执行 I/O 操作，则由该进程调用阻塞原语把进程从运行状态转换为阻塞状态。

具体操作过程是：由于进程正处于运行状态，因此首先应中断 CPU 执行，把 CPU 的当前状态保存在 PCB 的现场信息中，把进程的当前状态设置为等待状态，并把它插入到该事件的等待队列中去。

4. 唤醒原语

一个进程因为等待事件的发生而处于等待状态，当等待事件完成后，就用唤醒原语将其转换为就绪状态。

具体操作过程是：在等待队列中找到该进程，设置进程的当前状态为就绪状态，然后将它从等待队列中撤出并插入到就绪队列中排队，等待调度执行。

4.3 进程同步与互斥

4.3.1 进程间的相互作用

1. 相关进程和无关进程

多道程序系统中同时运行的并发进程通常有多个。在逻辑上具有某种联系的进程称为相关进程,在逻辑上没有任何联系的进程称为无关进程。并发进程相互之间可能是无关的,也可能是相关的。

如果一个进程的执行不影响其他进程的执行,且与其他进程的进展情况无关,即它们是各自独立的,则说这些并发进程的相互之间是无关的。显然,无关的并发进程一定没有共享的变量,它们分别在各自的数据集合上操作,例如,为两个不同的源程序进行编译的两个进程,它们可以是并发执行的,但它们之间却是无关的。因为这两个进程分别在不同的数据集合上为不同的源程序进行编译,虽然这两个进程可交叉地占用处理器为各自的源程序进行编译,但是,任何一个进程都不依赖另一个进程,甚至当一个进程发现被编译的源程序有错误时,也不会影响另一个进程继续对自己的源程序进行编译,它们是各自独立的。

如果一个进程的执行依赖其他进程的进展情况,或者说,一个进程的执行可能影响其他进程的执行结果,则说这些并发进程是相关的。例如,有三个进程,即读数据进程、处理数据进程和打印结果进程。其中读数据进程每次启动磁盘读入一批数据并把读到的数据存放到缓冲区中,处理数据进程对存放在缓冲区中的数据加工处理,打印结果进程把加工处理后的结果打印输出。三个进程中的每一个进程的执行都依赖另一个进程的进展情况,只有当读数据进程把一批数据读完并存入缓冲区后,处理数据进程才能对它进行加工处理,打印结果进程要等数据加工处理好后才能进行,也只有当缓冲区中的数据被打印结果进程取走后,读数据进程才能把读到的第二批数据再存入缓冲区。如此循环,直至所有的数据都处理过并打印输出。三个进程相依赖、相互合作,它们是一组相关进程,共享着某些资源,如缓冲区中的数据。

2. 与时间有关的错误

一个进程可能由于自身或外界的原因而被中断,且断点是不固定的。一个进程被中断后,哪个进程可以运行,被中断的进程什么时候再去占用处理器,与进程调度策略有关。由于进程执行的速度不能由进程自身控制,对于相关进程来说,可能有若干并发进程同时使用共享资源,即一个进程一次使用未结束,另一个进程也开始使用,形成交替使用共享资源。

例如,两个并发程序 A 和 B 共享一个公共变量 n,程序 A 每执行一次循环都要作 n:=n+1操作,程序 B 则在每一次循环中打印出 n 的值并将 n 重新置 0。程序描述如下:

```
程序 A                    程序 B
  ⋮                        ⋮
L1: n:=n+1;              L2: print(n);
  ⋮                           n:=0;
goto L1;                    ⋮
  ⋮                        goto L2;
                            ⋮
```

由于程序 A 和 B 的执行都以各自独立的速度向前推进,它们的语句在时间上可任意穿插或交叉执行,故程序 A 的 n:=n+1 操作可能在程序 B 的 print(n)和 n:=0 操作之前,也可能在它们之后或它们之间(即 n:=n+1 出现在 print(n)之后,而在 n:=0 之前),设在开始某个循环之前 n 的值为 5,则对于上面三种情形,执行完一个循环后,打印机印出的值分别为 6、5 和 5,而执行后的 n 值分别为 0、1、0。相同的程序在可能的三种情况下,分别产生了三组不同的结果,显然,这不是我们所希望的。产生了这种情形的根本原因在于:在并发程序中共享了公共变量,使得程序的计算结果与并发程序执行的速度有关。这种错误的结果又往往是与时间有关的(如上例中的三种情形,其结果时对时错,随执行速度的不同而异),所以,把它称为"与时间有关的错误"。

4.3.2 进程间的相互作用

多道程序系统中并发运行的进程之间存在着相互制约关系,这种相互制约的关系称作进程间的相互作用。进程之间相互作用有两种方式:直接相互作用和间接相互作用。直接相互作用只发生在相关进程之间;间接相互作用可发生在相关进程之间,也可以发生在无关进程之间。

进程是操作系统中可以独立运行的单位,但是由于处于同一个系统之中,进程之间不可避免地会产生某种联系,例如:竞争使用共享资源;而且有些进程本来就是为了完成同一个作业而运行的。因此,进程之间必须互相协调,彼此之间交换信息,这就是进程之间一种简单的通信。

1. 进程的同步

系统中的各进程可以并发共享资源,从而使系统资源得到充分利用。但是共享资源往往使并发进程产生某种与时间有关的错误,或者说与速度有关的错误。举例说明,有 A、B 两个进程,A 进程负责从键盘读数据到缓冲区,B 进程负责从缓冲区读数据进行计算。要完成取数据并计算的工作,A 进程和 B 进程要协同工作,即 B 进程只有等待 A 进程把数据送到缓冲区后才能进行计算,A 进程只有等待 B 进程发出已把缓冲区数据取走的信号之后才能从键盘向缓冲区中送数据,否则就会出现错误。这是一个进程同步的问题(见图 4.6)。

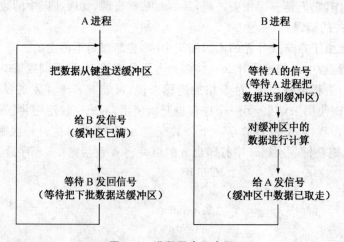

图 4.6 进程同步示意图

进程同步是指进程之间一种直接的协同工作关系,是一些进程相互合作,共同完成一项任务。进程间的直接相互作用构成进程的同步。

2. 进程的互斥

(1) 进程互斥

在系统中,许多进程常常需要共享资源,而这些资源往往要求排他性地使用,即一次只能为一个进程服务。因此,各进程间互斥使用这些资源,进程间的这种关系是进程的互斥。进程间的间接相互作用构成进程互斥。例如,多个进程在竞争使用打印机、一些变量、表格等资源时,表现为互斥关系。

(2) 临界区

系统中一些资源一次只允许一个进程使用,这类资源称为**临界资源或共享变量**。而在进程中访问临界资源的那一段程序称为**临界区**。要求进入临界区的进程之间就构成了互斥关系。为了保证系统中各并发进程顺利运行,对两个以上欲进入临界区的进程,必须实行互斥,为此,系统采取了一些调度协调措施。

系统对临界区的使用原则归纳为:

① 当没有进程在临界区时,若有一个进程要求进入临界区,应允许它立即进入临界区——有空让进;

② 若有一个进程已在临界区时,其他要求进入临界区的进程必须等待——无空等待;

③ 当没有进程在临界区,而同时有多个进程要求进入临界区,只能让其中之一进入临界区,其他进程必须等待——多中择一;

④ 任一进程进入临界区的要求应在有限时间内满足——有限等待;

⑤ 处于等待状态的进程应放弃占用 CPU——让权等待。

原则 ② 反映了互斥的基本含义,即使用临界区资源的排他性;原则 ① 表示要有效利用临界资源;原则 ③ 是原则 ① 和 ② 的一个特殊情况;原则 ④ 和 ⑤ 是为了避免进程间发生忙等待或死锁。

3. 同步机制

系统中必须设置解决进程同步的专门同步机制。实际上,同步是并发进程之间在执行时序上的一种相互约束关系。进程互斥的实质也是同步,进程互斥可看作是一种特殊的进程同步。

同步机制应该满足一些基本要求。首先,它的描述能力应足够强,即能解决各种进程间同步互斥问题;其次,应该容易实现并且效率高;第三,使用方便。

已有的同步机制有:硬件同步机制;信号量及 P、V 操作;管程;条件临界域;路径表达式(用于集中式系统中);远程过程调用等(适用于分布式系统中)。

4. 硬件同步机制——测试与设置

这是一种借助一条硬件指令 Test and Set(简称 TS)来实现互斥的同步机制,许多计算机中都提供了这种指令,在 Intel8086/8088 中称 XCHG 指令。TS 指令的功能可描述如下:

```
proceduer TS (var x, y: boolean);          function TS(var x: boolean): boolean;
    var temp: boolean;                         begin
    begin                                          TS := x;
        temp := x;              或                 x := true;
        x := y;                                end;
        y := temp;
    end;
```

TS 指令的执行是不可分割的,即它实际上是一条原语。利用 TS 指令可以简单而有效地实现互斥。其方法是为每个临界资源设置一个布尔变量 lock(锁),其初值 false,当 lock 值为 false 表示锁打开,临界资源未被使用,进程可以进入临界区;反之则表示锁关闭,进程不能进入临界区。于是用 TS 指令实现互斥的进程的程序结构为:

```
var key: boolean;
begin
    ⋮
    key := true;
    while key do TS(lock,key);                                          (1′)
        临界区操作;
    lock := false;
    ⋮
end;
```

或

```
begin
    ⋮
    while TS(lock) do skip;                                             (2′)
        临界区操作;
    lock := false;
    ⋮
end;
```

在(1′)中,如果任何一个进程在临界区内,则 lock 为 true,当它退出临界区后,置 lock 为 false,进程通过测试它的局部变量 key(钥)值来决定它是否能进入临界区,key 值为 false 时进程可进入。当已有进程在临界区内时,由于 lock 值为 true,故其他进程执行 TS 指令后,key 值恒为 true,于是这些进程一直在 while 处忙碌等待直到 lock 值为 false。在(2′)中,实际上是测试锁变量 lock,若 lock 值为 true,实行互斥。

用上述同步机构虽然可以有效地保证进程互斥,但有一个缺点是,当有进程在临界区内时,其他想进入临界区的进程必须不断地进行测试,处于一种忙等待状态,造成了处理机时间的浪费,这不符合让权等待的准则。

4.3.3 进程同步机制——信号量和 P、V 操作

用常规的程序来实现进程之间同步、互斥关系需要复杂的算法,而且会造成"忙等待",浪费 CPU 资源。为此引入信号量的概念,**信号量**是一种特殊的变量,它的表面形式是一个整型变量附加一个队列;而且,它只能被特殊的操作(即 P 操作和 V 操作)使用。P 操作和 V 操作都是原语。Linux 中进程间对共享资源的互斥访问就是通过信号量机制来实现的。

1. 信号量

著名的荷兰计算机科学家 Dijkstra 把互斥的关键含义抽象成信号量(semaphore)概念,并引入在信号量上的 P、V 操作作为同步原语(P 和 V 分别是荷兰文的"等待"和"发信号"两词的

首字母)。信号量是个被保护的量,只有 P、V 操作和信号量初始化操作才能访问和改变它的值。

设信号量为 S,S 可以取不同的整数值。可以利用信号量 S 的取值表示共享资源的使用情况,或用它来指示协作进程之间交换的信息。在具体使用时,把信号量 S 放在进程运行的环境中,赋予其不同的初值,并在其上实施 P 操作和 V 操作,以实现进程间的同步与互斥。

2. P、V 操作

P 操作和 V 操作定义如下:

P(S):

(1) S := S−1;

(2) 若 S<0,将该进程的状态设置为等待状态,然后将该进程的 PCB 插入相应的 S 信号量等待队列末尾,直到有其他进程在 S 上执行 V 操作为止。

V(S):

(1) S := S+1;

(2) 若 S≤0,释放 S 信号量队列中等待的一个进程,改变其状态为就绪态,并将其插入就绪队列;然后使本操作的进程继续执行。

通常,信号量的取值可以解释为:S 值的大小表示某类资源的数量。当 S>0 时,表示还有资源可以分配;当 S<0 时,其绝对值表示 S 信号量等待队列中进程的数目。每执行一次 P 操作,意味着要求分配一个资源;每执行一次 V 操作,意味着释放一个资源。

3. 用 P、V 操作实现进程之间的互斥

令 S 初值为 1,进程 A、B 竞争进入临界区的程序可以写成:

```
进程 A                  进程 B

P(S);                   P(S);
临界区操作;             临界区操作;
V(S);                   V(S);
```

4. 用 P、V 操作实现进程间的同步

如图 4.7 所示同步关系,设两个信号量 S_1 和 S_2,且赋予它们的初值均为 0。S_1 表示缓冲区中是否装满信息,S_2 表示缓冲区中信息是否取走。

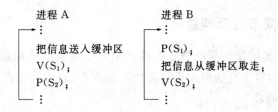

图 4.7

又如,有三个进程:进程 get 从输入设备上不断读数据,并放入缓冲区 Buffer1;进程 Copy 不断地将缓冲区 Buffer1 的内容复制到缓冲区 Buffer2;进程 Put 则不断将 Buffer2 的内容在打印机上输出。为了使三个进程并行工作以大大加快执行速度,又保证打印结果和输入内容一致,三个进程之间必须协调工作。需设置四个信号量:S_1、S_2、S_3 和 S_4,并令 S_1 初值为 1,S_2 初值为 0,S_3 初值为 0,S_4 初值为 1,则可以按图 4.8 所示编写程序。

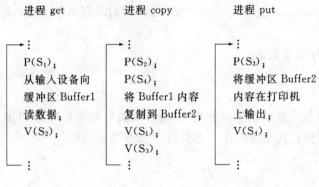

图 4.8

5. 信号量及 P、V 操作小结

需要指出的是 P、V 操作虽然逻辑上完整,能比较有效地实现进程同步与互斥问题,但它也有明显的弱点:由于 P 或 V 操作每次只作加 1 或减 1 运算,即每执行一次 P 操作只能请求分配一个单位的资源,每执行一次 V 操作只释放出一个单位的资源,因此,如果一个进程需要一次使用多个资源,就需要连续执行多次 P 操作,释放这些资源时也需多次执行 V 操作。这不仅增加了程序的复杂性,也降低了通信效率,致使进程之间需要相互等待很长的时间,甚至有可能导致死锁的发生。

P、V 操作在使用时必须成对出现,有一个 P 操作就一定有一个 V 操作。当为互斥操作时,它们同处于同一进程;当为同步操作时,则不在同一进程中出现。

如果进程中 $P(S_1)$ 和 $P(S_2)$ 两个操作在一起,那么 P 操作的顺序至关重要,尤其是一个同步 P 操作与一个互斥 P 操作在一起时,同步 P 操作应出现在互斥 P 操作前。而两个 V 操作的顺序无关紧要。

总而言之,信号量及 P、V 操作简单,而且表达能力强,即用 P、V 操作可解决任何进程同步互斥问题。但 P、V 操作使用时不够安全,特别是 P、V 操作使用不当会出现死锁;此外遇到复杂同步互斥问题时用 P、V 操作实现也很复杂。

4.3.4 经典的进程同步互斥问题

下面介绍三个经典的同步互斥的例子。这三个例子及其解法都是很著名的,深入地分析和透彻地理解这些例子,对于全面解决操作系统内的同步、互斥问题将有很大启发。

1. 生产者-消费者问题

Dijkstra 把同步问题抽象成一种"生产者和消费者关系"。生产者-消费者问题是计算机中各种实际的同步、互斥问题的一个抽象模型。计算机系统中的许多问题都可被归结为生产者和消费者关系,例如,生产者可以是计算进程,消费者是打印进程。在输入时输入进程是生产者,计算进程是消费者。

生产者-消费者问题是这样的：设有一个生产者进程P，一个消费者进程Q，它们通过一个缓冲区联系起来，如图4.9所示。缓冲区只能容纳一个产品，生产者不断地生产产品，然后往空缓冲区送产品；消费者不断地从缓冲区中取出产品，并消费。

为了解决生产者-消费者问题，必须分析它们之间的同步互斥关系，并设置相应的信号量。

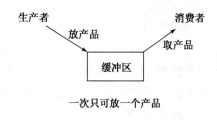

图4.9 简单的生产者-消费者问题

同步问题：

（1）P进程不能往"满"的缓冲区中放产品，设置信号量empty，初值为0，用于指示空缓冲区数目。

（2）Q进程不能从"空"的缓冲区中取产品，设置信号量full，初值为0，用于指示满缓冲区数目。

其同步问题解决如下：

```
P:                              Q:
  repeat                          repeat
    生产一个产品；                   P(full);
    送产品到缓冲区；                 从缓冲区取产品；
    V(full);                      V(empty);
    P(empty);                     消费产品；
  until false;                    until false;
```

下面给出另一种生产者进程的解决方案，与前一个生产者进程所不同的是P(empty)的位置有所变化，一个是生产产品后立即往缓冲区中送产品，因为刚开始时缓冲区是空的，一定可以存放一个产品。而后一个生产者先判断缓冲区是否为空，如果为空则可以放产品，否则生产者进程需要等待。因此，empty的初值应该为1。

```
P:
repeat
   P(empty);
   生产一个产品；
   送产品到缓冲区；
   V(full);
until false;
```

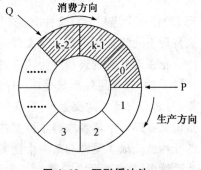

图4.10 环形缓冲池

将上面介绍的生产者-消费者问题推广为多个生产者和多个消费者：设有若干个生产者进程P_1、P_2、…、P_n，若干个消费者进程Q_1、Q_2、…、Q_m，它们通过一个环形缓冲池联系起来，如图4.10所示，环形缓冲池由k个大小相等的缓冲区组成，每个缓冲区能容纳一个产品，生产者每次往空缓冲区送一个产品；消费者每次从装有产品的缓冲区取出一个产品。当缓冲区全满时，生产者必须等待；当缓冲区全空时，消费者必须等待。显然，环形缓冲池是临界资源。

生产者进程不断地生产产品并把它们放入缓冲池内，消费者进程不断地从缓冲池内取产品并消费之。这里既存在同步问题，也存在互斥问题。为什么一个生产者、一个消费者和一个缓冲区的问题中没有考虑互斥？请读者分析原因。

同步问题：

（1）P 进程不能往"满"的缓冲区中放产品，设置信号量 empty，初值为 n，用于指示空缓冲区数目；

（2）Q 进程不能从"空"的缓冲区中取产品，设置信号量 full，初值为 0，用于指示满缓冲区数目。

互斥问题：

（1）设置信号量 mutex，初值为 1，用于实现临界区（环形缓冲池）的互斥；

（2）另设整型量 i、j，初值均为 0，i 用于指示空缓冲区，j 用于指示有产品的满缓冲区。

其同步、互斥问题解决如下：

```
P :                              Q :
  i := 0                           j := 0
  repeat                           repeat
    生产产品；                         P(full);
    p(empty);                         P(mutex);
    p(mutex);                         从 buffer[j]取产品；
    往 buffer[i]中放产品；             j := (j+1) mod k;
    i := (i+1) mod k;                 V(mutex);
    V(mutex);                         V(empty);
    V(full);                          消费产品；
  until false;                     until false;
```

读者可以自己分析两个程序的执行过程。

2. 读者-写者问题

在计算机系统中，一个数据对象（例如一个文件或记录）是可以供若干进程共享的，假定有某个共享文件 F，系统允许若干进程对文件 F 读或写，但规定：（1）多个进程可以同时读文件 F；（2）任一个进程在对文件 F 进行写时不允许其他进程对文件进行读或写；（3）当有进程在读文件时不允许任何进程去写文件。

把要读文件的进程称为读者，把要写文件的进程称为写者，当有多个读者和写者都要读写文件 F 时，按规定每次只允许一个进程执行写操作且有进程执行写时不允许进程读文件，显然，写者与写者之间要互斥，写者与读者之间也要互斥，但按规定多个读者可同时读文件，也就是说只要第一个读者取得了读文件的权利则其他读者可以跟着读文件，所以，写者与读者之间的互斥就变成了写者与第一个读者之间的互斥。

读者-写者有两个论题。一个称为第一类读者-写者问题，即读者优先，其思想是除非有写者正在写文件，否则没有一个读者需要等待。另一个称为第二类读者-写者问题，即写者优先，其思想是一旦一个写者到来,它应该尽快对文件进行写操作,换句话说,如果有一个写者在等待,则新到来的读者不允许进行读操作。

当然这两类读者-写者问题都会导致"饥饿"现象,或者是写者挨饿,或者是读者挨饿。

设 readcount 记录当前正在读的读者进程个数,由于读者、写者都对 readcount 进行修改,所以 readcount 是一个共享变量,需要互斥使用,故设置信号量 mutex。再设置信号量 write,用于写者之间互斥,或第一个读者和最后一个读者与写者的互斥。

下面给出第一类读者-写者问题的解。

读者：
  begin
    P(mutex);
    readcount := readcount + 1;
    if readcount=1
      then P(write);
    V(mutex);
    读文件;
    P(mutex);
    readcount := readcount − 1;
    if readcount=0
      then V(write);
    V(mutex);
  end

写者：
  begin
    P(write);
    写文件;
    V(write);
  end

当一个写者已经进入临界区执行写操作时,若有 n 个读者在等待,则第一个读者等在信号量 write 上,其余读者(n−1 个)在信号量 mutex 上排队。当一个写者执行 V(write)后,可能释放另一个写者,也可能释放若干读者,取决于谁等在前面。

3. 哲学家就餐问题

哲学家就餐问题也是一个经典的进程同步问题,它是由 Dijkstra 1965 年提出并解决的。

如图 4.11 所示,有 5 个哲学家以思考、用餐交替进行的方式生活,他们坐在一张圆桌边,桌子上有 5 个盘子和 5 只筷子。

当一个哲学家思考时,他不与邻座的哲学家发生联系。当一个哲学家感觉到饿了,他就试图拿起他左右两边的筷子用餐。如果该哲学家的邻座已经拿到筷子,则他可能只拿到一只甚至一只筷子也拿不到。当一个饥饿的哲学家得到了两只筷子,他就可以用餐(例如意大利通心粉)。当他用餐完毕,他就放下筷子并再次开始思考。

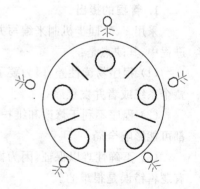

图 4.11 哲学家就餐问题

对上述问题的一个简单的解决方案是为每只筷子设置一个信号量,一个哲学家通过在相应信号量上执行 P 操作抓起一只筷子,通过执行 V 操作放下一只筷子。5 个信号量构成一个数组:

var chopstick array[0..4] of semaphore;每个信号量都置初值为1。于是,哲学家 i 的活动可描述如下:

```
repeat
    P(chopstick[i]);
    P(chopstick[i + 1 MOD 5]);
        ⋮
    用餐;
        ⋮
    V(chopstick[i]);
    V(chopstick[i + 1 MOD 5]);
        ⋮
    思考;
        ⋮
until false;
```

此解虽然可以保证互斥使用筷子,但有可能产生死锁。假设5个哲学家同时抓起各自左边的筷子,于是5个信号量的值都为0,当每一个哲学家企图拿起他右边的筷子时,便出现了循环等待的局面——死锁。

为了防止死锁的产生,可以有以下一些措施:

(1) 至多只允许4个哲学家同时坐在桌子的周围。

(2) 仅当一哲学家左右两边的筷子都可用时,才允许他抓起筷子。

(3) 让所有哲学家顺序编号。对于奇数号的哲学家必须首先抓起左边的筷子,然后抓起右边的;而对偶数号哲学家则反之。

4.3.5 进程同步机制——管程

1. 管程的提出

采用 P、V 同步机制来编写并发程序,对于共享变量及信号量变量的操作将被分散于各个进程中,其缺点是:

(1) 程序易读性差,因为要了解对于一组共享变量及信号量的操作是否正确,则必须通读整个系统或者并发程序;

(2) 程序不利于修改和维护,因为程序的局部性很差,所以任一组变量或一段代码的修改都可能影响全局;

(3) 正确性难以保证,因为操作系统或并发程序通常很大,要保证这样一个复杂的系统没有逻辑错误是很难的。

这就导致 Brinch Hansen 和 Hoare 分别开发了一种新型语言构造——管程(Monitor)。管程也是一种同步机制。所谓**管程**是指关于共享资源的数据及在其上操作的一组过程或共享数据结构及其规定的所有操作。系统按资源管理的观点分解成若干模块,用数据表示抽象系统资源,同时分析了共享资源和专用资源在管理上的差别,按不同的管理方式定义模块的类型和结构,使同步操作相对集中,从而增加了模块的相对独立性。

管程作为一种集中式同步机制,它的基本思想是将共享变量以及对共享变量能够进行的所有操作集中在一个模块中,一个操作系统或并发程序由若干个这样的模块所构成,由于一个模块通常较短,模块之间关系清晰,提高了可读性,便于修改和维护,正确性易于保证。

2. 管程的组成

一个管程由四个部分组成。它们是管程名称,共享数据的说明,对数据进行操作的一组过程和对共享数据赋初值的语句。管程能保障共享资源的互斥执行,即一次只能有一个进程可以在管程内活动。该性能是由管程本身实现的。因此,程序员可以不必显式地编写程序代码去实现这种同步制约。图 4.12 给出管程的结构,它定义了一种共享数据结构。

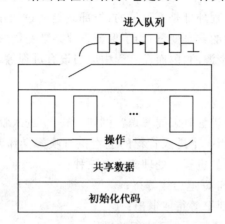

图 4.12 管程的结构

管程的形式:

type monitor_name = MONITOR;
共享变量说明
define　本管程内所定义、本管程外可调用的过程(函数)名字表;
use　　本管程外所定义、本管程内将调用的过程(函数)名字表;

procedure 过程名(形参表);
　　过程局部变量说明;
　　begin
　　　语句序列;
　　end;
……
function 函数名(形参表):值类型;
　　函数局部变量说明;
　　　begin
　　　　语句序列;
　　　end;
……
begin
　共享变量初始化语句序列;
end;

3. 管程的特性

管程有三个主要的特性：
(1) 模块化，一个管程是一个基本程序单位，可以单独编译；
(2) 抽象数据类型，管程是一种特殊的数据类型，其中不仅有数据，而且有对数据进行操作的代码；
(3) 信息隐蔽，管程是半透明的，管程中的外部过程（函数）实现了某些功能，至于这些功能是怎样实现的，在其外部则是不可见的。

管程中的共享变量在管程外部是不可见的，外部只能通过调用管程中所说明的外部过程（函数）来间接地访问管程中的共享变量；为了保证管程共享变量的数据完整性，规定管程互斥进入；管程通常是用来管理资源的，因而在管程中应当设有进程等待队列以及相应的等待及唤醒操作。

4. 管程中的条件变量

如果在管程中出现多个进程时怎样考虑？例如，当一个进入管程的进程执行等待操作时，它应当释放管程的互斥权；当一个进入管程的进程执行唤醒操作时（如 P 唤醒 Q），管程中便存在两个同时处于活动状态的进程。处理方法有三种：
(1) P 等待 Q 继续，直到 Q 退出或等待；
(2) Q 等待 P 继续，直到 P 等待或退出；
(3) 规定唤醒为管程中最后一个可执行的操作。

采用第一种处理办法。因为管程是互斥进入的，所以当一个进程试图进入一个已被占用的管程时它应当在管程的入口处等待，因而在管程的入口处应当有一个进程等待队列，称作入口等待队列。如果进程 P 唤醒进程 Q，则 P 等待、Q 继续，如果进程 Q 在执行又唤醒进程 R，则 Q 等待、R 继续，……，如此，在管程内部，由于执行唤醒操作，可能会出现多个等待进程，因而还需要有一个进程等待队列，这个等待队列被称为紧急等待队列。它的优先级应当高于入口等待队列的优先级。signal(c)：如果 c 链为空，则相当于空操作，执行此操作的进程继续；否则唤醒第一个等待者，执行此操作的进程的 PCB 入紧急等待队列的尾部。

管程也可以带有条件变量。这些机制是通过 condition 构造来提供的。若一个程序员需要写他自己的特制同步机制，他可以定义一个或多个 condition 类型的变量。

var x,y: condition;

对条件变量所能做的操作仅仅是 wait 和 signal，因而条件变量可被视为抽象数据类型，它提供这两种操作

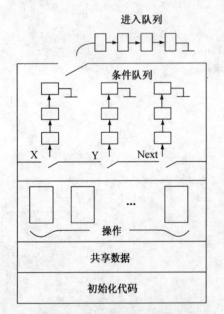

图 4.13 带条件变量的管程

(见图 4.13)。

操作 x.wait 表示调用该操作的进程被挂起，直至另一个进程调用操作 x.signal 将它释

放。

x.signal 操作恰好重新启动一个被挂起的进程。如果没有挂起的进程，则 signal 操作不起作用，即 x 的状态就和该操作执行之前一样。这与 V 操作大不相同，V 操作总是对信号灯的状态起作用的。

设进程 P 调用 x.signal 操作，有一个被挂起的进程 Q 与条件 x 有关。显然，若被挂起的进程 Q 被允许恢复执行，则发信号的进程 P 一定要等待。否则，P 和 Q 都将在管程内同时活动。（当然，从概念上讲，这些进程都可以执行。）

5．管程的实现

有两个主要途径：(1)直接构造；(2)间接构造，即用某种已经实现的同步机制去构造。前者效率高。

下面给出用 P、V 操作构造的管程。

注意管程的四个组成部分：名称、数据结构说明、对该数据结构进行操作的一组过程/函数和初始化语句。

```
type one_instance＝record
      mutex：semaphore；(初值 1)
      urgent：semaphore；(初值 0)
      urgent_count：integer；(初值 0)
              end；
type
   monitor_elements＝MODULE；
   define enter，leave，wait，signal；
```

（说明：mutex 表示入口互斥队列；urgent 表示紧急等待队列；urgent_count 表示紧急等待计数）

```
procedure enter(var instance：one_instance)；
begin
  P(instance.mutex)；
end；

procedure leave(var instance：one_instance)；
begin
  if instance.urgent_count ＞0 then
    begin
      instance.urgent_count －－；
      V(instance.urgent)；
    end
  else
    V(instance.mutex)；
end；
```

```
procedure wait(var instance: one_instance;var s: semephore;var count: integer);
begin
    count++;
    if instance.urgent_count>0 then
    begin
        instance.urgent_count --;
        V(instance.urgent);
    end
    else
        V(instance.mutex);
    P(s);
end;


procedure signal(var instance: one_instance;var s: semaphore;var count: integer);
begin
    if count>0 then
    begin
        count --;
        instance.urgent_count++;
        V(s);
        P(instance.urgent);
    end
end;
```

下面给出用管程解决读者-写者问题的程序。

```
type r_and_w=MODULE;
var instance: one_instance;
    rq,wq: semaphore;
    r_count,w_count: integer;
    reading_count,write_count: integer;
define
    start_r,finish_r,start_w,finish_w;
use
    monitor_elements.enter,monitor_elements.leave,
    monitor_elements.wait,monitor_elements.signal;

procedure start_r;
begin
    monitor_elements.enter(instance);
    if write_count>0 then
```

```
        monitor_elements.wait(instance,rq,r_count);
    reading_count++;
    monitor_elements.signal(instance,rq,r_count);
    monitor_elements.leave(instance);
end;

procedure finish_r;
begin
    monitor_elements.enter(instance);
    reading_count--;
    if reading_count=0 then
        monitor_elements.signal(instance,wq,w_count);
    monitor_elements.leave(instance);
end;

procedure start_w;
begin
    monitor_elements.enter(instance);
    write_count++;
    if (write_count>1)
      or(reading_count>0) then
        monitor_elements.wait(instance,wq,w_count);
    monitor_elements.leave(instance);
end;

procedure finish_w;
begin
    monitor_elements.enter (instance);
    write_count--;
    if (r_count=0)
        monitor_elements.signal (instance,wq,w_count);
     else
        monitor_elements.signal (instance,rq,r_count);
    monitor_elements.leave (instance);
end.
begin
    reading_count := 0;
    write_count := 0;
    r_count := 0;
    w_count := 0;
end;
```

读者的活动：　　　　　　写者的活动：
　　r_and_w.start_r;　　　　　r_and_w.start_w;
　　读操作；　　　　　　　　写操作；
　　r_and_w.finish_r;　　　　　r_and_w.finish_w;

6. 管程和进程的不同点

设置进程和管程的目的不同；管理进程用 PCB，管理管程用等待队列；管程是被进程调用的；管程是操作系统的固有成份，无创建和撤消。

管程是进程同步方面的重要进展，也是操作系统建造方面的有力工具。其最本质的特点是把共享数据和对它们的操作构成一个不可分割的，对外界透明的整体，从进程中分离出来，使得进程本身不存在直接共享问题。

4.4 进 程 通 信

并发进程在运行过程中，需要进行信息交换。交换的信息量可多可少，少的只是交换一些已定义的状态值或数值，例如利用信号量和 P、V 操作；多的则可交换大量信息，而 P、V 操作只是低级通信原语，因此要引入高级通信原语，解决大量信息交换问题。

高级通信原语不仅保证相互制约的进程之间的正确关系，还同时实现了进程之间的信息交换。解决进程之间的通信问题有三类方式：共享内存、消息系统以及管道通信（即通过共享文件进行通信）。

在后面我们会看到 Linux 中进程通信的几种机制，其中包括了下面介绍的三种方式。

4.4.1 共享内存

相互通信的进程之间设有公共内存，一组进程向该公共内存中写，另一组进程从公共内存中读，通过这种方式实现两组进程间的信息交换。

这种通信模式需要解决两个问题：一个是怎样提供共享内存；另一个是公共内存的读写互斥问题。操作系统一般只提供要共享的内存空间，处理进程间的互斥关系则是程序开发人员的责任。

4.4.2 消息机制

1. 消息缓冲通信

消息缓冲通信技术是由 Hansen 首先提出的，其基本思想是：根据"生产者-消费者"原理，利用内存中公用消息缓冲区实现进程之间的信息交换。

内存中开辟了若干消息缓冲区，用以存放消息。每当一个进程（发送进程）向另一个进程（接收进程）发送消息时，便申请一个消息缓冲区，并把已准备好的消息送到缓冲区，然后把该消息缓冲区插入到接收进程的消息队列中，最后通知接收进程。接收进程收到发送进程发来的通知后，从本进程的消息队列中摘下一消息缓冲区，取出所需的信息，然后把消息缓冲区还给系统。系统负责管理公用消息缓冲区以及消息的传递。一个进程可以给若干个进程发送消息，反之，一个进程可以接收不同进程发来的消息。显然，进程中关于消息队列的操作是临界区。当发送进程正往接收进程的消息队列添加一条消息时,接收进程不能同时从消息队列取消息,反之也一样。

消息缓冲区通信机制包含下列内容:

(1) 消息缓冲区,这是一个数据结构,由以下几项组成:

① 消息长度;

② 消息正文;

③ 发送者;

④ 消息队列指针。

(2) 消息队列首指针 m-q,一般保存在 PCB 中。

(3) 互斥信号量 m-mutex,初值为 1,用于互斥访问消息队列,在 PCB 中设置。

(4) 同步信号量 m-syn,初值为 0,用于消息计数,在 PCB 中设置。

为实现消息缓冲通信,要利用发送原语(send)和接收原语(receive)。

(5) 发送消息原语 send(receiver,a):发送进程调用 send 原语发送消息。其中,调用参数 receiver 为接收进程名;a 为发送进程存放消息的内存区的首地址。send 原语先申请分配一个消息缓冲区,将由 a 指定的消息复制到缓冲区,然后将它挂入接收进程的消息队列,最后唤醒可能因等待消息而等待的接收进程。send 原语可描述如下:

```
send(R,M)
begin
    根据 R 找接收进程,如果没找到,则出错返回;
    申请空缓冲区 P(s-b);
    P(b-mutex);
        取一个空缓冲区;
    V(b-mutex);
    把消息从 M 处复制到空缓冲区;
    P(m-mutex);
        根据 m-q,把缓冲区挂到接收进程的消息链链尾;
    V(m-mutex);
    V(m-syn);
end
```

其中,s-b 是空缓冲区个数,初值为 n;b-mutex 是空缓冲区的互斥信号量,初值为 1。

(6) 接收消息原语 receive(a):接收进程调用 receive 原语接收一条消息,调用参数 a 为接收进程的内存消息区。receive 原语从消息队列中摘下第一个消息缓冲区,并复制到参数 a 所指定的消息区,然后释放该消息缓冲区。若消息队列为空,则阻塞调用进程。

请读者给出 receive 原语的算法。

消息缓冲通信的示意图如图 4.14 所示。

2. 信箱通信

为了实现进程间的通信,设立一个通信机构——信箱,以发送、接收回答信件作为通信的基本方式。当一个进程希望与另一进程通信时,就创建一个连接两个进程的信箱,通信时发送

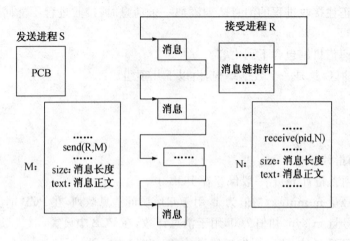

图 4.14　消息缓冲通信

进程只要把信件投入信箱,而接收进程可以在任何时刻取走信件。这种通信方式可以分单向信箱和双向信箱通信方式,后者是指发送进程要求接收进程予以回答。

为了实现信箱通信,必须提供相应的原语,如创建信箱原语、撤消信箱原语、发送原语和接收原语等。

4.4.3　管道(Pipe)通信

管道通信由 UNIX 首创,作为 UNIX 的一大特色立即引起了人们的兴趣,由于其有效性,一些系统继 UNIX 之后相继引入了管道技术,管道通信是一种重要的通信方式。

管道通信以文件系统为基础。所谓管道,就是连接两个进程之间的一个打开的共享文件,专用于进程之间进行数据通信。发送进程可以源源不断地从管道一端写入数据流,每次写入的信息长度是可变的;接收进程在需要时可以从管道的另一端读出数据,读出单位长度也是可变的。

在对管道文件进行读写操作过程中,发送进程和接收进程要实施正确的同步和互斥,以确保通信的正确性。Pipe 通信机制中的同步与互斥都由系统自动进行,对用户是透明的。管道通信的实质是利用外存来进行数据通信,故具有传送数据量大的优点,但通信速度较慢。

4.5　进程调度

进程调度即处理机调度。在多道程序环境中,进程数往往多于处理机数,这将导致多个进程互相争夺处理机。**进程调度**的任务是控制、协调进程对 CPU 的竞争,按照一定的调度算法,使某一就绪进程获得 CPU 的控制权,转换成运行状态。进程调度也叫低级调度。实际上进程调度完成一台物理的 CPU 转变成多台虚拟的(或逻辑的)CPU 的工作。

4.5.1　进程调度的主要功能

记录系统中所有进程的执行状况;根据一定的调度算法,从就绪队列中选出一个进程来,准备把 CPU 分配给它;把 CPU 分配给进程,即把选中进程的进程控制块内有关的现场信息,如程序状态字、通用寄存器等内容送入处理器相应的寄存器中,从而让它占用CPU运行。

4.5.2 进程调度的时机

执行进程调度一般是在下述情况下发生的:
(1) 正在执行的进程运行完毕。
(2) 正在执行的进程调用阻塞原语将自己阻塞起来进入等待状态。
(3) 正在执行的进程调用了P原语操作,从而因资源不足而被阻塞;或调用了V原语操作激活了等待资源的进程队列。
(4) 执行中的进程提出I/O请求后被阻塞。
(5) 在分时系统中时间片已经用完。

以上都是在CPU为不可抢占方式下的引起进程调度的原因。在CPU方式是可抢占时,还有下面的原因:就绪队列中的某个进程的优先级变得高于当前运行进程的优先级,从而也将引起进程调度。

所谓可抢占方式,即就绪队列中一旦有优先级高于当前运行进程优先级的进程存在时,便立即进行进程调度,转让处理机。而不可抢占方式是一旦把CPU分配给一个进程,它就一直占用CPU,直到该进程自己因调用原语操作或等待I/O而进入阻塞状态,或时间片用完时才让出CPU,重新进行进程调度。

4.5.3 进程调度算法

进程调度算法解决以何种次序对各就绪进程进行处理机的分配以及按何种时间比例让进程占用处理机。

进程调度的主要目标就是采用某种算法合理有效地把处理机分配给进程,其调度算法应尽可能提高资源的利用率,减少处理机的空闲时间。对于用户作业采用较合理的平均响应时间,以及尽可能地增强处理机的处理能力,避免有些作业长期不能投入运行。这些"合理的原则"往往是互相制约的,难以全部达到要求。

选取进程投入运行,是根据对PCB就绪队列的扫描并应用调度算法决定的。就绪队列有两种组成办法:一是每当一个进程进入就绪队列时,根据其优先数的大小放到"正确的"优先位置上,当处理机变成空闲时,从队列的顶端选取进程投入运行;二是把进程放到就绪队列的尾部,当需要寻找一个进程投入运行时,调度程序必须扫描整个PCB就绪队列,根据调度算法挑选一个合格的进程投入运行。

为了防止某些进程独占处理机,保证给用户以适当的响应,对与时间有关的事件做出反应以及恢复某类程序错误,对每个进程的连续运行时间加以规定和限制是必不可少的。进程占用处理机的时间长短与进程是否完成、进程等待、具有更高优先数的进程需要处理机、时间量用完、产生某种错误等因素有着密切的关系。进程调度算法很多,在这里仅介绍几种常用的算法。

1. 先进先出算法(FIFO: First-In-First-Out)

该算法按照进程进入就绪队列的先后次序来选择。即每当进入进程调度,总是把就绪队列的队首进程投入运行。

2. 时间片轮转算法(RR：Round-Robin)

这主要是分时系统中使用的一种调度算法。轮转法的基本思想是，将 CPU 的处理时间划分成一个个时间片，就绪队列中的诸进程轮流运行一个时间片。当时间片结束时，就强迫运行进程让出 CPU，该进程进入就绪队列，等待下一次调度。同时，进程调度又去选择就绪队列中的一个进程，分配给它一个时间片，以投入运行。如此轮流调度，使得就绪队列中的所有进程在一个有限的时间 T 内都可以依次轮流获得一个时间片的处理机时间，从而满足了系统对用户分时响应的要求。RR 的调度模型如图 4.15 所示。

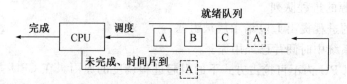

图 4.15 时间片轮转调度算法

在轮转法中，时间片长度 Q 的选取非常重要，将直接影响系统开销和响应时间。如果时间片长度很小，则调度程序剥夺处理机的次数频繁，加重系统开销；反之，如果时间片长度选择过长，比方说一个时间片就能保证就绪队列中所有进程都执行完毕，则轮转法就退化成先进先出算法。

下面是影响时间片值设置的几个主要因素：

(1) 系统响应时间：当进程数目一定时，时间片 Q 值的大小正比于系统对响应时间的要求，例如进程数目为 N，要求的响应时间为 T，则 $Q=T/N$，Q 值随 T 值的大或小而大或小；

(2) 就绪进程的数目：当系统响应时间 T 一定时，时间片 Q 值的大小反比于就绪进程数；

(3) 计算机的处理能力：计算机的处理能力直接决定了每道程序的处理时间，显然，处理速度愈高，时间片值就愈小。

为每个进程分配固定时间片的方法显然简单易行，微型计算机分时系统多采用之。也可采用可变时间片的方法，以进一步改善 RR 的调度性能。例如，根据进程的优先数分配适当的时间片，优先数较高的进程，给予较大的时间片；又如，依据在某段时间中系统中存在的就绪进程数目动态调整时间片值。

3. 最高优先级算法(HPF：Highest Priority First)

进程调度每次将处理机分配给具有最高优先级的就绪进程。

进程优先数的设置可以是静态的，也可以是动态的。静态优先数是在进程创建时根据进程初始特性或用户要求而确定的，在进程运行期间不能再改变。动态优先数则是指在进程创建时先确定一个初始优先数，以后在进程运行中随着进程特性的改变（如等待时间增长），不断修改优先数。

最高优先数算法又可与不同的 CPU 方式结合起来，形成可抢占式最高优先级算法和不可抢占式最高优先级算法。显然，抢占式 HPF 算法更严格地反映了优先级的特征，实现了使高优先级进程尽可能快地完成其任务的目标，从而获得了较好的服务质量，但无疑也增加了系统的开销。

4. 多级队列反馈法

在实际系统中，调度模式往往是几种调度算法的结合。例如，以 HPF 为主调度模式，但具有相同优先数的进程则按 FIFO 调度。又如,将 RR 和 HPF 结合,具有相同优先数的进程按 RR。多级队列反馈法就是综合了 FIFO、RR 和剥夺式 HPF 的一种进程调度算法。

系统按优先级别设置若干个就绪队列,对级别较高的队列分配较小时间片 $Q_i(i=1,2,\cdots,n)$,即有 $Q_1<Q_2<\cdots<Q_n$。除第 n 级队列是按 RR 法调度之外,其他各级队列均按 FIFO 调度。系统总是先调度级别较高的队列中的进程,仅当该队列为空时才去调度下一级队列中的进程。当执行进程用完其时间片时便被剥夺并进入下一级就绪队列。当等待进程被唤醒时,它进入与其优先级相应的就绪队列,若其优先级高于执行进程,便抢占 CPU 执行进程。图 4.16 给出了多级反馈法的图示。

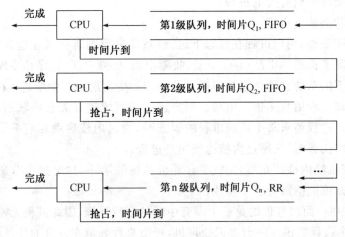

图 4.16 多级反馈队列

Linux 采用的是抢占式优先级调度算法,即可剥夺调度。每当出现一个新的可运行进程时,就将它和当前运行进程进行优先级比较,如果高于当前进程,将会引发进程调度。当然在抢占式的同时,Linux 中的进程调度也是满足时间片轮转算法的。在后面的 4.8 节将会给出具体的调度算法及流程。

4.6 系 统 内 核

为了有效地控制和管理进程的运行,操作系统中必须设置一个统一的机构,它提供支持进程运行的各种基本操作,这就是系统内核,简称内核(kernel)。

内核是操作系统中最接近裸机的部分。通常,内核只占整个操作系统代码中的一小部分,但它是进程赖以活动的基础,被频繁使用。因此,内核常驻于内存,而操作系统的其他部分则根据需要调进或调出内存。

内核一般提供下列功能:
(1) 中断处理;
(2) 进程调度;
(3) 进程控制;
(4) 进程同步与互斥;

(5) 进程通信；
(6) 存储管理的基本操作；
(7) 设备管理的基本操作；
(8) 文件信息管理的基本操作；
(9) 时钟管理。

中断处理是内核的最重要的功能之一。系统中所有的中断都由内核响应,当内核响应一个中断时,它屏蔽其他的中断信号；当处理完一个中断后,它又继续接收其他中断。内核必须能及时响应连续发生的各种中断,为此,内核一般对每个中断只进行"最低限度"的处理,然后把对中断的其他处理交给有关的进程。

内核的各种功能通过执行原语操作来实现。

内核在管态下工作,用户进程在目态下运行；系统进程则有些是在管态下进行,而有些是在目态下运行。除了强迫性中断(I/O中断、故障中断、外部中断、程序性中断)进入内核之外,用户进程和目态下的系统进程是通过使用系统调用产生自愿访管中断进入内核的。管态下的系统进程则通过调用原语直接进入内核。用户进程与系统进程无直接联系,它们之间通过内核作媒介。当用户进程请求某个系统进程的服务时,通过内核启动相应系统进程工作。当该系统进程完成请求任务时,又通过内核返回用户进程。

综上所述,裸机经内核扩充后,构成了计算机系统的第一层"虚拟机",所有的进程都在这个虚拟机上运行。该虚拟机有三个属性：

(1) 它没有中断,面向进程的是一个没有中断的运行环境,因此进程无需处理中断；
(2) 它为每个进程提供了一台虚拟处理机,每个进程好像在各自的处理机上顺序地执行；
(3) 它为进程提供了强大的指令系统,即非特权的机器指令和原语一起组成的指令系统。

4.7 线程的基本概念

自从 20 世纪 60 年代提出进程概念以来,在操作系统中一直都是以进程作为独立运行的基本单位。直到 80 年代中期,人们又提出了比进程更小的能独立运行的基本单位——线程,并试图用它来提高系统内程序并发执行的程度,从而可进一步提高系统效率。近几年,线程概念已得到广泛应用,不仅在新推出的操作系统中大多已引入了线程概念,而且在新推出的数据库管理系统和其他应用软件中,也都纷纷引入线程来改善系统的性能。

4.7.1 线程的引入

如果说在操作系统中引入进程的目的是为了使多个程序并发执行,以改善资源利用率及提高系统效率,那么,在操作系统中再引入线程,则是为了减少程序并发执行时所付出的时间和空间开销,使操作系统具有更好的并发性。

进程具有两个基本属性,即进程是一个可拥有资源的独立单位；进程同时又是一个可以独立调度和分派的基本单位。正是由于进程具有这两个基本属性,才使之成为一个能独立运行的基本单位,从而也就构成了进程并发执行的基础。

然而为使程序能并发执行,系统还必须进行以下的一系列操作：

(1) 创建进程。系统在创建一个进程时,必须为其分配其所需的所有资源(除 CPU 外),包括内存空间、I/O 设备以及建立相应的数据结构 PCB。

(2) 撤消进程。系统在撤消进程时必须先对这些资源进行回收操作,然后再撤消 PCB。

(3) 进程切换。在对进程进行切换时,由于要保留当前进程的 CPU 环境和设置新选中进程的 CPU 环境,为此需花费不少 CPU 时间。

总而言之,由于进程是一个资源拥有者,因而在进程的创建、撤消和切换中,系统必须为之付出较大的时空开销。也正因为如此,在系统中所设置的进程数目不宜过多,进程切换的频率也不宜过高,但这也就限制了并发程度的进一步提高。

如何能使多个程序更好地并发执行,同时又尽量减少系统的开销,已成为近年来设计操作系统时所追求的重要目标。于是,有不少操作系统的开发者想到,可否将进程的上述两个属性分开,由操作系统分别进行处理。即如果作为调度和分派的基本单位,则不同时作为独立分配资源的单位,以使之轻装运行;而对拥有资源的基本单位,又不频繁地对之进行切换。正是在这种思想的指导下,产生了线程的概念。

4.7.2 线程

1. 什么是线程?

在引入线程的操作系统中,**线程**是进程中的一个实体,是 CPU 调度和分派的基本单位。线程自己基本上不拥有系统资源,只拥有一点在运行中必不可少的资源(如程序计数器、一组寄存器和栈),但它可与同属一个进程的其他线程共享进程所拥有的全部资源。一个线程可以创建和撤消另一个线程;同一个进程中的多个线程之间可以并发执行。由于线程之间的相互制约,致使线程在运行中也呈现出间断性。相应地,线程也同样有就绪、等待和运行三种基本状态。有的系统中线程还有终止状态等。

2. 线程的属性

线程有如下属性:

(1) 每个线程有一个唯一的标识符和一张线程描述表,线程描述表记录了线程执行的寄存器和栈等现场状态。

(2) 不同的线程可以执行相同的程序,即同一个服务程序被不同用户调用时,操作系统创建不同的线程。

(3) 同一进程中的各个线程共享该进程的内存地址空间。

(4) 线程是处理器的独立调度单位,多个线程是可以并发执行的。在单 CPU 的计算机系统中,各线程可交替地占用 CPU;在多 CPU 的计算机系统中,各线程可同时占用不同的 CPU,若各个 CPU 同时为一个进程内的各线程服务则可缩短进程的处理时间。

(5) 一个线程被创建后便开始了它的生命周期,直至终止,线程在生命周期内会经历等待态、就绪态和运行态等各种状态变化。

3. 引入线程的好处

(1) 创建一个新线程花费时间少(结束亦如此)。创建线程不需另行分配资源,因而创建线程的速度比创建进程的速度快,且系统的开销也少。

(2) 两个线程的切换花费时间少。

(3) 由于同一进程内的线程共享内存和文件,线程之间相互通信无需调用内核,故不需要额外的通信机制,使通信更简便,信息传送速度也快。

(4) 线程能独立执行,能充分利用和发挥处理器与外围设备并行工作能力。

4.7.3 线程与进程的比较

线程具有许多传统进程所具有的特征,故又称为轻量级进程(Light-Weight Process)或进程元;而把传统的进程称为重量级进程(Heavy-Weight Process),它相当于只有一个线程的任务。在引入了线程的操作系统中,通常一个进程都有若干个线程,至少也需要有一个线程。下面,我们主要从调度、并发性、系统开销、拥有资源等方面来对线程和进程进行比较。

1. 调度

在传统的操作系统中,拥有资源的基本单位和独立调度、分派的基本单位都是进程。而在引入线程的操作系统中,则把线程作为调度和分派的基本单位,把进程作为资源拥有的基本单位,从而使传统进程的两个属性分开,线程便能轻装运行,这样可以显著地提高系统的并发程度。在同一进程中,线程的切换不会引起进程切换,在由一个进程中的线程切换到另一进程中的线程时,将会引起进程切换。

2. 并发性

在引入线程的操作系统中,不仅进程之间可以并发执行,而且在一个进程中的多个线程之间也可以并发执行,因而使操作系统具有更好的并发性,从而能更有效地使用系统资源和提高系统的吞吐量。例如,在一个未引入线程的单 CPU 操作系统中,若仅设置一个文件服务进程,当它由于某种原因被封锁时,便没有其他的文件服务进程来提供服务。在引入了线程的操作系统中,可以在一个文件服务进程中设置多个服务线程。当第一个线程等待时,文件服务进程中的第二个线程可以继续运行;当第二个线程封锁时,第三个线程可以继续执行,从而显著地提高了文件服务的质量以及系统的吞吐量。

3. 拥有资源

不论是传统的操作系统,还是设有线程的操作系统,进程都是拥有资源的一个独立单位,它可以拥有自己的资源。一般地说,线程自己不拥有系统资源(也有一点必不可少的资源),但它可以访问其隶属进程的资源。亦即一个进程的代码段、数据段以及系统资源(如已打开的文件、I/O 设备等),可供同一进程的所有线程共享。

4. 系统开销

由于在创建或撤消进程时,系统都要为之分配或回收资源,如内存空间、I/O 设备等。因此,操作系统所付出的开销将显著地大于在创建或撤消线程时的开销。类似地,在进行进程切换时,涉及到整个当前进程 CPU 环境的保存以及新被调度运行的进程的 CPU 环境的设置。而线程切换只需保存和设置少量寄存器的内容,并不涉及存储器管理方面的操作。可见,进程切换的开销也远大于线程切换的开销。此外,由于同一进程中的多个线程具有相同的地址空间,致使它们之间的同步和通信的实现也变得比较容易。在有的系统中,线程的切换、同步和通信都无需操作系统内核的干预。

4.7.4 线程实现机制

1. 用户级线程和核心级线程

线程已在许多系统中实现,但实现的方式并不完全相同。在有的系统中,特别是一些数据库管理系统中,实现的是用户级线程(User-Level Threads),这种线程不依赖于内核。而另一些系统实现的是核心级线程(Kernel-Supported Threads),这种线程依赖于内核。还有一些系统则同时实现了这两种类型的线程。

对于通常的进程,不论是系统进程还是用户进程,在进行切换时都要依赖于核心中的进程调度。因此,不论什么进程都是与内核有关的,是在核心支持下进行切换的。

对于线程来说,则可分为两类:

(1) 核心级线程。这类线程依赖于核心,即无论是在用户进程中的线程,还是系统进程中的线程,它们的创建、撤消和切换都由核心实现。在核心中保留了一个线程控制块,系统根据该控制块而感知该线程的存在并对线程进行控制。

(2) 用户级线程。这类线程只存在于用户级中,对它的创建、撤消和切换都不利用系统调用来实现,因而这种线程与核心无关。相应地,核心也并不知道有用户级线程的存在。这两种线程各有优缺点,因此也各有其应用场所。

2. 两者的比较

下面我们从几个方面对它们进行比较:

(1) 线程的调度与切换速度

核心级线程的调度和切换与进程的调度和切换十分相似。例如,在线程调度时的调度方式,同样也是采用抢占方式和非抢占方式两种。在线程的调度算法上,也同样可采用时间片轮转法、优先权算法等。当线程调度选中一个线程后,再将处理机分配给它。当然,线程在调度和切换上所花费的开销要比进程小得多。用户级线程的切换通常是发生在一个应用进程的诸线程之间,这时,不仅无需通过中断进入操作系统的内核,而且切换的规则也远比进程调度和切换的规则来得简单。例如,当一个线程封锁后会自动切换到下一个具有相同功能的线程。因此,用户级线程的切换速度特别快。

(2) 系统调用

当传统的用户进程调用一个系统调用时,要由用户状态转入核心状态,用户进程将被封锁。

当内核完成系统调用而返回时,才将该进程唤醒,继续执行。而在用户级线程调用一个系统调用时,由于内核并不知道有该用户级线程的存在,因而把系统调用看作是整个进程的行为,于是使该进程等待,而调度另一个进程执行。同样,在内核完成系统调用而返回时,进程才能继续执行。如果系统中设置的是内核支持线程,则调度是以线程为单位。当一个线程调用一个系统调用时,内核把系统调用只看作是该线程的行为,因而封锁该线程,于是可以再调度该进程中的其他线程执行。

(3) 线程执行时间

对于只设置了用户级线程的系统,调度是以进程为单位进行的。在采用轮转调度算法时,各个进程轮流执行一个时间片,这对诸进程而言似乎是公平的。但假如在进程 A 中包含了一个用户级线程,而在另一个进程 B 中含有 100 个线程,这样,进程 A 中线程的运行时间,将是进程 B 中各线程运行时间的 100 倍;相应地,进程 A 的运行速度比进程 B 的运行速度快 100 倍。假如系统中设置的是核心级线程,其调度是以线程为单位进行的,这样,进程 B 可以获得的 CPU 时间是进程 A 的 100 倍,进程 B 可使 100 个系统调用并发工作。

4.8 Linux 的进程管理

4.8.1 Linux 的进程的结构与进程控制

1. 进程数据结构

Linux 支持多进程，Linux 中的每一个进程由一个 task_struct 数据结构来描述，该结构定义在 include/linux/sched.h 中。task_struct 其实就相当于进程控制块（PCB），用来存放进程所必需的各种信息，是系统对进程进行控制的唯一方法。

将 task_struct 结构的所有域按其功能可以进行如下划分：

（1）进程状态

在一个给定的时间，Linux 中的进程处于 TASK_RUNNING、TASK_INTERRUPTIBLE、TASK_UNINTERRUPTIBLE、TASK_ZOMBIE 和 TASK_STOPPED 五种状态中的一种。进程的当前状态被记录在 task_struct 结构的 state 成员中。这五种状态的描述及状态之间的转换在前面的 4.2.3 小节中已经介绍过了。

（2）进程调度信息

调度程序利用这部分信息决定系统中哪个程序应该运行，有关进程调度信息相关的域和含义见表 4.2。

表 4.2 进程调度信息相关域

域	含义
need_resched	调度标志
nice	静态优先级
counter	动态优先级
policy	调度策略
rt_priority	实时优先级

（3）进程标识

每个进程都有进程标识符（PID）、用户标识符（UID）和组标识符（GID）。每个进程都有一个唯一的标识符，即进程标识符，内核通过这个标识符来识别不同的进程。用户标识符和组标识符用于系统的安全控制。

（4）内部通信信息（Inter_Process Communication）

Linux 支持多种通信机制。像 UNIX 的通信机制——信号、管道，还有 System V 通信机制——消息队列、信号量和共享内存。有关进程通信相关的域和含义见表 4.3。

图 4.3 进程通信相关域

域	含义
sigmask_lock	信号掩码的自旋锁
blocked	信号掩码
sig	信号处理函数
semundo	信号量上的取消操作
semsleeping	信号量操作的等待队列

(5) 进程指针

Linux 中一个进程能够创建几个子进程,而子进程之间有兄弟关系,在 task_struct 结构中有几个域来表示这种关系。另外,task_struct 中的几个指针还将系统中的所有进程的 task_struct 结构组织起来,有关进程指针相关的域和含义见表 4.4。

表 4.4　进程指针相关域

域	含义
p_opptr	祖先进程
p_pptr	父进程
p_cptr	子进程
p_ysptr	弟进程
p_osptr	兄进程
pidhash_next,pidhash_pprev	散列表双向指针
next_task,prev_task	双向循环链表的双向指针
run_list	运行队列链表

(6) 时钟信息

进程在其生存期内使用 CPU 时间,内核都要进行记录,以便进行统计等操作。定时判断系统时间是否到达某个时刻,然后执行相关的操作,有关时钟信息相关的域和含义见表 4.5。

表 4.5　时钟信息相关域

域	含义
start_time	进程创建时间
per_CPU_utime	进程在某个 CPU 上运行时在用户态下耗费的时间
per_CPU_stime	进程在某个 CPU 上运行时在系统态下耗费的时间
counter	进程剩余的时间片

(7) 文件系统信息

记录进程使用文件的情况。task_struct 中的相关域为 fs 和 files。

struct fs_struct * fs;　　　/*进程的可执行映像所在的文件系统*/
struct files_struct * files;　/*进程打开的文件*/

(8) 虚拟存储信息

记录进程的内存空间的分配信息。task_struct 中的相关域为 mm 和 active_mm。

struct mm_struct * mm;　　　　/*描述进程的地址空间*/
struct mm_struct * active_mm;　/*内核线程所借用的地址空间*/

(9) 进程上下文信息

记录进程当前运行现场的各种必要信息。当进程暂时停止运行时,处理机状态必须保存在进程的 task_struct 结构中,当进程被调度重新运行时再从中恢复上下文信息,即恢复处理器内部寄存器和堆栈的值。task_struct 中的相关域为 tss。

    struct thread_struct * tss；　/*任务切换状态*/

2. Linux 中进程的组织方式
(1) 散列表
Linux 在进程中引入散列表 pidhash(在 include/linux/sched.h 中定义)，以便能快速查找进程标识符所对应的进程控制块 task_struct 结构。

该散列表在插入和删除一个进程时可以调用 hash_pid 和 unhash_pid 函数。对于一个给定的 pid，可以调用 find_task_by_pid 函数快速查找对应的进程。

散列函数并不能总保证 pid 与散列表中索引的一一对应，两个不同的 pid 可能会散列到相同的索引位置而产生冲突。

Linux 中利用双向链表来解决发生冲突的 pid，散列表中的每一表项都是一个双向链表，产生冲突的进程的 task_struct 结构在同一个双向链表上，同一链表中 pid 由小到大排列，对能处理冲突的散列表的描述见图 4.17。

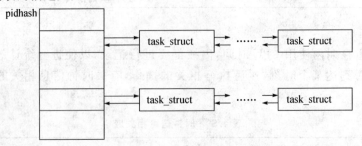

图 4.17　能处理冲突的散列表

(2) 双向循环链表
为了反映进程的创建顺序以及进程之间的亲属关系，Linux 中引入双向循环链表。每个 task_struct 结构中的 prev_task 和 next_task 域用来实现这个结构，对双向循环链表的描述见图 4.18。

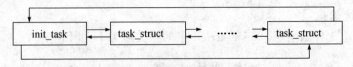

图 4.18　双向循环链表

(3) 运行队列
当内核需要找一个进程在 CPU 上运行时，浏览整个链表效率太低，于是引入可运行状态(TASK_RUNNING)进程的双向循环链表，也叫运行队列(runqueue)，队列中包含了系统中所有可以运行的进程，对运行队列的描述见图 4.19。

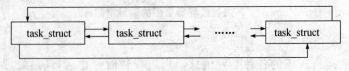

图 4.19　运行队列

(4)进程运行队列链表

该队列是为进程调度而设计的,它通过 task_struct 结构中的 run_list 域(list_head 结构)来维持。有两个特殊的进程永远在运行队列中:当前进程和空进程。队列的属性有两个:一个是"空进程"idle_task;另一个是队列的长度。调度程序遍历运行队列时,从 idle_task 开始,至 idle_task 结束,调度程序运行过程中,允许新的可运行进程加入到队列的尾部。队列长度为 0 时,队列中就只有空进程,对进程运行队列链表的描述见图 4.20。

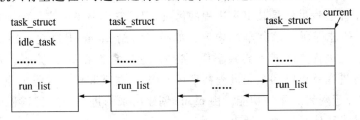

图 4.20 进程运行队列链表

(5)等待队列

① 通用双向链表

在 include/linux/list.h 中定义了这种链表,在其他使用链表的地方就可以使用它来定义任何一个双向链表。

struct list_head {struct list_head * next, * prev;};

② 等待队列

把 TASK_INTERRUPTIBLE 或 TASK_UNINTERRUPTIBLE 状态的进程再分成很多类,其中每一个类对应一个特定的事件。此时,引入叫做等待队列的进程链表,使其可以快速检索挂起的进程。可以说等待队列表示的是一组睡眠的进程,当某一条件变为真时,由内核唤醒它们。

```
struct__wait_queue{
    unsigned int flags;
    struct task_struct * task;
    struct list_head task_list;
};
typedef struct__wait_queue wait_queue_t;
```

图 4.21 给出了等待队列的示意图。

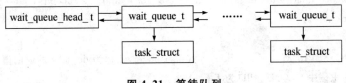

图 4.21 等待队列

3. Linux 中的进程控制

(1)进程的建立

传统的 UNIX 实现方法在系统运行以后只给出了一种创建新进程的方法：系统调用 fork。当进程调用 fork 时,该进程从概念上被分成了两部分——祖先和子孙,它们可以自由选择不同的路径。在 fork 之后,祖先进程和其子进程几乎是等同的——它们所有的变量都有相同的值,它们打开的文件都相同,等等。但是,如果祖先进程改变了一个变量的值,子进程将不会看到这个变化,反之亦然。子进程是祖先进程的一个拷贝(至少最初是这样),但是它们并不共享内容。

Linux 保留了传统的 fork 并增加了一个更通用的系统调用 clone。鉴于 fork 创建一个新的子孙进程后,子孙进程虽然是其祖先进程的拷贝,但是它们并不共享任何内容,clone 允许定义祖先进程和子孙进程所应该共享的内容。如果没有给 clone 提供它所能够识别的五个标志,子孙进程和祖先进程之间就不会共享任何内容,这样它就和 fork 类似。如果提供了全部的五个标志,子孙进程就可以和祖先进程共享任何内容,这就和传统线程类似。其他标记的不同组合可以完成介于两者之间的功能。由 clone 创建出来的进程与其父进程可以共享内存映像、打开文件描述表和信号处理句柄表。

而 Linux 中的另一个系统调用 vfork 则允许子、父进程共享内存空间,父进程将被挂起直到子进程调用 execve 或 exit。

fork、clone 和 vfork 中都调用了进程创建的核心函数 do_fork,表 4.6 给出了三种创建进程的系统调用。

表 4.6 三种创建进程的系统调用

系统调用原型	函数体
asmlinkage int sys_fork(struct pt_regs regs)	return do_fork(SIGCHLD, regs.esp, &regs, 0);

asmlinkage int sys_clone(struct pt_regs regs)	unsigned long clone_flags;
	unsigned long newsp;
	clone_flags = regs.ebx;
	newsp = regs.ecx;
	if (! newsp)
	newsp = regs.esp;
	return do_fork(clone_flags, newsp, &regs, 0);

asmlinkage int sys_vfork(struct pt_regs regs)	return do_fork(CLONE_VFORK | CLONE_VM | SIGCHLD, regs.esp, &regs, 0);

以下给出 do_fork 函数的具体算法。

```
int do_fork(unsigned long clone_flags, unsigned long stack_start, struct pt_regs * regs, unsigned long
        stack_size)
{
    int retval = -EPERM;            /* 局部变量 retval 作为 do_fork 的返回值 */
    if 传入的标志位中 CLONE_PID 为 1 {
        if 当前进程的 pid 不为 0        /* pid=0 调用 do_fork 的是 idle 进程(只在启动时)*/
            goto fork_out;
    }
    retval = -ENOMEM;
```

调用alloc_task_struct为子进程分配两个连续的物理页面,低端用来存放子进程的 task_struct 结构,
    高端用作其内核空间的堆栈;
if 申请失败
    goto fork_out;
当前进程的值复制给新创建的进程;
retval = -EAGAIN;
/* task_struct 结构中有个指针 user,用来指向一个 user_struct 结构。一个用户通常有多个进程,属于同一用户的进程就可以通过 user 指针共享这些信息。每个用户有且只有一个 user_struct 结构。该结构中有一个引用计数器 count,对属于该用户的进程数量进行计数。由于内核线程不属于任何用户,所以其 task_struct 结构中的 user 指针为空。每个进程 task_struct 结构中有个数组 rlim,对该进程占用各种资源的数量做出限制,而 rlim[RLIMIT_NPROC]就规定了该进程所属用户可以拥有的进程数量。*/
if 当前进程是一个用户进程并且该用户拥有的进程数量已经达到了规定的界限值
    goto bad_fork_free;
增加子进程的 user->__count 数和 user->processes 数;
if 系统进程数超过了最大进程数
    goto bad_fork_cleanup_count;
如果正在执行的代码属于符合 iBCS2 标准的程序,则增加相对应模块的引用计数;
if 正在执行的代码属于全局执行文件结构格式
    增加相对应模块的引用计数;
将子进程标志为尚未执行以及内存页面不可换出;
将子进程的状态置为 TASK_UNINTERRUPTIBLE;
将传入参数 clone_flags 通过函数 copy_flags 转换为子进程 flags 的值;
调用函数 get_pid 为子进程赋一个 pid;
/* 如果是 clone 系统调用且传入标志 CLONE_PID 为 1,则父、子进程共享同一个 pid 号;否则要分配给子进程一个从未用过的 pid */
对运行队列接口 run_list 初始化;
子进程的 p_cptr(指向子进程)指针置为 NULL;
初始化 wait_chldexit 等待队列;
/* 该队列用于在进程结束时,或发出系统调用 wait4 后,为了等待子进程的结束,而将自己睡眠在该队列上 */
子进程的 vfork_done 指针初始化为 NULL;
if 是 vfork 系统调用{
    子进程的 vfork_done 指针指向 vfork 系统调用的等待队列;
    调用函数 init_completion 初始化 vfork 系统调用的等待队列;
}
对 task_struct 结构中剩下的项做一些初始化的工作;
retval = -ENOMEM;
/* 复制所有进程信息 */
if 调用 copy_files 函数复制打开文件表失败
    goto bad_fork_cleanup;
if 调用 copy_fs 函数复制文件系统信息失败
    goto bad_fork_cleanup_files;

if 调用 copy_sighand 函数复制信号处理句柄表失败
    goto bad_fork_cleanup_fs;
if 调用 copy_mm 函数复制存储管理信息失败
    goto bad_fork_cleanup_sighand;
调用函数 copy_thread 初始化 TSS 和 LDT，初始化 GDT 对应项；
if 初始化失败
    goto bad_fork_cleanup_mm;
子进程的 sem_undo 结构指针初始化为 NULL;
将当前执行域赋给父进程执行域；
将子进程标志为可换出内存；
设置系统强行退出时发出的信号；
将父进程的时间片加 1 再除以 2 赋给子进程；
将父进程的时间片减半；
if 减半后的父进程时间片为 0
    将父进程的 need_schedule 置 1; /* 下一个进程调度时刻调用进程调度函数 */
将子进程的 pid 作为返回值；
子进程的 pid 赋给 tgid;
调用宏 INIT_LIST_HEAD 初始化子进程 task_struct 结构中的队列头 thread_group;
对任务链表加写锁；
将当前进程的 p_opptr 指针(指向原始父进程)赋给子进程的 p_opptr 指针；
将当前进程的 p_pptr 指针(指向父进程)赋给子进程的 p_pptr 指针；
if 传入的标志位中 CLONE_PARENT 不为 1{
    将子进程的 p_opptr 指针(指向原始父进程)指向当前进程；
    if 子进程的 ptrace 的 PT_PTRACED 位不为 1
        将子进程的 p_pptr 指针(指向父进程)指向当前进程；
}
if 传入的标志位中 CLONE_THREAD 不为 1 {
    当前进程的 tgid 赋给子进程的 tgid;
    调用函数 list_add 通过子进程 task_struct 结构中的队列头 thread_group 与父进程链接起来，形成一个进程组；
}
调用宏 SET_LINKS 将子进程的 task_struct 结构插入到内核其他进程组成的双向链表中；
调用函数 hash_pid 将子进程结构放到进程散列表中；
系统进程数加 1;
对任务链表解写锁；
if 子进程的 ptrace 的 PT_PTRACED 位为 1
    调用函数 send_sig 发送信号；
调用函数 wake_up_process 唤醒子进程；
全局变量 total_forks 增加；   /* 用来控制 Linux 的正常运行时间 */
if 传入的标志位有 CLONE_VFORK   /* sys_fork 系统调用 */
    调用函数 wait_for_completion 将父进程挂起；
fork_out:
    return retval;

bad_fork_cleanup_mm:
  调用 exit_mm 函数释放内存;
bad_fork_cleanup_sighand:
  调用 exit_sighand 函数释放信号处理句柄表;
bad_fork_cleanup_fs:
  调用 exit_fs 函数释放文件系统信息结构;
bad_fork_cleanup_files:
  调用 exit_files 函数释放打开文件表;
bad_fork_cleanup:
  如果正在执行的代码属于符合 iBCS2 标准的程序,则减少相对应模块的引用计数;
  if 正在执行的代码属于全局执行文件结构格 7 式
    减少相对应模块的引用计数;
bad_fork_cleanup_count:
  减少子进程的 user->processes 数;
  调用 free_uid 函数释放 task_struct 结构中 user 指针所指的 user_struct 结构;
bad_fork_free:
  调用函数 free_task_struct 释放子进程的 task_struct 结构;
  goto fork_out;
}

  顺便提一下,内核使用 kernel_thread 函数为内核本身创建了几个任务。用户从来不会调用这个函数——实际上,用户也不能调用这个函数,它只在创建例如 kswapd 之类的特殊进程时才会使用,这些特殊进程有效地把内核分为很多部分,为了简单起见也把它们当作任务处理。使用 kernel_thread 创建的任务具有一些特殊的性质(例如,它们不能被抢占);但是现在主要需要引起注意的是 kernel_thread 使用 do_fork 处理其垃圾工作。因此,即使是这些特殊进程,它们最终也要使用用户所使用的普通进程的创建方法来创建。

  (2) 进程执行

  启动一个进程可以通过调用 execve 函数来实现,其参数就是需要执行的文件名。
  在执行 fork 之后,同一进程有两个拷贝都在运行,也就是说,子进程具有与父进程相同的可执行程序和数据(映像)。父进程调用 execve 装入并执行子进程自己的映像。该函数必须定位可执行文件的映像,然后装入并运行它。开始装入的并不是实际二进制映像的完全拷贝,拷贝的完全装入是用请页机制逐步完成的。

    asmlinkage int sys_execve(struct pt_regs regs);

  (3) 等待子进程结束

  父进程创建子进程后,可以调用 wait 函数等待子进程执行结束,即一个进程通过系统调用 wait 使得它的执行与子进程的终止同步。当子进程没有结束时,父进程睡眠在子进程的等待队列上,将进程状态置为 TASK_INTERRUPTIBLE,当子进程运行结束后发出软中断信号唤醒该父进程。wait 调用函数 waitpid,而 waitpid 调用系统调用 sys_wait4。

    static inline pid_t wait(int * wait_stat);
    static inline pid_t waitpid(int pid, int * wait_stat, int flags);

```
asmlinkage long sys_wait4(pid_t pid, unsigned int * stat_addr, int options, struct rusage * ru);
```

(4) 结束子进程

进程终止的系统调用 sys_exit 通过调用 do_exit 函数(在 kernel/exit.c 中定义)实现。do_exit 先释放进程占用的大部分资源后进入 TASK_ZOMBIE 状态,调用 exit_notify 通知其父进程和子进程,调用 schedule 重新调度。

```
asmlinkage long sys_exit(int error_code);
```

4.8.2 Linux 进程的同步与互斥

1. spinlock 自旋锁

自旋锁的出现是为了解决来自多个 CPU 访问同一上下文的不同实例的问题。

自旋锁就是当一个进程发现锁被另一个进程锁着时,它就不停地"旋转",不断循环执行一条指令直到锁打开。自旋锁只对 SMP 有用,对单 CPU 没有意义。

自旋锁有三种类型:普通自旋锁、读写自旋锁和大读者自旋锁。

普通自旋锁(在 include/linux/spinlock.h 中定义):若是锁可用,则将自旋锁变量置为 0,否则它是 1。

```
typedef struct {volatile unsigned long lock;} spinlock_t;
#define SPIN_LOCK_UNLOCKED (spinlock_t) { 0 }
```

读写自旋锁(在 include/linux/spinlock.h 中定义):某个对象可以有多个读者,但当有一个写者正在写入这个对象时,不允许再有其他的读者或写者。

```
typedef struct { int gcc_is_buggy; } rwlock_t;
#define RW_LOCK_UNLOCKED (rwlock_t) { 0 }
```

大读者自旋锁(在 include/linux/brlock.h 中定义):获取读锁时只需要对本地读锁进行加锁,开销很小;获取写锁时则必须锁住所有 CPU 上的读锁,代价比较高。

```
struct br_wrlock {spinlock_t lock;} __attribute__ ((__aligned__(SMP_CACHE_BYTES)));
```

2. 信号量

进程间对共享资源的互斥访问是通过信号量机制来实现的。Linux 中定义了两种信号量:普通信号量和读写信号量。

(1) 普通信号量

普通信号量在 Linux 内核中被定义为 semaphore(在 include/i386/semaphore.h 中定义)数据结构。

```
struct semaphore {
    atomic_t count;
    int sleepers;
    wait_queue_head_t wait;
#if WAITQUEUE_DEBUG
        long __magic;
#endif
};
```

域说明：

count：代表可用资源的数量。如果该值大于 0，那么资源就是空闲的，也就是说资源是可用的。相反，如果 count 小于 0，那么这个信号量就是繁忙的，也就是说这个受保护的资源现在还不能使用，这时 count 值的绝对值代表了正在等待这个资源的进程数。该值为 0 表示所有资源都已被占用，但没有其他的进程等待。

sleepers：明确表示等待队列中正在等待的进程个数。

wait：存放等待链表的地址，该链表包含正在等待这个资源的所有睡眠的进程。如果 count 值大于或者等于 0，则该链表为空。

Linux 内核中提供了两个函数 down() 和 up()，分别对应于信号量的 P、V 操作，这两个函数都是用嵌入式汇编实现的。对于 up 函数算法的介绍如下：

up 算法

参数：struct semaphore * sem
#if WAITQUEUE_DEBUG/ * 检查信号量魔数 * /
　　CHECK_MAGIC(sem->__magic);
#endif
　　/ * 使用宏 __asm__ __volatile__ * /
　　sem->count 增加 1；
　　将 sem->count 与 0 比较，如果 sem->count 的值小于等于 0，就向前跳转到标号为 2 的语句；/ * jle 2f * /
1：如果 sem->count 的值大于 0，说明等待队列上没有进程在等待资源；
2：如果 sem->count 小于等于 0，调用函数 up_wakeup，将等待队列上的一个进程唤醒；

(2) 读写信号量

读写信号量在 Linux 内核中被定义为 rw_semaphore（在 include/i386/rwsem.h 中定义）数据结构，它和自旋锁的作用相类似。

```
struct rw_semaphore {
    signed long      count;
#define RWSEM_UNLOCKED_VALUE            0x00000000
#define RWSEM_ACTIVE_BIAS               0x00000001
#define RWSEM_ACTIVE_MASK               0x0000ffff
#define RWSEM_WAITING_BIAS              (-0x00010000)
#define RWSEM_ACTIVE_READ_BIAS          RWSEM_ACTIVE_BIAS
#define RWSEM_ACTIVE_WRITE_BIAS         (RWSEM_WAITING_BIAS+ RWSEM_ACTIVE_
                                         BIAS)
    spinlock_t       wait_lock;
    struct list_head wait_list;
#if RWSEM_DEBUG
```

```
    int         debug;
#endif
};
```

域说明：

count：允许进入临界区的进程数目。读写信号量允许多个读者进入临界区。

宏定义了几种信号，有读者唤醒写者的信号和写者唤醒读者的信号等。

wait_lock：等待队列的自旋锁。

wait_list：等待队列。

Linux 中对读写信号量的处理有 4 个操作函数，__down_read()、__down_write()、__up_read()和__up_write()。其信号量操作类似于前面提到的读者-写者问题的 P、V 操作。

4.8.3 Linux 中的进程通信

1. 概述

（1）进程通信机制

一般情况下，系统运行时，系统中都有大量的进程，各个进程之间并不是相互独立的，在一些进程之间常常要传递信息。但是每个进程都有自己的地址空间，不允许其他进程随意进入，因此，就必须有一种机制既能保证进程之间的通信，又能保证系统的安全，这就用到了进程通信机制——IPC(Inter_Process Communication)。

Linux 中的内存空间分为系统空间和用户空间。在系统空间中，由于各个线程的地址空间都是共享的，即一个线程能够随意访问 kernel 中的任意地址，所以无需进程通信机制的保护。而在用户空间中，每个进程都有自己的进程空间，一个进程为了与其他进程通信，它必须陷入到有足够权限访问其他进程空间的 kernel 中，从而与其他进程进行通信。此时就用到了进程通信机制。在 Linux 中支持 System V 进程通信的手段有以下几种：消息队列、共享内存、信号量。

（2）进程通信对象标识符和键

在 kernel 中，对每一类 IPC 对象，都由一个非负整数来索引。每类 IPC 结构的具体实例的标识符是由 kernel 中的一个变量 xxx_seq(xxx 为 msg、shm 或 sem)来确定的。为了识别并唯一标识各个进程通信的对象，需要一个标识符来标识各个通信对象。同一类中的对象的标识符是不允许相同的，但是不同类中的标识符是允许相同的。IPC 对象的标识符，是该对象的 seq 值乘以该对象的最大数量，再加上该对象在 kernel 中对象数组中的下标。

为了获取一个独一无二的通信对象，必须使用键(key)。这里的键是用来定位 IPC 对象的标识符的。键的产生可以是一个路径名和一个字符通过硬件编码合成。如果键是公有的，则系统中所有的进程通过权限检查后，均可以找到 system V 中 IPC 对象的标识符；如果键是私有的，则键值为 0，说明每个进程都可以用键值 0 建立一个私有对象。

（3）ipc_perm

在 system V 中，每个 IPC 对象都有一个重要的域——ipc_perm，它用来定义 IPC 对象的权限和所有者。

```
struct ipc_perm
```

```
{
    —kernel_key_t key;
    —kernel_uid_t uid;
    —kernel_gid_t gid;
    —kernel_uid_t cuid;
    —kernel_gid_t cgid;
    —kernel_mode_t mode;
    unsigned short seq;
};
```

域说明：

key：进程通信对象的键。

uid、gid、cuid、cgid：用户标识和组标识。

mode：IPC 对象的访问权限。

seq：在 IPC 对象释放时加 1，以防止进程访问无效的 IPC 对象。

(4) 函数和命令

int ipcperms (struct kern_ipc_perm * ipcp, short flg);

该函数用来检查访问 IPC 对象的进程是否有足够的权限。

使用命令 ipcs 可以观察系统中的 IPC 对象：

ipcs-q ——仅仅显示出消息队列对象；

ipcs-s ——仅仅显示出信号量对象；

ipcs-m ——仅仅显示出共享内存对象；

ipcs ——全部显示出三种对象。

使用命令 ipcrm 可以从 kernel 中删除 IPC 对象，其格式如下：

ipcrm <msg|sem|shm> <IPCID>

(5) 系统调用与进程通信

当用户进程想进行进程通信时，它调用系统调用函数：sys_ipc，同时传入必要的参数，当系统调用执行时，一个 0x80 的中断首先被执行，此时用户进程进入了 kernel。在 kernel 中，有一个系统调用表 sys_call_table(在 arch/i386/kernel/entry.S 中定义)，表的内容是各个系统调用函数的入口地址，而进程通信系统调用函数 sys_ipc 在表中是第 117 个表项。当用户进程进入 kernel 后，首先，一些与进行系统调用进程有关的环境变量被压栈保存起来，然后系统从系统调用表的 117 个元素中取出进程通信函数的入口地址，跳转到函数 sys_ipc 的起始处。函数 sys_ipc 根据用户传入的参数，用若干 case 语句决定具体调用哪个关键函数。当调用的函数执行完后，系统将前面保存的环境变量恢复，然后将函数的返回值返回给进行系统调用的函数。这样用户进程就完成了进程通信。

2. 消息队列

(1) 基本概念

在进程通信机制中,如果两个进程想通过消息队列来通信,那么发送消息的进程就将待发送的消息挂到某个消息队列上,而接收消息的进程则从该队列上取出它想要的消息。这样两个进程就能够通信了。

消息队列是存储在 kernel 中的链表,它的节点是消息。每个消息队列都由一个消息队列标识符来确定。在 kernel 中有一个消息队列数组,系统中消息队列的最大数目不能超过数组的容量,数组的大小定义在宏 MSGMNI 中。一个进程所能发送的消息的大小是有限制的,它定义在宏 MSGMAX 中。一个消息队列所能存放的消息也是有限的,它定义在宏 MSGMNB 中。当进程从消息队列中取消息时,它不必遵循先入先出的顺序。

(2) 数据结构(在 include/linux/msg.h 中定义)

消息缓冲区(msgbuf):它可以被看作是一个消息数据的模板,程序员可以自己定义这种类型的结构。它是 msgsnd 和 msgrcv 系统调用使用的消息缓冲区;

消息结构(msg):在消息通信机制中,消息是存储在 msg 结构中的,每条消息的 msg 构成消息队列;

消息队列结构(msg_ds):当在系统中创建每一个消息队列时,内核创建、存储以及维护这个结构的一个实例。对消息队列结构的描述见图 4.22。

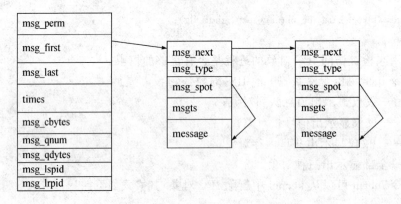

图 4.22 消息队列结构图

(3) 系统调用

有关消息队列系统调用的原型和功能见表 4.7。

表 4.7 消息队列的系统调用

调用原型	功能
int msgget(key_t key, int msgflag)	创建一个新的消息队列或者是存取一个已经存在的消息队列
int msgsnd(int msqid, struct msgbuf * msgp, int msgsz, int msgflag)	把一条消息发送给一个消息队列
int msgrcv(int msqid, struct msgbuf * msgp, int msgsz, long mtype, int msgflag)	内核搜索队列中相匹配类型的最早的消息,并且返回这个消息的一个拷贝

3. 信号量

(1) 基本概念

信号量可以看作是共享资源的计数器,它控制多个进程对共享资源的访问,常常被当作锁来用,防止一个进程访问另一个进程正在使用的资源。

一个进程为了获取共享资源,它必须完成以下三步:

① 测试控制共享资源的信号量;

② 如果信号量的值大于0,那么这个进程就能使用共享资源,信号量的值要被减1,表明它已经使用了一个共享资源;

③ 如果信号量的值小于0,那么这个进程就要进入睡眠状态,一直等到该信号量的值大于0,即当该进程被唤醒时,它返回第一步。

当一个进程使用完一个共享资源后,控制该共享资源的信号量要加1。如果此时有其他处于睡眠状态的进程正在等待此共享资源,那么这些进程将要被唤醒。

为了正确实施对信号量的操作,对信号量值的测试和对信号量值的加减运算都必须是原子操作。

信号量的一个常见形式叫做二进制信号量。它控制一个单一的资源,它的初始值为1。但是,一个信号量的初始值可以是任意正整数,这个正整数表示可用的共享资源的数量。

System V 的信号量要比普通意义的信号量复杂。它有三个不同于上述信号量的特点:

① 在 System V 中信号量总是成组使用的,也就是说,为信号量赋值时,要对这一组信号量的每一个信号量都进行赋值。当创建一个信号量组时,要指定信号量的数量。

② 信号量的创建(semget)和信号量的初始化(semctl)是相互独立的。这是个致命的弱点,因为不能用一个原子操作来同时完成创建一个信号量组并为其赋初值的工作。

③ 必须考虑到这样一种情况:一个进程在没有释放分配给它的信号量时就结束了。在这种情况下,使用了 undo 结构,此结构将在后面具体讲述。

(2) 数据结构(在 include/linux/sem.h 中定义)

系统中单个信号量(sem):包含一个信号量的当前值和在信号量上最后一次操作的进程标识号。

信号量集合的队列结构(sem_queue):包含正在睡眠的进程、操作的完成状态等对信号量操作的相关情况,每个信号量的 sem_queue 构成信号量队列。

信号量集合(semid_ds):包含所有的信号量及其上的操作。

恢复信号量结构(sem_undo):如果一个进程没有释放资源就结束,那么其他资源就不能使用该进程所占用的资源,这样系统资源就会被浪费,为了防止这种情况的发生,用到了该结构。在表示进程的 task_struct 结构中有一个 sem_undo 类型的域。当一个进程结束时,kernel 检查该进程的链表中的各个节点,看有没有 semadj 的值不为0。如果有,则将这个值加到相应的信号量上去,这样就将资源释放,从而保证了资源不被浪费,对信号量组结构的描述见图 4.23。

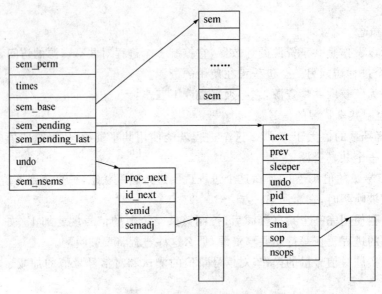

图 4.23 信号量组结构图

（3）系统调用

有关信号量的系统调用的原型和功能见表 4.8。

表 4.8 信号量的系统调用

调用原型	功能
int semget(key_t key, int nsems, int semflg)	创建一个新的信号量集合，或者存取一个已存在的集合
int semop(int semid, struct sembuf * sops, unsigned nsops)	对信号量集合执行的一组操作
int semctl(int semid, int semnum, int cmd, union semun arg)	对某个信号量集合进行某种控制操作，如初始化等

4．共享内存

（1）基本概念

共享内存可以看作是对一段内存区域的映射，它将一段内存区域映射到多个进程的地址空间，从而使得这些进程能够共享这一内存区域。共享内存是进程通信中最快的一种方法，因为数据不需要在进程间复制，而可以直接映射到各个进程的地址空间中。

在共享内存中要注意的一个问题是当多个进程对共享内存区域进行访问时，要注意这些进程之间的同步问题，如：若 server 正在向共享内存区域中写数据，则 client 进程就不能访问这些数据，直到 server 全部写完之后，client 才可以访问。为了实现进程间的同步，通常要使用前面介绍的信号量。

一个共享内存段可以由一个进程创建，然后由任意共享这一内存段的进程对它进行读写。这样，当进程间需要通信时，一个进程可以创建一个共享内存段，然后需要通信的各个进程就可以在信号量的控制下保持同步，在这里交换数据，完成通信。

（2）数据结构（在 include/linux/shm.h 中定义）

同消息队列和信号量集合类似，对于共享内存，内核为每个共享内存段（存在于它的地址空间)维护着一个特殊的数据结构 shmid_ds。

在 linux 的内存管理中,内存是分页的,而 shmid_kernel 就是在 shmid_ds 的基础上对共享内存段的进一步说明,它是内核私有的,定义在 ipc/shm.c 中,有关共享内存的结构见图4.24。

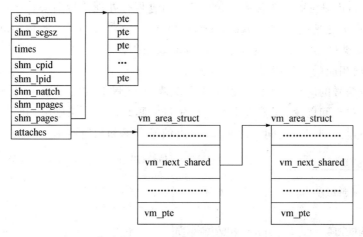

图 4.24　共享内存结构图

(3) 系统调用

有关共享内存的系统调用的原型和功能见表 4.9。

表 4.9　共享内存的系统调用

调用原型	功能
int shmget(key_t key,int size,int shmflg)	创建一个新的共享内存段或者是存取一个已经存在的共享内存段
int shmat(int shmid,char * shmaddr,int shmflg)	附加一个段到内存中的某个地址
int shmctl(int shmqid,int cmd,struct shmid_ds * buf)	对某个共享内存段进行某种控制操作

5. 信号

(1) 基本概念

信号是 UNIX 系统中最古老的进程间通信机制之一,它主要用来向进程发送异步的事件信号。键盘中断可能产生信号,而浮点运算溢出或者内存访问错误等也可产生信号。Shell 通常利用信号向子进程发送作业控制命令。

实际上,信号机制是在软件层次上对中断机制的模拟。

每一种信号都给予一个符号名,Linux 定义了 i386 的 32 个信号,在 include/asm/signal.h 中定义。每种信号类型都有对应的信号处理程序(信号的操作),就像每个中断都有一个中断服务例程一样。

进程可以选择对某种信号采取的特定操作,这些操作包括:忽略信号;阻塞信号;由进程处理信号;由内核进行默认处理。

需要注意的是 Linux 内核中不存在任何机制用来区分不同信号的优先级。也就是说,当同时有多个信号发出时,进程可能会以任意顺序接收到信号并进行处理。另外,如果进程在处理某个信号之前,又有相同的信号发出,则进程只能接收到一个信号。

表示进程的数据结构 task_struct 中有几个重要的域。一个是 sig,是 signal_struct 类型的变量,每当一个信号被发送给进程时,sig 中对应于该信号的一位将被置 1,表示收到一个信号。另一个重要的域是 blocked,是 sigset_t 类型的变量,如果进程不想对某个信号做出处理,那么它就将 blocked 中对应于该信号的位置 1。而进程在处理信号前要看该信号是否阻塞,如果被阻塞,进程将不处理此信号。signal_struct 中有一个重要的域——数组 action[_NSIG],它是 k_sigaction 类型的,数组中的元素是信号的处理函数,当进程处理一个信号时,就可以根据这个数组,找出相应的处理函数进行处理了。

检测和响应信号的时机:当前进程由于系统调用、中断或异常而进入内核空间以后,从内核空间返回到用户空间前夕;当前进程在内核中进入睡眠以后刚被唤醒的时候,由于检测到信号的存在而提前返回到用户空间。图 4.25 给出信号监测和相应的示意图。

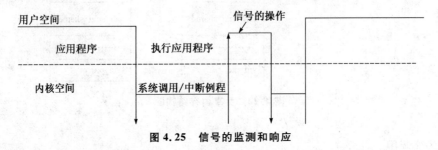

图 4.25 信号的监测和响应

(2) 数据结构

sigaction:这个数据结构定义了信号的处理函数。其中域 sa_handler 表示信号的具体处理函数,域 sa_flags 是对操作的一些限制,sa_mask 表示信号掩码;

k_sigaction:这个数据结构以另外一个名字定义了信号的处理函数;

signal_struct:这个数据结构中最重要的域就是 struct k_sigaction action[_NSIG],数组中的每个元素都对应了一个信号的处理函数;

sigset_t:系统中的信号量很可能大于一个字的位数,为了用一位表示一个信号,就要使用两个或多字,因此定义了类型 sigset_t,每个 sigset_t 类型变量的每一位都对应一个信号。

(3) 系统调用

有关信号系统调用的原型和功能见表 4.10。

表 4.10 信号的系统调用

调用原型	功能
int sigaction(sig,&handler,&oldhandler)	定义对信号的处理函数
int sigreturn(&context)	从信号返回
int sigprocmask(int how,sigset_t * mask,sigset_t * old)	检查或修改信号屏蔽
int sigpending(sigset_t mask)	替换信号掩码并使进程挂起
int kill(pid_t pid,int sig)	发送信号到进程
long alarm(long sec)	设置事件闹钟
int pause(void)	将调用进程挂起直到下一个进程

6. 管道

管道就是指用于连接一个读进程和一个写进程,以实现它们之间通信的共享文件,又称

pipe 文件。这种通信方式首创于 UNIX 系统,因它能传送大量数据,并且很有效,所以 Linux 中也引入了这种通信方式。

管道机制必须提供三方面的协调能力:

互斥。当一个进程正在对管道进行读/写操作时,另一个进程必须等待。

同步。当写进程把一定数量的数据写入管道后,便去睡眠等待,直到读(输出)进程取走数据后,再把它唤醒。当读进程读到一空管道时,也应睡眠等待,直至写进程将数据写入到管道后,才将它唤醒。

对方存在。只有确定对方已存在时,才能进行通信。

从管道读数据是一次性操作,数据一旦被读,它就从管道中被抛弃,释放空间以便写更多的数据。

在 Linux 中,管道的实现并没有使用专门的数据结构,而是借助了文件系统的 file 结构和 VFS 的索引节点 inode。通过将两个 file 结构指向同一个临时的 VFS 索引节点,而这个 VFS 索引节点又指向一个物理页面来实现管道,图 4.26 给出了管道的结构图。

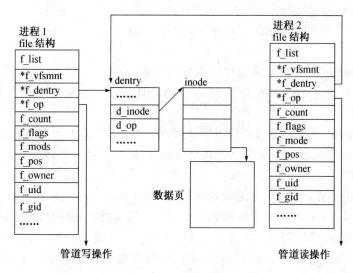

图 4.26 管道结构图

4.8.4 Linux 中的进程调度

1. 进程的类型及调度策略

Linux 系统中存在两类进程——普通和实时进程,实时进程的优先级要高于其他进程。进程控制块(PCB)中的域 policy 从整体上区分实时进程和普通进程。如果一个实时进程处于可执行状态,它将先得到执行。实时进程又有两种策略:时间片轮转和先进先出。在时间片轮转策略中,每个可执行实时进程轮流执行一个时间片,而先进先出策略每个可执行实时进程按各自在运行队列中的顺序执行并且顺序不能变化。

在 Linux 中,进程调度策略共定义了三种:

SCHED_OTHER 用于非实时进程的调度;

SCHED_FIFO 用于实时进程的调度;

SCHED_RR 用于实时进程的调度。

关于三种调度算法的相关指标如表 4.11 所示。

表 4.11　Linux 的调度策略

	SCHED_OTHER	SCHED_RR	SCHED_FIFO
最小优先级	0	1	1
最大优先级	0	99	99

实时进程的优先级由相应的 task_struct 中的域 rt_priority 来表示；非实时进程的优先级则是 task_struct 中的域 counter 的值。进程中关于调度的数据参看进程结构 task_struct 中的相应部分。

2. 进程调度时机

Linux 中的调度程序是 schedule() 函数，由它来决定是否要进行进程的切换，如果要切换的话，切换到哪个进程等。在何时要执行调度程序，这种情况就叫做调度时机。

Linux 调度时机主要有：

(1) 进程状态转换的时刻：进程终止、进程睡眠，进程要调用 exit() 或 sleep() 等函数进行状态转换，这些函数会主动调用调度程序进行进程调度。

(2) 当前进程的时间片用完时(current->counter==0)：进程的时间片是由时钟中断来更新的。

(3) 设备驱动程序：当设备驱动程序执行长而重复的任务时，直接调用调度程序。因为在每次反复循环中，驱动程序都检查 need_resched 的值，若为1，则调用调度程序 schedule() 主动放弃 CPU。

(4) 进程从中断、异常及系统调用返回到用户态时：不管是从什么情况下返回，最终都调用 ret_from_sys_call()，由这个函数进行调度标志的检测，如果必要，则调用调度程序。

3. 任务队列

任务队列早于 tasklet 引入，它是先前 bottom half 机制的扩展。任务队列是核心延迟任务启动的主要手段。Linux 提供了对任务队列中任务排队以及处理的通用机制。

任务队列的结构比较简单，它由一个 tq_struct 结构链表构成，每个节点中包含处理过程的地址指针以及指向数据的指针。核心的所有部分，如设备驱动等，都可以创建与使用任务队列。当处理任务队列中的任务时，处于队列头部的元素将从队列中删除同时以空指针代替它，这个删除操作是一个不可中断的原子操作。队列中每个元素的处理过程将被依次调用，元素通常使用静态分配数据，但是没有一个固有机制来丢弃已分配内存。任务队列处理例程简单地指向链表中下一个元素，这个任务才真正清除任何已分配的核心内存。

除了用户自己定义的任务队列外，核心预定义了三种任务队列：

tq_timer：在时钟中断服务程序 do_timer() 中调用。可在中断时间执行；

tq_immediate：该队列中任务会尽可能早地执行，也就是说，或者在中断调用返回前执行，或者在 schedule() 函数中执行。该队列可以在中断时间执行；

tq_disk：内存管理模块内部调用。在 bdflush() 后台进程中调用。

这三种任务队列都定义为 task_queue 类型：

extern task_queue tq_timer, tq_immediate, tq_disk；

task_queue 类型其实就是上面我们提到的通用双向链表 list_head：

typedef struct list_head task_queue;

4. 调度代码和流程
Linux 调度程序在内核中就是一个函数——schedule()（在 linux/kernel/sched.c 中定义）。
（1）调度描述
每次调度管理器运行时将进行下列操作：
① 调度前期处理
系统调度程序需要判断当前进程所指内存是否为空；
系统调度程序需要判断当前调度是否在中断处理过程中，在中断处理中不能运行调度程序，调度程序将退出；
保存当前进程的工作。
② 当前进程的状态转换
如果当前进程的调度策略是时间片轮转，则在时间片用完后它被放回到运行队列；
如果任务可中断且从上次被调度后接收到了一个信号，则它的状态变为 Running；
如果当前进程的状态是 Running，则状态保持不变。
那些既不处于 Running 状态又不是不可中断的进程将会从运行队列中删除。这表示调度管理器在选择运行进程的时候不会将这些进程考虑在内。
③ 选择将要运行的进程
调度器在运行队列中选择一个最迫切需要运行的进程。如果运行队列中存在实时进程（那些具有实时调度策略的进程），则它们比普通进程具有更多的优先级权值。普通进程的权值是它的 counter 值，而实时进程则是 counter 加上 1000。这表明如果系统中存在可运行的实时进程，它们将总是在任何普通进程之前运行。如果系统中存在和当前进程相同优先级的其他进程，这时当前运行进程已经用掉了一些时间片，所以它将处在不利形势（其 counter 已经变小）；而原来优先级与它相同的进程的 counter 值显然比它大，这样位于运行队列中最前面的进程将开始执行而当前进程被放回到运行队列中。在存在多个相同优先级进程的平衡系统中，每个进程被依次执行，这就是轮转法（Round Robin）策略。然而由于进程经常需要等待某些资源（例如 I/O 等），所以它们的运行顺序也经常发生变化。
④ 换出当前运行的进程
如果系统选择其他进程运行，则必须挂起当前进程且开始执行新进程。进程执行时将使用寄存器，物理内存以及 CPU。每次调用子程序时，它将参数放在寄存器中并把返回地址放置在堆栈中，所以调度管理器总是运行在当前进程的上下文。虽然可能在特权模式或者核心模式中，但是仍然处于当前运行进程中。当挂起一个进程时，系统的机器状态，包括程序计数器（PC）和全部的处理器寄存器，必须存储在进程的 task_struct 数据结构中，同时加载新进程的机器状态。这个过程与系统类型相关，不同的 CPU 使用不同的方法完成这个工作，通常这个操作需要硬件辅助完成，在最后的进程切换部分中有具体说明。
进程的切换发生在调度管理器运行之后，以前进程保存的上下文与当前进程加载时的上下文相同,包括进程程序计数器和寄存器内容。

如果以前或者当前进程使用了虚拟内存,则系统必须更新其页表入口,这与具体体系结构有关。如果处理器使用了转换旁视缓冲或者缓冲了页表入口(如 Alpha AXP),那么必须冲刷以前运行进程的页表入口。

(2) 调度代码

下面给出调度函数 schedule 的伪代码算法。

```
asmlinkage void schedule(void)
    {
        struct schedule_data * sched_data;
        struct task_struct * prev, * next, * p;    /* prev 表示调度前的进程,next 表示
                                                      调度后的进程 */
        struct list_head * tmp;
        int this_CPU, c;
        预取运行队列锁;
        if 当前进程所指内存为空
            BUG();                                  /* 出错 */
    need_resched_back:
        if schedule 是在中断服务程序内部执行{
            printk("Scheduling in interruptn");BUG();/* 出错 */
        }
        释放全局核心锁;
        用局部变量 sched_data 保存当前 CPU 调度进程的数据区;
        对运行队列加锁,并同时关中断;
        if 当前进程的调度策略是 SCHED_RR
            if 当前进程的时间片用完了{
                调用宏 NICE_TO_TICKS 根据当前进程的 nice 值给其重新分配时间片;
                将这个时间片用完的 SCHED_RR 实时进程放到队列的末尾;
            }
        switch 当前进程状态{                          /* 根据 prev 所指进程的状态进行相应的
                                                      处理 */
            case TASK_INTERRUPTIBLE:                /* 该进程可以被信号中断 */
                if 该进程有未处理的信号{
                    将当前进程状态置为 TASK_RUNNING;   /* 将它变为可运行状态 */
                    break;
                }
            default:                                /* 如果该进程为不可中断的等待状态或
                                                      僵死状态 */
                从运行队列中删除;
            case TASK_RUNNING:;                     /* 若为可运行状态,继续处理 */
        }
        当前进程的调度标志置 0;
```

```
repeat_schedule：
    缺省选择空闲进程；
    c = -1000；
    遍历运行队列{
        得到运行队列的当前项；
        if 当前 CPU 允许进程调度 {        /* 单 CPU 中该函数总返回 */
            调用函数 goodness 计算进程权值；
            if 计算得到的权值比 c 大
                权值赋给 c；指针指向运行队列的下一项；
        }
    }
    /* 如果 c 为 0，说明运行队列中所有进程的权值都为 0，也就是分配给各个进程的时间片都已用
    完，需重新计算各个进程的时间片 */
    if c 为 0{
        struct task_struct * p；
        对运行队列解锁，并开中断；
        对进程的双向链表加读锁；
        遍历系统中的每个进程
            p->counter = (p->counter >> 1) + NICE_TO_TICKS(p->nice)；
        给进程的双向链表解读锁；
        对运行队列加锁，并关中断；
        goto repeat_schedule；
    }
    将当前信息保存到 schd_data 中；
    转换到下一个任务；
    对运行队列解锁，并开中断；
    if 选中的进程就是原来的进程 {
        prev->policy &= ~SCHED_YIELD；
        goto same_process；
    }
#ifdef CONFIG_SMP
    sched_data->last_schedule = get_cycles()；
#endif
    统计上下文切换的次数的计数器加 1；
    调用函数 prepare_to_switch()做进程切换的准备工作；
    {
        struct mm_struct * mm = next->mm；
        struct mm_struct * oldmm = prev->active_mm；
        if 当前进程是内核线程 {
            if 调度后进程的地址空间存在 BUG()；
            借用调度前进程的地址空间；
            调用函数 atomic_inc 增加内存引用计数；
            调用函数 enter_lazy_tlb 将快表状态置为 TLBSTATE_LAZY；
        } else {                          /* 如果是一般进程，则切换到 next 的地址空间 */
```

```
            if 调度后进程的地址空间为 NULL BUG();
            调用函数 switch_mm 切换到调度后进程的地址空间;
        }
        if 切换出去的是内核线程 {
                归还它所借用的地址空间;
                共享计数减 1;
            }
        }
        调用宏 switch_to 进行进程切换;
        置 prev->policy 的 SCHED_YIELD 为 0;
same_process:
        reacquire_kernel_lock(current);      /* 针对 SMP */
        if 调度标志被置位
            goto need_resched_back;          /* 重新开始调度 */
        return; }
```

(3) 调度流程图

参见上面的程序代码和注释,以及下面的调度流程图,会对 Linux 中的进程调度有个清醒的认识。图 4.27 给出了进程调度函数的流程图。

5. 多处理器系统中的进程调度

在 Linux 世界中,多 CPU 系统比较少,但是已经做了大量的工作使 Linux 成为一个 SMP(对称多处理)的操作系统。这就是,可以在系统中的 CPU 之间平衡负载的能力。负载均衡没有比在调度程序中更重要的了。在一个多处理器的系统中,希望的情况是:所有的处理器都繁忙地运行进程。每一个进程都独立地运行直到它的当前的进程用完时间片或者不得不等待系统资源。SMP 系统中第一个需要注意的是系统中可能不止一个空闲(idle)进程。在一个单处理器的系统中,空闲进程是 task 向量表中的第一个任务,在一个 SMP 系统中,每一个 CPU 都有一个空闲的进程,但可能有不止一个空闲 CPU。另外,每一个 CPU 有一个当前进程,所以 SMP 系统必须记录每一个处理器的当前和空闲进程。在一个 SMP 系统中,每一个进程的 task_struct 都包含进程当前运行的处理器编号(processor)和上次运行的处理器编号(last_processor)。把进程每次都调度到不同 CPU 上执行显然毫无意义,Linux 可以使用 processor_mask 把进程限制在一个或多个 CPU 上。如果位 N 置位,则该进程可以运行在处理器 N 上。当调度程序选择运行的进程的时候,它不会考虑 processor_mask 相应位没有设置的进程。调度程序也会利用上一次在当前处理器运行的进程,因为把进程转移到另一个处理器上经常会有性能上的开支。

6. 权值计算

函数 goodness 就是用来衡量一个处于可运行状态的进程值得运行的程度。每个处于可运行状态的进程赋予一个权值(weight),调度程序以这个权值作为选择进程的唯一依据。goodness 虽是个简单的函数,但是它是 Linux 调度程序不可缺少的部分。运行队列中的每个进程每次执行 schedule 时都可能调用它,因此执行速度必须很快。如果一旦它调度失误,那么整个系统都要遭殃了。

goodness 返回下面两类中的一个值:1000 以下或者 1000 以上。1000 和 1000 以上的值

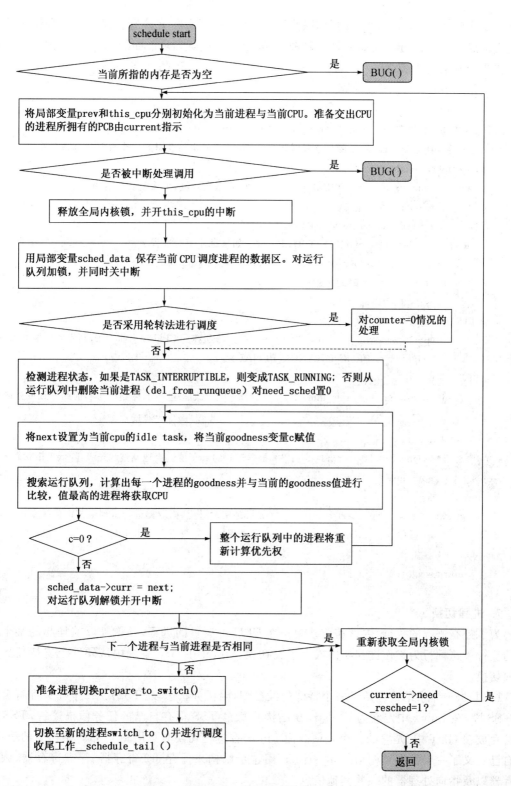

图 4.27 进程调度流程图

只能赋给实时进程,从 0 到 999 的值只能赋给普通进程。实际上普通进程的权值只使用了这个范围的底部的一部分。而如果是实时进程,则取得运行队列最前面的一个进程,因为普通进程的优先级不会高于 1000。

下面给出 goodness 函数的算法。

goodness 算法(struct task_struct * p, int this_CPU, struct mm_struct * this_mm) /* 在其他每个可运行进程之后选择当前进程,但是要在空闲线程之前。还有,就是不要引起一个权值的重新计算。*/
  int weight; weight = -1;
  if (p->policy & SCHED_YIELD) /* 如果要放弃这次调度,那么就直接返回 */
    goto out;
  /* Non-RT process - normal case first. */
  if (p->policy == SCHED_OTHER) { /* 如果是非实时进程 */
    weight = p->counter; /* 时间片剩余值作为优先级 */
    if (! weight) /* 时间片用完则返回 */
      goto out;
#ifdef CONFIG_SMP
    if (p->processor == this_CPU) /* 如果进程所在的 CPU 和当前一致,则优先级增加 15 */
      weight += PROC_CHANGE_PENALTY;
#endif
    if (p->mm == this_mm || ! p->mm) /* 如果进程的存储区与当前的一致或是内核线程,则优先级增加 1 */
      weight += 1;
    weight += 20 - p->nice; /* 根据进程的 nice 值适当地调整优先级,降低饥饿状态 */
    goto out;
  }
  weight = 1000 + p->rt_priority; /* 如果是实时进程,则取得运行队列最前面的一个进程,因为普通进程的优先级不会高于 1000 */
out:
  return weight;

7. 进程切换

为了控制进程的执行,内核需要挂起正在 CPU 上运行的进程,并恢复以前挂起的某个进程的执行。这种行为称作进程切换或上下文切换。Intel 在 i386 系统中从硬件上支持任务之间的切换。

Intel i386 体系结构包括了一个特殊的段类型,叫任务状态段(TSS)。每个任务都有自己的 TSS 段,在 Linux 中定义为 tss_struct 结构。每个 TSS 都有自己的任务段描述符,TSS 描述符存放在 GDT 中,是它的一个表项。而 Linux 在进程切换时只用到了 TSS 中很少的信息,它自己定义了一个数据结构 thread_struct,用这个结构来保存 cr2 寄存器、浮点寄存器、调试寄存器以及指向处理器的一些其他信息。

Intel 设计了进程切换的机制,在中断描述符表(IDT)的任务门中包含有 TSS 段的描述符。当 CPU 因中断穿过一个任务门时,就将任务门中的段选择符自动装入 TR 寄存器,使

TR指向新的TSS,并完成任务切换。CPU还可以通过jmp或call指令实现任务切换,当跳转或调用的目标代码实际上指向GDT表中的一个TSS描述符项时,就会引起一次进程切换。

但Linux内核并不使用任务门,也不使用jmp或call指令实施进程切换。Linux内核只是在初始化阶段设置TR,使之指向一个TSS,从此以后再不改变TR的内容。同时,内核也不完全依靠TSS保存每个进程切换时的寄存器副本,而是将这些寄存器副本保存在各个进程自己的内核栈中。当进行进程切换的时候,内核只更换TSS中的SS0和ESP0的内容,而不更换TSS本身,也就是根本不更换TR的内容,显而易见,只更换SS0和ESP0的内容比重新装入TR以更换TSS的开销要小得多。

Linux的调度函数schedule()中调用了switch_to宏(在include/i386/system.h中定义),这个宏实现了进程之间的真正切换,这个宏是用嵌入式汇编写的,其中调用了switch_to函数。

可以看到,尽管Intel本身为操作系统中的进程切换提供了硬件支持(TSS是Intel所提供的任务切换机制),但是Linux内核并没有采用任务门来进行进程切换,而是用软件实现了进程切换,这样效率更高,灵活性更大。

4.9 Windows Server 2003 进程管理与处理机调度

4.9.1 Windows Server 2003 进程管理

1. 进程管理概述

在Windows Server 2003中,进程是系统资源分配的基本单位。Windows Server 2003进程是作为对象来管理的,可通过相应句柄(handle)来引用进程对象,操作系统提供一组控制进程对象的服务(services)。进程对象的属性包括:进程标识(PID)、资源访问令牌(Access Token)、进程的基本优先级(Base Priority)和默认亲合处理机集合(Processor Affinity)等。

(1) 进程管理子系统

在Windows Server 2003核心中,整个系统的主子系统是Win32环境子系统,提供基本的进程管理功能。同时,Win32环境子系统支持POSIX、OS/2等多种运行环境子系统,如图4.28所示。而POSIX和OS/2等其他的子系统利用Win32子系统的功能来实现自身的功能。

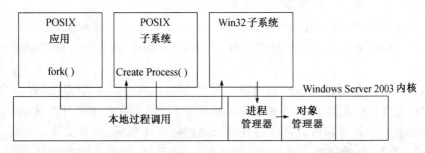

图4.28 Windows Server 2003 的进程关系

在 Windows Server 2003 核心中,进程彼此之间不存在任何关系(包括父子关系),各运行环境子系统分别建立、维护和表达各自的进程关系。例如,POSIX 环境子系统维护 POSIX 应用进程间的父子关系。在 Windows Server 2003 中,与一个运行环境子系统中的应用进程相关的进程控制块信息,会分布在本运行环境子系统、Win32 子系统和系统内核中。

(2) Win32 进程执行体进程块

在 Windows Server 2003 中,每个 Win32 进程都由一个执行体进程块(EPROCESS)表示,执行体进程块描述进程的基本信息,并指向其他与进程控制相关的数据结构。

执行体进程块中的内容主要包括三个部分,如图 4.29 所示。

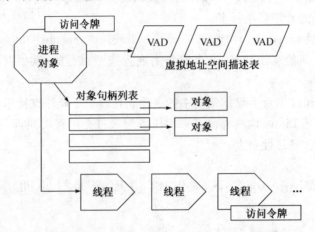

图 4.29　Windows Server 2003 中的 Win32 进程结构

① 线程块列表:在 Win32 子系统中,一个进程可以有一个或多个线程,其中一个是主线程。线程块列表描述属于该进程的所有线程的相关信息,以便线程调度器进行处理机资源的分配和回收;

② 虚拟地址空间描述表(VAD:Virtual Address Space Descriptors):描述进程地址空间各部分属性,用于虚拟存储管理;

③ 对象句柄列表:当进程创建或打开一个对象时,就会得到一个代表该对象的句柄,用于对象访问。对象句柄列表维护该进程正在访问的所有对象列表。

(3) 用于进程控制的系统调用

为了实现对进程的控制,在 Windows Server 2003 的各环境子系统中都有相应的系统调用。下面以 Win32 子系统为例说明相关的系统调用。

在 Win32 子系统中,用于进程控制的系统调用主要有 CreateProcess、ExitProcess 和 TerminateProcess。CreateProcess 用于进程创建,而 ExitProcess 和 TerminateProcess 则用于进程退出。

CreateProcess 用于创建 Win32 新进程及其主线程,以执行指定的程序。Win32 进程在创建时可指定从父进程继承的属性,一些对象句柄的继承特征可在创建或打开对象时指定,从而影响新进程的执行。新进程可以从父进程继承的进程属性包括:打开文件的句柄、各种对象(如进程、线程、信号量、管道等)的句柄、环境变量、当前目录、原进程的控制台、原进程的进程组标识符等。新进程不能从父进程继承的属性包括:优先权类、内存句柄、DLL 模块句柄等。

ExitProcess 和 TerminateProcess 用于进程退出，它们会终止调用进程内的所有线程。ExitProcess 终止一个进程和它的所有线程；它的终止操作是完整的，包括关闭所有对象句柄、所有线程等。而 TerminateProcess 也终止所指定的进程和它的所有线程，但是它的终止操作是不完整的，通常只用于异常情况下对进程的终止。可见，这两个系统调用的区别在于终止操作是否完整。

（4）进程调试的机制

Windows Server 2003 提供了用于进程调试的一套机制，包括在进程对象属性中的一个用于调试时进程间通信通道，通过此通道可了解和控制被调试进程的运行，访问被调试进程地址空间的内容。

这套机制的工作过程如下：在创建被调试进程（target）时，调试器进程（debugger）通过指定 DEBUG_PROCESS 标志或利用 DebugActiveProcess 函数，在调试器与被调试进程间建立起调试关系。这样，被调试进程会向调试器通报所有的调试事件。这些调试事件包括：创建新进程、新线程、加载 DLL、执行断点等。

在调试过程中，为了等待被调试进程的调试事件和继续调试进程的运行，调试器可以分别调用函数 WaitForDebugEvent 和 ContinueDebugEvent。WaitForDebugEvent 可在指定的时间内等待可能的调试事件；而 ContinueDebugEvent 可使被调试事件暂停的进程继续运行；另外，为了读写被调试进程的存储空间，调试器进程可以分别调用 ReadProcessMemory() 和 WriteProcessMemory() 这两个函数。

2. Windows Server 2003 的进程互斥和同步

为了实现进程和线程同步，Windows Server 2003 提供了三种同步对象和相应的系统调用，它们分别是互斥对象、信号量对象和事件对象。这些同步对象都有一个用户指定的对象名称，不同进程中可以用同一个对象名称来创建或打开对象，从而获得该对象在本进程的句柄。从本质上讲，这组同步对象的功能是相同的，它们的区别在于适用场合和效率会有所不同。

互斥对象（Mutex）就是互斥信号量，在一个时刻只能被一个线程使用。它的相关 API 包括：CreateMutex、OpenMutex 和 ReleaseMutex。CreateMutex 创建一个互斥对象，返回对象句柄；OpenMutex 打开并返回一个已存在的互斥对象句柄，用于后续访问；而 ReleaseMutex 释放对互斥对象的占用，使之成为可用。

信号量对象（Semaphore）就是资源信号量，初始值的取值在 0 到指定最大值之间，用于限制并发访问的线程数。它的相关 API 包括：CreateSemaphore、OpenSemaphore 和 ReleaseSemaphore。CreateSemaphore 创建一个信号量对象，在输入参数中指定最大值和初值，返回对象句柄；OpenSemaphore 返回一个已存在的信号量对象的句柄，用于后续访问；ReleaseSemaphore 释放对信号量对象的占用。

事件对象（Event）相当于"触发器"，可用于通知一个或多个线程某事件的出现。它的相关的 API 包括：CreateEvent、OpenEvent、SetEvent、ResetEvent 和 PulseEvent。CreateEvent 创建一个事件对象，返回对象句柄；OpenEvent 返回一个已存在的事件对象的句柄，用于后续访问；SetEvent 和 PulseEvent 设置指定事件对象为可用状态；ResetEvent 设置指定事件对象为不可用状态。

除了上述三种同步对象，Windows Server 2003 还提供了一些与进程同步相关的机制，如临界区对象和互锁变量访问 API 等。

临界区对象(Critical Section)只能用于在同一进程内使用的临界区,同一进程内各线程对它的访问是互斥进行的。把变量说明为 CRITICAL_SECTION 类型,就可作为临界区使用。相关 API 包括:InitializeCriticalSection,对临界区对象进行初始化;EnterCriticalSection,等待占用临界区的使用权,得到使用权时返回;TryEnterCriticalSection,非等待方式申请临界区的使用权;申请失败时,返回 0;LeaveCriticalSection,释放临界区的使用权;DeleteCriticalSection,释放与临界区对象相关的所有系统资源。

互锁变量访问 API 相当于硬件指令,用于对整型变量的操作,可避免线程间切换对操作连续性的影响。这组互锁变量访问 API 包括:InterlockedExchange,进行 32 位数据的先读后写原子操作;InterlockedCompareExchange,依据比较结果进行赋值的原子操作;InterlockedExchangeAdd,先加后存结果的原子操作;InterlockedDecrement,先减 1 后存结果的原子操作;InterlockedIncrement,先加 1 后存结果的原子操作。

3. Windows Server 2003 进程通信

Windows Server 2003 为进程间通信提供了五种方式,它们是:信号、共享存储区、管道、邮件槽以及套接字。

(1) 信号

信号是进程与外界的一种低级通信方式,相当于进程的"软件"中断。进程可发送信号,每个进程都有指定信号处理例程。信号通信是单向和异步的。Windows Server 2003 有两组与信号相关的系统调用,分别处理不同的信号。SetConsoleCtrlHandler 可定义或取消本进程的信号处理例程(HandlerRoutine)列表中的用户定义例程。

(2) 基于文件映射的共享存储区

共享存储区可用于进程间的大数据量通信。进行通信的各进程可以任意读写共享存储区,也可在共享存储区上使用任意数据结构。在使用共享存储区时,需要进程互斥和同步机制的辅助来确保数据一致性。Windows Server 2003 采用文件映射机制来实现共享存储区,用户进程可以将整个文件映射为进程虚拟地址空间的一部分来加以访问。

(3) 管道

管道是一条在进程间以字节流方式传送的通信通道。它是利用操作系统核心的缓冲区(通常几十 KB)来实现的一种单向通信,常用于命令行所指定的输入输出重定向和管道命令。在使用管道前要建立相应的管道,然后才可使用。Windows Server 2003 提供无名管道和命名管道两种管道机制。

无名管道类似于 UNIX 系统的管道,但提供的安全机制比 UNIX 管道完善。利用 CreatePipe 可创建无名管道,并得到两个读写句柄;然后利用 ReadFile 和 WriteFile 可进行无名管道的读写。

(4) 邮件槽

邮件槽是一种不定长、不可靠的单向消息通信机制。消息的发送不需要接收方准备好,随时可发送。邮件槽也采用客户-服务器模式,只能从客户进程发往服务器进程。服务器进程负责创建邮件槽,它可从邮件槽中读消息;而客户进程可利用邮件槽的名字向它发送消息。在建立邮件槽时,也存在一定的限制。即服务器进程(接收方)只能在本机建立邮件槽,命名方式只能是" \\.\mailslot\[path]name"方式;但客户进程(发送方)可打开其他机器上的邮件槽,命名方式可为"\\range\mailslot\[path]name",这里 range 可以是本机名、其他机器名或域名。

(5) 套接字

套接字是一种网络通信机制,它通过网络在不同计算机上的进程间进行双向通信。套接字所采用的数据格式可以是可靠的字节流或不可靠的报文,通信模式可以是客户/服务器模式或对等模式。为了实现不同操作系统上的进程通信,需约定网络通信时不同层次的通信过程和信息格式,TCP/IP 协议就是广泛使用的网络通信协议。

在 Windows Server 2003 中的套接字规范称为"WinSock",它除了支持标准的 BSD 套接字外,还实现了一个真正与协议独立的应用编程接口,可支持多种网络通信协议。如在 WinSock 2.2 中分别把 send、sendto、recv 和 recvfrom 扩展成 WSASend、WSASendto、WSARecv 和 WSARecvfrom。

4.9.2 Windows Server 2003 的线程调度

Windows Server 2003 实现了一个基于优先级的抢先式多处理机调度系统。调度系统总是运行优先级最高的就绪线程。通常线程可在任何可用的处理机上运行,但是也可以限制某个线程只能在某处理机上运行。亲合处理机集合允许用户线程通过 Win32 调度函数选择它偏好的处理机。

1. 线程优先级

Windows Server 2003 内部使用 32 个线程优先级,范围从 0 到 31,它们被分成以下三个部分。

(1) 16 个实时线程优先级(16~31);

(2) 15 个可变线程优先级(1~15);

(3) 一个系统线程优先级(0),仅用于对系统中空闲物理页面进行清零的零页线程。

用户确定线程的优先级的方法有两种:可以通过 Win32 应用编程接口来指定线程的优先级,也可以通过 Windows Server 2003 内核控制线程的优先级。Win32 应用编程接口可在进程创建时指定进程优先级类型为实时、高级、中上、中级、中下和空闲,并进一步在进程内各线程创建时指定线程的相对优先级为相对实时、相对高级、相对中上、相对中级、相对中下、相对低级和相对空闲。

进程基本优先级和线程开始时的优先级通常是缺省地设置为各进程优先级类型的中间值(24、13、10、8、6 或 4)。Windows Server 2003 的一些系统进程(如会话管理器、服务控制器和本地安全认证服务器等)的基本优先级比缺省的中级(8)要高一些。这样可保证这些进程中的线程在开始时就具有高于缺省值 8 的优先级。系统进程可使用 Windows Server 2003 的内部函数来设置比 Win32 基本优先级高的进程基本优先级。

一个进程仅有单个优先级取值(基本优先级),而一个线程有当前优先级和基本优先级这两个优先级取值。线程的当前优先级可在一定范围(1~15)内动态变化,通常会比基本优先级高。Windows Server 2003 从不调整在实时范围(16~31)内的线程优先级,因而这些线程的基本优先级和当前优先级总是一样的。

2. 时间配额

时间配额是一个线程从进入运行状态到 Windows Server 2003 检查是否有其他优先级相同的线程需要开始运行之间的时间总和。一个线程用完了自己的时间配额时,如果没有其他相同优先级线程,Windows Server 2003 将重新给该线程分配一个新的时间配额,并继续运行。

每个线程都有一个代表本次运行最大时间长度的时间配额。时间配额不是一个时间长度值，而是一个称为配额单位(quantum unit)的整数。

在 Windows Server 2003 的不同版本中由于优化目标的不同而导致线程缺省的时间配额是不同的。下面我们介绍如何修改缺省时间配额值。

每当发生时钟中断时，时钟中断服务例程从线程的时间配额中减少一个固定值(3)。如果没有剩余的时间配额，系统将触发时间配额用完处理，选择另外一个线程进入运行状态。

如果时钟中断出现时系统正处在延迟过程调用(DPC：Deferred Procedure Call)/线程调度中断优先级以上(如系统正在执行一个 DPC 或一个中断服务例程)，当前线程的时间配额仍然要减少。甚至在整个时钟中断间隔期间，当前线程一条指令也没有执行，它的时间配额在时钟中断中也会被减少。

不同硬件平台的时钟中断间隔是不同的，时钟中断的频率是由硬件抽象层确定的，而不是内核确定的。例如，大多数 x86 单处理机系统的时钟中断间隔为 10 毫秒，大多数 x86 多处理机系统的时钟中断间隔为 15 毫秒。利用 Win32 的函数 GetSystemTimeAdjustment 可得到系统的时钟中断间隔。

注：这里对 DPC 做一个简要的说明。

由于有很多功能需要在中断响应中完成，为此，Win32 核心提供了 DPC 和 APC(Asynchronous Procedure Call)两个特殊的软件中断级别，用于实现延迟和异步的过程调用。这两级中断纯粹是为了实现功能调用异步性而设计实现的，由操作系统用于完成特殊方法调用的中断级别。

DPC 在功能上可以理解为中断服务例程的一部分。中断服务例程为了尽量简单和返回控制权给操作系统，从而将一部分功能剥离出来放入相应 DPC 中，延迟调用。这样系统可以在从容地处理完高级别的中断后，再在 DPC 一级慢慢处理积累起来的相对并不那么紧急的功能。

3. 调度数据结构

为了进行线程调度，内核维护了一组称为"调度器数据结构"的数据结构，如图 4.30 所示。调度器数据结构负责记录各线程的状态，如哪些线程处于等待状态、处理机正在执行哪个线程等。

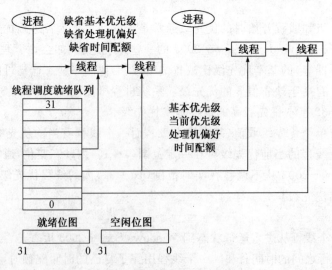

图 4.30 线程调度器数据结构

Windows Server 2003 支持多处理机,每个处理机对应的处理机数据结构(_KPRCB)中都有一组自己的线程调度数据结构。线程调度数据结构包括一个待调度就绪线程队列(DeferredReadyListHead)、一个分成 32 个优先级的就绪线程队列(DispatcherReadyListHead)、一个备用线程指针(NextThread)、一个运行线程指针(CurrentThread)和一个就绪位图(ReadySummary)。

每个处理机的就绪队列由一组子队列组成,每个调度优先级构成一个子队列,其中包括该优先级的等待在相应处理机上调度执行的就绪线程。

每个处理机维护的就绪位图是一个 32 位量,用于提高调度速度。就绪位图中的每一位指示一个调度优先级的就绪队列中是否有线程等待运行。B0 与调度优先级 0 相对应,B1 与调度优先级 1 相对应,等等。

Windows Server 2003 还维护一个称为空闲位图(KiIdleSummary)的 32 位全局变量。空闲位图中的每一位指示一个处理机是否处于空闲状态。当线程处于就绪挂起或转换状态时,它不与任何处理机对应,分别放在就绪挂起线程队列(KiReadyThread)和转换线程队列(KiStackInSwapListHead)两个全局队列中。

4. 调度策略

Windows Server 2003 严格基于线程的优先级来确定哪一个线程将占用处理机并进入运行状态。但在实际系统中是如何实现的呢?下面将说明如何基于线程实现优先级驱动的抢先式多任务。需要说明的是,Windows Server 2003 在单处理机系统和多处理机系统中的线程调度是不同的。这里我们首先介绍单处理机系统中线程调度。

(1) 主动切换

首先,一个线程可能因为进入等待状态而主动放弃处理机的使用。许多 Win32 等待函数调用(如 WaitForSingleObject 或 WaitForMultipleObjects 等)都使用线程等待某个对象,等待的对象可能有事件、互斥信号量、资源信号量、I/O 操作、进程、线程、窗口消息等。

主动切换可比喻成一个线程在快餐柜台买了一份还未完成的汉堡包。为了不阻塞他后面的就餐者购买快餐,他可以先站在一边等待,以便下一个线程在他等待的时候可以购买(运行它的例程)。当该线程等待的汉堡包做好时,它会排到相应优先级的就绪队列尾。但读者在后面可以见到,大多数的等待操作都会导致临时性的优先级提高,以便让等待线程可以得到它要买的汉堡包,并开始就餐。

图 4.31 说明了在一个线程进入等待状态时 Windows Server 2003 如何选择一个新线程开始运行。

在图 4.31 中,正方形表示线程,最上方的线程主动放弃处理机占用,就绪队列中的第一个线程(带光环的正方形)进入运行状态。虽然该图中主动放弃处理机的线程被降低了优先级,但这并不是必须的,可以仅仅是被放入等待对象的等待队列中。如何处理线程的剩余时间配额?通常进入等待状态线程的时间配额不会被重置,而是在等待事件出现时,线程的时间配额被减 1,相当于 1/3 个时钟间隔;如果线程的优先级大于等于 14,在等待事件出现时,线程的优先级被重置。

(2) 抢先

在这种情况下,当一个高优先级线程进入就绪状态时,正在处于运行状态的低优先级线程被它抢先而让出 CPU。可能在以下两种情况下出现抢先:

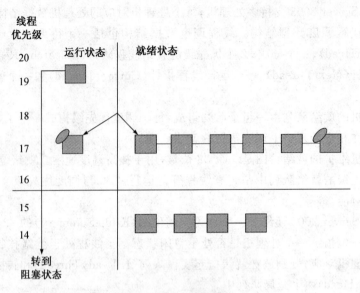

图 4.31 主动切换

① 高优先级线程的等待完成,即一个线程等待的事件出现;
② 一个线程的优先级被增加或减少。

在这两种情况下,Windows Server 2003 都要确定是否让当前线程继续运行或是否当前线程要被一个高优先级线程抢先。有一点需要注意,在判断一个线程是否被抢先时,并不考虑线程处于用户态还是内核态,调度器只是依据线程优先级进行判断。所以用户态下运行的线程可以抢先内核态下运行的线程。

当线程被抢先时,它被放回相应优先级的就绪队列的队首。处于实时优先级的线程在被抢先时,时间配额被重置为一个完整的时间片;而处于动态优先级的线程在被抢先时,时间配额不变,重新得到处理机使用权后将运行到剩余的时间配额用完。图 4.32 说明了线程抢先的过程。

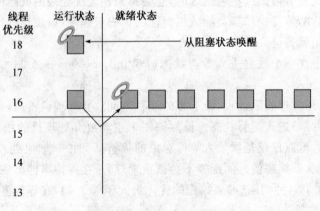

图 4.32 线程的抢先调度

在图 4.32 中,一个优先级为 18 的线程从等待状态返回并收复处理机,这导致优先级为

16的正在运行线程被弹回到就绪队列的队首。注意,被抢先的线程是排在就绪队列的队首,而不是队尾。当抢先线程完成运行后,被抢先的线程可继续它的剩余时间配额。在这个例子中,线程的优先级都在实时优先级范围,它们的优先级不会被动态提升。

如果我们把主动切换比作一个线程在它等待自己的汉堡包时允许排在它后面的线程可以买快餐,抢先则可比作由于美国总统来到快餐店要求买快餐,一个正在运行的线程被挤回到就绪队列。被抢先的线程并不是排到就绪队列的队尾,而只是在总统买快餐时站在一旁;一旦总统离开,它会恢复运行,完成快餐采购。

（3）时间配额用完

当一个处于运行状态的线程用完它的时间配额时,系统首先必须确定是否需要降低该线程的优先级,然后确定是否需要调度另一个线程进入运行状态。

如果刚用完时间配额的线程优先级降低了,Windows Server 2003将寻找一个更适合的线程进入运行状态;所谓更适合的线程是指优先级高于刚用完时间配额线程的新设置值的就绪线程。如果刚用完时间配额的线程的优先级没有降低,并且有其他优先级相同的就绪线程,Windows Server 2003将选择相同优先级的就绪队列中的下一个线程进入运行状态,刚用完时间配额的线程被排到就绪队列的队尾(即对该线程分配一个新的时间配额并把该线程状态从运行状态改为就绪状态)。图4.33说明了这个调度过程。如果没有优先级相同的就绪线程可运行,刚用完时间配额的线程将得到一个新的时间配额并继续运行。

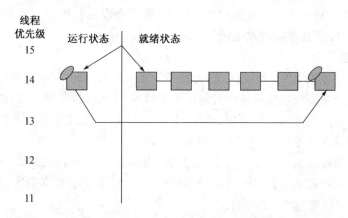

图4.33 时间配额用完时的线程调度

（4）结束

当线程完成运行时,它的状态从运行状态转到终止状态。线程完成运行的原因可能是通过调用ExitThread而从主函数中返回或通过被其他线程调用TerminateThread来终止。如果处于终止状态的线程对象上没有未关闭的句柄,则该线程将被从进程的线程列表中删除,相关数据结构将被释放。

5. 线程优先级提升

在下列五种情况下,Windows Server 2003会提升线程的当前优先级。

（1）I/O操作完成;

（2）信号量或事件等待结束;

（3）前台进程中的线程完成一个等待操作;

（4）由于窗口活动而唤醒图形用户接口线程;

(5) 线程处于就绪状态超过一定时间,但没能进入运行状态(处理机饥饿)。

其中,前两条是针对所有线程进行的优先级提升,而后三条是针对某些特殊的线程在正常的优先级提升基础上进行额外的优先级提升。线程优先级提升的目的是:改进系统吞吐量,响应时间等整体特征,解决线程调度策略中潜在的不公正性。与任何调度算法一样,线程优先级提升也不是完美的,它并不会使所有应用都受益。

6. 对称多处理机系统上的线程调度

如果完全基于线程优先级进行线程调度,在多处理机系统中会出现什么情况?当Windows Server 2003 试图调度优先级最高的可执行线程时,有几个因素会影响到处理机的选择。Windows Server 2003 只保证一个优先级最高的线程处于运行状态。

线程的首选处理机是基于进程控制块的索引值在线程创建时随机选择的。索引值在每个线程创建时递增,这样进程中每个新线程得到的首选处理机会在系统中的可用处理机中循环。线程创建后,Windows Server 2003 系统不会修改线程的首选处理机设置;但应用程序可通过 SetThreadIdealProcessor 函数来修改线程的首选处理机。

如果被选中的处理机已有一个线程处于备用状态(即下一个在该处理机上运行的线程),并且该线程的优先级低于正在检查的线程,那么正在检查的线程会取代原处于备用状态的线程,成为该处理机的下一个运行线程。如果已有一个线程正在被选中的处理机上运行,Windows Server 2003 将检查当前运行线程的优先级是否低于正在检查的线程;如果正在检查的线程优先级高,那么标记当前运行线程为被抢先,系统会发出一个处理机间中断,以抢先正在运行的线程,让新线程在该处理机上运行。

7. 空闲线程

如果在一个处理机上没有可运行的线程,Windows Server 2003 会调度相应处理机对应的空闲线程。由于在多处理机系统中可能两个处理机同时运行空闲线程,所以系统中的每个处理机都有一个对应的空闲线程。Windows Server 2003 给空闲线程指定的线程优先级为 0,但实际上该空闲线程只是在没有其他线程要运行时才运行。

空闲线程的功能就是在一个循环中检测是否有要进行的工作。虽然不同处理机结构下空闲线程的流程有一些区别,但一般空闲线程的基本控制流程都是如下所述:

(1) 处理所有待处理的中断请求;
(2) 检查是否有待处理的 DPC 请求,如果有,则清除相应软中断并执行 DPC;
(3) 检查是否有就绪线程可进入运行状态,如果有,调度相应线程进入运行状态;
(4) 调用硬件抽象层的处理机空闲例程,执行相应的电源管理功能。

在 Windows Server 2003 下有多种进程浏览工具,不同浏览工具给出的空闲线程名字会不同,如系统空闲进程、空闲进程、系统进程等。

习 题 四

1. 一个单 CPU 的操作系统共有 n 个进程,不考虑进程状态过渡时的情况,也不考虑空转进程,请

(1) 给出运行进程的个数;
(2) 给出就绪进程的个数;
(3) 给出等待进程的个数。

2. 引入多道程序设计技术的起因和目的是什么?多道程序系统的特征是什么?
3. 多道程序在单CPU上并发运行和多道程序在多CPU上并行执行,这两者在本质上是否相同?为什么?请给出以上两者在实现时应考虑什么问题?
4. 用进程概念说明操作系统的并发性和不确定性是怎样体现出来的?
5. 进程控制块(PCB)的作用是什么?它是怎样描述进程的动态性质的?
6. 进程的三个基本状态转换如图4.34所示。图中1、2、3、4表示某种类型的状态变迁,请分别回答下述问题:

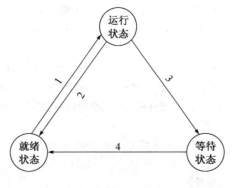

图 4.34 习题 6

(1) 什么"事件"引起某一种类型的状态变迁?
(2) 系统中常常由于某一进程的状态变迁引起另一进程也产生状态变迁,试判断在下述情况下,如果有的话,将发生什么因果变迁?

     3→1 2→1 3→2 4→1 3→4

(3) 在什么情况下,如果有的话,下述变迁中哪些将不立即引起其他变迁?

        1 2 3 4

(4) 引起进程状态发生变迁的原因是什么?
7. 并发进程执行时一定会产生与时间有关的错误吗?为什么?
8. 试列举出进程状态转换的典型原因和引起进程调度的因素。
9. 说明下列活动是属于哪种制约关系?
(1) 若干同学去图书馆借书;
(2) 两队进行篮球比赛;
(3) 流水线生产中的各道工序;
(4) 商品生产和社会消费。
10. 一家快餐店招有4种雇员:(1) 开票者,取顾客的订单;(2) 厨师,准备饭菜;(3) 包装员,把食品塞入袋中;(4) 出纳,一手收钱一手交货。每位雇员可以看作一个在通信的顺序进程。他们采用的是什么形式的进程间通信?
11. 假设A、B两个火车站之间是单轨线,许多列车可同时到达A站,然后经A站到B站。又列车从A到B的行驶时间是t,列车到B站后的停留时间是t/2。试问在该问题模型中,什么是临界资源?什么是临界区?
12. 同步机制应遵循哪些基本原则?为什么?
13. 设有无穷多个信息,输入进程把信息逐个写入缓冲区,输出进程逐个地从缓冲区中取出信息。在下述两种情况下:缓冲区是环形的,最多可容纳n个信息;缓冲区是无穷大的。试分别回答下列问题:
(1) 输入、输出两进程读、写缓冲区需要什么条件?
(2) 用P、V操作写出输入、输出两进程的同步算法,并给出信号量含义及初值。

(3) 指出信号量的值的变化范围和其值的含义。

14. 假定一个阅览室最多可容纳 100 人,读者进入和离开阅览室时都必须在阅览室门口的一个登记表上进行登记(进入时登记,离开时去掉登记项),而且每次只允许一人登记或去掉登记,问:

(1) 应编写几个程序完成此项工作,程序的主要动作是些什么?应设置几个进程?进程与程序间的对应关系如何?

(2) 用 P、V 操作写出这些进程的同步通信关系。

15. 在多个生产者、多个消费者和多个缓冲区问题的解决方案中(见 4.3.4 小节),如果对调生产者(或消费者)进程中的两个 P 操作或两个 V 操作的次序,会发生什么情况?试说明之。

16. 进程 A_1、A_2、$\cdots$、A_{n1} 通过 m 个缓冲区向进程 B_1、B_2、$\cdots$、B_{n2} 不断地发送消息,发送和接收工作遵循如下规则:

(1) 每个发送进程每次发送一个消息,写入一个缓冲区,缓冲区大小与消息长度一样。

(2) 对每一个消息,B_1、B_2、$\cdots$、B_{n2} 都需要各接收一次,读到各自的数据区内。

(3) m 个缓冲区都满时,发送进程等待;没有可读的消息时,接收进程等待。

试用 P、V 操作组织正确的发送和接收操作。

17. 有 K 个进程共享一个临界区,对于下述情况,请说明信号量的初值、含义,并用 P、V 操作写出有关的互斥算法。

(1) 一次只允许一个进程进入临界区;

(2) 一次允许 m 个进程进入临界区(m<K)。

18. 爱睡觉的理发师问题[Dijkstra,1968]。一个理发店有两间相连的屋子。一间是私室,里面有一把理发椅,另一间是等候室,有一个滑动门和 N 把椅子。理发师忙的时候,通向私室的门被关闭,新来的顾客找一把空椅子坐下,如果椅子都被占用了,则顾客只好离去。如果没有顾客,则理发师在理发椅上睡觉,并打开通向私室的门。理发师睡觉时,顾客可以叫醒他理发。请编写理发师和顾客的程序,正确实现同步互斥问题。

19. 在一间酒吧里有三个音乐爱好者,第一位音乐爱好者只有随身听,第二位只有音乐 CD,第三位只有电池。而要听音乐就必须随身听、音乐 CD 和电池这三种物品俱全。酒吧老板一次出借这三种物品中的任意两种。当一名音乐爱好者得到这三种物品并听完一首乐曲后,酒吧老板才能再一次出借这三种物品中的任意两种。于是第二名音乐爱好者得到这三种物品,并开始听乐曲。整个过程就这样进行下去。

试用 P、V 操作正确完成这一过程。

20. 巴拿马运河建在太平洋和大西洋之间。由于太平洋和大西洋水面高度不同,有巨大落差,所以运河中修建有 T(T≥2)级船闸,并且只能允许单向通行。船闸依次编号为 1、2、$\cdots$、T。由大西洋来的船需经由船闸 T、T−1、$\cdots$、2、1 通过运河到太平洋;由太平洋来的船需经由船闸 1、2、$\cdots$、T−1、T 通过运河到大西洋。

试用 P、V 操作正确解决大西洋和太平洋的船只通航问题。

21. 某银行有人民币储蓄业务,由 n 个柜员负责。每个顾客进入银行后先取一个号,并且等着叫号。当一个柜台人员空闲下来,就叫下一个号。试用 P、V 操作正确编写柜台人员和顾客进程的程序。

22. 设有 A、B、C 三个进程共享一个存储资源 F。A 对 F 只读不写,B 对 F 只写不读,C 对 F 先读后写。(当一个进程写 F 时,其他进程既不能读 F,也不能写 F,但多个进程同时读 F 是允许的)。试利用管程方法或 P、V 操作,写出 A、B、C 三个进程的框图,要求:(1) 执行正确;(2) 正常运行时不产生死锁;(3) 使用 F 的并发度要高。

23. 某系统如此定义 P、V 操作:

P(S)

S = S − 1;

若 S<0,本进程进入 S 信号量等待队列的末尾;否则,继续执行。

V(S)

S = S + 1;

若 S≤0,释放等待队列中末尾的进程,否则继续运行。

(1) 上面定义的 P、V 操作有什么问题?

(2) 现有四个进程 P_1、P_2、P_3、P_4 竞争使用某一个互斥资源(每个进程可能反复使用多次),试用上面定义的 P、V 操作正确解决 P_1、P_2、P_3、P_4 对该互斥资源的使用问题。

24. 试用 P、V 操作解决第二类读者写者问题。所谓第二类读者写者问题是指写者优先,条件为:

(1) 多个读者可以同时进行读;

(2) 写者必须互斥(只允许一个写者写,同时也不能读者、写者同时进行);

(3) 写者优先于读者(一旦有写者来,则后续读者必须等待,唤醒时优先考虑写者)。

25. 为什么要引进高级通信机构?它有什么优点?说明消息缓冲通信机构的基本工作过程。

26. 进程间为什么要进行通信?在你编写自己的程序时,是否考虑到要和别的用户程序进行通信?各用户进程之间是否存在制约关系?

27. 请用进程通信的方法解决生产者消费者问题。

28. 设计一种信箱通信机制,描述你的设计方案。

29. 请用管程实现哲学家就餐问题。

30. 抢占式进程调度是指系统能够强制性地使执行进程放弃处理机。试问分时系统采用的是抢占式还是非抢占式进程调度?实时系统呢?

31. 试述进程调度的主要任务。为什么说它把一台物理机变成多台逻辑上的处理机?

32. 在 CPU 按优先级调度的系统中:

(1) 没有运行进程是否一定就没有就绪进程?

(2) 没有运行进程,没有就绪进程或两者都没有是否可能?各是什么情况?

(3) 运行进程是否一定是自由进程(即就绪进程和运行进程)中优先数最高的?

33. 对某系统进行监测后表明平均每个进程在 I/O 阻塞之前的运行时间为 T。一次进程切换需要的时间为 S,这里 S 实际上就是开销。对于采用时间片长度为 Q 的时间片轮转法,请给出以下各种情况的 CPU 利用率的计算公式。

(1) $Q = \infty$;

(2) $Q > T$;

(3) $S < Q < T$;

(4) $Q = S$;

(5) Q 趋近于 0。

34. 大多数时间片轮转调度程序使用一个固定大小的时间片,请给出选择小时间片的理由。然后,再给出选择大时间片的理由。

35. 有 5 个批处理作业 A 到 E 几乎同时到达一计算中心。它们的估计运行时间分别为 10、6、2、4 和 8 分钟。其优先数(由外部设定)分别为 3、5、2、1 和 4,其中 5 级为最高优先级。对于下列每种调度算法,计算其平均进程周转时间,可忽略进程切换的开销。

(1) 时间片轮转法;

(2) 优先级调度;

(3) 先来先服务(按照次序 10、6、2、4、8 运行);

(4) 最短作业优先。

对(1),假设系统具有多道处理能力,每个作业均获得公平的 CPU 时间,对(2)到(4)假设任一时刻只有一个作业运行,直到结束。所有的作业都是 CPU 密集型作业。

36. 有 5 个待运行的进程,它们的估计运行时间分别是 9、6、3、5 和 X。采用哪种次序运行各进程将得到最短的平均响应时间(答案依赖于 X)?

第5章 存储管理

本章要点

- 存储体系
- 存储管理目的和任务
- 分区存储管理方案
- 段式存储管理方案
- 页式存储管理方案
- 段页式存储管理方案
- 覆盖技术与交换技术
- 虚拟存储技术：程序局部性原理、虚拟页式存储管理、性能问题、虚拟段式存储管理

内存是可被处理器直接访问的；处理器是按绝对地址访问内存的。为了使用户编制的程序能存放在内存的任意区域执行，用户程序使用的是逻辑地址空间。存储管理必须为用户分配一个物理上的内存空间；于是，就有一个从逻辑地址空间到物理地址空间的转换问题。为了保证CPU执行指令时可正确访问存储单元，需将用户程序中的逻辑地址转换为运行时可由机器直接寻址的物理地址，这一过程称为地址映射。

存储管理必须合理地分配内存空间；为了避免内存中的各程序相互干扰，还必须实现存储保护；为了有效利用内存空间，允许多个作业共享程序和数据；同时为了能在内存运行长度任意大小的程序，必须采用一定的方法"扩充"内存。

主要的存储管理方案有：分区管理、段式管理、页式管理、段页式管理。每一种存储管理方案都要从内存空间的划分、用户程序的划分、逻辑地址形式、内存分配方式、设置什么数据结构、硬件上需要什么支持、地址映射过程以及为了提高效率应考虑什么问题等多方面进行设计与实现。各种存储管理方式实现存储管理的方法是不同的，但它们都要有相应的硬件作支撑。

把内存与外存有机地结合起来使用，从而得到一个容量很大的、速度足够快的"内存"，这就是虚拟存储器。所谓虚拟存储技术是指：当进程开始运行时，先将一部分程序装入内存，另一部分暂时留在外存；当要执行的指令不在内存时，由系统自动完成将它们从外存调入内存的工作；当没有足够的内存空间时，系统自动选择部分内存空间，将其中原有的内容交换到磁盘上，并释放这些内存空间供其他进程使用。

实现虚拟存储器后，从系统的角度看提高了内存空间的利用率；从用户的角度看，编制程序不再受内存实际容量的限制。虚拟存储器的容量由地址结构决定，若地址用n位表示，则虚拟存储器的最大容量为 2^n。虚拟存储器的实现借助于大容量的外存储器（例如磁盘）存放虚存中的实际信息，操作系统利用程序执行在时间上和空间上的局部性特点把当前需要的程序段和数据装入内存，利用各种表格（例如页表、段表）构造一个用户的虚拟空间。硬件根据建立

的表格进行地址转换或发出需进行调度的中断信号(例如缺页中断、缺段中断)。操作系统处理这些中断事件时,选择一种合适的调度算法对内存和外存储器中的信息进行调出和装入,尽可能地避免"抖动"。

5.1 概　　述

计算机系统中的存储器可以分成两类:内存储器(简称内存)和外存储器(简称外存)。处理器可以直接访问内存,但不能直接访问外存。CPU 要通过启动相应的输入/输出设备后才能使外存与内存交换信息。

目前计算机的内存容量已经增长了很多倍,但是程序大小的增长速度与内存容量的增长速度几乎一样快。正如帕金森定律所说的那样:"存储器有多大,程序就会有多大。"管理内存的部分在操作系统中称为存储管理(Memory Management),内存管理是操作系统的重要组成部分,对内存管理的好坏直接关系到计算机系统工作性能的好坏。本章中将讨论如何进行存储管理。

5.1.1　存储体系

计算机体系结构中,存储器是处理器处理的信息的来源与归宿,占据着重要地位。但任何一种存储设备都无法在速度与容量两个方面同时满足用户的需求。为解决速度和容量之间的矛盾,各种存储设备组成了一个速度由快到慢,容量由小到大的存储层次,如图 5.1 所示。

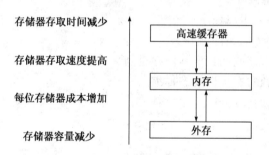

图 5.1　存储体系

在此存储体系中包含少量的、非常快速、昂贵、内容易变的高速缓存 Cache,若干兆字节、中等速度、中等价格、内容易变的内存 RAM,以及数百兆或数千兆字节、低速、价廉、内容不易变的磁盘。

在辅助硬件与操作系统的支持下,将快速存储设备和大容量存储设备构成为统一的整体,由操作系统协调这些存储器的使用。直接存取要求:内存速度尽量快,应与 CPU 取指速度相匹配;容量尽可能大,应能装下当前运行的程序与数据。否则 CPU 执行速度就会受到内存速度和容量的影响而得不到充分发挥。这就是形成了一种存储器层次结构,或称存储体系。例如,虚拟存储器就是一种内存-外存层次结构。

5.1.2　存储管理目的和任务

存储器是计算机系统的重要资源之一。因为任何程序和数据以及各种控制用的数据结构都必须占用一定的存储空间,因此,存储管理直接影响系统性能。存储器由内存和外存组成。所谓内存,是由存储单元(字节或字)组成的一维连续的地址空间,简称内存空间。用来存放当前正在运行程序的代码及数据,是程序中指令本身地址所指的、亦即程序计数器所指的存储器。

内存空间一般分为两部分:一部分是系统区,用以存放操作系统常驻内存部分,用户不能占用这部分空间;另一部分是用户区,分配给用户使用,用于装入并存放用户程序和数据,这部分的信息随时都在发生变化。存储管理实质上就是管理供用户使用的那部分空间。

由于技术的进步,内存的制造成本大幅度下降,内存的容量大幅度上升,系统具有 10 兆、上百兆乃至上千兆的内存容量,是 1960 年 IBM7094 大型机内存容量的 10 倍。但是,随着计算机应用领域的不断扩大与深化,程序员写出了以往不能写得更大更复杂的程序,在基础科学和人工智能等许多新的应用领域,将对内存容量提出更高的要求。因此,如何管理好内存资源,仍然是操作系统的一个重要课题。内存管理问题主要包括:内存管理方法、内存的分配和释放算法、虚拟存储器的管理、控制内存和外存之间的数据流动方法、地址变换技术和内存数据保护与共享技术等。

为了对内存进行有效的管理,我们把它分成若干个区域。即使在最简单的单道、单用户系统中,至少也要把它分成两个区域:在一个区域内存放系统软件,如操作系统本身;而另外一个区域则用于安置用户作业。显然,在多道、多用户系统中,为了提高系统的利用率,需要将内存划分成更多的区域,以便支持多道作业。用户对内存管理提出了许多要求:

(1) 充分利用内存,为多道程序并发执行提供存储基础。
(2) 尽可能方便用户使用:
① 操作系统自动装入用户程序;
② 用户程序中不必考虑硬件细节。
(3) 系统能够解决程序空间比实际内存空间大的问题。
(4) 程序的长度在执行时可以动态伸缩。
(5) 内存存取速度快。
(6) 存储保护与安全。
(7) 共享与通信。
(8) 及时了解有关资源的使用状况。
(9) 实现的性能和代价合理。

这就引起了存储器分配以及随之而产生的一系列问题。通过对用户需求的分析,提出如下所述的操作系统中存储管理的主要任务。

1. 内存的分配和管理

一个有效的存储分配机制,应对用户需求做出快速响应,为之分配相应的存储空间;在用户作业不再需要它时,及时回收,以供其他用户使用。为此,应该具有以下功能:

(1) 记住每个存储区域的状态。内存空间哪些是分配了的,哪些是空闲的? 这就需要设置相应的分配表格,记录内存空间使用状态。

(2) 实施分配。当用户提出申请时,按需要进行分配,并修改相应的分配表格。分配方式有静态分配和动态分配两种。

(3) 回收。接受用户释放的区域,并修改相应的分配表格。

为实现上述功能,必须引入分配表格,统称为内存分配表,其组织方式包括:
① 位示图表示法:用一位(bit)表示一个内存页面(0 表示空闲,1 表示占用);

② 空闲页面表：包括首页面号和空闲页面个数，连续若干的页面作为一组登记在表中；
③ 空闲块表：空闲块首址和空闲块长度，没有记录的区域即为进程所占用。
内存分配有两种方式：

(1) 静态分配：程序要求的内存空间是在目标模块连接装入内存时确定并分配的，并且在程序运行过程中不允许再申请或在内存中"搬家"，即分配工作是在程序运行前一次性完成。

(2) 动态分配：程序要求的基本内存空间是在目标模块装入时确定并分配的，但是在程序运行过程中允许申请附加的内存空间或在内存中"搬家"，即分配工作可以在程序运行前及运行过程中逐步完成。

显然，动态存储分配具有较大的灵活性，它不需要一个程序的全部信息进入内存后才可以运行，而是在程序运行中需要时，系统才自动将其调入内存。程序当前暂不使用的信息可以不进入内存，这对提高内存的利用率大有好处。动态存储分配反映了程序的动态性，较之静态存储分配更为合理。

2. 内存共享

所谓**内存共享**是指两个或多个进程共用内存中相同区域，这样不仅能使多道程序动态地共享内存，提高内存利用率，而且还能共享内存中某个区域的信息。共享的内容包括：代码共享和数据共享，特别是代码共享要求代码必须是纯代码。

内存共享的一个目的是通过代码共享节省内存空间，提高内存利用率；另一个目的是通过数据共享实现进程通信。

3. 存储保护

在多道程序系统中，内存中既有操作系统，又有许多用户程序。为使系统正常运行，避免内存中各程序相互干扰，必须对内存中的程序和数据进行保护。

存储保护的目的在于为多个程序共享内存提供保障，使在内存中的各道程序，只能访问它自己的区域，避免各道程序间相互干扰。特别是当一道程序发生错误时，不至于影响其他程序的运行，更要防止破坏系统程序。存储保护通常需要有硬件支持，并由软件配合实现。

存储保护的内容包括：保护系统程序区不受到用户有意或无意的侵犯；不允许用户程序读写不属于自己地址空间的数据，如系统区地址空间，其他用户程序的地址空间。

(1) 防止地址越界

每个进程都具有其相对独立的进程空间，如果进程在运行时所产生的地址超出其地址空间，则发生地址越界。地址越界可能侵犯其他进程的空间，影响其他进程的正常运行；也可能侵犯操作系统空间，导致系统混乱。因此，对进程所产生的地址必须加以检查，发生越界时产生中断，由操作系统进行相应处理。

(2) 防止操作越权

对于允许多个进程共享的公共区域，每个进程都有自己的访问权限。例如，有些进程可以执行写操作，而其他进程只能执行读操作，等等。因此，必须对公共区域的访问加以限制和检查。

① 对属于自己区域的信息，可读可写；
② 对公共区域中允许共享的信息或获得授权可使用的信息，可读而不可修改；
③ 对未获授权使用的信息，不可读、不可写。

存储保护一般以硬件保护机制为主，软件为辅，因为完全用软件实现系统开销太大，速度成倍降低。所以,当发生地址越界或非法操作时,由硬件产生中断,进入操作系统处理。

4. "扩充"内存容量

用户在编制程序时,不应该受内存容量限制,所以要采用一定技术来"扩充"内存的容量,使用户得到比实际内存容量大的多的内存空间。

具体实现是在硬件支持下,软件、硬件相互协作,将内存和外存结合起来统一使用。通过这种方法扩充内存,使用户在编制程序时不受内存限制。借助虚拟存储技术或其他交换技术,达到在逻辑上扩充内存容量的效果,亦即为用户提供比内存物理空间大得多的地址空间,使用户感觉他的作业是在一个很大的存储器中运行。

5. 地址映射

在多道程序环境下,由于由操作系统统一实施内存分配,用户就可不必关心内存的具体分配情况。各个程序由用户独立编写,独立汇编或编译,且各程序装入内存是随机的。因此,用户之间无法事先协调内存分配问题,也不能直接使用内存的物理地址来编程,否则就会造成各个程序的内存地址发生冲突。事实上,用户用汇编语言或高级程序设计语言编写程序时,使用的是符号名空间,其中的地址称作符号地址。用户的程序经过汇编或编译后形成目标代码,目标代码通常采用相对地址的形式,其首地址为0,其余指令中的地址都相对于首地址而编址,这就是逻辑地址的概念。程序地址空间是逻辑地址的集合。不同程序的地址空间可以相同或局部重叠。不能用逻辑地址在内存中读取信息;只有内存中存储单元的地址,也就是物理地址(又称绝对地址或实地址)才可以直接寻址。显然,不同程序的内存空间不能冲突。

当程序装入内存时,操作系统要为该程序分配一个合适的内存空间,由于程序的逻辑地址与所分配到的内存物理地址的编号不一致,而 CPU 执行指令时是按物理地址进行的,所以要进行地址转换。为了保证 CPU 执行指令时可正确访问存储单元,需将用户程序中的逻辑地址转换为运行时可由机器直接寻址的物理地址,这一过程称为**地址映射**,也称为**重定位**。

若用 A 表示地址空间,用 M 表示内存空间,则地址映射可表示成:

$$f: A \rightarrow M$$

地址映射也有两种方式:

(1) 静态地址映射(静态重定位):当用户程序被装入内存时,一次性实现逻辑地址到物理地址的转换,以后不再转换。一般是在装入内存时由重定位装入程序完成。它首先把目标程序获得的内存区域的起始地址 B 送入基地址寄存器,然后在装入时把程序的所有地址翻译成该基地址的相对地址,即

$$f(a) = B + a$$

其中,a 是地址空间中的任一逻辑地址,f(a)为 a 相应的物理地址。经静态地址映射后的程序便可在内存空间 f(A)=M 中执行了。

(2) 动态地址映射(动态重定位):在程序执行过程中要访问数据时再进行地址映射,即逐条指令执行时完成地址映射。一般为了提高效率,此工作由硬件地址映射机制来完成。通常采用的办法是利用一个基地址寄存器(BR),在程序装入后,将其内存空间的起始地址 B 送入 BR,在程序执行过程中,一旦遇到要访问地址的指令时,硬件便自动将其中的访问地址加上 BR 的内容形成实际物理地址,然后按该地址执行。图 5.2 给出了动态地址映射的示意图。

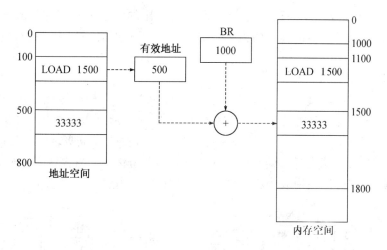

图 5.2 动态地址映射

动态地址映射允许采用动态存储分配方式,而静态地址映射只限于采用静态存储分配方式。

5.1.3 单一用户存储管理方案

在单一用户(连续区)存储管理下,单用户系统在一段时间内,只有一个用户进程在内存,故内存分配管理十分简单,内存利用率低。内存分为两个区域:一个供操作系统使用,一个供用户使用。在此管理方案下,当用户程序的调入内存时,每次都从内存用户区的固定地址(即基地址)开始连续完整存放;从装入一直到执行完毕,程序单独占据整个用户区内存,然后才退出,不存在分配(一次性全部连续)、回收(执行完毕)问题,或者说很简单(与处理机使用同步),无需记录空间使用情况。物理地址必须依据基地址产生,单一分区模式下物理地址的产生时机可选择为编译或连接、装入、执行这三个阶段的任一个。实际上,有的程序或数据很大很多,达几十或几百 MB,或更多,甚至超过内存的大小,但在一次运行中却不会全部用到所有代码或数据。单一分区模式简单,开销小,但内存空间利用率低,在某些情况下缺乏灵活性。

当按这种方式组织系统时,同一时刻只能有一个进程在内存运行。一旦用户在终端输入了一个命令,操作系统就把需要的程序从磁盘复制到内存中并执行它;当进程运行结束后,操作系统在用户终端显示提示符并等待新的命令。当收到新的命令时,它把新的程序装入内存,覆盖掉前一个程序。

5.2 分 区 管 理

分区管理是能满足多道程序运行的最简单的存储管理方案。其基本思想是把内存划分成若干个连续区域,称为分区,每个分区装入一个运行程序。分区的方式可以归纳成固定分区和可变分区两类。

5.2.1 固定分区

1. 基本思想

固定分区是指系统先把内存划分成若干个大小固定的分区,一旦划分好,在系统运行期间不再重新划分。为了满足不同程序的存储要求,各分区的大小可不相等。由于每一分区的大小是固定的,就限制了可容纳程序的大小。因此,程序运行时必须提供对内存资源的最大申请量。

2. 内存分配表

用于固定分区管理的内存分配表是一张分区说明表,每个分区按顺序在分区说明表中对应一个表目,表目内容包括分区序号、分区大小、分区起始地址以及使用状态(空闲或占用)。程序运行时,根据其最大内存需求量,按一定的分配策略在分区说明表中查找空闲分区,若找到能满足需要的分区,就进行分配并将该分区设置为占用状态。当程序完成时释放内存,系统回收内存资源,并在分区说明表中将回收的分区设置为空闲状态。图 5.3 是固定分区的示例。

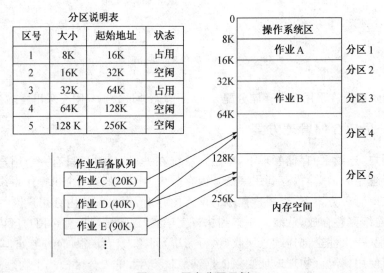

图 5.3 固定分区示例

固定分区方案虽然可以使多个程序共存于内存中,但不能充分利用内存。因为一个程序的大小,不可能刚好等于某个分区的大小。另外,可接纳程序的大小受到了分区大小的严格限制。

5.2.2 可变分区

1. 基本思想

可变分区是指系统不预先划分固定分区,而是在装入程序时划分,使为程序分配的分区的大小正好等于该程序的需求量,且分区的个数是可变的。显然,可变分区有较大的灵活性,较之固定分区能获得较好的内存利用率。

系统初启后,内存中除操作系统区之外,其余空间为一个完整的大空闲区。当有程序要求装入内存运行时,系统从该空闲区中划分出一块与程序大小相同的区域进行分配。当系统运行一段时间后,随着一系列的内存分配和回收,原来的一整块大空闲区形成了若干占用区和空闲区相间的布局。若有左右相邻的两块空闲区,系统应将它们合并成为一块连续的大空闲区。

图 5.4 是一个可变分区分配和回收的示例。其中,图(a)是某一时刻内存空间的布局情

况,此时内存装入了 A、B、C 三个作业,同时,又有作业 D 和作业 E 请求装入;图(b)中系统为作业 D 分配一块内存分区,此时内存中剩下了两块较小的空闲区,作业 E 的需要不能满足;图(c)表示作业 A 和 C 已完成,系统回收了它们的占用区,在进行了适当的合并后,内存中形成了三块空闲区,它们的总容量虽然远大于作业 E 的需求量,但每块容量均小于作业 E 的容量,故系统仍不能为作业 E 实施分配。

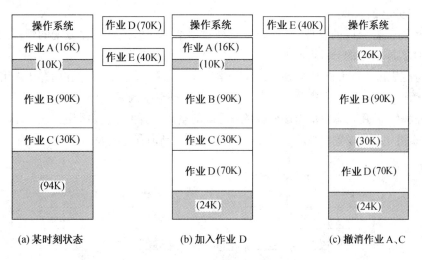

图 5.4 可变分区示例

2. 分配策略

系统在寻找空闲区时可采用以下三种分配算法:

(1) 首先适应算法。当接到内存申请时,查找分区说明表,找到第一个满足申请长度的空闲区,将其分割并分配。此算法简单,可以快速做出分配决定。

(2) 最佳适应算法。当接到内存申请时,查找分区说明表,找到第一个能满足申请长度的最小空闲区,将其分割并分配。此算法最节约空间,因为它尽量不分割大的空闲区;其缺点是可能会形成很多很小的空闲区域,称作碎片。

(3) 最坏适应算法。当接到内存申请时,查找分区说明表,找到能满足申请要求的最大的空闲区。该算法的出发点是:在大空闲区中装入信息后,分割剩下的空闲区相对也很大,还能用于装入其他程序。该算法的优点是可以避免形成碎片;而缺点是分割了大的空闲区后,再遇到较大的程序申请内存时,无法满足的可能性较大。

3. 碎片问题

采用可变分区存储管理方案后,经过一段时间的分配回收,内存中会存在很多很小的空闲块。它们每一个都很小,不足以满足程序分配内存的要求,但其总和却可能满足程序的分配要求,这些空闲块被称为**碎片**。可变分区管理方案中,随着分配和回收次数的增加,必然导致碎片的出现。

解决的办法是:在适当时刻进行碎片整理,通过在内存移动程序,把所有空闲碎片合并成一个连续的大空闲区且放在内存的一端,而把所有程序占用区放在内存的另一端,这一技术称为**"拼接技术"**。

拼接的时机可以是:当回收某个占用区时,如果它没有相邻的空闲区,但内存中有其他空闲区时,则马上进行拼接;或者当需要为新程序分配内存空间,但在内存中找不到足够容纳该程序的空闲区,而所有空闲区的总容量却能满足程序需求量时,再进行拼接。对于在拼接过程中被移动了的程序,需要进行重定位,可以用动态地址映射实现。虽然采用拼接技术可以解决碎片问题,但拼接工作需要大量的系统开销,要修改被移动进程的地址信息,还要复制进程空间;而且在拼接时必须停止所有其他程序的运行。对于分时系统,拼接将对系统响应时间有很大影响。

4. 可变分区的实现

为了实现可变分区的管理,必须设置某种数据结构用以记录内存分配的情况,确定某种分配策略并且实施内存的分配与回收。

内存分配表由两张表格组成:一张是已分配区表,记录已装入的程序在内存中占用分区的起始地址和长度,用标志位指出占用分区的程序名;另一张是空闲区表,记录内存中可供分配的空闲区的起始地址和长度,用标志位指出该分区是未分配的空闲区。由于已占分区和空闲区的个数不定,因此,两张表格中都应设置适当的空栏目,分别用以登记新内存分配表,如图5.5所示。

起始地址	长度	标志
500	800	P1
1500	400	P2
		空
	⋮	

已分配区表

起始地址	长度	标志
1300	200	未分配
1900	650	未分配
		空
	⋮	

空闲区表

图5.5 已分配区表和空闲区表

可变分区的内存分配策略与固定分区的相同,即可采用首次适应算法、最佳适应算法或最坏适应算法。

5. 分区的回收

当用户程序执行结束后,系统要回收已使用完毕的分区,将其记录在空闲区表中。一般情况下应考虑四种可能性:

(1) 回收分区的上邻分区是空闲的,需要将这两个相邻的空闲区合并成一个更大的空闲区,然后修改空闲区表。

(2) 回收分区的下邻分区是空闲的,需要将这两个相邻的空闲区合并成一个更大的空闲区,然后修改空闲区表。

(3) 回收分区的上邻和下邻分区都是空闲的,需要将三个相邻的空闲区合并成一个更大的空闲区,然后修改空闲区表。

(4) 回收分区的上邻和下邻分区都不是空闲的,则直接将空闲区记录在空闲区表中。

6. 分区的保护

分区的保护通常有两种方法。

一种是系统设置界限寄存器,这可以是上、下界寄存器或基址、限长寄存器,如图5.6所示。每个分区设置一对界限寄存器,但通常系统只设置一对界限寄存器,用来存放现行进程的存储界限。在进程的PCB中保存界限值,当轮到该进程执行时,将界限值作为进程现场的一部分恢复。进程执行过程产生的每一个访问内存的地址,硬件自动将其与界限寄存器的值进行比较,若发生地址越界,便产生保护性地址越界中断。

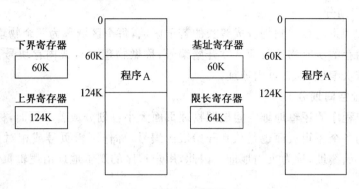

图 5.6 界限寄存器保护

另一种是保护键方法,即为每个分区分配一个保护键,相当于一把锁。同时为每个进程分配一个相应的保护键,相当于一把钥匙,存放在程序状态字中。每当访问内存时,都要检查钥匙和锁是否匹配,若不匹配,将发出保护性中断。

7. 分区管理方案的优缺点

分区管理的主要优点是:分区管理是实现多道程序设计的一种简单易行的存储管理技术,内存成为共享资源,有效地利用了处理机和 I/O 设备,从而提高了系统的吞吐量和周转时间。关于内存利用率,可变分区比固定分区高。此外,分区存储管理算法比较简单,实现分区分配所采用的表格也不多,实现起来比较容易,内存额外开销较少。存储保护措施也很简单。

分区管理的主要缺点是:内存使用仍不充分,并且存在严重的碎片问题,虽然采用拼接技术可以解决碎片问题,但需要移动大量信息浪费了许多处理机时间。此外,分区管理不能为用户提供"虚存",即不能实现对内存的"扩充",每一个用户作业的存储要求仍然受到实际存储容量的限制。与单一连续分配一样,分区管理要求运行程序一次全部装入内存,才能开始运行,因而,内存中可能包含有一些从未使用过的信息,程序受限于物理存储器的大小。

5.3 页式存储管理

分区存储管理方案的一个特性是连续性,即系统对每个程序都分配一片连续的内存区,如果内存空间中没有能够满足要求的连续区域,即使可用内存空间的总容量大于进程需要量,系统也不能实施分配。这种连续特性导致了内存碎片问题,降低了内存资源的利用率,而拼接碎片又要花费大量的 CPU 时间。页式存储管理就是为了有效地解决这些问题而提出的一种存储器管理方案,其基本出发点是打破存储分配的连续性,使得一个程序的逻辑地址空间可以分布在若干离散的内存块上,从而达到充分利用内存,提高内存利用率的目的。

页式存储管理思想首先由英国曼彻斯特大学提出,并在该校的 Atlas 计算机上使用。该技术近年来已广泛用于微机系统中,并做成了"存储管理部件"(MMU:Memory Management Unit)芯片。

Linux 的物理内存管理采用的就是页式存储管理,每个物理页面对应一个 page 数据结构。具体的管理策略见后面的 5.8 节。

5.3.1 基本思想

1. 内存空间划分

页式存储管理将内存空间划分成等长的若干区域,每个区域称为一个物理页面,有时亦称内存块或块。内存的所有物理页面从 0 开始编号,称做物理页号或内存块号。每个物理页面内亦从 0 开始依次编址,称为页内地址。

2. 逻辑地址空间划分

系统将用户程序的逻辑地址空间按照物理页面大小也划分成若干页面,称为逻辑页面,简称为页。程序的各个逻辑页面也是从 0 开始依次编号,称作逻辑页号或相对页号。每个逻辑页面内也从 0 开始编址,称为页内地址。因此,用户程序的逻辑地址由逻辑页号和页内地址两部分组成:

| 逻辑页号 | 页内地址 |

3. 页面大小

页面尺寸一般取 2 的整数次幂。页面大小直接影响地址转换和页式存储管理的性能:如果页面太大,以至于和作业地址空间相差无几,这种方法就变成了可重定位分区方法的翻版;反之,如果页面太小,则页表冗长,系统需要提供更多的寄存器(存储单元)来存放页表,从而大大地增加了计算机系统的成本,增加了系统的开销。综合诸因素,大多数分页系统所采用的页面尺寸为 512 到 2K 字节。

4. 内存分配

存储分配时,以页面(块)为单位,并按用户程序的页数多少进行分配。逻辑上相邻的页面在内存中不一定相邻,即分配给用户程序的内存块不一定连续。

对用户程序地址空间的分页是系统自动进行的,即对用户是透明的。由于页面尺寸选为 2 的整数次幂,故系统可将地址的高位部分定义成页号,低位部分定义成页内地址。

与分区管理不一样,页式存储管理时,用户进程在内存空间内除了在每个页面内地址连续之外,每个页面之间不再连续。这样做第一是减少了内存中的碎片,因为任一碎片都会小于一个页面;第二是实现了由连续存储到非连续存储这个飞跃,为在内存中部分地、动态地存储进程中那些经常反复执行或即将执行的程序和数据段打下了基础。

5.3.2 管理上的考虑

1. 建立页表

程序是等长地分成若干页的,系统如何知道程序的某一页与内存的哪一块相对应呢?由于程序中的各部分在逻辑上是有联系的,而以页为单位将它们分散装入内存的物理页面后,怎样保证程序能正确运行?归根到底,就是如何实现和何时实现由程序的逻辑地址转换成实际的内存地址。

系统为每个用户程序建立一张页表,用于记录用户程序的逻辑页面与内存物理页面之间的对应关系,包括两项内容:逻辑页面号,该逻辑页面在内存中分配的物理页面号(内存块号),如图 5.7 所示。用户程序的地址空间有多少页,该页表里就登记多少行,且按逻辑页的顺序排列。页表存放在内存系统区内。

下面我们讨论这样一个问题：如果一个进程的地址空间大小为 2GB，页面大小为 4K，那么这个进程有 2^{19} 个页；如果一个物理页面需要 4 字节表示其地址，该进程的页表就有 512 页（2MB 大小）。这 512 个页面在内存中是连续存放还是不连续存放？如果考虑这些页表页面在内存中不连续存放，怎样实现页表的结构？

解决途径是多级页表，例如，Linux 采用三级页表管理，一级页表只占用一个页，其中存放了二级页表的入口指针，二级页表中存放了三级页表的入口指针，在三级页表中每个项是一个页表入口。详细描述见后面的 5.8 节。

图 5.7　页表

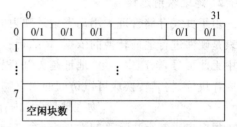

图 5.8　页式存储管理的内存分配表

2. 建立内存分配表

系统中设立一张内存分配表，记录内存物理页面的空闲情况，用于内存分配和回收。

页式存储管理分配内存空间以物理页面为单位，由于物理页面的大小是固定的，所以只要在内存分配表中给出哪些块已分配和哪些块尚未分配以及当前剩余的空闲块数。

一个简单的办法是用一张"位示图"构成内存分配表。例如，内存的可分配区域被分成 256 块，则可用字长为 32 位的 8 个字作为"位示图"。位示图中的每一位与一个内存块对应，每一位的值可以是 0 或 1，0 表示对应的内存块为空闲，1 表示已占用。在位示图中再增加一个字节（或字）记录当前剩余的总空闲块数，如图 5.8 所示。初始化时系统在位示图中把操作系统占用块所对应的位置成 1，其余位均置 0，剩余空闲块数为可分配的空闲内存块总数。

进行内存分配时，先查看空闲块数是否能满足程序要求。若不能满足，则不进行分配，程序就不能装入内存；若能满足，则根据需求从位示图中找出一些为 0 的位，把这些位置成 1，并从空闲块数中减去本次分配的块数，然后按找到的位计算出对应的块号。

当找到一个为 0 的位后，根据它所在的字号、位号，按如下公式可计算出对应的块号。

$$块号 = 字号 \times 字长 + 位号$$

把程序装入到这些内存块中，并为该程序建立页表。

当程序执行结束，则应收回它所占用的内存块。根据归还的块号计算出该块在位示图中对应的位置，将占用标志修改成 0，把回收的块数加入到空闲块数中。

假定归还块的块号为 i，则在位示图中对应的位置为

$$字号 = \left[\frac{i}{字长}\right],\ 位号 = i \bmod 字长$$

5.3.3　硬件支持

1. 硬件寄存器

每个进程都有一张页表，页表所在内存的起始地址和长度作为现场信息存放在该进程的

进程控制块中。一旦进程被调度在处理器执行,这些信息将被作为恢复现场信息送入系统地址映射机制中的寄存器里。

系统提供一对硬件寄存器:页表始址寄存器和页表长度寄存器。

(1) 页表始址寄存器,用于保存正在运行进程的页表在内存的首地址。当进程被调度程序选中投入运行时,系统将其页表首地址从进程控制块中取出送入该寄存器。

(2) 页表长度寄存器,用于保存正在运行进程的页表的长度。当进程被选中运行时,系统将它从进程控制块中取出送入该寄存器。

2. 地址映射过程

由于页式存储管理采用动态地址映射方式装入程序,因而要有硬件地址转换机制的支持。页表是硬件进行地址转换的依据,每执行一条指令时按逻辑地址中的逻辑页号检查页表,若页表中无此页号,则产生一个"地址越界"的程序性中断事件;或页表中有此页号,则可得到对应的内存块号,将其转换成可以访问的内存物理地址。物理地址的计算公式为

$$物理地址 = 内存块号 \times 块长 + 页内地址$$

根据二进制乘法运算的性质,一个二进制数乘以 2^n 结果实际上是将该数左移 n 位。所以,实际上是把内存块号作为绝对地址的高位地址,而页内地址作为它的低地址部分。地址转换关系如图 5.9 所示。

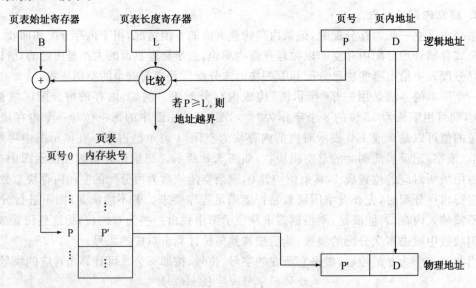

图 5.9 页式存储管理的地址映射

具体步骤说明如下:

(1) 地址映射机制把 CPU 给出的逻辑地址分为两部分:页号 P 和页内地址 D;

(2) 将逻辑页号 P 与页表长度寄存器的内容比较,如果 P 大于等于页表长度 L,则为越界,产生地址越界中断;

(3) 根据页表始址寄存器的内容 B 得到页表在内存的首地址,并根据逻辑页号 P 在页表中找到对应的内存块号 P′;

(4) 把物理页号与逻辑地址中的页内地址 D 拼在一起,形成访问内存的物理地址。

3. 快表的引入

从图 5.9 的地址映射过程中可以看出,一共需要访问两次内存。第一次访问页表,得到数据的物理地址,第二次才是存取数据。显然,这样就增加了访问时间。为了提高地址转换速度,有两种方法。一种是在地址映射机制中增加一组高速寄存器保存页表,这需要大量硬件开销,经济上不可行。另一种方法是在地址映射机制中增加一个小容量的**相联存储器**,它由高速缓存器组成,并且可以从硬件上保证按内容并行查找,速度快,所以,我们称它为一张快表,快表用来存放当前访问最频繁的少数活动页面的页号。

在快表中,除了逻辑页号、物理页号对应外,还增加了几位。特征位表示该行是否为空,用 0 表示空,用 1 表示有内容;访问位表示该页是否被访问过,用 0 表示未访问,1 表示已访问,这是为了淘汰那些用得很少甚至不用的页面而设置的。

快表只存放当前进程最活跃的少数几页,随着进程的推进,快表内容动态更新。当某一用户程序需要存取数据时,根据该数据所在的逻辑页号在快表中找出对应的内存块号,然后拼接页内地址,以形成物理地址;如果在快表中没有相应的逻辑页号,则地址映射仍然通过内存中的页表进行,得到内存块号后须将该块号填到快表的空闲单元中。若快表中没有空闲单元,则根据淘汰算法淘汰某一行,再填入新得到的页号和块号。实际上,查找快表和查找内存页表是并行进行的,一旦发现快表中有与所查页号一致的逻辑页号就停止查找内存页表。

采用快表的方法后,使得地址转换的时间大大下降。假定访问主存的时间为 200 纳秒,访问高速缓冲存储器的时间为 40 纳秒,高速缓冲存储器为 16 个单元时,查快表的命中率可达 90%。于是,按逻辑地址转换成绝对地址进行存取的平均时间为

$$(200+40)\times 90\% + (200+200)\times 10\% = 256(纳秒)$$

若不使用快表,需两次访问主存的时间为 $20\times 2 = 400$(纳秒),从而使存取时间延长了 36%。

引入快表后地址映射过程如图 5.10 所示。

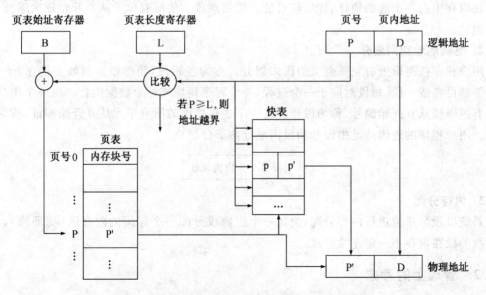

图 5.10 引入快表后页式存储管理的地址映射过程

5.3.4 页的保护

实现信息共享必须解决共享信息的保护问题。例如,某一子程序为一个用户所专有,其他用户只允许借用它来执行,而不能把它"偷走"(即不能读出它);当然更不能修改它(即不能写)。又如,某些数据可提供大家使用,如系统存放的当前日期,其他用户可以去读它,但无权修改。可用的保护措施有:

(1) 采用前面介绍过的锁-钥相匹配的技术。

(2) 扩充页表的功能,即在每个页表中增加存取控制项(两位),以表明该作业对此页是可执行的、还是允许读的,或者是允许写的。在这种情况下,对存储器的所有访问都得进行检查,只有在和页表中所规定的存储控制标志符合时才允许访问,否则发出保护性中断信号。

5.3.5 页式存储管理的优缺点

页式管理的主要优点是:由于它不要求作业或进程的程序段和数据在内存中连续存放,从而有效地解决了碎片问题;这既提高了内存的利用率,又有利于组织多道程序执行。

页式管理的主要缺点是:虽然页式存储管理消除了碎片,但每个程序的最后一页内总有一部分空间得不到利用。如果页面较大,则这一部分的损失仍然较大。

5.4 段式存储管理

5.4.1 基本思想

1. 内存划分

内存空间被动态地划分为若干个长度不相同的区域,每个区域称作一个物理段。每个物理段在内存中有一个起始地址,称做段首址。将物理段中的所有单元从0开始依次编址,称为段内地址。

2. 逻辑地址空间划分

用户程序按逻辑上有完整意义的段来划分。称为逻辑段,简称段。例如主程序、子程序、数据等都可各成一段,每段对应于一个过程,一个程序模块或一个数据集合。将一个用户程序的所有逻辑段从0开始编号,称为段号。将一个逻辑段中的所有单元从0开始编址,称为段内地址。用户程序的逻辑地址由段号和段内地址两部分组成:

3. 内存分配

系统以段为单位进行内存分配,为每一个逻辑段分配一个连续的内存区(物理段)。逻辑上连续的段在内存不一定连续存放。

5.4.2 管理上的考虑

1. 建立段表

操作系统为了实现段式管理,首先要建立段表。当把程序装入内存后,系统为每个用户程序建立一张段表,用于记录用户程序的逻辑段与内存物理段之间的对应关系。段表包括逻辑段号、物理段起始地址(段首址)和物理段长度三项内容。用户程序有多少逻辑段,该段表里就登记多少行,且按逻辑段的顺序排列。段表存放在内存系统区里。

2. 建立内存分配表

段式存储管理分配内存空间的方法与可变分区管理方案的分配方法相同,也有相同结构的内存分配表,包括已分配区表和空闲区表。与可变分区管理方案不同的是:段式存储管理是为程序的每一个分段分配一个连续的内存空间。空闲区的分配也可以采用首先适应算法、最佳适应算法、最坏适应算法。进行内存分配时,根据段长找出一个可容纳该段的一个空闲区,分割这个空闲区,一部分用来装入该段信息,另一部分仍为空闲区。当没有一个足够大的空闲区时,仍可采用拼接技术来合并分散的空闲区。

程序执行结束时,要收回该程序各段所占用的内存区域,使其成为空闲区,回收存储空间的方法与可变分区管理方案相同。

5.4.3 硬件支持

与页式存储管理相同,为了实现段式管理,系统提供一对寄存器:段表始址寄存器和段表长度寄存器。

(1) 段表始址寄存器,用于保存正在运行进程的段表在内存的首地址。当进程被调度程序选中投入运行时,系统将其段表首地址从进程控制块中取出送入该寄存器。

(2) 段表长度寄存器,用于保存正在运行进程的段表的长度。当进程被选中运行时,系统将它从进程控制块中取出送入该寄存器。

用户程序运行时,系统根据用户程序提供的逻辑地址和两个寄存器的内容,形成一个访问内存的物理地址。

为了加快地址映射,亦可以采用快表技术。为此,系统设置一组相联存储器,用于保存正在运行进程段表的活跃子表。有了这些支持,就可以进行地址映射。

5.4.4 地址映射过程

有了上述支持,系统就可以通过地址映射来正确访问所需要的内容。当某进程开始执行时,系统首先把该进程的段表始址放入段表始址寄存器。通过访问段表始址寄存器,得到该进程的段表始址从而可开始访问段表。然后,以逻辑地址中的段号 S 为索引,检查段表。从段表相应表目中查出该段在内存的起始地址,并将其和段内地址 D 相加,从而得到实际内存地址。地址映射的过程如图 5.11 所示。

地址映射的具体步骤如下:

采用快表后,地址映射过程分两个分支。第一个分支是检查快表:根据逻辑地址中的段号 S 查找快表,如果在快表中找到该段号,则根据快表内容比较逻辑地址中的段内地址 D 是否超过段长 S_L(即是否 $D \geqslant S_L$),如果超过,则发越界中断;否则根据快表中的信息 S_B 与 D 形成物理地址,此时,停止第二分支的执行。

第二个分支是检查内存段表:

(1) 将逻辑地址中的逻辑段号 S 与段表长度寄存器内容 L 比较,若 $S \geqslant L$,则表示地址越界,发地址越界中断;

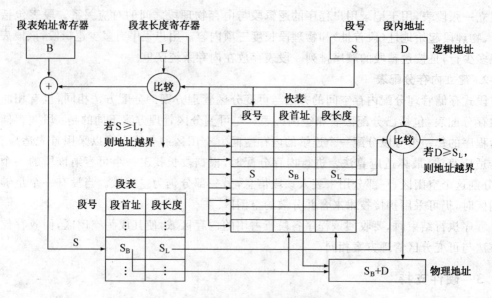

图 5.11 段式存储管理地址映射过程

(2) 若 $S<L$，则由 S 与段表始址寄存器内容 B 找到段 S 在段表中的相应表目，得到该段在内存的起始地址 S_B；

(3) 将逻辑地址中的段内地址 D 与从段表中得到的该段长度 S_L 进行比较，如果 $D \geqslant S_L$，则表示地址越界，发越界中断；

(4) 若 $D<S_L$，则通过 S_B 和 D，形成物理地址。

5.4.5 段式存储管理的优缺点

分段就是支持这种用户内存观点的一种内存管理模式。一个逻辑地址空间是一个段的集合。每个段有一个名字和一个长度。地址既说明段名也说明段内位移。因此用户将每个地址说明为两个量：一个段名和一个位移（与这个模式相对的是页模式，用户仅说明一个单独的地址，由硬件将该地址划分为一个页号与一个位移，这种划分是程序员看不见的）。段模式是以段为单位划分和连续完整存放。段间是不一定连续编址的，即为二维编址。段式作为不连续技术的一种最大特点在于它是如何不连续的：进程逻辑空间（二维的）最接近用户观点，就像高级程设语言（或更一般地说，软件系统接口）向自然语言靠拢一样。这样就克服了页式的非逻辑划分给保护和共享与动态伸缩带来的不自然性（即不能按语义单位）。段模式提供的二维地址最符合用户观点和程序逻辑。段式的最大好处是可以充分实现共享和保护。

段式管理的优点是便于动态申请内存，管理和使用统一化，便于共享，便于动态链接；其缺点是有碎片问题。

5.5 段页式存储管理

5.5.1 产生背景及基本思想

前面介绍的几种存储管理方案各有特点。段式存储管理为用户提供了一个二维的虚地址空间,满足程序和信息的逻辑分段的要求。段式管理反映了程序的逻辑结构,有利于段的动态增长以及共享和内存保护等,这大大地方便了用户。而页式存储管理的特征是等分内存,有效地克服了碎片,提高了存储器的利用率。从存储管理的目的来讲,主要是方便用户的程序设计和提高内存的利用率。为了保持页式在存储管理上的优点和段式在逻辑上的优点,结合页式和段式两种存储管理方案,形成了段页式存储管理。

段页式存储管理的基本思想是:

用页式方法来分配和管理内存空间,即把内存划分为若干大小相等的页面;用段式方法对用户程序按照其内在的逻辑关系划分成若干段;再按照划分内存页面的大小,把每一段划分成若干大小相等的页面。因此用户程序的逻辑地址由三部分组成,形式如下:

段号 S	段内地址 W	
	页号 P	页内地址 D

对于这个由三部分组成的逻辑地址来说,程序员可见的仍是段号 S 和段内相对地址 W。P 和 D 是由地址变换机构把 W 的高几位解释成页号 P,把剩下的低位解释为页内地址 D 而得到的。

内存是以页为基本单位分配给每个用户程序的,在逻辑上相邻的页面内存不一定相邻。

采用段页式存储管理方案时,一个进程仍然拥有一个自己的二维地址空间,这与段式管理时相同。首先,一个进程中所包含的具有独立逻辑功能的程序或数据仍被划分为段,并有各自的段号 S。这反映和继承了段式管理的特征。其次,对于段 S 中的程序或数据,则按照一定的大小将其划分为不同的页。和页式系统一样,最后不足一页的部分仍占一页。这反映了段页式管理中的页式特征。

由于内存空间的最小单位是页而不是段,从而内存可用区也就被划分成为若干个大小相等的页面,且每段所拥有的程序和数据在内存中可以分开存放。分段的大小也不再受内存可用区的限制。

5.5.2 管理上的考虑

为了实现段页式管理,需要增加段式管理和页式管理的成份:系统必须为每个程序建立一张段表;由于一个段又被划分成了若干页,系统又为每个段建立一张页表。段表中记录了该段对应页表的起始地址和长度;而页表则给出该段的各个逻辑页面与内存块号之间的对应关系。

当然,也需要采用"位示图法"建立内存分配表,用于记录并管理内存空闲块。

5.5.3 硬件支持和地址映射

相应的系统需要提供更多的硬件寄存器,包括:

(1) 段表始址寄存器:用于保存正在运行进程段表的起始地址;

(2) 段表长度寄存器:用于保存正在运行进程段表的长度。

与段式管理和页式管理相同,段页式管理也需要作动态地址映射。在一般使用段页式存储管理方式的计算机系统中,都在内存中辟出一块固定的区域存放进程的段表和页表。因此,在段页式管理系统中,要对内存中指令或数据进行一次存取的话,至少需要访问三次以上的内存。第一次是由段表地址寄存器得到段表始址后访问段表,由此取出对应段的页表在内存中的地址。第二次则是访问页表得到所要访问的内存块号,用于形成物理地址。只有在访问了段表和页表之后,第三次才能访问真正需要访问的物理单元。

正如前面所述,在段页式管理下需要更大的时间代价访问一个内存信息,为了提高地址转换速度,设置快表就显得比段式管理或页式管理更加需要。在快表中,存放当前最常用的段号 S、页号 P 和对应的内存块与其他控制用栏目。当要访问内存某一单元时,可在通过段表、页表进行内存地址查找的同时,根据快表查找其段号和页号。如果所要访问的段或页在快表中,则系统不再访问内存中的段表、页表而直接把快表中的值与页内地址 D 拼接起来得到物理地址。

段页式存储管理中的地址映射过程如图 5.12 所示。

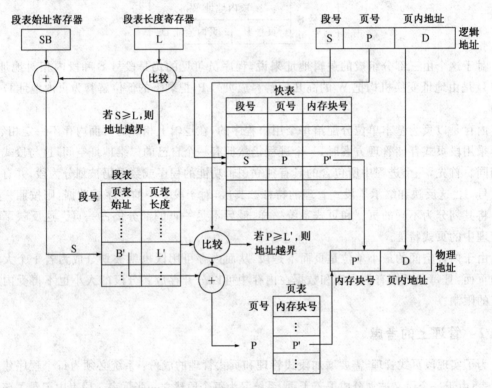

图 5.12 段页式存储管理中的地址映射过程

在段页式存储管理中,要访问内存的单元,则要经过如下地址转换步骤,才能得到最终的物理地址。

(1) 根据逻辑地址中的段号 S 查找快表。如果找到,则形成物理地址,否则进行下面的步骤;

(2) 通过段表始址寄存器 SB,查找段表在内存中的始址;

(3) 通过段表并根据段号 S,查找页表所在位置;

(4) 访问页表,根据逻辑页号 P 查找该页所在的内存块号 P';

(5) 将内存块号 P' 和逻辑地址中的页内地址 D 拼接,形成访问内存单元的物理地址;

(6) 将有关内容填入快表,如有必要,则根据淘汰算法淘汰快表的一行,以填入新的内容。

5.6 覆盖技术与交换技术

覆盖技术与交换技术是在多道环境下扩充内存的两种方法,用以解决在较小的存储空间中运行较大程序时遇到的矛盾。前者主要用在早期的系统中,而后者目前则主要用于小型分时系统。

为了"扩充"内存,可以把进程地址空间中的信息(指令和数据)主要放在外存上,而把那些当前需要的执行程序段和数据段放在内存。这样,在内、外存之间就会有一个信息交换的问题,覆盖技术(Overlay)和交换技术(Swapping)就是用于控制这种交换的。覆盖技术同交换技术的主要区别是控制交换的方式不同。

5.6.1 覆盖技术

覆盖是指一个作业的若干程序段或几个作业的某些部分共享某一个存储空间。**覆盖技术**的实现是把程序划分为若干个功能上相对独立的程序段,按照其自身的逻辑结构使那些不会同时执行的程序段共享同一块内存区域。程序段先保存在磁盘上,当有关程序段的前一部分执行结束后,把后续程序段调入内存,覆盖前面的程序段。

覆盖不需要任何来自操作系统的特殊支持,可以完全由用户实现,即覆盖技术是用户程序自己附加的控制。覆盖技术要求程序员提供一个清楚的覆盖结构,即程序员要把一个程序划分成不同的程序段,并规定好它们的执行和覆盖的顺序。操作系统则根据程序员提供的覆盖结构,完成程序段之间的覆盖。

覆盖可以由编译程序提供支持:被覆盖的块是由程序员或编译程序预先(在执行前)确定的。总之,覆盖可以在用户级解决内存小装不下程序的问题。

例如,作业1的程序正文由 A、B、C、D、E、F 等6个程序段组成。它们之间的调用关系如图5.13(a)所示。其中,程序段 A 只调用程序段 B 和 C,程序段 B 只调用程序段 F,而程序段 C 只调用 D 和 E。即 B 不会调用 C,C 也不会调用 B。因此,程序段 B 和程序段 C 就无需同时在

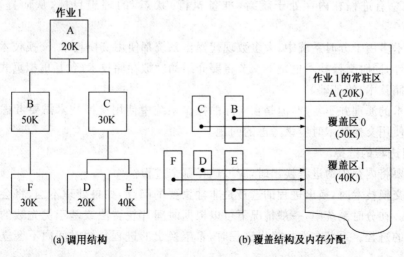

(a) 调用结构　　　　　　　　(b) 覆盖结构及内存分配

图 5.13　覆盖示例

内存中。可按图 5.13(b)分配程序段的调入。可见,虽然该作业正文段所需要的内存空间是：A(20 K)+B(50 K)+F(30 K)+C(30 K)+D(20 K)+E(40 K)=190 K,而采用了覆盖技术后,只需要 110 K 内存空间就行了。

覆盖技术在小型系统中的系统程序的内存管理上应用广泛。应用覆盖技术的一个具体的例子是 MS-DOS 系统。在 MS-DOS 的启动过程中,多次使用覆盖技术；启动之后,用户程序区 TPA 的高端部分与 COMMAND.COM 暂驻模块也是一种覆盖结构。

覆盖技术要求用户清楚地了解程序的结构,并指定各程序段调入内存的先后次序,以及内存中可以覆盖掉的程序段的位置等。这是早期采用的简单的扩充内存的技术,对用户不透明,增加了用户的负担,且程序段的最大长度仍受内存容量的限制。通常,覆盖技术主要用于系统程序的内存管理上,因为系统软件设计者容易了解系统程序的覆盖结构。例如,把磁盘操作系统分成两部分：一部分是操作系统中经常要用到的基本部分,它们常驻内存且占用固定区域；另一部分是不太经常使用的部分,它们存放在磁盘上,当调用它们时才被调入内存覆盖区。

覆盖技术打破了需要将一个程序的全部信息装入内存后程序才能运行的限制。它利用相互独立的程序段之间在内存空间的相互覆盖,逻辑上扩充了内存空间,从而在某种程度上实现了在小容量内存上运行较大程序的功能。

5.6.2 交换技术

在分时系统中用户进程的个数比内存能容纳的数量要多,需要在磁盘上保存那些内存放不下的进程。要运行这些进程时,再将它们装入内存。进程从内存移到磁盘,并再移回内存称为交换。

交换技术是进程在内存与外存之间的动态调度,是由操作系统控制的。系统可以将那些不在运行的程序或其一部分调出(Swap out)内存,暂时存放在外存上的一个后备存储区(称为盘交换区 Swapping Area)中,以腾出内存空间给现在需要内存空间的进程,后者可能需要从外存换入内存,以后再将换出的程序调入(Swap in)内存继续执行。

交换技术的目的是尽可能达到"足够快地交换进程,以使当 CPU 调度程序想重新调度 CPU 时,总有进程在内存处于就绪(准备执行)状态"的理想目标,从而提高内存利用率。

交换技术多用于分时系统中,大多数现代操作系统都使用交换技术,交换技术有力地支持多道程序设计,同时交换技术也是下一节将要介绍的虚拟存储技术(包括虚拟页式存储技术和虚拟段式存储技术)的基础。

交换技术的原理并不复杂,但是在实际的操作系统中使用交换技术需要考虑很多相关问题。以下是使用交换技术时应该考虑的问题。

1. 换出进程的选择

系统需要将内存中的进程换出时,应该选择哪个进程？

在使用交换技术时,换出进程的选择是非常重要的问题,如果处理不当,将会造成整个系统效率低下。在分时系统中,一般情况下可以根据时间片轮转法或基于优先数的调度算法来选择要换出的进程。系统在选择换出进程时,希望换出的进程是短时间内不会立刻投入运行的。

2. 交换时机的确定

什么时候需要系统进行内外存的交换。一般情况下可以在内存空间不够或有不够的危险时换出内存中的部分进程到外存以释放所需内存,也可以当系统发现一个进程长时间不运行时就将该进程换出。

3. 交换空间的分配

在一些系统中,当进程在内存中时,不再为它分配磁盘空间;当它被换出时,必须为它分配磁盘交换空间。每次交换,进程都可能被换到磁盘的其他地方,这种管理交换区的方法与管理内存的方法相同。

在另外一些系统中,进程一旦创建,就分配给它磁盘上的交换空间。无论何时进程被换出,它都被换到为它分配的空间,而不是每次换到不同的空间,当进程结束时,交换空间被回收。

4. 换入进程返回内存时位置的确定

换出后再换入内存的进程,位置是否一定要在换出前的原来位置上。受地址"绑定"技术的影响,即绝对地址产生时的限制:如果进程中引用的地址都是绝对地址,那么再次被换入内存的进程一定要在原来的位置上;如果进程中引用的地址是相对地址,在装入内存可再进行地址重定位,那么再次被换入内存的进程就可以不在原来的位置上。

由于交换时需要花费大量的 CPU 时间,这将影响对用户的响应时间,因此,减少交换的信息量是交换技术的关键问题。合理的做法是,在外存中保留每个作业的交换副本,换出时仅将执行时修改过的部分复制到外存。

同覆盖技术一样,交换技术也是利用外存来逻辑地扩充内存,它的主要特点是打破了一个程序一旦进入内存便一直运行到结束的限制。覆盖技术与交换技术的发展导致了虚拟存储技术的出现。

与覆盖技术相比,交换技术不要求用户给出程序段之间的逻辑覆盖结构,对用户而言是透明的。而且,交换可以发生在不同的进程或作业之间,而覆盖发生在同一进程或作业内部而且只能覆盖那些与覆盖段无关的程序段。因此,交换技术比覆盖技术更加广泛地用于现代操作系统。

5.7 虚拟存储管理

前几节介绍的各种存储管理方案有一个共同的问题,即当一个参与并发执行的进程运行时,其整个程序必须都在内存,因而存在如下缺点:若一个进程的程序比内存可用空间还大,则该程序无法运行;由于程序运行的局部特性,一个进程在运行的任一阶段只需使用所占存储空间的一部分,因此,未用到的内存区域就被浪费了。

引进虚拟存储技术,其基本思想是利用大容量的外存来扩充内存,产生一个比有限的实际内存空间大得多的、逻辑的虚拟内存空间,以便能够有效地支持多道程序系统的实现和大型程序运行的需要,从而增强系统的处理能力。

虚拟存储管理是由操作系统在硬件支持下把两级存储器(内存和外存)统一实施管理,达到"扩充"内存的目的,呈现给用户的是一个远远大于内存容量的编程空间,即虚拟存储空间,简称虚存;程序、数据、堆栈的大小可以超过内存的大小,操作系统把程序当前使用的部分保留在内存,而把其他部分保存在磁盘上,并在需要时在内存和磁盘之间动态交换。虚拟存储管理支持多道程序设计技术。

Linux 采用的就是虚拟存储技术,用户的虚拟地址空间可达到 4GB。用户要对其虚拟地址空间进行寻址,必须通过三级页表转换得到物理地址。

5.7.1 程序局部性原理

由模拟实验知道,在几乎所有程序的执行中,在一段时间往往呈现出高度的局部性,即程序对内存的访问是不均匀的,表现在时间与空间两方面:

时间局部性:一条指令被执行了,那么它可能很快会再被执行。程序设计中经常使用的循环、子程序、堆栈、计数或累计变量等程序结构都反映了时间局部性。

空间局部性:若某一存储单元被使用,那么与该存储单元相邻的单元可能也会立即被使用。程序代码的顺序执行,对线性数据结构的访问或处理,以及程序中往往把常用变量存放在一起等都反映出空间局部性。

换句话说,CPU 总是集中地访问程序中的某一个部分而不是随机地对程序所有部分具有平均访问的概率。局部性原理使得虚拟存储技术的实现成为可能。

人们由程序的局部性认识到:一个程序,特别是一个大型程序,它的一部分装入内存是可以运行的。以下的事实也是人们所熟知的。

(1) 程序中的某些部分在程序整个运行期间可能根本就不用。像出错处理程序,只有数据或计算处理出错时才会运行,而在程序的正常运行情况下,没有必要把它调入内存。

(2) 许多表格占用固定数量的内存空间,而事实上只用到其中的一部分。

(3) 许多程序段是顺序执行的,还有一些程序段是互斥执行的,在一些运行活动中只可能用到其中之一,它们没有必要同时驻留在内存。

(4) 在程序的一次运行过程中,有些程序段执行之后,从某个时刻起不再用到。

根据程序局部性原理和上述事实,说明了没有必要一次性把整个程序全部装入内存后再开始运行,在程序执行过程中其某些部分也没有必要从开始到结束一直都驻留在内存,而且程序在内存空间中没有必要完全连续存放,只要局部连续便可。换言之,我们可以把一个程序分多次装入内存,每次装入当前运行需要使用的部分——多次性;在程序执行过程中,可以把当前暂不使用的部分换出内存,若以后需要时再换进内存——交换性即非驻留性;程序在内存中可分段存放——离散性,但每一段是连续的。

5.7.2 虚拟存储技术

1. 虚拟存储器

把内存与外存有机地结合起来使用,从而得到一个容量很大的、速度足够快的"内存",这就是**虚拟存储器**,简称虚存。

虚拟存储器的容量也是有限制的,主要是受外存容量所限。因此,实现虚拟存储器需要以下的硬件支持:

(1) 系统有一个容量足够大的外存;
(2) 系统有一个一定容量的内存;

(3) 最主要的是,硬件提供实现虚、实地址映射的机制。

2. 虚拟存储技术

所谓**虚拟存储技术**是指当进程开始运行时,先将一部分程序装入内存,另一部分暂时留在外存;当要执行的指令不在内存时,由系统自动完成将它们从外存调入内存的工作;当没有足够的内存空间时,系统自动选择部分内存空间,将其中原有的内容交换到磁盘上,并释放这些内存空间供其他进程使用。这样做的结果是程序的运行丝毫不受影响,使程序在运行中感觉到拥有一个不受内存容量约束的、虚拟的、能够满足自己需求的存储器。

虚拟存储技术同交换技术在原理上是类似的,区别在于:在传统的交换技术中,交换到外存上的对象一般都是进程,也就是说交换技术是以进程为单位进行的,如果一个进程所需内存大于当前系统内存,那么该进程就不能在系统中运行;而虚拟存储一般是以页或段为单位,页和段是对一个进程占用系统内存空间的进一步划分,所以如果一个进程所需内存大于当前系统内存,那么该进程仍然可以在系统中正常运行,因为该进程的一部分可以被换出到外存上。

虚拟存储技术主要分为虚拟页式存储管理和虚拟段式存储管理两种。

3. 虚拟存储管理应考虑的问题

页式管理、段式管理以及段页式管理都提供了虚拟存储器的实现方法,即将内存和外存统一管理,内存中只存放那些经常反复被调用和访问的程序段和数据,而进程或作业的其他部分则存放于外存中待需要时再调入内存。然而,由于上述实现方法实质上要在内存和外存之间交换信息,因此,就要不断地启动外部设备以及相应的处理过程。一般来说,计算机系统的外部存储器与内存不同,它们具有较大的容量而访问速度并不高。而且,为了进行数据的读写而涉及的一系列处理程序(例如设备管理程序、中断处理程序等)也要耗去大量的时间。如果内存和外存之间数据交换频繁,也就是说,一个进程在执行过程中缺页率或缺段率过高,势必会造成对输入/输出设备的巨大压力和使得机器的主要开销大多用在反复调入调出数据和程序段上,从而无法完成用户所要求的工作。因此,段式、页式以及段页式虚存实现方法都要求在内存中存放不小于最低限度的程序段或数据,而且它们必须是那些正在被调用和访问以及那些即将被调用和访问的部分,从而使得内外存之间的数据交换减少到最低限度。

(1) 调入策略

涉及的是在什么时候把所需要的信息从外存调入内存。请求调入算法是仅当需要使用某块信息时才进行调入,这是比较容易实现且被广泛采用的一种策略;在先行调入算法中,系统试图预测程序的要求,在实际使用之前,就把适当的信息块调入内存,当需它们时就可立即获得。

(2) 分配策略

涉及的是决定把调入的信息放置在内存的何处,即给它分配哪个内存空闲区。

(3) 置换策略

也称淘汰策略,涉及的是当内存可用空间不能装下需要调入的信息时,决定调出已占用内存某个区域的哪一块信息以便腾出空间。

5.7.3 虚拟页式存储管理

1. 基本工作原理

在进程开始运行之前,不是装入全部页面,而是装入一个或零个页面,之后根据进程运行的需要,动态装入其他页面;当内存空间已满,而又需要装入新的页面时,则根据某种算法淘汰某个页面,以便装入新的页面。

在使用虚拟页式存储管理时需要在页表中增加一些内容,得到页表的内容如下:

页号、驻留位、内存块号、外存地址、访问位、修改位。

其中,驻留位,又称中断位,表示该页是在内存还是在外存;访问位表示该页在内存期间是否被访问过,称为 R 位;修改位表示该页在内存中是否被修改过,称为 M 位。访问位和修改位可以用来决定置换哪个页面,具体由页面置换算法决定。

2. 缺页中断

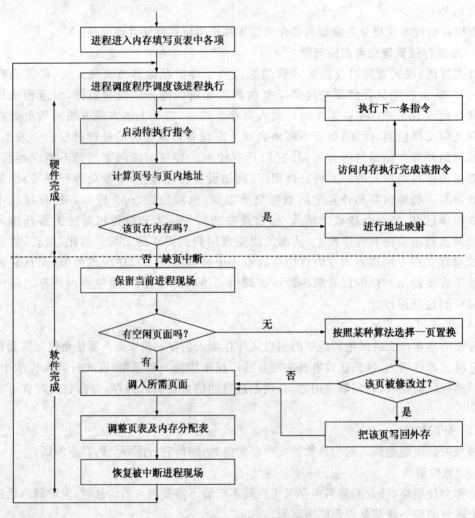

图 5.14 缺页中断处理流程图

在地址映射过程中,若在页表中发现所要访问的页面不在内存,则产生**缺页中断**。当发生缺页中断时,操作系统必须在内存中选择一个页面将其移出内存,以便为即将调入的页面让出空间。如果要移走的页面在内存期间已经被修改过,就必须把它写回磁盘以更新该页在磁盘上的副本;如果该页没有被修改过(例如一个包含程序正文的页),那么它在磁盘上的副本已经是最新的了,则不需要写回,调入的页直接覆盖被淘汰的页。图 5.14 为缺页中断处理流程图。

当每次发生缺页时,尽管可以随机选择一个页面置换,但是选择不常使用的页面会使系统性能好得多。如果一个经常使用的页被置换出去,很有可能它很快又要被调入内存,带来不必要的额外开销。页面置换算法的优劣将会影响虚拟存储系统的性能,进而影响整个系统的性能。下面将介绍几个最重要的**页面置换算法**。

3. 页面置换算法

(1) 理想页面(OPT:Optimal)置换算法

这是一种理想情况下的页面置换算法,但实际上不可能实现。该算法的基本思想是:发生缺页时,有些页面在内存中,其中一页将很快被访问(包含紧接着的下一条指令的那页),而其他页则可能要到 10、100 或 1000 条指令之后才会被访问,每个页都可以用在该页面首次被访问前所要执行的指令数进行标记。

理想页面置换算法只是简单地规定:标记最大的页应该被置换。如果某页在八百万条指令内不会被使用,另外一页在 600 万条指令内不会被使用,则置换前一个页面,从而把因需要调回这一页发生的缺页推到将来,越远越好。

这个算法唯一的一个问题是它是无法实现的。当缺页中断发生时,操作系统无法知道各个页面下一次是在什么时候被访问(在短作业优先调度算法中有同样的问题,即系统如何知道哪个作业是最短的呢?)。当然,通过首先在模拟器上运行程序,跟踪所有页面的访问情况,在第二次运行时利用第一次运行时收集的信息是能够实现理想页面置换算法的。

虽然这个算法不可能实现,但是理想页面置换算法可以用于对可实现的算法的性能进行衡量比较。如果一个操作系统的页面置换算法达到了只比理想页面置换算法差百分之一的性能,那么寻找更好的算法的努力最多只能换来百分之一的提高。

下面的页面置换算法是在实际系统中使用的算法。

(2) 先进先出(FIFO:First-In First-Out)页面置换算法

为了解释它是怎样工作的,设想有一个超级市场,它的货架只能展示 k 种不同的商品。有一天,某家公司介绍了一种新的方便食品,这个产品非常好,所以容量有限的超市必须撤掉一种老商品以便能够展示该新产品。

一种可能的解决方法就是找到超级市场中销售时间最长的商品并将其撤换掉(比如某个 120 年以前就开始卖的商品),理由是现在已经没有人喜欢它了。这实际上相当于超级市场有一个按照引进时间排列的所有商品的链表,新的商品加到链表的尾部,链表头上的商品被撤换掉。

同样的思想也可以应用在页面置换算法中。先进先出页面置换算法总是选择最先装入内存的一页调出,或者说是把驻留在内存中时间最长的一页调出。

FIFO 算法简单,容易实现。以把装入内存的那些页面的页号按进入的先后次序排好队列,每次总是调出队首的页,当装入一个新页后,把新页的页号排入队尾。由操作系统维护一个所有当前在内存中的页面的链表,最老的页面在头上,最新的页面在表尾。当发生缺页时,淘汰表头的页面并把新调入的页面加到表尾。

当 FIFO 算法用在超级市场时,可能会淘汰剃须膏,但也可能淘汰掉面粉、盐或其他常用商品。因此,当它应用在计算机上时也会引起同样的问题,由于这一原因,很少使用纯 FIFO 算法。

(3) 最近最少使用(LRU:Least Recently Used)页面置换算法

对理想算法的一个很好的近似是基于这样的观察:在前面几条指令中使用频繁的页面很可能在后面的几条指令中频繁使用。反过来说,已经很久没有使用的页面很有可能在未来较长的一段时间内不会被用到。这个思想提示了一个可以实现的算法:在缺页发生时,淘汰掉最久未使用的页。

Linux 中的页面置换采用的就是一种类似于 LRU 的算法。

最近最少使用页面置换算法总是选择距离现在最长时间内没有被访问过的页面先调出。实现这种算法的一种方法是在页表中为每一页增加一个"计时"标志,记录该页面自上次被访问以来所经历的时间,每被访问一次都应从"0"开始重新计时。当要装入新页时,检查页表中各页的计时标志,从中选出计时值最大的那一页调出(即最近一段时间里最长时间没有被使用过的页),并且把各页的计时标志全部置"0",重新计时。当再一次产生缺页中断时,又可找到最近最少使用过的页,将其调出。这种实现方法必须对每一页的访问情况时时刻刻地加以记录和更新,实现起来比较麻烦且开销大。

还有其他一些用特殊硬件实现 LRU 的方法,首先考虑一个最简单的。这个方法要求硬件有一个 64 位计数器 C,它在每条指令执行完后自动加 1,每个页表项必须有一个足够容纳这个计数器值的域。在每次访问内存后,当前的 C 值被保存到被访问页面的页表项中。一旦发生缺页,操作系统检查页表中所有的计数器的值以找出最小的一个,这一个页就是最久未使用的页。

现在看第二个硬件 LRU 算法,在一个有 n 个页框的机器中,LRU 硬件可以维持一个 n×n 位的矩阵,开始时所有位都是 0。当访问到页 k 时,硬件首先把 k 行的位都设置成 1,再把 k 列的位都设置成 0。任何时刻,二进制值最小的行就是最久未使用的,第二小的行是下一个最久未使用的,依此类推。

【例】计算缺页次数。

某程序在内存中分配三页,初始为空,页面走向为 4、3、2、1、4、3、5、4、3、2、1、5。给出采用先进先出、最近最少使用和理想页面置换算法所得到的缺页次数。

FIFO	4	3	2	1	4	3	5	4	3	2	1	5
页1	4	3	2	1	4	3	5	5	5	2	1	1
页2		4	3	2	1	4	3	3	3	5	2	2
页3			4	3	2	1	4	4	4	3	5	5
	×	×	×	×	×	×	×	√	√	×	×	√

共发生 9 次缺页中断

LRU	4	3	2	1	4	3	5	4	3	2	1	5
页1	4	3	2	1	4	3	5	4	3	2	1	5
页2		4	3	2	1	4	3	5	4	3	2	1
页3			4	3	2	1	4	3	5	4	3	2
	×	×	×	×	×	×	×	√	√	×	×	×

共发生 10 次缺页中断

OPT	4	3	2	1	4	3	5	4	3	2	1	5
页1	4	3	2	1	1	1	5	5	5	2	1	1
页2		4	3	3	3	3	3	3	3	5	5	5
页3			4	4	4	4	4	4	4	4	4	4
	×	×	×	×	√	√	×	√	√	×	×	√

共发生 7 次缺页中断

(4) 第二次机会页面置换算法

FIFO 算法可能会把经常使用的页面置换出去,为了避免这一问题,对该算法做一个简单的修改:检查最老页面的 R 位,如果 R 位是 0,那么这个页面既老又没用,可以被立刻置换掉;如果是 1,就清零 R 位,并将该页放到链表的尾端,修改它的装入时间使它就像刚装入的一样,然后继续搜索。

这一算法称为第二次机会(second chance),如图 5.15 所示。在图 5.15(a)中可以看到页 A 到 H 按照进入内存的时间的顺序保存在链表中。

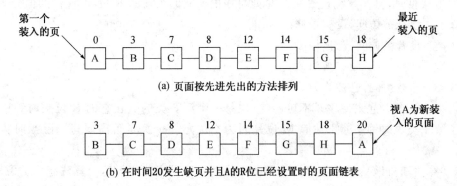

图 5.15 第二次机会算法的操作

假设在时间 20 发生了一次缺页,这时最老的页面是该进程启动时,时间 0 到达的 A。如果 A 的 R 位是 0,则将它淘汰出内存,或者把它写回磁盘(如果它已被修改过),或者只是简单地放弃(如果它是"干净"的);另一方面,如果已经设置了 R 位,则将 A 放到链表的尾部并且重新设置"装入时间"为当前时间(20),然后清除 R 位,对合适页面的搜索将从 B 开始继续进行。

第二次机会算法所做的是寻找一个从上一次对它检查以来没有访问过的页面。如果所有的页都被访问过了,该算法就降为纯粹的 FIFO 算法。特别地,假如图 5.15(a)中所有的页面的R位都被设置了,操作系统将一个接一个地把每页移到链表的尾部并清除被移动的页面的R位。最后算法又将回到页A,这时它的R位已经被清除了,因此A将被淘汰,所以这个算法总是可以结束的。

(5) 时钟页面置换算法

尽管第二次机会算法是一个比较合理的算法,但它经常要在链表中移动页面,既降低了效率,又是不必要的。一个更好的办法是把所有的页面保存在一个类似钟表面的环形链表中,如图 5.16 所示,有一个表针指向最老的页面。

当发生缺页时,算法首先检查表针指向的页面,如果它的R位是0就淘汰该页,并把新的页面插入这个位置,然后把表针前移一个位置;如果R位是1就清除R位并把表针前移一个位置,重复这个过程直到找到一个R位为0的页为止。了解了这个算法的工作方式,就不奇怪为什么它被称为时钟(clock)算法了,它与第二次机会算法的区别仅仅是实现上的不同。

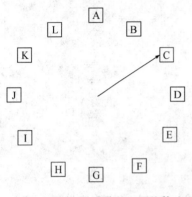

图 5.16 时钟页面置换算法

(6) 最近未使用(NRU: Not Recently Used)页面置换算法

可以用R位和M位来构造一个简单的页面置换算法:当启动一个进程时,它的所有页的两个位都由操作系统设置成0,R位被定期地(比如在每次时钟中断时)清零,以区别最近没有被访问的页和被访问了的页。

当发生缺页时,操作系统检查所有的页面并根据它们当前的R位和M位的值分为四类:

第0类:没有被访问,没有被修改;

第1类:没有被访问,已被修改;

第2类:已被访问,没有被修改;

第3类:已被访问,已被修改。

尽管第1类乍看起来似乎是不可能的,但是一个第3类的页在它的R位被时钟中断清零后就成了第1类。时钟中断不清除M位是因为在决定一个页是否需要写回磁盘时将用到这个信息。

NRU算法随机地从编号最小的非空类中挑选一个页淘汰之。这个算法隐含的意思是,淘汰一个在最近一个时钟周期中(典型的时间是20毫秒)没有被访问的已修改页要比淘汰一个被频繁访问的"干净"页好。NRU吸引人的地方是易于理解和有效地实现,并且它的性能尽管不是最好的,但它常常是够用的。

(7) 用软件模拟 LRU

前面介绍的LRU算法需要相应的硬件支持才可以实现,但是很少有计算机具备这种硬件,因此,对在没有这种硬件的机器上开发操作系统的设计者来说,这些算法没有价值。系统需要的是一个能用软件实现的解决方案。一种可能的方案是称为不经常使用(NFU: Not Frequently Used)算法。

该算法将每个页与一个软件计数器相连,计数器的初值是0。每次时钟中断时,由操作系统扫描内存中的页面,将每个页的R位(它的值是0或1)加到它的计数器上。实际上这个计数器是试图跟踪各个页被访问的频繁程度。发生缺页时,计数器最小的页被置换掉。但是NFU算法可能置换掉有用的页而不是不再使用的页。

可以对 NFU 做一个小小的修改就能使它很好地模拟 LRU。修改分两部分:第一是先将计数器右移一位;第二是将 R 位加到计数器的最左端。

修改以后的算法称为老化(aging)算法,图 5.17 解释了它是如何工作的。图 5.17 中所示的是 6 个页面在 5 个时钟周期的情况,5 个时钟周期分别由(a)~(e)表示。假设在第一个时钟周期后,页 0 到页 5 的 R 位值分别是 1、0、1、0、1、1,换句话说,在时钟周期 0 到时钟周期 1 期间,访问了页 0、2、4、5,它们的 R 位已设置为 1,而其他页的 R 位仍然是 0。对应的 6 个计数器在经过移位并把 R 位插入其左端后的值如图 5.17(a)所示。图 5.17 中,后面的 4 列是在下 4 个时钟周期后的 6 个计数器的值。

发生缺页时,将淘汰计数器值最小的页面。如果一个页在前面 4 个周期中都没有被访问过,它的计数器最前面应该有 4 个连续的 0,因此它的值肯定要比在前面三个周期中都没有访问过的页面的计数器小。

该算法与 LRU 有两个不同。如图 5.17(e)中的页 3 和 5,它们都连续两个周期没有被访问过了,而在两个周期之前的周期中它们都被访问过。根据 LRU,如果必须淘汰一页,则应该在这两个页面中选择一个。然而现在的问题是,系统不知道在时钟周期 1 到时钟周期 2 期间这两页中的哪一个后被访问到。在每个时钟周期中只记录了一位,无法区分一个周期内较早和较晚时间的访问,因此,系统将淘汰页 3,因为页 5 在再往前的周期中也被访问过而页 3 没有。

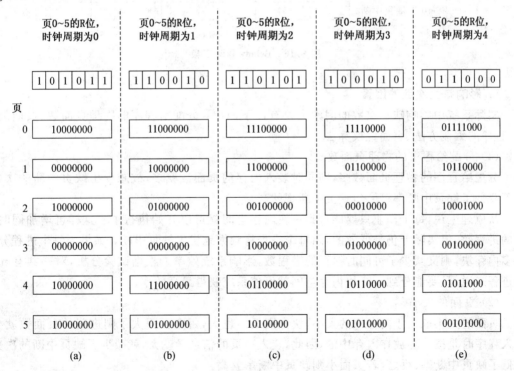

图 5.17 用软件模拟 LRU 的老化算法

4. Belady 异常现象

从直觉上看,在内存中的物理页面数越多,程序的缺页次数应该越少,但是令人惊奇的是,实际情况并不是这样。Belady 在 1969 年发现了一个反例,使用 FIFO 算法时,四个页框时的缺页次数比三个页框时的多。这种奇怪的情况称为 **Belady 异常**(anomaly)。如图 5.18 所示,一个程序使用五个虚页面,编号从 0 到 4。页面访问的次序如下:

0 1 2 3 0 1 4 0 1 2 3 4

在 5.18(a)中可以看到使用三个页框时共有 9 次缺页,而使用四个页框时却得到了 10 次缺页,如图 5.18(b)所示。

页面访问序列	0	1	2	3	0	1	4	0	1	2	3	4
三个实页的	0	1	2	3	0	1	4	4	4	2	3	3
分配与淘汰		0	1	2	3	0	1	1	1	4	2	2
			0	1	2	3	0	0	0	1	4	4
9 次缺页中断	×	×	×	×	×	×	×			×	×	

(a)

	0	1	2	3	3	3	4	0	1	2	3	4
四个实页的		0	1	2	2	2	3	4	0	1	2	3
分配与淘汰			0	1	1	1	2	3	4	0	1	2
				0	0	0	1	2	3	4	0	1
10 次缺页中断	×	×	×	×			×	×	×	×	×	×

(b)

图 5.18 Belady 异常现象

5. 影响缺页次数的因素

实际系统中影响缺页次数的因素主要有以下四个:分配给程序的物理页面数、页面的大小、程序的编制方法、页面置换算法。

(1) 分配给程序的物理页面数

分配给程序的物理页面数多,则同时装入内存的页面数就多,故减少了缺页中断的次数,也就降低了缺页中断率;反之,缺页中断率就高。

从原理上说,每个作业只要能得到一块内存空间就可以开始执行了。这样可增加同时执行的进程数,但实际上仍是低效的,因每个进程将频繁地发生缺页中断。如果为每个进程分配很多内存块,则又减少了可同时执行的进程数,影响系统效率。根据试验分析,对一共有 n 页的进程来说,只要能分到 n/2 块内存空间就可使系统获得最高效率。

(2) 页面的大小

页面的大小取决于内存块的大小,块大则页面也大,每个页面大了则进程的页面数就少。装入程序时是按页存放在内存中的,因此,装入一页的信息量就大,就减少了缺页中断的次数,降低了缺页中断率;反之,若页面小则缺页中断率就高。

对不同的计算机系统,页的大小可以不相同。一般说,页的大小在 2^9(512 个字节)至 2^{14}(16384 个字节)之间。有的系统还提供几种分页方式供选择。

(3) 程序的编制方法

一个作业怎样编制程序也是值得探讨的,程序编制的方法不同,对缺页中断的次数有很大影响。

例如,有一个程序要把 128×128 的数组置初值"0",数组中的每个元素为一个字。现假定页面的尺寸为每页 128 个字,数组中的每一行元素存放在一页中。能供这个程序使用的主存块只有一块,开始时把第一页装入了主存。若程序如下编制:

```
Var A: array [1..128] of array [1..128] of integer;
    for j := 1 to 128 do
        for i := 1 to 128 do
            A[i,j] := 0;
```

则由于程序是按列把数组中的元素清"0"的,所以,每执行一次 A[i,j]:=0 就会产生一次缺页中断。因为开始时第一页已在主存了,故程序执行时就可对元素 A[1,1]清"0",但下一个元素 A[2,1]不在该页中,就产生缺页中断。按程序上述的编制方法,每装入一页只对一个元素清"0"后就要产生缺页中断,于是总共要产生(128×128−1)次缺页中断。

如果重新编制这个程序如下:

```
Var A: array [1..128] of array [1..128] of integer;
    for i := 1 to 128 do
        for j := 1 to 128 do
            A[i, j] := 0;
```

那么,每装入一页后就对一行元素全部清"0"后才产生缺页中断,故总共产生(128−1)次缺页中断。

可见,缺页中断率与程序的局部化程度密切相关。一般说,希望编制的程序能经常集中在几个页面上进行访问,以减少缺页中断率。

(4) 页面置换算法

页面置换算法对缺页中断率的影响也很大,调度不好就会出现"抖动"。一个理想的置换算法是当要装入一个新页而必须调出一个页面时,所选择的调出页应该是以后再也不使用的页或者是距当前最长时间以后才使用的页。这种调度算法能使缺页中断率最低,然而,正如我们已经讨论过的,因为无法对程序执行中要使用的页面做出精确的断言,所以这种算法是无法实现的。不过,这个理论上的算法可作为衡量各种具体算法的标准。

5.7.4 性能问题

1. 颠簸(抖动)

在虚存中,页面在内存与外存之间频繁调度,以至于调度页面所需时间比进程实际运行的时间还多,此时系统效率急剧下降,甚至导致系统崩溃。这种现象为**颠簸(或抖动)**。

颠簸或抖动产生的最主要的原因是页面置换算法不合理,分配给进程的物理页面数太少。

2. 工作集模型

(1) 基本思想

根据程序的局部性原理,一般情况下,进程在一段时间内总是集中访问一些页面,这些页面称为活跃页面,如果分配给一个进程的物理页面数太少了,使该进程所需的活跃页面不能全部装入内存,则进程在运行过程中将频繁发生中断。如果能为进程提供与活跃页面数相等的物理页面数,则可减少缺页中断次数。而物理页面数大于活跃页面数时,再增加物理页面分配也不能显著减少交换次数。这个物理页面数要求的临界值称为工作集。

对于给定的访问序列选取定长的区间,称为工作集窗口,落在工作集窗口中的页面集合就是工作集,工作集的内容取决于页的三个因素:

① 访页序列特性;
② 时刻 Ti;
③ 窗口长度(△)。

图 5.19 给出了工作集示例。

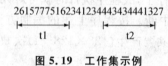

图 5.19 工作集示例

在图 5.19 中,

工作集 t1:ws(t1)={1,2,5,6,7};

工作集 t2:ws(t2)={3,4}。

一个进程执行过程中缺页的发生有两种可能。一种是并发进程所要求的工作集总和大于内存可提供的可用区,这时系统将无法正常工作,因为缺乏足够的空间装入所需要的程序和数据。另一种可能性是,虽然存储管理程序为每个并发进程分配了足够的工作集,但系统无法在开始执行前选择适当的程序段和数据进入内存,这种情况下解决问题的办法是:当 CPU 发现所要访问的指令或数据不在内存时,由硬件发出中断,随后转由中断处理程序将所需要的程序段和数据调入。这是一种很自然的处理方法。

当给进程分配的内存小于所要求的工作集时,由于内存外存之间交换频繁,访问外存时间和输入/输出处理时间大大增加,反而造成 CPU 因等待数据空转,使得整个系统性能大大下降,这就造成了系统抖动。

(2) 工作集与抖动的关系

下面利用统计模型进一步分析工作集与抖动之间的关系。

设 r 为 CPU 在内存中存取一个内存单元的时间,t 为从外存中读出一页数据所需时间,$p(s)$ 为 CPU 访问内存时,所访问的页正好不在内存的概率,这里 s 是当前进程在内存中的工作集。

显然,在虚存情况下存取一个内存单元的平均时间可描述为

$$T = r + p(s) * t$$

由程序模拟可知,$p(s) = ae$ ($0 < a < 1 < b, ae \ll r$)。

另外,假定内存中各并发进程具有相同的统计特征,而且对一个并发进程来说,只有发生缺页时才变成等待状态。这是为了简化讨论而忽略了外部设备和进程通信功能的存在。

由于访问外存一个页面的速度为 t，且缺页发生的概率为 p(s)，则在处理机访问一个内存单元的 r 时间内，平均每秒引起的内外存之间页传送率为 p(s)/r，也就是每 r/p(s) 秒需要从外存向内存传送一页。从而，对于一个在虚存范围内执行的进程，它可以处于三种可能的状态之中，即：

① $t < r/p(s)$；
② $t > r/p(s)$；
③ $t = r/p(s)$。

对于第一种情况，由于页传送速度大于访问外存页面的速度，因此，进程在执行过程中发生缺页的次数较少，并不经常从外存调页。

但是，当处于第二种情况时，由于内外存之间的页面传送速度已经小于访问外存页面速度，因此，进程在执行过程中发生缺页的次数已经多到外存供不应求的地步。事实上，这时的系统已处于抖动状态。

第三种情况是一种较理想的情况，即进程在执行过程中所需要的页数正好等于从外存可以调入的页数。此时该进程在内存中占有最佳工作集。

根据以上讨论可知，一个进程在内存中占有最佳工作集的条件是：

$$p(s) = r/t$$

这里，r 是 CPU 访问内存单元所需平均时间，t 是访问外存一个页面所需平均时间。

因为 p(s) 可表示为 p(s)=ae，即，与内存存取速度 r 相比，若外存传送速度越慢，所需工作集就越大。

当然，上面讨论是在做了许多近似的情况下得出的结论。事实上，由于各进程所包含的程序段多少、选用的淘汰算法等不一样，工作集的选择也不一样。一般来说，选择工作集有静态和动态两种选择方法，这里不再进一步介绍。

由以上讨论，可以找出解决抖动问题的几种关键办法。

抖动只有在 $t > r/p(s)$ 时才会发生。而 p(s) 等于是一个与工作集 s、参数 a 和 b 有关的概率值。p(s) 是可以改变的。对于给定的系统来说，t 和 r 则是一个很难改变的数字。显然，解决抖动问题的关键是将 p(s) 减少到使 $t = r/p(s)$。这只需要：

① 增加 s，也就是扩大工作集，或是
② 改变参数 a 和 b，也就是选择不同的淘汰算法以解决抖动问题。

在物理系统中，为了防止抖动的产生，在进行淘汰或置换时，一般总是把缺页进程锁住，不让其换出，而调入的页或段总是占据那些暂时得不到执行的进程所占有的内存区域，从而扩大缺页进程的工作集。在 UNIX SYSTEM V 中，就采用的这种办法。

5.7.5 虚拟段式存储管理

1. 基本思想

虚拟段式存储管理的基本原理同虚拟页式存储管理是一样的。在虚拟段式存储管理中，内存和外存的交换是以段为单位进行的，段表中应该增加以下内容：

特征位（该段是否在内存，是否可共享）
存取权限位（读、写、执行）
标志位（该段是否被修改过，能否移动）

扩充位(该段长度为固定长/可扩充)

进程在执行过程中,有时需要扩大分段,如数据段。由于要访问的地址超出原有的段长,所以发生越界中断。操作系统处理中断时,首先判断该段的"扩充位",如可扩充,则增加段的长度;否则按出错处理。

发生缺段中断时,系统检查内存中是否有足够的空闲空间:

(1) 如果有,则装入该段,修改有关数据结构,中断返回;

(2) 否则,检查内存中空闲区的总和是否满足要求,如果是,则应采用紧缩技术,转(1);否则,淘汰一些段,转(1)。

2. 段的动态链接

(1) 静态链接与动态链接

静态链接是指为了程序正确执行,必须由连接装配程序把它们连接成一个可运行的目标程序,并在程序运行前都装入内存。静态链接的问题是花费时间,浪费空间。

动态链接是指在程序开始运行时,只将主程序段装配好并调入内存,其他各段的装配是在主程序段的运行过程中逐步完成。每当需要调用一个新段时,再将这个新段装配好,并与主程序段链接。使用纯页式存储管理时难以完成动态链接,因为其逻辑地址是一维的。

现在的大型程序中一般都有若干程序段和若干数据段,而且进程的某些程序段在进程运行期间可能根本不用,互斥执行的程序段没有必要同时驻留内存,有些程序段执行一次后不再用到。因此,采用动态连接和重定位是一种有效提高内存利用率的方法。

(2) 链接间接字和链接中断

机器指令的寻址一般可以分为直接寻址和间接寻址两种方法,如图 5.20 所示。

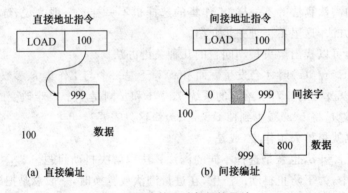

图 5.20 直接寻址与间接寻址

采用间接寻址时,间接地址指示的单元的内容称为间接字,在间接字中,包含了直接地址,还包含了附加的状态位。格式为:

| L | 直接地址 |

处理机在执行间接指令时,其硬件能自动对链接字中连接标志位进行判断。当 L=1 时,硬件自动发链接中断,并停止执行该间接指令,转去执行链接中断处理程序。处理完后(L已被中断处理程序改为 0),再重新执行该间接指令;若 L=0,则根据间接字中的直接地址去取数据。

在发生链接中断时,系统的处理过程如下:
① 根据链接间接字找出要访问段的符号名和段内地址;
② 分配段号,检查该段是否在内存,若不在,则从外存调入,并登记段表,修改内存分配表;
③ 修改间接字:修改连接标志位为 0,修改直接地址;
④ 重新启动被中断的指令执行。
图 5.21 给出了段的动态链接示例。

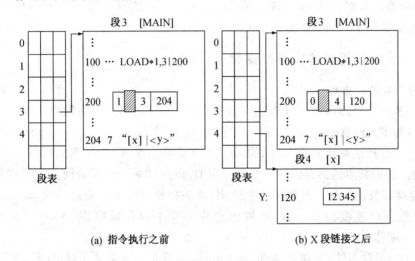

(a) 指令执行之前　　　　　　(b) X 段链接之后

图 5.21 段的动态链接示例

链接标志 L=1,表示直接地址不在本段中,要进行链接;L=0,则仅作间接地址处理。源程序的主段 MAIN 中用符号名对另一段进行访问,例如,"LOAD1,[x]|<y>",这里 x 是段名,y 是地址标号,汇编程序将其翻译成一条间接寻址指令"LOAD*1,3|200",其中 3 是 MAIN 的段号,200 是 MAIN 存放间接字的直接地址,该间接字中 L=1,并指向单元 204,那里存放链接地址的符号名"[x]|<y>"。

当程序段 MAIN 执行到指令"LOAD*1,3|200"时单元中是一链接标志为 1 的间接字,于是发生链接中断,由操作系统的链接中断处理程序处理。它根据间接字中的地址 3|204 找到段名 x,从外存中调入 x 段并分配给段号(这里假定 x=4);再据标号 y 找到段内地址 120;随后修改间接字:置 L=0,地址改成 4|120。至此链接完成。

链接完成后继续执行 MAIN 段中的指令"LOAD * 1,3|200",将地址 4|120 中的数据 12 345 读入寄存器 R1。此后再执行该指令时就不发生链接中断了。为了减少动态链接次数,可在 MAIN 段中安排一条"STORE 1,[x]|<y>"指令,经翻译后成"STORE * 1,3|200",它将使 3|200 中的间接字为 MAIN 中所有访问[x]|<y>的指令服务,即其他指令访问[x]|<y>时不必再进行动态链接。

(3) 纯段和杂段

如果被链接段是可再入的,则称该段是"纯的",简称纯段,即该段在执行过程中,不允许修改其中的数据。

与纯段相对应,也存在杂段,又称链接段。一般将程序所有可能变更的数据,包括链接间接字和某些临时变量、内部变量等,都放在杂段中。

5.8 Linux 的内存管理

Linux 采用的就是虚拟存储技术,用户的虚拟地址空间可达到 4 GB。用户要对其虚拟地址空间进行寻址,必须要通过三级页表转换得到物理地址。而且不同系统中页面的大小可能相同,也可能不同,这样就给管理带来了不便。Alpha AXP 处理器上运行的 Linux 页面大小为 8 KB,而 Intel x86 系统上使用 4 KB 页面。为实现跨平台运行,Linux 将这些访问页表的寻址过程都用转换宏来实现,这样内核无须知道页表入口的结构。每个页面通过一个页面框号(PFN)来标识,详细的页面管理将在后面给予介绍。

5.8.1 Linux 存储管理的主要数据结构介绍

1. 物理内存数据结构

一般来说,整个物理内存应该都是均匀一致的,CPU 访问这个空间中的任何一个地址所需要的时间都相同,这种内存称为一致存储结构(Uniform Memory Architecture,简称 UMA)。事实上,严格意义上的 UMA 结构几乎不存在。在多 CPU 系统结构中,就某个特定的 CPU 而言,访问其本地的存储器速度是最快的,而穿过系统总线访问公共存储器或者其他 CPU 上的存储器就比较慢。在这样的系统中,物理存储空间虽然地址连续,但是由于所处位置不同而导致存取速度的不一致,这种内存称为非一致存储结构(Non-Uniform Memory Architecture,简称 NUMA)。

Linux 中为了对 NUMA 进行描述,从 Linux2.4 开始引入了储存节点,把访问时间相同的存储空间称为一个存储节点。进而 Linux 把物理内存划分为三个层次来管理:存储节点、管理区和页面。

页面结构如图 5.22 所示。

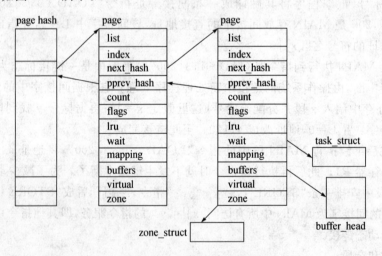

图 5.22 页面结构示意图

(1) page(mem_map_t)(定义在 include/linux/mm.h 中)

page 结构是对一个物理页面的描述。

```c
typedef struct page {
    struct list_head list;              /* 指向 page 链表 */
    struct address_space * mapping;     /* 页面存放的数据或代码在所属文件的 I 节点 */
    unsigned long index;                /* 偏移量 */
    struct page * next_hash;            /* 指向页面 cache 的散列表中的下一个节点 */
    atomic_t count;                     /* 使用计数 */
    unsigned long flags;                /* 用原子操作的标志变量 */
    struct list_head lru;               /* 页面换出链表或活跃链表 */
    wait_queue_head_t wait;             /* 被阻塞页面链表 */
    struct page ** pprev_hash;          /* 指向页面 cache 的散列表中的上一个节点 */
    struct buffer_head * buffers;       /* 缓存,映射到一个磁盘块 */
    void * virtual;                     /* 内核虚拟地址,如果没有映射到内核则为 NULL */
    struct zone_struct * zone;          /* 页面所在的内存区域 */
} mem_map_t;
```

(2) zone_struct（定义在 include/linux/mmzone.h 中）

Linux 把物理页面划分为三个区：一个是专供 DMA 使用的 ZONE_DMA；一个是常规的 ZONE_NORMAL；还有一个是内核不能直接映射的 ZONE_HIGHMEM。

```c
#define ZONE_DMA        0
#define ZONE_NORMAL     1
#define ZONE_HIGHMEM    2
```

设置 DMA 管理区的原因有三：一是 DMA 使用的页面是磁盘 I/O 所需的,如果页面分配过程中所有的页面全被分配完,那么页面及盘区的交换就无法进行了；二是 DMA 对内存的访问不经过地址映射机制,外设要直接访问物理页面的地址,有些外设要求 DMA 的物理地址不能过高；三是当 DMA 所需的缓冲区超过一个物理页面的大小时,就要求两个物理页面在物理上是连续的,但 DMA 不能利用地址映射机制将连续的虚拟页面映射到连续的物理页面,因而用于 DMA 的物理页面必须单独管理。

```c
typedef struct zone_struct {
    spinlock_t        lock;                                    /* 自旋锁用来保证对该结构的互斥访问 */
    unsigned long     free_pages;                              /* 该区中现有的空闲页的个数 */
    unsigned long     pages_min, pages_low, pages_high;
                                                               /* 对该区中最少、次少和最多页面个数的描述 */
    int               need_balance;                            /* 在 kswapd 核心线程中使用 */
    free_area_t       free_area[MAX_ORDER];                    /* 伙伴系统中的空闲页面链表数组 */
    struct pglist_data * zone_pgdat;                           /* 该管理区所在的存储节点 */
    struct page       * zone_mem_map;                          /* 该管理区的内存映射表 */
    unsigned long     zone_start_paddr;                        /* 该管理区的起始物理地址 */
    unsigned long     zone_start_mapnr;                        /* 在 mem_map 中的下标 */
    char              * name;                                  /* 管理区的名字 */
    unsigned long     size;                                    /* 该管理区物理内存的大小 */
} zone_t;
```

(3) pglist_data（定义在 include/linux/mmzone.h 中）

pglist_data 描述了存储节点。

```
typedef struct pglist_data {
    zone_t node_zones[MAX_NR_ZONES];              /*存储节点拥有的管理区数组*/
    zonelist_t node_zonelists[GFP_ZONEMASK+1];    /*zonelist_t 类型数组,提供多种管理区分配
                                                    策略*/
    int nr_zones;                                  /*存储节点中的管理区数目*/
    struct page * node_mem_map;                    /*该存储节点的内存映射表*/
    unsigned long * valid_addr_bitmap;             /*位图表示的有效地址*/
    struct bootmem_data * bdata;                   /*用来存放位图的数据结构*/
    unsigned long node_start_paddr;                /*该存储节点的起始物理地址*/
    unsigned long node_start_mapnr;                /*在 mem_map 中的下标*/
    unsigned long node_size;                       /*该存储节点物理内存的大小*/
    int node_id;                                   /*存储节点标识符*/
    struct pglist_data * node_next;                /*指向下一个存储节点的指针*/
} pg_data_t;
```

在 pglist_data 结构中有个 node_zonelists 数组,其类型 zonelist_t 如下：

```
typedef struct zonelist_struct {
    zone_t * zones [MAX_NR_ZONES+1]; // NULL delimited
} zonelist_t;
```

即 zones 数组是个指针数组,各元素按特定的次序指向具体的页面管理区,表示分配页面时先试 zones 数组第一元素所指向的管理区,如不能满足则试 zones 数组的第二元素所指向的管理区,依此类推。注意这些管理区可以属于不同的存储节点,详见图 5.23。

2. 虚拟内存数据结构

虚拟内存空间的管理是以进程为基础的,每个进程都有各自的虚拟空间,每个进程的内核空间是为所有进程所共享的。虚拟地址空间主要是由一个最高层次的 mm_struct 结构和一个较高层次的 vm_area_struct 结构来描述的。

(1) mm_struct（定义在 include/linux/sched.h 中）

mm_struct 用来描述一个进程的虚拟地址空间。

```
struct mm_struct {
    struct vm_area_struct * mmap;         /*指向虚拟区(VMA)链表*/
    rb_root_t mm_rb;                       /*指向红黑树*/
    struct vm_area_struct * mmap_cache;   /*指向最近找到的虚拟区间*/
    pgd_t * pgd;                           /*指向进程的页目录*/
    atomic_t mm_users;                     /*用户空间中有多少用户*/
    atomic_t mm_count;                     /*对 struct mm_struct 有多少引用*/
    int map_count;                         /*虚拟区间的个数*/
    struct rw_semaphore mmap_sem;          /*读写信号量*/
    spinlock_t page_table_lock;            /*保护任务页表和 mm->rss*/
```

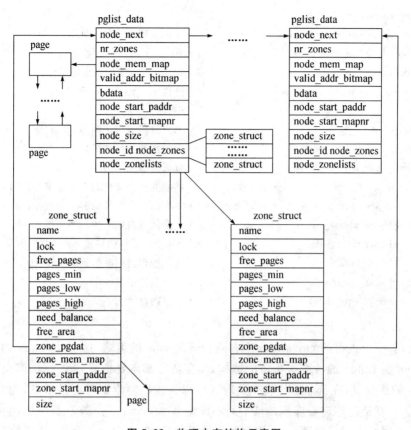

图 5.23 物理内存结构示意图

```
    struct list_head mmlist;                          /*所有活动(active)mm 的链表*/
    unsigned long start_code, end_code,              /*数据段和代码段的起始地址和结束地址
        start_data, end_data;                                      */
    unsigned long start_brk, brk, start_stack;       /*和堆栈段及可用空间有关的数据*/
    unsigned long arg_start, arg_end, env_start, env_end;   /*参数和环境有关的地址*/
    unsigned long rss, total_vm, locked_vm;          /*进程所占用的总页面数*/
    unsigned long def_flags;                         /*定义标识*/
    unsigned long cpu_vm_mask;                       /*虚拟区间掩码*/
    unsigned long swap_address;                      /*交换地址*/
    unsigned dumpable:1;                             /*是否可以 dump*/
    mm_context_t context;                            /*特殊结构的虚拟区间上下文*/
};
```
mm_context_t 类型定义在 include/asm-i386/mmu.h 中
```
typedef struct {
    void * segments;
    unsigned long cpuvalid;
} mm_context_t;
```

(2) vm_area_struct (定义在 include/linux/mm.h 中)
vm_area_struct 描述了一个进程的虚拟地址空间的一个区间。

```
struct vm_area_struct {
    struct mm_struct * vm_mm;              /* 虚拟区间所在的地址空间 */
    unsigned long vm_start;                /* 在 vm_mm 中的起始地址 */
    unsigned long vm_end;                  /* 在 vm_mm 中的结束地址 */
    struct vm_area_struct * vm_next;       /* 进程 vma 链的下一个节点,这些节点是按照地址顺
                                              序排列的 */
    pgprot_t vm_page_prot;                 /* 节点这段虚拟区间的存取权限 */
    unsigned long vm_flags;                /* 虚拟区间上操作的标志 */
    rb_node_t vm_rb;                       /* 红黑树节点 */
    struct vm_area_struct * vm_next_share; /* 共享同一个文件的下一个虚拟区间 */
    struct vm_area_struct ** vm_pprev_share; /* 共享同一个文件的前一个虚拟区间 */
    struct vm_operations_struct * vm_ops;  /* 这个区域自定义的一些操作 */
    unsigned long vm_pgoff;                /* vm_file 中的偏移量 */
    struct file * vm_file;                 /* 这段虚拟区间映射到的文件 */
    unsigned long vm_raend;                /* 存放预读信息 */
    void * vm_private_data;                /* 共享内存 */
};
```

可以看到,一个进程的 vm_struct 中有两种管理 vma 的策略,这也是 Linux 内存管理的一个特点。vma 是 Linux 的一个很重要的结构,很多情况都需要检索某个 vma 节点。用单链表来管理 vma 的优点是,在节点数比较少的时候可以很快地检索到需要的节点,而且插入、删除节点方便;缺点就是随着进程虚拟地址空间不断地扩大、vma 节点数不断增加,它的检索效率会大大下降。用红黑树来管理 vma 的优点是检索效率高,尤其是在 vma 节点数很多的时候;缺点是建立红黑树需要额外代价,插入节点和删除节点都比单链表要麻烦。因此,Linux 将二者的优点结合了起来,在 vma 节点数比较少的时候,就只采用单链表来管理,mm_struct 结构中的红黑树节点 vm_rb 是空的;随着进程的不断运行和 vma 节点数的增加,当 vma 节点数超过了一定范围,就会为这个进程建立 vma 节点的红黑树,这时 mm_struct 结构中的 vm_rb 就不再为空。这样,Linux 将单链表的优点和红黑树的优点结合起来,既保证了较高的检索效率又尽量减少了不必要的消耗。

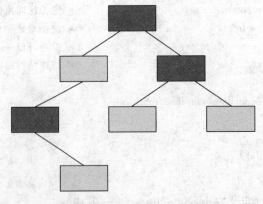

图 5.24 红黑树的结构示意图

红黑树的检索性能要优于以前使用的 AVL 树,图 5.24 给出了其结构示意图。

```
typedef struct rb_node_s
{
    struct rb_node_s * rb_parent;
    int rb_color;
#define RB_RED      0
#define RB_BLACK    1
    struct rb_node_s * rb_right;
    struct rb_node_s * rb_left;
}rb_node_t;
```

注:红黑树根节点为黑,红节点的子节点为黑,一节点到叶节点的所有路径都包含相同的黑节点数。

有关进程的虚拟地址数据结构组织见图 5.25。

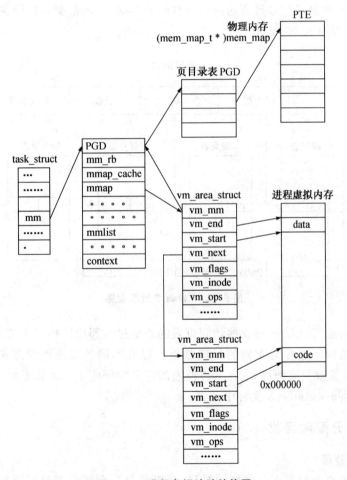

图 5.25　进程虚拟地址结构图

5.8.2 页表的管理

Linux 假定页表是分三级管理的,一级页表只占用一个页,其中存放了二级页表的入口指针,记为 PGD;同理,二级页表中存放了三级页表的入口指针,记为 PMD;在三级页表中每个项是一个页表入口指针,记为 PTE。

一个页表入口就标识了一个物理页,它包括了物理页的大量信息,如该页是否有效,该页的读写权限等,最重要的是页表入口给出了物理页的页框号(PFN),根据这个物理页框号就可以找到这个物理页的实际起始物理地址。

虚拟地址一般来说是由四部分组成,一级页表中的偏移量、二级页表中的偏移量、三级页表中的偏移量和物理页面中的偏移量。一般来说一级页表的起始地址(是一个 PGD 的指针)就存放在进程的 mm_struct 结构中,每次寻址都会先将这个一级页表的起始地址先读出来,再从一级页表找起,由一级页表中的偏移量找到该地址所在的二级页表的入口地址(是一个 PMD 的指针),再由二级页表中的偏移量找到该地址所在的三级页表的入口地址(是一个 PTE 的指针),至此找到了该地址所属的物理页面的页框号,再根据页内偏移量就可以读取进程所需要的内容,如图 5.26 所示。

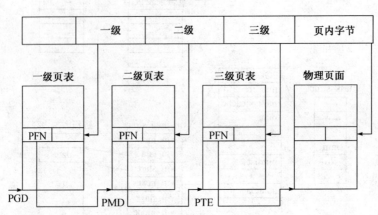

图 5.26 Linux 寻址示意图

为实现跨平台运行,Linux 将这些访问页表的寻址过程都用转换宏来实现,于是内核无需知道页表入口的结构。这样对不同的处理器就可以有不同的页表组织方式,例如对于 Intel x86 的处理器的页表就只有两级,它在其转换宏的定义中屏蔽了二级页表的寻址,这一点可以在 include/asm-i386/pgtable.h 文件中见到。

5.8.3 页面的分配和回收

1. 空闲页面管理

当系统的物理页面请求十分频繁的时候,页面的分配和回收就显得更加重要。Linux 的空闲页面管理采用的是伙伴系统,其中 free_area 数组是寻找和释放页面所涉及的一个重要的数据结构(定义在 include/linux/mmzone.h 文件中),它是管理区数据结构 zone_struct 的一个域,其中每一个元素都包含固定大小页面块的信息和一个节点类型为 mem_map_t 的双链表,链中每一个节点都是一个大小为 2^k(k 为数组下标)个页的空闲块的起始页 mem_map_t 结构,如图5.27所示。

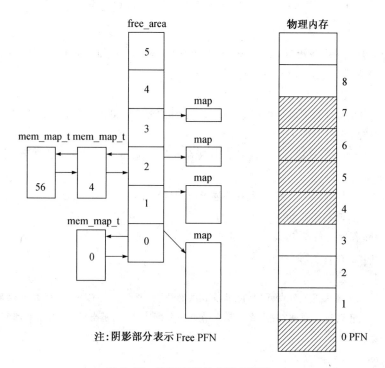

注:阴影部分表示 Free PFN

图 5.27 空闲空间的分配与回收

系统在初始化的时候调用函数 free_initmem(在 arch/i386/mm/init.c 文件中)对空闲空间进行初始化,将可以用伙伴系统分配空间的页面通过函数逐一放入 free_area 数组的空闲链中。

系统每次分配的空间都是 2 的整数次幂个页面,如果申请的空间大小不是 2 的整数次幂,则会有一部分多余的空间分配给进程,这也是伙伴系统的一个缺点。分配空间时,首先要在空间大小相对应的空闲空间链中找到一块空间返回给调用者,如果在这个链里没有找到合适的空间分配,则到 free_area 数组中下一个元素的空闲链中去查找,直至找到能够分配的空间。然后将得到的空闲块进行分割,直至得到的块大小与申请的块大小匹配,再将那些分割出来的空闲块插入到相应的空闲链中去。这一过程由函数__get_free_pages(在 mm/page_alloc.c 文件中)来实现。

因为在分配空间时将大块都分割成了小块,使系统很难找到大的空间分配,所以在回收时要尽可能地将小块合并成大块。系统会检查回收内存块的伙伴块(buddy)是否在空闲链中,如果在,就将二者合并为一个两倍大小的空闲块,然后再继续找两倍大小块的 buddy。重复上述过程直至不能合并为止。

Linux 是很重效率的系统,采用 buddy 算法也体现了这一点,虽然伙伴系统可能造成空间的浪费,但是效率上的提高却是不容置疑的。

2. 物理页面的分配

当一个进程请求分配连续的物理页面时,可以通过调用 alloc_pages()来完成。而页面的分配又分为一致存储结构(UMA)和非一致存储结构(NUMA)中的页面分配。

(1) 非一致存储结构中的页面分配调用函数_alloc_pages(在 mm/numa.c 中定义)的算法如下:

_alloc_pages 算法/ * 参数指明了采用哪种分配策略和所需物理块的大小 * /
  if 所需物理页大小＞MAX_ORDER
    return NULL;
/ * 检查分配页面数量级是否超过 free_area 数组中允许的最大值 MAX_ORDER * /
  #ifdef 定义了 CONFIG_NUMA
    通过 NUMA_DATA()宏找到 CPU 所在节点的 pg_data_t 数据结构队列,并存放在临时变量 temp 中;
  #else   / * 在不连续的 UMA 结构中 * /
  对 pg_data_t 结构队列 pgdat_list 加锁;
    temp 保存当前节点,next 指向下一个节点;
  对 pg_data_t 结构队列 pgdat_list 解锁;
  #endif
/ * 分配时轮流从各个节点开始,以求各节点的负载平衡。下面两个循环的形式基本相同,其实就是对节点队列进行两遍扫描,直至某个节点内分配成功,则跳出循环,否则就彻底失败,返回 0 * /
  temp 赋给 start;
  while temp 不为空
  {
    if 分配所需页面成功 / * 对每个节点调用 alloc_pages_pgdat 函数分配所需页面 * /
      返回页面块第一个页面的起始地址;
    temp 指向下一个节点;
  }
  temp 指向 pgdat_list;
  while temp 不等于 start
  {
    if 分配所需页面成功 / * 对每个节点调用 alloc_pages_pgdat 函数分配所需页面 * /
      返回页面块第一个页面的起始地址;
    temp 指向下一个节点;
  }
  return(0);

(2) 一致存储结构中的页面分配调用函数 alloc_pages(在 include/linux/mm.h 中定义)的调用流程如图 5.28 所示。alloc_pages 函数是_alloc_pages(在 mm/page_alloc.c 中定义)的封装函数,_alloc_pages 又是__alloc_pages(在 mm/page_alloc.c 中定义)的封装函数,而__alloc_pages 是 buddy 算法的核心。

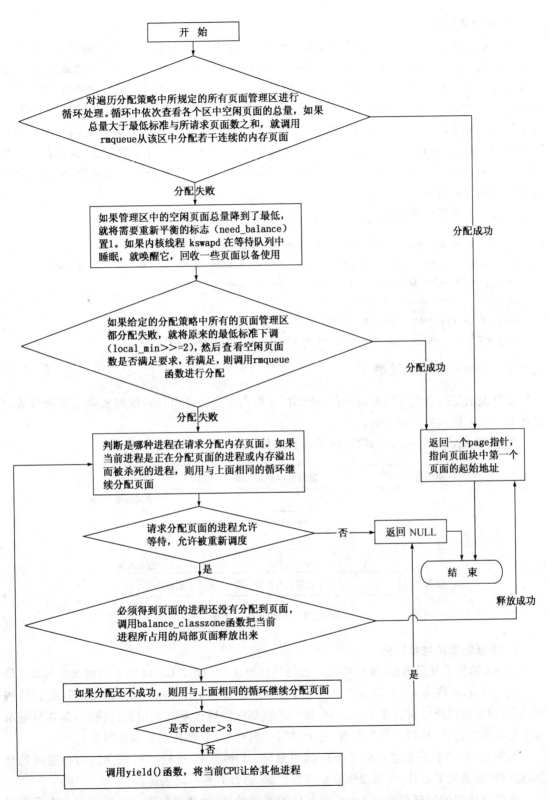

图 5.28 一致存储结构的页面分配函数调用流程图

3. 物理页面的释放

页面的分配产生了内存中的碎片,而页面的释放则将页面重新组合成大的页面。页面的释放函数是 free_pages(unsigned long addr, unsigned int order),在检查了参数地址 addr 后调用函数__free_pages(struct page * page, unsigned int order),从给定页开始释放,释放的页的大小为 2^{order},该函数先是把页面的引用计数减 1,如果调用者不是该页面的最后一个用户,那么这个页面实际上是不会被释放的,当然保留页是不能被释放的。如果调用函数者是最后一个用户,则__free_pages 调用__free_pages_ok()函数对页面进行真正的释放,该函数将要释放的页面放到空闲链表中,并对伙伴系统的位图进行管理,必要时合并相邻页面,即是对页面分配函数的反向操作。

这部分的重要函数如下:

static inline struct page * alloc_pages(unsigned int gfp_mask, unsigned int order);
struct page * __alloc_pages(unsigned int gfp_mask, unsigned int order, zonelist_t * zonelist);
struct page * _alloc_pages(unsigned int gfp_mask, unsigned int order);
void __free_page (struct page * page);
void free_pages(unsigned long addr, unsigned int order);
unsigned long __get_free_pages(unsigned int gfp_mask, unsigned int order);

5.8.4 Linux 中的地址映射

这里说的是磁盘文件到虚拟内存的映射,虚拟内存到物理内存的映射实际上是通过后面讲述的页面的换入换出完成的。

图 5.29 给出了虚拟内存、物理内存以及磁盘三者之间的地址映射关系。

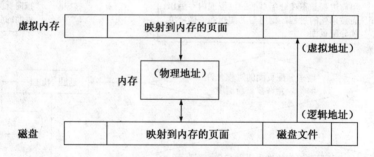

图 5.29 地址映射示意图

1. 进程的虚拟地址空间

Linux 简化了分段机制,使得虚拟地址与线性地址总一致。Linux 的虚拟地址空间是 0 到 4G 字节。Linux 将这 4G 空间分为两部分,其中地址最高的 1G 用来做内核空间,而较低的 3G 空间用来做用户空间。在 Linux 中,每个进程都可以通过系统调用进入内核,即内核被所有进程共享。这样,从用户的角度看,每个进程便拥有 4G 字节的虚拟地址空间。

如图 5.30,可以看到进程的虚拟空间的划分。Linux 中,堆栈空间在虚拟内存空间的顶部,运行时由顶向下延伸,代码段和数据段在底部,运行时并不向上延伸。

从数据区间的顶部到堆栈区间底部的区间是空的,这就是进程在运行时可以动态分配的虚存空间。进程在运行过程中可能会调用系统调用动态申请虚拟内存或释放已分配的内存,新分配的虚拟内存必须和进程已有的虚拟地址链接起来才能使用。

Linux 中采用了 mm_struct 和 vm_area_struct 等结构来描述进程的虚拟地址。进程控制块 task_struct 中有指向 mm_struct 结构的指针；进程的 mm_struct 结构中有进程的页目录指针和指向 vm_area_struct 结构的指针，每个 vm_area_struct 即代表进程的一个虚拟地址区间。Linux 以虚拟内存地址从高到低的顺序排列 vm_area_struct。除了链表结构，Linux 还使用红黑树（Linux2.4 以前用的是 AVL 树）来组织 vm_area_struct。通过这种树结构，Linux 可以快速定位某个虚拟内存地址。

当进程调用系统调用动态分配内存的时候，Linux 先分配一个 vm_area_struct 结构，并链接到进程的虚拟内存链表中。当后续指令需要访问这一内存区间时，由于 Linux 还没有给这段虚存分配相应的物理内存，因此在进行虚拟地址到物理地址的映射时会产生缺页中断，当 Linux 处理缺页中断的时候就会为这个虚拟内存区间分配相应的物理内存区域。

图 5.30　进程虚拟空间

2. 内存地址映射

在 Linux 中，当程序开始执行的时候，并不将程序的映像直接装入到物理内存，而是将可执行映像装入到进程的虚拟地址空间中。随着程序的执行，被引用的程序部分会由操作系统装入到物理内存，这就是 Linux 中的内存地址映射。

当可执行映像映射到进程的虚拟地址空间时，将会产生一组 vm_area_struct 结构来描述进程的虚拟内存区间。这些是由函数 do_mmap() 来实现的，当然这一步还没有实现虚拟内存到物理内存的映射，也就是还没有建立页目录表。

函数 do_mmap() 为当前进程创建并初始化一个新的虚拟地址区间，如果创建成功，则将该虚拟区间与进程已有的其他虚拟区间合并。

do_mmap 先对参数 offset（文件内的偏移量）进行合法性检查——是否超出文件大小，是否页对齐，然后调用 do_mmap_pgoff() 函数。

下面给出内存映射核心函数 do_mmap_pgoff 的算法（位于 mm/mmap.c 中）：

```
unsigned long do_mmap_pgoff(struct file * file, unsigned long addr, unsigned long len,
    unsigned long prot, unsigned long flags, unsigned long pgoff)
{
struct mm_struct * mm = current->mm;struct vm_area_struct * vma, * prev;
unsigned int vm_flags;int correct_wcount = 0;int error;
rb_node_t * * rb_link, * rb_parent;
if 非匿名映射并且内存映射的操作指针或建立映射的函数指针为空    return -ENODEV;
if 建立映射的内存区域不足一页                          return addr;
if 映射区间长度超过 3G 字节空间                        return -EINVAL;
if 文件内偏移量过大超过了所能表示的范围                return -EINVAL;
if 进程建立的内存映射区个数超过了限制                  return -ENOMEM;
调用函数 get_unmapped_area 在当前进程用户空间中获得一个未映射区间的起始地址;
if 获得的地址不是有效地址                             return addr;
if 指定的新虚拟区中的页必须锁在内存中{
```

```
    if 进程加锁页的总数超过了保存在进程的 task_struct 结构域中的上限值
        return -EAGAIN;
}
if (file) {
    switch (flags & MAP_TYPE) {
    case MAP_SHARED:              /* 当前虚拟区间有共享页面,写操作作用在所有共享页面上 */
        if 申请内存页面的保护字置为写保护但是文件不是以可写方式打开的
            return -EACCES;
        if 文件是 append_only 类型但是文件是以写方式打开的
            return -EACCES;
        if 文件被上锁        return -EAGAIN;
        vm_flags |= VM_SHARED | VM_MAYSHARE;
        if 文件不是以写方式打开的
            vm_flags &= ~(VM_MAYWRITE | VM_SHARED);
    case MAP_PRIVATE:             /* 当前虚拟区间有共享页面,写操作只用在一个页面拷贝上 */
        if 文件不是以读方式打开的
            return -EACCES;
        break;
    default:      return -EINVAL;
    }
} else {
    vm_flags |= VM_SHARED | VM_MAYSHARE;
    switch (flags & MAP_TYPE) {
    default: return -EINVAL;
    case MAP_PRIVATE:
    vm_flags &= ~(VM_SHARED | VM_MAYSHARE);
        case MAP_SHARED: break;
    }
}
error = -ENOMEM;
munmap_back:
调用函数 find_vma_prepare 扫描当前进程虚拟地址空间 vm_area_struct 结构构成的红黑树,找到结束地
    址高于虚拟空间起始地址的第一个区间;
if 找到了该虚拟区间{           /* 找到则意味着所在虚拟区间在使用,即已经有映射存在 */
    if 调用函数 do_munmap 把这个虚拟区间从进程地址空间中撤消不成功
        return -ENOMEM;
    goto munmap_back;
}
if 文件映射到进程地址空间后的长度超过了上限值
    return -ENOMEM;
if 虚拟区间段为可写或可共享但当前进程没有足够的空间且映射可逆时
    return -ENOMEM;
if 映射是匿名映射并且这个虚拟区间是非共享的
```

        if 调用函数 **vma_merge** 合并这个虚拟区间和与其紧挨的前一个虚拟区间成功
            goto out;
调用函数 **kmem_cache_alloc** 为新的虚拟区间分配一个 vm_area_struct 结构；
if 未分配成功　　　　return －ENOMEM；
对新分配的 vm_area_struct 结构的各个域进行初始化；
if (file) {
    error = －EINVAL；
    if 这个区间可以向低地址或高地址扩展但是从文件映射的区间不能进行扩展
        goto free_vma；
    if 不允许通过常规的文件操作访问该文件 {
        调用函数 **deny_write_access** 排斥常规的文件操作；
        if 排斥没有成功　　　goto free_vma；
    }
    vma->vm_file = file；
    调用函数 get_file 递增 file 结构中的共享计数；
    调用 file 的域 f_op 的函数指针 mmap 所指向的 **generic_file_mmap** 函数建立从该类文件到虚拟区间
        的映射；
    if 建立映射不成功　　　goto unmap_and_free_vma；
} else if (flags & MAP_SHARED) {
    调用函数 **shmem_zero_setup** 进行共享页面的映射；
    if 建立共享页面映射出错　　　goto free_vma；
}
调用函数 **vma_link** 把新建的虚拟内存区间插入到进程的地址空间——插入到虚拟内存区链表，插入到
    虚拟区构成的红黑树，插入到索引节点共享链表中；
if 上面的写操作成功
    调用函数 atomic_inc 将文件索引节点中记录写操作次数的变量加 1；
out：
更新此进程在线性内存空间中的页面数；
if 虚拟区中的页面需要被加锁 {
    更新该进程在内存中的加锁页面的个数；
    调用函数 **make_pages_present** 对在有效范围内的页面调用页面错误处理函数，将不在物理内存中的
页面从文件中读入内存；
}
return 虚拟区间起始地址；
unmap_and_free_vma：
if 上面的写操作成功
    调用函数 atomic_inc 将文件索引节点中记录写操作次数的变量加 1；
调用函数 **fput** 撤消系统打开文件表中的该虚拟区间的相关信息；
调用函数 **zap_page_range** 撤消对该虚拟区间的页面映射；
free_vma：
调用函数 **kmem_cache_free** 释放为该虚拟区间分配的 vm_area_struct 结构；
return error；
}

文件到虚存的映射只是建立一种地址映射关系,但虚拟内存与物理内存之间的映射关系还没有建立。当文件的可执行映像映射到虚拟内存中开始执行的时候,由于只有极少的虚拟内存段装入到物理内存,所以会遇到所访问的数据不在物理内存中的情况,这就产生了缺页中断,内核将会请求调页,这就是下面讲的页面的换入。

5.8.5 页面的换入与换出

1. 页面换入

保存在 swap cache 中的"脏"(dirty)页面可能被再次使用到,例如,当应用程序向包含在已交换出物理页面上的虚拟内存区域写入时,对不在物理内存中的虚拟内存页面的访问将引发页面错误。由于已被交换出去,此时描述此页面的页表入口被标记成无效。处理器不能处理这种虚拟地址到物理地址的转换,所以它将控制传递给操作系统,同时通知操作系统页面错误的地址与原因。

相关页面错误处理代码将定位描述包含出错虚拟地址对应的虚拟内存区域的 vm_area_struct 数据结构,它在此进程的 vm_area_struct 中查找包含出错虚拟地址的位置直至找到为止。这些代码被执行的频率较高,因此要求算法具有较低的时间复杂度,进程的 vm_area_struct 数据结构用红黑树结构进行链接使得查找操作时间较少。

通过页面错误处理代码为出错虚拟地址寻找页表入口 pte。如果找到的 pte 是一个已换出的页面,Linux 必须将其交换进入物理内存。pte 实际上是页面在 swap cache 中的入口,Linux 利用这些信息将页面交换进物理内存。

此时 Linux 知道出错虚拟内存地址并且拥有一个包含页面位置信息的 pte。Linux 调用 do_swap_page 函数。

如果引起页面错误的访问不是写操作,则页面被保存在 swap cache 中并且它的 pte 不再标记为可写。如果页面随后被写入,则将产生另一个页面错误,这时页面被标记为 dirty,同时其入口从 swap cache 中删除。如果页面没有被写并且被要求重新换出,Linux 可以免除这次写操作,因为页面已经存在于 swap cache 中。

这部分的主要函数如下(位于 mm/memory.c 中):

```
static int do_wp_page(struct mm_struct * mm, struct vm_area_struct * vma, unsigned long address,
    pte_t * page_table, pte_t pte);
```

下面给出了 do_wp_page 函数的具体算法:

do_wp_page 算法:
  调用函数 pte_page 根据页表项参数得到对应的原页面;
  if 得到的页面无效 goto bad_wp_page;
  if 对原页面加锁成功{
    调用函数 can_share_swap_page 判断原页面是否共享;
    对原页面解锁;
    if 原页面允许共享{
      调用函数 flush_cache_page 将 swap cache 中内容写到磁盘;
      用新页面的物理地址更新页表的表项并把此页面标记为可写和脏两个标志;

　　　　给页表解锁;
　　　　return 1;
　　　}
　　}
　调用函数 page_cache_get 增加页面引用计数;
　给页表解锁;
　调用函数 alloc_page 分配一个新的页面;
　if 分配页面不成功 goto no_mem;
　调用函数 copy_cow_page 将原页面的内容拷贝到新得到的页面;
　给页表加锁;
　if 原页面与新页面的页表项一致{
　　　if 原页面是页保护的
　　　　　增加进程内存结构 mm 的 rss 域以跟踪分配给进程的页面数目;
　　　　　调用 break_cow 函数用新页面更新 RAM 的内容,将 swap cache 中内容写到磁盘并用新页面的物理地址更新页表的表项并把此页面标记为可写和脏两个标志;
　　　　　将 alloc_page 分配的页面加入非活跃队列中并以它作为新页面;
　　}
　给页表解锁;
　调用函数 page_cache_release 将页拷贝新页面从页缓冲链表中删掉;
　调用函数 page_cache_release 将页拷贝原页面从页缓冲链表中删掉;
　return 1;
bad_wp_page:
　给页表解锁;
　显示出错信息;
　return −1;
no_mem:
　调用函数 page_cache_release 将页拷贝原页面从页缓冲链表中删掉;
　return −1;

2. 页面换出

随着系统的运行,内存中的空闲物理页面数逐渐减少,这时就需要将一部分页面交换出去,以保证系统中有足够的空闲页面来维持内存管理系统运行的效率,这些工作是由守护进程 kswapd 来完成的。

kswapd 是内存管理中唯一的一个线程,它没有自己独立的地址空间,内核空间就是它的地址空间。它由 kswapd_init 函数创建,然后在内核启动时由模块的初始化例程(module_init)调用 kswapd_init。kswapd 的主循环是个无限循环。循环一开始,把它加入等待队列,如果调度标志为 1,就执行调度程序,紧接着就又把它从等待队列中删除,将其状态变为就绪态。只要调度标志变为 1,它就又会被调度执行,如此周而复始地进行下去。

当定时器时间到后,kswapd 进程会检查系统的空闲页面数(nr_free_pages)是不是太少,这是由 check_classzone_need_balance 函数决定的。也就是说看某个管理区的空闲页面数是否小于最高警戒线。具体交换页面都是由函数 try_to_free_pages(见 mm/vmscan.c)来完成的。

try_to_free_pages 中调用的主要函数是 shrink_caches,循环调用该函数至少 6 次。

shrink_caches 中调用函数 kmem_cache_reap 用以减少由 slab 机制管理的空闲页面,若从 slab 回收的页面数已达到要换出的页面数 nr_pages,就不用从其他地方进行换出;shrink_caches 中调用函数 refill_inactive 把活跃队列中的页面移到非活跃队列;shrink_caches 中调用函数 shrink_cache,把一个"干净"的页面移到非活跃队列中,以便尽快释放。shrink_caches 函数除了从各个进程的用户空间所映射的物理页面中回收页面外,还调用 shrink_dcache_memory、shrink_icache_memory 和 shrink_dqcache_memory 函数,回收内核数据结构所占用的空间。

最终由 swap_out 和 shrink_cache 一起决定哪些页面将会被换出。

守护进程 kswapd 的具体算法流程如下:

kswapd 算法
  定义等待队列;
  内核线程初始化;
  把进程控制块中的阻塞标志位全部置 1;
  kswapd 线程标志位增加 PF_MEMALLOC,为 kswap 预留一定内存;
  for(;;)   /* 无限循环 */
  {
    设置 kswapd 状态为 TASK_INTERRUPTIBLE;
    把 kswapd 加入等待队列;
    mb();
    防止编译器优化,而对指令进行重新排序,保证 mb()之前的指令一定在 mb()之后的指令之前
      执行;
    if kswapd 可以睡眠
      调用调度函数 schedule;
    设置 kswapd 状态为 TASK_RUNNING,即 kswapd 被唤醒
    将 kswapd 从等待队列中删除;
    调用页面换出的核心函数 kswapd_balance;
    运行 tq_disk 队列中的例程;
  }

kswapd_balance 算法
  对每个存储节点进行扫描,然后调用 **kswapd_balance_pgdat** 对每个管理区进行扫描

kswapd_balance_pgdat 算法
  for   /* 循环遍历当前存储节点的管理区 */
  {
    if 当前进程的调度标志被置位
      调用调度函数 schedule;
    if 管理区的平衡标志未被置位

```
            continue;
        if try_to_free_pages_zone 函数返回 0
        {
            将管理区的平衡标志置为 0;
            设置当前进程状态为 TASK_INTERRUPTIBLE;
            进程休眠 100 个时钟滴答数(1 秒);
            continue;
        }
        if 系统管理区的空闲页面数太少
            再平衡标志置 1;
        /* 该标志是 kswapd_balance 中循环的标志 */
        else
            再平衡标志置 0;
}
```

try_to_free_pages_zone 算法

```
    定义优先级变量为缺省值 DEF_PRIORITY;       /* 6 */
    定义换出页面数为 SWAP_CLUSTER_MAX;        /* 32 */
    设置掩码;/* 如果该进程不能被 I/O 阻塞,避免所有内存管理平衡 I/O 的方法 */
    do
    {
        调用 shrink_caches 函数进行页面的释放工作,返回要换出页面数;
        if 要换出的页面数小于等于 0
            return 1;
        优先级减 1;
    }while(优先级大于 0)
    内存溢出,关闭某个进程;
    return 0;
```

shrink_caches 算法

```
    调用 kmem_cache_reap 函数释放由 slab 机制管理的 Cache 页面,并从所要换出的页面数中减去释放
        得来的页面数;
    if 要换出的页面数小于等于 0
        return 0;
    计算 Cache 中活跃页面所占的比率;              /* 保持活跃队列占 cache 大小的 2/3 */
    以上面计算得来的比率为参数,调用 refill_inactive 函数把活跃队列中的页面移到非活跃队列中;
    调用 shrink_cache 函数把一个干净且没加锁的页面移到非活跃队列,返回要换出页面数;
    /* 将页放入非活跃队列中以便能被尽快释放 */
    if 要换出的页面数小于等于 0
        return 0;
```

调用 **shrink_dcache_memory** 函数回收一点内核中 dcache 所占的空间；　　/* 存放目录项 dentry 的 cache */

调用 **shrink_icache_memory** 函数回收一点内核中 icache 所占的空间；　　/* 存放文件节点 inode 的 cache */

调用 **shrink_dqcache_memory** 函数回收一点内核中 dqcache 所占的空间；　　/* 存放打开文件表的 cache */

return 所需页面数；

这部分的主要函数如下：

int kswapd(void * unused)；
int try_to_free_pages(zone_t * classzone, unsigned int gfp_mask, unsigned int order)；
static int swap_out(unsigned int priority, unsigned int gfp_mask, zone_t * classzone)；

5.8.6　页面错误处理

当 fork 系统调用创建了一个新的进程的时候，系统会为这个进程申请页表（包括一级页表、二级页表、三级页表），并将部分可执行文件映像映射到进程的虚拟地址空间。在进程运行过程中很快就可能发生缺页错误（缺页错误是页面错误的一种情况），Linux 就会处理这些页面错误。这样随着进程的运行，页面不停地分配给进程，当然其间进程页面也有可能被换出，但可以看出页面错误处理是进程物理页面的一个重要来源。

进程在发生页面错误的时候首先会调用 do_page_fault 函数（见 arch/i386/mm/fault.c），这个函数负责从 cr2 寄存器中取得发生页面错误的地址，然后根据从 syscall.S 文件中得到的 error_code 来对错误进行分类，通过调用 find_vma 来找到发生页面错误的地址所在的 vm_area_struct 结构的指针。一个进程可能有很多个 vm_area_struct 结构，如果只采用链表结构来管理将会降低页面错误处理的效率，因此 Linux 的 vm_area_struct 结构是用红黑树结构来管理的（linux2.4.10 以前的版本用的是 AVL 树）。主要的错误都是通过调用函数 handle_mm_fault（见 mm/memory.c）来处理的。在 handle_mm_fault 函数中，首先为要映射到进程虚拟地址空间的页分配三级页表中相应的页表入口指针，然后调用真正处理页面错误的函数——handle_pte_fault（见 mm/memory.c）。

handle_pte_fault 函数处理的错误有三种：一是缺页错误且这个页面还从未被映射到虚拟地址空间，针对这种页面错误它会调用函数 do_no_page（见 mm/memory.c）来进一步处理；二是缺页错误但这个页面曾经映射到虚拟地址空间，也就是说这个页现在应该在 swap cache 中，则调用 do_swap_page（见 mm/memory.c）；三是页面写权限的错误，主要是进程向一个共享页面进行写操作的处理，当发生这种页面错误时 handle_pte_fault 会调用 do_wp_page（见 mm/memory.c）函数来进一步处理。

do_no_page 函数在页从未被访问时调用。有两种方法装入所缺的页，这取决于这个页是否被映射到磁盘文件。该函数通过检查 vma 虚拟区描述符的 nopage 域来确定这一点，如果页与文件建立起了映射关系，则 nopage 域就指向一个把所缺的页从磁盘装入到 RAM 的函数。可能有两种情况：第一种情况是 vma−>vm_ops−>nopage 域不为 NULL。在这种情况下，某个虚拟区映射一个磁盘文件，nopage 域指向从磁盘读入的函数。这种情况涉及到磁盘的低层操作；第二种情况是 vm_ops 域为 NULL，或者是 vma->vm_ops->nopage 为 NULL，在这种情况下，虚拟区没有映射磁盘文件，即它是一个匿名映射，do_no_page 调用 do_anonymous_page 函数获得一个新的页面。do_anonymous_page 函数分别处理写请求和读请求：当处理写请求的时候，do_anonymous_page 调用 alloc_page 函数分配一个新页面并把这个页面标记为可写和脏标志；当处理读请求的时候，页的内容无关紧要，因为进程正在对它进行第一次寻址。可以给进程分配一个填充为 0 的页，即可以进一步推迟页面的分配，该页被标记为不可写，如果进程试图写这个页，则激活 copy_on_write 机制，仅当此时，进程才获得一个属于自己的页并对其进行写操作。

do_swap_page 函数主要是将 swap cache 中的页面内容调入内存，前面已做过介绍。

do_wp_page 函数处理的是向共享页面写的情况。Linux 对这种情况的页面错误采取的是 copy_on_write 策略。当子进程创建之后，系统并不是把父进程的所有页面复制一份给子进程，而只是将父进程的页表复制给子进程，当子进程要对页面进行写操作时，才申请新的页面将父进程的该页面的内容复制给子进程。do_wp_page 所做的工作就是为进程重新申请一个页面，然后将共享页面的内容复制到新申请的页面中去，并为新申请的页面填写三级页表中的内容。

下面给出了 handle_mm_fault 函数及其调用的 handle_pte_fault 函数的具体算法。

handle_mm_fault 算法
设置当前进程状态为 TASK_RUNNING；
用宏 pgd_offset 根据参数地址得到它所在的页目录项在此进程页目录表中的指针；
对页表加锁以保持与 kswapd 之间的同步；
调用函数 pmd_alloc 从参数地址得到它所对应的页中目录项的地址；
if 得到页中目录项的地址
{
    调用函数 pte_alloc 返回一个指向包括参数地址的页表项指针；
if 返回的指针不为空
    return 调用 **handle_pte_fault** 函数的返回值；
}
对页表解锁；
return -1；

handle_pte_fault 算法
if 被寻址的页不在物理内存中{
    if 页表项为空/* 判断它是从未被映射到内存中还是已装入内存但是被换出到交换空间去了 */
    return 调用 **do_no_page** 函数的返回值；
    return 调用 **do_swap_page** 函数的返回值；
}
if 写保护出错且页面存在{
    if 该页面不可写
        return 调用 **do_wp_page** 函数的返回值；

设置页表项中的脏标记,表示此页被丢弃之前必须写回到外存;
}
调用 pte_mkyoung 函数来设置引起错误的页所对应页表项的访问位;
将改变后的页表项写入到 pte 所指的页表中的相应位置;
对页表解锁;
return 1;

下面给出了 do_no_page 函数及其调用的 do_anonymous_page 函数的具体算法。

do_no_page 函数算法

  if 虚拟区没有映射磁盘文件/ * 即它是一个匿名映射 */
    return 调用 **do_anonymous_page** 函数的返回值;
  对页表解锁;
  调用 vma 结构中定义的/no_page 函数;
  /* 自定义函数通过检查 vma 虚拟区描述符的 nopage 域来确定。如果页与文件建立起了映射关系,则 nopage 域就指向一个把所缺的页从磁盘装入到 RAM 的函数 */
  /* 虚拟页面不在物理内存中 */
  if 没有页面可用 return 0;
  if 调用页面失败 return -1;
  if 请求写并且虚拟区不共享
  {
    调用 alloc_page 函数分配页面;
    if 未分配成功{
      将此页从页缓冲链表中删掉;
        return -1;
    }
    调用 copy_user_highpage 函数将页面调入处理函数调入的页面结构的内容拷贝到 alloc_page 新分配
      的页面;
    将页面调入处理函数调入的页面从页缓冲链表中删掉;
    将 alloc_page 分配的页面加入非活跃队列中并以它作为新页面;
  }
  对页表加锁;
  if 页表相应的表项为空{
    增加进程内存结构 mm 的 rss 域以跟踪分配给进程的页面数目;
    用新页面更新 RAM 的内容;
    用新页面更新 I 节点缓冲区的内容;
    用新页面的物理地址更新页表的表项;
    if 请求写此页
      把此页面标记为可写和脏两个标志;
  }
  else {   /* 一个兄弟进程更快则收回页面 */
    将新页面从页缓冲链表中删掉;
    对页表解锁;
    return 1;

}
更新内存管理单元缓冲区的内容；
对页表解锁；
return 2；

do_anonymous_page 函数算法　　　　/＊匿名映射＊/
　　页表表项被设为零页的物理地址；
　　if 请求写/＊要有写权限＊/{
　　　　对页表解锁；
　　　　调用 alloc_page 函数分配页面；
　　　　if 未分配成功
　　　　　　goto no_mem；
　　　　调用函数 clear_user_highpage 将新分配的页面结构信息清空；
　　　　对页表加锁；
　　　　if 页表相应的表项不为空{
　　　　　　将此页面从页缓冲链表中删掉；
　　　　　　对页表解锁；
　　　　　　return 1；
　　　　}
　　　　增加进程内存结构 mm 的 rss 域以跟踪分配给进程的页面数目；
　　　　用新页面更新 RAM 的内容；
　　　　用新页面的物理地址更新页表的表项并把此页面标记为可写和脏两个标志；
　　　　将新页面加入非活跃队列中；
　　　　标记新页面的访问权限；
　　}
　　用新页面的物理地址更新页表的表项；
　　更新内存管理单元缓冲区的内容；
　　对页表解锁；
　　return 1；
　　no_mem：
　　　　return －1；

这部分的重要函数如下：

int handle_mm_fault(struct mm_struct ＊ mm, struct vm_area_struct ＊ vma,unsigned long address, int write_access)；
static inline int handle_pte_fault(struct mm_struct ＊ mm, struct vm_area_struct ＊ vma, unsigned long address, int write_access, pte_t ＊ pte)；
static int do_no_page(struct mm_struct ＊ mm, struct vm_area_struct ＊ vma,unsigned long address, int write_access, pte_t ＊ page_table)；
static int do_swap_page(struct mm_struct ＊ mm, struct vm_area_struct ＊ vma, unsigned long address, pte_t ＊ page_table, pte_t orig_pte, int write_access)；
static int do_wp_page(struct mm_struct ＊ mm, struct vm_area_struct ＊ vma,

    unsigned long address, pte_t * page_table, pte_t pte);

5.8.7 Linux 中的缓存

1. 页面 cache

Linux 使用页面 cache 的目的是为了加快对磁盘文件的访问。内存映射文件以每次一页的方式读出并将这些页面存储在页面 cache 中。图 5.31 表明页面 cache 由 page_hash_table——指向 mem_map_t(page) 数据结构的指针数组组成。

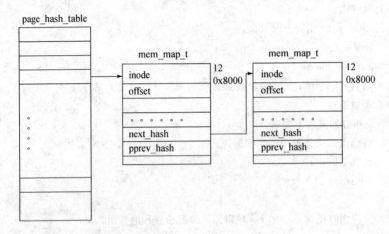

图 5.31 Linux 的页面 cache

Linux 中的文件通过 VFS inode 数据结构来标识，每个 VFS inode 都是唯一的，可以并且仅可以描述一个文件。页面 cache 中的索引由文件的 VFS inode 的映射地址和页面在文件的偏移量经散列函数 _page_hashfn(struct address_space * mapping, unsigned long index)（在文件 include/linux/pagemap.h 中定义）散列后生成。

从一个内存映射文件中读页面，例如产生读文件请求（即调用 generic_file_read 函数）时要将页面读入内存，系统尝试从页面 cache 读出。如果页面在 cache 中，则返回给页面失效处理过程一个指向 mem_map_t 的数据结构；否则此页面将从包含映像的文件系统中读入页面 cache 并为之分配物理页面。

在映像的读入与执行过程中，页面 cache 不断增长。当不再需要某个页面时，即页面不再被任何进程使用时，它将被从页面 cache 中删除。

这部分的主要函数如下（位于 mm/filemap.c）：

    ssize_t generic_file_read(struct file * filp, char * buf, size_t count, loff_t * ppos);

2. Linux 的 swap cache

swap cache 是 Linux 为提高效率而使用的一种内存缓冲机制。页面在换出内存时，如果换出的页面是可交换的脏页面，就调用 get_swap_page() 函数（在文件 mm/swapfile.c 中）在 swap cache 中申请一个页面，将 dirty 页面缓存到 swap cache 中。当将页面交换到 swap cache 中时，Linux 总是避免页面写，除非必须这样做。若页面已经被交换出内存但是进程要再次访问，就将它重新调入内存。只要页面在内存中没有被写过，swap cache 中的拷贝总是有效的。

swap cache 由一组 swapfile（交换文件）组成，其数量由 MAX_SWAPFILES 指定，每个 swapfile 由一个 swap_info_struct 类型的数据结构管理，其中包含该 swapfile 链接的文件、设备以及优先级、页面数、在 swap_list 中的位置等信息。

所有的 swapfile 是通过单链表连接起来的。swap_list 是管理这个单链表的数据结构，它包含 swapfile 链的 head 以及 next 等信息。

每个 swapfile 包含若干页面。第一页面为 swap_header 数据结构，它是一个管理 swapfile 的页面的位图，标志着页面是否可用等信息。

当 Linux 需要将一个物理页面交换到 swap cache 时，它将检查 swap cache，如果对应此页面存在有效入口，则不必将这个页面写到交换文件中。这是因为自从上次从 swap cache 中将其读出来，内存中的这个页面还没有被修改。

页面被换出时如果被加入 swap cache 中，则虽然 pte 被置为无效，但可以通过调用 swap_duplicate(swp_entry_t entry) 函数（在文件 mm/swapfile.c 中）复制一个 swap cache 入口到 pte，指示出该页面在 swap cache 中的 swapfile 和偏移量等信息。

这部分的主要函数如下：

swp_entry_t get_swap_page(void);
asmlinkage long sys_swapoff(const char * specialfile);
asmlinkage long sys_swapon(const char * specialfile, int swap_flags);

3. 内核 cache 的管理

slab.c 分配的内存是给内核堆栈使用的。内核堆栈的内存以物理地址为标志，而不是由伙伴系统来管理的。这至少有两方面的原因：

（1）内核用物理地址效率高，不用经过三级页表转化；

（2）伙伴系统本身对内存的浪费，例如一个进程需要的空间为 2^{k+1}，系统就会给它分配 2^{k+1} 的空间。

内核很常见的情况是为一些数据结构（如 tss、vmarea 等）分配内存，这些数据结构的大小往往是不同的，这就为用 buddy 算法分配内存带来了困难，因此 Linux 采用了另一种方法来分配管理这部分内存。Linux 可以为每种数据结构建立一个 cache，每个 cache 有一个 slab 的链，所谓的 slab 就是一大块内存空间，slab 所占用的空间是用 buddy 算法分配得到的，每个 slab 又被划分为多个 obj，每个 obj 就是建立 cache 的数据结构（如 tss、vmarea 等）。由于要建立 cache 的数据结构的大小是不同的，所以每个 slab 中 obj 的个数也就是不定的，对于 cache，它的 slab 链的管理是有规律的，slab 按序分为 3 组。第 1 组是全满的 slab（没有空闲对象），第 2 组 slab 中只有部分对象被分配，部分对象还空闲，最后一组 slab 中的对象全部空闲。关于这三者之间的关系可以参照图 5.32。对 cache 的操作主要有分配、去配和减少，其中分配和去配的操作是对称的。

这部分的初始化主要是建立一个管理各种 cache 的 cache——cache_cache，这个 cache 对应的每个 obj 是一个 cache，也就是一个 kmem_cache_t 结构。建立一个 cache 并对这个 cache 进行初始化，要调用 kmem_cache_create 函数，kmem_cache_create 经过一系列的计算，以确定最佳的 slab 构成，最后 kmem_cache_t 结构插入到 cache_cache 的 next 队列中。

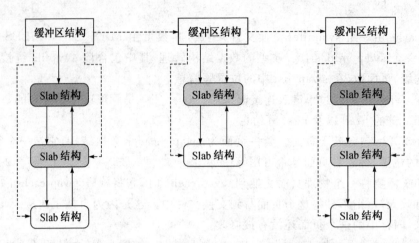

图 5.32　缓冲区结构与 slab 结构之间关系结构图

此时 kmem_cache_create 创建的 cache 中还没有包括任何的 slab,即没有空闲对象。只有当已发出一个分配新对象的请求并且缓冲区内不包含任何空闲对象时,slab 分配模式就调用 kmem_cache_grow 函数给 cache 分配一个新的 slab,最后把这个 slab 结构插入到 cache 链表的末尾。

当系统的空闲页面数很少的时候,系统会交换出一部分页面,其中有一种方法就是减少内核所占用的 cache 的空间,实际上也就是减少某个 cache 的 slab 的个数,具体减少 slab 的函数共有两个:kmem_cache_shrink 和 kmem_cache_reap。

kmem_cache_shrink 函数是对指定的 cache 释放空闲的 slab。根据 slab 链的特点,位于链首的是满的 slab,位于链尾的是全空的 slab,Linux 会从 slab 链的末端开始释放空闲的 slab,直至释放到 slab 链的最后一个 slab 的 inuse 域不为 0。对于每个要释放的 slab,首先将它从 slab 链中删除,再调用 kmem_slab_destory 函数将这个 slab 所占用的物理空间归还给伙伴系统。

kmem_cache_reap 函数是在 cache 链中找到一个最佳 cache,对这个最佳的 cache 释放 slab,它采用时钟算法。每次从 clock_searchp 开始查找,满足如下条件的 cache 就是要找的最佳 cache:

这个 cache 可以释放的 slab 的个数超过 10 个;

这个 cache 可以释放的 slab 的个数超过任何一个 cache。

将这个 cache 标志为 clock_searchp,然后对这个 cache 进行类似 kmem_cache_shrink 的操作,释放所有空闲的 slab。详细算法如下(位于 mm/slab.c 中):

kmem_cache_shrink 算法
参数:指向要进行收缩的缓冲区的 kmem_cache_t 类型指针 cachep
{
　　if 参数指针为空或调用此函数的时候处于中断处理程序中或参数指针所指向的缓冲区不在缓冲区链表中
　　　　BUG();
　　对缓冲区加锁;ret=__kmem_cache_shrink_locked(cachep);

　　　　　缓冲区解锁；return ret≪cachep→gfporder；
}

　　　　　　　　　　　　↓

__kmem_cache_shrink_locked 算法 **参数**：指向要收缩的缓冲区的 kmem_cache_t 类型指针
{
　　　while 该缓冲区当前没有增长
　　　　{
　　　　　　初始化指针 p 指向当前缓冲区空闲 slab 链表的尾部；
　　　　　　if 已经完成了对整条空闲 slab 链表的遍历
　　　　　　　　break；
　　　　　　得到指向 slab 链中当前的 slab 块的指针；
\#if DEBUG
　　　　　　if 当前的 slab 块在使用　　BUG()；
\#endif
　　　　　　将这个 slab 块从链表中删除；
　　　　　　对当前缓冲区解锁并开中断；
　　　　　　调用 **kmem_slab_destroy** 函数将当前 slab 块占用的空间返还给系统；
　　　　　　对当前缓冲区加锁并关中断；
　　　　}
　　　return ret；
}

kmem_cache_reap 算法
　　if 请求的内存类型是能够等待和重新调度的
　　　　调用 down 函数对 cache 链信号量进行 P 操作；
　　else
　　　　if 调用 down_trylock 函数的返回值为 1
　　　　　　/* 还是试图对信号量进行无阻碍的 P 操作,失败返回 0 */
　　　　　　return 0；
　　scan = REAP_SCANLEN；　　　　　　　/* 初始循环次数为 10 */
　　do {
　　　　if 此块缓冲区不允许收缩
　　　　　　goto next；
　　　　对扫描的缓冲区加锁并关中断；
　　　　if 当前的缓冲区标明正在增长
　　　　　　goto next_unlock；
　　　　if 此缓冲区的动态标志变量标明此缓冲区正在增长
　　　　{
　　　　　　将这个动态标志变量清零；
　　　　　　goto next_unlock；
　　　　}
　　　　full_free = 0；
　　　　初始化指针 p 指向当前缓冲区 slab 空闲链表的尾部；
　　　　while 没有到达此缓冲区的 slab 空闲链表的首部

```
                    {
                        得到指向 slab 链中当前的 slab 块的指针；
#if DEBUG
                        if 当前的 slab 块在使用
                            BUG()；
#endif
                        full_free++；          /* full_free 中保存的是该缓冲区中完全空闲的 slab 的个数 */
                        p 指针向前移动；
                    }
                    变量 pages 被赋值为该缓冲区中所有完全空闲的 slab 块所占有的页面总数；
                    if 该缓冲区有自己的对象构造函数
                        pages=(pages*4+1)/5；
                    if 该缓冲区中的 slab 块的大小超过一个页面
                        pages=(pages*4+1)/5；
                    if pages 的值大于最佳页面数
                    {
                        用当前缓冲区的数据更新最佳配置数据；
                        if full_free >= REAP_PERFECT                        /* 10 */
                        {
                            全局变量 clock_searchp 指向下个缓冲区；
                            goto perfect；
                        }
                    }
next_unlock:
                    对扫描的缓冲区解锁并关中断；
next：
                    当前缓冲区指针指向下一个缓冲区；
            }while __scan 大于 0 并且缓冲区指针不等于 clock_searchp
            将全局变量 clock_searchp 更新为指向这个选中的缓冲区；
            if 没有找到合适于回收的缓冲区
                goto out；
            对最优选择的缓冲区加锁并关中断；
perfect:
            best_len = (best_len + 1)/2；
            /* 计算需要释放的 slab 的个数最多为完全空闲 slab 总数的 50% */
            for (scan = 0; scan < best_len; scan++)
            {
                struct list_head *p；
                if 该缓冲区正在增长
                    break；
                指针 p 指向该缓冲区中的 slab 链表的尾部；
                if p 指向该 slab 链的首部
                    break；
                得到指向 slab 链中当前的 slab 块的指针；
#if DEBUG
                if 该 slab 块在使用
                    BUG()；
#endif
```

　　　　将这个 slab 块从链表中删除；
　　　　best_cachep 自加 1(用于统计)；
　　　　对最优选择的缓冲区解锁并关中断；
　　　　调用 **kmem_slab_destroy** 函数将当前 slab 块占用的空间返还给系统；
　　　　对最优选择的缓冲区加锁并关中断；
　　}
　　对最优选择的缓冲区解锁并关中断；
　　变量 ret 被赋值为最优选择的缓冲区中释放的完全空闲的 slab 块所占有的页面总数；
out：
　　调用 up 函数对 cache 链信号量进行 V 操作；
　　return ret；

　　这部分的重要函数如下：

void ＊ kmem_cache_alloc (kmem_cache_t ＊ cachep，int flags)；
void kmem_cache_free (kmem_cache_t ＊ cachep，void ＊ objp)；
void ＊ kmalloc (size_t size，int flags)；
void kfree (const void ＊ objp)；
int kmem_cache_shrink(kmem_cache_t ＊ cachep)；
int kmem_cache_reap (int gfp_mask)；

5.9　Windows Server 2003 内存管理

　　内存管理器是 Windows Server 2003 执行体的一部分，位于 Ntoskrnl.exe 文件中。在硬件抽象层(HAL)中没有内存管理器的任何部分。

　　内存管理器由以下几个部分组成：一组执行体系统服务程序，一个转换无效和访问错误陷阱处理程序，以及运行在不同核心态系统线程上下文中的六个关键组件。

　　执行体系统服务程序的作用是用于虚拟内存的分配、回收和管理。其中大多数都是以 Win32 API 或核心态的设备驱动程序接口形式出现。

　　转换无效和访问错误陷阱处理程序的作用是用于解决硬件检测到的内存管理异常，并代表进程将虚拟页面装入内存。

　　下面对运行在不同核心态系统线程上下文中的六个关键组件做一简要的叙述。

　　(1) 工作集管理器(working set manager)(优先级为 16)。平衡集管理器(内核创建的系统线程)每秒钟调用它一次，当空闲内存低于某一界限时，便启动所有的内存管理策略，如工作集的修整、老化和已修改页面的写入等。

　　(2) 进程/堆栈交换程序(process/stack swapper)(优先级为 23)。完成进程和内核线程堆栈的换入和换出操作。当需要进行换入和换出操作时，平衡集管理器和内核中的线程调度代码将唤醒该线程。

　　(3) 已修改页面写入器(modified page writer)(优先级为 17)。将修改链表上的"脏"页写回到适当的页文件。需要减小修改链表的大小时，此线程将被唤醒。

(4) 映射页面写入器(mapped page writer)(优先级为 17)。将映射文件中脏页写回磁盘。当需要减小修改链表的大小,或映射文件中某些页面在修改链表中超过了 5 分钟时,它将被唤醒。

(5) 废弃段线程(dereference segment thread)(优先级为 18)。当没有任何一个区域对象、映射窗口指向某一个段,并且该段也没有原型页表项(prototype PTE)处于过渡状态之中时,废弃段线程注销该段。(例如,在页框号(PFN)数据库中没有表项指向某一个段)。

(6) 零页线程(zero page thread)(优先级为 0)。将空闲链表中的页面清零,以便有足够的零页面满足将来的零页需求。

内存管理器是完全可重入的,它支持多进程并发执行。为了实现可重入,内存管理器使用了几个不同的内部同步机制来控制它自身数据结构的访问,如旋转锁和执行程序资源。

下面将分别介绍 Windows Server 2003 内存管理系统,包括进程虚存空间的布局、地址变换过程、用户空间内存分配、系统内存分配与工作集以及高速缓存管理等技术。

5.9.1 地址空间的布局

在默认情况下,32 位 Windows Server 2003 上每个用户进程可以占有 2GB 的私有地址空间;操作系统占有剩下的 2GB。Windows Server 2003 高级服务器和 Windows Server 2003 数据中心服务器支持一个引导选项,允许用户拥有 3GB 的地址空间。这两个地址空间的布局如图 5.33 所示。3GB 地址空间选项提供进程一个 3GB 的地址空间(剩下 1GB 作为系统空间)。这个特性是为满足一些应用程序的需求而采用的临时解决办法。例如,数据库服务器需要在内存中保存比 2GB 地址空间更多的数据。

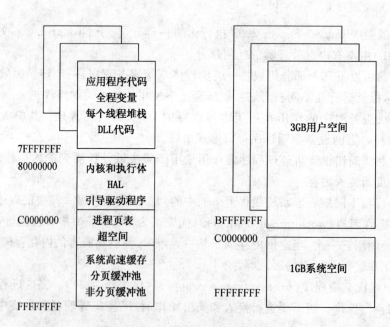

图 5.33 x86 系统虚拟地址空间布局

5.9.2 地址转换(address translation)机制

下面介绍 Windows Server 2003 如何将这些地址空间映射到真实的物理页面上。用户应用程序以 32 位虚拟地址方式编址,CPU 利用内存管理器创建和维护的数据结构将虚拟地址变换为物理地址。图 5.34 是三个连续的虚拟页面映射到三个不连续的物理页的示意图。

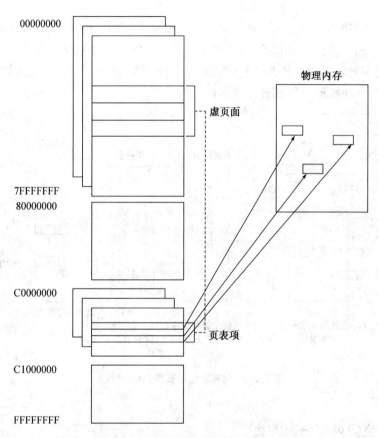

图 5.34 虚拟地址映射到物理内存

图 5.34 中,连接虚拟页面和页表项的虚线表明虚拟页面和物理内存之间的间接关系。虚拟地址不直接映射到物理地址,而是每个虚拟地址都与一个称作"页表项"(PTE)的结构有关,而虚拟地址映射的物理地址就包含在这个结构中。下面,我们将详细解释 Windows Server 2003 是如何实现上述地址映射的问题。

Windows Server 2003 在 x86 体系结构上利用二级页表结构来实现虚拟地址向物理地址的变换(运行物理地址扩展(PAE)内核的系统是利用三级页表——下面的讨论假定系统为非 PAE 系统)。一个 32 位虚拟地址被解释为三个独立的分量——页目录索引、页表索引和页内偏移——它们用于找出描述页面映射结构的索引。如图 5.35 所示,页面大小及页表项的宽度决定了页目录和页表索引的宽度。比如,在 x86 系统中,因为一页包含 4096 字节,于是页内偏移被确定为 12 位宽($2^{12}=4096$)。

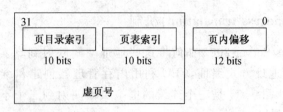

图 5.35　x86 系统中一个 32 位虚拟地址的构成

"页目录索引"用于指出虚拟地址的页目录项在页目录中的位置。"页表索引"则用来确定页表项在页表中的具体位置。如前所述,页表项包含了虚拟地址被映射到的物理地址。"页内偏移"使我们能在物理页中寻找某个具体的地址。图 5.36 表示了这三个值之间的联系和它们在虚拟地址到物理地址的映射过程中所起的作用。

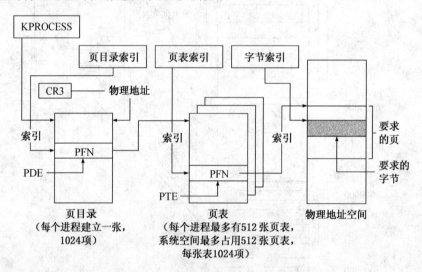

图 5.36　虚拟地址的变换(x86 系统)

5.9.3　用户空间内存分配方式

在 Windows Server 2003 管理应用程序内存的方式中,与内存分配相关的数据结构有两种,即虚拟地址描述符和区域对象。

管理应用程序内存的方法有三种,分别是:

(1) 以页为单位的虚拟内存分配方法,适合于大型对象或结构数组;

(2) 内存映射文件方法,适合于大型数据流文件以及多个进程之间的数据共享;

(3) 内存堆方法,适合于大量的小型内存申请。

5.9.4　系统内存分配

内存管理器为设备驱动程序以及其他核心态组件提供了大量的服务,如分配和释放物理内存、锁定物理内存页面实现直接内存访问(DMA)等。另外,系统还提供了以 Ex 为前缀的例程,来分配和释放系统空间。系统初始化时,内存管理器创建了两种动态大小的内存缓冲池

（分页和非分页缓冲池），核心态组件可以用它来分配系统内存。

非分页缓冲池　由长驻物理内存的系统虚拟地址区域组成，在任何时候，从任何 IRQL 级和任何进程上下文都可以访问。需要非分页缓冲池的原因是缺页中断在 DPC/调度级（或更高级别）时不能被满足。

分页缓冲池　在系统空间中可以被分页和换出的虚拟内存区域。那些不会从 DPC/调度级（或更高级别）访问内存的设备驱动程序可以使用分页缓冲池。从任何进程上下文都可以访问它们。

两种内存缓冲池均位于系统空间，并被映射到每个进程的虚拟地址空间。内核提供的 ExAllocatePool 等函数从这些缓冲池分配和回收内存。

1．页面调度策略

Windows Server 2003 的内存管理器利用请求式页面调度算法以及簇方式将页面装入内存。当线程产生一次缺页中断时，内存管理器将引发中断的页面及其后续的少量页面装入内存。这个策略试图减少线程引起的调页 I/O 数量。因为根据局部性原理，程序，尤其是大程序，往往在一段特定的时间内仅在它的地址空间中的一小块区域上运行，装入虚拟页面簇就减少了读取外存的次数。缺省页面读取簇的规模大小取决于物理内存的大小。

当线程产生缺页中断时，内存管理器还必须确定将调入的虚拟页放在物理内存的何处。用于确定最佳位置的一组规则称为"置页策略"。选择页框应使 CPU 内存高速缓存不必要的震荡最小，因此 Windows Server 2003 需要考虑 CPU 内存高速缓存的大小。

如果缺页错误发生时物理内存已满，则使用"置换策略"确定必须将哪个虚页面从内存中移出以便为新的页面腾出空位。

在多处理器系统中，Windows Server 2003 采用了局部先进先出置换策略。而在单处理器系统中，Windows Server 2003 的实现更接近于最近最少使用策略（LRU）（称为"轮转算法"，用于大多数版本的 UNIX）。

2．工作集

Windows Server 2003 为每个进程分配一定数量的页框（动态调整），称为"进程工作集"（或者为可分页的系统代码和数据分配的页框，称为"系统工作集"）。当进程工作集达到它的限界，或者由于有其他进程对物理内存的请求而需要对工作集进行修剪时，内存管理器只好从工作集中移出页面，直到它确认有足够的空闲页为止。

当缺页错误发生时，先要检测进程的工作集限制和系统中空闲内存的数量。如果情况允许，内存管理器允许进程把工作集规模增加到最大值（如果有足够的空闲页，也可以超过这个最大值）。然而，如果内存紧张，缺页错误发生时 Windows Server 2003 替换而不是增加工作集中的页面。

当频繁地发生页面修改，或需要更多的内存来满足内存需求时，Windows Server 2003 可以通过将修改过的页面写回外存来保持更多可用内存。因此，当物理内存变得很低时（MmAvailablePages 少于 MmMinimumFreePages），"工作集管理器"自动修剪工作集，以增加系统中可用的空闲内存数量。工作集管理器是运行在平衡集管理器系统线程环境下的一个例程（利用 Win32 函数 SetProcessWorkingSet，也可以在应用程序初始化后修剪自己进程的工作集）。

工作集管理器检测可用内存，并决定哪个工作集需要被修剪。如果有充足的内存，工作集管理器将计算有多少页面需要从工作集中被移出。如果修剪是必须的,则它选择大于其最小值的工作集。它也会动态调整检查工作集,并按优先顺序排列候选的待修剪进程链表。

3. 其他内存相关机制

其他内存相关机制有锁内存、分配粒度、内存保护机制、写时复制、地址窗口扩充和物理地址扩展。

5.9.5 Windows Server 2003 高速缓存管理

Microsoft Windows Server 2003 高速缓存管理器是一组核心态的函数和系统线程,它们与内存管理器一起为所有 Windows Server 2003 文件系统驱动程序提供数据高速缓存(包括本地与网络)。

1. Windows Server 2003 高速缓存管理器的特征

Windows Server 2003 高速缓存管理器有以下几个主要特征:

(1) 单一集中式系统高速缓存

Windows Server 2003 提供了一个集中的高速缓存工具来缓存所有的外部存储数据,包括在本地硬盘、软盘、网络文件服务器或者 CD-ROM 上的数据。任何数据都能被高速缓存,无论它是用户数据流(文件内容和在这个文件上正在进行读和写的活动)还是文件系统的元数据(例如目录和文件头)。

(2) 与内存管理器结合

Windows Server 2003 高速缓存管理器一个不寻常的方面是,它从来不清楚在物理内存中有多少缓存数据。这听起来可能有些奇怪,因为设置高速缓存之目的是通过在物理内存中保留经常存取的数据的一个子集来改善 I/O 性能。而 Windows Server 2003 高速缓存管理器采用将文件视图映射到系统虚拟空间的方法访问数据,在这过程中使用了标准区域对象(section objects)。访问位于映射视图中的地址时,内存管理器为不在物理内存中的逻辑块中分配页面。以后需要内存时,内存管理器再将高速缓存中的数据页面换出,写回映射文件。

通过映射文件实现基于虚拟地址空间的高速缓存,高速缓存管理器在访问缓存中文件的数据时避免产生读写 I/O 请求包(IRP)。取而代之,它仅仅在内存和被缓存的文件部分所被映射的虚拟地址之间拷贝数据,并依靠内存管理器去处理换页。这种设计使打开缓存文件就像将文件映射到用户地址空间一样。

(3) 高速缓存的一致性

当进程打开一个文件(这个文件被缓存了)而另一个进程直接将文件映射到它的地址空间时,可能出现文件不一致性问题。这种潜在的问题不会在 Windows Server 2003 中出现,因为高速缓存管理器和用户应用程序使用相同的内存管理文件映射服务将文件映射到他们的地址空间。而内存管理器保证每一个被映射文件只有唯一的代表。

(4) 虚拟块缓存

大多数操作系统(包括 Novell NetWare、OpenVMS、OS/2 和老的 UNIX 系统)高速缓存管理器用基于磁盘逻辑块(logical blocks)的方式缓存数据。这种方式中,高速缓存管理器知道磁盘分区中的哪些块在高速缓存中。与之相比,Windows Server 2003 高速缓存管理器用一种虚拟块缓存(virtual block caching)方式,对缓存中文件的某些部分进行追踪。通过内存管理器的特殊系统高速缓存例程将 256 KB 大小的文件视图映射到系统虚拟地址空间。这种方式有以下两个主要特点：

① 它使智能的文件预读成为可能；因为高速缓存能够追踪哪些文件的哪些部分在缓存中，因而能够预测调用者下一步将访问哪里。

② 它允许 I/O 系统绕开文件系统访问已经在缓存中的数据（快速 I/O）。因为高速缓存管理器知道哪些文件的哪些部分在缓存中，它能返回被缓存数据的地址以满足 I/O 的需要，而不调用文件系统。

(5) 基于流的缓存

Windows Server 2003 高速缓存管理器与文件缓存相对应设计了字节流的缓存。一个流是指在文件内的字节序列。一些文件系统，像 NTFS，允许文件包括多个流对象；高速缓存管理器通过独立地缓存每一个字节流来适应这些文件系统。NTFS 能够拥有这种特点，得益于把主文件表放入字节流中并缓存这些字节流。事实上，虽然 Windows Server 2003 高速缓存管理器被认为是高速缓存文件，但它实际上缓存的是字节流（所有文件至少有一数据流）这些字节流通过文件名被标识，如果在文件中有多个字节流存在，还要标明字节流名。

(6) 可恢复文件系统支持

可恢复文件系统，如 NTFS，在系统失败后可以修复磁盘卷结构。这就是说，当系统失败时正在进行的 I/O 操作必须全部完成，或在系统重启动时从磁盘中全部恢复。未完成的 I/O 操作可能破坏磁盘卷，甚至导致整个磁盘卷不可访问。为了避免这个问题，在改变卷之前，可恢复文件系统会维护一个日志文件（log file）。在每一次涉及文件系统结构（文件系统的元数据）的修改写入卷之前，该日志文件进行记录。如果因系统失败中断了正在进行的卷修改，可恢复文件系统可以根据日志文件中的信息重新执行卷修改操作。

为保证成功地恢复一个卷，在卷修改操作开始之前，记录卷修改操作的日志记录必须被完全写入磁盘。

2. 高速缓存的结构

因为 Windows Server 2003 系统高速缓存管理器基于虚拟空间缓存数据，所以它管理一块系统虚拟地址空间区域（而不是一块物理内存区域）。高速缓存管理器把每个地址空间区域分成大小为 256 KB 的一个个槽，被称为视图，如图 5.37 所示。

3. 高速缓存的操作

高速缓存的操作主要包括：回写缓存和延迟写、计算脏页阈值、屏蔽对文件延迟写、强制写缓存到磁盘、刷新被映射的文件、智能预读、虚拟地址预读、带历史信息的异步预读等。

4. 高速缓存支持例程

文件的数据第一次被访问时，文件系统驱动程序负责确定文件的某些部分是否被映射到了系统高速缓存。如果没有，文件系统驱动程序必须调用 CcInitializeCacheMap 函数去设置前面描述过的每个文件的数据结构。

一旦文件设置了高速缓存访问，文件系统驱动程序就可以调用几个函数中的一个来访问文件中的数据。有三种基本的访问缓存数据的方法，每种都适合一种特定的情况。

(1) "拷贝读取"方法在系统空间中的高速缓存数据缓冲区和用户空间中的进程数据缓冲区之间拷贝用户数据；

(2) "映射暂留"方法使用虚拟地址直接读写高速缓存的数据缓冲区；

(3) "物理内存访问"方法使用物理地址直接读写高速缓存的数据缓冲区。

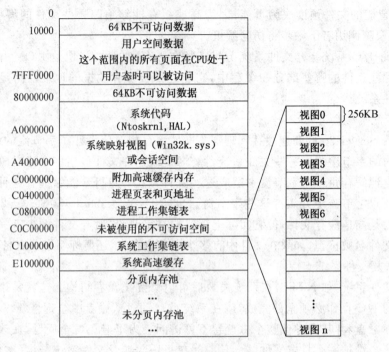

图 5.37 系统高速缓存地址空间

文件系统驱动程序必须提供两种版本的文件读操作——有高速缓存的和没有高速缓存的,以避免内存管理器处理页面错误时出现无限循环。当内存管理器通过文件系统从文件中取得数据(当然,通过设备驱动程序)来解决页面错误时,它必须在 IRP 中设置"没有高速缓存"的标志,指出这是一个无需高速缓存的读操作。

除了用于在高速缓存中直接访问元数据的映射和暂留接口外,高速缓存管理器还提供了第三种访问缓存数据的接口:直接存储器存取(Direct Memory Access,简称 DMA)。DMA 函数用于不借助缓冲区从高速缓存读取或写入高速缓存,比如网络文件系统在网络上进行传输。

DMA 接口将被高速缓存的用户数据的物理地址返回给文件系统(而不是虚地址,虚地址是映射和暂留接口返回的),这个物理地址用于直接从物理内存向网络设备传输数据。虽然少量的数据(1KB 到 2KB)能够用一般的基于缓冲区的接口来传输,但对于大量数据传输,如网络服务器处理远程系统的文件请求,DMA 接口能够显著地提高性能。

Windows Server 2003 高速缓存管理器提供了一种高速、智能的机制,用以减少磁盘 I/O 和增加系统的整体吞吐量。基于虚拟块的高速缓存使 Windows Server 2003 高速缓存管理器能够进行智能预读。依靠全局内存管理器的映射文件机制访问文件数据,高速缓存管理器提供了特殊的快速 I/O 机制减少了用于读写操作的时间,而且将与物理内存有关的管理工作交给了 Windows Server 2003 全局内存管理器,这样减少了代码的冗余,提高了效率。

习 题 五

1. 产生存储分配问题的背景是什么？何谓静态分配？何谓动态分配？采用动态分配的原因是什么？
2. 阐述操作系统中选择存储管理方案的原则。
3. 可变分区管理方式下，采用移动技术有什么优点？移动一道作业时操作系统要做哪些工作？
4. 用可变分区方式管理主存时，假定内存中按地址顺序依次有五个空闲区，空闲区的大小依次为 32 K、10 K、5 K、228 K、100 K。现有五个作业 J_1、J_2、J_3、J_4 和 J_5。它们各需内存 1 K、10 K、108 K、28 K 和 115 K。若采用最先适应分配算法能把这五个作业按 $J_1 \sim J_5$ 的次序全部装入内存吗？你认为按怎样的次序装入这五个作业可使内存空间利用率最高。
5. 什么是碎片？试述各种多道程序系统存储管理方案中碎片是如何出现的？
6. 段式存储管理系统中是如何实现存储保护的？
7. 在段式存储管理系统中，如何实现多个作业对一个信息段的共享？并说明可共享过程段的动态链接过程。
8. 为什么说段式存储管理系统中存取方式控制对共享段特别重要？
9. 什么是动态链接？为什么说虚拟段式存储管理系统有利于动态链接？
10. 有一个操作系统采用段式存储管理方案，用户区内存为 512 K，分配时截取空闲块的前半部分(小地址部分)。初始时内存全部空闲。系统执行如下申请、释放操作序列：

申请 300 K，申请 100 K，释放 300 K，申请 150 K，申请 50 K，申请 90 K

(1) 若采用首先适应算法，空闲块表中有哪些空块(指出大小，地址)；
(2) 若采用最佳适应算法，空闲块表中有哪些空块(指出大小，地址)；
(3) 若随后又申请 80 K，针对上述两种情况说明结果？其结果说明了什么问题？

11. 假如一个程序的段表如下：

段号	状态位	段起始地址	段长	存取控制
0	0	100	40	W
1	1	2010	20	W
2	0	1590	100	E
3	0	75	50	R

其中，状态位为"1"表示该段不在内存。存取控制：W 表示可写，R 表示可读，E 表示可执行。对于以下的逻辑地址可能会发生什么情况：

(1) STORE 1,[0,50];
(2) STORE 1,[1,10];
(3) LOAD 1,[2,77];
(4) LOAD 1,[3,20]。

12. 设在内存中按地址递增次序有三个不连续的空闲区 F1、F2、F3，它们的容量分别是 60 K、130 K、20 K。请给出一个后备作业序列，使得实施存储分配时，

(1) 采用最佳适应算法将取得好的效果，而采用最差适应算法和首先适应算法效果都不好；
(2) 采用最佳适应算法效果不好，而采用最差适应算法和首先适应算法都可取得好的效果；
(3) 采用最差适应算法将取得好的效果，而采用首先适应算法和最佳适应算法效果都不好；
(4) 采用这三种算法都可得好效果；
(5) 采用这三种算法效果都不好。

13. 实现页式存储管理需要哪些硬件支持？如何实现逻辑地址到物理地址的映射？

14. 页式存储管理系统中作业的地址空间是一维的还是二维的？请说明理由。
15. 假定一个存储管理程序已经把它的页面淘汰决定缩小到两页之一，假定其中一页由几个进程共享，另一页仅由一个进程使用，最终应该淘汰哪一页？请解释。
16. 在多道程序系统中，程序和数据的共享可以大大地节省内存空间，分别说明页式、段式和段页式存储管理系统中是如何实现共享的。
17. 在页式存储管理系统中，对数据、过程的共享有什么限制？为什么？
18. 为什么期望大多数程序具有局部性？
19. 设计一个页表应考虑哪些因素？怎样解决页表很大的问题？
20. 为什么说段页式管理时的虚拟地址仍然是二维的？
21. 假定磁盘空闲空间表表明有下列存储块空闲：13、11、18、9 和 20 块。有一个要求为某文件分配 10 个连续的磁盘块。
    (1) 如果采用首次适应分配策略，那么将分配哪个块？
    (2) 如果采用最佳适应分配策略，那么将分配哪个块？
    (3) 如果采用最差适应分配策略，那么将分配哪个块？
22. 简述什么是覆盖，什么是交换？它们之间的区别是什么？
23. 为什么要引入虚拟存储器？虚拟存储器是什么？它需要什么硬件支持？根据什么说一个计算机系统有虚拟存储器？怎样确定虚拟存储器的容量？
24. 在现代操作系统中，什么因素影响虚拟地址空间的大小？回答时，考虑内存映射单元、编译技术和指令格式。
25. 什么是异常现象（或称 Belady 现象）？你能找出一个异常现象的例子吗？
26. 有一个虚拟存储系统。分配给某进程 3 页内存，开始时内存为空，页面访问序列如下：
    6,5,4,3,2,1,5,4,3,6,5,4,3,2,1,6,5
    (1) 若采用先进先出页面置换算法(FIFO)，缺页次数为多少？
    (2) 若采用最近最少使用页面置换算法(LRU)，缺页次数为多少？
    (3) 若采用最佳页面置换算法呢？
27. 有一台计算机含有 4 个页面，每一页的装入时间，最后一次修改时间以及 R 与 M 位的值如下表（时间为时钟周期）：

页	装入时间	最后访问时间	R	M
0	126	279	0	0
1	230	260	1	0
2	120	272	1	1
3	160	280	1	1

  (1) NRU 应淘汰哪一页？
  (2) FIFO 应淘汰哪一页？
  (3) LRU 应淘汰哪一页？
  (4) 第二次机会应淘汰哪一页？
28. 请求页式存储管理中，页面置换算法所花的时间属于系统开销，这种说法对吗？
29. 何谓系统的"抖动"现象？当系统发生"抖动"时，你认为应该采取什么措施来加以克服？
30. 在虚拟页式存储管理中，进程在内外存中的存放有以下两种方法：
    (1) 一部分页面放在内存，其余页面放在外存；
    (2) 一部分页面放在内存，全部页面放在外存。

试从系统开销的角度分析两种方法各自的优缺点,并说明页表的差别。

31. 有一个虚拟存储系统采用最近最少使用(LRU)页面置换算法,每个程序占 3 页内存,其中一页用来存放程序和变量 i、j(不作他用)。每一页可存放 150 个整数变量。程序 A 和程序 B 如下:

程序 A:
　　var C:array[1..150,1..100] of integer;
　　　　i,j:integer;
　　for i := 1 to 150 do
　　　for j := 1 to 100 do
　　　　C[i,j] := 0;

程序 B:
　　var C:array[1..150,1..100] of integer;
　　　　i,j:integer;
　　for j := 1 to 100 do
　　　for i := 1 to 150 do
　　　　C[i,j] := 0;

设变量 i、j 放在程序页中,初始时,程序及变量 i、j 已在内存,其余两页为空。矩阵 C 按行序存放。
(1) 试问当程序 A 和程序 B 执行完后,分别缺页多少次?
(2) 最后留在内存中的各是矩阵 C 的哪一部分?

32. 某采用页式虚拟存储管理的系统,接收了一个共 7 页的作业,作业执行时依次访问的页为 1、2、3、4、2、1、5、6、2、1、2、3、7、6、3、2、1、2、3、6。若采用最近最少用(LRU)调度算法,作业在得到两块主存空间和四块主存空间时各会产生多少次缺页中断?如果采用先进先出(FIFO)调度算法又会有怎样的结果?

33. 比较各种存储管理方式的特征(包括内存空间的分配方式、是否要有硬件的地址转换机构作支撑、适合单道或多道系统等)、重定位方式、地址转换的实现(操作系统和硬件怎样配合)、存储保护的实现(操作系统和硬件各自做些什么工作)。

第 6 章 文 件 管 理

本 章 要 点

- 文件、文件系统的基本概念
- 文件的逻辑结构与存取方式：顺序存取、随机存取和按键存取
- 存储介质的一般概念、顺序存取设备、随机存取设备、典型的存储设备——磁盘
- 文件的物理结构：顺序结构、链接结构、索引结构和 I 节点
- 文件控制块、文件目录、文件目录结构
- 磁盘空闲空间的管理：位示图、空闲块表、空闲块链表和成组链接
- 文件系统的实现：文件逻辑块、文件寻址、实现文件的表目、记录的成组与分解，文件操作的实现，目录操作的实现，典型文件目录的实现
- 文件系统的安全，文件的共享，文件存取控制：存取控制矩阵方式、存取控制表方式以及口令方式，文件系统的安全环境
- 文件系统的性能问题及解决方案
- 文件系统的可靠性问题及解决方案

　　文件管理是操作系统中一项重要的功能。其重要性在于，在现代计算机系统中，用户的程序和数据，操作系统自身的程序和数据，甚至各种输出输入设备，都是以文件形式出现的。可以说，尽管文件有多种存储介质可以使用，如硬盘、软盘、光盘、闪存、记忆棒等，但是，它们都以文件的形式出现在操作系统的管理者和用户面前。

　　本章首先介绍文件系统的基本概念以及分类，介绍了 UNIX 类操作系统中文件的分类。

　　由于用户看到的文件是经过抽象的文件结构，即文件的逻辑结构，因此，如何设计文件的逻辑结构是一项重要工作。本章中讨论了设计文件逻辑结构的原则，并具体分析了流式文件结构和记录式文件结构的特点；结合文件的逻辑结构，介绍了常用的文件存取方法，包括顺序存取、随机存取和按键存取等三种方式。

　　接着，本文讨论了文件在存储介质上的组织方式，即文件的物理结构，包括顺序结构、链接结构、索引结构，给出了一个多重索引结构实例——UNIX 的 I 节点。

　　由于文件系统的物理基础是现代磁记录设备，文件系统的发展是和存储介质的发展紧密相连的，可以说，没有现代磁记录设备，就没有文件系统。所以，有必要讨论存储介质的特性，特别是磁盘的工作原理和特点的内容。

　　本章重点讨论了文件的目录结构，介绍了文件控制块 FCB 结构、一级目录结构、二级目录结构、多级目录结构和 UNIX 中的目录操作。

　　在 6.5 节，介绍了逻辑文件与物理记录块之间的关系，以及文件在内存中的表目；作为例子，本章中还介绍了 MS-DOS 和 Windows 操作系统的文件分配表。有关文件目录的实现方

法,也结合 CP/M 中的目录、MS-DOS 中的目录和 UNIX 中的目录等实际例子进行了分析,并以 MS-DOS 中的文件系统为例具体分析文件系统的实现。

要建立文件和扩充文件,就要在存储设备中申请空闲空间,这样存储设备中空闲空间的管理方式和效率,就直接影响到文件系统的效率,为此,本章中分别介绍了磁盘空闲空间的四种管理方式,包括位示图、空闲块表、空闲块链表和成组链接。

在文件系统的安全性方面,主要内容有如何实现文件的共享、文件的存取权限的控制方法,如存取控制矩阵方式、二级存取控制方式以及口令方式等。本章中,还通过一个具体示例介绍了 UNIX 中的文件存取权限方式。为了使文件系统有一个好的安全环境,本章中简要介绍了数据丢失的避免、防范入侵者和病毒防御等方面的内容。

文件系统的性能是非常重要的,影响文件系统性能的主要环节是磁盘,因此如何改进磁盘的读写访问算法,缩短读写访问时间是文件系统性能的重要讨论内容。文件系统自身的可靠性,当然也应该加以重视,对坏块的管理、备份以及文件系统的一致性考虑等内容都将在本章中进行介绍。

本章的最后,分别介绍了 Linux 和 Windows 操作系统的文件系统。

6.1 概　　述

计算机的作用之一就是准确、高速地处理大量信息。这里,处理的含义可包括对信息的收集、组织、存取、加工和保管等诸多方面。

在计算机系统中,信息的组织、存取、加工和保管等工作主要是由文件系统来完成的。文件系统是操作系统中一个重要组成部分。而且,对大多数用户来说,除了人机界面之外,文件系统是用户经常访问,直接处理的一个部分。

6.1.1 文件系统的引入

操作系统对信息资源的管理包括对操作系统本身、编译程序等各种系统程序、系统工具、库函数及各种用户应用程序的管理,另外还包括对系统的各种数据以及对用户的数据的管理。

不论是操作系统自身还是用户,在完成某件任务时,都要了解所使用的程序资源在什么地方,有关数据又在什么地方。显然,如果存取这些程序和数据不快捷或者不准确,那么整个系统的使用效果是不会好的。

既然所有的计算机程序都要存储信息,检索信息,那么,对信息的存储就有一些基本的要求,概括起来有三条:

(1) 能够存储大量的信息;
(2) 长期保存信息;
(3) 可以共享信息。

早期的计算机没有大容量的存储设备,程序和数据需要手工输入计算机。后来程序和数据可以保存在纸带或卡片上,然后再用纸带机或卡片机输入到计算机中。在这个阶段,这些人工干预的控制和保存信息资源的方法不仅速度奇慢,而且错误百出,极大地限制了计算机的处理能力的发挥。显然,在这种存储设备的物质条件下,根本谈不上对信息的大量存储、长期保存和共享,自然也没有文件系统。

直到磁盘存储器和磁带存储器的出现,程序和数据等信息资源才开始真正被计算机所管理。可见,大容量直接存取的磁盘存储器以及顺序存取的磁带存储器等的出现,为信息资源的计算机管理提供了物质基础,从而最终导致了对信息资源管理的质的飞跃。把信息以一种单元,即文件的形式,存储在磁盘或其他外部存储介质上,导致了文件系统的出现。

在文件系统中,把程序和数据等信息看做文件,把它们存放在磁盘或磁带等大容量存储介质上。文件是通过操作系统来管理的,这些管理内容包括:文件的结构、命名、存取、使用、保护和实现方法。

操作系统为系统管理者和用户提供了对文件的透明存取,所谓透明存取,是指不必了解文件存放的物理机制和查找方法,只需给定一个代表某段程序或数据的文件名称,文件系统就会自动地完成对与给定文件名称相对应的文件的有关操作。

6.1.2 文件与文件系统

研究文件系统有两种不同的观点,一种是用户的观点,另一种是操作系统的观点。

从用户的观点看文件系统,主要关心文件由什么组成,如何命名,如何保护文件,可以进行何种操作,等等。

从操作系统的观点看文件系统,主要关心文件目录是怎样实现的,怎样管理存储空间,文件存储位置,磁盘实际运作方式(与设备管理的接口)等问题。

1. 文件的定义

什么是文件? 在计算机系统中,程序或数据都可以是文件,但这是一种较为模糊的说法。**文件**可以被解释为一组带标识的、在逻辑上有完整意义的信息项的序列。这个标识为文件名,信息项构成了文件内容的基本单位。

文件的长度,可以是单个字节或多个字节;这些字节可以是字符,也可以组成记录;而且各个记录的长度可以相等,也可以不等长。

文件内容的具体意义,则由文件的建立者和使用者解释。

文件名,是用户在创建文件时确定的,并在以后访问文件时使用。文件名通常由用户给定,它是一个字母数字串,有些系统规定必须是英文字母打头且允许一些其他的符号出现在文件名的非打头部分。不同的操作系统有不同的文件名要求。

信息项是构成文件内容的基本单位,这些信息项是一组有序序列,它们之间具有一定的顺序关系。

通常,系统为一个正在使用的文件提供读写指针。读指针用来记录文件当前的读取位置,它指向下一个将要读取的信息项;写指针用来记录文件当前的写入位置,下一个将要写入的信息项被写到该处。

一般地,文件建立在存储器空间里,以便使文件能够长期保存。即:文件一旦建立,就一直存在,直到该文件被删除或该文件超过事先规定的保存期限。

文件是一个抽象机制,它提供了一种把信息保存在存储介质上,而且便于以后存取的方法,用户不必关心文件实现的细节。

2. 文件系统概念

所谓**文件系统**,是操作系统中统一管理信息资源的一种软件。它管理文件的存储、检索、更新,提供安全可靠的共享和保护手段,并且方便用户使用。

从用户的角度来看,文件系统负责为用户建立文件、读写文件、修改文件、复制文件和撤消文件。文件系统还负责完成对文件的按名存取和对文件进行存取控制。

文件系统的作用是很多的。比如,在多用户系统中,可以保证各用户文件的存放位置不冲突,还能防止任一用户对存储空间的占而不用。文件系统既可保证任一用户的文件不被未经授权的用户窃取、破坏,又能允许在一定条件下由多个用户共享某些文件。

通常文件系统使用磁盘、磁带和光盘等大容量存储器作为存储介质。因此,文件系统可存储大量的信息。

3. 文件系统的功能

作为一个统一的文件管理机构,文件系统应具有下述功能:

(1) 统一管理文件的存储空间,实施存储空间的分配与回收。

(2) 实现文件从名字空间到外存地址空间的映射,即实现文件的按名存取,以对用户透明的方式管理名字空间。

(3) 实现文件信息的共享,并提供文件的保护和保密措施。

(4) 向用户提供一个方便使用的接口(提供对文件系统操作命令,以及提供对文件的操作命令:信息存取、加工等)。

(5) 系统维护及向用户提供有关信息。

(6) 保持文件系统的执行效率。文件系统在操作系统接口中占的比例最大,用户使用操作系统的感觉在很大程度上取决于对文件系统的使用效果。

(7) 提供与 I/O 的统一接口。

6.1.3 文件的分类

为了有效、方便地管理文件,在文件系统中,常常把文件按其性质和用途的不同进行分类。

1. 按文件的用途分类

文件的一种分类方法是,按文件的用途把文件分为三类:

(1) 系统文件。操作系统和各种系统应用程序和数据所组成的文件。

该类文件只允许用户通过系统调用来访问它们,这里访问的含义是执行该文件。但不允许对该类文件进行读写和修改。

(2) 库函数文件。标准子程序及常用应用程序组成的文件。该类文件允许用户对其进行读取、执行,但不允许对其进行修改。如 C 语言子程序库、FORTRAN 子程序库等。

(3) 用户文件。用户文件是用户委托文件系统保存的文件。这类文件只由文件的所有者或所有者授权的用户才能使用。用户文件可以由源程序、目标程序、用户数据文件、用户数据库等组成。

2. 按文件的组织形式分类

文件的另一种分类方法是按文件的组织形式划分,例如,UNIX 类操作系统中文件的分类:

(1) 普通文件。**普通文件**主要是指,文件的组织格式为文件系统中所规定的最一般格式的文件,例如由字符流组成的文件。普通文件既包括系统文件,也包括用户文件、库函数文件和用户实用程序文件等。

(2) 目录文件。**目录文件**是由文件的目录构成的特殊文件。显然,目录文件的内容不是各种程序文件或应用数据文件,而是含有文件目录信息的一种特定文件。目录文件主要用来检索文件的目录信息。

(3) 特殊文件。**特殊文件**在形式上与普通文件相同,也可进行查找目录等操作。但是特殊文件有其不同于普通文件的性质。比如,在 UNIX 类系统中,输入输出设备被看作是特殊文件。这些特殊文件的使用是和设备驱动程序紧密相连的。操作系统会把对特殊文件的操作转成为对应设备的操作。

3. 其他常见的几种分类的方式

文件分类的方式是多样的,这里继续列出几种常见的分类方式。

(1) 按信息的保存期限可划分为:临时文件,即记有临时性信息的文件;永久性文件,其信息需要长期保存的文件;档案文件,即保存在作为"档案"用的磁带上、以备查证和恢复时使用的文件。

(2) 按文件的保护方式可划分为:只读文件、读写文件、可执行文件、无保护文件等。

(3) 按文件的逻辑结构可划分为:流式文件、记录式文件等。

(4) 按文件的物理结构可划分为:顺序文件(连续文件)、链接文件、索引文件、Hash 文件、索引顺序文件等。

(5) 按文件的存取方式可划分为:顺序存取文件、随机存取文件等。

上述种种文件系统的分类目的是:对不同文件进行管理,提高系统效率;同时,提高用户界面友好性。

6.2 文件的逻辑结构与存取方式

任何一种文件都有其内在的文件结构。用户看到的是经过抽象的文件结构,这就是文件的逻辑结构。实际上,文件的逻辑结构就是从用户角度看文件,研究文件的组织形式。

与文件的逻辑结构相联系的是逻辑文件的存取方式,即用户如何访问文件。

6.2.1 文件的逻辑结构

1. 设计文件逻辑结构的原则

在文件系统设计时,选择何种逻辑结构才能更有利于用户对文件信息的操作呢?这里,我们列出通常情况下设计文件的逻辑结构应遵循的一些设计原则:

(1) 易于操作。用户对文件的操作是经常的,而且是大量的。因此,文件系统提供给用户的对文件的操作手段应当方便,以使用户易学易用。

(2) 查找快捷。用户经常需要进行对文件的查找或对文件内信息的查找,因此,设计的文件逻辑结构应简洁,以使用户在尽可能短时间内完成查找。

(3) 修改方便。当用户需要对文件信息进行修改时,给定的逻辑结构应使文件系统尽可能少变动文件中的记录或基本信息单位。

(4) 空间紧凑。应使文件的信息占据尽可能小的存储空间。

显然,对于字符流的无结构文件来说,查找文件中的基本信息单位,例如某个单词,是比较困难的。但反过来,字符流的无结构文件管理简单,用户可以方便地对其进行操作。所以,对基本信息单位操作不多的文件较适于采用字符流的无结构方式,例如,源程序文件、目标代码文件等。

2. 文件的逻辑结构

文件的逻辑结构就是用户所看到的文件的组织形式。文件逻辑结构是一种经过抽象的结构，所描述的是记录在文件中信息的组织形式。文件中的这些信息到底在物理介质上是如何组织存储的，与用户没有直接关系。

从用户角度看，按文件的逻辑结构可以把文件划分成三类：无结构的字符流式文件、定长记录文件和不定长记录文件构成的记录树，如图 6.1 所示。定长记录文件和不定长记录文件可以统称为记录式文件。

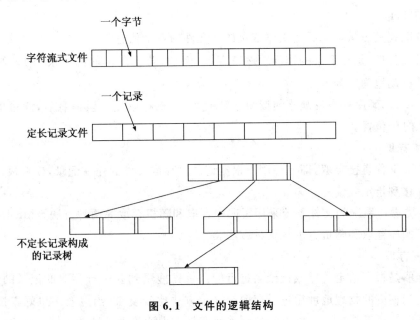

图 6.1 文件的逻辑结构

下面具体介绍字符流式文件和记录式文件。

(1) 流式文件

在流式文件中，构成文件的基本单位是字符，**流式文件**是有序字符的集合，其长度为该文件所包含的字符个数，所以又称为字符流文件。流式文件无结构，用户可以方便地对其进行操作。源程序、目标代码等文件属于流式文件。UNIX 类系统采用的是流式文件结构。

对操作系统而言，字符流文件就是一个个的字节，管理简单，其内在含义由使用该文件的程序自行理解，因此，提供了很大的灵活性。

(2) 记录式文件

在记录式文件中，构成文件的基本单位是记录，**记录式文件**是一组有序记录的集合。

记录是一个具有特定意义的信息单位，它由该记录在文件中的逻辑地址(相对位置)与记录名所对应的一组键、属性及其属性值所组成，可按键进行查找。

记录式文件可分为定长记录文件和不定长记录文件两种。定长记录文件中各个记录长度相等。在检索时，可以根据记录号 i 及记录长度 L 就可以确定该记录的逻辑地址。不定长记录文件中各个记录长度不等，在查找时，必须从第一个记录起一个记录、一个记录地查找，直到找到所需的记录。

除了无结构的字符流文件方式外,记录式的有结构文件可把文件中的记录按各种不同的方式排列,构成不同的逻辑结构,以便用户对文件中的记录进行修改、追加、查找和管理等操作。

6.2.2 文件存取方式

用户通过对文件的存取来完成对文件的各种操作,文件的存取方式是由文件的性质和用户使用文件的情况而确定的。常用的存取方法有:顺序存取、随机存取和按键存取等三种方式。

1. 顺序存取

顺序存取就是按从前到后的次序依次访问文件的各个信息项。

对记录式文件,是按记录的排列顺序来存取,例如,若当前读取的记录为 R_i,则下一次读取的记录被自动地确定为 R_{i+1}。

对流式文件,顺序存取反映当前读写指针的变化,在存取完一段信息后,读写指针自动指出下次存取时的位置。

2. 随机存取

随机存取又称**直接存取**,即允许用户根据记录键存取文件的任一记录,或者根据存取命令把读写指针移到指定处读写。

UNIX 类操作系统的文件系统采用了顺序存取和随机存取等两种方法。MS-DOS 操作系统也采用了顺序存取和随机存取这两种方法。

3. 按键存取

按键存取是根据给定的键或记录名进行的。首先搜索到要进行存取的记录的逻辑位置,再将其转换到相应的物理地址后进行存取。这种方法比较复杂,当然效果也好。按键存取主要用在数据库管理系统中。这种方法的深入研究是数据库管理系统的领域。这里仅对按键存取的搜索方法作一些介绍,不进行深入的讨论。

对文件进行搜索的目的是要查找出特定记录所对应的逻辑地址,以便将其转换为相应的物理地址,实现对文件的操作。

对文件的搜索包括两种:键的搜索和记录的搜索。对键的搜索是在用户给定所要搜索的键名和记录之后,确定该键名在文件中的位置;而记录的搜索则是在搜索到所要查找的键之后,在含有该键的所有记录中查找出所需要的记录。显然,对于不同的逻辑结构的文件,其搜索方法和搜索效率都是不一样的。

对记录的搜索过程如下:对于给定的 R,首先,系统确定 R 所对应键名的记录队列。如果在查找的文件中不存在这样的队列,则搜索算法结束返回,从而无法搜索到 R。如果找到 R,则返回其所对应的逻辑地址;如果找不到 R,则返回无法找到 R 的有关信息。

4. 搜索算法

对文件的搜索和对键或记录的搜索与其他数据搜索问题一样,有许多搜索算法用来解决搜索问题。这些算法可以大致分为三种类型:(1)线性搜索法;(2)散列法;(3)二分搜索法等。读者可以参考其他书籍。

6.3 文件的物理结构与存储介质

6.3.1 文件的物理结构

常用的文件物理结构有顺序结构、链接结构、索引结构和 I 节点结构。

1. 顺序结构

(1) 顺序结构原理

顺序结构又称**连续结构**,这是一种最简单的文件物理结构,它把逻辑上连续的文件信息依次存放在连续编号的物理块中。也就是说,如果一个文件长 n 块,并从物理块号 b 开始存放,则该文件占据物理块号 $b, b+1, b+2, \cdots, b+n-1$,如图 6.2 所示。每个文件的目录项指出文件占据的总块数和起始块号即可。连续文件结构的优点是一旦知道了文件在文件存储设备上的起址和文件长度,就能很快地进行存取。这是因为文件逻辑块号到物理块号的变换可以非常简单地完成。

图 6.2 文件的顺序结构

(2) 顺序结构的优缺点

顺序结构的好处是文件存取非常简单迅速。支持顺序存取和随机存取。

对于顺序存取,顺序结构的存取速度快。例如一个文件从物理块 b 开始,现在要存取该文件的第 i 块,只需存取物理块 b+i 即可。对于磁盘来说,在存取物理块 b 后再存取 b+1,通常不需要移动磁头,即使需要也仅需移动一个磁道(从一个柱面的最后一个扇区移到下一柱面的第一个扇区)。这样所需的磁盘寻道次数和寻道时间都是最少的。

顺序结构的缺点在于,文件不能动态增长。如果文件要动态伸缩,要么需要预留空间,要么需要对文件重新分配和移动。而且,预留空间的问题在于预留多大的空间?文件的建立者(程序或人)如何知道或确定要建立的文件的长度?更一般的情况是,一个输出文件的长度可能是难于确定的。

申请新的空闲空间时,如果该文件长 n 块,必须找到连续的 n 个空闲块,才能存放该文件,相对来说查找速度较慢。有可能出现找不到满足条件的连续的 n 个空闲块的情况,也不利于文件插入和删除。

另外,随着文件不停地被分配和被删除,空闲空间逐渐被分割为很小的碎片,最终导致出现存储碎片,亦即总空闲数比申请的要多,但却因为不连续而无法分配。

一些早期的微机系统在软盘上采用连续分配。为了预防大量的空间变为存储碎片,系统采用了存储压缩技术。即用户必须运行一个压缩例程将盘上的整个文件系统拷到另一张软盘上,完全释放原盘上的空间,重新建立起一个大的连续空闲空间。然后,这个例程从这个大空间中分配连续空间,将文件拷回原盘。这种压缩技术的代价是时间。

解决上述问题的根本办法是采取不连续分配,下面介绍的分配方式都是不连续分配的。

2. 链接结构

(1) 链接结构原理

存储文件的第二种方法是为每个文件构造磁盘块的链表,称为**链接结构**。使用这种结构的文件将逻辑上连续的文件分散存放在若干不连续的物理块中。每个物理块都设有一个指针,指向其后续的物理块,如图 6.3 所示。

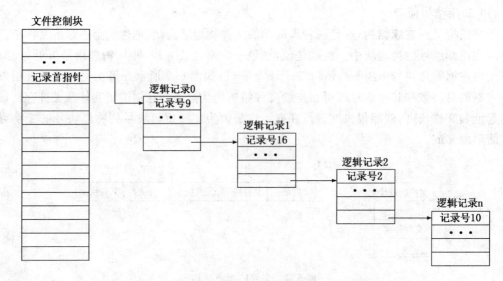

图 6.3　文件链接结构

例如,一个文件有四个物理块组成,首块为 9,其后依次为块 16、2、10,如图 6.3 所示,每块中都包括一个指向下一块的指针。这些指针是不能被用户使用的,甚至不为用户所知。如果每个扇区是 512 字,一个盘块地址需要两个字,则用户看到的块长,即逻辑块长,是 510 字。

(2) 链接结构的优缺点

链接结构的好处是存储碎片问题迎刃而解了,有利于文件动态扩充,有利于文件插入和删除,提高了磁盘空间利用率。

建立文件时,只需在设备目录中建立一个新目录条目,将该条目中的首块指针初始化为空,以说明现在该文件是空的,文件长度初始化为零。文件动态扩充时也很简单,从空闲空间信息中得到一个亦即第一个空闲块,将该块链到文件尾,并改变文件长度值即可。只要还有足够多的空闲块,就可以进行分配,文件可以一直增长。

链接分配算法的主要缺点是,存取速度慢,不适于随机存取;磁头移动多,效率相对较低;存在可靠性问题,如指针出错等问题;另外链接指针要占用一定的空间。

例如,要找到一个文件的第 i 块,必须从该文件的首块开始沿着指针逐块读下去,每读一个指针就要读一个盘块,一共要读 i 块,才能得到文件的第 i 块。

由于不连续分配,一个文件的所有物理块在盘上是分散分布的。与连续分配相比,访问一个文件需要更多的寻道次数和寻道时间。

链接结构的可靠性问题变得严重起来。如果某一个文件中的某一个盘块中的指针丢了,则该文件中的该盘块后的所有盘块就都读写不到了。指针出问题的原因可能是操作系统软件的一个隐藏错误或磁盘硬件故障，例如读写错了或指针所在的盘面坏了。可以用用双向链接，或者在每个块中存储文件名和相对块号等办法改进。不过这些办法都不能根本解决问题，而且需要耗费更多的空间。

链接指针需要占用一定的空间。如果块长 512 字，指针 2 字，则指针占用了 0.39% 的空间。

3. 索引结构

(1) 索引结构原理

如果把每个磁盘块的指针字取出，放在内存的表或索引中，就构成文件的第三种物理结构，即**索引结构**。将每个文件的所有物理块的地址集中存放在称为索引表的数据结构中。其中的第 i 个条目指向文件的第 i 块。每个文件相应的目录条目中包括该文件的索引表地址，如图 6.4 所示。要读文件的第 i 块，只需从索引表的第 i 个条目中得到该块的地址就可读了。

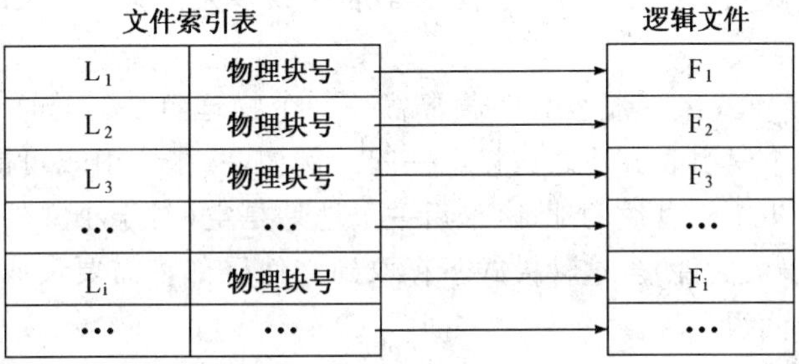

图 6.4 索引文件结构

建立文件时，索引表中的所有指针置空。当文件的第 i 块第一次被写时，从空闲空间信息中随意得到一个空闲块，将该块地址写入索引表的第 i 个条目。

(2) 索引文件结构的优缺点

索引文件结构保持了链接结构的优点，又解决了其缺点。索引结构文件既适于顺序存取，也适用于随机存取。这是因为有关逻辑块号和物理块号的信息全部保存在了一个集中的索引表中，而不是像链接文件结构那样分散在各个物理块中。

索引文件可以满足文件动态增长的要求，也满足了文件插入、删除的要求。索引文件还能充分利用外存空间。

索引结构的缺点是，较多的寻道次数和寻道时间，以及索引表本身增加了存储空间的开销。

显然，如果文件很大，它的文件索引表也就较大。如果索引表的大小超过了一个物理块，那么必须决定索引表的物理存放方式。

如果索引表采用顺序结构存放，不利于索引表的动态增加。如果采用链接文件结构存放索引表，会增加访问索引表的时间开销。较好的一种解决办法是采用间接索引，也称多重索引。间接索引是在索引表表项所指的物理块中不存放文件信息，而是存放装有这些信息的物理块地址。这样就产生一级间接索引，我们还可以进行类似的扩充，即二级间接索引，等等。但是，多重索引，显然会降低文件的存取速度。

其实，大多数文件是不需要进行多重索引的。在文件较短时，可利用直接寻址方式找到物理块号而节省存取时间。在实际的文件系统中,有一种做法是把索引表的头几项设计成直接寻址方式,也就是这几项所指向的物理块中存放的就是文件信息;而索引表的后几项设计成多重索引,也就是间接寻址方式。

在索引结构文件中要存取文件时,需要至少访问存储设备二次以上。其中,一次是访问索引表;另一次是根据索引表访问在存储设备上的文件信息。这样势必降低了对文件的存取速度。一种改进的方法是,当对某个文件进行操作之前,系统预先把索引表放入内存。

索引结构分配技术保持了链接结构分配技术的优点,如没有存储碎片等,同时又解决了链接结构分配技术中的不支持直接存取的问题和可靠性问题。索引分配支持直接存取,不会因为一个指针的错误就导致全盘覆没。当然,其他方面的可靠性问题还是存在的。

索引结构对空间的占用问题比较严重。这是因为大多数文件都是小文件,如果一个文件系统中索引表是定长的话,那么即使一个文件仅为一两个盘块长,也同样需要整个一张索引表。如果为了加快存取速度而把索引表放在内存,那么要占用的空间对内存来说是非常大的。

索引结构的上述缺点引出了一个问题:索引表应该多大?应该定长还是变长?解决问题的办法有以下一些种类:

① 索引表的链接模式:一张索引表通常就是一个物理盘块。这样,读写索引表比较简单。对大文件就用多个索引表并将之链接在一起。例如,一张索引表可能包括一个小小的块头指出文件名和一组头 100 盘块的地址,最后一个地址是空(对于小文件)或是一个指向下一个索引表的指针(对于大文件)。这种模式下存取到文件尾部将需要读取所有索引表,对于大文件来说这可能需要读很多块。

② 多重索引:这是上述索引表链接模式的一种改进变种,将一个大文件的所有索引表(二级索引)的地址放在另一个索引表(一级索引)中。这样,要存取文件中的某一块,操作系统使用一级索引找到二级索引表,再用后者找到所要的数据盘块。这个方法可以扩展为三级索引或四级索引。如果一张索引表可放 256 个盘块地址指针,则两级索引允许文件可多达 65536 个数据盘块。如果一个盘块大小为 1K,则这意味着文件最大长度为 67108864 字节(64MB)。

4. 多重索引结构实例——UNIX 的 I 节点

UNIX 系统中将文件物理结构的信息存放在一个称为 I 节点的数据结构中。在这个数据结构中给出了文件属性和文件中各块在磁盘上的地址(参见图 6.5)。

文件开始几块的磁盘地址存放在 I 节点内。比如,假设 I 节点中有 15 个盘块地址指针,其中前 12 个指针直接指向文件数据盘块,称为直接盘块(direct block)。所有各级索引表统称为间接盘块(indirect block);第 13 个指针指向一级索引表,称为一重间接盘块(single indirect block),该索引表给出指向具体数据盘块的盘块地址指针;第 14 个指针指向一个二级索引表,称为二重间接盘块(double indirect block),该索引表所指向的索引表指向文件数据盘块;第 15 个指针指向一个三级索引表,称为三重间接盘块(triple indirect block)。

这样,对于不超过 12 块的小文件就不需要单独的索引表,所需信息均在 I 节点中。在打开文件时,这些信息从磁盘读入内存。稍大一些的文件,用到 I 节点中的一级索引表,即一重间接盘块地址,这个磁盘块中含有附加的磁盘地址。如果文件再变大,可以采用 I 节点中的二级索引表。如果这还不够的话,也可以采用三级索引表。

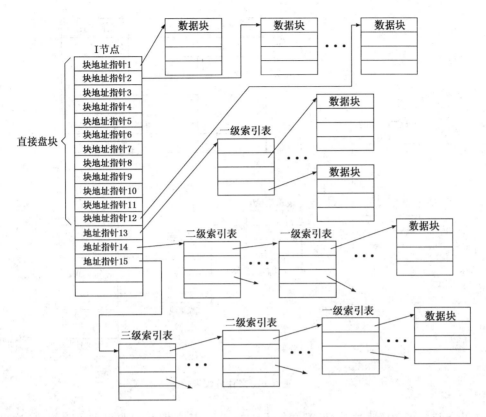

图 6.5 UNIX 的多重索引结构

5. MS-DOS 的文件分配表

MS-DOS 使用的是文件分配表(File Allocation Table,简称 FAT)系统,这是链接结构的一个重要变种。

(1) 文件分配表 FAT 技术

MS-DOS 在磁盘的每个盘区上划出一个单独的区域来存放文件分配表。这张表主要用作链接表。每个文件所对应的目录条目中包括该文件首块号,如图 6.6 所示。该首块在文件分配表中的相应行包括该文件的第二块的块号。这样,这条链一直延续到该文件最后一块,该尾块在文件分配表的相应行包括一个特殊的文件尾指针值。空闲块在文件分配表中的对应值为 0。

为一个文件分配一个新块的方法如下:在文件分配表中找到第一个非零值行,该行对应块即可作为分配给该文件的新块,将该行的值由零改为文件尾指针值,将该文件原尾块在文件分配表中的对应行置为该新尾块的块号。

FAT 文件系统 1982 年开始应用于 MS-DOS 中。FAT 文件系统主要的优点就是它可以允许多种操作系统访问,如 MS-DOS、Windows3.x、Windows95/98/2000、WindowsNT 和 OS/2 等。

FAT 文件系统不支持长文件名,给文件命名时受 8 个字符名和 3 个字符扩展名 8.3 命名规则限制。同时 FAT 文件系统无法支持系统高级容错特性,不具有内部安全特性等。

(2) 扩展文件分配表(VFAT)系统

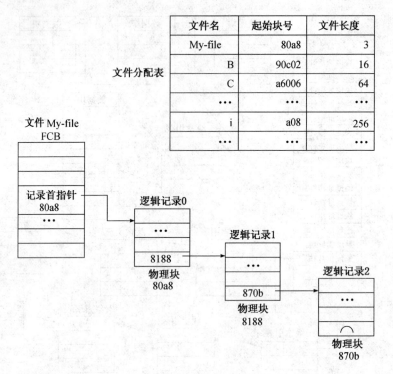

图 6.6　文件分配表

在 Windows95 中,通过对 FAT 文件系统的扩展,长文件名问题得到了善解决,这也就是人们所谓的扩展 FAT(VFAT)文件系统。在 Windows95 中,文件名可长达 255 个字符,所以很容易通过名字来表现文件内容。但是为了同 MS-DOS 和 Win16 位程序兼容,它仍保留有扩展名。它同时也支持文件日期和时间属性,为每个文件保留了文件创建日期/时间、文件最近被修改的日期/时间和文件最近被打开的日期/时间这三个日期/时间戳。Windows95 的 VFAT 文件系统支持长文件名。

但是,长文件名也有缺点:由于长文件名将要占用多个目录项,因此,如果在根目录中建立文件名文件,将会影响根目录中可存放文件的总数目;如果在子目录中建立长文件名文件,将会多占用一些磁盘空间。

一些现有的基于 DOS 的磁盘管理实用程序(如磁盘碎片消除工具、磁盘位编辑器和一些磁盘备份软件)处理 FAT 表项时,可能会破坏 FAT 表的长文件名项,但相应的 8.3 文件名不受影响。

6.3.2　存储介质

文件系统和存储设备是密切联系的,没有存储设备,就没有文件系统。在讨论文件系统的实现之前,有必要介绍主要的存储设备。

1. 存储介质的特点

存储设备一般有容量大、断电后仍可保存信息、速度较慢、成本较低等特点。

存储设备由驱动部分和存储介质两部分组成。存储介质又称卷,"卷"字来自把存储介质看做"信息容器"的比喻。每个存储介质需要驱动器以使计算机能读写(及保存、控制、测试)存储介质上的内容。

例如,软盘设备由软盘驱动器(即控制部分)和软盘片(即存储实体)组成。可移动的存储实体可以离开驱动部分单独保存起来,可以装到同一计算机系统的另一驱动部分,还可以装到不同计算机系统的同一设备上。

存储设备有很多种类,如磁盘、磁带、磁鼓、纸带、光盘和闪存等,而且一个计算机系统中可同时连接多种存储设备。有些存储介质是可重用的,即写了以后还可以重写,如磁记录、光记录类和电记录类等。有些存储介质是不可重用的,即写了以后就不可以重写,如早期的纸带卡片等。

存储设备的空间组织与地址存取方式比较复杂。在磁盘中,磁盘空间由盘面、柱面、磁道和扇区组成。对存储设备的使用就是在存储设备上存取数据,即往存储设备写数据,或从存储设备读数据。

存储设备存取的过程方式因各种具体存储设备而异,不过也有一定共性。存储设备存取的过程大致如下:读状态→置数据→置地址→置控制→读状态,等等。一个字符的 I/O 可能要有上述过程的若干个循环才能完成。

2. 用户对存储设备的要求

用户使用存储设备,目的在于读写存储在介质上的数据。用户对存储设备的要求是,方便、效率、安全,更具体来说,有以下的要求:

(1) 在读写存储设备时不涉及硬件细节,用户直接使用逻辑地址和逻辑操作;
(2) 存储设备存取速度尽可能快,容量大且空间利用率高;
(3) 存储设备上存放的信息安全可靠,防止来自硬件的故障和他人的侵权;
(4) 可以方便地共享,存储空间可动态扩大、缩小,携带、拆卸便捷,可随时了解存储设备及使用情况;
(5) 以尽可能小的代价完成上述要求。

3. 文件在存储设备中的存取

存储设备的特性决定了文件的存取方式。常见的存储设备有顺序存取设备和随机存取设备两种。

(1) 顺序存取设备

磁带是最早使用的磁记录存储介质。磁带也是一种典型的顺序存取设备。在顺序存取设备上,只有在前面的物理块被存取访问之后,才能存取后续的物理块,如图 6.7 所示。

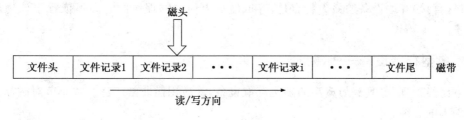

图 6.7 磁带的结构

由磁带的读写方式可知,只有当第 i 块被存取之后,才能存取第 i+1 块。因此,某个物理块距离磁头当前位置很远时,则要花费很长的时间来移动磁头。磁带设备的优点是:容量大。

磁带虽能永久保存大容量数据,但存取速度太慢,更重要的是由于磁带限于顺序存取方式:前面的物理块被存取访问之后,才能存取后续的物理块的内容,而不适合于随机存取方式。故磁带现在主要用于后备存储和存储不经常使用的信息,或用作不同系统之间传递数据的介质。

(2) 随机存取设备

磁盘是最典型的随机存取设备。磁盘设备允许文件系统直接存取磁盘上的任意物理块。为了存取一个特定的物理块,可将磁头直接移动到所要求的位置上,而不需要像顺序存取那样存取其他的物理块。磁盘结构如图 6.8 所示。

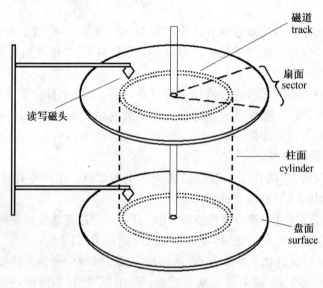

图 6.8　磁盘的结构

磁盘一般由若干磁盘片组成。系统在对磁盘初始化时,将盘面上划分出一些同心圆,作为存储信息的介质,称为磁道(简称道)。进一步将磁道圆周分为若干弧段,称为扇区,每个扇区就构成了一个物理块。

磁头臂是沿半径方向移动的。访问磁盘时,首先要移动磁头臂到相应柱面(磁道)上,然后旋转盘片将指定磁头定位在指定扇区上,最后控制磁头对扇区中的数据进行读写。所以,一次访盘时间由寻道时间、旋转定位时间和数据传输时间组成,其中,寻道时间由于是机械动作,因而所花费的时间最长。

随机(直接)存取设备的最大特点是,存取磁盘上任一物理块的时间不依赖于该物理块所处的位置。

6.3.3　典型存储设备——磁盘

前面已经提到,磁盘是最典型的随机存取设备,其应用面非常广泛。本小节对磁盘的结构作较为深入的介绍。

1. 磁盘的结构

一张磁盘外表看起来就像一张唱片,因此常称磁盘为盘片。盘片表面涂磁性材料,信息就记录在盘片表面上。通过磁头的读写装置,信息可以写入磁盘,可以在写入后读出,也可以抹掉或修改,即可重写。每个磁盘片对应两个读/写磁头,分别对磁盘片的上下两面进行读写。

为了在信息写入以后还能读出来或还能修改，即为了磁头能够定位，盘面上的每个物理存储位置必须要有物理地址。下面叙述磁盘物理地址的构成。

磁盘表面划分为若干同心圆，每个圆周称为一个磁道，信息只能线性顺序排列记录在每个磁道上，而不能记录在盘面上的任意位置。使用磁盘时，驱动器的马达带动磁盘高速匀速旋转，磁头一直停留在盘面表面上方并可以在不同磁道间移动。当磁头移动到目标磁道后就静止不动，该磁道的内容就从磁头下顺序经过，这时磁头就可以读写从磁头下经过的该磁道的内容和位置。注意，这一过程意味着整个磁道读写，即磁道为最小寻址单位和存取单位。从实际使用看，用磁道作为最小物理寻址单位和存取单位太大了，经常会导致不必要的多读或多写。

多数系统将磁道进一步划分为若干扇区，即将磁道圆周分为若干弧段，一个扇区可长32 B～4 KB，每磁道可有 4～32 个扇区。这样，进一步减小物理寻址单位和存取单位，用扇区作为最小寻址单位和存取单位。

为了标别扇区位置，同一磁道的相邻扇区之间都留出一定的专用空间用来记录扇区标记。若要读写指定扇区，磁头在定位到相应磁道后，便通过记录间隙判别扇区标记（record gap，sector mark），从而等待指定扇区从磁头下经过。这种判别是由驱动器硬件完成的。因此扇区是硬件设定的单位。

由于盘片正反两面都使用，或若干个磁盘片组合固定在一起由同一个马达驱动，因此需要标定盘面的代号或磁头号。

将所有盘面中处于同一磁道号上的所有磁道组成一个柱面，这就构成了柱面号。读写同一柱面内的数据不需移动磁头，实际上节省了访盘时间。

综上所述，磁盘的物理地址具有如下的形式：

磁头号（盘面号）、柱面号、磁道号、扇区号。

2. 访问磁盘请求的处理

信息是存放在磁盘上的，而实际存取读写的动作过程则由磁盘驱动控制设备按照主机要求来完成。

磁盘驱动控制设备硬件对主机提供的接口（即对程序的接口）是一次次的访盘请求，其形式为：读/写，磁盘地址（设备号、磁头号、柱面号、磁道号、扇区号），内存地址（源/目），每次访盘请求存取一个扇区。

在磁盘系统内部，每次从接口接受了这样一个访盘请求，在确定了磁头之后，其完成过程都由三个动作组成：

(1) 首先，寻道：磁头移动定位到指定磁道。完成寻道动作的时间，即磁头定位到指定磁道的时间，称为寻道时间（seek time）。

(2) 然后，在磁头位于正确磁道后，等待指定扇区从磁头下旋转经过。所需要时间称为旋转延迟（时间）。

(3) 最后，当所在扇区在磁头下时，数据在磁盘与内存间实际传送。所需的时间称为传送时间（transfer time），传送过程通常采用 DMA 方式。

可见，一次访盘服务的总时间是寻道时间、旋转延迟时间及传送时间之和。

很多系统允许磁盘（软盘和硬盘）是可装卸的（removable），即磁盘不用时可从驱动设备取出,将驱动设备让给其他磁盘。且磁盘可安装到不同计算机的同类驱动设备上,而磁盘驱动设备一般固定在计算机中。这样可以大大节省驱动设备成本,并增加灵活性和便携性。

大多数系统将磁盘驱动设备硬件中的电子控制部分分离出来成为磁盘控制器。磁盘控制器决定磁盘与计算机间的逻辑联系。控制器从 CPU 接受指令并指挥磁盘驱动部分执行指令。这种划分允许多个磁盘驱动器连接到同一个磁盘控制器上。目前,多数计算机系统都支持可带多个驱动设备的控制器。还有的计算机系统可支持磁盘阵列。

有些磁盘控制器中包括缓冲区,用于加快系统与控制器与磁盘间的通信。该缓冲区存放最近从磁盘上读写的数据,如果以后要读写的数据正在此缓冲区内,则可省去一次访盘。

硬盘还可以根据磁盘的特点分为两种,固定头磁盘和移动头磁盘。固定头磁盘的每个磁道设置一个磁头,变换磁道时不需要磁头的机械移动,速度快但成本高;而移动头磁盘的一个盘面只有一个磁头,变换磁道时需要移动磁头,速度慢但成本低。

存储设备的主要设计要求是成本、容量、密度、速度、便携性、可重写性及数据耐久性。密度高则速度快、容量大;体积小,则便携。

磁盘的可重写性和直接存取方式,使得磁盘能很方便地用于存储和存取多个文件。而且,随着技术的进步,磁盘的成本正在步步降低,存储容量不断扩大,故磁盘是大多数现代计算机系统的主要存储设备。

3. 光盘

光盘是利用在激光的作用下特性发生变化的一些材料所制成的非磁记录介质。

只读式光盘具有容量大、速度快(接近硬盘)、价格便宜等特点,但一般不可写。不过随着技术的不断发展,可读写光盘驱动器价格日趋便宜,读写速度也在不断提高。可读写光盘有可能成为新的主流存储设备。

4. 闪存

闪存(flash memory)是不易丢失存储器(Non-Volatile Memory,简称 NVM)中的一种。之所以有这个名称,只因为信息在一瞬间(闪电式,flash)被存储下来之后,即使除去电源,存储器中的信息依旧保留。这同只要一掉电、信息就丢失的易失性存储器(如 DRAM、SRAM)形成鲜明的对照。

较之其他的存储器,闪存有独特的优点。首先,闪存是电可擦除的,且在系统中是可随机存取的。其次,闪存没有任何机械运动部件,寿命和可靠性相当高。显然,闪存的读写比硬盘快而且方便。只是目前闪存的价格比硬盘高。

另外,闪存在擦除和重编程时并不需要额外的电源。而且,闪存比一般 EPROM 价格低,存储密度高。

闪存目前已经进入各类应用产品中,如电脑、外设、电信设备、移动电话、网际设备、仪器和自动化设备,在面向消费者的语言、影像和数字存储设备,如数码相机、数码录音器以及掌上电脑、个人数字助理等一大类智能家电产品中,闪存的优势是明显的。

6.3.4 文件物理结构与文件存取方式

在图 6.9 中列出了文件结构、文件存取方式与文件存储介质的关系,以便使读者对三者之间的关系有一个更清晰的认识。

存储介质	磁 带	磁 盘		
物理结构	连续结构	连续	链接	索引
存取方式	顺序存取	顺序	顺序	顺序
		随机		随机

图 6.9 文件结构、文件存取方式与存储介质

6.4 文 件 目 录

在一个计算机系统中保存有许多文件,用户在创建和使用文件时只给出文件的名字,由文件系统根据文件名找到指定文件。为了便于对文件进行管理,设置了文件目录,用于检索系统中的所有文件。

6.4.1 文件目录组成

文件系统的一个最大特点是"按名存取",用户只要给出文件的符号名就能方便地存取在外存空间的文件信息,而不必关心文件的具体物理地址。而实现文件符号名到文件物理地址映射的主要环节是检索文件目录。系统为每个文件设置一个描述性数据结构——文件控制块 FCB(File Control Block),文件目录就是文件控制块的有序集合,即把所有文件控制块有机地组织起来,就构成了文件目录。

1. 文件控制块 FCB 结构

文件控制块 FCB 是系统为管理文件而设置的一个数据结构。FCB 是文件存在的标志,它记录了系统管理文件所需要的全部信息。

FCB 通常应包括以下内容:

文件名,文件号,用户名,文件地址,文件长度,文件类型,文件属性,共享计数,文件的建立日期,保存期限,最后修改日期,最后访问日期,口令,文件逻辑结构,文件物理结构等,如图 6.10 所示。

2. 目录文件

为了实现对文件目录的管理,通常将文件目录以文件的形式长期保存在外存空间,这个文件就被称为**目录文件**。通常,目录文件是长度固定的记录式文件。

文件控制块（FCB）
文件名
文件代号
用户名
文件物理位置
文件长度
记录大小
文件类型
文件属性
共享说明
文件逻辑结构
文件物理结构
建立日期和时间
最后访问日期和时间
最后修改日期和时间
口令
保存期限

图 6.10 文件控制块

6.4.2 文件目录结构

文件目录的组织与管理是文件管理中的一个重要方面,一般有一级(单级)目录结构、二级目录结构和多级目录结构。

1. 一级目录结构

在整个系统设置一张线性目录表,表中包括了所有文件的文件控制块,每个文件控制块都指向一个普通文件,如图 6.11 所示,这就是一级(单级)目录结构。

一级目录结构是一种最简单、最原始的目录结构。该目录表存放在存储设备的某固定区

图 6.11　一级目录结构

域,在系统初启时或需要时,系统将其调入内存,或部分调入内存。文件系统通过该表提供的信息对文件进行创建、搜索、删除等操作。例如,当建立一个文件时,首先从该表中申请一项,并存入有关说明信息;当删除一个文件时,就从该表中删去一项。

利用一级目录,文件系统就可实现对系统空间的自动管理和按名存取。例如,当用户进程要求对某个文件进行读写操作时,它调用有关的系统调用,通过事件驱动或中断总控方式进入文件系统,此时,CPU 控制权在文件系统手中。文件系统首先根据用户给定的文件名搜索一级文件目录表,以查找文件信息的物理块号。如果搜索不到对应的文件名,则失败返回(读操作时),或由空闲块分配程序进行空闲块分配后,再修改一级目录表。如果已找到文件的第一个物理块块号,则系统根据文件所对应的物理文件的结构信息,计算出所要读写的文件信息块的全部物理块块号,然后系统把 CPU 控制权交给设备管理系统,启动有关设备进行文件的读写操作。

一级目录结构的优点是简单,易实现。缺点是限制了用户对文件的命名,且文件平均检索时间长。

由于一级目录表中,各文件说明项都处于平等地位,只能按连续结构或顺序结构存放,因此,文件名与文件必须一一对应,限制了用户对文件的命名,不能重名。如果两个不同的文件重名的话,则系统将把它们视为同一文件。

另外,由于一级目录必须对一级目录表中所有文件信息项进行搜索,因而,搜索效率也较低。

2. 二级目录结构

为改变一级目录中文件目录命名中的可能冲突,并提高对目录文件检索速度,一级目录被改进扩充成二级目录。

在二级目录结构中,目录被分为两级。第一级称为主文件目录(Main File Directory,简称 MFD),给出了用户名和用户子目录所在的物理位置;第二级称为用户文件目录(User File Directory,简称 UFD,又称用户子目录),给出了该用户所有文件的 FCB。这样,由 MFD 和 UFD 共同形成了二级目录。二级目录的结构如图 6.12 所示。

当用户要对一个文件进行存取操作或创建、删除一个文件时,首先从 MFD 找到对应的目录名,并从用户名查找到该用户的 UFD。余下的操作与一级目录时相同。

使用二级目录的优点是解决了文件的重名问题和文件共享问题,查找时间降低。缺点:增加了系统开销。

由于查找二级目录首先从主目录 MFD 开始搜索,因此,从系统管理的角度来看,文件名已演变成为用户名/用户文件名。从而,即使两个不同的用户具有同名文件,系统也会把它们区别开来。再者,利用二级目录,也可以方便地解决不同用户间的文件共享问题。这只要在被共享的文件说明信息中增加相应的共享管理项和把共享文件的文件说明项指向被共享文件的

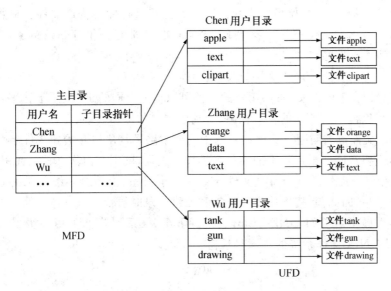

图 6.12 二级目录结构

文件说明项即可。

另外,如果一级目录表的长度为 n 的话,则在一级目录时的搜索时间与 n 成正比;与一级目录相比,在二级目录时,由于 n 的目录已被划分为 m 个子集,则二级目录的搜索时间是与 m+r 成正比的。这里的 m 是用户个数,r 是每个用户的文件的个数,一般我们有 m+r ≤ n,从而二级目录的搜索时间要快于一级目录。

3. 多级目录结构

把二级目录的层次关系加以推广,就形成了多级目录,又称树型目录结构,如图 6.13 所示。

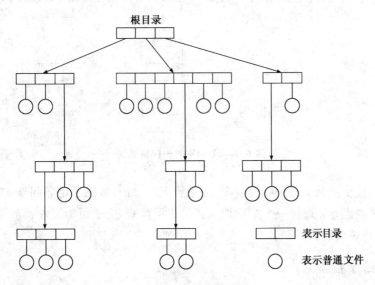

图 6.13 多级目录结构

节点在多级目录结构中,除了最低一级的物理块中装有文件信息外,其他每一级目录中存放的都是下一级目录或文件的说明信息,由此形成层次关系,最高层为根目录,最低层为文件。

269

根目录是唯一的,由它开始可以查找到所有其他目录文件和普通文件。根目录一般可放在内存。从根节点出发到任一非叶节点或叶节点(文件)都有且仅有一条路径,该路径上的全部分支组成了一个全路径名。

多级目录结构的优点是便于文件分类,且具有下列特点:

(1) 层次清楚。不同性质、不同用户的文件可以构成不同的子树,便于管理;不同层次、不同用户的文件可以被赋予不同的存取权限,有利于文件的保护。

(2) 解决了文件重名问题。文件在系统中的搜索路径是从根开始到文件名为止的各文件名组成,因此,只要在同一子目录下的文件名不发生重复,就不会由文件重名而引起混乱。

(3) 查找搜索速度快。可为每类文件建立一个子目录,由于对多级目录的查找每次只查找目录的一个子集,因此,其搜索速度较一级和二级目录时更快。

目前大多数操作系统如 UNIX、Linux 类、Windows 系列等都采用多级目录结构。在图 6.14 中给出了 UNIX 操作系统的一棵目录树。

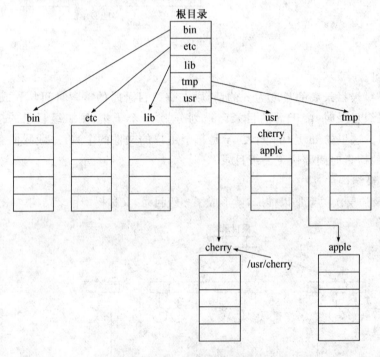

图 6.14　UNIX 的一棵目录树

多级目录结构优点是:层次结构清晰,便于管理和保护,解决了重名问题,查找速度加快。多级目录结构的缺点是:查找一个文件按路径名逐层检查,由于每个文件都放在外存,多次访盘影响速度,结构相对比较复杂。

6.4.3　文件目录检索

1. 当前目录与目录检索

文件系统向用户提供了一个当前正在使用的目录,称为**"当前目录"**又称**"工作目录"**。如果需要,用户可随意更改当前目录。

在访问文件时,要进行目录检索。用户给出文件名,系统按名寻找目录项。有两种根据路径名检索的方法:一种是全路径名,另一种是相对路径。

使用全路径名检索的方法,需要从根目录开始,列出由根到用户指定文件的全部有关子目录。

但是,如果每次都从根节点开始检索,很不方便。因为通常各目录文件放在外存,故影响访问速度,尤其是当目录层次较多时检索要耗费很多时间。

为克服这一缺点,引入"相对路径"的概念。所谓**相对路径**的含义是,用于检索的路径名只是从当前目录开始到所要访问文件的一段路径,即以当前目录作为路径的相对参照点。这样检索路径缩短,检索速度提高。

2. 文件目录的改进

一个文件控制块一般要占很多空间,这样导致目录文件往往也很大。在检索目录时,为了找到所需要的目录项,常常要将存放目录文件的多个物理块逐块读入内存进行查找,这就降低了检索速度。

为加快目录检索可采用目录项分解法,即把目录项(FCB)分为两部分:符号目录项(次部),包含文件名以及相应的文件号;基本目录项(主部),包含了除文件名外文件控制块的其他全部信息(参见图 6.15)。

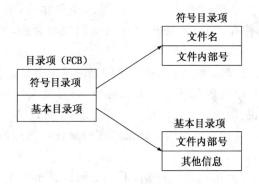

图 6.15 目录项分解法

例子:假设一个 FCB 有 48 个字节,符号目录项占 8 个字节,文件名占 6 个字节,文件号占 2 个字节,基本目录项占 42(48-6)个字节。设物理块大小为 512 个字节。

解

分解前:一个物理块可以存放 512/48≈10 个 FCB;分解后:一个物理块可以存放 512/8=64 个符号目录项或者 512/42≈12 个基本目录项。

假设:某个目录文件有 128 个目录项;分解前:需要占用 13 块(128/10≈13)存放该目录文件;分解后:符号目录文件占用 2 块(128/64=2),基本目录文件占用 11 块(128/12≈11)。

下面计算查找一个文件的平均访盘次数:

分解前:(1+13)/2=7 次;

分解后:(1+2)/2 +1 =2.5 次。

可见,目录项分解法的优点是,减少了访问硬盘的次数,提高了文件目录检索速度。

6.5 文件系统的实现

前面讨论的文件系统,主要是从用户的角度探讨问题。本节从设计和实现者的角度讨论文件系统如何实现,也就是文件系统的内在的物理结构。

文件的使用者关心文件是如何命名的、可以进行哪些文件操作、文件目录是如何组织的、如何检索或查找文件目录等问题。

而设计和实现者感兴趣的是,在磁盘上怎样安排文件和目录存储,如何管理磁盘空间以及怎样使文件系统有效而可靠地工作等。

文件系统实现的关键是,找到一种符合设计要求的方法,把文件记录到磁盘块上去。所谓文件的物理结构,是从系统的角度来看文件,从文件在物理介质上的存放方式来研究文件。

下面介绍几种文件在磁盘上存储的方式,这也就是文件的物理结构。

6.5.1 文件记录块

文件的存储设备常常划分为若干大小相等的物理块。同时也将文件信息划分成逻辑块(块),所有块统一编号。以块为单位进行信息的存储、传输和分配。

从用户的角度看文件,是把每一个文件看作是一个整体的,不考虑文件实际在磁盘上的存放方法。事实上,文件有大有小,磁盘的存储空间也有大小,另外,文件传输时也必须分块。

这样,在文件系统中,是以块作为分配和传送信息的基本单位。显然,对于字符流的无结构文件来说,每一个物理块中存放长度相等的文件信息(存储文件尾部信息的物理块除外)。不过,对于记录式文件来说,由于记录长度可以是固定的,也可以是可变的,而且其长度不一定刚好等于其物理块的长度,从而有可能给由记录的逻辑地址到物理地址的变换带来了额外的负担。

一旦决定把文件按固定大小的块来存储,下一个问题就出现了:块的大小应该是多少? 当然可以按照磁盘的组织方式,把扇区、磁道和柱面作为分配单位。

如果分配单位很大,比如,以柱面为分配单位,这时每个文件,甚至是 1 个字节的文件,都要占用整个柱面。而研究表明,UNIX 环境下的平均文件长度约为 1K,因而分配 32 K 的柱面会浪费 31/32 或者说 97% 的磁盘空间。另一方面,分配单位很小意味着每个文件由很多块组成。每读一块都有寻道和旋转延迟时间,所以,读取由很多小块组成的文件会非常慢。

磁盘空间利用率的提高(块大小<2 K),意味着读取磁盘数据的速率降低。反之亦然。时间效率和空间效率本质上相互冲突。

因此,在具体实现时,总是把文件划分为一定大小的逻辑存储块,通常每块长为 512 或 1024 字节。

文件的物理结构决定了文件在存储设备上的具体存放方式和位置,因此,文件的逻辑块号(逻辑地址)到物理块号(物理地址)的变换也由文件的物理结构所决定了。

6.5.2 文件寻址

文件的逻辑块号(逻辑地址)到物理块号(物理地址)的变换,是由文件的寻址机构实现的。文件内寻址机构的作用是,把文件内的逻辑地址(文件逻辑空间)转换成磁盘的物理地址(文件物理空间)。

文件内寻址机构的具体结构是由文件在物理空间的特性决定的,一般可分为以下三种类型:

(1) 一个存储介质上只存放一个文件。连续存放即可。这种方式简单但浪费存储介质。早期的纸带存储介质只能这样。现代计算机中,由于单个存储介质的空间较大,此种情况的出现原因有所不同。比如,用户只打算在某一软盘上保存一个小文件。

(2) 一个存储介质上存放多个文件。显然此种方式的存储空间利用率高,但需进行目录查找。现在一般的磁盘都属于这种情况。

(3) 一个大的文件跨放在多个存储介质上。人们在用软盘存储大于 1.44 兆字节的文件时,经常会出现这种情况。而早期的计算机系统中,由于存储介质容量小,有时会发生多卷磁带才能记录一个文件的情况。

在现代计算机中,不论出现上述哪一种情况,存储介质的内部物理结构实际都是一样的。这和早期计算机存储介质容量小、而且昂贵的情况是完全不同的。

下面重点讨论存储介质上的物理块长度与文件逻辑记录的长度之间的关系。文件信息是以块为单位存储、传输的。但存取文件时,对于记录式文件,是以逻辑记录为单位提出存取要求的,因此,存储介质上的物理块长度与逻辑记录的长度是否匹配直接影响到对文件的寻址。

存储介质上的物理块长度与逻辑记录的长度是否匹配,大致有以下三种情况:

(1) 逻辑记录长度与物理块长相等。既然逻辑记录的长度和物理块长相等,那么不需要进行特别的处理,只要按块存取即可。

(2) 逻辑记录长度为物理块长的整数因子。此种情况,文件的寻址也比较简单。

(3) 逻辑记录长度不为物理块长的整数因子。这是文件寻址最复杂的情况,下面介绍在这种情况下的文件寻址过程:假设,物理块长为 bs,逻辑记录所在的物理块的相对块号为 rb。

① 根据逻辑记录号和记录长度,确定逻辑记录所在物理块的相对块号 rb;
② 由记录长度确定逻辑记录所在的物理块块数 n;
③ 计算记录在所占的首物理块内的位移量 d1;
④ 计算记录所占的末物理块内的位移量 d2,即记录在末块内占据的长度;
⑤ 根据物理块长 bs 及计算出来的 d1 和 d2,判断记录是否跨块;若跨块则修改 n 值和 d2 值。

6.5.3 实现文件的表目

当用户申请打开一个文件时,系统要在内存中为该用户保存一些表目。在内存中所需的表目如下:

1. 系统打开文件表

该"系统打开文件表"放在内存,用于保存已打开文件的目录项(即 FCB)信息。此外,还保存共享计数、修改标志等(参见图 6.16)。

基本目录项信息	共享计数	修改标志
……	……	……

图 6.16 系统打开文件表

2. 用户打开文件表

每个进程一个都有一个"用户打开文件表"。该表的内容有文件描述符、打开方式、读写指针和系统打开文件表入口等(参见图 6.17)。

文件描述符	打开方式	读写指针	系统打开文件表入口
……	……	……	……

图 6.17 用户打开文件表

另外在进程的 PCB 中,还记录了"用户打开文件表"的位置。

3. 用户打开文件表与系统打开文件表之间的关系

那么用户打开文件表与系统打开文件表之间是什么关系呢?实际上,用户打开文件表指向了系统打开文件表。如果多个进程共享同一个文件,则多个用户打开文件表目对应系统打开文件表的同一入口(参见图 6.18)。

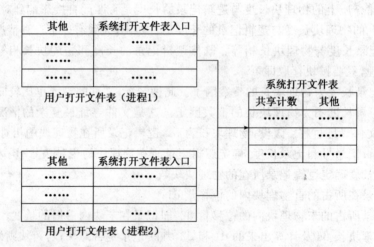

图 6.18 文件表之间关系

6.5.4 磁盘空间的管理

一个存储设备上的空闲空间登记表(Free Space List,简称 FSL)动态跟踪记录该存储设备上所有空闲块(即还没有分配给任何文件的块)的数目和块号。该数据结构虽称为表,但不一定以二维表形式实现。为方便高效安全起见,一般把 FSL 放在存储实体上。

由于设备空间是有限的,故不再使用的空间(删掉的文件产生的)必须回收以重用,然后在建立文件等操作中重新动态分配。可见在文件删除、文件建立、写文件等操作中都会访问与修改空闲空间表。

对于只读的存储设备(如光盘),无所谓回收,也无所谓动态分配,物理上就是不可重用的。

那么空闲空间登记表采用什么样的数据结构呢？在实际系统中有四种不同的方案,下面分别介绍之。

1. 位示图

位示图法的基本思想是利用一串二进制位(bit)的值来反映磁盘空间的分配使用情况。每一个磁盘物理块对应一个二进制位,如果物理块为空闲,则相应的二进制位为 0;如果物理块已分配,则相应的二进位为 1,如图 6.19 所示。

	0	1	2	3	4	5	6	7	8	9	A	B	C	D	E	F
0	0	1	0	0	0	0	0	0	0	0	0	0	0	0	0	0
1	0	0	0	0	0	0	1	0	0	0	0	0	0	0	0	0
2	1	1	1	1	1	1	1	0	1	1	0	0	0	0	0	0
3	0	1	0	0	0	0	0	0	1	1	0	0	0	0	0	0
4	0	1	1	1	1	1	1	1	1	0	0	0	0	0	0	0
5	0	1	1	0	1	1	1	1	1	0	0	0	0	0	1	1
6	0	1	0	0	0	0	0	0	0	0	0	0	0	1	0	0
7	0	1	0	0	0	0	0	0	0	0	0	0	0	0	1	1

图 6.19 位示图

申请磁盘物理块时,可在位示图中从头查找为 0 的字位,将其改为 1,返回对应的物理块号；归还物理块时,在位示图中将该块所对应的字位改为 0。

磁盘空闲空间登记数据结构在大部分情况下以位示图实现。

位示图描述能力强,一个二进位就描述一个物理块的状态,因而位示图较小,可以复制到内存,使查找既方便又快速。位示图适用于各种文件物理结构的文件系统。

位示图的主要优点是能够简单有效地在盘上找到 n 个连续空闲块。的确,很多计算机提供了位操作指令,使位示图查找能够高效进行。例如,Intel x86 微处理器系列就有这样的指令：返回指定寄存器的所有位中值为 1 的第一位。

Linux 的文件系统 Ext2 就是采用位示图来描述数据块和索引节点的使用情况的。

2. 空闲块表

文件系统建立一张空闲块表,该表记录了全部空闲的物理块：包括首空闲块号和空闲块个数(见图 6.20)。空闲块表方式特别适合于文件物理结构为顺序结构的文件系统。

序号	首空闲块号	空闲块个数
0	10a8	12
1	9002	98
2	a6003	4096
...	...	...
n	899a08	2568
...	...	...

图 6.20 空闲块表

建立新文件时,系统查找空闲块表,寻找合适的表项,分配一组连续的空闲块。如果对应表项所拥有的空闲块个数恰好等于所申请值,就将该表项从空闲块表中删去。当删除文件时,系统收回它所占用的物理块,考虑是否可以与原有空闲块相邻接,合并成更大的空闲区域,最后修改有关表项。

3. 空闲块链表

如图 6.21 所示,系统将所有的空闲物理块连成一个链,用一个空闲块首指针指向第一个空闲块,然后每个空闲块含有指向下一个空闲块的指针,最后一块的指针为空,表示链尾。

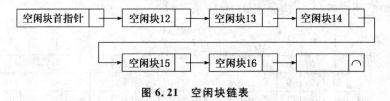

图 6.21 空闲块链表

在图 6.21 中,空闲块首指针维持一个指向盘块 12 的指针,该块是第一个空闲盘块。盘块 12 包含一个指向盘块 13 的指针,盘块 13 指向盘块 14,等等。这种模式效率低,要遍历整张表,必须读每一个块,需要大量 I/O 时间。

外存空间的申请和释放以块为单位,申请时从链首取一块,释放时将其链入链尾。空闲块链表法节省内存,但申请释放速度较慢,实现效率较低。

4. 成组链接

对链接表的改进是将空闲盘块分成若干组,每一组空闲盘块的地址存放在另一空闲盘块组的第一个空闲块中,该组中其余 n-1 个空闲盘块是实际空闲的,如图 6.22 所示。假设每 100 个空闲块为一组。通常第一组可能不足 100 块,第一组空闲盘块的地址(块号)通常放在一个专用块中,专用块的第 1 个单元给出下一组空闲盘块的个数,第 2 个单元以后存放下一组空闲盘块的地址(块号);第二组有 100 个空闲盘块,其地址(块号)放在第一组中的第一个空闲盘块中,该块的第 1 个单元给出第一组空闲盘块的个数,第 2 个单元以后存放第二组空闲盘块的地址(块号);依次类推,组与组之间形成链接关系。最后一组有 99 个空闲盘块,其地址(块号)放在前一组中的第一个空闲盘块中,而该块中的第 2 个单元填"0",表示该块中存放的是最后一组的块号,空闲块链到此结束。这种方式称为成组链接。

系统在初始化时先把专用块内容读到内存中,当需分配空闲块时,就直接在内存中找到哪些块是空闲的,每分配一块后把空闲块数减 1。但在把一组中的第一个空闲块分配出去之前,应把登记在该块中的下一组的块号及块数保存到专用块中(此时原专用块中的信息已经无用,因为它指出的一组空闲块都已被分配了)。当一组空闲块被分配完后,则再把专用块的内容读到内存中,指出另一组可供分配的空闲块。

假设初始化时系统已把专用块读入内存储器 L 单元开始的区域中,分配和回收的算法如下:
(1) 分配一空闲块
查 L 单元内容(空闲块数):
当空闲块数 > 1, i := L + 空闲块数;
    从 i 单元得到一空闲块号;
    把该块分配给申请者;

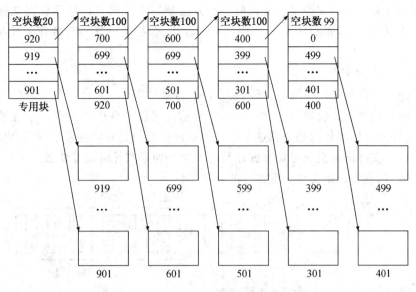

图 6.22 空闲块成组链接表

空闲块数减1。

当空闲块数 = 1,取出 L + 1 单元内容(一组的第一块块号或0);

取值 $\begin{cases} = 0,\text{无空闲块,申请者等待;} \\ \neq 0,\text{把该块内容复制到专用块;} \end{cases}$

该块分配给申请者;

把专用块内容读到内存 L 开始的区域。

(2) 归还一块

查 L 单元的空闲块数;

当空闲块数 < 100,空闲块数加 1;

j := L + 空闲块数;

归还块号填入 j 单元。

当空闲块数 = 100,把内存中登记的信息写入归还块中;

把归还块号填入 L + 1 单元;

将 L 单元置成 1。

采用成组链接后,分配、回收空闲块时均在内存中查找和修改,只有在一组空闲块分配完或空闲的磁盘块构成一组时才需要启动磁盘读写。因此,成组链接的管理方式比普通的链接方式效率高。

这种方案的优点是能够迅速找到大量空闲盘块地址。有些版本的 UNIX 便采用这种方案。

6.5.5 文件目录的实现

系统在读文件前,必须先打开文件。打开文件时,操作系统利用用户给出的路径名找到相应文件目录项,文件目录项中提供了查找文件磁盘块所需要的信息。文件目录系统的主要功能是把文件的 ASCII 名映射成查找文件数据所需的信息。

那么在何处存放文件属性呢？常用的一种方法是把文件属性直接存放在文件目录项中。对于采用 I 节点的系统，如 UNIX，则使用另一种方法，即把文件属性存放在 I 节点中，而不是目录项中。

1. CP/M 中的目录

CP/M 是一个微机操作系统，这里用它来讨论目录的实现。

CP/M 的目录项是比较简单的，如图 6.23 所示。在这个系统中只有一个目录，所以要查找文件名，文件系统所要做的是查找这个唯一的目录。当找到对应的目录项后，也就知道了文件的磁盘块号。文件的磁盘块号也存放在目录项中。如果文件的磁盘块数多于一个目录项中所能容纳的数目，就为这个文件分配额外的目录项。

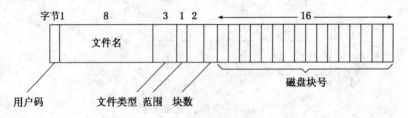

图 6.23 CP/M 的目录项

图 6.23 中各个字段的含义如下：用户码字段记录了文件所有者。接下来两个字段给出了文件名和扩展名。多于 16 块的文件占有多个目录项，这时采用范围字段。按照这个字段，可以知道哪个目录项是文件的第一个目录项，哪个是第二个，等等。块数字段给出了目录项在 16 个磁盘块中实际所占用的块数。目录项的最后 16 个字段给出了磁盘块号本身。

注意，文件最后的一个磁盘块有可能没有写满，这样系统无法确切地知道文件的字节数。因为 CP/M 是以磁盘块，而不是字节为单位来记录文件长度的。

2. MS-DOS 中的目录

现在考虑层次目录树系统的一些例子。图 6.24 是一个 MS-DOS 的目录项。它总共 32

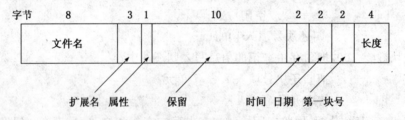

图 6.24 MS-DOS 目录项

个字节，其中包含了文件名、文件属性和第一个磁盘块的块号，该块号作为索引用。按照第一个磁盘块的块号，顺着索引链，可以找到文件的全部块。

在 MS-DOS 中，目录可以包含其他目录，从而形成层次文件系统。通常在 MS-DOS 中，每个应用程序在根目录下创建一个目录，把它的全部文件都放在这个目录下，所以不同的应用程序不会发生冲突。

3. UNIX 中的目录

UNIX 中采用的目录结构非常简单，如图 6.25 所示，每个目录项只包含一个文件名及其 I

节点号。有关文件类型、长度、时间、所有者和磁盘块等全部信息都放在 I 节点中。

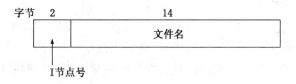

图 6.25 UNIX 中的目录结构

下面说明在打开文件时,文件系统寻找一个文件的过程,以 UNIX 中/usr/ast/mbox 为例。

首先文件系统找到根目录。在 UNIX 中根目录的 I 节点位于磁盘上的固定位置。

然后在根目录中查找路径的第一部分 usr,从而也就获得了文件/usr 的 I 节点号。利用这个 I 节点,文件系统找到目录/usr,并接着查找下一部分 ast。当找到 ast 目录项后,得到目录/usr/ast 的 I 节点。从而找到目录/usr/ast 并在该目录中查找文件 mbox。然后,把文件 mbox 的 I 节点读入内存,并保存在内存中,直至关闭该文件。这个查找过程如图 6.26 所示。

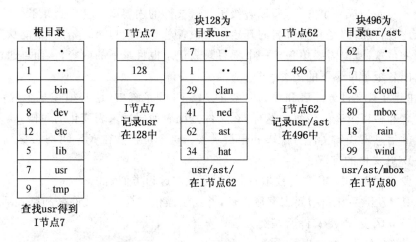

图 6.26 查找/usr/ast/mbox 的过程

6.5.6 MS-DOS 中的文件系统

本节用 MS-DOS 中的文件系统,具体说明文件系统的实际实现过程。

1. 硬盘分区

在介绍 MS-DOS 中的文件系统之前,需要介绍一下硬盘分区。硬盘分区的含义是,将单个硬盘划分为互不影响的几个区域,当作几个硬盘使用,就是通常所见到的 C、D、E、……等驱动器。所以在 MS-DOS 下存取文件时,在给出一个文件名后,操作系统要把文件名转换为对应的硬盘磁头、柱面、扇区等信息,便找出文件。在这些转换过程中,首先,要将文件所在的分区转换为磁头、柱面、扇区信息,这就要用到硬盘分区表。硬盘分区表记录有硬盘各个分区的位置、大小等信息,操作系统通过这些信息进行转换。

2. MS-DOS 文件系统

MS-DOS 是如何实现文件系统的呢？

在存入文件时,首先要知道哪一块硬盘空间是空白的,可以存入文件。这要用到文件分配表。硬盘数据区划分为一小块一小块的区域,然后用一个文件分配表记录每一小块区域的状态,如存入文件记为"已存"标记,空白区域记为"未存"标记,不可使用的坏块记为"不可用"标记等。

MS-DOS 为了尽可能地利用好硬盘空间,把所有文件都分割成与硬盘数据块同样大小的块,然后将文件分开存放在不同位置的硬盘块中,通过一个指针指明本文件的下一个数据块存放在何处。这样,只要找到开头的位置,就可以通过这个标记找到下一个块和下一个标记,再找到下一个块和下一个标记,……,直到找完整个文件。这个标记也存放在文件分配表中。

那么文件最开头的位置标记在哪里呢？在文件目录表中。

在读取文件时是通过路径和文件名进行的,将路径和文件名转换为所对应的数据内容也需要一些表,这些表即为文件目录表。文件目录表记录有文件名、文件长度、文件建立时间、文件属性、文件开始位置标记等,一个目录有一个,记录本目录下的文件及子目录内容。由于 MS-DOS 把子目录当成一个文件,所以各级子目录文件的内容就是文件目录表。

根目录比较特殊,路径和文件名的开始记录位置总是从根目录开始的,不能从其他子目录查出根目录的位置,所以需要单独建一个根目录表记录根目录下的内容,从而可通过根目录表顺藤摸瓜查出各级子目录下的内容。

最后,在建立有文件分配表和根目录表的 MS-DOS 系统中,还必须在某个规定的位置记录文件分配表和根目录表的位置。这样,在文件分配表和根目录表变化的时候,就可以通过修改这个位置的信息来找到文件分配表和根目录表。这个位置就在 MS-DOS 分区引导记录中。

3. MS-DOS 文件的存取

下面简要叙述 MS-DOS 文件读取过程(与存盘的过程类似)：

(1) 当用户发出系统调用要求存取文件,并给予操作系统一个文件名和路径后,操作系统首先查找硬盘分区表,确定文件所在的分区；

(2) 转到该分区下,找到根目录表；

(3) 从传入的参数中确定各级子目录并进入子目录；

(4) 查找本目录下对应文件第一块数据所在的文件分配表位置；

(5) 利用文件分配表中记录的下一块位置依次找完所有块并读出；

(6) 由操作系统将这些分散的数据块装配成一个文件返回给用户。

6.5.7 记录的成组与分解

用户的文件毫无疑问是由用户按自己的需要组织的。用户还可按信息的内在逻辑关系,把文件划分成若干个逻辑记录。显然,逻辑记录的大小是由文件性质决定的。

另一方面,存储介质上的物理分块与存储介质的特性有关,尤其是磁盘。磁盘上的块的大小是在磁盘初始化时预先划好的。因此,逻辑记录的大小往往与存储介质物理分块的大小不一致。

当用户文件的逻辑记录比存储介质的物理分块小得多时,把一个逻辑记录存入一个物理块中,就会造成存储空间的浪费。为此,可把多个逻辑记录存放在一个物理块中,当用户需要某个逻辑记录时再从一物理块信息中将其分解出来。

1. 记录的成组

把若干个逻辑记录合成一组存放在一物理块的工作称为**记录的成组**。每块中的逻辑记录个数称**块因子**。

记录的成组在不同存储介质上进行信息转储是很有用的。例如,某用户有一批早期的原始数据记录在一叠卡片上,共 6 张,每张卡片上最多记录 80 个字符。现在要把这批早期卡片上的数据转储到磁盘上。如果每当卡片输入机读取了一张卡片上的信息之后就立即把它转储到磁盘上,则磁盘上一个物理块也只不过就记录了仅仅 80 个字符。

假设磁盘上的一个物理块有 512 个字节,于是,一个物理块上只记录 80 个字符时,显然,磁盘空间的利用率太低了,只有 15.6%。若把 6 张的卡片的数据集中存放到磁盘上的一个物理块中,则磁盘空间的利用率就可以提高到 80×6 / 512 = 93.75%。

由于信息交换以块为单位,所以,要进行成组操作时必须使用内存的缓冲区。该缓冲区的长度等于要进行成组的最大逻辑记录长度乘以成组的块因子。在上面的卡片存储的例子中,最大逻辑记录长度为 80,成组的块因子为 6。成组转储操作如图 6.27 所示。

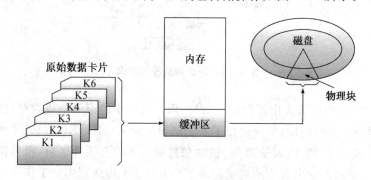

图 6.27 记录成组示例

在上面的例子中,6 个逻辑记录 K1、K2、K3、K4、K5 和 K6 在内存缓冲区中被合成一组,然后启动磁盘把这 6 个逻辑记录同时写到磁盘块中。可以看到,如果每个逻辑记录单独记录到磁盘上,不仅浪费空间,而且还要执行 6 次启动磁盘请求。合并以后,操作系统对用户的前 5 次读取记录请求都不需要启动磁盘。而在用户提出第 6 次读取记录请求后,缓冲区中存放了 6 个逻辑记录,再启动磁盘把这 6 个记录同时写入一个磁盘块中。可见,记录的成组不仅提高了存储空间的利用率,而且还减少了启动外部设备的次数,提高了系统的工作效率。

在进行记录成组时,还应考虑逻辑记录的格式。这是因为在记录式文件中,有"定长记录格式"和"不定长记录格式"。对定长记录格式的文件按记录成组的方式存储到存储介质上,则除最后一块外,每块中存放的逻辑记录个数是相同的。故只要在文件目录中说明逻辑记录的长度和块因子,在需要使用某个记录时就能方便地将其找出。

如果是一个不定长记录格式的文件,各个逻辑记录的长度可能不相等,在进行记录成组操作时,就应在每个逻辑记录前附加说明该记录长度的控制信息。

2. 记录的分解

对应前述记录成组的操作,有必要考虑从一组逻辑记录中把一个逻辑记录分离出来的操作,这种操作称为**记录的分解**。

显然,从事记录的分解操作也要使用内存缓冲区。

当用户请求读一个文件中的某个记录时,文件系统首先找出该记录所在物理块的位置,然后把含有该记录的物理块全部信息读入内存缓冲区,由于读入内存缓冲区的物理块信息中含有多个逻辑记录,所以要再从内存缓冲区中分解出指定的记录,然后传送到用户工作区。

对定长记录格式,只要知道逻辑记录的长度就可容易地进行分解。对不定长记录格式,要根据说明逻辑记录长度的控制信息,计算出用户所指定的记录在内存缓冲区中的位置,然后把记录分解出来。

图 6.28 是记录的分解操作示例。

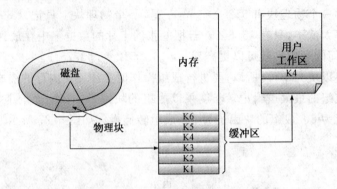

图 6.28 记录分解操作示例

在图 6.28 中,用户要求读出逻辑记录 K4。用户文件中的记录是成组存放在磁盘上的,系统找出含有记录 K4 的物理块,从中读出了 6 个逻辑记录 K1、K2、K3、K4、K5 和 K6,并且知道这些逻辑记录的长度为 80,块因子为 6。该块信息被读入内存缓冲区后,根据逻辑记录的长度和块因子为 6,立即就能取出其中的逻辑记录 K4,并把 K4 传送到用户工作区。

从上面的讨论可以看到,为了提高存储空间的利用率和减少启动设备的次数,采用了记录的成组和分解技术。但是上述效果的获得也付出了代价,主要包括:需要设立内存缓冲区,另外操作系统增加了成组和分解的操作的功能。

6.6 文件系统的使用

在文件系统中,用户可以利用操作系统提供的系统调用(或称广义指令)来完成具体的操作。对于文件或目录,文件系统要提供创建、打开、读、写、关闭、撤消操作等服务,还要提供文件系统维护以及文件系统的转储和恢复方面的系统调用。

6.6.1 文件操作

下面介绍几个文件操作的系统调用。

1. 建立文件

用户提供所要创建的文件的文件名及若干参数,系统为这一新创建的文件分配一个文件控制块,根据用户提供的参数表及系统控制需要来填写文件控制块中的有关项。

建立文件的实质是建立文件的 FCB,并建立必要的存储空间,分配空的 FCB。目的是建立系统与文件的联系。

建立文件系统调用的一般格式为:create(文件名,访问权限,(最大长度))。

建立文件的具体步骤如下:

(1) 检查参数的合法性:文件名是否符合命名规则,若是,则进行下一步(2);否则报错,返回。

(2) 检查同一目录下有无重名文件:若没有,则进行下一步(3);否则报错,返回。

(3) 在目录中有无空闲位置:若有,则进行下一步(4);否则,不成功返回。

有的系统可能要为此文件申请数据块空间(申请一部分或一次性全部申请)。

(4) 填写目录项内容:包括:文件名、用户名等,存取权限,长度置零,(首址)等。

(5) 返回。

2. 打开文件

打开文件,是使用文件的第一步,任何一个文件使用前都要先打开,即把 FCB 送到内存。

打开文件系统调用的一般格式为:fd=open(文件路径名,打开方式)。

打开文件时,系统主要完成以下工作:

(1) 根据文件路径名查目录,找到 FCB 主部。

(2) 根据打开方式、共享说明和用户身份检查访问合法性。

(3) 根据文件号检查系统打开文件表,看文件是否已被打开。

如果是,共享计数加 1;

否则,将外存中的 FCB 主部信息填入系统打开文件表空表项,共享计数置为 1。

(4) 在用户打开文件表中取一空表项,填写打开方式等,并指向系统打开文件表对应表项。

返回信息:fd:文件描述符,是一个非负整数,用于以后读写文件。

3. 读文件

打开文件后,就可以读取文件中的信息。

读文件系统调用的一般格式为:read(文件名,(文件内位置),要读的长度,内存目的地址)。

隐含参数:进程主。

读写方式可为读、写和既读又写等。

读文件时,系统主要完成以下工作:

(1) 检查长度是否为正整数:若是,则进行下一步(2);否则,转向(10)。

(2) 根据文件名查找目录,确定该文件在目录中的位置。

(3) 根据隐含参数中的进程主和目录中该文件的存储权限数据,检查是否有权读:若是,则进行下一步(4);否则,转向(10)。

(4) 由文件内位置与要读的长度计算最末位置,将其与目录中的文件长度比较,超过否?若是,则转向(10);否则,进行下一步(5)。也可将参数中的长度修正为目录中的文件长度。

(5) 根据参数中的位置、长度和目录中的映射信息,确定块号、块数、块内位移与长度。(参数准备完毕后,进行物理的读盘操作,读盘操作可能要进行多次)。

(6) 根据下一块号读块至内存缓冲区。

(7) 根据块内位移长度取出要读的内容,送至参数中的内存目的地址。

(8) 根据块内长度或起始块号＋块数,确定还读下一块吗？若是,则转向(5);否则,进行下一步(9)。同时确定下一块块号。

(9) 正常返回。

(10) 错误返回,返回相应错误号。

4. 写文件

写文件系统调用的一般格式为：write(文件名,记录键,内存位置)。

表示把内存中指定单元的数据作为指定键值的一个记录写入指定文件中,系统还将为其分配物理块,以便把记录信息写到外存上。

5. 关闭文件

若文件暂时不用,则应将它关闭。文件关闭后一般不能存取,若要存取,则必须再次打开。

关闭文件系统调用的一般格式为：close(文件名)。

系统根据用户提供的文件名或文件描述符,在该文件的有关数据结构上做修改。例如,在系统打开文件表中将该文件的共享计数减1,减1后若值为0,则将该表项删除,若该文件控制块内容被修改过,则要写回外存。

6. 撤消文件

撤消文件系统调用的一般格式为：delete(文件名)。

系统根据用户提供的文件名或文件描述符,检查此次撤消的合法性,若合法,则收回该文件所占用的文件控制块及物理块等资源。

7. 指针定位

指针定位的一般格式为：seek(fd,新指针的位置)。

指针定位时,系统主要完成以下工作：

(1) 由 fd 检查用户打开文件表,找到对应的入口；

(2) 将用户打开文件表中文件读写指针位置设为新指针的位置,供后继读写命令存取该指针处文件内容。

文件操作的种类远不止上述这些类型,还有如,读取文件属性、设置文件属性、修改文件名称,等等。

在不同系统中,文件操作的命令种类会有所变化,调用名和参数也都不同。

6.6.2 目录操作

本节介绍对目录的操作。在不同系统中,管理目录的系统调用是不同的。为了解这些系统调用及它们怎样工作,下面给出 UNIX 的一个例子。

注意,在 UNIX 中,"."代表当前目录,".."代表根目录。

(1) CREATE,创建目录。在新创建的目录中,除了目录项"."和".."外,目录内容是空的。而目录项"."和".."是系统自动放在目录中的(有时通过 mkdir 程序完成)。

(2) DELETE,删除目录。只有当一个目录为空时,该目录方可删除。所谓空目录的含义是,在一个目录中只有目录项"."和".."。"."和".."这两目录项是不能被删除的。

(3) OPENDIR,目录内容可被读取。如,为列出目录中全部文件,程序须先打开该目录,然后读其中全部文件的文件名。同打开和读文件相同,在读目录前,须打开目录。

（4）CLOSEDIR，读目录结束后，应关闭目录以释放内存空间。

（5）READDIR，系统调用 READDIR 返回打开目录的下一目录项。以前也采用 READ 系统调用来读目录，但这方法有一缺点：程序员须了解和处理目录的内部结构。相反，不论采用哪一种目录结构，READDIR 总是返回目录项一个标准格式。

（6）RENAME，文件可换名，目录也可换名。

（7）LINK，链接技术允许在多个目录中出现同一文件。这个系统调用指定一存在的文件和一路径名，并建立从文件到路径所指名字的链接。这样，可以在多个目录中出现同一文件。

（8）UNLINK，删除目录项。如果被解除链的文件只出现在一个目录中（通常情况），它从文件系统中被删除。如果它出现在多个目录中，则只删除指定路径名，依然保留其他路径名。在 UNIX 中，用于删除文件的系统调用实际上就是 UNLINK。

在 UNIX 中，最主要的有关目录的系统调用已在上列出。当然还有其他一些调用，如与目录相关的管理保护信息的系统调用。

6.7 文件系统的安全

文件系统中有对用户而言十分重要的信息。设法防止这些信息不被未授权使用、不被破坏是所有文件系统的一个主要内容。以下几节讨论涉及文件的共享、文件的安全保护和文件保密有关的一些问题。

文件的保护则指文件本身需要防止文件的拥有者本人或其他用户破坏文件内容，引起这种破坏的原因，不是本节讨论的内容。而文件保密是指，未经文件拥有者许可，任何用户不得访问该文件。这三个问题可以看作是一个用户对文件的使用权限，即读、写、执行的许可权问题。

6.7.1 文件共享

1. 文件共享的概念

（1）定义

文件的共享是指不同的用户共同使一个文件。有三种文件的共享形式：

① 文件被多个用户使用，由存取权限控制；

② 文件被多个程序使用，但分别用自己的读写指针；

③ 文件被多个程序使用，但共享读写指针。

（2）文件共享目的

文件共享的好处是明显的，例如可以节省时间和存储空间，还减少了用户工作量。有了文件共享，进程间也可以通过文件交换信息。

2. 文件共享的实现

文件共享是指一个文件被多个用户或程序使用。文件系统的一个重要任务就是为用户提供共享文件信息的手段。这是因为对于某一个公用文件来说，如果每个用户都在文件系统内保留一份该文件的副本，这将极大地浪费存储空间。下面讨论实现文件共享的方法。

假设待共享的文件是 A，文件 B、C 欲共享 A 文件。此时，可以在 B、C 的目录项中各自复制 A 文件的磁盘地址。如果随后 C 往 A 文件中添加了内容，那么新的数据块将只列入 C 目录项中；其他的用户，包括 B，对此改变是不知道的。这就违背了共享的目的。

有两种方法解决这一问题。

(1) I 节点法

在这种解决方案中，磁盘块不列入目录项，用一个小型数据结构与文件本身关联，目录项将指向该小型数据结构，即 I 节点。这是 UNIX 系统中所采用的方法。

这种方法有其缺点。考虑 I 节点记录了文件所有者是 A，当 B 连接到共享文件 A 时，只是将 I 节点的连接计数加 1。

如果以后 A 试图移走该文件并清除 I 节点，则 B 目录项指向一个无效 I 节点。如果该 I 节点以后分配给另一个文件，则 B 的连接指向一个错误的文件。系统通过 I 节点中的计数可知该文件仍然被引用，但是已经没有办法找到指向该文件的全部目录项以便删除它们。

(2) 符号链接(symbolic linking)法

在另一种解决文件共享的方案中，系统建立一个类型为 LINK 的新文件，并把该文件放在 B 的目录下，使得它与要共享的文件链接。新的文件中只包含了要共享文件的路径名。当 B 读该链接文件时，操作系统查看到要读的文件是 LINK 类型，则找到该文件所链接的名字，再去读那个文件。这一方法称为符号链接。

对于符号链接，只有真正的文件所有者才有一个指向 I 节点的指针。链接到该文件上的用户只有路径名，没有 I 节点指针。当文件所有者移走文件时，该文件被毁掉。以后若试图通过符号链接使用该文件将导致失败，因为系统不能找到该文件。移走符号链接根本不影响该文件。

符号链接的优点是，只要简单地提供一个机器的网络地址以及文件在该机器上驻留的路径，就可以链接全球任何一处机器上的文件。

符号链接的问题是需要额外的开销。因为必须读取包含路径的文件，然后要一个部分一个部分地扫描路径，直到找到文件的 I 节点。全部这些操作也许需要很大数目的额外磁盘存取。再有，符号连接需要额外的空间用于存储路径。当然，如果路径名很短，系统可以将它存储在 I 节点中。

Linux 采用了共享系统打开文件表和共享 I 节点两种方法来实现文件的共享。

6.7.2 文件的保护

1. 文件保护的概念

什么是文件保护？**文件保护**是用于提供文件安全性的特定的一种操作系统机制。在该种机制中，系统对拥有权限的用户，应该让其进行相应的操作；否则，系统应禁止该用户的操作；系统同时还要防止其他用户，以任何理由，冒充拥有权限的用户对文件进行操作。更具体地说，文件保护机制应该做到：

(1) 对于拥有读、写或执行权限的用户，应让其对文件进行相应的操作；

(2) 对于没有读、写或执行权限的用户，应禁止这些用户对文件进行相应的操作；

(3) 应防止一个用户冒充其他用户对文件进行存取；

(4) 应防止拥有存取权限的用户误用文件。

2. 文件保护的实现

如何实现这些文件保护机制？通常，文件保护机制分成两步进行。第一步，要对用户的身份进行验证；第二步，采用一组称为存取控制模块的程序，对用户的存取权限实施控制。

(1) 身份识别

身份识别一般涉及两方面的内容,一个是识别,一个是验证。所谓识别就是要明确访问者是谁?即必须对系统中的每个合法(注册)的用户具有识别能力。所谓验证是指访问者声称自己的身份后(比如,向系统输入特定的识别符),系统还必须对它声称的身份进行验证,以防冒名顶替者。

通常,身份识别有三类,它们分别是:"你知道什么?"、"你有什么?"和"你是谁?"。

常见的"你知道什么"系统是口令验证。用户必须证明他知道一个口令,然后才有权访问计算机系统。

一般对"你有什么?"这个类型的识别是,使用某种物品。最简单的物品识别方法是在终端上加锁,使用终端的第一步就是用钥匙打开相应的锁,然后,再做相应的注册工作。

在安全性要求较高的场合,利用人类的某些特征进行"你是谁?"识别更为有效。人的特征具有很高的个性化色彩,所以安全性很高,但实现起来费用相当昂贵。

有关身份识别的内容,会在计算机操作系统安全的一章中做进一步的分析。

(2) 存取控制

验证用户的存取操作步骤大致如下:

① 审定用户的存取权限;

② 比较用户权限的本次存取要求是否和用户的存取权限一致;

③ 将用户的存取要求和被访问文件的存取控制表进行比较,看是否有冲突?如果没有冲突,允许用户对有关文件进行访问;如果有冲突,处理冲突。

在上述验证用户的存取操作步骤中,重要的是审查用户的权限和审查本次操作的合法性,这两步构成了验证用户的存取操作的关键。

6.7.3 文件的存取权限

1. 存取控制矩阵文件的存取权限

在存取控制矩阵方式中,系统以一个二维矩阵来进行存取控制。二维矩阵的一维是所有的用户,另一维是所有的文件。对应的矩阵元素则是用户对文件存取控制权,包括读 R、写 W 和执行 E,如图 6.29 所示。还可以有其他的划分形式。

文件权限	用户1权限			用户2权限			用户I权限			
	R	W	E	R	W	E	R	W	E	
文件 A	√	×	√	√	√	√	√	√	√	
文件 B	√	×	√	×	×	×	×	×	√	...
文件 C	√	√	√	√	√	√	√	√	√	
文件 D	√	√	√	√	√	√	√	√	√	

...

图例: √ 允许
× 禁止

图 6.29 存取控制矩阵

当用户向文件系统提出存取要求时,由存取控制验证模块根据该矩阵内容对本次存取要求进行比较,如果不匹配的话,系统拒绝执行。

存取控制矩阵的方法虽然在概念上比较简单,但是,当文件和用户较多时,存取控制矩阵变得非常庞大,这无论是在占用内存空间的大小上,还是在为使用文件而对矩阵进行扫描的时间开销上都是不合适的。因此,在实现时往往采取某些辅助措施以减少时间和空间的开销。

2. 二级存取控制

对文件实施存取控制的一种方法是二级存取控制,第一级,进行对访问者的识别,把用户按某种关系划分为若干组;第二级,进行对操作权限的识别。这样,所有用户组对文件权限的集合就形成了该文件的存取控制,如图 6.30 所示。

文件权限	系统用户组权限			开发用户组权限			远程用户组权限			
	R	W	E	R	W	E	R	W	E	
文件 A	√	√	√	√	√	√	√	×	√	...
文件 B	√	×	√	×	×	√	×	×	×	
文件 C	√	√	√	√	√	×	√	√	√	
文件 D	√	√	√	×	√	√	√	×	√	

...

图例: √ 允许
　　　× 禁止

图 6.30 二级存取控制

6.7.4 UNIX 中的文件存取权限

在 UNIX 中,对文件的存取权限,划分为两级。

在第一级中对访问者或者用户进行分类识别:

(1) 文件属主(owner);

(2) 文件属主的同组用户(group);

(3) 其他用户(other)。

在第二级中,对操作权限的权限,根据不同的操作内容进行权利限定,把对文件的操作分成如下的类别:

(1) 读(Read)操作(r);

(2) 写(Write)操作(w);

(3) 执行(eXecute)操作(x);

(4) 不能执行任何操作(一)。

由于对属主、组和其他用户均有这三种权限设置,因此每个文件共有 9 个权限参数。使用"ls -l"命令就能看到文件的权限设置,例如:

```
$ ls -l
drwx------      4 user wheel    512  Nov 25 17:23 Mail
-rw-rw-r--      1 user wheel    149  Dec 4 14:18 Makefile
```

```
—rwxr—xr—x      1 user wheel      3212   Dec 4 12：36 a.out
drwxr—xr—x      1 user wheel      512    Dec 14 17：03 bin
—rw—r——r——      1 user wheel      143    Dec 4 12：36 hello.c
drwxr—xr—x      2 user wheel      1024   Oct 16 1997 public_html
drwxrwxrwx      2 user wheel      512    Jan 3 14：07 tmp
```

从上面的例子中,可以看到文件的权限设置在列出的数据的第一列中显示。

例如文件 a.out 的属性是—rwxr—xr—x,共显示了十个字母的位置。其中第一个位置是用于标识文件的种类,而非权限设置,其余九个位置分别表示三组的三种权限设置。第二个到第四个位置表示属主的权限分别设置为读、写和执行,第五个到第七个位置设置同组用户的权限,第八个到第十个位置设置其他用户的权限。若指定位置上没有显示对应的权限,而是"—",则表示不允许对应的权限。因此 a.out 的权限设置为:对于属主 user 的权限为读写和执行,对于同组用户为读和执行权限,对于其他用户也是读和执行权限。

对于目录来讲,拥有读权限意味着用户可以列出这个目录下的文件内容,写权限使用户可以在这个目录下增、删文件和更改文件名,执行权限保证用户可以使用 cd 进入这个目录。

ls 输出结果的第一个位置表示类别,例如"d"表示目录,"c"表示该文件为字符设备文件,"b"表示为块设备文件,"l"表示为一个符号连接。

UNIX 系统内部使用数值来表示这些属性,每一个属性与文件属性中的一个二进制位相对应,如果该存取权限设置了,对应的二进制位就是 1,如果该存取权限没有设置,对应的二进制位是 0。这样 a.out 的权限属性 rwxr—xr—x 用二进制来表示就是 111101101。UNIX 下常使用八进制的形式表示,于是这个权限是 755。

文件的属主和管理员可以使用命令 chmod 来设置或改变文件的权限。chmod 有几种不同的使用方法,可以直接使用八进制的权限表示方式设置属性,或者使用属性字母来设置或更改文件的属性,不同的使用方法要求不同的 chmod 参数。

6.7.5 安全环境

在文件的存取权限一节中,讨论了确保未授权用户无法读取或修改某一些文件的技术措施,这涉及到技术、管理、法律、道德和政治等问题。有了文件的存取权限,不等于文件就处在一个安全的环境中了。

安全性包含的内容很多,避免数据丢失、防范入侵者和消灭病毒,是安全保护的三个较重要方面。确保未经授权的用户不能存取某些文件。

1. 数据丢失的避免

引起数据丢失的原因有:

(1) 灾祸:火灾、洪水、地震、战争、暴乱或是老鼠啃坏磁带或软盘等;

(2) 硬件或软件故障:CPU 的错误操作、不能读取的磁盘或磁带、远程通信错误、程序故障等;

(3) 人为的出错:错误数据的输入、磁带或磁盘安装错误、程序运行出错、丢失磁带或磁盘。

大多数这些数据失落问题可以通过留有充分的备份而解决,最好是把数据备份保在相隔源数据较远的位置。

2. 防范入侵者

有两类入侵者：一类只想读取未授权文件的消极入侵者，另一类是怀有恶意的积极入侵者，在未授权的情况下入侵者企图修改文件数据。

常见的一些入侵有：

(1) 偶然的窥视。不少人都有计算机系统、系统而且联网。如果不设置障碍的话，一些人会读别人电子函件或其他文件。在大多数 UNIX 系统中，全部文件的缺省属性是可读的。

(2) 内行的窥视。学生、系统程序员、操作人员和其他一些技术人员常常以突破计算机局部系统的安全性视为一次对个人能力的挑战。

(3) 明确的盗窃企图。一些人试图侵入银行系统，窃取金钱。

(4) 商业或军事上的间谍活动。竞争对手或者外国政府可能资助间谍活动。目的主要是窃取对方的程序、商业或军事上秘密、专利、技术和市场规划等。

在设计考虑安全系统时，应该清楚：花在安全和保护上的工作显然取决于所设想的对手是谁。因为阻止间谍窃取军事机密和防止学生在系统中插入一条有趣的"今日要闻"是完全不同的两件事。

3. 一般性的安全攻击

常见的安全攻击有如下一些手段：

(1) 请求内存页、磁盘空间和磁带并读取其内容；

(2) 尝试非法的系统调用(非法参数、不合适的参数)；

(3) 在登录过程中键入 DEL、BREAK；

(4) 写一段程序欺骗用户；

……

4. 病毒防御

计算机病毒是一类特殊的攻击。病毒已经成为很多计算机用户的主要问题。病毒是一个程序段，它附在合法的程序中，并试图感染其他程序。

病毒程序启动后，它立即检查全部的硬盘上的有关文件，看他们是否被感染。如果发现一个未感染的文件，就把病毒代码加在文件尾部，第一条指令换成跳转语句，转向执行病毒代码。在执行病毒代码后，接着执行原有程序的第一条指令，然后是第二条指令继续执行。于是每当被感染的程序运行时，它总是去传染更多的程序。

有关病毒防御的进一步分析，安排在有关计算机操作系统安全的一章中。

6.7.6 安全性的设计原则

这里列出了指导安全系统设计的几个一般原则：

首先，系统设计必须公开。至少也得在一定的范围内公开。不能认为入侵者不知道某个系统的工作方式，就自信该系统的安全性是有保障的。这种自信是自欺欺人。

其次，系统的缺省属性应该设计为不可访问。如果发生了合法访问被拒绝的一类错误，是很容易纠正的。当然，应该要求系统尽快报告这类错误，而且快于其他容许错误的报告速度。

第三，检查当前的权限。如果只是在打开文件时检查权限，而不是在以后检查权限，这意味着，在打开文件几个星期后，一个用户依然有权存取该文件，尽管文件主可能早就修改了文件的权限。

第四,给每个进程赋予一个最小的可能权限。最小的可能权限,是一种有效的保护机制。如同保密条列中要求"不该知道的机密,不得知道"一样,文字很简单,但确实有效。即使发生问题,也只是局部的,不会出现很大的损害。

第五,保护机制应简单一致,嵌入到系统底层。

第六,采取的方案必须可接受。理论上证明是再好的方案,如果不可接受,或者无可操作性,那也没有多大的意义。

6.8 文件系统的性能问题

我们已经知道,文件系统的物理基础是磁盘存储设备,显然,磁盘存储器的服务效率,其速度和可靠性,就成为系统性能和可靠性的关键。

当然,设计文件系统时应尽可能减少磁盘访问次数,这样,可以适当减少磁盘存储器性能对文件系统性能的影响。

除此之外,还应该从其他方面考虑,采取有效的措施,提高文件系统的性能。常见的技术措施有如下几种:块高速缓存、磁盘空间的合理分配和对磁盘调度算法进行优化。

1. 块高速缓存

块高速缓存的方法是,系统在内存中保存一些存储块,这些存储块在逻辑上它们属于磁盘。工作时,系统检查所有的读请求,看所需的文件块是否在高速缓存中。如果在,则可直接在内存中进行读操作;否则,首先要将块读到高速缓存中,再拷贝到所需的地方。如果内存中的高速缓存已满,则需要按照一定的算法淘汰一些较少使用的文件块,让出空间。有关高速缓存的内容,在设备管理一节中,会有进一步的介绍。

2. 合理分配磁盘空间

在磁盘空间中分配块时,应该把有可能顺序存取的块放在一起,最好在同一柱面上。这样可以有效地减少磁盘臂的移动次数,加快了文件的读写速度,从而提高了文件系统的性能。

3. 磁盘的驱动调度

磁盘是一种高速旋转的存储设备。磁臂上的磁头在沿着直径盘片的直径方向移动,同时对指定的磁道上的扇面中的数据进行读写操作。

当多个访盘请求在等待时,系统采用一定的策略,对这些请求的服务顺序进行调整安排,使寻道时间和延迟时间都尽可能小的那个访问请求可以优先得到服务,并降低若干个访问者的总访问时间,增加磁盘单位时间内的操作次数。其目的在于降低平均磁盘服务时间,从而实现公平、高效的访盘请求。

所谓公平,是指每一个访盘 I/O 请求,均可在有限时间内满足;

所谓高效,是指尽量减少设备机械运动所带来的时间浪费。

磁盘的调度策略称为"驱动调度"。磁盘驱动调度由"移臂调度"和"旋转调度"两部分组成。

(1) 磁盘移臂调度算法

我们知道,一次访盘服务的总时间是寻道时间、旋转延迟时间及传送时间之和。所以,应该设法减少这些时间,达到缩短一次访盘服务总时间的目的。根据访问者指定的磁道(柱面)

位置来决定执行次序的调度,称为"移臂调度"。移臂调度的目的是尽可能地减少操作中的寻道时间。

在磁盘盘面上,0磁道在盘面的外圈;号数越大,磁道越靠近盘片的中心。磁盘在关机时,硬盘磁头停放在最内圈磁道。

常用的磁盘移臂调度算法有:先来先服务、最短寻道时间优先和扫描算法。

① 先来先服务调度算法。最简单的移臂调度算法是"先来先服务"调度算法,这个算法实际上不考虑访问请求要求访问的物理位置,而只考虑提出访问请求的先后次序。例如,如果现在读写磁头正在50号磁道上执行输出操作,而等待访问请求依次要访问的磁道为130、199、32、159、15、148、61、99,那么,当50号磁道上的操作结束后,磁臂将按请求的先后次序先移到130号磁道,最后到达99号磁道,如图6.31所示。

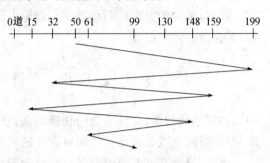

图 6.31 先来先服务调度算法

从图6.31中可以看到,采用先来先服务算法决定等待访问者执行输入输出操作的次序时,磁臂来回地移动。先来先服务算法花费的寻道时间较长,所以执行输入输出操作的总时间也很长。

先来先服务算法的优点是:简单、公平;缺点是:效率不高,相临两次请求可能会造成最内到最外的柱面寻道,使磁头反复移动,增加了服务时间,对机械的寿命也不利。

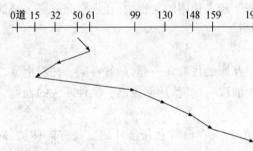

图 6.32 最短寻道时间优先调度算法

② 最短寻道时间优先调度算法。优先选择距当前磁头最近的访问请求进行服务,主要考虑寻道优先。

最短寻道时间优先算法的优点是:改善了磁盘平均服务时间;缺点是:造成某些访问请求长期等待得不到服务。

现在仍利用同一个例子来讨论,现在当50号磁道的操作结束后,应该先处理61号磁道的请求,然后到达32号磁道执行操作,随后处理15号磁道的请求,后继操作的次序应该是99、130、148、159、199,如图6.32所示。

从图6.32中可以看到,采用最短寻找时间优先算法决定完成访问请求执行操作的次序时,读写磁头总共移动了200多个磁道的距离,与先来先服务算法比较,大幅度地减少了寻道时间。因而缩短了为各访问请求服务的平均时间,也就提高了系统效率。

③ 扫描算法(电梯算法)。扫描算法的具体做法是,当设备无访问请求时,磁头不动;当有访问请求时,磁头按一个方向移动,在移动过程中对遇到的访问请求进行服务,然后判断该方向上是否还有访问请求,如果有则继续扫描;否则改变移动方向,并为所经过的访问请求服务。如此反复,整个磁头的运动过程同电梯的上下运动类似,所以扫描算法又称电梯算法。

扫描算法克服了最短寻道优先调度算法的缺点,既考虑了距离,同时又考虑了方向。

Linux 采用的就是一种类似于电梯算法的磁盘调度算法。

我们仍用前述的同一例子来讨论采用扫描算法的情况。由于磁臂移动的方向可以由里向外，也可以由外向里，而该算法的应用是与磁臂的方向有关的，所以分为两种情况来讨论。下面给出磁臂由里向外移动时扫描算法的应用过程，磁臂由外向里移动的情形留给读者考虑。

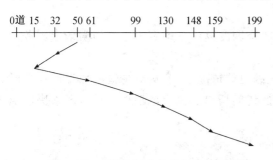

图6.33 磁臂由里向外的扫描调度算法

开始时，在50号磁道执行操作的读写磁头的磁臂方向是由里向外，趋向32号柱面的位置，因此，当访问50号磁道的操作结束后，沿磁臂移动方向最近的磁道是32号。所以应该先服务32号磁道的访问请求，然后是服务15号磁道的访问请求。之后，由于在向外移动的方向上已无访问请求，故改变磁臂移动方向，由外向里依次服务各访问请求。在这种情况下为访问请求的服务次序是61、99、130、148、159、199，如图6.33所示。

"扫描算法"与"最短寻找时间优先调度算法"都是要尽量减少磁臂移动时所花的时间。所不同的是："最短寻找时间优先调度算法"不考虑臂的移动方向，总是选择离当前读写磁头最近的那个磁道，这种选择可能导致磁臂来回改变移动方向；"扫描算法"是沿着磁臂的移动方向去选择离当前读写磁头最近的那个磁道的访问请求，仅当沿磁臂的前进方向无访问请求时，才改变磁臂的前进方向。由于磁臂改变方向是机械动作，速度相对较慢，所以，扫描算法是一种简单、实用且高效的调度算法。

但是，扫描算法在实现时，不仅要记住读写磁头的当前位置，还必须记住磁臂的当前前进方向。

④ 单向扫描调度算法。单向扫描调度算法的基本思想是，不考虑访问请求到达的先后次序，总是从0号磁道开始向里道扫描，按照各自所要访问的磁道位置的次序去选择访问请求。在磁臂到达最后一个磁道后，立即快速返回到0号磁道，返回时不为任何访问请求服务。在返回到0号磁道后，再次进行扫描。

对上述相同的例子，采用单向扫描调度算法的执行次序，如图6.34所示。

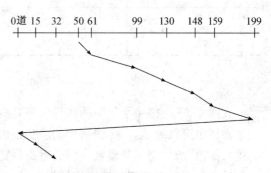

图6.34 单向扫描调度算法

在图6.34中，由于该例中已假定读写的当前位置在50号柱面，所以，指示了从50号柱面继续向里扫描，依次为61、99、130、148、159、199各柱面的访问者服务，此时磁臂已经是最内的柱面(图中为199号柱面)，于是立即返回到0号柱面，重新扫描，依次为15、32号柱面的访问者服务。

除了"先来先服务"调度算法外，其余三种调度算法都是根据欲访问的柱面位置来进行调度的。在调度过程中可能有新的请求访问者加入。在这些新的请求访问者加入时，如果读写已经超过了它们所要访问的柱面位置，则只能在以后的调度中被选择执行。

在多道程序设计系统中,在等待访问磁盘的若干访问者请求中,可能要求访问的柱面号相同,即在同一柱面上的不同磁道,或访问同一柱面中同一磁道上的不同扇区。所以,在进行移臂调度时,在按照某种算法把磁臂定位到某个柱面后,应该在等待访问这个柱面的各个访问者的输入输出操作都完成之后,再改变磁臂的位置。

(2) 磁盘旋转调度算法

对在同一个磁道中多个访问请求的情况,需要有调度算法来确定为这些访问请求服务的次序。

在磁臂定位后有若干个访问请求等待访问该磁道的情况下,若从减少输入输出操作总时间为目标出发,显然应该优先选择延迟时间最短的访问请求去执行。根据延迟时间来决定执行次序的调度称为"旋转调度"。

进行旋转调度时应分析下列情况:

第一种情况:若干访问请求要访问同一磁道上的不同扇区;

第二种情况:若干访问请求要访问不同磁道上的不同编号的扇区;

第三种情况:若干访问请求要访问不同磁道上的、具有相同编号的扇区。

对于前两种情况,旋转调度总是为首先到达读写磁头位置下的扇区进行读写操作。

对于第三种情况,由于这些扇区编号相同,又在同一个磁道上,所以它们同时到达读写磁头的位置下。这时旋转调度可任意选择一个读写磁头进行读写操作。

例如,有4个访问第88号磁道的请求,它们的访问要求如图6.35所示。

请求次序	磁道号	磁头号	扇区号
①	88	6	2
②	88	2	6
③	88	6	6
④	88	3	8

图 6.35　旋转调度示例

在图6.35中得4个访问的执行次序有两种可能:①、②、④、③或①、③、④、②。

在图中可以看到,③和②两个请求都是访问6号扇区。但是每一时刻只允许一个读写磁头进行操作,所以当6号扇区旋转到磁头位置下时,只有其中的一个请求可执行,另一个请求必须等磁盘下一次把6号扇区旋转到读写磁头位置下时才能得到服务。如果按照①、②的执行次序,在6号扇区执行结束之后,就应该访问8号扇区,即执行④的请求。在这一圈执行完毕之后的下一圈,再执行另一个6号扇区的访问,即③的请求。所以整个执行次序是①、②、④、③。

如果在①的请求执行之后执行③的请求,类似地,后面应该去访问8号扇区,即执行④的请求,而在这一圈执行完毕之后的下一圈,再执行另一个6号扇区的访问,即②的请求。所以整个执行次序是①、③、④、②。

4. 信息的优化分布

记录在磁道上的排列方式也会影响磁盘的输入输出操作的时间。现在举一个假想的简单例子给予说明。

假设某个系统在磁盘初始化时把磁盘的盘面分成 8 个扇区,今有 8 个逻辑记录被存放在同一个磁道上的 8 个扇区中,供处理程序使用。处理程序要求顺序处理这 8 个记录,从 1 至 8。每次处理程序请求从磁盘上读出一个逻辑记录,然后程序对每个读出的记录花 10 毫秒的时间进行运算处理,接着再读出下一个记录进行类似的处理,直至这 8 个记录都处理结束。假定磁盘转速为 40 毫秒/周,8 个逻辑记录依次存放在磁道上,如图 6.36(a)所示。

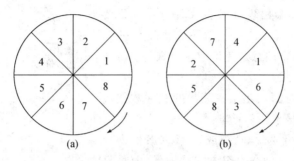

图 6.36 磁盘信息的优化分布

由磁盘转速可知,读一个记录要花 5 毫秒的时间。当花了 5 毫秒的时间读出第 1 个记录,并花费 10 毫秒时间进行处理后,第 4 个记录的位置已经转到读写磁头下面。为了顺序处理第 2 个记录,必须等待磁盘把第 2 个记录旋转到读写磁头位置下面,即要 30 毫秒的延迟时间。于是,处理这 8 个记录所要花时间为

$$8 \times (5 + 10) + 7 \times 30 = 330 \text{(ms)}$$

如果我们把上述 8 个逻辑记录在磁道上的位置重新进行优化安排,使得当读出一个记录并对之处理完毕之后,读写磁头正好处于需要读出的下一个记录位置上,于是可立即读出该记录,这样就不必花费那些延迟时间。在图 6.36(b)中,是对这 8 个逻辑记录进行的最优分布处理后的示意图。于是,按图 6.36(b)的安排,程序处理这 8 个记录所要花费的时间变为

$$8 \times (5 + 10) = 120 \text{(ms)}$$

这个结果说明,在对磁盘上信息分布进行优化分布之后,整个程序的处理时间从 330 毫秒降低到 120 毫秒。可见优化分布有利于减少延迟时间,从而缩短了整个输入输出操作的时间。所以,对于一些能预知处理要求的信息在磁盘上的记录位置,采用优化分布可以提高系统的效率。

6.9 文件系统的可靠性

比起计算机的损坏,文件系统的破坏往往要糟糕得多。如果计算机的文件系统被破坏了,恢复全部信息会是一件困难而又费时的工作,在很多情况下,这根本是不可能的。对于那些其程序、文档、客户文件、税收记录、数据库、市场计划或者其他数据丢失的用户来说,这不啻为一次大的灾难。尽管文件系统无法防止设备和媒体的物理损坏,它至少应能保护信息。

1. 坏块管理

磁盘中常常有坏块。软盘在出厂时通常是完好无损的,但是在使用过程中,却有可能出现坏块。温彻斯特磁盘(硬盘)常常一开始就有坏块,要把它做得完美无缺,成本实在是太高了。

对坏块问题有软件和硬件两种解决方法。硬件方法是在硬盘上为该坏块表分配一个扇区,当控制器第一次被初始化时,它读坏块表并找一个空闲块(或磁道)代替有问题的块,并在坏块表中记录映射。此后,全部对坏块的请求都采用该空闲块。

软件解决方法要求用户或文件系统构造一个包含全部坏块的文件。这类技术能把坏块从空闲表中删除,使其不会出现在数据文件之中。只要不对坏块进行读写操作,文件系统就不会出现任何问题。在磁盘备份时,需要注意避免读取这个文件。

2. 备份

备份文件是很重要的。在一些关键的文件数据块损坏之后,再备份,无异于亡羊补牢。

备份文件可以使用软盘,磁带或 RAID(廉价磁盘冗余阵列)。最简单的 RAID 组织方式是镜像;而最复杂的 RAID 组织方式是块交错校验,请参考图 6.37。

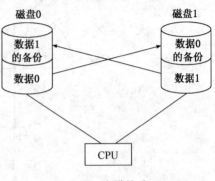

图 6.37 交错校验

备份软盘上的文件系统很简单,只需把整个磁盘复制到一张空软盘上。小型温彻斯特磁盘上的文件系统可以转储到磁带上。

对于大型温彻斯特磁盘,可以做海量转储,即把整个驱动器的内容转储到磁带上。这是一件可怕而费时的工作。

一种容易实现、但浪费了一半存储空间的策略是,每台计算机备有 2 个驱动器,每个驱动器都分成两半:数据区和备份区。每天,驱动器 0 中的数据被复制到驱动器 1 的备份区,反之,驱动器 1 中的数据复制到驱动器 0 的备份区。这样,即使有一个驱动器完全损坏了,也不会丢失任何信息。

另一种转储整个文件系统的方法是增量转储。最简单的增量转储形式是:定期地做一次全量转储,比如每周一次或者每月一次。此后,每天只存储自上次全量转储以后修改过的文件,或者可以采用一种更好的方案,即每天只转储那些自上次增量转储以来修改过的文件。

3. 文件系统一致性

很多文件系统在读取磁盘块进行修改后,再写回磁盘。如果在修改过的磁盘块全部写回之前,系统崩溃,则文件系统有可能会处于不一致状态。如果一些未被写回的块是 I 节点块、目录块或者包含空闲表的磁盘块时,这个问题尤为严重。如果不同用户对同一个文件访问,得到不同的结果,这个文件系统的可靠性是可想而知了。

为了解决文件系统的不一致问题,一些计算机带有一个实用程序以检验文件系统的一致性。系统启动时,特别是崩溃之后重新启动,可以运行该程序。这些文件系统检验程序可以独立地检验各个文件系统的一致性。

一致性检查分为两种:块的一致性检查和文件的一致性语义检查。

(1) 块的一致性检查

在检查块的一致性时,程序构造一张表,表中为每个块设立两个计数器,两个都初始化为

0。第一个计数器跟踪该块在文件中的出现次数,第二个计数器跟踪该块在空闲块链表中的出现次数。

接着检验程序读取全部的 I 节点,由 I 节点可以建立相应文件中采用的全部块的块号表。每当读到一个块号时,该块在表中的第一计数器加 1。然后,该程序检查空闲块链表或位图,查找全部未采用的块。每当在空闲表中找到一个块时,它在表中的第二计数器加 1。

如果文件系统一致,则每个块或者在表中第一计数器为 1,或者在表中第二计数器为 1,如图 6.38(a)所示(第一、二计数器各一张表)。但是当系统崩溃后,这两张表可能如图 6.38(b)所示。在该图中,磁盘块 9 没有在任何一张表中,这称为块丢失。尽管块丢失不会造成损害,但它的确浪费了磁盘空间,磁盘容量减少了。丢失块问题的解决很容易:文件系统检验程序把它们加到空闲表中即可。

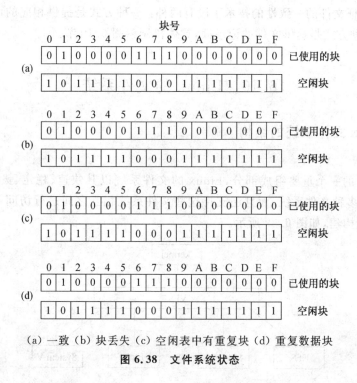

(a) 一致 (b) 块丢失 (c) 空闲表中有重复块 (d) 重复数据块
图 6.38 文件系统状态

有可能出现的另一种情况如图 6.38(c)。其中,在空闲表中磁盘块 8 出现了 2 次(只在空闲表是真正意义上的一张链表时,才会有重复,在位图中,不会发生这类情况)。解决方法也很简单:只要重新建立空闲表即可。

最糟的情况是,在两个或多个文件中出现同一个数据块,如图 6.38(d)中的磁盘块 2。如果其中一个文件被删除,会添加磁盘块 2 到空闲表中,导致一个磁盘块同时处于使用中和空闲两种状态。若删除其中两文件,在空闲表中这个磁盘块会出现两次。

文件系统检验程序可以这样来处理:先分配一空闲块,把磁盘块 2 中的内容复制到空闲块中,然后把它插到其中一个文件之中。这样文件的内容未改变(虽然这些内容几乎可以肯定是不对的),但至少保持了文件系统的一致性。这一错误应该报告,由用户检查。

最后,另一种可能是一个块在文件中和空闲块表中同时存在,解决方法很简单:将它从空闲块表中移走。

(2) 文件的一致性语义检查

一致性语义是系统的一个特征,是评价任何支持文件共享的文件系统的重要标准。它说明同时存取一个共享文件的多个用户的语义。特别地,这些语义应该说明一个用户对数据所做的修改何时为其他用户所知。

UNIX 系统使用下列一致性语义:

用户对已打开文件所写的内容,立即为已同时打开该文件的其他用户所见。

一种共享方式是用户共享同一文件的当前指针。这样,一个用户移动指针则影响所有共享用户。一个文件有一个唯一的交织了所有存取的图像,而不管这些存取来自哪个用户程序。

在考虑上述语义的实现时,必须保证一个文件只和一个唯一的物理映像相连,该映像作为唯一的来源被存取。

Linux 中保证文件的一致性的技术手段有两种:一种方式是提供相应的函数进行文件的同步更新;另一种方式是提供文件的记录锁,具体机制参阅 6.10 节。

6.10 Linux 的文件系统

6.10.1 Linux 文件系统的结构

1. 整体结构

作为 Linux 的一个重要组成部分,Linux 的文件系统以其快速、稳定、灵活而著称于世。Linux 不仅支持多种文件系统,而且还支持这些文件系统相互之间进行访问。它主要采用了两层结构来进行构建,如图 6.39 所示。

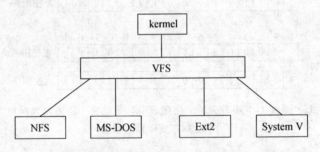

图 6.39 Linux 文件系统的基本结构

第一层:是所谓的虚拟文件系统(VFS),之所以称其为虚拟文件系统,是因为它并不是一个真正的文件系统。它只是把各种通用的文件系统,如 Ext2、System V、NFS、MS-DOS 等中的公共结构部分抽取出来,建立一种统一的以 I 节点为核心的组织结构(类似于 UNIX 的 V-I 节点),从而达到与其下各个不同文件系统之间的良好兼容;另一方面,它掩盖了各文件系统的结构差异性,从而给底层的内核以统一的调用接口,使系统内核不再关心相关的操作由哪个文件系统来实现。

第二层:就是真正的 Linux 自身的文件系统,我们称之为具体文件系统,例如 Ext2、Minix、MS-DOS 等。

2. VFS 文件系统

（1）基本概念

VFS 文件系统，即虚拟文件系统。说它虚拟，是因为它所有的数据结构都是在运行以后才建立的，并在卸载时删除，而在磁盘上并没有存储这些数据结构。由于 VFS 位于具体文件系统与核心之间，所以它实际上是作为一个接口层向核心提供了一系列统一的有关文件的函数调用，这样系统不用关心具体文件系统的细节就可以实现相应的操作。而且，鉴于 VFS 是存在于内存中的，所以它与内存、Buffer 之间的关系甚为密切。其基本结构如图6.40 所示。

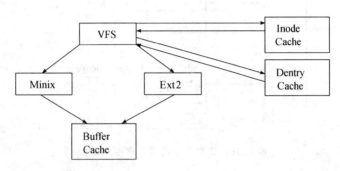

图 6.40　VFS 的基本结构

（2）VFS 文件系统的数据结构

虚拟文件系统所隐含的主要思想在于引入了一个通用的文件模型，这个模型能够表示所有支持的文件系统。该模型严格遵守传统 UNIX 文件系统提供的文件模型。通用文件模型由超级块对象、索引节点对象、目录项对象和文件对象等对象类型组成。

① VFS 超级块（superblock）。存放系统中已安装文件系统的有关信息。对于基于磁盘的文件系统，它通常对应于存放在磁盘上的文件系统控制块，也就是说，每个文件系统都有一个超级块对象。

很多具体文件系统（如 Minix、Ext2 等）中都有超级块结构，VFS 也有超级块。VFS 超级块在 include/linux/fs.h 中定义，即数据结构 super_block。所有超级块对象（每个已安装文件系统都有一个超级块）以双向链表的形式链接在一起。

② VFS 索引节点（inode）。存放关于具体文件的一般信息。对于基于磁盘的文件系统，它通常对应于存放在磁盘上的文件控制块（PCB），也就是说，每个文件都有一个索引节点。文件系统处理文件所需要的所有信息都放在被称为索引节点的数据结构中。文件名可以随时更改，但是索引节点对文件是唯一的，并且随文件的存在而存在。

每个索引节点总是出现在下列循环双向链表的某个链表中。

- 未用索引节点链表。变量 inode_unused 的 next 域和 prev 域分别指向该链表中的首元素和尾元素。
- 正在使用索引节点链表。变量 inode_in_use 的 next 域和 prev 域分别指向该链表中的首元素和尾元素。
- 脏索引节点链表。由相应超级块的 s_dirty 域的 next 域和 prev 域分别指向该链表中的首元素和尾元素。

正在使用链表和脏链表的索引节点对象也同时存放在一个称为 inode_hashtable 的散列表中。散列表加快了对索引节点对象的搜索,前提是系统内核知道索引节点号及对应文件所在文件系统的超级块对象的地址。由于散列可能引起冲突,所以索引节点对象设置一个 i_hash 域,其中包含向前和向后的两个指针,分别指向散列到同一地址的前一个索引节点和后一个索引节点;该域由此创建了由这些索引节点组成的一个双向链表。如图 6.41 所示。

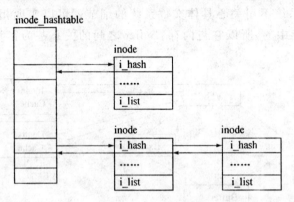

图 6.41 索引节点的散列表组织结构

③ 目录项(dentry)。存放目录项与对应文件进行链接的信息。VFS 可以把每个目录看作一个由若干子目录和文件组成的常规文件。每个文件除了有一个索引节点 inode 数据结构外,还有一个目录项 dentry(directory entry)数据结构。

内核中有一个散列表 dentry_hashtable,与前面的 inode_hashtable 很相似。一旦在内存中建立起一个目录节点的 dentry 结构,该 dentry 就通过其 d_hash 域链入散列表的某个队列中。

内核中还有一个队列 dentry_unused,凡是已经没有用户使用的 dentry 结构就通过其 d_lru 域挂入这个队列。

一个文件可以有不止一个文件名或路径名。在 inode 结构中有一个队列 i_dentry,凡是代表着同一文件的所有目录项都通过其 dentry 结构中的 d_alias 域挂入相应的 inode 结构中的 i_dentry 队列。

另外,当目录节点有父目录时,则其 dentry 结构就通过 d_child 挂入其父节点的 d_subdirs 队列中,同时又通过指针 d_parent 指向其父目录的 dentry 结构,如图 6.42 所示。

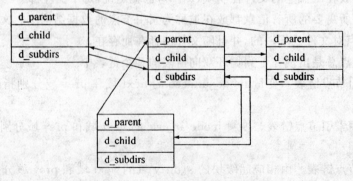

图 6.42 父目录与子目录间的关系

从上面可以看出,一个文件系统中的所有目录项结构或组织成为一个散列表,或组织成为一棵树,或按某种需要组织成为一个链表。

④与进程相关的文件结构:

● 系统打开文件表。在 Linux 中,进程是通过文件描述符(file descriptors,简称 fd)而不是文件名来访问文件的,文件描述符实际上就是一个整数。Linux 中专门用了一个数据结构 file(在 include/linux/fs.h 中定义)来保存打开文件的文件位置,这个结构称为打开的文件描述(open file description);此外,还把指向该文件索引节点的指针也放在其中。file 结构形成一个双链表,称为系统打开文件表,其最大长度是 NR_FILE(在 include/linux/fs.h 中定义)。

● 用户打开文件表。每个进程用一个 files_struct(在 include/linux/sched.h 中定义)结构来记录文件描述符的使用情况,这个结构被称为用户打开文件表,它是进程的私有数据。

● 关于文件系统信息的结构。Linux 用 fs_struct 结构来描述文件系统信息,包括本进程所在的根目录、进程当前所在的目录以及替换目录等信息。

这些与进程相关的文件结构之间的关系如图 6.43 所示。

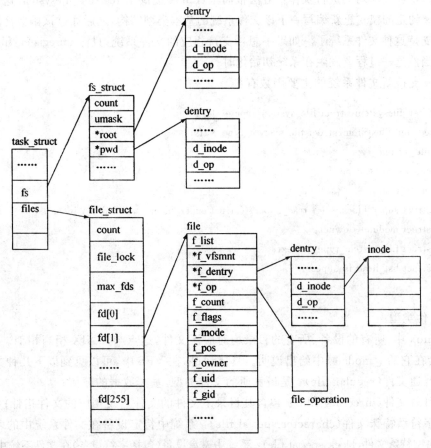

图 6.43 与进程联系的文件结构的关系

3. 文件系统目录及对新文件系统的支持

(1) Linux 文件系统的目录

Linux 的文件系统的组织形式是一种树型结构，根节点是根目录 root 区的文件系统，之后每个装载的文件系统都被安装到一个指定的目录下（一般是在"/mnt"目录下），同时以该目录作为这个文件系统的根目录，该目录原来的信息被覆盖，如图 6.44 所示。

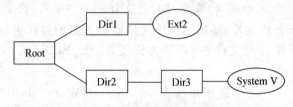

图 6.44　Linux 文件系统的目录结构

(2) Linux 对新文件系统的支持

Linux 作为一个开放灵活的操作系统，可以支持多种文件系统，而且它对新文件系统的支持也相当的方便。举个例子：如果有一个基于名为 Secret 的新文件系统的硬盘，如何使装有 Linux 操作系统的机器能够对其进行操作？方法很简单，Linux 提供了 register_filesystem 这个函数，只要按 Linux 约定的模式重新编写一下该文件系统的基本类型结构，之后通过该函数注册一下，机器就可以支持这种文件系统了。如果不想再支持相应的文件系统，只需 unregister_filesystem 就可以了。当然这一过程要发生在系统初始化时。

Linux 支持新文件系统的主要函数有：

```
int register_filesystem(struct file_system_type * fs);
int unregister_filesystem(struct file_system_type * fs);
struct file_system_type {
    const char * name;
    int fs_flags;
    struct super_block * ( * read_super) (struct super_block * , void * , int);
    struct module * owner;
    struct file_system_type * next;
    struct list_head fs_supers;
};
```

4. 文件类型

在 Linux 中，所有的设备、所有的目录均对应于文件，这点与 UNIX 相当相似。一个文件的类型，会在它的 i_mode 域中给出说明。具体地讲，在 VFS 中，可以见到以下几种文件类型：

(1) 普通文件（regular file）：是最普通的文件类型，基本数据的载体；

(2) 目录文件（directory file）：包含其目录下文件的文件名及相应的文件指针；

(3) 字符型特殊文件（character special file）：系统中特定设备在文件系统中的表示；

(4) 块型特殊文件（block special file）：系统中磁盘设备（包括字符设备）在文件系统中的表示；

(5) FIFO 文件：进程通信文件；

(6) socket 文件：进程间网络通信文件；

(7) 符号链接文件(symbolic link)：链接别的文件的文件。

6.10.2 文件系统的操作

1. 目录操作

介绍一些关于目录操作的系统调用函数：

(1) 目录的创建和删除

在 VFS 中，系统提供了相应的函数用以创建一个空目录以及删除一个空目录。当新目录被创建时，其 UID 为调用该函数的进程的 EUID；GID 则根据不同的文件系统的要求可以为调用该函数的进程的 EUID，也可以为父目录的 GID。Linux 文件目录的创建和删除的主要函数有：

```
asmlinkage long sys_mkdir(const char * pathname, int mode);
asmlinkage long sys_rmdir(const char * pathname);
```

(2) 读取目录

在 VFS 中，系统提供了相应的函数用以读取一个目录文件到内存中。在目录文件中，目录项有着统一的结构编排。读目录的主要函数有：

```
asmlinkage long sys_getdents(unsigned int fd, void * dirent, unsigned int count);
asmlinkage int old_readdir(unsigned int fd, void * dirent, unsigned int count);
```

(3) 获取和改变当前的工作目录

在 Linux 中，每一个进程都有一个当前工作目录。这个目录是查找所有相对路径的起点。

在 VFS 中，提供了相应的函数用以改变及获取调用进程的当前工作目录。获取和改变当前的工作目录的主要函数有：

```
asmlinkage long sys_chdir(const char * filename);
asmlinkage long sys_fchdir(unsigned int fd);
asmlinkage long sys_chroot(const char * filename);
```

2. 文件操作

介绍一些关于文件操作的系统调用函数：

(1) Linux 文件的打开

在 Linux 中，为了便于对文件进行操作，对每一个打开的文件，系统都会给它分配一个唯一的固定的文件 ID 号(与 UNIX 一样)。这样当每个进程想对某一个打开的文件进行操作时，只需知道该文件的 ID 号便可得到相应的文件指针，之后就可以进行相应的文件操作了。

在 VFS 中，要打开某个文件时，系统先得到一个空的文件 ID 号和一个文件信息节点，然后由相应的文件名通过文件的查找得到它的 dentry 节点和 I 节点，建立四者之间的联系，最后则需要通过具体的文件系统本身提供的文件打开函数真正地打开指定的文件。

如果该文件不存在，还可以根据具体参数指定、创建该文件并把它打开。

用于 Linux 文件打开的主要函数有：

```
asmlinkage long sys_open(const char * filename, int flags, int mode);
asmlinkage long sys_creat(const char * pathname, int mode);
```

(2) Linux 读文件

在 VFS 中,读文件功能的实现,最终还是要落实到具体文件系统上。系统先判断所要读的文件区域是否被别的进程锁住,如果没有的话,就调用具体文件系统提供的读文件函数,将指定文件的内容读到指定的内存区域中。这里 VFS 提供了两种函数供以选择:一种从文件的当前指针读起;另一种从指定的文件指针处读起。

用于读 Linux 文件的主要函数有:

asmlinkage ssize_t sys_read(unsigned int fd, char * buf, size_t count);
asmlinkage ssize_t sys_pread(unsigned int fd, char * buf, size_t count, loff_t pos);

(3) Linux 写文件

在 VFS 中,写文件与读文件类似。系统先判断所要写的区域是否被别的进程锁住,如果没有的话,就调用具体文件系统提供的写文件函数,将指定的信息写入到指定的文件中。这里 VFS 提供了两种函数供以选择:一种从文件的当前指针写起;另一种从指定的文件指针处写起。

用于写 Linux 文件的主要函数有:

asmlinkage ssize_t sys_write(unsigned int fd, const char * buf, size_t count);
asmlinkage ssize_t sys_pwrite(unsigned int fd, const char * buf, size_t count, loff_t pos);

(4) Linux 文件的关闭

对应文件的打开,当然有文件的关闭。在 VFS 中要关闭一个文件,系统先释放掉该文件得到的文件 ID 号,然后释放掉其文件信息节点、dentry 节点、I 节点,最后调用具体文件系统提供的文件关闭函数彻底地关闭该文件。如果该文件已被更改,则还要进行更新。关闭的同时,移去所有其他进程在该文件之上留下的记录锁。

用于 Linux 文件关闭的主要函数有:

asmlinkage long sys_close(unsigned int fd);

(5) Linux 文件指针的移动

在 Linux 中。每一个打开的文件都有一个当前的文件指针,用以标明对指定文件进行操作的开始位置。系统可以通过给定的操作参数对文件的指针进行相应的移动。移动后的文件指针可以超过文件的长度,这样就会在原文件中留下一个"空洞"。在读文件时,空洞里的内容为 0。

在 VFS 中,文件指针的移动有两种缺省选择:一种从当前文件指针开始,移动相应的长度;一种从文件的末尾开始,移动相应的长度。同时针对不同的文件类型,也提供了两种函数供以选择:一种当指定文件为符号链接文件时,查找到其链接的源文件,并移动源文件的指针;一种当指定文件为符号链接文件时,不进行链接查找,仅移动指定文件的文件指针。

用于 Linux 文件指针移动的主要函数有:

asmlinkage long sys_llseek(unsigned int fd, unsigned long offset_high,
unsigned long offset_low, loff_t * result, unsigned int origin);
asmlinkage off_t sys_lseek(unsigned int fd, off_t offset, unsigned int origin);

(6) 文件访问权限的测试

当想要访问一个文件时,系统通常为了安全起见会先对该文件进行访问测试,看用户有没有权限访问该文件,之后再进行相关的操作。每个文件都有自己的访问权限,这些信息也在这个文件的 file_mode 域中,在 Linux 的 VFS 中,文件的访问权限包含表 6.1 中列出的那些类别。

表 6.1 文件访问权限类别

定义	解释	定义	解释
S_IRWXY	用户读写执行	S_IRUSR	用户读
S_IWUSR	用户写	S_IXUSR	用户执行
S_IRWXG	组读写执行	S_IRGRP	组读
S_IWGRP	组写	S_IXGRP	组执行
S_IRWXO	其他人读写执行	S_IROTH	其他人读
S_IWOTH	其他人写	S_IXOTH	其他人执行
S_ISUID	进程执行该文件时,将进程的 EUID 置为该文件的 UID	S_ISGID	进程执行该文件时,将进程的 EGID 置为该文件的 GID
S_ISVTX	保存文本(仅用于交换技术中。在 Linux 早期的版本中用以指明一个程序在执行时其副本保存在交换区域中,以便以后换入内存时速度快一些。)		

至于对应文件访问权限的一些操作规则,则请参阅 UNIX 的相关书籍,主要函数有:

asmlinkage long sys_access(const char * filename, int mode);

(7) 文件访问权限的修改

在 VFS 中,系统提供了相应的函数用以对指定文件的访问权限进行修改。这里 VFS 提供了两种函数供以选择:一种适用于所有存在的文件;另一种仅适用于打开文件。

主要函数有:

asmlinkage long sys_chmod(const char * filename, mode_t mode);
asmlinkage long sys_fchmod(unsigned int fd, mode_t mode);

(8) 文件 UID 和 GID 的修改

在 VFS 中,系统提供了相应的函数用以对指定文件的 UID 和 GID 进行修改。这里 VFS 提供了三种函数供以选择:一种适用于所有文件;一种适用于打开文件;一种也适用于所有文件,只不过当该文件为符号链接文件时,只改变该文件的 UID 和 GID,不进行链接跟踪。

主要函数有:

asmlinkage long sys_chown(const char * filename, uid_t user, gid_t group);
asmlinkage long sys_lchown(const char * filename, uid_t user, gid_t group);
asmlinkage long sys_fchown(unsigned int fd, uid_t user, gid_t group);

(9) 文件的链接、符号链接

在 VFS 中,可以有多个 dentry 节点指向同一个 I 节点,这称为文件的链接。在应用中,可以将某个文件与我们想访问的文件建立链接,之后通过访问这个文件就可以达到访问源文件的目的。一般来说,这种链接仅限于同一文件系统之中,而且只能系统管理员可以创建一个文件的链接,是一种比较强的链接。

在 VFS 中,还提供了一种链接方式——符号链接。符号链接与上面的文件链接不一样,它并不是将符号链接文件的 dentry 节点指向源文件的 I 节点,而仅仅是在符号链接文件中保存其链接目标文件的绝对路径(路径的长度也是该符号链接文件的长度),之后通过文件中保存的路径达到对源文件访问的目的。这种链接可以发生在不同文件系统之间。

主要函数有:

asmlinkage long sys_link(const char * oldname, const char * newname);
asmlinkage long sys_unlink(const char * pathname);
asmlinkage long sys_symlink(const char * oldname, const char * newname);

(10) 文件的重命名

在 VFS 中,可以修改一个文件或目录的名称。不过这里需要注意的是,修改目录名时,该目录必须为空,也就是仅包含"."和".."两个目录。主要函数有:

asmlinkage long sys_rename(const char * oldname, const char * newname);

下面具体介绍 sys_open 系统调用的算法及其函数调用层次。打开文件的算法如下:

sys_open 算法
#if BITS_PER_LONG != 32
  flags |= O_LARGEFILE;
#endif
  调用函数 **getname** 做路径名的合法性检查;/* 该函数在检查名字错误的同时要把 filename 从用户区拷贝到核心空间,它会检验给出的地址是否在当前进程的虚存段内,在核心空间中申请一页,并不断把 filename 字符的内容拷贝到该页中去 */
  fd = PTR_ERR(tmp);
  if 路径名正确{
    调用函数 **get_unused_fd** 获取一个文件描述符;/* 从当前进程的 files_struct 结构的 fd 数组中找到第一个未使用项 */
    if 获得了文件描述符{
      调用函数 **filp_open** 获取文件对应的 file 结构;
        /* filp_open 函数主要有两部分:一是调用函数 open_namei,通过路径名获取其相应的 dentry 与 vfsmount 结构;二是调用函数 dentry_open,通过 dentry 和 vfsmount 结构来得到 file 结构 */
      error = PTR_ERR(f);
      if 不能正确取得文件对应的 file 结构
        goto out_error;
      调用函数 **fd_install** 将打开文件的 file 结构装入当前进程打开文件表中;
    }
out:调用函数 **putname** 将 filename 从核心资料区删除;
  }
  return 文件描述符的位置数或错误整数标识;
out_error:调用函数 **put_unused_fd** 撤消文件描述符;
  goto out;

调用层次如图 6.45 所示。

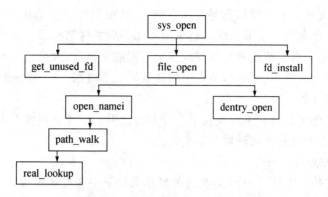

图 6.45 sys_open 函数调用图

3. 文件共享

(1) 共享系统打开文件表

在 VFS 中,系统采用不同的文件 ID 号指向同一文件信息节点来实现文件的共享。两个不同的进程,如果想共享一个文件,就可以让其所有的进程打开文件表中某一项指向相同的文件信息节点,这样两个进程就可以通过不同的文件 ID 号来实现对相同文件的操作。如图6.46所示。

在 VFS 中提供了两种文件 ID 号复制的方式:一种是选择最小有效的文件 ID 号作为新的另一个文件 ID 号;一种是用指定的文件 ID 号作为新的另一个文件 ID 号。

用于 Linux 文件 ID 号复制的主要函数有:
asmlinkage long sys_dup(unsigned int fildes);
asmlinkage long sys_dup2(unsigned int oldfd, unsigned int newfd);

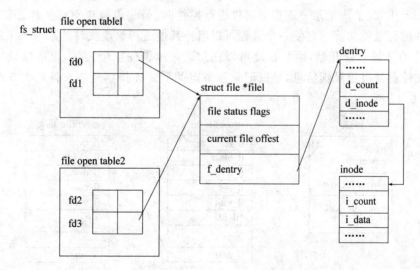

图 6.46 文件 ID 号的复制

(2) 共享 I 节点(inode)

Linux 中,多个进程的 file 结构可以共享 I 节点,该 I 节点唯一地对应一个文件。这可以通过文件的 link 机制实现,两个独立的进程打开同一个文件属于这种情况。Linux 中设计了文件记录锁,解决了同时读写文件时的互斥访问问题(见下面的文件一致性处理)。

在 Linux 中,文件名和文件信息是分开存储的,其中文件信息是用索引节点来描述,目录项就是用来联系文件名和索引节点的。目录项中每一对文件名和索引节点号的一一对应联系就是一个链接,同一个索引节点号可以对应多个不同的文件名,这就是 Linux 中的硬链接。在一个新的硬链接建立以后,这个索引节点中的计数器的值将加 1,计数器的值反映了链接到这个索引节点上的文件数。

符号链接与硬链接最大的不同就在于它并不与索引节点建立链接。当为一个文件建立一个符号链接时,索引节点的链接计数并不变化。

4. 文件一致性处理

为了保证文件的一致性,Linux 对文件的操作采用了一些技术手段,一种方式是提供相应的函数进行文件的同步更新,另一种方式是提供文件的记录锁。

(1) 文件的同步更新

在 Linux 中,通过核心中的 Buffer Cache 来进行有关文件的 I/O 操作。当写一个文件时,通常是把数据写入到它的 Buffer 中,之后依次排队,在某个合适的时间通过 I/O 操作写入到磁盘中。为了保证数据的连续性,引入了相应的函数来进行文件的同步更新。

主要函数有:

```
ssize_t block_write(struct file * , const char * , size_t, loff_t * );
ssize_t block_read(struct file * , char * , size_t, loff_t * );
int block_fsync(struct file * filp, struct dentry * dentry, int datasync);
```

(2) 文件的记录锁

在 Linux 中,为了防止某一进程对文件进行操作时,另一进程也对该文件进行操作,系统提供了文件的记录锁功能。它使一个进程可以阻止其他进程修改文件的某一个区域。锁区域可以从文件的任何一处开始,而且长度可以任意。可以锁住整个文件,也可以只锁住一个字节。一个文件的所有记录锁信息,是以记录锁节点的形式连接到相应文件的 I 节点的某个域中的,如图 6.47 所示。

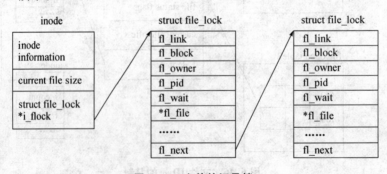

图 6.47 文件的记录锁

```
struct file_lock {
    struct file_lock * fl_next;              /* 属于同一 I 节点的文件锁链表指针 */
    struct list_head fl_link;                /* 所有文件记录锁构成的双向链表 */
    struct list_head fl_block;               /* 被该记录锁挂起的进程 */
```

```
        fl_owner_t fl_owner;                        /*拥有记录锁的进程*/
        unsigned int fl_pid;                        /*该记录锁的 pid*/
        wait_queue_head_t fl_wait;                  /*在该记录锁上睡眠的进程队列*/
        struct file * fl_file;                      /*被加锁文件的 file 结构指针*/
        unsigned char fl_flags;                     /*记录锁的标志位*/
        unsigned char fl_type;                      /*记录锁类型*/
        loff_t fl_start;                            /*被锁定文件内容的起始地址*/
        loff_t fl_end;                              /*被锁定文件内容的结束地址*/
        void (*fl_notify)(struct file_lock *);      /*解锁操作*/
        void (*fl_insert)(struct file_lock *);      /*插入记录锁操作*/
        void (*fl_remove)(struct file_lock *);      /*删除记录锁操作*/
        struct fasync_struct * fl_fasync;           /*用于同步标识锁的释放*/
        union {struct nfs_lock_infonfs_fl;} fl_u;   /*NFS(网络文件系统)文件锁信息结构*/
};
```

用于记录锁的主要函数有：

asmlinkage long sys_flock(unsigned int fd, unsigned int cmd);

下面介绍 sys_flock 系统调用的算法流程。

sys_flock 算法
    调用函数 fget 通过文件描述符得到其 file 结构；
    if 得到的 file 结构为空　　　goto out;
    调用函数 flock_translate_cmd 对加锁类型进行转化；
    if 转化出错　　　goto out_putf;
    if 转化后的加锁类型不是 F_UNLCK/*未上锁*/
#ifdef MSNFS
    并且不是 LOCK_MAND/*强制锁*/
#endif
    并且文件的打开模式不是 O_ACCMODE
        goto out_putf;
    加全局核心锁；
    调用函数 flock_lock_file 对文件上锁；
    解全局核心锁；
out_putf:
    调用函数 fput 释放得到的 file 结构；/*系统打开文件表*/
    out:
    return 出错信息；

flock_lock_file 算法
    if 锁类型不是 F_UNLCK {
        调用函数 flock_make_lock 申请一个 file_lock 结构并对其进行初始化；

```
        if 申请 file_lock 结构没有成功
            return 出错信息；
    }
search:change = 0;
    while 遍历记录锁链表未结束并且当前锁类型是 FL_FLOCK{
    if 当前记录锁的打开文件表指针指向的就是要加锁的 file 结构{
            if 当前记录锁的锁类型就是要
                加锁的类型
                    goto out;
            change = 1;break;
        }
        当前锁指针指向记录锁链表的
            下一个锁节点；
    }
    if (change) {/* 对同一个文件的锁的类型改变了 */
        调用函数 locks_delete_lock 删除该文件上原来的锁；
        if 锁类型不是 F_UNLCK
            goto search;
    }
    if 锁类型是 F_UNLCK    goto out;
repeat:
    for 遍历记录锁链表未结束并且当前锁类型是 FL_FLOCK{
    if 申请的记录锁与当前链表上的记录锁没有冲突
            continue;
    if 无需等待              goto out;
    调用函数 locks_block_on 将当前进程挂到申请的记录锁上的等待队列上；
    if 挂起失败              goto out;
    goto repeat;
    }
    调用函数 locks_insert_lock 将申请的记录锁插入到 inode 的记录锁链表中；
    将申请的记录锁结构置为空；
out:
    if 申请的记录锁结构不为空
            调用函数 locks_free_lock 释放申请的记录锁；
    return 出错信息；
```

6.10.3 Ext2 文件系统

Ext2(第二扩充文件系统)是 Linux 目前采用的标准文件系统。它的节点中使用了 15 个数据块指针,最大可以支持 4TB 的磁盘分区；它使用变长的目录项,能支持最长 255 字符的文件名；它使用位图来管理数据块和节点的使用情况；它在磁盘布局中提出了使用块组,使得系统更加稳定有效。

1. Ext2 文件系统的整体结构和布局

如图 6.48 中所示,Ext2 的磁盘布局在逻辑空间的映像是由一个引导块和重复的块组构成的,而每个块组又由超级块、组描述符表、块位图、索引节点位图、索引节点表、数据区构成。

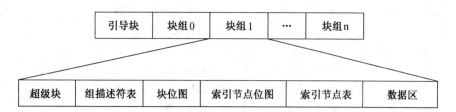

图 6.48 Ext2 磁盘布局在逻辑空间的映像

2. 主要数据结构

(1) Ext2 的超级块

Ext2 超级块是用来描述 Ext2 文件系统整体信息的数据结构,是 Ext2 的核心所在。它是一个 ext2_super_block 数据结构(在 include/linux/ext2_fs.h 中定义)。

```
struct ext2_super_block {
    __u32s_inodes_count;              /*文件系统中索引节点总数*/
    __u32s_blocks_count;              /*文件系统中总块数*/
    __u32s_r_blocks_count;            /*为超级用户保留的块数*/
    __u32s_free_blocks_count;         /*文件系统中空闲块总数*/
    __u32s_free_inodes_count;         /*文件系统中空闲索引节点总数*/
    __u32s_first_data_block;          /*文件系统中第一个数据块*/
    __u32s_log_block_size;            /*用于计算逻辑块大小*/
    __s32s_log_frag_size;             /*用于计算片大小*/
    __u32s_blocks_per_group;          /*每组中块数*/
    __u32s_frags_per_group;           /*每组中片数*/
    __u32s_inodes_per_group;          /*每组中索引节点数*/
    __u32s_mtime;                     /*最后一次安装操作的时间*/
    __u32s_wtime;                     /*最后一次对该超级块进行写操作的时间*/
    __u16s_mnt_count;                 /*安装次数*/
    __s16s_max_mnt_count;             /*最大可安装计数*/
    __u16s_magic;                     /*用于确定文件系统版本的标志*/
    __u16s_state;                     /*文件系统的状态*/
    __u16s_errors;                    /*检测到错误的处理方法*/
    __u16s_minor_rev_level;           /*次版本号*/
    __u32s_lastcheck;                 /*最后一次检测文件系统状态的时间*/
    __u32s_checkinterval;             /*两次对文件系统状态进行检测的间隔时间*/
    __u32s_creator_os;                /*操作系统*/
    __u32s_rev_level;                 /*版本号*/
    __u16s_def_resuid;                /*保留块的默认用户标识号*/
    __u16s_def_resgid;                /*保留块的默认用户组标识号*/
    __u32s_first_ino;                 /*第一个非保留的索引节点*/
    __u16 s_inode_size;               /*索引节点的大小*/
    __u16s_block_group_nr;            /*该超级块的块组号*/
    __u32s_feature_compat;            /*兼容特点的位图*/
```

```
        __u32 s_feature_incompat;              /* 非兼容特点的位图 */
        __u32 s_feature_ro_compat;             /* 只读兼容特点的位图 */
        __u8  s_uuid[16];                      /* 128 位的文件系统标识号 */
        char  s_volume_name[16];               /* 卷名 */
        char  s_last_mounted[64];              /* 最后一个安装点的路径名 */
        __u32 s_algorithm_usage_bitmap;        /* 用于压缩 */
        __u8  s_prealloc_blocks;               /* 预分配的块数 */
        __u8  s_prealloc_dir_blocks;           /* 给目录预分配的块数 */
        __u16 s_padding1;                      /* 填充块末尾的长度 */
        __u32 s_reserved[204];                 /* 用 NULL 填充块的末尾 */
};
```

Ext2 的超级块被读入内存后，主要用于填写 VFS 的超级块，此外，它还要用来填写另外一个结构，就是 ext2_sb_info（在 include/linux/ext2_fs_sb.h 中定义）结构。之所以要用到这个结构，是因为 VFS 的超级块必须兼容各种文件系统的不同的超级块结构，所以对某个文件系统超级块自己的特性必须用另一个结构保存在内存中，以加快对文件的操作。比如对于 Ext2 来说，片是它特有的，所以不能存储在 VFS 超级块中。

```
        struct ext2_sb_info {
            unsigned long s_frag_size;                    /* 片大小 */
            unsigned long s_frags_per_block;              /* 每块中片数 */
            unsigned long s_inodes_per_block;             /* 每块中节点数 */
            unsigned long s_frags_per_group;              /* 每组中片数 */
            unsigned long s_blocks_per_group;             /* 每组中块数 */
            unsigned long s_inodes_per_group;             /* 每组中节点数 */
            unsigned long s_itb_per_group;                /* 每组中索引节点表所占块数 */
            unsigned long s_gdb_count;                    /* 每组中组描述符所在块数 */
            unsigned long s_desc_per_block;               /* 每块中组描述符数 */
            unsigned long s_groups_count;                 /* 文件系统中块组数 */
            struct buffer_head * s_sbh;                   /* 指向包含超级块的缓存 */
            struct ext2_super_block * s_es;               /* 指向缓存中的超级块 */
            struct buffer_head ** s_group_desc;           /* 指向高速缓存中组描述符表块的指针数组的指
                                                             针 */
            unsigned short s_loaded_inode_bitmaps;        /* 装入高速缓存中的节点位图块数 */
            unsigned short s_loaded_block_bitmaps;        /* 装入高速缓存中的块位图块数 */
            unsigned long s_inode_bitmap_number[EXT2_MAX_GROUP_LOADED];  /* 高速缓存中的索引
                                                                            节点块号 */
            struct buffer_head * s_inode_bitmap[EXT2_MAX_GROUP_LOADED];  /* 高速缓存中的索引
                                                                            节点块的地址 */
            unsigned long s_block_bitmap_number[EXT2_MAX_GROUP_LOADED];  /* 高速缓存中的位图
                                                                            块号 */
            struct buffer_head * s_block_bitmap[EXT2_MAX_GROUP_LOADED];  /* 高速缓存中位图块
                                                                            的地址 */
```

```
    unsigned long s_mount_opt;              /*安装选项*/
    uid_t s_resuid;                         /*安装选项*/
    gid_t s_resgid;                         /*默认的用户组标识号*/
    unsigned short s_mount_state;           /*专用于管理员的安装选项*/
    unsigned short s_pad;                   /*填充*/
    int s_addr_per_block_bits;              /*每块的地址所占位数*/
    int s_desc_per_block_bits;              /*每块中组描述符数所占位数*/
    int s_inode_size;                       /*节点的大小*/
    int s_first_ino;                        /*第一个节点号*/
};
```

上面三种超级块结构的关系在图 6.49 中给出。

(2) I 节点结构

Ext2 和 UNIX 类的文件系统一样，使用 I 节点(即索引节点)来记录文件信息。每一个普通文件和目录都有唯一的索引节点与之对应，索引节点中含有文件或目录的重要信息。当你要访问一个文件或目录时，通过文件名或目录名首先找到与之对应的索引节点，然后通过索引节点得到文件或目录的信息及磁盘上的具体的存储位置。Ext2 的索引节点的数据结构叫 ext2_inode(在 include/linux/ext2_fs.h 中定义)。

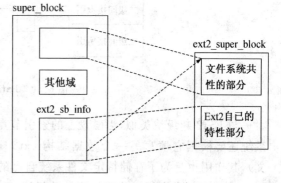

图 6.49 三种超级块结构的关系

```
struct ext2_inode {
    __u16 i_mode;                           /*文件类型和访问权限*/
    __u16 i_uid;                            /*文件拥有者标识号*/
    __u32 i_size;                           /*以字节计的文件大小*/
    __u32 i_atime;                          /*文件的最后一次访问时间*/
    __u32 i_ctime;                          /*该节点最后被修改时间*/
    __u32 i_mtime;                          /*文件内容的最后修改时间*/
    __u32 i_dtime;                          /*文件删除时间*/
    __u16 i_gid;                            /*文件的用户组标识符*/
    __u16 i_links_count;                    /*文件的硬链接计数*/
    __u32 i_blocks;                         /*文件所占块数*/
    __u32 i_flags;                          /*打开文件的方式*/
    union osd1;                             /*特定操作系统的信息*/
    __u32 i_block[EXT2_N_BLOCKS];           /*指向数据块的指针数组*/
    __u32 i_generation;                     /*文件的版本号*/
    __u32 i_file_acl;                       /*文件访问控制表*/
    __u32 i_dir_acl;                        /*目录访问控制表*/
    __u32 i_faddr;                          /*片的地址*/
    union osd2;                             /*特定操作系统的信息*/
};
```

Ext2 文件系统的 I 节点的结构如图 6.50 所示。

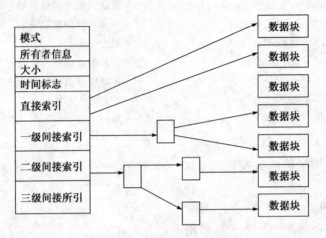

图 6.50　Ext2 的 I 节点结构

与 Ext2 超级块类似，当磁盘上的索引节点调入内存后，除了要填写 VFS 的索引节点外，系统还要根据它填写另一个数据结构 ext2_inode_info（在 include/linux/ext2_fs_i.h 中定义），其作用也是为了存储特定文件系统自己的特性。

VFS 索引节点没有物理块指针数组域，这个 Ext2 特有的域在调入内存以后，就必须保存在 ext2_inode_info 这个结构中。此外，片是 Ext2 比较特殊的地方，在 ext2_inode_info 中也为它保存了一些相关的域。另外，Ext2 在分配一个块时通常还要预先分配几个连续的块，因为它判断这些块很可能将要被访问，所以采用预分配的策略可以减少磁头的寻道时间。这些用于预分配操作的域也被保存在 ext2_inode_info 结构中。

(3) Ext2 的组描述符表

块组中，紧跟在超级块后面的是组描述符表，其每一项称为组描述符，是一个名为 ext2_group_desc 的数据结构（在 include/linux/ext2_fs.h 中定义），共 32 字节。它是用来描述某个块组的整体信息的。

```
struct ext2_group_desc
{
    __u32 bg_block_bitmap;         /* 组中块位图所在的块号 */
    __u32 bg_inode_bitmap;         /* 组中索引节点位图所在块的块号 */
    __u32 bg_inode_table;          /* 组中索引节点的首块号 */
    __u16 bg_free_blocks_count;    /* 组中空闲块数 */
    __u16 bg_free_inodes_count;    /* 组中空闲索引节点数 */
    __u16 bg_used_dirs_count;      /* 组中分配给目录的节点数 */
    __u16 bg_pad;                  /* 填充对齐的位数 */
    __u32 bg_reserved[3];          /* 用 NULL 填充 12 个字节 */
};
```

组描述符就相当于每个块组的超级块，一旦某个组描述符遭到破坏，整个块组将无法使用,所以组描述符表也像超级块那样,在每个块组中进行备份,以防遭到破坏。组描述符表所占用的块和普通的数据块一样,在使用时被调入块高速缓存。

(4) 位图

在 Ext2 中,是采用位图来描述数据块和索引节点的使用情况的。每个块组中都有两个块:一个用来描述该组中数据块的使用情况;另一个描述该组中索引节点的使用情况。这两个块分别称为数据位图块和索引位图块。数据位图块中的每一位表示该组中一个块的使用情况:如果为 0,则表示相应的数据块空闲;为 1,则表示已分配。索引位图块的使用情况与此类似。Ext2 中用两个高速缓存分别来管理这两个位图块,并使用类似于 LRU 的算法管理这两个高速缓存。前面提到的 ext2_sb_info 结构中有 4 个域用来管理这两个高速缓存,其中,s_inode_bitmap_number[]数组存有高速缓存中的索引节点块号;s_inode_bitmap[]数组存有高速缓存中的索引节点块的地址;s_block_bitmap_number[]数组存有高速缓存中的位图块号;s_block_bitmap[]数组存有高速缓存中位图块的地址。

6.10.4 Linux 高速缓存

1. 块高速缓存

使用文件系统时,会产生大量对块设备的读写请求。在 Linux 中,所有的块读写请求都将通过标准核心过程以数据结构 buffer_head(在 include\linux\fs.h 中定义)的形式传递给设备驱动程序。该数据结构给出了设备驱动程序所需的所有信息,设备标志符唯一确定所用设备,而块号则告诉设备驱动程序应该对哪一块进行读写操作。所有的块设备都被视作同样大小的块的线性组合。

为了加快对块设备的访问,Linux 维护一个高速缓存,系统中所有的块缓冲都放在这个高速缓存中,包括新的、未使用的缓冲区。高速缓存由所有物理块设备共同使用,任何时候缓存中都可能有属于各种块设备、不同状态的块缓冲。如果缓存中保存了有效数据,那么将节省系统访问物理设备的时间。任何用于读写数据的缓冲区都将放入高速缓存。如果一个缓冲区很少被使用,它可能被淘汰出缓存;反之如果被频繁访问则将一直保留在缓存中。

缓存中的块缓冲区由拥有该缓冲区的设备的设备号和块号唯一标识。块缓冲区高速缓存由两个功能部分组成。第一部分是空闲的块缓冲区的列表。对应每个缓冲区大小都有一个列表。当系统中的空闲块缓冲被创建或被丢弃时,它们都将被插入这些列表中。现在支持的缓冲区大小有 512、1024、2048、4096 和 8192 个字节。第二部分则是缓存自身。一个散列表包含了指向具有同样散列索引的缓冲区链的指针。散列索引是由设备标志符和数据块的块号产生的。一个块缓冲不是在空闲列表中就是在缓存中。缓存中的块缓冲同时被插入到最近最少使用(Least Recently Used,简称 LRU)列表中。对应于每一种缓冲区类型都有一个 LRU 列表。缓冲区的类型反映了它的状态。

缓冲区有两种:一种是包含了有效数据的;另一种是没有被使用的,即空缓冲区。而当前没有被进程访问的有效缓冲区和空缓冲区称为空闲缓冲区。

目前 Linux 支持的缓冲区类型如表 6.2 所示。

表 6.2 块缓冲区类型

类型	定义
clean	未使用、新创建的缓冲区
locked	被锁住、等待被回写
dirty	包含最新的有效数据,但还没有被回写
shared	共享的缓冲区
unshared	原来被共享但现在不共享

缓冲区的状态定义为枚举类型 bh_state_bits,它包含了表 6.3 中类出的状态。

表 6.3 块缓冲区状态

状态	定义
BH_Uptodate	缓冲区包含有效数据则置 1
BH_Dirty	缓冲区数据被改变则置 1
BH_Lock	缓冲区被锁定则置 1
BH_Req	缓冲区数据无效则置 0
BH_Mapped	缓冲区有一个磁盘映射则置 1
BH_New	缓冲区为新且还没有被写出则置 1
BH_Async	缓冲区执行 I/O 同步则置 1
BH_Wait_IO	缓冲区内容应写出则置 1
BH_launder	缓冲区应被清空则置 1
BH_JBD	缓冲区与 journal_head 相连则置 1
BH_PrivateStart	不是状态位,但其第一位由其他实体用于私有分配

当一个文件系统需要从物理设备读取数据块时,它先从缓冲区缓存中获取一个缓冲区。如果无法获取缓冲区,则从相应大小空闲块缓冲的列表中取得一个未使用的缓冲区,并将其放入高速缓存。而缓存中缓冲区的数据有可能已经过时,当缓冲区的数据过时或者缓冲区是一个新创建的缓冲区时,文件系统将请求设备驱动程序将相应的数据块从物理设备上读出。

Linux 使用 bdflush 这一核心守护进程来执行一系列维护缓存的工作。当分配和丢弃缓冲区时,系统都会检查处于 dirty 状态的数目;如果超过一定数量,该进程将被唤醒,将处于 dirty 状态并超过一定时间的缓冲区回写。缓冲区缓存的结构可用图 6.51 所示。

2. 索引节点高速缓存

VFS 中使用一个高速缓存来加快对索引节点的访问,和块高速缓存不同的一点是每个缓冲区不用再分为两个部分了,因为 I 节点中已经有了类似于块高速缓存中缓冲区首部的域。

索引节点高速缓存的结构有前面提到的散列表 inode_hashtable、正在使用的索引节点链表、未使用索引节点链表、脏索引节点链表以及 I 节点对象的缓存 inode_cachep。

3. 目录高速缓存

为了减少从磁盘读入目录项并构造相应的目录项对象所用的时间,并最大效率地使用目录项对象,Linux 中使用了目录高速缓存。

每个目录项对象的状态有空闲、未使用、正在使用和相关 I 节点不存在 4 种。

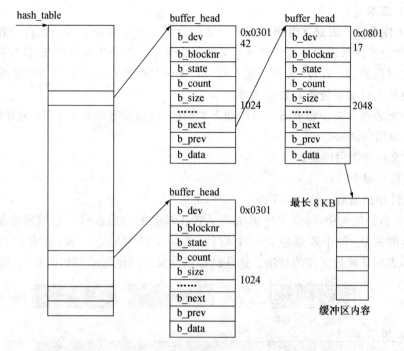

图 6.51 缓冲区缓存结构

目录高速缓存的结构有前面提到过的散列表 dentry_hashtable、LRU 链表队列 dentry_unused、正在使用的目录项对象构成的双向链表等。

当指向相应文件的最后一个硬链接被删除后,一个正在使用的目录项对象就变成第 4 种状态,该目录项对象被移到未使用目录项对象组成的 LRU 链表中。

6.11 Windows Server 2003 文件系统

Windows Server 2003 的文件系统体系结构可以支持多种不同的具体文件系统,目前直接支持以下几种文件系统:
(1) FAT12、FAT16 与 FAT32;
(2) NTFS;
(3) 其他。

本节首先介绍 FAT 文件系统,然后对 NTFS 进行进一步的讨论。

6.11.1 FAT 文件系统

FAT 是 File Allocation Table(文件分配表)的缩写。FAT 是一个简单的文件系统,1982 年开始应用于 MS-DOS 中。FAT 文件系统适用于小容量的磁盘,具有简单的目录结构。

FAT 文件系统不支持长文件名,给文件命名时受 8 个字符名和 3 个字符扩展名(8.3 命名规则)限制。同时 FAT 文件系统无法支持系统高级容错特性,不具有内部安全特性等。

在微软公司停止对 MS-DOS 操作系统的支持之后,为了向后兼容,也为了方便用户升级,Windows Server 2003 仍然提供对 FAT 文件系统的支持。

1. **FAT 技术**

FAT 文件系统是根据其组织形式——文件分配表——而命名的。文件分配表位于卷的开头，为了防止文件系统遭到破坏，FAT 文件系统保存了两个文件分配表，这样当其中一个遭到破坏时可以保护卷。此外，文件分配表和根目录必须存放在磁盘上一个固定的位置，这样才可以正确地找到启动系统所需要的文件。

文件分配表包含关于卷上每个簇的如下类型的信息(括号中是 FAT16 的样值)：

（1）未使用(0x0000)；

（2）被文件所使用的簇；

（3）坏簇(0xFFF7)；

（4）文件中的最后一簇(0xFFF8～0xFFFF)。

在 FAT 目录结构中，每个文件都给出了它在卷上的起始簇号。起始簇号是文件所使用的第一个簇的地址，每个簇都包含一个指针，指向文件中的下一簇，或者包含一个指示符(0xFFFF)，表明该簇是文件的结尾。这些链接以及文件结尾指示符如图 6.52 所示。

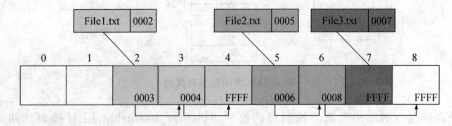

图 6.52 文件分配表的例子

图中有三个文件。文件 File1.txt 是一个比较大的文件，使用了三个连续的簇。第二个文件 File2.txt 是一个有碎片的文件，也需要三个簇。File3.txt 是一个小文件，完全可以装在一个簇中。在每一种情况中，目录结构都指向文件的第一个簇。

2. **FAT 卷的结构**

以 FAT 文件系统格式化的卷以簇为单位进行分配，缺省的簇的大小由卷的大小所决定。FAT 文件系统有三个不同的版本，每一版本的 FAT 文件系统都用一个数字来标识磁盘上簇号的位数，它们之间的区别如表 6.4 所示。

表 6.4 FAT 文件系统不同版本间的区别

系统	文件分配表中每个簇的字节数	簇界限
FAT12	1.5	小于 4087 簇
FAT16	2	界于 4087 和 65526 簇之间(包括边界)
FAT32	4	界于 65526 和 268435456 簇之间(包括边界)

图 6.53 说明了 FAT 文件系统是如何组织一个卷的。在图中可以看到，在一个卷中有两个文件分配表，当其中一个遭到破坏时，另一个还可以使用。卷中还保存有根目录，其他目录和文件以及引导扇区。

| 引导扇区 | FAT1 | FAT2 | 根目录 | 其他目录和文件 |

图 6.53 FAT 卷的结构

(1) 引导扇区

引导扇区(boot sector)包含用于描述卷的各种信息,利用这些信息才可以访问文件系统。在基于 x86 的计算机上,主引导记录(master boot record)使用系统分区上的引导扇区来装载操作系统的核心文件。

(2) FAT 根目录

根目录与其他目录之间的唯一区别是根目录位于磁盘上一个特殊的位置并且具有固定的大小。位于根目录上的每个文件和子目录,在根目录中都包含一个目录项。对于硬盘来说,根目录有 512 个目录项,软盘上根目录的目录项数取决于磁盘的大小。

每个目录项的大小为 32 字节,其内容包括:文件名、扩展名、属性字节、最后一次修改时间和日期、文件长度、第一个簇的编号,其格式如图 6.54 所示。

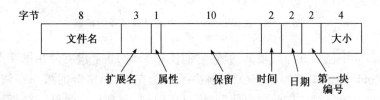

图 6.54 FAT 目录项中的域

给文件命名时要受 8 个字符的文件名和 3 个字符的扩展名的 8.3 命名规则的限制。文件名和文件扩展名不区分大小写。

在目录项中,若文件名的第一个字节为 E5h,则表示该目录项是一个空目录项。被删除的文件和子目录,其文件名的第一个字节即被置为 E5h。若一个文件或目录的文件名的第一个字符为 E5h,则用 05h 来表示。

在目录项中,文件属性字节用于表示文件的属性,例如,普通文件的属性字节为 0x20,隐藏的系统文件的属性为 0x27 等。该字节的各个位的含义如表 6.5 所示。

表 6.5 文件属性字节

位	7~6	5	4	3	2	1	0
含义	保留	归档	目录	卷标	系统	隐藏	只读

3. FAT32

前面的介绍主要针对的是 FAT12 和 FAT16 文件系统。随着磁盘存储技术的发展,硬盘容量越来越大,FAT16 文件系统已经不能适应,为此微软定义了新的基于 FAT 模式的文件系统,即 FAT32 文件系统,它是对 FAT16 文件系统的增强,主要应用于 Windows 9x 以及 Windows Me 系统。

FAT32 文件系统的文件分配表簇标识为 32 位(它的高 4 位被暂时保留,所以真正有效的是 28 位),簇大小也能达到 32KB,这使 FAT32 理论上拥有 8TB 的惊人寻址能力。但实际上是限制在 2TB(2048GB),因为系统在内部的 512 字节长的段中使用了一个 32 位的数字,以记录分区的大小。FAT32 强大的寻址能力使它比 FAT16 能够更有效地管理磁盘。

FAT32 的另一个优势是允许使用长文件名,长文件名比 FAT 结构更能吸引用户。引入长文件名的一个方法是发明一个新的目录结构。如果微软真的这么做了,那么 FAT32 就不能向下兼容了。微软在内部做了一个行政上的决定,处理长文件名的设计必须向下兼容老的 MS-DOS 8.3 系统。这样的向下兼容在计算机界并不常见,所以了解微软如何达到兼容的目标,还是很值得的。

向下兼容意味着 FAT32 的目录结构必须和 MS-DOS 的目录结构兼容。微软使用了表 6.5 的表项中 10 个未用的字节,使用方式如图 6.55 所示。这个改变跟长文件名无关,但它应用在 Windows 98 中,所以还是值得弄明白的。

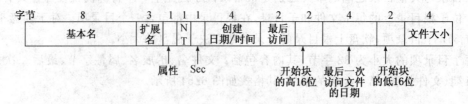

图 6.55 在 Windows 9x 中的目录表项的扩展

在有关的改变中包含五个新增加的域,它们使用了那 10 个没有使用的字节。这里"NT"域是为了与 Windows NT 兼容。"Sec"域解决了不能在 16 个字节的域中存储一天时间的问题。它提供了更多的位,所以"建立时间"域可以精确到 10 毫秒。另外一个新域是"最后一次访问"域,它存储最后一次访问文件的日期(不过不是时间)。最后,采用 FAT32 系统意味着块号达到了 32 个比特,所以需要附加一个 16 位的域用于存储块号的高 16 位。

下面具体讨论有关长文件名的实现技术。FAT32 所采用的解决方案是为每个文件分配 2 个文件名:一个(隐含的)长文件名(用 Unicode,以便于与 Windows NT 兼容);另一个 8.3 位名字,以便于与 MS-DOS 兼容。文件可以以任何一个名字访问,如果一个文件创建时,它的名字不遵循原有 MS-DOS 的命名规则(即 8.3 长度),那么 Windows 9x 的基本算法是取名字的前 6 个字符,转化成大写字母,如果需要,在基本名后面扩展~1 从而构成基本名,如果这个名字已经存在,那么使用后缀~2,如此类推。这里举一个例子,文件名 you look great today 被起了一个 MS-DOS 名 YOULOO~1。如果接下来创建一个叫 you look really great today 的文件,那么这个文件会被赋予一个 MS-DOS 名 YOULOO~2,如此类推。

对于具有长文件名的文件或目录,FAT32 将分配多个目录项,其中一个目录项是符合8.3 命名规则的目录项,其余的是长文件名目录项。长文件名目录项的格式如图 6.56 所示。

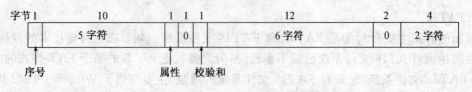

图 6.56 长文件名目录项

每个长文件名目录项能容纳 13 个(Unicode)字符,以逆序存储,即文件名的开始部分在 MS-DOS 目录项之前,后续的在更前面。

假设一个文件的文件名为 The quick brown.fox,则该文件的 FAT32 目录项结构如图 6.57 所示。

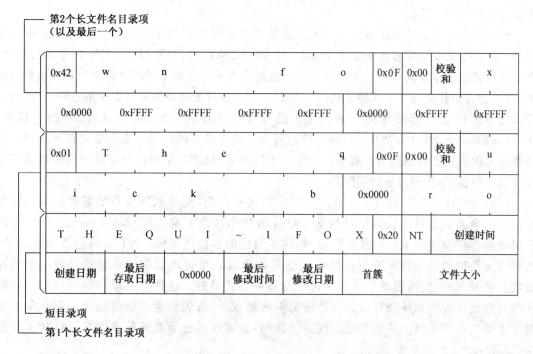

图 6.57 文件名为 The quick brown.fox 的长文件名目录项

那么 Windows 9x 怎样知道一个目录表项中包含的是 MS-DOS 文件名,还是长文件名(部分的)？这通过属性域标识。若是一个长名字的目录项,那么这个域的值是 0x0f。MS-DOS 程序只会当它是无效值而忽略。

长文件名字的序列号记录在相应表项的第一个字节中。为了标记一个长文件名字的最后一个表项,会在对应序列号加上 64 作为标记。这样,既然只有 6 个二进制位作为顺序号,那么理论上,最长的文件名是 $63 \times 13 = 819$ 字节。但是因为历史的原因,最长的文件名被限制在不能超过 260 个字符。

6.11.2 NTFS 文件系统

1. NTFS 特性概述

在 Windows NT 推出之后,微软需要一种新的文件系统来支持 NT 的安全性和可靠性,而 FAT 在此方面存在先天缺陷,经过慎重考虑,NT 设计小组决定创建一种具有较好容错性和安全性的全新的文件系统——NTFS(New Technology File System)。从 Windows NT 早期版本一直到 Windows Server 2003,NTFS 不断地得到发展,成为第一个为高端服务器以及 Intel 工作站家族提供健全的文件服务的文件系统。NTFS 的主要特性如下：

(1) 原子事务。为了减少因突然电源掉电或系统发生崩溃所造成的数据丢失,文件系统应始终确保文件系统元数据的完整性。为了满足可靠数据存储和访问的需求,NTFS 提供了基于原子事务(atomic transaction)概念的文件系统可恢复性。原子事务是数据库中处理数据更新的一项技术,它能保证数据库的正确性和完整性不受系统失败的影响。原子事务的基本原则就是事务的数据库操作要么都做要么都不做。如果系统失败中断了事务,则已经做的部分要撤消或回退(rollback)。回退可以将数据库返回到先前的稳定状态,就像是失败的事务从来也没有发生过一样。

(2) 综合的安全模型。为了保护敏感数据免受非法访问,文件系统应有一个综合的安全模型。NTFS 的安全性直接来源于 Window Server 2003 的对象模型。NTFS 的基本思想是:把文件和目录看成是对象和对象的集合。目录的内容不必受到下层的文件系统存储机制的束缚,可以把它们作为独立的实体来访问与复制。文件和目录对象都带有安全描述符,这些描述符作为该文件的一部分存储在磁盘上。进程在打开任何对象(如文件对象)的句柄前,Windows Server 2003 安全系统就验证该进程是否具有足够的权限。安全描述符和用户登录到系统并提供识别的密码结合起来共同确定了该进程的权限,从而保证了除非有管理员或文件拥有者的授权,否则无法访问文件。

(3) 基于软件的数据冗余方案。为了保护用户数据,文件系统应提供廉价的基于软件的数据冗余方案以替代较为昂贵的基于硬件的数据冗余方案。Windows Server 2003 采用分层驱动器模型实现了数据冗余存储,提供了数据的容错性支持。NTFS 与卷管理器通信,而后者又与磁盘驱动程序通信以便将数据写入磁盘。卷管理器能够镜像或复制一个磁盘的数据到另一个磁盘,因此一个冗余拷贝总是可以获得的。这种支持通常称为 RAID1。卷管理器也允许将数据按条写入到三个或更多的磁盘上,有关数据校验信息也保存在某个磁盘上。如果一个磁盘上的数据受损或无法访问,则可以通过异或操作来恢复。这种支持称为 RAID5。

(4) NTFS 的其他特性。为了适应众多应用领域,NTFS 不但满足了其基本设计目标,如可恢复性、安全性和数据冗余与数据容错,而且还具有其他一系列高级特性,如:多数据流、基于 Unicode 的名称、通用索引机制、动态坏簇重新映射、硬链接、文件压缩、日志记录、磁盘限额、链接跟踪、加密、POSIX 支持、碎片整理等。

2. NTFS 文件系统驱动程序

对 NTFS 的访问通过 I/O 管理器来完成。I/O 管理器将 I/O 请求送交 NTFS FSD 去执行。这一过程与高速缓存管理器、内存管理器、文件日志服务、卷管理器、磁盘驱动程序等一起协同完成 I/O 操作(参见图 6.58)。

NTFS 通过文件对象指针获得文件属性的流控制块(System Control Block,简称 SCB),每个 SCB 表示了文件的单个属性,并包含如何获得该属性的信息。同一个文件的所有 SCB 都指向一个共同的文件控制块(File Control Block,简称 FCB),FCB 包含一个指向主文件表(Master File Table,简称 MFT)中的该文件记录的指针,NTFS 通过该指针访问文件(参见图 6.59)。

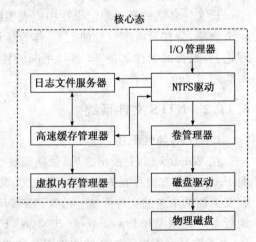

图 6.58 NTFS 及其相关组件图

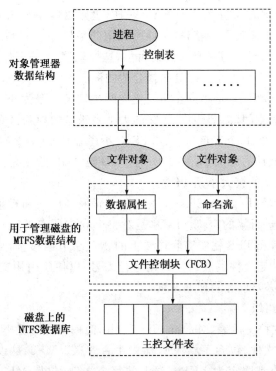

图 6.59 NTFS 数据结构

3. NTFS 文件的组织

在本节中,我们主要针对 NTFS 来描述如何划分磁盘,如何组织文件与目录,如何存储文件属性与数据,以及如何压缩文件数据等。

(1) 磁盘组织

① 卷。NTFS 是以建立在 Windows 磁盘分区上的卷为基础的。分区是磁盘的基本组成部分,是一个能够被格式化和单独使用的逻辑单元。Windows 分区(partition)包括基本分区(primary partition)、扩展分区(extended partition)。扩展分区可以由逻辑分区(logical partition)组成。当以 NTFS 格式来格式化磁盘分区时就创建了 NTFS 卷。

一个磁盘可以有多个卷,一个卷也可以有多个磁盘组成,如 RAID 磁盘阵列。Windows Server 2003 常使用两种卷:FAT 卷和 NTFS 卷。图 6.60 显示了一个典型的磁盘分区情况。FAT 卷不但包含所有存储的文件,而且还包含 FAT 文件系统所特有的区域,如 FAT 表。而 NTFS 卷则存储了所有的文件系统数据,例如位图和目录,甚至包括作为一般文件的系统引导程序。

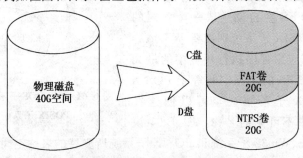

图 6.60 典型的磁盘分区与卷

② 簇。NTFS 与其他的文件系统如 FAT 一样,也是以簇作为磁盘空间分配和回收的基本单位。一个文件总是占用若干个整簇,文件所使用的最后一簇的剩余空间不再使用。通过簇来间接管理磁盘并不需要知道磁盘扇区的大小,这样就使 NTFS 保持了与磁盘物理扇区大小的独立性,从而能够为不同大小的磁盘选择合适的簇。

卷上簇的大小又称卷因子,是用户在格式化卷时确定的。簇太小了会出现过多的磁盘碎片,簇太大又会浪费磁盘空间(内部碎片)。簇的大小是磁盘物理扇区大小的整数倍,通常是 2 的幂,例如,1 个、2 个、4 个、8 个扇区等。NTFS 对小磁盘($<=512$ MB),默认簇大小是 512 字节;对 1 GB 的磁盘,默认的簇大小是 1 KB;对 1 GB 至 2 GB 的磁盘,默认的簇大小是 2 KB;对大于 2 GB 的磁盘,默认的簇大小是 4 KB。

NTFS 使用逻辑簇号(Logical Cluster Number,简称 LCN)和虚拟簇号(Virtual Cluster Number,简称 VCN)来进行簇的定位。LCN 是对整个卷中所有的簇从头到尾所进行的简单编号。卷因子乘以 LCN,NTFS 就能够取得卷上的物理字节偏移量,从而得到了物理磁盘地址。VCN 则是对属于特定文件的簇从头到尾进行编号,以便于引用文件中的数据。VCN 可以映射成 LCN,所以不必要求在物理上连续。

(2) 文件与目录的组织

① 主控文件表。主控文件表(Master File Table,简称 MFT)是 NTFS 卷结构的核心,是 NTFS 中最重要的系统文件,包含了卷中所有文件的信息。MFT 是以文件记录数组来实现的,每个文件记录的大小都固定为 1 KB。卷上的每个文件(包括 MFT 本身)都有一行 MFT 记录。

② 文件引用号。NTFS 卷上的每个文件都有一个 64 位(bit)的、称为文件引用号(File Reference Number)的唯一标识。文件引用号由两部分组成:一是文件号,二是文件顺序号。文件号为 48 位(bit),对应于该文件在 MFT 中的位置。文件顺序号随着每次文件记录的重用而增加,这是为了让 NTFS 进行内部一致性检查。

③ 文件记录。NTFS 将文件作为属性/属性值的集合来处理,这一点与其他文件系统不一样。文件数据就是未命名属性的值,其他文件属性包括文件名、文件拥有者、文件时间标记等。

④ 文件名称。NTFS 和 FAT 路径名中的每个文件名/目录名的长度可达 255 个字节,可以包含 Unicode 字符、多个空格及句点。但是,MS-DOS 文件系统只支持 8 个字符的文件名加上 3 个字符的扩展名。由于 MS-DOS 不能正确识别 Win32 子系统创建的文件名,当 Win32 子系统创建一个文件名时,NTFS 会自动生成一个备用的 MS-DOS 文件名。POSIX 子系统则需要 Windows 2000/XP 支持的所有应用程序执行环境中的最大的名称空间,因此 NTFS 的名字空间等于 POSIX 的名字空间。POSIX 子系统甚至可以创建在 Win32 和 MS-DOS 中不可见的名称。图 6.61 说

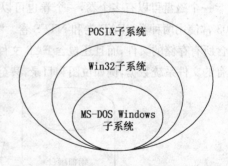

图 6.61 MS-DOS 子系统、Win32 子系统和 POSIX 子系统的命名空间

明了 MS-DOS 子系统、Win32 子系统和 POSIX 子系统所支持的名称空间之间的关系。

(3) 文件属性的存储

当一个文件很小时,其所有属性和属性值可存放在 MFT 的文件记录中。当属性值能直接存放在 MFT 中时,该属性就称为常驻属性(resident attribute)。有些属性总是常驻的,这样 NTFS 才可以确定其他非常驻属性。例如,标准信息属性和索引根就总是常驻属性。

大文件或大目录的所有属性,就不可能都常驻在 MFT 中。如果一个属性(如文件数据属性)太大而不能存放在只有 1KB 的 MFT 文件记录中,那么 NTFS 将从 MFT 之外分配区域。这些区域通常称为一个运行(run)或一个盘区(extent),它们可用来存储属性值,如文件数据。如果以后属性值又增加,那么 NTFS 将会再分配一个运行,以便用来存储额外的数据。值存储在运行中而不是在 MFT 文件记录中的属性称为非常驻属性(nonresident attributes)。

(4) 文件目录索引

在 NTFS 系统中,文件目录仅仅是文件名的一个索引。NTFS 使用了一种特殊的方式把文件名组织起来,以便于快速访问。当创建一个目录时,NTFS 必须对目录中的文件名属性进行索引。

一个目录的 MFT 记录将其目录中的文件名和子目录名进行排序,并保存在索引根属性中。然而,对于一个大目录,文件名实际存储在组织文件名的固定 4KB 大小的索引缓冲区中。索引缓冲区是通过 B+树数据结构实现的。B+树是平衡树的一种,对于存储在磁盘上的数据来说,平衡树是一种理想的分类组织形式,因次使查找一个项时所需的磁盘访问次数减到最少。索引根属性包含 B+树的第一级(根子目录)并指向包含下一级(大多数是子目录,也可能是文件)的索引缓冲区中。

(5) 数据压缩

数据压缩是 NTFS 文件系统的一个重要特征,虽然 FAT 文件系统也支持数据压缩,但是 NTFS 压缩功能可以对单个文件、整个目录或 NTFS 卷上的整个目录树进行压缩(NTFS 压缩只在用户数据上进行,而不能在文件系统元数据上进行)。

为了提高读取压缩文件的速度,NTFS 先把数据解压缩到高速缓存缓冲区中,然后再复制到调用缓冲区中。同时 NTFS 也将解压缩的数据加载到高速缓存中,从而使后续的从同一个运行上进行的读取操作在任何其他的高速缓存上一样快。当两个运行在磁盘上相邻时,NTFS 也执行磁盘预读。同样,在写文件的过程中,NTFS 在高速缓存中更新文件后,由延迟写线程异步进行压缩,并将修改后的数据写到磁盘上。这些做法都大大提高了压缩文件的读写性能。

4. NTFS 文件的可靠性

(1) 日志记录

NTFS 通过日志记录(logging)来实现文件系统的可恢复性。所有改变文件系统的子操作在磁盘上运行以前,首先被记录在日志文件中。在系统崩溃后的恢复阶段,NTFS 根据记录在日志文件中的文件操作信息,对那些部分完成的事务进行重做或是撤销,从而保证了磁盘上文件系统的一致性。这种技术称为"预写日志记录"(write-ahead logging)。

(2) 日志记录的实现

NTFS 不会直接从日志文件中读写记录,而是通过 LFS 来读写记录的。LFS 提供了许多操作来处理日志文件,包括打开(open)、写入(write)、向前(prev)、向后(next)、更新(update)等操作。在恢复过程中,NTFS 通过向前读取日志记录,重做已在日志文件中记录的、系统失败时还没有及时刷新到磁盘上的所有事务;NTFS 通过向后读取日志记录,撤销或是回退系统崩溃前没有完全记录在日志文件中的事务。LFS 允许用户在日志文件中写入任何类型的记录。更新记录(update records)和检查点记录(checkpoint record)是 NTFS 所支持的两种主要类型的日志记录。它们在系统的恢复过程中起了主要作用。

(3) 文件可恢复性

NTFS 通过 LFS 来实现可恢复功能。NTFS 的可恢复性支持确保了系统发生意外时磁盘卷结构的完整性和一致性,即便是很大的磁盘,也能在几秒钟之内恢复过来。需要注意的是,这种恢复只是针对文件系统的数据,而并不能保证用户数据完全被恢复。

NTFS 使用了"延迟提交"算法,该算法的思想是,在每次"事务提交"记录写入时,日志文件不立即刷新到磁盘,而是被批处理写入的;同时,多个事务可能是平行操作的,它们的事务提交记录可能一部分被写入磁盘,而另一部分没有。这样一种算法,可以保证 NTFS 恢复到某一先前存在的一致状态,而不是恢复到刚巧系统崩溃时的状态。

(4) 坏簇恢复

NTFS 通过卷管理工具和容错磁盘驱动支持,增加了磁盘的数据冗余和容错功能,为文件系统数据提供了高的可靠性。如果在加上 FtDisk.exe 的配合,NTFS 可以提供最高级的数据完整性。Windows Server 2003 卷管理功能分别通过用于基本磁盘的 FtDisk 和用于动态磁盘的 LDM(Logical Disk Manager)的卷管理工具来实现坏簇的修复。NTFS 在系统运行时会动态收集有关坏簇的资料,并把这些资料储存在系统文件里。这样,NTFS 就隐藏了坏簇恢复的细节,以至于在应用程序环境里根本不必知道坏簇的存在。

5. NTFS 安全性支持

采用加密文件系统(Encrpyted File System,简称 EFS)提供的文件加密技术,可将加密的 NTFS 文件存储到磁盘上。EFS 特别考虑了其他操作系统上的现有工具引起的安全性问题,这些工具允许用户不经过权限检查就可以从 NTFS 卷访问文件。通过 EFS,NTFS 文件中的数据可在磁盘上进行加密。

下面叙述对 NTFS 文件进行加密与解密的主要环节。

(1) 注册回调函数

NTFS 并不要求一定要挂接 EFS 驱动程序,但是离开 EFS 驱动程序,NTFS 就不能提供有关加密文件的操作。NTFS 为 EFS 驱动程序(winnt\system32\drivers\efs.sys)准备了一个插件接口,一旦 EFS 完成驱动初始化,就可以挂接到 NTFS 上。NTFS 也为 EFS 提供了几个接口函数,通过它们 EFS 可通知 NTFS 有关 EFS 存在及其相应 API 的信息。

(2) 首次加密文件

Windows Server 2003 通过在命令行程序 cipher.exe 或是目录的安全选项卡来加密文件。实际上,它们都是通过 Advapi32.dll (Advanced Win32 APIs DLL)中的 EncryptFile Win32 API 进行的。Advapi32.dll 调用 Feclient.dll (File Encryption Client DLL)以取得 Lsasrv 中与 EFS 的交互接口。

当 NTFS 收到 EFS 命令以加密文件时,NTFS 删除原来文件的内容,并将备份数据拷贝到加密文件中。NTFS 每拷贝一部分,NTFS 就更新高速缓存中该文件的相应部分的内容,这也导致高速缓存管理器会通知 NTFS 以将文件数据写入到磁盘上。因为文件被标记为加密的,所以 NTFS 在写数据时会调用 EFS 来加密数据。EFS 用 NTFS 传递的未加密的 FEK 来对文件进行 DESX 加密,加密是按扇区为单位进行的。

EFS 完成文件数据的加密后,就在日志文件中记录下来,并删除备份文件。最后 Lsasrv 删除日志文件并返回控制权给要求进行文件加密的应用程序。

(3) 解密文件

一旦用户试图打开加密文件,就开始文件解密了。在打开文件时,NTFS 先检查文件属性再执行 EFS 驱动程序中的回调函数。

在打开加密文件后,应用程序就可以读写文件了。当 NTFS 从磁盘上读数据时,NTFS 先调用 EFS 来解密文件数据,然后再放入文件系统的高速缓存中。当 NTFS 往磁盘上写数据时,这些数据都处于未加密状态,一直到高速缓存管理器需要用 NTFS 来更新数据。这时,将调用 EFS 驱动程序来加密数据并写入磁盘。

(4) 备份加密文件

对任何文件加密功能的设计而言,文件数据对于可访问该文件的应用程序外,总是加密的。这一点尤其影响了备份工具。为此,EFS 提供了一些特殊函数来支持备份,通过这些函数,备份工具在备份时并不再需要对文件进行解密和加密。

6.11.3 下一代 Windows 文件系统

在微软公司的代号为 Longhorn 的下一代 Windows 操作系统中,将引入新的数据存储服务 WinFS(Windows Future Storage 或 Windows File System)。WinFS 建立在 NTFS 的基础之上,为下一代 Windows 操作系统提供组织、搜索和共享多种多样的信息的能力。WinFS 的设计为无结构文件和数据库数据之间建立起更好的互操作方法,并通过数据库引擎提供快捷的文件浏览和搜索功能。WinFS 可以从不同的数据中心获得信息,比如邮件服务器、数据库和其他应用程序。搜索条件也不再只局限于文件名、文件大小或者创建日期,文件标题和作者等索引信息也都可以成为搜索的条件。

由于存储设备规模的不断增大,人们浏览文件的方式有可能发生根本的变化,搜索和查询会很快成为使用得更普遍的获取信息的方法,而不是像以往那样点击一层层的文件夹来浏览文件,所以海量的数据应用也最终驱使 WinFS 这样的应用出现在 Longhorn 系统中。WinFS 将依据用户的要求动态生成虚拟文件夹来组织不同的用户数据视图,当然这会占用相当大的系统资源,不过考虑到摩尔定律,硬件的发展在几年之后将可以满足这些资源需求。

出于系统兼容性的考虑,目前的 Longhorn 系统仅将 WinFS 作为一个 NTFS 文件系统上面的附加数据库层来使用,而且作用范围仅限于 Documents and Settings 目录,系统的其他部分仍然处于 NTFS 的控制之下。图 6.62 是 WinFS 的构成示意图。

WinFS 在 NTFS 之上的部分可以分成三

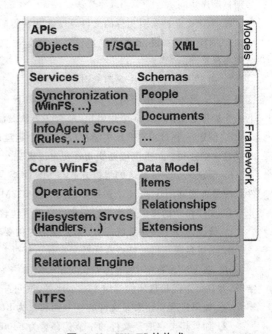

图 6.62 WinFS 的构成

层,处于最下层的是关系数据库引擎,它使用的微软的代号为 yukon 的下一代数据库技术。

上面一层构成 WinFS 存储服务的应用框架。数据模型是关系数据库引擎的延伸,主要目的是为组织不同的数据提供基本机制和方法。item 是数据的基本单元(例如文件),其具有持久性,由一组被模式所定义的简单或复杂类型表达的数据组成,可以具有特定的结构特征。item 之间的关系需要显示的描述,多个 item 以及它们之间的关系由模式描述。此外,数据模型易于扩展,以支持新的类型。模式 Schema 主要为描述数据的组织形态提供了基本方法,例如描述用户使用的日常数据的组织,包括文档、联系人、日程安排、音乐、视频等;操作系统数据,包括系统任务、配置、程序、安全信息等。Core WinFS 提供了访问下层 NTFS 文件系统的方法并实现了 WinFS 的底层访问方法,包括安全配置、管理接口、备份恢复、程序安装、反病毒、存储配额以及数据导入导出等操作。Services 是 WinFS 提供的服务,例如和移动设备之间的数据同步服务以及支持用户数据视图个性化的 InfoAgent 服务。

体系结构的最上层提供了用户程序访问 WinFS 的程序设计接口。接口主要包括三大类:Objects、T/SQL 以及 XML。Objects 由一组强类型的对象构成,是 WinFS 的一个组成部分,可以在 C# 等高级语言中调用。T/SQL 是 ADO.NET 提供的重要语言机制,用以复杂查询,并可以和其他数据源的视图集成。item 的数据可以导出为 XML 的串行化表示,用以支持各种数据交换。

WinFS 是将数据库和文件系统相结合来构造计算机存储服务的一次尝试,这种模式给用户组织、使用数据带来好处,代表了操作系统存储服务的发展趋势。

习 题 六

1. 举出一个文件访问的例子。所列举的应用领域在某些情况下,信息必须随机访问,而在其他时间信息必须被顺序访问。

2. 为什么支持索引文件的文件系统无法获得顺序访问文件系统相同的效率?

3. 对于用户来说,有些系统把设备也看成是"文件",即把设备也看作文件,试问这样做有什么好处?还会带来什么问题?

4. 假定一个文件系统采用索引文件结构。每个文件有一个目录项,存放文件名、第一个索引块和文件长度等信息。第一个索引块给出 248 个文件块和下一个索引块的信息。如果一个文件当前在第 209 逻辑块,而下一个操作是访问第 706 个逻辑块,那么必须从磁盘上读出多少个物理块?

5. 假定一个 UNIX 磁盘块能存放 1024 个磁盘地址。用直接盘块指针的文件的最大尺寸是多少?一重间接盘块指针呢?二重间接盘块指针呢?三重呢?

6. 假定一个文件系统的组织方式与 MS-DOS 文件系统相似,在 FAT 中可有 64 K 个指针。请说明该文件系统是否能够用这 64 K 个指针来引用一个 512M 磁盘上的每一个 512 字节块。

7. 文件目录的作用是什么?一个目录项应包含哪些信息?

8. 请设计一个文件系统的 FCB,并说明为何要安排 FCB 中每一项内容。

9. 多级目录结构的特点有哪些?有什么好处?

10. 在 UNIX 系统中,采用 I 节点方式给出一个文件所在磁盘块的块号。假设每个磁盘块大小为 1024 字节,并且每个间接盘块能容纳 256 个块号,试问:

(1) 如果进程要读取某文件的字节偏移量为 8192,应该如何找到它所在磁盘块?

(2) 如果想要存取某文件的字节偏移量为 640000,又将如何?

11. 能用单级目录来模拟多级目录吗?如果能,请给出如何实现之。

12. 有一个文件系统,根目录常驻内存,如图 6.63 所示。

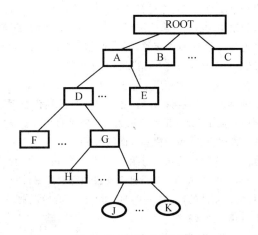

图 6.63 习题 12 的图

目录文件采用链接结构,规定一个目录下最多存放 40 个下级文件。下级文件可以是目录文件,也可以是普通文件。每个磁盘块可存放 10 个下级文件的描述信息,若下级文件为目录文件,则上级目录指向该目录文件的第一块,否则指向普通文件的文件控制块。(假设文件按自左向右的顺序建立。)

(1) 普通文件采用 UNIX 的三级索引结构,即文件控制块中给出 13 个磁盘地址,前 10 个磁盘地址指出文件前 10 块的物理地址,第 11 个磁盘地址指向一级索引表,一级索引表给出 256 个磁盘地址,即指出该文件第 11 块至第 266 块的物理地址;第 12 个磁盘地址指向二级索引表,二级索引表中指出 256 个一级索引表的地址;第 13 个磁盘地址指向三级索引表,三级索引表中指出 256 个二级索引表的地址。该文件系统中的普通文件最大可有多少块?假设主索引表放在 FCB 中,若要读文件\A\D\G\I\K 中的某一块,最少要启动磁盘几次?最多要启动磁盘几次?若要减少启动磁盘的次数,可采用什么方法?

(2) 普通文件采用链接结构,要读\A\D\G\I\K 的第 75 块,最少启动硬盘几次,最多几次?

13. 在实现文件系统时,为加快文件目录的检索速度,可采用"文件控制块分解法"。假设目录文件存放在磁盘上,每个盘块 512 字节。文件控制块占 64 字节,其中文件名占 8 字节,文件控制块分解后,第一部分占有 10 字节(包括文件名和文件内部号),第二部分占 56 字节(包括文件内部号和文件其他信息)。

(1) 假设某一目录文件共有 256 个文件控制块,试分别给出采用分解法前和分解法后查找该目录文件的一个文件控制块的平均访盘次数。

(2) 一般地,若目录文件分解前占用 n 个盘块,分解后改用 m 个盘块存放文件名和文件内部号部分,请给出访盘次数减少的条件。

14. 文件系统检测程序经常使用位示图,其基本想法是把该图拷贝到检测程序的地址空间,把位示图中的每一项放大,使其能包含更多的状态信息(例如已分配、未分配、已检测、坏块等等)。请设计一个算法,用增加内容位示图来检测一个磁盘的上述状态信息。

15. 在文件系统中,使用 create 和 open 命令的目的是什么?它们的具体功能是什么?能不能只用一个命令,完成文件的建立和打开操作?

16. 在文件系统中,使用文件前要先打开文件,请写出"打开文件"系统调用的主要实现步骤,包括相关的数据结构。假设命令为 fopen(文件名,打开方式)。

17. 在设计文件系统时,对文件的数据结构应作何考虑?

18. 文件分配所用的位示图应该保存在哪里?请说明原因。

19. 记录的成组技术是怎样实现提高存储空间利用率的?

20. 假设某文件由 100 个逻辑记录组成,每个逻辑记录长度为 80 个字符。磁盘空间被划分为若干块,块长度为2048个字符。为了充分利用磁盘空间,采用成组方式把该文件保存在磁盘上。

(1) 请回答该文件占用多少个磁盘块?每个磁盘块上存放了多少个逻辑记录?

(2) 若文件物理结构是链接结构,当用户要求处理第56个逻辑记录时,系统应为用户做哪些工作?

21. 假定磁带的记录密度为每英寸1000个字符,每一个逻辑记录长为180个字符,块与块之间的间隙为0.5英寸,现有800个逻辑记录需要存储到磁带上,请回答下列问题:

(1) 在没有采用成组操作时,磁带空间的利用率是多少?

(2) 在采用以8个逻辑记录为一组的成组操作时,磁带空间的利用率是多少?

(3) 为了使磁带空间的利用率大于70%,采用记录成组操作时的块因子至少应为多少?

22. 在设计文件系统的安全性时,应该考虑哪些方面的情况?

23. 假定需要一种机制,使得一个文件能被任何用户读,但只能被一个用户写。比如,全国高考成绩,可被高考学生读,但只能被有关办公室修改成绩。请设计该文件的存取控制机制。

24. 请描述一种机制,硬件的或软件的,它根据用户的指纹进行身份识别。

25. 计算机用户身份鉴别与验证通常有哪三种方式?

26. 可通过什么办法来实现用户之间共享某个文件?

27. 假设一个活动头磁盘有200道,编号从0~199。当前磁头正在143道上服务,并且刚刚完成了125道的请求。现有如下访盘请求序列(磁道号):

86,147,91,177,94,150,102,175,130

试给出采用下列算法后磁头移动的顺序和移动总量(总磁道数)。

(1) 最短寻道时间优先(SSTF)磁盘调度算法。

(2) 扫描法(SCAN)磁盘调度算法(假设沿磁头移动方向不再有访问请求时,磁头沿相反方向移动)。

28. 假设磁盘的移动臂现在第8号柱面上,有6个访盘请求在等待,如下所示。请给出最省时间的响应次序。

序号	柱面号	磁头号	扇区号
①	9	6	3
②	7	5	6
③	15	20	6
④	9	4	4
⑤	20	9	5
⑥	7	15	2

29. 假定某磁盘的旋转速度是每圈20毫秒,格式化后每个盘面被分成10个扇区,现有10个逻辑记录存放在同一磁道上,安排如下所示。

扇区号	1	2	3	4	5	6	7	8	9	10
逻辑记录	A	B	C	D	E	F	G	H	I	J

处理程序要顺序处理这些记录,每读出一个记录后处理程序要花4毫秒的时间进行处理,然后再顺序读下一个记录并处理,直到处理完这些记录,回答:

(1) 顺序处理完这10个记录总共花费了多少时间?

(2) 请给出一种记录优化分布的方案,使处理程序能在最短时间内处理完这10个记录,并计算优化分布时需要花费的时间。

30. (1) 在文件系统中,会出现文件系统不一致的现象,请简要解释这种现象产生的原因及问题的严重性。

(2) 为了解决文件系统的不一致性问题,常采用一个实用程序检查文件系统。在进行了块的一致性检

后,得到如下结果:

块号	0	1	2	3	4	5	6	7	8	9	10	11	12	13	14	15
空闲块	1	1	1	0	1	0	1	1	1	0	1	0	1	1	1	2
分配块	0	0	1	1	0	1	0	0	0	2	0	0	0	0	0	0

请解释该文件系统中出现的每一种错误,并给出处理方法。

31. 对下列每个问题,试说明它是由文件系统的哪个部分处理的?是如何处理的?
(1) 存储碎片问题;
(2) 允许给不同的文件以相同的文件名;
(3) 缓冲处理;
(4) 扩充文件时存储空间的申请。

32. 请对常使用的文件系统的性能和可靠性,作一个较全面的评价。如果想改进这个文件系统的性能和可靠性,可以从哪些方面进行?

第 7 章 设备管理

本 章 要 点

- 设备管理的重要性,设备的分类,设备管理的功能,I/O 设备控制模式,设备管理功能的实现
- I/O 软件的组成:中断处理程序、设备驱动程序、与设备无关的系统软件、用户空间的 I/O 软件
- I/O 硬件特点:I/O 设备的组成、I/O 设备接口
- 设备分配:设备分配用数据结构、设备分配的原则、设备分配与回收算法
- I/O 设备有关技术:SPOOLing(虚拟设备)技术、输入/输出通道、DMA 技术、缓冲技术
- 几种典型外部设备:硬盘、时钟、终端、网络打印设备

本章首先总述设备管理工作的重要性,然后分述各种硬件设备的特点、相关 I/O 软件以及系统管理设备的主要策略。

在计算机系统中,有大量的输入输出设备,其种类繁多,而且新设备也随着技术的发展不断地出现。输入输出设备是人机对话的界面和接口。各种信息和操作人员对计算机系统的操作命令要通过输入输出设备输入,系统的处理状态、执行命令的结果要通过输入输出设备输出。管理好这些设备,使资源得以合理的利用,是操作系统中非常重要的一件事情。

按设备的使用特性分类,输入输出设备可分为输入设备、输出设备、交互式设备、存储设备等。以系统中信息组织方式来划分设备,可把输入输出设备划分为字符设备(character device)和块设备(block device)等。

设备管理在计算机硬件结构提供的既定设备范围及其连接模式下,保证用户对 I/O 设备的使用,并实现方便、高效率和必要的保护这三方面的目标。

操作系统的设备管理,是通过 I/O 软件对设备的硬件实施管理的。设计 I/O 软件的一个最关键目标是设备独立性。从设计 I/O 软件结构的角度考虑,为了使高层软件与硬件无关,采用了分层的思想,把 I/O 软件分为四层:中断处理程序、设备驱动程序、与设备无关的操作系统软件和用户级软件(用户空间的 I/O 软件)。设备通过中断的方式向系统发出有关的请求;设备驱动程序具体实现系统发出的设备操作指令,并直接与硬件相关;与设备无关的操作系统软件,则实现和设备驱动器的统一接口、设备命名、设备保护、设备的分配和释放,同时提供为设备管理和传送数据所必需的存储空间;在最上层的用户级 I/O 软件,实现同用户的接口,它同设备管理的低层功能无关,也与硬件无关。

在讨论了 I/O 软件的结构和功能之后,本章叙述了设备管理的另一个重要内容,即对设备硬件的管理。为此,首先分析了设备的硬件的特点、设备的硬件接口;在此基础上,分析了设

备分配和管理的数据结构、独占设备和共享设备的不同分配策略原则以及分配和回收算法。

计算机的外部设备和计算机本身的硬件一样,正处于高速发展的阶段,新技术、新产品不断出现。本章专门安排一节分析、介绍与计算机的外部设备有关的技术,包括:SPOOLing(虚拟设备)技术、通道技术、DMA 技术、缓冲技术等。

另外,本章还简要介绍了硬盘、时钟和终端等几种主要的外部设备,介绍了它们的硬件特性和相应的软件特性。网络化,是计算机外部设备的一个发展趋势。本章还简要介绍了一种网络 I/O 设备——网络打印机,以此作为网络设备的典型。

作为实例,本章最后一部分分别简要的介绍了 Linux 的 I/O 设备管理和 Windows Server 2003 的 I/O 设备管理。

7.1 概　　述

操作系统中负责管理输入输出设备使用的部分,称为操作系统的设备管理功能,也称为 I/O(Input/Output)处理。

7.1.1 设备管理的重要性

在计算机系统中,有大量的输入输出设备,其种类繁多,而且新的输入输出设备也随着技术的发展不断地出现。

那么这些输入输出设备在计算机系统中起什么作用呢?如果说,处理器和存储器是计算机系统的大脑部分的话,那么,输入输出设备就是计算机系统的五官和四肢。各种需要处理的信息要通过输入输出设备输入计算机系统,处理后的信息也要通过输入输出设备从计算机系统输出(参见图 7.1)。

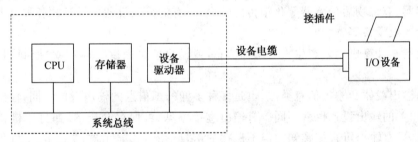

图 7.1　计算机系统与 I/O 设备

以输入设备为例。信息的原始形态,可能是数字、文字等抽象符号,通过键盘、鼠标等装置进入计算机系统;可能是一些物理信号量,如位移量、旋转量、可见光波、无线电波、红外线和声波等,它们通过空间参数转换设备、视频设备、影像装置(如数码相机)、电波接收设备、红外接收设备和话筒等物理传感设备,进入计算机系统;可能是一些化学量,如各种可燃气体、有毒物质等,它们通过化学传感器、气体传感器等传感器,进入计算机系统;也可能是各种有形介质,如文稿、设计图、绘画、录音带、录像带、光盘等,它们通过扫描仪、音频、视频设备和光盘读取设备等,进入计算机系统。

输出设备和输入设备一样,变化万千,这就造就了计算机应用的多样性和使用的普及性。

可以说，没有输入输出设备，就没有计算机的应用。

输入输出设备是人机对话的界面和接口。各种信息和操作命令要通过输入设备输入，系统的状态、信息的处理结果以及对外部设备的执行命令要通过输出设备输出。

设备管理的重要性还表现在以下方面：

（1）输入输出设备的性能经常成为系统性能的瓶颈，CPU 性能越高，输入输出设备性能同 CPU 性能不匹配的可能性也越大。如何解决这一矛盾，而又尽量不降低处理机的性能，是设备管理的一项重要任务。

（2）输入输出设备千变万化，怎样对它们实现统一的管理，是设备管理的又一项重要任务。

（3）在实时处理和控制系统应用中，输入设备能否及时将各种信息传送给计算机系统，计算机发出的各种命令能否通过输出设备及时传送给执行机构，则是至关重要的。

总之，输入输出设备是操作系统所管理的四大类资源之一，其重要性是不容低估的。

7.1.2　设备的分类

输入输出设备种类繁多，因此对设备的分类，也有各种角度。

1. 按设备的使用特性分类

按设备的使用特性分类，输入输出设备可分为输入设备、输出设备、交互式设备、存储设备、等等。

输入设备是计算机用以"感受"或"接触"外部信息的设备。如前所述，在输入设备中，依据要输入信息原始形态的不同，有接收各类信息形态的输入设备。有的输入设备可以接收数字、文字等抽象符号，如键盘、鼠标等装置；有的输入设备可以接收物理信号量，如视频设备、数码相机、电波接受设备、红外接收设备等物理传感设备；有的输入设备可以接收化学量，如各种可燃气体传感器、有毒物质传感器等化学传感器设备；有的输入设备可以接收各种有形介质如扫描仪和光盘读取设备等。

输出设备是计算机用以产生人可感知信息，或输出信息用以"影响"或"控制"其他外部装置的设备。

信息的输出载体和输入信息类似，也是多种多样的。信息的输出载体不同，输出信号的形态也不同，相关的输出设备也就不同。有输出直接可见、可保存介质的，如打印机、绘图仪、照片输出设备等；有输出可直接感知的但不保存的信息形态，如显示器、数字语音与音响输出设备、数字视频显示设备等；有输出非可直接感知、但可保存介质的，如数字录音设备与数字录音带、数字视频记录设备与数字录像带、光盘刻录设备与光盘等；另外，计算机系统还可能输出的一些复杂、连续的控制命令和操作指令等。

交互式设备的典型是计算机的各种显示器、键盘、鼠标、手写输入设备和语音输入设备等装置。交互设备的特点是，用户命令信息通过各种输入设备进入计算机系统，系统同步地在显示器上显示用户的命令信息以及执行命令后所得到的处理结果。计算机发展早期曾经使用过的非交互设备几乎已完全从市场消失，其最普遍的取代物就是各种交互式设备。

存储设备是计算机用来保存信息的装置。保存这些信息的记录介质，必须具有以下特性：

（1）可写入性。在计算机系统中的信息，可以被写入或记录到该种记录介质上。有些记录介质只能写入一次，如只能写入一次的光盘或只读存储器。也有的记录介质可以多次写入，如常见的半导体存储器。

（2）可读出性。在记录介质上保存的信息，必须能够通过某种手段，在需要时准确、迅速、及时地取出（读出）。不能够读出的信息是没有意义的。

（3）可保存性。在记录介质上保存的信息，必须能够持续保存一段时间。至于这段时间的长短，则取决于记录介质本身的特性。如，常用的半导体动态随机存储器在持续供电的条件下，信息可以一直保存着；一旦掉电，被保存的信息就全部丢失。而磁介质则保存时间较长，在正常情况下可保存信息达数月，甚至数年。CD-ROM 光盘则号称可保存信息达 100 年。

在计算机发展的历史上，也曾经使用过人类文明的象征之一，纸张，作为信息的记录介质。显然，纸张具有上述的三种特性，纸张可以用来写入信息、可以读出信息、纸张当然也可以被保存。然而，要让计算机系统在纸张上准确、迅速、及时地写入或读出信息，并不是一件容易的事，它需要卡片或纸带穿孔机（写入信息），还需要卡片或纸带阅读机（读出信息）。这些老式的光、机、电结合的输入输出设备，速度慢、不可靠，只能在博物馆中见到了。

2. 按设备的信息组织方式分类

若以系统中信息组织方式来划分设备，可把输入输出设备划分为字符设备（character device）和块设备（block device）。键盘、终端、打印机等以字符为单位组织和处理信息的设备被称为**字符设备**；而磁盘、磁带等以字符块为单位组织和处理信息的设备被称为**块设备**。

那么如何具体划分字符设备和块设备呢？

设备信息记录的大小决定了设备一次操作的数据传送单位和内部是否可寻址。划分字符设备和块设备的主要依据是，设备中信息记录块的大小。

字符设备传递或接受一连串的字符，不考虑任何块结构。它不寻址，并且没有查找操作。这样，终端、鼠标、键盘、打印机、网络接口等设备，都可看作字符设备。

块设备的基本特性是，能够随时读写其中的任何一块而与所有别的块无关。外存储类设备就是块设备，其记录长度通常以块为单位，如磁盘、磁鼓、光盘等。

通常，输入输出类的设备都可看作是字符设备，而存储类设备都可看作是块设备。不过这种字符设备与块设备的分类方法是不严格与不完整的。有些设备就很难说是字符设备还是块设备，例如，数字摄像头是一种外部设备，但是它接收的是一幅幅的影像，既可按字符单位访问，亦可按块访问。

3. 按设备使用可共享性分类

按设备使用可共享性分类，可分为独占设备、共享设备和虚拟设备等。

独占设备是指，在一个程序（作业、用户）的整个运行期间都必须由单个程序（作业、用户）独占直至该程序（作业、用户）完成的设备；也就是说，这类设备在任一给定的时刻只能让一个进程使用；亦即，必须保证一个进程对一个具体设备的在可能相当长时间内的唯一存取权；或曰，如果要广义共享的话只能顺序共享即非并发共享。

例如，打印机、磁带驱动器等都是独占设备，共享它们就很困难。如果几个用户同时使用一台打印机，把几个用户的输出结果随机地交织在一台打印机上是不行的。打印机必须要在完成对一个进程的输出任务的完整处理后，才能为另一进程服务。

独占设备的存在给系统管理带来了一系列的问题：如果计算机系统的输出作业管理不能够充分、连续地利用独占设备，那么对独占设备的使用就会是低效率的，甚至有可能造成死锁。

共享设备是指能够同时让许多程序（作业、用户）使用的设备。例如，磁盘就属于可共享设备,多用户同时在同一磁盘上拥有打开的文件不致引起什么麻烦,不同进程向同一磁盘提出的读写操作一般能随便交叉。

请注意,共享设备有两种含义。广义的共享设备是指非并发共享,几乎所有的设备都是广义的共享设备。可以把独占设备解释为只能顺序共享(即非并发共享)。狭义的共享设备是指并发共享,即操作系统中的共享设备的真正定义。

所谓虚拟设备是指在一类设备上摸拟另一类设备,被模拟的设备称虚拟设备。通常用共享设备模拟独占设备(如用磁盘的固定区域摸拟打印机),用高速设备模拟低速设备。引入虚拟设备的目的是提高设备利用率。

7.1.3 设备管理的功能

I/O 设备的用户有两类:用户程序(程序员和普通用户)和操作系统本身(即操作系统的 I/O 管理之外的其余部分)。

所谓设备使用(管理)的用户观点,即用户所希望或实际看到的设备使用(管理)接口和功能。用户观点也就相应地分为程序员观点和普通用户观点。那么,设备使用的用户观点有哪些含义呢?

概括起来,用户要求方便、高效、正确和安全地使用 I/O 设备,相应地,设备管理功能也就应该保障用户便利、高效、正确和安全地使用 I/O 设备。下面分别分析用户的具体要求和相应设备管理功能的内容。

1. 方便使用

用户总是希望方便地使用 I/O 设备,但遗憾的是 I/O 硬件的内部过程是非常复杂的,涉及到大量专用 CPU 处理和数字逻辑运算等细节,如寄存器、中断、控制字符、设备字符集(汉化、多国语言国际化)等。如果让用户直接使用设备硬件接口,那么就会出现以下问题:

(1) 不方便。程序员可能要把大部分精力放到与应用本身没有直接关系的 I/O 处理细节上,而不能专心于应用本身,工作速度受到极大影响。如果对于普通用户提出这样的要求,则意味着让普通用户不要使用计算机外部设备。

(2) 重复劳动。凡是使用外部设备的程序员,就要进行外部设备的程序设计、编码、输入等工作,这就导致了低工作效率(因为重复)和高系统成本(因为重复占用内存和外存)。

(3) 不灵活。程序使用要求的变化、系统配置的变化等都会带来外部设备的程序变化,影响了程序的独立性或适应性。

(4) 实现困难。考虑到 I/O 设备的众多类型和 I/O 连接模式的复杂多样,以及新的 I/O 设备和技术的不断发展和出现,实际上,让程序员或普通用户来了解和处理程序中每个 I/O 设备的实际物理过程细节,已成为不可能的事。

(5) 让程序员或用户直接操纵设备,不利于对 I/O 设备及有关数据的保护。

显然,要想避免上述诸多弊病,就要设法消除或屏蔽 I/O 硬件内部的低级处理过程。为达到此目的,操作系统的设备管理就应该做好以下工作:

为用户提供简便、易用、抽象的逻辑设备接口,用户使用抽象的逻辑设备,不必去关心 I/O 物理设备的工作原理和具体操作细节。

实现抽象逻辑设备到物理设备的转化。将对抽象设备的逻辑操作转化为具体设备的低级物理操作。

另外,所设计的抽象的逻辑设备必须掩盖 I/O 的硬件细节和依赖于硬件的软件技术细节。

通常,抽象设备接口是由设备管理功能和文件系统功能共同提供的,即抽象设备接口包含在文件系统的统一接口中。抽象设备接口使广义的设备独立性成为可能,向用户展现了一个简化了的计算环境。

具体来说,需要掩盖的细节有:

(1) 设备的物理细节:包括 I/O 设备内部专用处理器的操作指令、数据传送和控制状态等操作细节。

(2) 错误处理:出错处理是 I/O 软件的重要课题。错误应当在尽可能接近硬件的层次上处理。举例来说,如果 CD-ROM 控制器发现一个读出错,它就该尽其所能,努力自行纠正它。倘若力不能及,那么设备驱动程序应当予以处置,也许只要再重读这一块即可。很多错误是偶然的,例如激光头上的尘埃会导致读出错,重复该操作,错误就往往会消失。仅当低层处理力不胜任时,才是把问题上交高层处理,如遇到了有大量划痕的光盘,CD-ROM 控制器就无法纠正读出错了。

(3) 不同 I/O 设备的差异性:对于不同物理原理的 I/O 设备或者更新设备、添加新设备等情况,用户不必关心这些物理设备内部操作的变化,只按照逻辑名称使用逻辑设备并进行允许的逻辑操作。I/O 设备可以变,而应用程序不变,即应用程序不必修改,不必重新编译。

实际上,设备改变、更新或添加所带来的改变是很大的。设备不同,设备驱动程序也不同,但用户不必关心这些变化。设备改变、更新或添加所带来的变化由操作系统照管。所以 I/O 设备的变化对程序是透明的。

2. 效率

用户永远关心效率。普通用户关心使用效率(即程序运行效率与操作效率);系统管理员关心系统利用率、系统代价、系统工作效率和信誉。

为了提高设备与 CPU 的效率,在设备管理中引入了大量的技术,如中断、缓冲、DMA、通道等。这些技术不仅需要相应的硬件,还需要相应的软件与硬件配合,才能达到预期的目标。

可见,对操作系统的设备管理功能的第二个要求是,采用各种软件或与硬件配合的软件技术来提高设备效率和系统效率;提供物理 I/O 设备的共享并优化这些设备的使用;借助抽象接口,使得效率优化技术得以在系统内部实施并对用户透明。

针对第二个要求,操作系统的设备管理功能要实现和采用以下技术:

(1) 并发

要实现并发就必须处理一系列有关的问题:如设备的命名、保护、登记、实际分配或映射、回收、挂起、唤醒与调度等。并发的实现使得采用进一步提高设备利用率的技术有了基础,如共享设备技术,虚拟设备技术等。

(2) 设备分配技术

设备分配技术包含共享设备技术和虚拟设备技术。

① 共享设备技术。为了提高设备以及整个系统的效率,更好的解决设备与 CPU 的速度匹配上的问题,系统应该能够根据不同设备的特征,从全局出发调度安排 I/O 设备的操作,从而实现设备使用和系统性能的优化。

在并发基础上的共享设备技术使对设备的全局调度和优化得以实现。例如,共享设备技术可对大量的磁盘读写要求进行分析、处理,以使所有的磁盘读写要求在尽可能短的时间内都得到满足。

当然,共享设备技术只适于可共享的设备,不适用于独占设备。

② 虚拟设备技术。虚拟设备技术的引入原因之一,是为了提高对慢速独占设备的使用效率,同时也是为了优化系统整体的性能。从管理的角度看,有了虚拟设备技术之后,独占设备也成为了共享设备,用户可以按共享设备一样使用独占设备。

(3) 缓冲技术

缓冲是一个广泛采用的技术。一般来说,在信息交换过程中,交换双方的信息发送和信息接受的速度,不可能完全一致,为了保证在信息交换过程中,既不丢失信息,又能保持较高的信息交换速率,引入了缓冲。可见缓冲的目的是为了信息交换双方的速度匹配。

使用缓冲技术的场合往往有以下特点:

① 信息交换的阵发性(包括突发性与间歇性)。信息交换中一方信息的发送要么没有,要么集中发送或突然加快。所有的 I/O 设备缓冲区正是在这个前提下采用的。

② 信息访问的局部性。信息交换中的一方,经常重复申请访问某一局部的信息。微处理器就有此特性,本章后面还会分析。

3. 保护

所有的用户都希望能安全地使用设备,这种希望体现为由设备传送或管理的数据应该是安全的、不被破坏的和保密的。

对设备拥有所有权的用户而言,这种希望体现为,设备不能被破坏,设备应该安全可靠的得到使用。

对信息拥有所有权的用户而言,这种希望体现为,具有适当的信息使用权的用户,有权使用相应的设备对有关信息进行输入输出处理,不允许访问和使用无授权的设备。对 I/O 设备的使用不能造成任何对信息的非授权访问、破坏和泄密。

操作系统的设备管理功能不仅要保护 I/O 设备,更要保护由 I/O 设备传送或管理的信息和数据。

7.1.4　I/O 设备控制模式

总体上看,计算机系统对输入输出设备的控制模式有四种方式:第一种是程序查询(轮询)方式;第二种是程序中断方式;第三种是输入输出通道方式;第四种是直接传送方式(DMA)。

对 I/O 设备的程序轮询的方式,是早期的计算机系统对 I/O 设备的一种管理方式。它定时对各种设备轮流询问一遍有无处理要求。轮流询问之后,有要求的,则加以处理;在处理完 I/O 设备的要求之后,处理机返回继续工作。尽管轮询需要时间,但轮询比 I/O 设备的速度要快得多,所以一般不会发生不能及时处理的问题。当然再快的处理机,能处理的输入输出设备的数量也是有一定限度的。而且,程序轮询毕竟占据了 CPU 相当一部分处理时间,因此程序轮询是一种效率较低的方式,在现代计算机系统中已很少应用。

中断方式,是操作系统 I/O 管理中的一个关键问题,在本章中另外安排了一小节进行分析。

输入输出通道方式和 DMA 方式,是在 I/O 设备中大量采用的技术,将在本章后面具体分析讨论。

7.1.5 设备管理功能的实现方式

设备管理功能的实现要通过有关 I/O 软件和 I/O 硬件的共同配合才能完成。操作系统对 I/O 软件结构的考虑是采用层次化结构,而对硬件的管理主要体现在,把抽象的逻辑接口转换为实际的 I/O 物理设备,并完成相关的数据和控制命令的传送。

Linux 输入输出子系统向内核其他部分提供了一个统一的标准的设备接口,这是通过数据结构 file_operations 来完成的。

1. I/O 软件结构

设计 I/O 软件结构的基本思想,在于把 I/O 软件组织成为一系列层次,较低的层处理与硬件有关的细节,并将硬件的特征与较高的层隔离;而较高的层则向用户提供一个友好的、清晰而规整的 I/O 接口。

一般的 I/O 软件结构分为四层:中断处理程序、设备驱动程序、与设备无关的操作系统软件和用户级软件(指在用户空间的 I/O 软件)。

从功能上看,与设备无关层是 I/O 管理的主要部分;从代码量上看,设备驱动层是 I/O 管理的主要部分。

请注意,上述的分层是相对灵活和有一定模糊性的。在不同的操作系统中各层之间的界面划分并不相同,各层之间的确切界面是依赖于系统的。

2. 接口

如前所述,设备管理功能的接口是设备硬件的一个简化了的抽象的接口。该接口向用户提供的是,对具有一定逻辑性质的逻辑设备上的逻辑操作。

用户在使用 I/O 设备时,是通过文件系统和设备管理功能实现的。把用户对 I/O 设备的使用要求接受、翻译、转换为相应的物理设备、物理性质和物理操作,是设备管理功能的主要任务之一。为了实现设备的抽象接口,最重要的是解决以下问题:

(1) I/O 设备与文件系统的接口一致性

在现代操作系统中,用户使用 I/O 设备同使用文件系统是一致的。这种 I/O 设备与文件系统的接口一致性主要体现在统一命名上。

统一命名,是指在系统中,一个文件或一台 I/O 设备的名称都按照共同的原则命名,它们只应该是一个字符串。对 I/O 设备而言,它不以任何方式依赖于特定的设备。如何给诸如文件和 I/O 设备这样的对象统一命名,是操作系统中的一个重要课题。

(2) 接口的保护

与命名机制密切相关的是接口的保护。系统如何阻止用户访问他们无权访问的设备呢?在普通的微机系统中多半不设保护,任何进程能够做它想要做的任何事情。在大多数主机系统中,用户进程对 I/O 设备的访问完全被禁止。而在 UNIX 中,采用的是一种比较灵活的方案,即对应于 I/O 设备的特别文件受一般的 rwx 位保护,UNIX 系统管理员据此为每台设备确定适当的授权。

(3) 逻辑设备操作与物理设备操作之间的细节翻译和转换

除了解决上述问题之外,设备管理还要处理一系列的逻辑设备操作与物理设备操作之间的细节翻译和转换问题,包括设备的安装、动态配置、设备名的查找、设备的打开与关闭、设备的分配与释放等。如,用户在系统中,点击了 H 盘上子目录 movie 中的一个 Rain Man.avi 文件,该文件是一个影像文件。设备管理则要把 H 盘翻译为 DVD 驱动器,然后启动该设备,进行一系列检查,定位 movie 子目录,再定位 Rain Man.avi 文件;同时设备管理还要启动可以观看 DVD 影像文件的程序等,诸如此类的大量操作。这些涉及大量逻辑和物理的操作都只是由用户的一个鼠标点击,一个最简单的操作引起的。

7.2 I/O 硬件特点

本小节简要分析 I/O 设备硬件的主要特点,着重点是从操作系统角度看 I/O 设备硬件,而不是探讨 I/O 设备硬件的具体设计,从而有助于操作系统设备管理部分的设计。

1. 设备接口复杂繁琐

一般来说,一次完整的 I/O 传送过程,可以由一系列低级信号组成,包括设备的准备(如按约定准备好参数等)、启动、测试与等待、结果检查及错误处理等。整个过程中的每一步骤都是通过对设备接口寄存器组的读写操作进行的。

例如,如果要从一个磁盘上读一个字,必须产生一系列相关的机器指令,这些指令包括,移动磁头的读写臂到要读的那个字的磁道的操作、等待磁盘旋转延迟直至包含要读的那个字的扇区转到读写臂下、读取数据、传送数据,并检查一些可能的错误状态。

从这个例子中可以看出,输入输出设备的接口操作是相当复杂繁琐的,它不单纯涉及对数字量的操作处理,还包括监视和检查输入输出设备的机械电子装置中的操作是否完成、到位或正确与否。如,上例中硬盘读写臂是否已移到相应的磁道之上,然后要等待扇区转动过来,等。这里面还有大量的数/模转换和模/数转换的处理,这些工作是极其细致也是非常繁琐的。幸亏是用计算机从事这些控制和监视的工作,因为没有人能够胜任这类工作。

2. I/O 设备种类、工作原理、使用方式和用途不同

计算机输入输出设备的种类、它们的工作原理、各自的使用方式和用途是千差万别的。如,输入设备有键盘、鼠标、通信接口、摄像机或数码相机等。再如,键盘通过每一按键,接受用户手指的压力,从而确认了键的选择,并把选中的键的内码发送给键盘处理软件。鼠标则把用户手掌操纵鼠标的运动分解为有两个方向的坐标移动,而且还要识别鼠标每个按键的抬起、按下和保持等状态。通信接口可能接收局域网、互联网或红外、无线接口来的信号,并按相应的通信协议对输入的信号进行分析处理。而摄像机或数码相机则要通过光学镜头和 CCD 传感器把外界的影像转换成动态的或静止的数字影像,再送入计算机进行处理。

不同计算机系统所配备的 I/O 设备可能是不同的,一个计算机系统在不同时刻所配备的 I/O 设备的数量和类型也可能是不同的,一个用户程序可能要用到多个 I/O 设备,同一个程序在不同次运行期间所使用的 I/O 设备类型也可能不同,而且,设备技术永远在迅速地发展,不停地有新设备新技术出现。

7.2.1 I/O 设备的组成

本节从操作系统对计算机输入输出设备管理的角度,分析输入输出设备的组成,这种组成带有体系结构抽象化的意味,而并不是讨论输入输出设备的结构设计。

1. **I/O 设备组成**

一般而言，I/O 设备由物理设备和电子部件两部分组成。

这里所谓的物理设备，是泛指输入输出设备中为执行所规定的操作所必须有的物理装置，包括机械运动、光学变换、物理效应以及机电、光电或光机电结合的各种有形的装置。

而所指的电子部件是指和计算机系统发生直接联系的那部分电子部件，其中主要是指接受和发送计算机与输入输出设备之间的控制命令以及数据的电子部件。其他在输入输出设备内部对控制命令进行二次处理以及从事数据采集或发送、数据传送或变换的电子部件，均视作输入输出设备的物理部分。这样分开处理，主要是为了分析上的原因。

2. **I/O 设备特点**

输入输出设备有以下一些特点：

(1) 操作异步性

I/O 设备相对于处理机而言是异步工作的。这里异步的含义是，处理机与 I/O 设备以各自不同的处理速度工作。比如微型机，至少每秒钟可处理几十万个字符，对微型机键盘输入而言，每分钟至多也就是数百个字符的输入速度。而一般喷墨打印机每分钟也只能输出不到 10 页的 A4 页面的字符，也就是 1 分钟 1 万字左右的输出速度。

处理机与 I/O 设备以各自不同的处理速度工作，可以充分发挥各自的效率，并行工作，无需相互等待。为了实现这个目标，处理机与 I/O 设备之间通常采用中断方式或 DMA 方式交互。

(2) 设备自治性

输入输出设备通常都是独立于处理机之外的系统，它们在形体上同处理机相分离。现代的输入输出设备往往可以独立运行。这里所指的运行，是指可以加电进行设备本身状态的检查或进行某种操作，如，打印机可以自检，并打出一份检测印张来。

这些输入输出设备在同处理机处于正常连接状态时，处理机只是发送和处理控制命令和数据。在输入输出设备得到控制命令之后，它自行对命令进行分析，完成一系列相应的操作。到了该回送状态信息或数据时，输入输出设备自行进行相应的处理。整个设备具有一定程度的自我管理和自我控制功能。

至于哪些功能应由处理机完成，哪些功能应由输入输出设备完成，这取决于不同种类的输入输出设备和设计上的具体考虑。原则是，输入输出设备尽可能承担更多的输入输出任务，让处理机能够更多地完成各种运算和处理任务。

(3) 接口通用性

输入输出设备的种类、工作原理、各自的使用方式和用途千差万别，这些设备如果都以各自的方式同计算机系统连接，显然是不可能的。一般来说，在输入输出设备通过控制器和处理机连接时，都通过一种通用的接口。这些接口遵照统一的标准来设计，这样，处理机一端的标准接口，就可以同各种遵从同一个标准的接口的输入输出设备相互连接。

通用接口的优势是明显的。不仅配有通用接口的处理机可以对接多种 I/O 设备，而且配有通用接口的 I/O 设备也可同多种计算机系统相连。所以这是一件双赢的设计。现在各个国际相关机构，如 ANSI、IEEE 或 ISO 等，都在各自的领域中制定了一系列的接口标准。如，异步通信接口 RS-232C，视频显示接口 VGA 等，统一串行设备接口 USB，小型计算机总线接口 SCSI，等等。

对于一些特殊输入输出设备,由于性能上的要求,仍使用专用接口。

3. I/O 设备的连接功能

不论哪一种 I/O 设备,大致都要完成以下连接功能:

(1) 端口地址译码;

(2) 按照主机与设备间约定的格式和过程,接受计算机发来的输出数据和控制信号和向主机发送输入数据和状态信号;

(3) 将 CPU 发来的命令进行 D/A 转换,成为 I/O 设备所期望的电子信号,或将 I/O 设备信息进行 A/D 转换,成为 CPU 所理解的信号;

(4) 实现其他处理,如 I/O 设备内部硬件缓冲、数据加工、DMA 等任务。

4. I/O 物理设备

如前所述,这里所指的 I/O 物理设备,实际包含了很多的部件,它们构成输入输出设备的主体部分。

如,一台彩色喷墨打印机,包含有机械支架、输纸和走纸部分、墨头控制和运动部分、输墨系统部分以及外形部件。虽然我们把所有这些部件看作是机械设备,但其中仍有很多电子程序控制的部分。打印机中的走纸部分和墨头的运动部分是互相配合的运动部件,它们之间必须有严格的运动配合。凡是使用过打印机的人都知道。其间的电子程序控制,如每一行走纸的对应步进电机的控制、墨头运动的控制、256 个喷墨孔的控制等,都要通过专门的控制部件来控制实现(不过它们均不在本书的讨论范围)。

5. I/O 设备控制器

输入输出设备的电子部件叫做设备控制器或适配器。设备控制器主要完成以下几项功能:

(1) 端口地址译码:接受从接口发送来的信号,处理之后,确认本台设备是否被操作系统所选中。

(2) 按照约定的格式和过程接受或发送控制信号或数据。

(3) 缓冲存储:对单个较大容量的数据块,提供暂存的功能。

(4) 进行对输入输出设备自身的各种控制、信息传送和数据加工等任务。这些任务是完成相应的输入输出工作所必须的,但并不是操作系统所需要了解或干预的,这就是所谓的自治性功能。

I/O 控制器除了前面所述的功能外,还有以下一些特点:

使主机与 I/O 设备的相互适应范围增大,从而提高了 I/O 设备的适用范围,并提高了连接的灵活性。有的 I/O 控制器可控制多台设备等。

I/O 控制器发展的一个趋势是,不断增强控制器的功能。另外将控制器的一部分功能合并到 I/O 设备上,这样的 I/O 设备称为智能 I/O 设备。

7.2.2 I/O 设备接口

1. 接口的功能

I/O 设备接口的主要功能是,按照计算机主机与设备的约定格式和过程接受或发送数据和信号。这些电气信号的物理特性,在 I/O 接口标准中都有严格的规定。

如前所述,设备接口一般都遵从国际通用的接口标准。接口的形式根据不同的应用有多种。从数据传送的方式来看,有并行接口,串行接口之分。从传送的同步方式来看,有异步和同步之分。

至于设备接口中数字信号与模拟信号之间的转换,数据与信号的缓冲存储等功能,则可能在接口电路中实现,也可能需要同设备控制器和处理机共同配合才能完成。

2. I/O 设备接口电路

各种各样的 I/O 接口标准都只是在纸面上的定义,它们必须通过一个物理装置来实现,这就是 I/O 设备接口电路。这里不准备讨论接口电路的设计,只是介绍一下接口电路的一般结构。

(1) I/O 设备接口电路的一般结构

有些输入输出设备的接口电路主要以寄存器组来与计算机通信,这是较简单的设备接口形式。采用程序查询(轮询)方式和程序中断方式的设备,其接口电路主要采用这种形式。接口电路的寄存器组主要包括数据、状态和控制这三类寄存器。

数据、状态和控制信息或由处理机发出(写),由 I/O 设备电子部分接受(读);或由设备电子部分发出(写),由处理机接受(读)。有的 I/O 设备有大量的接口寄存器,有的 I/O 设备接口寄存器很少,而且一种寄存器兼有数据、状态和控制信息中之几种功能。

另外一些 I/O 设备采用对内存地址区域的控制器缓冲区的直接读写,即 DMA 方式。在 DMA 方式中,一个内存地址区域可以看作为一个长寄存器。典型的缓冲区长度可以存放一个记录(如一个扇区、一个打印行、一帧等),数据传送往往以记录为单位进行。

在以下的讨论中,只针对寄存器型接口电路,DMA 方式另行安排一节讨论。

(2) 寄存器型接口电路

通常接口电路根据信号和数据的需要,分别设计有 I/O 设备端电路接插件、主机端电路接插件和接口逻辑与控制电路。I/O 设备端电路接插件是连接 I/O 设备内部控制装置的电路连接器件。主机端电路接插件是连接处理机的接插件。而接口逻辑与控制电路中则包含有各种数据寄存器、状态寄存器、控制寄存器以及控制逻辑电路等。

数据寄存器主要用于存放传输双方的数据,或者作为数据暂存和缓存之用。数据以并行或串行的形式写入或读出数据寄存器。操作控制方式可以是同步的,也可是异步的。而数据源可能是处理机或也可能输入输出设备。

状态寄存器主要用于保存用于表明设备当前各种状态的逻辑变量。状态寄存器的各种变量的组合,可组合成设备状态字(Device Status Word,简称 DSW)。对状态寄存器可以按位或按字进行存取。显然,状态寄存器是输入输出设备内部各种状况的反映。如,在对 I/O 设备加电之后,I/O 设备内部控制器会进行初始化操作,然后运行自检程序。在一切正常之后,I/O 设备控制器会发出信号,把表示设备就绪的状态寄存器置位。这时,I/O 设备上的绿灯会点亮,处理机操作系统也会通过接口了解到某台 I/O 设备已处于可使用的状态。对于一台打印机而言,可能的设备状态有:设备就绪、设备忙、操作错误、缺纸或缺墨等。

控制寄存器用于控制输入输出设备的一些基本操作之用。控制寄存器的各种变量的组合,可组合成设备控制字(Device Control Word,简称 DCW)。控制状态字存储了操作系统发来的对输入输出设备的各种控制要求。如,对于显示器输出设备,操作系统会根据应用的要求发出选择彩色方式或黑白方式的显示要求,字符是否闪烁的要求等。在 VGA 显示方式下,还有显示分辨率、色彩种类等控制要求。

控制逻辑电路则是为了实现接口电路的功能而设计的组合逻辑或时序逻辑电路。整个控制逻辑电路，视设备的不同，其功能和复杂程度也各不相同。如，在微型计算机中的输出设备中的扬声器，其控制逻辑电路则是相对简单的，而磁盘接口电路则要复杂得多。

3. 接口电路的工作流程

在一次完整的 I/O 命令的传送过程中，由一系列低级电子信号组成，这些信号启动输入输出设备、执行相关操作，并通过测试设备状态来监控设备操作的进展。这些操作都是通过对输入输出设备接口寄存器组的读写来完成的。输入输出设备接口电路上的这些寄存器组，通过接口接插件和电缆同处理机通信。

在某些计算机上，这些寄存器是处理机存储器地址空间的一部分。

在个人计算机上，有专门的 I/O 地址空间，每个 I/O 设备都被分配若干个 I/O 地址，这些分配到的地址称为端口地址。

对于 Intel 系列 PC 机的打印机而言，它被分配的端口地址为：378 H，用于数据输出；37 AH，用于输出控制信息；379 H，用于输入状态信号。相关的总线译码逻辑实现端口地址内容与接口之间的传送。操作系统在对某个 I/O 设备进行操作时，把命令写入相应的端口地址中。这些端口地址通过逻辑电路译码后，信号传送到计算机的打印机接口插件，通过连接电缆，信号到达打印机接口插件，从而进入打印机接口电路。最终，信号进入打印机接口电路的寄存器中。再通过打印机内部的控制器完成相应的动作。当一条命令被接受之后，CPU 可以转而去做其他工作。命令完成时，打印机 I/O 设备产生一个中断请求，发回计算机，请求操作系统处理。

4. 接口的标准化

除了通用 I/O 接口之外，当然也有专用 I/O 接口。比如，在一些特殊应用领域，计算机系统往往要同一些特殊的输入输出设备打交道，或者因为某些性能上的特别要求，不能采用标准接口，这时就必须设计专用的接口了。

任何一种接口都有自己的技术特点。而且为了争夺市场上的竞争优势，各个厂家都极力推出符合自身技术优势的接口。而且，一种新设备、新技术出现时，往往没有现成标准可以遵循，此时的接口是五花八门的。这些各不相同的接口既推动了接口技术的发展，但也给应用带来困难，往往使用户无所适从。经过一段时间之后，标准才可能出现，所以标准总是落后于技术的发展的，在采用接口标准时应加以注意。

如，在个人计算机中，应用到的 I/O 接口标准就有不少。键盘有自己专用接口标准，有 RS-232C 串行接口标准；打印机有 Centronics 接口标准；显示器有 VGA 接口标准；硬盘有 IDE、EIDE 接口标准，而较新的硬盘接口是 Wide Ultra2 SCSI 标准，还有 USB 接口标准等。

又如，计算机输入输出设备在办公室环境下的无线接口，其接口技术就一直长期没有统一。由于该领域市场潜力巨大，所以各个厂家为了争夺市场主导地位，在无线接口上各提各的标准，各自为战，相互竞争；只是到了 1999 年，才由若干厂家共同联合制定发布了一个无线接口标准，这就是蓝牙（bluetooth）标准。

7.3 I/O 软件的组成

I/O 设备管理软件的设计水平决定了设备管理的效率。前面已经提到,I/O 设备管理软件结构的基本思想是层次化,也就是把设备管理软件组织成为一系列的层次。低层与硬件相关,它把硬件与较高层次的软件隔离开来;而最高层的软件则向应用提供一个友好的、清晰而统一的 I/O 设备接口。

7.3.1 I/O 软件的目标

1. 设备独立性

设计 I/O 软件的一个最关键目标是**设备独立性**(device independence)。也就是说,除了直接与设备打交道的低层软件之外,其他部分的软件并不与依赖于硬件。

I/O 软件独立于设备,就可以提高设备管理软件的设计效率,当输入输出设备更新时,没有必要重新编写全部涉及设备管理的程序。在实际应用的一些操作系统中,只要安装了相对应的设备驱动程序,就可以很方便地安装好新的输入输出设备。如,Windows 中,系统可以自动为新安装的输入输出设备寻找和安装相对应的设备驱动程序,从而实现了输入输出设备的即插即用。

I/O 软件一般分为四层,它们分别是中断处理程序、设备驱动程序、与设备无关的系统软件和用户级软件。至于一些具体分层时细节上的处理,是依赖于系统的,没有严格的划分,只要有利于设备独立这一目标,可以为了提高效率而作出不同的结构安排。

2. 统一命名

操作系统要负责对输入输出设备进行管理。有关管理的一项重要工作就是如何给 I/O 设备命名。不同的系统有不同的命名原则。对设备统一命名是与设备独立性密切相关的。这里所说的统一命名,是指在系统中采取预先设计的、统一的逻辑名称,对各类设备进行命名,并且应用在同设备有关的全部软件模块中。

通常给 I/O 设备命名的做法是,用一个序列字符串或一个整数来表征一个输入输出设备的名字,这个统一命名不依赖于设备,也就是说在一个设备的名称之下,其对应的物理设备可能发生了变化,但它并不在该名称上体现,因此用户并不知晓。如,在 UNIX 中,软盘、硬盘和其他所有块设备都能安装在文件系统层次中的任意位置。因此,用户不必知道哪个名字对应于哪台设备。如,一个软盘可以安装到目录/usr/ast/backup下,所以拷贝一个文件到/usr/ast/backup/monday 就是将文件拷贝到软盘上。在 UNIX 中,一切文件和设备都用相同的工具——路径名来定位。Windows 也采用类似的技术。

7.3.2 中断处理程序

中断处理程序是设备管理软件中一个相当重要的部分。本节着重分析中断处理程序的内部工作原理,然后讨论中断在设备管理中的作用。

1. I/O 设备中断

我们知道,中断是指计算机在执行期间,系统内发生任何非常的或非预期的急需处理事件,使得 CPU 暂时中断当前正在执行的程序,而转去执行相应的事件处理程序,待处理完毕后又返回原来被中断处,继续执行或调度新的进程执行的过程。

在外部中断里,包括了 I/O 设备发出的 I/O 中断,以及其他外部信号中断(例如用户键入 Esc 键)、各种定时器引起的时钟中断以及调试程序中设置的断点等引起的调试中断等。外部中断在狭义上被称为中断。

有关中断的基本原理,在其他章节已经讨论过,这里不再赘述。

2. 软中断

软中断的概念来源于 UNIX 系统。软中断是对应于硬中断而言的。那么什么是硬中断呢?通过硬件产生相应的中断请求,称为**硬中断**。而软中断则不然,它是在通信进程之间,通过模拟硬中断而实现的一种通信方式。

在中断源发出软中断信号后,CPU 或接收进程在"适当的时机"进行中断处理或完成软中断信号所对应的功能。这里"适当的时机"表示接收软中断信号的进程须等到该接收进程得到处理器之后才能进行。如果该接收进程是占据处理器的,那么,该接收进程在接收到软中断信号后,将立即转去执行该软中断信号所对应的功能。

3. 设备管理与中断方式

处理器的高速和输入输出设备的低速是一对矛盾,是设备管理要解决的一个重要问题。为了提高整体效率,减少在程序直接控制方式中 CPU 等待时间,采用中断方式来控制输入输出设备和内存与 CPU 之间的数据传送,是很必要的。

(1) 中断方式的实现

在硬件结构上,这种中断方式要求 CPU 与输入输出设备(或控制器)之间有相应的中断请求线,而且在输入输出设备控制器的控制状态寄存器上有相应的中断允许位。

在中断方式下,中央处理器与 I/O 设备之间数据的传输,大致步骤如下:

① 在某个进程需要数据时,发出指令启动输入输出设备准备数据。同时该指令还通知输入输出设备控制状态寄存器中的中断允许位置位,以便在需要时,中断程序可以被调用执行。

② 在进程发出指令启动设备之后,该进程放弃处理器,等待相关 I/O 操作完成。此时,进程调度程序会调度其他就绪进程使用处理器。另一种方式是该进程继续运用(如果能够运行的话),直到 I/O 中断信号来临。

③ 当 I/O 操作完成时,输入输出设备控制器通过中断请求线向处理器发出中断信号。处理器收到中断信号之后,转向预先设计好的中断处理程序,对数据传送工作进行相应的处理。

④ 得到了数据的进程,转入就绪状态。在随后的某个时刻,进程调度程序会选中该进程继续工作。

显然,当处理器发出启动设备和允许中断指令之后,处理器已被调度程序分配给其他进程;此时,系统还可以启动不同的 I/O 设备和允许中断指令,从而做到 I/O 设备与 I/O 设备间的并行操作以及 I/O 设备和处理器间的并行操作。

(2) 中断方式的优缺点

中断方式使处理器的利用率提高,且能支持多道程序和 I/O 设备的并行操作。

不过,中断方式仍然存在一些问题。首先,现代计算机系统通常配置有各种各样的输入输出设备。如果这些 I/O 设备都通过中断处理方式进行并行操作,那么中断次数的急剧增加会造成 CPU 无法响应中断和出现数据丢失现象。其次,如果 I/O 控制器的数据缓冲区比较小,在缓冲区装满数据之后将会发生中断。那么,在数据传送过程中,发生中断的机会较多,这将耗去大量的 CPU 处理时间。

7.3.3 设备驱动程序

设备驱动程序是直接同硬件打交道的软件模块。一般而言,设备驱动程序的任务是接受来自与设备无关的上层软件的抽象请求,进行与 I/O 硬件设备相关的处理。

在 Linux 中,根据功能,设备驱动程序分为驱动程序的注册与注销;设备的打开与释放;设备的读写操作;设备的控制操作和设备的中断和轮询处理四部分。具体机制详见 7.8 节。

1. 设备驱动程序的功能

设备驱动程序主要完成以下四个方面的处理工作:

(1) 向有关的 I/O 设备的各种控制器发出控制命令,监督它们的正确执行,并且进行必要的出错处理;

(2) 对各种可能的有关 I/O 设备排队、冻结、唤醒等操作进行处理;

(3) 执行确定的缓冲区策略;

(4) 进行一些依赖于 I/O 设备的特殊处理。如,代码转换、ESC 处理等。这些特殊处理不适合放在高层次的软件中。

2. 设备驱动程序的特性

设备驱动程序的最突出的特点是,它与 I/O 设备的硬件结构密切联系。设备驱动程序代码是依赖于设备的程序代码。设备驱动程序是操作系统底层中唯一知道各种输入输出设备的控制器细节及其用途的部分。

如,只有磁盘驱动程序具体了解磁盘的扇区、磁道、柱面、磁头、磁臂的运动、交错访问系数、马达驱动器、磁头定位次数以及所有保证磁盘正常工作的机制。其他软件根本不过问这些硬件操作细节。

3. 设备驱动程序的结构

在不同的操作系统中,对设备驱动程序结构的要求是不同的。一般在各个操作系统的相关文档中,都列有对设备驱动程序结构方面的统一要求。

设备驱动程序的结构同输入输出设备的硬件特性有关。显然,一台彩色显示器设备驱动程序的结构同磁盘设备驱动程序的结构是不同的。

通常一个设备驱动程序对应处理一种设备类型。不过,系统往往对略有差异的一类设备提供一个通用的设备驱动程序。如,在 Microsoft Windows 9x 中,就为 CD-ROM 提供一个通用的设备驱动程序。不同品牌或不同性能的 IDE CD-ROM,都可以用这个通用 CD-ROM 设备驱动程序。但是,为了追求更好的性能,用户往往放弃使用这个通用的设备驱动程序,而使用生产厂家编写的专用 CD-ROM 设备驱动程序。

可见,对于某一类设备而言,是采用通用的设备驱动程序,还是采用专用的设备驱动程序,取决于用户在这台设备上追求的目标。如果把设备安装的便利性放在第一位,那么建议考虑使用该类设备的通用驱动程序;如果优先考虑设备的运行效率,那么当然应该首选专门为这台设备编写的驱动程序。

4. 设备驱动程序层的内部策略

操作系统对设备驱动程序的设计策略包括以下内容:

（1）确定是否接受设备请求。一个典型的 I/O 设备请求是读磁盘第 n 块数据。如果驱动程序在一个 I/O 请求来到时闲着，它就立即开始实施该请求；然而，倘若它已经忙于应付一个 I/O 请求，则通常就把这个新的请求排进请求 I/O 的队列。

（2）确定发送什么内部操作命令。应答 I/O 请求的第一步，是把 I/O 请求从抽象的用语向具体的操作转换，它必须决定需要进行 I/O 设备控制器的哪些操作以及按照什么样的次序操作。如，对于一个磁盘驱动程序来说，这意味着，要检查磁盘驱动器的马达是否在运转，计算被请求的块在磁盘上的真实位置，确定磁臂目前是否在恰当的柱面上，等等诸如此类的内部操作命令。

（3）发内部操作命令。一旦明确了向 I/O 设备控制器发布哪些命令，设备驱动程序就向该 I/O 设备控制器的有关设备寄存器写入指令，着手把操作命令发出去。

有些 I/O 设备控制器一次只能处理一条命令；另一些 I/O 设备控制器则可接受一张命令链接表，然后自行处理，不用再求助于操作系统。

（4）发后处理。在一条或多条操作指令发出以后，存在着几种情况：

① 可能的冻结：在多数情况下，设备驱动程序必须等待 I/O 设备控制器为它完成任务。这样，它本身被冻结，直至中断来把该设备驱动程序解冻唤醒。

② 操作立即完成：在有些情况下，I/O 设备操作立即完成。所以，无需冻结驱动程序。如，要滚动显示终端的屏幕，只需把几个字节写入显示终端控制器的对应寄存器即可，毋须任何机械的运动，整个操作可以在几个微秒中完成。另外，对于有缓冲的输出过程，只需向缓冲区写入有关信息即可，操作也很快就完成，无需冻结，而真正的输出由中断处理程序完成。

③ 错误处理：在操作完成之后，不管上述哪种做法都必须检查是否出错。只不过对于第一种的情况，是否出错将在中断处理中检查；对于第二种情况，在操作完成之后，立即检查。

（5）对于中断时被调用驱动程序的发后处理如下：

① 检查结果状态和传送结果数据：如果正确，驱动程序可令数据流向与设备无关的软件。

② 可能的错误处理：返回一些错误状态信息汇报给它的调用者。

③ 可能的唤醒：如果有因等待此操作完成而冻结的进程，则唤醒之。

④ 可能的下一次 I/O 操作的启动，或者，因无请求而冻结。倘若有别的请求在排队，现在即可挑选其一加以启动；如果连一个都没有，该驱动程序则等候下一请求的来到。

7.3.4 与设备无关的软件

在 I/O 软件中，除了设备驱动程序以外，大部分软件是与设备无关的。至于设备驱动程序与设备无关的软件之间的界限如何划分，不同的操作系统是各有不同的考虑，具体划分原则取决于系统的设计者在考虑系统与设备的独立性、驱动程序的运行效率等诸多因素的平衡。

图 7.2 给出了常见的设备无关软件层实现的一些功能。

一般而言，所有设备都需要的 I/O 功能可以在与设备独立的软件中实现。这类软件面向应用层并提供一个统一的接口。

设备驱动程序的统一接口
设备统一命名
设备保护
提供与设备无关的逻辑块
缓冲
存储设备的块分配
独占设备的分配和释放
出错处理

图 7.2 与设备无关 I/O 软件的功能

(1) 设备统一命名。我们曾经说过,在操作系统的 I/O 软件中,对输入输出设备采用了统一命名。那么,谁来区分这些命名同文件一样的输入输出设备呢?这就是与设备独立的软件,它负责把设备的符号名映射到相应的设备驱动程序上。

举例来说,在 UNIX 系统中,像/dev/tty00 这样的设备名,唯一确定了一个特殊文件的 I 节点,这个 I 节点包含了主设备号和次设备号。主设备号用于寻找对应的设备驱动程序,而次设备号提供了设备驱动程序的有关参数,用来确定要读写的具体设备。

(2) 设备保护。对设备进行必要的保护,防止无授权的应用或用户的非法使用,是设备保护的主要作用。

(3) 提供与设备无关的逻辑块。在各种输入输出设备中,有着不同的存储设备,其空间大小、读取速度和传输速率等各不相同。比如,当前台式机和服务器中常用的硬盘,其空间大小有若干个 G 字节。而在掌上电脑和数码相机这一类设备中,则使用闪存这种存储器,其容量一般在数十兆字节。又如,目前高性能的打印机都自带缓冲存储器,它们可能是一个硬盘,也可能是随机存储芯片、也可能是闪存。这些存储器的空间大小、读取速度和传输速率都极不相同。因此,与设备无关的软件就有必要向较高层软件屏蔽各种 I/O 设备空间大小、处理速度和传输速率各不相同的这一事实,而向上层提供大小统一的逻辑块尺寸。

这样,较高层的软件只与抽象设备打交道,不考虑物理设备空间和数据块大小而使用等长的逻辑块。差别在这一层都隐藏起来了。

(4) 缓冲。常见的块设备和字符设备,一般都使用缓冲区。对块设备,硬件一次读写一个完整的块,而用户进程是按任意单位读写数据的,所以操作系统通常将数据保存在内部缓冲区,等到用户进程写完整块数据才将缓冲区的数据写到磁盘上。对字符设备,也必须使用缓冲,否则系统总是等待字符设备输入,效率太低。

(5) 存储设备的块分配。在创建一个文件并向其中填入数据时,通常在硬盘中要为该文件分配新的存储块。为此,操作系统需要为每个磁盘设置一张位示图或空闲块表。查找一个空闲块的算法是与设备无关的,因此可以放在设备驱动程序上面的与设备独立的软件层中处理。

(6) 独占设备的分配和释放。有一些设备,如打印机,在任一时刻只能被单个进程使用。这就要求操作系统对设备使用请求进行检查,并根据申请设备的可用状况决定是接收该请求还是拒绝该请求。一个简单的处理这些请求的方法是,要求进程直接通过 OPEN 打开设备的特殊文件来提出请求。若设备不能用,OPEN 失败。对应地,进程使用完毕这种独占设备时将关闭该设备,同时将释放该设备。

另外,采用前面介绍过的虚拟设备技术,可以较好处理独占设备的分配和释放问题。

(7) 出错处理。一般来说,出错处理是由设备驱动程序完成的。这是因为大多数错误是与设备密切相关的,因此,驱动程序最知道应该如何处理(如,重试、忽略或放弃)。

但还有一些典型的错误不是输入输出设备的错误造成的。如,由于磁盘受损而不能再读,驱动程序将尝试重读一定次数,若仍有错误,则放弃读并通知与设备无关软件。这样,如何处理这个错误就与设备无关了。如果在读一个用户文件时错误出现,则将错误信息报告给用户文件调用者。若在读一些关键的系统数据结构时出现错误,比如磁盘的空闲块位示图,操作系统则需提交出错信息,并向系统管理员报告。诸如此类与设备无关的错误处理则属于与设备独立软件的范围。

7.3.5 用户空间的 I/O 软件

大部分 I/O 软件包含在操作系统中。但是在用户程序中仍有一小部分是与 I/O 过程连接在一起的。

通常的系统调用,包括 I/O 系统调用,由库过程实现。如,一个用 C 语言编写的程序可含有如下的系统调用:

count=write(fd,buffer,nbytes);

在这个程序运行期间,该程序将与库过程 write 连接在一起,并包含在运行时的二进制程序代码中。显然,所有这些库过程是设备管理 I/O 系统的组成部分。

通常这些库过程所做的工作主要是把系统调用时所用的参数放在合适的位置,由其他的 I/O 过程去实现真正的操作。在这里,输入输出的格式是由库过程完成的。标准的 I/O 库包含了许多涉及 I/O 的过程,它们都是作为用户程序的一部分运行的。

当然,并非所有的用户层 I/O 软件都是由库过程组成的。SPOOLing 系统则是另一种重要的处理方法。SPOOLing 系统是多道程序设计系统中处理独占 I/O 设备的一种方法,在后面会具体分析。

图 7.3 总结了 I/O 软件的所有层次及每一层的主要功能。

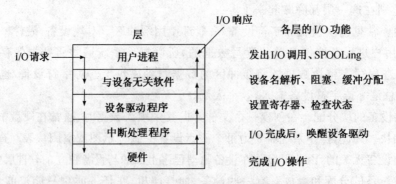

图 7.3 I/O 系统的层次结构及每层的主要功能

图 7.3 中的箭头给出了 I/O 部分的控制流。

这里我们举一个读硬盘文件的例子。当用户程序试图读一个硬盘文件时,需通过操作系统实现这一操作。与设备无关的系统软件检查高速缓存中有无要读的数据块。若没有,则调用硬盘设备驱动程序,向硬盘设备发出一个请求。然后,用户进程阻塞等待磁盘操作的完成。当磁盘操作完成时,硬件产生一个中断,转入中断处理程序。中断处理程序检查中断的原因,认识到这时磁盘读取操作已经完成,于是唤醒用户进程取回从磁盘读取的信息,从而结束了此次 I/O 请求。用户进程在得到了所需的硬盘文件内容之后,继续运行。

7.4 I/O 设备分配

前面几节在讨论 I/O 设备时,我们事实上已经做了如下假定:即每一个准备传送数据的进程都已申请到了它所需要的 I/O 设备和控制器。事实上,由于设备和控制器资源的有限性,不是每一个进程随时随地都能得到这些资源。进程必须首先向设备管理程序提出资源申请,然后,由设备分配程序根据相应的分配算法为进程分配。如果申请进程得不到它所申请的资源,将被放入资源等待队列中等待,直到所需要的资源被释放。

下面,我们讨论设备分配和管理的数据结构、分配策略原则以及分配算法。

7.4.1 设备分配用数据结构

设备的分配和管理通过下列数据结构进行。

1. 设备控制表

设备控制表(DCT:Device Control Table)反映设备的特性、设备和 I/O 控制器的连接情况,其中包括设备标识、使用状态和等待使用该设备的进程队列等。系统中每个设备都必须有一张 DCT。DCT 在系统生成时或在该设备和系统连接时创建,但表中的内容则根据系统执行情况而修改。

DCT 包括以下内容:

(1) 设备标识符:用来区别设备;

(2) 设备类型:反映设备的特性,例如是终端设备、块设备或字符设备等;

(3) 设备地址或设备号:每个设备都有相应的地址或设备号,这个地址既可以是和内存统一编址的,也可以是单独编址的;

(4) 设备状态:指明设备是处于工作状态、空闲、出错或其他可能的状态;

(5) 等待队列指针:等待使用该设备的进程组成等待队列,其队首和队尾指针存放在 DCT 中;

(6) I/O 控制器指针:该指针指向与该设备相连接的 I/O 控制器。

2. 系统设备表

整个系统会保留一张**系统设备表**(SDT:System Device Table),它记录已被连接到系统中的所有物理设备的情况,并为每个物理设备设一表项。SDT 的每个表项包括的内容有:

(1) DCT 指针:指向该设备的设备控制表;

(2) 进程标识:正在使用该设备的进程标识;

(3) 设备类型和设备标识符:该项的意义与 DCT 中的相同。

SDT 的主要意义在于反映系统中设备资源的状态,即系统中有多少设备,有多少是空闲的,而又有多少已分配给了哪些进程。

3. 控制器表

控制器表(Controller Control Table,简称 COCT)也是每个控制器有一张,它反映 I/O 控制器的使用状态以及和通道的连接情况等(在 DMA 方式时,该项是没有的)。

4. 通道控制表

通道控制表(Channel Control Table,简称 CHCT)只在通道控制方式的系统中存在,也是每个通道一张。CHCT 包括通道标识符、通道忙/闲标识、等待获得该通道的进程等待队列的队首指针与队尾指针等。

显然,在有通道的系统中,一个进程只有获得了通道、控制器和所需设备三者之后,才具备了进行 I/O 操作的物理条件。

总之,在申请设备的过程中,根据用户请求的 I/O 设备的逻辑名,就可以去查找逻辑设备和物理设备的映射表;然后以物理设备为索引,再查找 SDT,就可以找到该设备所连接的 DCT;继续查找与该设备连接的 COCT 和 CHCT,就找到了一条 I/O 通道。

7.4.2 设备分配的原则

1. 设备分配原则

设备分配的原则是根据设备特性、用户要求和系统配置情况决定的。

设备分配的总原则是:要充分发挥设备的使用效率,尽可能地让设备忙碌,但又要避免由于不合理的分配方法造成进程死锁;要做到把用户程序和具体物理设备隔离开来,即用户程序面对的是逻辑设备,而分配程序将在系统把逻辑设备转换成物理设备之后,再根据要求的物理设备号进行分配。

设备分配方式有两种,即静态分配和动态分配。

静态分配方式是在用户作业开始执行前,由系统一次分配该作业所要求的全部设备、控制器(和通道)。一旦分配之后,这些设备、控制器(和通道)就一直为该作业所占用,直到该作业被撤消。静态分配方式不会出现死锁,但设备的使用效率低。因此,静态分配方式并不符合分配的总原则。

动态分配在进程执行过程中根据执行需要进行。当进程需要设备时,通过系统调用命令向系统提出设备请求,由系统按照事先规定的策略给进程分配所需要的设备、I/O 控制器(和通道),一旦用完之后,便立即释放。动态分配方式有利于提高设备的利用率,但如果分配算法使用不当,则有可能造成进程死锁。

2. 设备分配策略

由于在多道程序系统中,进程数多于资源数,会引起资源的竞争。因此,要有一套合理的分配原则。主要考虑的因素有:I/O 设备的固有属性、I/O 设备的分配算法、设备分配的安全性以及设备无关性。

(1) 独占设备的分配

对于独占设备的分配,有两种分配方式:一种是静态分配;另一种是动态分配。

所谓静态分配,是指在进程运行前,完成设备分配;在运行结束时,收回设备。其缺点是设备利用率低。

所谓动态分配是指在进程运行过程中,当用户提出设备要求时,进行分配,一旦停止使用立即收回。其优点是效率高,缺点是在分配策略不好时,可能产生死锁。

(2) 共享设备分配

对于共享设备,由于同时有多个进程同时访问,且访问频繁,有可能影响整个设备使用效率,影响系统效率。因此要考虑多个访问请求到达时服务的顺序,使平均服务时间越短越好。

与进程调度相似,动态设备分配也是基于一定的分配策略的。常用的分配策略有先请求先分配、优先级高者先分配等策略。

① 先请求先分配。当有多个进程对某一个设备提出 I/O 请求时,或者是在同一设备上进行多次 I/O 操作时,系统按提出 I/O 请求的先后顺序,将进程发出的 I/O 请求命令排成队列,其队首指向被请求设备的 DCT。当该设备空闲时,系统从该设备的请求队列的队首取下一个 I/O 请求消息,将设备分配给发出这个请求消息的进程。

② 优先级高者先分配。优先级高者指,发出 I/O 请求命令的优先级最高的进程。这种策略和进程调度的优先数法是一致的,即进程的优先级高,它的 I/O 请求也优先予以满足。对于相同优先级的进程来说,则按先请求先分配策略分配。因此,优先级高者先分配的策略把请求某设备的 I/O 请求命令按进程的优先级组成队列,从而保证在该设备空闲时,系统能从 I/O 请求队列队首取下一个具有最高优先级进程发来的 I/O 请求命令,并将设备分配给发出该命令的进程。

7.4.3 设备分配与回收算法

1. 独占型设备的分配与去配

独占型设备通常是指打印机、磁带机、扫描仪、绘图仪等设备,这类设备在一段时间内只能由一个进程所占有。

用户使用独占型设备的活动如下:

$$申请,使用,使用,……,使用,释放$$

对于申请命令,系统将设备分配给申请者;对于使用命令,系统将转到设备驱动模块完成一次 I/O 传输;对于释放命令,系统将设备由占有者手中收回。

在申请命令和释放命令期间,用户独占该设备。由于 I/O 传输时需要一个通路,包括控制器和通道,仅有其一无法完成传输,因而控制器和通道两种资源必须同时分配。分配算法如图 7.4 所示。

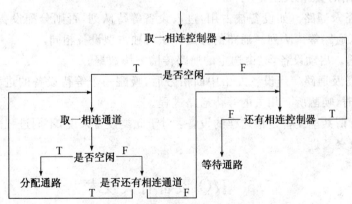

图 7.4 通路分配算法示意图

(1) 申请

分配设备,具体做法如下:
① 根据申请设备类型查询系统设备表,找到对应入口;
② P(Sm);
③ 查对应的设备表,找一空闲设备并分配。

(2) 使用

进行 I/O 传输,具体做法如下:
① 分配通路(控制器、通道)。若进程需要等待通路,则进入通路等待队列。当对应控制器或通道被释放时,唤醒所有等待通路进程,被唤醒的进程需要重新执行上述程序寻找通路。
② 进行 I/O 传输。启动设备,经由选定的通路传输一个基本输入输出单位。
③ 去配通路(通道、控制器)。当通道或控制器发生中断信号时,都需将对应的等待通路进程全部唤醒。

(3) 释放

去配设备,具体做法如下:
① 根据释放设备类型查系统设备表,找到对应入口;
② 查对应的设备表,找到要释放的设备并去配;
③ V(Sm)。

2. 共享设备的分配与去配

共享设备可被多个进程所共享,但在每个 I/O 传输的单位时间内只由一个进程所占有。用户使用共享型设备的活动如下:

使用,使用,……,使用

与独占型设备不同,用户在使用共享型设备时并没有明显的设备申请与设备释放活动。不过,在每一个使用命令之前都隐含有一个申请命令,在每一个使用命令之后都隐含有一个释放命令;在此隐含的申请命令和隐含的释放命令之间,执行了一次 I/O 传输。如,对于磁盘而言,是对一个磁盘数据块的读、写。

通常,共享型设备的 I/O 请求来自文件系统、虚拟存储系统或输入输出管理程序,其具体设备已经确定。因而设备分配比较简单,即当设备空闲时分配,占用时等待。

共享设备使用的具体方法如下:

(1) 申请设备及通路。如设备被占用,进入设备等待队列,否则分配设备;如有可用通路则分配,否则进入通路等待队列。通路的分配算法与独占型设备相同。
(2) I/O 传输。启动设备,经由选定的通路传输一块数据。
(3) 去配设备及通路。当设备发出中断信号时,唤醒一个等待设备的进程;当控制器、通道发出中断信号时,唤醒所有相关的等待通路进程。

可以看出,所谓共享设备是指这样的设备:对于此类设备来说,不同进程的 I/O 传输以块为单位,并且可以交叉进行。

7.5 I/O 设备有关技术

本小节介绍各种与 I/O 设备有关的技术,包括 SPOOLing 技术、输入/输出通道技术、DMA 技术、缓冲技术、总线技术和即插即用技术等。

7.5.1 SPOOLing(虚拟设备)技术

SPOOLing 是多道程序设计系统中处理独占 I/O 设备的一种方法,它可以提高设备利用率并缩短单个程序的响应时间。SPOOLing 技术又是一种虚拟设备技术,因为它可以解决在进程所需的物理设备不存在或被占用的情况下,使用该设备。下面看两个 SPOOLing 的应用例子。

1. 打印机的 SPOOLing 值班进程

考虑一种典型的 SPOOLing 设备:打印机。虽然让任意一个用户进程打开打印机的特殊文件,在技术上不难办到,但是假若一个进程在打开打印机特殊文件以后的几个小时内无所事事呢?此时,其他进程也什么都打印不了!为了解决这个问题,可以创建一个称为值班(精灵)进程(daemon)的特殊进程和一个叫做 SPOOLing 目录(spooling directory)的特别目录。为了打印一个文件,一个进程首先生成要打印的整个文件,把它放入 SPOOLing 目录中。该值班进程是唯一获准使用打印机特殊文件的进程,用以打印 SPOOLing 目录里的文件。这样,通过禁止用户对该特殊文件的直接使用,避免了长时间打开它却不做什么工作的问题,提高了对打印机的使用效率。

2. 网络的 SPOOLing 值班进程

SPOOLing 技术不仅运用于打印机,它还被其他场合所采用。SPOOLing 技术一直到今天仍被广泛使用着。例如,在通过网络传送文件时,常常利用网络精灵进程。为了把一个文件发往某处,用户首先把它送到网络 SPOOLing 目录里。然后,网络值班进程把它取出来并传递到目标地址。

Internet 网是 SPOOLing 文件传输的一个特殊应用,主要用作电子邮件系统。该网络由遍布全世界的数以万计的机器组成,通过通信线路和计算机网络通信。为了向 Internet 上的某人投寄邮件,得调用电子邮件程序,把待发的信存放在 SPOOLing 目录中供以后传输。

注意:SPOOLing 的主要好处是提高设备利用率,缩短用户程序执行时间,而并不提高 CPU 利用率(其实是增加了 CPU 负担)。

7.5.2 输入/输出通道

输入/输出**通道**是一个独立于 CPU 的、专门管理 I/O 的处理机,它控制设备与内存直接进行数据交换。它有自己的通道指令,这些通道指令由 CPU 启动,并在操作结束时向 CPU 发出中断信号。

输入/输出通道控制是一种以内存为中心,实现设备和内存直接交换数据的控制方式。在通道方式中,数据的传送方向、存放数据的内存起始地址以及传送的数据块长度等都由通道来进行控制。

另外,通道控制方式可以做到一个通道控制多台设备与内存进行数据交换。因而,通道方式进一步减轻了 CPU 的工作负担,增加了计算机系统的并行工作程度。

1. I/O 通道分类

按照信息交换方式和所连接的设备种类不同,通道可以分为以下三种类型:

(1) 字节多路通道。它适用于连接打印机、终端等低速或中速的 I/O 设备。这种通道以字节为单位交叉工作:当为一台设备传送一个字节后,立即转去为另一台设备传送一个字节。

(2) 选择通道。它适用于连接磁盘、磁带等高速设备。这种通道以"组方式"工作,每次传送一批数据,传送速率很高;但在一段时间只能为一台设备服务。每当一个 I/O 请求处理完之后,就选择另一台设备并为其服务。

(3) 成组多路通道。这种通道综合了字节多路通道分时工作和选择通道传输速率高的特点,其实质是:对通道程序采用多道程序设计技术,使得与通道连接的设备可以并行工作。

成组多路通道适于连接高速 I/O 设备,如磁盘。它首先为一台设备执行一条通道命令,传送一批数据,然后再选择另一台设备执行一条通道命令;即几台设备的通道程序同时在执行,但任何时刻,通道只为一台设备服务。

2. 通道工作原理

在通道控制方式中,I/O 设备控制器(常简称为 I/O 控制器)中没有传送字节计数器和内存地址寄存器,但多了通道设备控制器和指令执行部件。CPU 只需发出启动指令,指出通道相应的操作和 I/O 设备,该指令就可启动通道并使该通道从内存中调出相应的通道指令执行。

一旦 CPU 发出启动通道的指令,通道就开始工作。I/O 通道控制 I/O 控制器工作,I/O 控制器又控制 I/O 设备。这样,一个通道可以连接多个 I/O 控制器,而一个 I/O 控制器又可以连接若干台同类型的外部设备。

(1) 通道的连接

由于通道和控制器的数量一般比设备数量要少,因此,如果连接不当,往往会导致出现"瓶颈"。故一般设备的连接采用交叉连接,这样做的好处是:

① 提高系统的可靠性:当某条通路因控制器或通道故障而断开时,可使用其他通路;

② 提高设备的并行性:对于同一个设备,当与它相连的某一条通路中的控制器或通道被占用时,可以选择另一条空闲通路,减少了设备因等待通路所需要花费的时间。

(2) 通道处理机

通道相当于一个功能单纯的处理机,它具有自己的指令系统,包括读、写、控制、转移、结束以及空操作等指令,并可以执行由这些指令编写的通道程序。

通道的运算控制部件包括:

① 通道地址字(CAW):记录下一条通道指令存放的地址,其功能类似于中央处理机的指令计数器;

② 通道命令字(CCW):保存正在执行的通道指令,其作用相当于中央处理机的指令寄存器;

③ 通道状态字(CSW):记录通道、控制器、设备的状态,包括 I/O 传输完成信息、出错信息、重复执行次数等。

(3) 通道对主机的访问

通道一般需要与主机共享同一个内存,以保存通道程序和交换数据。通道访问内存采用"周期窃用"方式。

采用通道方式后,输入/输出的执行过程如下:

CPU 在执行用户程序时遇到 I/O 请求,根据用户的 I/O 请求生成通道程序(也可以是事先编制好的),放到内存中,并把该通道程序首地址放入 CAW 中。

然后,CPU 执行"启动 I/O"指令,启动通道工作。通道接收"启动 I/O"指令信号,从 CAW

中取出通道程序首地址,并根据此地址取出通道程序的第一条指令,放入 CCW 中;同时向 CPU 发回答信号,通知"启动 I/O"指令完成完毕,CPU 可继续执行。

通道开始执行通道程序,进行物理 I/O 操作。当执行完一条指令后,如果还有下一条指令则继续执行;否则表示传输完成,同时自行停止,通知 CPU 转去处理通道结束事件,并从 CCW 中得到有关通道状态。

总之,在通道中,I/O 运用专用的辅助处理器处理 I/O 操作,从而减轻了主处理器处理 I/O 的负担。主处理器只要发出一个 I/O 操作命令,剩下的工作完全由通道负责。I/O 操作结束后,I/O 通道会发出一个中断请求,表示相应操作已完成。

3. 通道的发展

通道的思想是从早期的大型计算机系统中发展起来的。在早期的大型计算机系统中,一般配有大量的 I/O 设备。比如一台 IBM 370 计算机系统,可能配有 128 台交互式终端、16 台磁盘机、8 台磁带机和 4 台高速宽行打印机。对这些 I/O 设备的管理,不是一件简单的工作。如果把这些 I/O 设备都交给计算机主机处理,显然会妨碍主机对主要计算任务的完成。为了把对 I/O 设备的管理从计算机主机中分离出来,形成了 I/O 通道的概念,并专门设计出了 I/O 通道处理机。

I/O 通道在计算机系统中是一个非常重要的部件,它对系统整体性能的提高起了相当重要的作用。不过,随着技术不断的发展,处理机和 I/O 设备性能的不断提高,专用的、独立 I/O 通道处理机已不容易见到。但是通道的思想又融入了许多新的技术,所以仍在广泛地应用着。

如,在个人计算机中,与微处理机芯片配套的芯片组中就有专门进行 I/O 处理的芯片,称为 IOP(IO Processor),它实际上发挥着通道的作用。

又如,在大型机中,在作为 IBM 370 的后续机种 IBM S/390 中,仍然沿用了 I/O 通道的概念。IBM 于 1998 年推出光纤通道技术(称为 FICON),IBM S/390 主机可通过 FICON 连接大量的 I/O 设备。FICON 的传输速度是 333 MHz,未来将达到 1 GHz 以上。

由于光纤通道技术具有数据传输速率高、数据传输距离远以及可简化大型存储系统设计的优点,新的通用光纤通道技术正在快速发展。这种通用光纤通道可以在一个通道上容纳多达 127 个的大容量硬盘驱动器。显然,在大容量高速存储(如大型数据库、多媒体、数字影像等)应用领域,通用光纤通道有着广泛的应用前景。

7.5.3 DMA 技术

直接内存存取(Direct Memory Access,简称 DMA)技术是指,数据在内存与 I/O 设备间直接进行成块传输。

1. DMA 技术特征

在这里,DMA 有两个特征,首先是直接传送,其次是块传送。在 DMA 方式中,即在内存与 I/O 设备间传送一个数据块的过程中,不需要 CPU 的任何中间干涉,只需要 CPU 在过程开始时向设备发出"传送块数据"的命令,然后通过中断来得知过程是否结束和下次操作是否准备就绪。在计算机系统中,实际的操作由 DMA 硬件直接完成,CPU 在传送过程中可以去做别的处理而不被此传送打扰。

那么 DMA 控制器是如何实现的呢?这里,以硬盘为例进行说明。

如果不使用 DMA,控制器先从驱动器串行地逐位去读数据,直至完整的数据块到达控制器的内部缓冲区。然后,进行校验和计算,以防止读错误发生。接着,控制器引起一个中断。在接到中断请求后,操作系统启动一个循环操作,一次一个字节或一次一个字地从控制器的缓冲区中读取数据块,再把它存入存储器中。这种程序化的、从控制器中循环读取字节的方式,显然很浪费时间。

如果使用 DMA,CPU 只要提供被读取的块的磁盘地址、将要保存到的目标存储地址和待读取的字节数。在把整块数据从磁盘设备读进磁盘缓冲区,并且核准和校验以后,控制器按照指定的存储器地址,把第一个字节送入主存。然后,它按指定的字节数进行数据传送,并且每当传送完一个字节后,将字节计数器值减 1,一直到字节计数器等于 0 为止。此时,控制器引发一个中断,通知操作系统,操作已完成(参见图 7.5)。

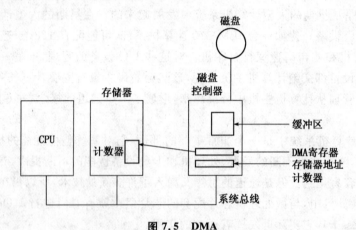

图 7.5　DMA

这里需要说明一个问题,在控制器从磁盘读出一个字节后,为什么不立即把它们送往主存,而要把它们留在自备的缓冲区呢？原因主要是一旦磁盘传送开始,数据位就会以恒定的速度从磁盘连续不断地读出。如果控制器想把这些不断读出的数据流直接写入主存,它就得为需要传送的每一个字请求系统总线。如果总线空闲,问题倒还不大,但是如果总线正被其他设备占用,那么磁盘控制器就得等待。此时有可能出现前一个字还未存入内存、而下一个字又到来的情形。这样,控制器只好把它暂时放到别处,否则就会发生数据丢失现象。倘若总线一直很忙,那么控制器还来不及把当前的字写入内存,后续读出的数据流就已经到了。而在有内部缓冲区的情况下,由于磁盘数据流可以先行保存在缓冲区中,对于向存储器传送时间的要求不苛刻,控制器就可以避免因总线被占用而出现传送被限制的情况。可见,缓冲过程对于 DMA 性能具有重要的意义。

从上述的分析中,可以了解到,在 DMA 控制器中除了应该有外设控制器中必须具备的控制寄存器、状态寄存器和数据缓冲寄存外,还必须有传送字节计数器,用于计算已传送数据的字节数。而为了存放 DMA 传输的目标内存地址,内存地址寄存器也是必需的。

2. DMA 工作原理

在 CPU 发出 DMA 命令之后,DMA 是怎么工作的呢？实际上,DMA 采用了窃取总线控制权的方法。DMA 方式下的数据输入处理过程如下:

(1) 当进程要求设备输入数据时,CPU 把准备存放输入数据的内存起始地址以及要传送的字节数分别送入 DMA 控制器中的内存地址寄存器和传送字节计数器。

另外，还把控制状态寄存器中的中断允许位和启动位置成 1，从而启动设备，开始进行数据输入。

（2）发出数据传输要求的进程进入等待状态。此时正在执行的 CPU 指令被暂时挂起。进程调度程序调度其他进程占据 CPU。

（3）输入设备不断地窃取 CPU 工作周期，将数据缓冲寄存器中的数据源源不断地写入内存，直到所要求的字节全部传送完毕。

（4）DMA 控制器在传送完所有字节时，通过中断请求线发出中断信号。CPU 在接收到中断信号后，转入中断处理程序进行后续处理。

（5）中断处理结束后，CPU 返回到被中断的进程中，或切换到新的进程上下文环境中，继续执行。

可见，在原有 CPU 指令被暂时挂起后，时钟周期被窃取用来在系统总线上进行数据传送。也就是说增加了一些总线操作周期。其表现结果是，在 DMA 传送时，CPU 执行指令的速度明显地降低了。

3. DMA 与中断的区别

DMA 方式与中断方式的一个主要区别是：中断方式是在数据缓冲寄存器满之后发出中断，要求 CPU 进行中断处理。而 DMA 方式则是在所要求传送的数据块全部传送结束时要求 CPU 进行中断处理。这就大大减少了 CPU 进行中断处理的次数。

DMA 方式与中断方式的另一个主要区别是：中断方式的数据传送是在中断处理时由 CPU 控制完成的，而 DMA 方式则是在 DMA 控制器的控制下、不经过 CPU 控制完成的。这就排除了 CPU 因并行设备过多而来不及处理以及因速度不匹配而造成数据丢失等现象。

4. DMA 方式的优缺点

在 DMA 方式中，由于 I/O 设备直接同内存发生成块的数据交换，因此 I/O 效率比较高。

由于 DMA 技术可以提高 I/O 效率，因此在现代计算机系统中，得到了广泛的应用。许多输入输出设备的控制器，特别是块设备的控制器（如大容量硬盘），都支持 DMA 方式。

通过上述分析可以看出，DMA 控制器功能的强弱，是决定 DMA 效率的关键因素。DMA 控制器需要为每次数据传送做大量的工作，数据传送单位的增大意味着传送次数的减少。另外，要想尽量少地窃取时钟周期，就要设法提高 DMA 控制器的性能，这样可以较少地影响 CPU 处理效率。

7.5.4 缓冲技术

在前面的内容中，我们曾经简要地分析过缓冲技术，本节对缓冲技术作较为深入的分析。

1. 缓冲的引入

中断、DMA 和通道控制技术使得系统中各 I/O 设备之间、I/O 设备和 CPU 之间可以并行工作。但是，I/O 设备和 CPU 的处理速度不匹配的问题是客观存在的。这限制了和处理机连接的 I/O 设备台数，而且在中断方式时容易造成数据丢失。可见，I/O 设备和 CPU 处理速度不匹配的问题制约了计算机系统性能的进一步提高，限制了系统的应用范围。

例如，当计算进程间歇性地把大批量数据输出到打印机上打印时，由于 CPU 输出数据的速度大大高于打印机的打印速度，因此，CPU 只好停下来等待。反之，在计算进程进行计算时，打印机又因无数据输出而空闲无事。

I/O 设备与处理机速度不匹配的问题可以采用设置缓冲区(器)的方法解决。在设置了缓冲区之后，计算进程可把数据首先输出到缓冲区，然后继续执行后面的工作；而打印机则可以从缓冲区取出数据慢慢打印。

再者，从减少中断的次数看，也存在着引入缓冲区的必要性。在中断方式下，如果在 I/O 控制器中增加一个 100 个字符缓冲器，则由前面的章节对中断方式的描述可知，I/O 控制器对处理机的中断次数将降低 100 倍，即等到能存放 100 个字符的字符缓冲区装满之后才向处理机发一次中断。这将大大减少处理机的中断处理时间。即使是使用 DMA 方式或通道方式控制数据传送时，如果不划分专用的内存区或专用缓冲器来存放数据的话，也会因为要求数据传输的进程所拥有的内存区不够，或存放数据的内存起始地址计算困难等原因，而造成某个进程长期占有通道或 DMA 控制器及设备，从而产生所谓瓶颈问题。

因此，为了匹配 I/O 设备与 CPU 之间的处理速度，减少中断次数和 CPU 进行中断处理所花费时间，并且解决 DMA 或通道方式时的瓶颈问题，通常需要在设备管理中引入用来暂存数据的缓冲技术。

根据 I/O 控制方式的不同，缓冲的实现方法有两种：一种是采用专用硬件缓冲区，例如 I/O 控制器中的数据缓冲寄存器；另一种方法是在内存划出一个具有 n 个单元的专用缓冲区，以便存放输入/输出的数据。内存缓冲区又称"软件缓冲"。

2. 缓冲的种类

根据系统设置的缓冲区的个数，可把缓冲技术分为单缓冲、双缓冲和多缓冲以及缓冲池等几种。

单缓冲是在 I/O 设备和处理机之间设置一个缓冲区。I/O 设备和处理机交换数据时，先把被交换数据写入缓冲区，然后，需要数据的设备或处理机从缓冲区取走数据。由于缓冲区属于临界资源，即不允许多个进程同时对一个缓冲区进行操作，因此，尽管单缓冲能匹配设备和处理机的处理速度，但是，I/O 设备和 I/O 设备之间不能通过单缓冲达到并行操作。

解决两台 I/O 设备、打印机和终端之间的并行操作问题的办法是设置双缓冲区。有了两个缓冲区之后，CPU 可把输出到打印机的数据放入其中一个缓冲区，让打印机慢慢打印；然后，它又可以从另一个为终端设置的缓冲区中读取所需要的输入数据。

不过，双缓冲只是一种说明设备和设备、CPU 和设备并行操作的简单模型，并不能用于实际系统中的并行操作。这是因为计算机系统中的外围设备较多，而且很难匹配设备和处理机的处理速度。因此，现代计算机系统中一般使用多缓冲或缓冲池结构。

多缓冲是指：把多个缓冲区连接起来，其中一部分专门用于输入，另一部分专门用于输出的缓冲结构。缓冲池则是把多个缓冲区连接起来统一管理、每个缓冲区都既可用于输入又可用于输出的缓冲结构。下面着重介绍缓冲池管理。

3. 缓冲池管理

无论是多缓冲，还是缓冲池，由于缓冲区是临界资源，在使用缓冲区时都有一个申请、释放和互斥的问题。

为了讨论缓冲池的管理，先来考察缓冲池的组成。缓冲池由多个缓冲区组成，而一个缓冲区由两部分组成：一部分是用来标识和管理该缓冲器的缓冲首部；另一部分是用于存放数据的缓冲体。这两部分有一一对应的映射关系。对缓冲池的管理是通过对每一个缓冲器的缓冲首部进行操作实现的。

缓冲首部包括设备号、设备上的数据块号（块设备时）、互斥标识位以及缓冲队列连接指针和缓冲器号等。

系统把各缓冲区按其使用状况连成三种队列：
(1) 空闲缓冲队列 em，其队首指针为 F(em)，队尾指针为 L(em)；
(2) 装满输入数据的输入缓冲队列 in，其队首指针为 F(in)，队尾指针为 L(in)；
(3) 装满输出数据的输出缓冲队列 out，其队首指针为 F(out)，队尾指针为 L(out)。

除了三种缓冲队列之外，系统（或用户进程）从这三种队列中申请和取出缓冲区，并用得到的缓冲区进行存数、取数操作，在存数、取数操作结束后，再将缓冲区放入相应的队列。这些缓冲区被称为工作缓冲区。在缓冲池中，有四种工作缓冲区，它们是：
(1) 用于收容设备输入数据的收容输入缓冲区 hin；
(2) 用于提取设备输入数据的提取输入缓冲区 sin；
(3) 用于收容 CPU 输出数据的收容缓冲区 hout；
(4) 用于提取 CPU 输出数据的提取输出缓冲区 sout。

缓冲池的工作缓冲区如图 7.6 所示。

图 7.6 缓冲池

对缓冲池的管理由如下几个操作组成：
(1) 从三种缓冲区队列中按一定的选取规则取出一个缓冲区的过程 take_buf (type)；
(2) 把缓冲区按一定的选取规则插入相应的缓冲区队列的过程 add_buf (type, number)；
(3) 供进程申请缓冲区用的过程 get_buf (type, number)；
(4) 供进程将缓冲区放入相应缓冲区队列的过程 put_buf (type, work_buf)。

其中，参数 type 表示缓冲队列类型，number 为缓冲区号，而 work_buf 则表示工作缓冲区类型。

使用这几个操作，缓冲池的工作过程可描述如下：

对于输入进程而言，首先调用过程 get_buf (em, number) 从空白缓冲区队列中取出一个缓冲号为 number 的空白缓冲区，将其作为收容输入缓冲区 hin，当 hin 中装满了由输入设备输入的数据之后，系统调用过程 put_buf (in, hin) 将该缓冲区插入输入缓冲区队列 in 中。

对于输出进程而言，先调用过程 get_buf (em, number) 从空白缓冲区队列中取出一个编号为 number 的空白缓冲区作为收容输出缓冲区 hout，待 hout 中装满输出数据之后，系统再调用过程 put_buf (out, hout) 将该缓冲区插入输出缓冲区队列 out。

对缓冲区的输入数据和输出数据的提取也是由过程 get_buf 和 put_buf 实现的。get_buf (out, number) 从输出缓冲队列中提取装满输出数据的第 number 号缓冲区，将其作为 sout。

当 sout 中数据输出完毕时,系统调用过程 put_buf（em,sout）将该缓冲区插入空白缓冲队列。而 get_buf（in,number）则从输入缓冲队列中取出装满输入数据的第 number 号缓冲区作为输入缓冲区 sin,当 CPU 从中提取完所需数据之后,系统调用过程 put_buf（em,sin）将该缓冲区释放,并插入空白缓冲队列 em 中。

显然,对于各缓冲区的排列以及每次取出和插入缓冲队列的顺序都应有一定的规则。最简单的方法是 FIFO,即先进先出的排列方法。采用 FIFO 方法,过程 put_buf 每次把缓冲区插入相应缓冲队列的队尾,而过程 get_buf 则取出相应缓冲队列的第一个缓冲区,从而 get_buf 中的第二个参数 number 可以省略。而且,采用 FIFO 方法也省略了对缓冲队列的搜索时间。

过程 add_buf（type,number）和 take_buf（type, number）分别用来把缓冲区 number 插入 type 队列和从 type 队列中取出第 number 号缓冲区,并分别被过程 get_buf 和 put_buf 调用,其中,take_buf 返回第 number 号缓冲区的指针,而 add_buf 则将给定的第 number 号缓冲区的指针链入队列。

下面我们给出过程 get_buf 和 put_buf 的描述。

首先,设互斥信号量 S（type）,其初值为 1。

设描述资源数目的信号量 RS（type）,其初值为 n（n 为队列长度）。

```
get_buf(type,number):
begin
    P(RS(type));
    Pointer of buffer (number)=take_buf(type,number);
    V(S(type));
end
put_buf(type,number);
begin
    P(S(type));
    add_buf(type,number);
    V(S(type));
    V(RS(type));
end
```

7.6 几种典型 I/O 设备

7.6.1 硬盘

几乎所有计算机都使用磁盘来存储信息。从存储角度,与内存比较起来,硬盘有三个主要的优点:

(1) 可用的存储容量非常大;
(2) 每位的价格非常低;
(3) 电源关掉后信息不会丢失。

1. 硬盘

实际的硬盘都组织成许多柱面,每一个柱面上的磁道数和垂直放置的磁头个数相同。磁道又被分成许多扇区,每条磁道上扇区数目一般为 8 至 32,每个扇区包含相同的字节数。

对于磁盘驱动程序而言,重叠寻道(overlapped seeks)是一个重要的设备特性。重叠寻道是指控制器可以同时控制两个或多个驱动器进行寻道。当控制器和软件等待一个驱动器完成寻道时,控制器可以启动另一个驱动器进行寻道。若干个控制器也可以在对一个或多个其他驱动器寻道的同时,在一个驱动器上进行读写操作。但是,一个控制器不能同时读写两个驱动器。因为,读写数据要求控制器在微秒级范围传输数据,一个传输就基本用完了所有的计算能力。

对于硬盘结构和特点的进一步叙述,请参考本书的其他章节。

2. RAM 盘

RAM 盘实际上是用内存来模拟硬盘。它的思想很简单:使用预先分配的主存来存储数据块。根据用来做 RAM 盘的内存大小,RAM 盘被分成 n 块,每块的大小与实际磁盘块的大小相同。当驱动程序接收到一条读写一块的消息时,它只计算被请求的块在 RAM 盘存储区的位置,并读出或写入该块,而不对软盘或硬盘进行读写。显而易见,RAM 盘具有立即存取的优点(没有寻道和旋转延迟),适用于存储需要频繁存取的程序和数据。

7.6.2 时钟

时钟(clock)又称为定时器(timer)。它的主要功能是负责提供报时,并防止一个进程垄断 CPU 或其他资源。时钟既不是块设备,也不是字符设备,但时钟软件通常也采用设备驱动程序的形式。

1. 时钟硬件

计算机中使用的时钟有两种类型。

比较简单的一种时钟被连到 110 V 或 220 V 的电源线上,每个电压周期产生一个中断,频率是 50 Hz 或 60 Hz。

另一种时钟相对复杂一些,由三个部件构成:晶体振荡器、计数器和存储寄存器。晶体振荡器可以产生非常精确的周期信号,典型的频率范围是 5~100 MHz。周期信号被送到计数器,使计数器的值递减,直到变为 0。当计数器的值变为 0 时,会产生一个 CPU 中断信号,通知操作系统完成相应的响应工作。

可编程的时钟有几种不同的操作方式。在单脉冲方式(one-shot mode)下,当时钟启动时,它把存储寄存器的值拷贝到计数器中,然后,晶体的每一个脉冲使计数器减 1。当计数器为 0 时,产生一个中断,并停止工作,直到软件再一次显式启动它。

在方波方式(square-wave mode)下,当计数器为 0 并产生中断时,存储寄存器的值自动拷贝到计数器,这个过程不断地重复下去。这种周期性的中断被称为时钟滴答(clock tick)。

可编程时钟的优点是其中断频率可由软件控制。

2. 时钟软件

时钟硬件所做的工作是每隔一定的时间间隔产生一个中断。涉及时间的其他所有工作都必须由软件——时钟驱动程序完成。时钟驱动程序要完成的任务通常包括:

(1) 维护日期时间,防止进程超时运行,对 CPU 的使用情况记账,处理用户进程提出的 ALARM 系统调用,为系统本身各部分提供监视定时器;

(2) 绘制 CPU 运行直方图,完成监视和统计信息收集。

7.6.3 终端

每台计算机都配有一个或多个终端与之通信,终端的型号是多种多样的。对于不同型号的终端,为了使操作系统中与设备无关部分的软件以及用户程序不必重复编写,终端驱动程序隐藏了各种类型终端的差异。

1. 终端硬件

根据与操作系统的通信方式的不同,可以将终端分为两大类:一类采用 RS-232 标准接口;另一类是存储映像终端。

(1) RS-232 终端

RS-232 终端由键盘和显示器构成,通过串行接口一次一位地与计算机系统进行通信。这些终端使用 25 针的连接器,其中一针用于发送数据,一针用于接收数据,一针接地,其余 22 针用于各种控制功能(大部分未使用)。

计算机和终端内部工作都是以字符作为处理对象,而通信时却是通过串行口一次一位地进行。所以,需要完成从字符到位串和位串到字符的转换。这个工作是由通用异步收发器(Universal Asynchronous Receiver Transmitter,简称 UART)芯片完成的。

(2) 存储映像终端

存储映像终端是另一类型的终端,其本身就是计算机的组成部分。存储映像终端通过专用存储器接口与计算机通信,该专用存储器称为视频 RAM(video RAM),是计算机地址空间的一部分,CPU 对它的寻址与对其他存储器的寻址是一样的。

在视频 RAM 卡上有一个芯片,称为视频控制器(video controller),负责从视频 RAM 中取出字符,产生用于驱动显示器(监视器)的视频信号。当 CPU 将一个字符写到视频 RAM 时,在一帧显示周期(单色为 1/50 秒,彩色为 1/60 秒)内显示在屏幕上。存储映像终端速度要比 RS-232 终端快得多。由于存储映像终端能够最快地交互,所以目前广泛使用这类终端。

位映像终端与存储映像终端的原理相同,只是视频 RAM 中的每一位直接控制屏幕上的每一个像素。这样,800×1024 个黑白像素的屏幕需要 100 K 字节的 RAM(彩色的则更多)。而且位映像终端提供了更加灵活的字符字体和尺寸,允许多窗口操作,可制作任意图形。

2. 终端软件

(1) 输入软件

键盘驱动程序的基本工作是收集键盘的输入信息,当用户程序要从终端读信息时,再把收集到的输入传送给用户程序。键盘驱动程序有两种处理方式:

① 面向字符的,原始(raw)模式:将接收的输入不加修改地向上层传送,从终端读信息的程序得到一系列原始的 ASCII 码序列;

② 面向行的,加工(cooked)模式:键盘驱动程序负责处理一行内的编辑,并将修改过的行传送给用户程序。

(2) 输出软件

RS-232 终端与存储终端的驱动程序完全不同。RS-232 终端常用的方法是使输出缓冲区与每个终端相关联。当程序向终端写时,首先将输出拷贝到缓冲区。同样,需要回送的输入也拷贝到缓冲区。当输出全部复制到缓冲区(或者缓冲区满)时,向终端输出第一个字符,驱动程序睡眠等待,产生中断时,输出下一个字符,如此循环,直到输出完成。对于存储映像终端,从用户空间一次取出一个要打印的字符,然后直接送入视频 RAM。

7.6.4 网络 I/O 设备

　　网络计算已经无可置疑地成为计算机应用发展的方向之一,几乎所有的产品,包括 I/O 设备都会处于网络连接状态。特别是随着 Internet 应用越来越多、越来越广泛,更多的人希望把 I/O 设备连到网上,共享资源。网络 I/O 设备目前正在快速发展,一些产品和技术在逐渐成熟,并开始投入应用。下面简要介绍网络 I/O 设备中较为成熟的一类——网络打印设备。

　　网络技术已经发展了很多年,网络打印应用也存在了很多年。但以往的网络打印模式,主要是将打印机连接到一台入网的 PC 机上,或者是连接到文件服务器上,提供网络打印服务。而新式的网络打印,主要采用网络打印服务器的技术,将打印机直接连接上网,从而能够将任何数据直接输送到网络打印机输出,而不需通过任何一台 PC 机或文件服务器。

　　打印服务器通过网络接口卡直接连入网络。而网络打印机通过打印服务器进入网络,这种方式使打印速度得到了提高。这在打印包含图像、图形的大文件时体现得更加明显。

　　打印服务器还能实现多种网络自动切换。多种网络操作系统,IPX/SPX、TCP/IP 等多种网络协议,都可以通过打印服务器自动切换,使得不同网络环境中的用户都可以直接向同一台打印机发送打印作业,打印服务器会自动识别作业的类型并正确地输出,而这一切对用户来说都是完全透明的。

　　采用打印服务器有什么优势呢?

　　(1) 节省资源。采用文件服务器连接方式时,每次网络用户向它提出打印请求,都会占用文件服务器的部分内存,占用了系统资源。而打印服务器本身就带有内存,专门用于支持打印操作。

　　(2) 较强的打印管理功能。打印服务器不仅可以管理网络打印驱动,而且容易安装和管理;可以实现远程登录访问,进行远程打印机管理;提出警告信息,并帮助操作者解决问题。远程打印机管理,对网络管理员来说是一项极为有用的功能,它提供了配置、管理、检查、修复地理位置不在本地的打印机的手段。

　　(3) 提高了工作效率。采用网络打印服务器连接的打印机的打印速度比用 PC 连接的打印机的打印速度快。

　　(4) 分布式的环境设置。打印服务器可以安装在网络的任何地方,这种打印服务方式,就显得更加灵活和合乎需要。

　　一个典型的经济型网络打印服务器可支持 20 到 99 个用户,即插即用,但需要打印管理人员;支持 Novell 和 NT 两种网络及 IPX 协议,适用于一般非技术性的商业管理。

　　另一个典型的例子,是基于 Web 的打印服务器。每一台连网的打印机就像一个 Web 站点一样,它在 Web 主页上提供了控制和操作打印机的所有功能,可以监视打印机的状况、设置和管理打印机。

7.7 Linux I/O 设备管理

7.7.1 Linux 中的设备文件

Linux 引入设备文件这一概念,为文件和设备提供了一致的用户接口。对用户来说,设备文件与普通文件并无区别。用户可以打开和关闭设备文件,可以读数据,也可以写数据等。

设备文件除了设备名,还有类型、主设备号、从设备号等属性。设备文件是通过 mknod 系统调用来创建的。分配给设备号的正式注册信息及/dev 目录索引节点存放在 documentation/devices.txt 文件中。也可以在 include/linux/major.h 文件中找到所支持的主设备号。设备文件通常位于/dev 目录或其子目录下。同一主设备号既可以标识字符设备,也可以标识块设备。在 Linux 中,设备文件是通过 file 结构来表示的。

一个设备文件通常与一个硬件设备相关联,或者是与硬件设备的某一物理或逻辑分区相关联,也可以不和任何实际的硬件相关联,而只是表示一个虚拟的逻辑设备。

表 7.1 给出了一些设备文件的属性。

表 7.1 Linux 中的设备文件属性

设备名	类型	主设备号	从号	说明
/dev/null	字符设备	1	3	空设备
/dev/fd0	块设备	2	0	软盘
/dev/ttyp0	字符设备	3	0	终端
/dev/hda	块设备	3	0	第 1 个 IDE 磁盘
/dev/hda2	块设备	3	2	第 1 个 IDE 磁盘上的第 2 个主分区
/dev/hdb	块设备	3	64	第 2 个 IDE 磁盘
/dev/ttys0	字符设备	4	64	第 1 个串口
/dev/console	字符设备	5	1	控制台
/dev/lp1	字符设备	6	1	并口打印机

7.7.2 Linux 的设备驱动程序

1. Linux 的设备驱动程序接口

Linux 输入输出子系统向内核其他部分提供了一个统一标准的使用设备接口,这是通过数据结构 file_operations 来完成的,其中定义了一些常用访问接口:

```
struct file_operations {
struct module * owner;
loff_t ( * llseek) (struct file , loff_t, int);                    /* 重定位读写位置 */
ssize_t ( * read) (struct file * , char * , size_t, loff_t * );    /* 从字符设备中读数据 */
ssize_t ( * write) (struct file * , const char * , size_t, loff_t * );  /* 向字符设备写数据 */
int ( * readdir) (struct file * , void * , filldir_t);             /* 只用于文件系统,不用于设备 */
unsigned int ( * poll) (struct file * , struct poll_table_struct * );
    /* 检查是否存在关于某设备文件的操作事件,如果没有则睡眠,直到发生该类操作事件为止 */
```

```
int（*ioctl)(struct inode *, struct file *, unsigned int, unsigned long);      /*控制字符设备*/
int（*mmap)(struct file *, struct vm_area_struct *);        /*将设备内存映射到进程地址空间*/
int（*open)(struct inode *, struct file *);                 /*打开设备并初始化设备等*/
int（*flush)(struct file *);                                /*当关闭对一个打开设备的引用时调用*/
int（*release)(struct inode *, struct file *);              /*关闭设备并释放资源*/
int（*fsync)(struct file *, struct dentry *, int datasync); /*实现内存与设备之间的同步*/
int（*fasync)(int, struct file *, int);                     /*实现内存与设备之间的异步通信*/
int（*lock)(struct file *, int, struct file_lock *);        /*为设备文件申请一个锁*/
ssize_t（*readv)(struct file *, const struct iovec *, unsigned long, loff_t *);
    /*从字符设备中读数据,与 read 不同的是,读入的数据放在多个缓冲区中*/
ssize_t（*writev)(struct file *, const struct iovec *, unsigned long, loff_t *);
    /*向字符设备写数据,与 write 不同的是,数据被写入多个缓冲区中*/
ssize_t（*sendpage)(struct file *, struct page *, int, size_t, loff_t *, int);
    /*从该文件往别的文件传输数据*/
unsigned long（*get_unmapped_area)(struct file *, unsigned long, unsigned long, unsigned long,
                                   unsigned long);
    /*获取一个未使用的地址空间来映射文件*/
};
```

2. 设备驱动程序的框架

设备驱动程序是内核的一部分。但是由于设备种类繁多,相应地,设备驱动程序的代码也多。而且设备驱动程序往往由很多人来开发,如业余编程高手、设备生产厂商等。为了能协调设备驱动程序和内核之间的开发,就必须有一个严格定义和管理的接口。例如,SVR4 提出了设备-驱动程序接口/设备驱动程序-内核接口(Device-Driver Interface/Driver-Kernel Interface,简称 DDI/DKI)规范。通过 DDI/DKI 使设备驱动程序与内核之间的接口规范化。

Linux 的设备驱动程序与外界的接口与 DDI/DKI 规范相似,可分为三部分：

(1) 驱动程序与操作系统内核的接口。这是通过数据结构 file_operations(见 include/linux/fs.h)来实现的。

(2) 驱动程序与系统引导的接口。这部分利用驱动程序对设备进行初始化。

(3) 驱动程序与设备的接口。这部分描述了驱动程序如何与设备进行交互,这与具体设备密切相关。

根据功能,设备驱动程序的代码可分为如下几个部分：驱动程序的注册与注销;设备的打开与释放;设备的读写操作;设备的控制操作及设备的中断和轮询处理。

(1) 驱动程序的注册与注销

系统引导时,通过 sys_setup()进行系统初始化,而 sys_setup()又调用 device_setup()进行设备初始化。这可分为字符设备的初始化和块设备的初始化。字符设备初始化由 chr_dev_init()完成,包括对内存(register_chrdev())、终端(tty_init())、打印机(lp_init())、鼠标(misc_init())、声卡(soundcard_init())等字符设备的初始化。块设备初始化由 blk_dev_init()完成,包括对 IDE 硬盘(ide_init())、软盘(floppy_init())、光驱等块设备的初始化。

每个字符设备或块设备的初始化都要通过 register_chrdev()或 register_blkdev()向内核注册。下面给出了字符设备的注册算法：

register_chrdev 算法

/* 所有字符设备文件的 device_struct 描述符都包含在 chrdev 表中,该表包含 255 个元素,每个元素对应一个可能的主设备号。其中主设备号 255 为将来的扩展而保留的。表的第一项为空,因为没有设备文件的主设备号是 0。*/

if 要求注册的设备的主设备号为 0
{
  对设备描述符表加写锁;
  for 从后向前遍历设备描述符表的有效区间
  { /* 1-254 */
    if 设备描述表中的当前设备描述符的文件操作表为空
    {
      给当前的设备描述符赋值,包括设备名和指向文件操作表的指针;
      对设备描述符表解写锁;
      return major;
    }
  }
  对设备描述符表解写锁;
  return -EBUSY;
}
if 要求注册的设备的主设备号超过了最大主设备号
  return -EINVAL;
对设备描述符表加写锁;
if 指定的主设备号被其他文件操作表占用
{
  对设备描述符表解写锁;
  return -EBUSY;
}
给当前的设备描述符赋值,包括设备名和指向文件操作表的指针;
对设备描述符表解写锁;
return 0;

在关闭字符设备或块设备时,还需要通过 unregister_chrdev() 或 unregister_blkdev() 从内核中注销设备。下面给出了字符设备注销的算法:

unregister_chrdev 算法

if 要求撤消的设备的主设备号超过了最大主设备号
  return -EINVAL;
对设备描述符表加写锁;
if 设备描述表中的该主设备号对应的主设备描述符的文件操作表为空或者该设备描述符的设备名和要求撤消的设备的设备名相同
{
  对设备描述符表解写锁;
  return -EINVAL;
}
将设备描述表中相应的设备描述符的域清空;

对设备描述符表解写锁；

return 0；

(2) 设备的打开与释放

打开设备是由 open() 完成的。例如，打印机是用 lp_open() 打开的，而硬盘是用 hd_open() 打开的，打开设备通常需要执行如下几个操作：

① 检查与设备有关的错误，如设备尚未准备好等；

② 如果首次打开，则初始化设备；

③ 确定次设备号，需要可更新设备文件的 f_op；

④ 如果需要，分配且设置设备文件中的 private_data；

⑤ 递增设备使用的计数器。

释放设备(有时也称为关闭设备)与打开设备刚好相反，这是由 release() 完成的。例如释放打印机是用 lp_release()，而释放终端设备是用 tty_release()。释放设备包括如下几个操作：

① 递减设备使用的计数器；

② 释放设备文件中私有数据所占的内存空间；

③ 如果属于最后一个释放，则关闭设备。

(3) 设备的读写操作

字符设备是用各自的 read() 或 write() 来对设备进行数据读写。例如，对虚拟终端 (virtual console screen 或 vcs) 的读写是通过 vcs_read() 和 vcs_write() 来完成的。有关更多情况，可参见文件 drivers/char/vc_screen.c。

块设备使用通过 block_read() 和 block_write() 来进行数据读写。这两个通用函数向请求表中增加读写请求，这样内核可以优化请求顺序(如通过 ll_rw_block())。由于是对内存缓冲区而不是对设备进行操作的，因而它们能加快读写请求。如果内存缓冲区内没有要读入的数据或者需要将数据写入设备，那么就需要真正地执行数据传输。这是通过数据结构 blk_dev_struct 中的 request_fn() 来完成的(见 include/linux/blkdev.h)。

对于不同的具体的块设备，函数指针 request_fn 当然是不同的，例如，软盘读写是通过 do_fd_request()，硬盘的读写是通过 do_hd_request()，在有的文献中，这些读写函数常常称为块策略例程(strategy routine)。再次强调一下，所有块设备的真正读写都是通过策略例程完成的。

(4) 设备的控制操作

除了读写操作外，有时还需要控制设备，这可以通过设备驱动程序中的 ioctl() 来完成。例如，对光驱的控制可以使用 cdrom_ioctl()。

除了 ioctl()，设备驱动程序还可能有其他控制函数，例如 lseek() 等。

3. Linux 的设备驱动程序的功能

(1) 对设备进行初始化；

(2) 使设备投入运行和退出服务；

(3) 从设备接收数据并将它们送回内核；

(4) 将数据从内核送到设备；

(5) 检测和处理设备出现的错误。

4. Linux 的字符设备驱动程序（打印机）

下面以并口打印驱动程序为例，介绍 Linux 的字符设备驱动程序。

（1）并口打印的接口

并口打印驱动程序与内核其他部分的接口是通过 lp_fops 来实现的。

```
static struct file_operations lp_fops = {
    owner:      THIS_MODULE,
    write:      lp_write,
    ioctl:      lp_ioctl,
    open:       lp_open,
    release:    lp_release,
#ifdef CONFIG_PARPORT_1284
    read:       lp_read,
#endif
};
```

并口打印驱动程序采用数组 lp_table 表示各个具体的并口打印机。

```
struct lp_struct lp_table[LP_NO];
struct lp_struct {
    struct pardevice * dev;
    unsigned long flags;
    unsigned int chars;
    unsigned int time;
    unsigned int wait;
    char * lp_buffer;
#ifdef LP_STATS
    unsigned int lastcall;
    unsigned int runchars;
    struct lp_stats stats;
#endif
    wait_queue_head_t waitq;
    unsigned int last_error;
    struct semaphore port_mutex;
    wait_queue_head_t dataq;
    long timeout;
    unsigned int best_mode;
    unsigned int current_mode;
    unsigned long bits;
};
```

其中 stats 用来表示并口打印的状态。成员 stats 的类型为 lp_stats 结构。

```
#ifdef LP_STATS
struct lp_stats {
    unsigned long chars;
    unsigned long sleeps;
    unsigned int maxrun;
    unsigned int maxwait;
```

```
        unsigned int meanwait;
        unsigned int mdev;
};
#endif
```

(2) 并口打印的注册与注销

并口打印的初始化由 lp_init() 完成。并口打印的打开由 lp_open() 完成,注销由 lp_release() 完成。如果并口打印的设备驱动程序为动态模块,则可以通过 cleanup_module() 来实现注销(unregister_chrdev()) 并释放内存。下面给出了并口打印的初始化算法:

lp_init 算法

```
    if (parport_nr[0] == LP_PARPORT_OFF)
        return 0;
    for (i = 0; i < LP_NO; i++) {
        给并行打印数组 lp_table 中当前元素的各个域初始化赋值;}
    if 调用函数 devfs_register_chrdev 注册一个常规的字符设备失败{
        调用 printk 显示不能得到主设备号的错误信息;
        return -EIO;}
    调用函数 devfs_mk_dir 在设备文件系统的设备名空间中创建一个目录;
    if 调用函数 parport_register_driver 注册并行设备失败{
        调用 printk 显示注册并行设备失败的错误信息;
        return-EIO;}
    if 驱动程序没有找到任何并行打印设备 {
        调用 printk 显示没有找到任何设备的错误信息;
#ifndef CONFIG_PARPORT_1284
    if 并行设备标志数组的第一个元素(parport_nr[0])是 LP_PARPORT_AUTO
        调用 printk 显示该并行设备是否被 IEEE 1284 标准支持的提示信息;
#endif
}
    return 0;
```

5. Linux 的块设备驱动程序(硬盘)

下面以 IDE 硬盘驱动程序为例来讨论 Linux 块设备驱动程序的实现。

(1) IDE 硬盘驱动器的接口

```
struct block_device_operations ide_fops[] = {{
    owner:              THIS_MODULE,
    open:               ide_open,
    release:            ide_release,
    ioctl:              ide_ioctl,
    check_media_change: ide_check_media_change,
    revalidate:         ide_revalidate_disk
}};
```

IDE 硬盘的读写都是针对缓冲区(buffer_cache)而言的。如果缓冲区内没有相应的数据,最终还是需要与 IDE 硬盘进行直接的数据传输。这是通过数据结构 blk_dev_struct 来实现的。

```
struct blk_dev_struct {
    /* queue_proc has to be atomic */
    request_queue_trequest_queue;
    queue_proc      * queue;
    void            * data;
};
extern struct blk_dev_struct blk_dev[MAX_BLKDEV];
```

除了 blk_dev 外,还有一些变量也很重要。例如:

```
int read_ahead[MAX_BLKDEV];           /* 预读磁盘上的扇区数 */
int * blk_size[MAX_BLKDEV];           /* 描述所有块设备的大小以 1024 字节为单位 */
int * blksize_size[MAX_BLKDEV];       /* 所有块设备的大小 */
int * hardsect_size[MAX_BLKDEV];      /* 某个设备的硬件扇区的大小 */
```

关于其详细使用方法参见文件 drivers/block/ll_rw_block.c。

(2) IDE 硬盘驱动器的接口的注册与注销

IDE 硬盘驱动通过 ide_init() 进行初始化,包括设置 IDE 硬盘驱动的初值(init_ide_data())、PCI-IDE 接口参数(probe_for_hwifs())等,最终将调用块设备注册函数 register_blkdev() 来完成向内核的注册。

IDE 硬盘驱动器的打开和释放分别由 ide_open() 和 ide_release() 来完成。

(3) 块设备的请求提交

下面以 block_read 函数为例,介绍一下块设备的请求提交过程中函数调用流程(见图7.7)。

---

block_read() ① 计算读取操作所需要的相关数据;② 进行块的读取;③ 将 buffer_head 类型数组赋值并传递给函数 ll_rw_block,提交读取请求;④ 等待读取请求的完成,将读取的数据拷贝到用户数据区,而后释放相应的 buffer_head 结构。

ll_rw_block() (读写请求的通用调用函数)将传入的 buffer_head 结构数组分开,逐个调用函数 submit_bh 提交 buffer_head 结构进行设备的读写请求。

submit_bh() ① 设置设备的设备号与设备的实际扇区位置;② 调用函数 generic_make_request 将传入的参数传递给下一层函数;③ 维护内核数据的统计信息。

generic_make_request() ① 检测提交的参数是否超出了该设备的限制;② 根据参数 buffer_head 结构指针获得对应设备的请求队列;③ 调用请求队列结构中指针指向的函数 __make_request 对请求进行处理。

__make_request() ① 进行参数的合法性检测;② 采用电梯算法(磁盘调度中也有此算法)将请求队列中的请求合并;③ 从请求队列中获取空闲的 request 结构;④ 对获得的空闲 request 结构的成员变量赋值,使其含有一个新的读写请求的所有信息;⑤ 调用函数 add_request 将 request 结构加入到该设备的请求队列中;⑥ 成功获取请求,调用请求队列中的成员函数来进行设备相关的处理操作;⑦ 释放请求,加入空闲请求队列;⑧ 唤醒其他正在等待的请求。

图 7.7 block_read 函数调用流程功能

(4) 处理读写请求链表

处理读写请求是块设备驱动程序中最重要的部分。当内核要求数据传输时,它将请求发送到请求队列上去。接着该请求队列再传给设备的请求函数,该函数将对请求队列中的每一个请求执行如下操作:

① 检查当前请求是否有效;
② 执行数据传输;
③ 清除当前请求;
④ 返回到开头,处理下一个请求。

更具体的操作,参见下列函数:

```
void do_ide_request(request_queue_t * q);
static void ide_do_request(ide_hwgroup_t * hwgroup, int masked_irq);
```

(5) 处理读写请求

IDE 硬盘驱动通过 request 结构(在文件 include/linux/blkdev.h 中定义)来向 IDE 硬盘发送读写请求(见图 7.8),其中有很多域都是为分页请求而增加的。我们只关注与块传送相关的域。

```
struct request {                          /* 请求描述符 */
    struct list_head queue;               /* 双向链表 */
    int elevator_sequence;                /* 序列号 */
    volatile int rq_status;               /* should split this into a few status bits */ // * 请求状态 */
#define RQ_INACTIVE        (-1)
#define RQ_ACTIVE           1
#define RQ_SCSI_BUSY       0xffff
#define RQ_SCSI_DONE       0xfffe
#define RQ_SCSI_DISCONNECTING 0xffe0
    kdev_t rq_dev;                        /* 本请求所访问的设备 */
    int cmd;                              /* READ or WRITE */
    int errors;
    unsigned long sector;                 /* 请求所指的第一个扇区 */
    unsigned long nr_sectors;             /* 串行请求的扇区数 */
    unsigned long hard_sector, hard_nr_sectors;  /* */
    unsigned int nr_segments;
    unsigned int nr_hw_segments;
    unsigned long current_nr_sectors;     /* 当前所请求的扇区数 */
    void * special;
    char * buffer;                        /* 位于缓冲区中,表示要写到哪里或要从哪里读 */
    struct completion * waiting;          /* 等待队列 */
    struct buffer_head * bh;              /* 所在缓冲区的首部 */
    struct buffer_head * bhtail;          /* 所在缓冲区的尾部 */
    request_queue_t * q;                  /* 请求队列指针 */
};
```

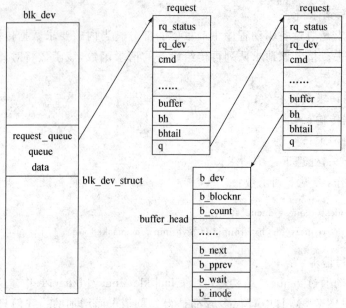

图 7.8 块设备的读写请求

策略函数 do_ide_request 与物理块设备（通常是磁盘控制器）真正打交道，传送请求队列中的一个请求所指定的数据。

7.7.3 Linux 中设备相关的中断处理

1. 中断请求

对 Linux 而言，有许多设备驱动程序是基于中断的，但是也有一些是基于程序轮询的，而有的甚至可以在运行时动态切换，例如并口驱动程序。

在 Linux 内核中，一个设备在使用一个中断请求号时，需要首先通过 request_irq 申请。request_irq 函数将对应的中断服务例程挂入中断请求队列。

在关闭设备时，常通过 free_irq 函数释放所用中断请求号。

2. 设备驱动程序的睡眠与唤醒

在 Linux 中，当设备驱动程序向设备发出读写请求后，就进入睡眠状态。例如，可中断并口打印机在发送一个字节后，可通过调用 interruptible_sleep_on(&lp−>lp_wait_q)进入睡眠。interruptible_sleep_on 函数的算法实现如下：

interruptible_sleep_on 算法
  调用宏 SLEEP_ON_VAR 初始化等待队列；
  该进程状态置为 TASK_INTERRUPTIBLE；
  调用宏 SLEEP_ON_HEAD 将该进程加入到等待队列中；
  调用调度函数 schedule()；
  调用宏 SLEEP_ON_TAIL 将该进程从等待队列中删除；

在设备完成请求后需要通知 CPU 时，会向 CPU 发出一个中断请求，然后 CPU 根据中断请求决定调用相应的设备驱动程序。例如，可中断并口打印机在处理完所接收的数据后，会产

生一个中断,以唤醒进程,下面给出了相应的唤醒算法:
　　#define wake_up_interruptible(x) __wake_up((x),TASK_INTERRUPTIBLE, 1)

__wake_up 算法
　　if 等待队列不为空
　　{
　　　　对等待队列加读锁;
　　　　调用 __wake_up_common 函数;
　　　　对等待队列解读锁;
　　}

__wake_up 函数中调用了 __wake_up_common 函数,下面给出其算法:

__wake_up_common 算法
　　用宏 CHECK_MAGIC_WQHEAD 检查等待队列;
　　用宏 WQ_CHECK_LIST_HEAD 检查等待队列中的进程任务链;
　　用宏 list_for_each 遍历等待队列中的任务链
　　{
　　　　获得等待队列的任务链中的当前进程;
　　　　用宏 CHECK_MAGIC 检查当前进程的魔数;
　　　　if 任务链中的当前进程状态与需唤醒的进程状态相符
　　　　　　{
　　　　　　　　调用宏 WQ_NOTE_WAKER 唤醒该进程;
　　　　　　　　If **try_to_wake_up** 函数返回 1 并且当前进程标志为 WQ_FLAG_EXCLUSIVE
　　　　　　　　　　并且 __nr_exclusive 为零
　　　　　　　　　　break;
　　　　　　}
　　}

__wake_up_common 函数中又调用 try_to_wake_up 函数,下面给出其算法:

try_to_wake_up 算法
　　　　int success = 0;
　　　　对运行队列加锁;
　　　　将进程状态置为 TASK_RUNNING;
　　　　if 进程已经在运行队列上
　　　　　　goto out;
　　　　将该进程加入到运行队列上;
　　　　if 不同步或者允许该进程运行的 CPU 数不等于 SMP 处理机中的 CPU 数
　　　　　　调用 **reschedule_idle** 函数,先查找是否有空闲的处理器,如果没有就比较唤醒进程与当前进程
　　　　　　的优先级,如果唤醒进程的优先级高,则将其调度标志(need_resched)置 1;
　　　　success =1;
　　out:
　　　　对运行队列解锁;

		return success;
	3. 中断共享

由于 PC 可用的 IRQ 的数量有限,因此多个设备通常需要共享中断。对 PCI 设备,这是必需的。

实现中断共享至少要满足两个条件:一是 CPU 能够通过询问设备而知道一个设备是否产生过中断;二是中断处理程序(ISR,Interrupt Service Routine)能够转递别的设备产生的中断信号。

Linux 内核通过建立中断处理程序链表来实现中断共享。当产生中断时,do_IRQ 函数(这里有两个 do_IRQ 函数,分别在 arch/i386/kernel/irq.c 和 drivers/s390/s390io.c 中定义,后者相当于以前版本的 do_fast_IRQ 函数)将调用链表中的每个 ISR。

7.8 Windows Server 2003 I/O 设备管理

本节通过 Microsoft Windows Server 2003 的 I/O 系统,介绍 Microsoft Windows 操作系统设备管理的基本思想和具体技术。

Microsoft Windows Server 2003 I/O 系统是 2003 Windows Server 2003 执行体中的组件之一,主要存在于 NTOSKRNL.EXE 文件中。其任务是接受来自用户态和核心态中的调用程序对 I/O 的请求,并且以不同的形式把它们传送到 I/O 设备。在用户态 I/O 函数和实际的 I/O 硬件之间有几个分立的系统组件,它们主要是文件系统驱动程序、过滤器驱动程序和低层设备驱动程序。

在本小节中,首先叙述 Windows Server 2003 I/O 的设计目标;然后介绍 Windows Server 2003 I/O 系统的结构、各种组件以及不同类型的设备驱动程序;介绍描述设备、设备驱动程序和 I/O 请求的关键数据结构;叙述设备驱动程序分类和结构;最后,进一步分析在 Windows 中完成 I/O 请求的各个必要步骤。

7.8.1 概述

1. 设计目标

Windows Server 2003 I/O 系统的设计目标如下:

(1) 在单处理器或多处理器系统中都可以快速进行 I/O 处理;

(2) 使用标准的 Windows Server 2003 安全机制保护共享的资源;

(3) 满足 Microsoft Win32、OS/2 和 POSIX 子系统指定的 I/O 服务的需要;

(4) 提供服务,使设备驱动程序的开发尽可能地简单,并且允许用高级语言编写驱动程序;

(5) 根据用户的配置或者系统中硬件设备的添加和删除,允许在系统中动态地添加或删除相应的设备驱动程序;

(6) 通过添加驱动程序透明地修改其他驱动程序或设备的行为;

(7) 为包括 FAT、CD-ROM 文件系统(CDFS)、UDF(Universal Disk Format)文件系统和 Windows Server 2003 文件系统(NTFS)的多种可安排的文件系统提供支持;

(8) 允许整个系统或者单个硬件设备进入和离开低功耗状态,这样可以节约能源。

2. Windows Server 2003 I/O 系统的基本结构

图 7.9 给出了 Windows Server 2003 I/O 系统的基本结构,从图中可以看到,该 I/O 系统包括了一些执行体组件和设备驱动程序。下面分别介绍图中的一些重要组件和设备驱动程序。

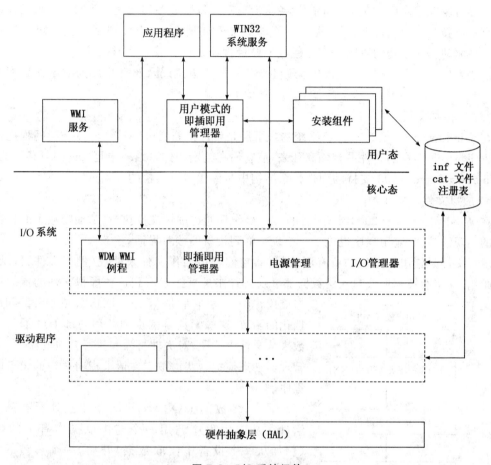

图 7.9 I/O 系统组件

可以看出,Windows Server 2003 I/O 系统分为三个层次,它们分别是 I/O 系统层、设备驱动程序层和硬件抽象层。

(1) I/O 系统层

在 I/O 系统层中主要有四个组件,它们分别是 I/O 管理器、电源管理器、PnP(Plug and Play)管理器和 WMI(Windows Management Instrumentation)支持例程。

I/O 管理器的作用是,把应用程序和系统组件连接到各种虚拟的、逻辑的和物理的设备上,并且定义了一个支持设备驱动程序的基本构架。

电源管理器的任务是,通过与 I/O 管理器的协同工作检测整个系统和单个硬件设备,完成不同电源状态的转换。

PnP 管理器管理即插即用硬件设备,它通过与 I/O 管理器和总线驱动程序的协同工作检测硬件资源的分配,并且检测相应硬件设备的添加和删除。

WMI 支持例程,也叫做 Windows 驱动程序模型(Windows Driver Model,简称 WDM) WMI 提供者,其作用是允许驱动程序使用这些支持例程作为媒介,与用户态运行的 WMI 服务通信。

(2) 设备驱动程序层

在设备驱动程序层中包含大量的设备驱动程序。每个设备驱动程序为某种类型的设备提供一个 I/O 接口。设备驱动程序从 I/O 管理器接受处理命令,当处理完毕后通知 I/O 管理器。设备驱动程序之间的协同工作也通过 I/O 管理器进行。

注册表作为一个数据库,存储基本硬件设备的描述信息以及驱动程序的初始化和配置信息。

(3) 硬件抽象层

在 Windows Server 2003 I/O 系统的最下层是硬件抽象层(HAL)。I/O 访问例程把设备驱动程序与多种多样的硬件平台隔离开来,使它们在给定的体系结构中是二进制可移植的,并在 Windows Server 2003 支持的硬件体系结构中是源代码可移植的。

3. 虚拟文件

在 Windows Server 2003 中,所有的 I/O 操作都通过虚拟文件执行,从而隐藏了 I/O 操作目标的实现细节,为应用程序提供了一个统一的到设备的接口界面。

虚拟文件是指用于 I/O 的所有源或目标,它们都被当作文件来处理(例如文件、目录、管道和邮箱)。所有被读取或写入的数据都可以被看作是直接读写到这些虚拟文件的流。用户态应用程序(不管它们是 Win32、POSIX 或 OS/2)调用文档化的函数,这些函数再依次地调用内部 I/O 子系统函数来从文件中读取、对文件写入和执行其他的操作。I/O 管理器动态地把这些虚拟文件请求指向适当的设备驱动程序。

通常,多数的 I/O 操作并不会涉及到所有的 I/O 组件。从应用程序调用一个与 I/O 操作有关的函数(例如从一个设备中读取数据)开始,一个典型的 I/O 操作通常会涉及 I/O 管理器、一个或多个设备驱动程序和硬件抽象层。一个典型的 I/O 请求流程的结构如图 7.10 所示。

下面将更进一步讨论其中的一些组件,更详细地叙述 I/O 管理器,论述不同类型的设备驱动程序和关键的 I/O 系统数据结构,并介绍 PnP 管理器和电源管理器的结构。

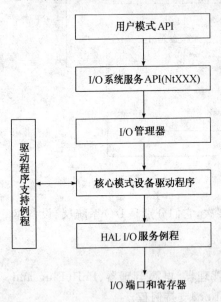

图 7.10 一个典型的 I/O 请求流程

7.8.2 I/O 管理器

I/O 管理器(I/O manager)为整个 I/O 操作提供一个有序的工作框架并创建代表每个 I/O 操作的 I/O 请求包(I/O Request Package,简称 IRP)。IRP 在每个阶段控制如何处理

I/O 操作的一个数据结构(关于 IRP 的详细信息,后面的小节会具体介绍)。在 Windows Server 2003 中,整个 I/O 系统是由"包"驱动的。

在该框架里,I/O 请求包被提交给正确的设备驱动程序。驱动程序接受 I/O 请求包,执行 I/O 请求包所指定的操作,并且在完成操作后把 I/O 请求包送回 I/O 管理器。I/O 管理器处理这个数据包或通过 I/O 管理器把它送到另一个驱动程序,以为下一步的处理做准备。

除了创建并处理 IRP 以外,I/O 管理器的另一个任务是为不同的驱动程序提供公共的代码。驱动程序调用这些代码来执行它们的 I/O 处理。通过在 I/O 管理器中合并公共的任务,使得单个的驱动程序变得更加简洁和更加紧凑。

I/O 管理器也提供灵活的 I/O 服务,允许环境子系统(例如,Win32 和 POSIX)执行它们各自的 I/O 函数。这些服务包括用于异步 I/O 的高级服务,它们允许开发者建立可升级的高性能的服务器应用程序。

7.8.3 PnP 管理器

PnP 管理器为 Windows Server 2003 提供了识别并适应计算机系统硬件配置变化的能力。PnP 支持需要硬件、设备驱动程序和操作系统的协同工作才能实现。Windows Server 2003 的 PnP 支持提供了以下能力:

(1) PnP 管理器自动识别所有已经安装的硬件设备。在系统启动的时候,一个进程会检测系统中硬件设备的添加或删除。

(2) PnP 管理器通过一个名为资源仲裁(resource arbitrating)的进程收集硬件资源需求(中断、I/O 地址等)来实现硬件资源的优化分配,满足系统中的每一个硬件设备的资源需求。PnP 管理器还可以在启动后根据系统中硬件配置的变化对硬件资源重新进行分配。

(3) PnP 管理器通过硬件标识选择应该加载的设备驱动程序,如果找到相应的设备驱动程序,则通过 I/O 管理器加载,否则启动相应的用户态进程请求用户指定相应的设备驱动程序。

(4) PnP 管理器也为检测硬件配置变化提供了应用程序和驱动程序的接口,因此在 Windows Server 2003 中,硬件配置发生变化的时候,相应的应用程序和驱动程序也会得到通知。

尽管 Windows Server 2003 I/O 系统的目标是提供完全的 PnP 支持,但是具体的 PnP 支持程度要由硬件设备和相应驱动程序共同决定。显然,如果某个硬件或驱动程序不支持 PnP,整个系统的 PnP 支持将受到影响。

7.8.4 电源管理器

同 PnP 管理器一样,电源管理器也需要底层硬件的支持,否则电源管理器无法实现正常的管理。

1. ACPI 标准

计算机底层的硬件需要符合的标准称为高级配置与电源接口(Advanced Configuration and Power Interface,简称 ACPI)标准。支持电源管理的计算机系统的 BIOS 必须符合 ACPI 标准,1998 年底以来的 x86 计算机系统都符合 ACPI 标准。

ACPI 为系统和设备定义了不同的能耗状态,目前共有六种:S_0(正常工作)到 S_5(完全关闭),如表 7.2 所示。每一种状态都有如下指标:

(1) 电源消耗:计算机系统消耗的能源;

(2) 软件运行恢复：计算机系统回复到正常工作状态时软件能否恢复运行；

(3) 硬件延迟：计算机系统回复到正常工作状态的时间延迟。

表 7.2 系统能耗状态定义

状态	能耗	软件恢复	硬件延迟
S_0（正常工作）	最大	无	无
S_1（睡眠）	比 S_0 小，比 S_2 大	恢复运行	小于 2 秒
S_2（睡眠）	比 S_1 小，比 S_3 大	恢复运行	2 秒或更多
S_3（睡眠）	比 S_2 小，比 S_4 大	恢复运行	2 秒或更多
S_4（休眠）	电源按钮保持微弱电流，系统保持唤醒电流	恢复运行	长
S_5（完全关闭）	电源按钮一直保持微弱电流	系统引导长	

计算机系统在 S_1 和 S_4 状态之间互相转换，转换必须先通过状态 S_0。如图 7.11 所示，从 S_1 到 S_5 的状态转换到 S_0 称作唤醒，从 S_0 转换到 S_1 到 S_5 称作睡眠。

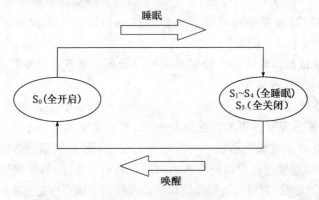

图 7.11 电源状态转换

2. 电源管理策略

Windows Server 2003 的电源管理策略由两部分组成：电源管理器和设备驱动程序。电源管理器是系统电源策略的所有者，因此整个系统的能耗状态转换由电源管理器决定，并调用相应设备的驱动程序完成。电源管理器根据以下因素决定当前相同的能耗状态：

(1) 系统活动状况；

(2) 系统电源状况；

(3) 应用程序的关机、休眠请求；

(4) 用户的操作，例如用户按电源按钮；

(5) 控制面板的电源设置。

当电源管理器决定要转换能耗状态时，相应的电源管理命令会发给设备驱动程序的相应调度例程。一个设备可能需要多个设备驱动程序，但是负责电源管理的设备驱动程序只有一个，设备驱动程序根据当前系统状态和设备状态决定如何进行下一步操作。

除了响应电源管理器的电源管理命令外，设备驱动程序也可以独立地控制设备的能耗状态。在一些情况下，当设备长时间不用时，设备驱动程序就可以减小该设备的能耗。设备驱动程序可以自己检测设备的闲置时间,也可以通过电源管理器检测。

7.8.5 设备驱动程序

Windows Server 2003 支持多种类型的设备驱动程序和编程环境,在同一种驱动程序中也存在不同的编程环境,使用何种具体编程环境则取决于硬件设备。

在 Windows Server 2003 中,所有的驱动程序均有统一的、模块化的接口。这样在 I/O 管理器调用任何驱动程序时,就不需要了解驱动程序的结构和内部细节。在需要时,驱动程序也可以通过 I/O 管理器实现相互调用,从而对 I/O 请求完成分层次的处理。

驱动程序可以分为核心模式驱动程序、用户模式驱动程序、硬件支持驱动程序和分层驱动程序四大类,下面分别介绍它们。

1. 核心模式驱动程序

核心模式驱动程序的种类很多,主要分为文件系统驱动程序、与 PnP 管理器和电源管理器有关的设备驱动程序、核心态图形驱动程序以及 WDM 驱动程序等。

(1) 文件系统驱动程序处理访问文件的 I/O 请求,主要用于大容量设备和网络设备。

(2) 与 PnP 管理器和电源管理器有关的设备驱动程序,用于大容量存储设备、协议栈和网络适配器等。

(3) 核心态图形驱动程序包括了 Win32 子系统显示和打印驱动程序,它们把与设备无关的图形(GDI)请求转换为设备专用请求。显示驱动程序与视频小端口(miniport)驱动程序是成对的,用来完成视频显示支持。每个视频小端口驱动程序为与它关联的显示驱动程序提供硬件级的支持。

(4) WDM 驱动程序提供对 PnP,电源管理等的支持。在 Windows Server 2003、Windows9x 中,WDM 驱动程序是源代码级兼容的,而在其他情况下是二进制兼容的。WDM 驱动程序有三种类型:

① 总线驱动程序(bus driver)管理逻辑的或物理的总线,例如 PCMCIA、PCI、USB、IEEE 1394 和 ISA,需要检测并向 PnP 管理器通知总线上的设备,并且能够管理电源。

② 功能驱动程序(function driver)管理具体的一种设备,对硬件设备进行的操作都是通过功能驱动程序进行的。

③ 过滤驱动程序(filter driver)与功能驱动程序协同工作,用于增加或改变功能驱动程序的行为。

注意,为 Windows NT 编写的设备驱动程序,可以在 Windows Server 2003 中工作,但是由于这些设备驱动程序一般不具备对电源管理和 PnP 的支持,所以在 Windows Server 2003 中使用时,它们会影响整个系统的电源管理和 PnP 管理的能力。

2. 用户模式驱动程序

Windows Server 2003 支持的用户模式驱动程序有虚拟设备驱动程序和 Win32 子系统的打印驱动程序:

(1) 虚拟设备驱动程序(VDD)通常用于模拟 16 位 MS-DOS 应用程序。它们捕获 MS-DOS 应用程序对 I/O 端口的引用,并将其转化为本机 Win32 I/O 函数。这样做的原因是,因为 Windows Server 2003 是一个完全受保护的操作系统,用户态 MS-DOS 应用程序不能直接访问硬件,而必须通过一个真正的核心设备驱动程序才能实现对硬件的间接访问。

(2) Win32 子系统的打印驱动程序的作用是将与设备无关的图形请求转换为打印机相关的命令,这些命令再发给核心模式的驱动程序,例如并口驱动(Parport.sys)、USB 打印机驱动(Usbprint.sys)等。

3. 硬件支持驱动程序

除了前面介绍过的总线驱动程序、功能驱动程序、过滤驱动程序之外,硬件支持驱动程序还可以分为以下类型:

(1) 类驱动程序(class drivers)为某一类设备执行 I/O 处理,例如磁盘、磁带或光盘。

(2) 端口驱动程序(port drivers)实现了对特定于某一种类型的 I/O 端口的 I/O 请求的处理,例如 SCSI。

(3) 小端口驱动程序(miniport drivers)把对端口类型的一般的 I/O 请求映射到适配器类型。例如,一个特定的 SCSI 适配器。

为了说明上面介绍的各类设备驱动程序是如何工作的,下面给出了一个例子(见图7.12)。在这个例子中,文件系统驱动程序收到向特定文件写数据的一个请求,它将此请求转换为向磁盘指定的"逻辑"位置写字节的请求,然后再把这个请求传递给一个磁盘驱动程序,这个磁盘驱动程序再依次把该请求转化为磁盘上的柱面/磁道/扇区,并且操作磁头来读取数据。

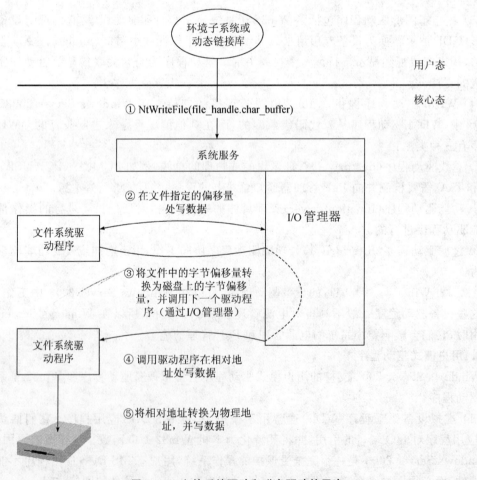

图 7.12 文件系统驱动和磁盘驱动的层次

在图 7.12 中,可以看出两层驱动程序之间存在一个工作分界线。I/O 管理器接受了与一个特殊文件的开始部分有关的写请求,并将这个请求传递到文件系统驱动程序,这个驱动程序再把写操作从与文件有关的操作转化为开始位置(磁盘上的一个扇区的边界)和要读取的字节数。文件系统驱动程序调用 I/O 管理器把请求传递到磁盘驱动程序,由这个磁盘驱动程序将请求转化为物理磁盘位置,并且传递数据。

4. 分层驱动程序

因为所有的驱动程序对于操作系统来说都呈现相同的结构,所以一个驱动程序可以不经

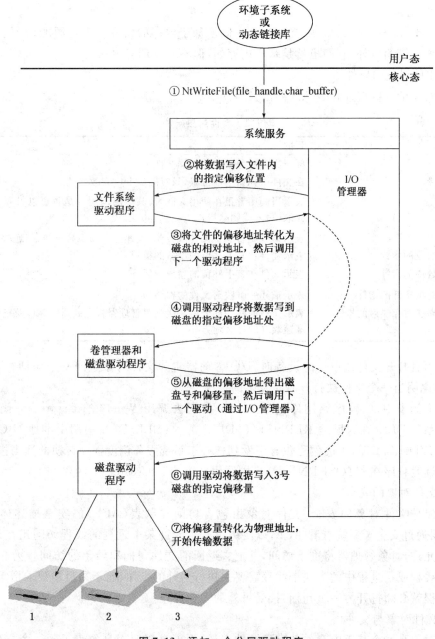

图 7.13 添加一个分层驱动程序

过转换当前的驱动程序或 I/O 系统,就能容易地被插入到一个分层结构中。例如,通过添加驱动程序,可以使几个磁盘看起来很像非常大的单一的磁盘。在 Windows Server 2003 中实际上就存在这样一个驱动程序来提供容错磁盘支持。这个逻辑的、多卷的驱动程序位于文件系统和磁盘驱动程序之间,如图 7.13 所示。

7.8.6 Windows I/O 系统的核心数据结构

与 I/O 系统有关的主要数据结构有四种,它们是文件对象、驱动程序对象、设备对象和 I/O 请求包(IRP)。

1. 文件对象

在 Windows Server 2003 中文件对象提供了基于内存的共享物理资源的表示法(除了被命名的管道和邮箱以外,它们虽然是基于内存的,但不是物理资源)。

(1) 文件对象的属性

文件对象的一些属性在表 7.3 列出。

表 7.3 文件对象属性

属性	目的
文件名	标识文件对象指向的物理文件
字节偏移量	在文件中标识当前位置(只对同步 I/O 有效)
共享模式	表示当调用者正在使用文件时,其他的调用者是否可以打开文件来做读取、写入或删除操作
打开模式	表示 I/O 是否将被同步或异步、高速缓存或不高速缓存、连续或随机等
指向设备对象的指针	表示文件在其上驻留的设备的类型
指向卷参数块的指针	表示文件在其上驻留的卷或分区
指向区域对象指针的指针	表示描述一个映射文件的根结构
指向专用高速缓存映射的指针	表示文件的哪一部分由高速缓存管理器管理高速缓存以及它们驻留在高速缓存的什么地方

当调用者打开文件或单一的设备时,I/O 管理器将为文件对象返回一个句柄。下面用图 7.14 具体说明当一个文件被打开时所发生的情况。

在这个例子中,C 程序调用库函数 fopen,由它去调用 Win32 的 CreateFile 函数,然后 Win32 子系统 DLL(在这里是 KERNEL32.DLL)在 NTDLL.DLL 中调用本地 NtCreateFile 函数。在 NTDLL.DLL 中的例程包含引发到核心态系统服务调度程序转换的适当指令,最后系统服务调度程序在 NTOSKRNL.EXE 中调用真正的 NtCreateFile 例程。

(2) 文件对象的安全

为了保护文件对象的安全,文件对象由包含访问控制表(ACL)的安全描述体所保护。I/O管理器通过安全子系统查看 ACL,以便决定是否允许某个进程的线程访问正在请求的文件。如果允许,对象管理器将准予访问,并把它返回的文件句柄和给予的访问权力联系起来。如果这个线程或在进程中的另一个线程需要去执行另外的操作,而不是最初请求指定的操作,那么该线程就必须打开另一个句柄,接受另外的安全检查。

(3) 文件对象与文件

文件对象是一个基于内存的共享资源的表示,而不是资源本身的表示。一个文件对象包

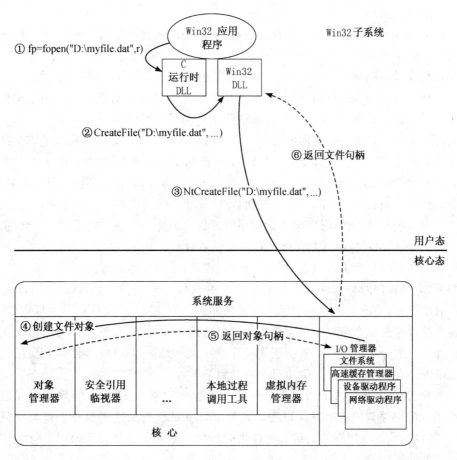

图 7.14 打开一个文件对象

括的唯一数据是对象句柄,但是文件本身包括将被共享的数据或文本。

当一个线程每次打开一个文件句柄时,就创建了一个新的文件,其属性由一组新的句柄所指定。例如,属性字节偏移量所指的是在文件中下一次将要使用那个句柄做读取或写入操作的位置。每一个为文件打开句柄的线程都有专用的字节偏移量,即使在底层的文件是被共享的。

通常文件对象对于进程来说是唯一的。但是,当一个进程复制一个文件句柄给另一个进程或当一个子进程从它的父进程那里继承一个文件句柄时,上述两个进程分别引用同一个文件对象的句柄。

尽管一个文件句柄对一个进程可能是唯一的,但在底层的物理资源却不是这样。因此,当使用任何共享的资源时,线程必须保证它对共享文件、文件目录或设备访问的同步。例如,如果一个线程正在写入一个文件,当它打开文件句柄去防止其他的线程在同一时间对该文件写入时,它应该指定独占的写访问。它还可以使用 Win32 的 LockFile 函数,在写的同时锁定文件的某些部分。

2. 驱动程序对象和设备对象

当线程为文件对象打开一个句柄时,I/O 管理器根据文件对象名称来决定它将调用哪个(或哪些)驱动程序来处理请求。

一个驱动程序对象在系统中代表一个独立的驱动程序,并且为 I/O 记录每个驱动程序的调度例程的地址(入口点)。

而设备对象在系统中代表一个物理的、逻辑的或虚拟的设备并描述了它的特征,例如它所需要的缓冲区的对齐方式和它用来保存即将到来的 I/O 请求包的设备队列的位置。

当驱动程序被加载到系统中时,I/O 管理器将创建一个驱动程序对象,然后它调用驱动程序的初始化例程,该例程把驱动程序的入口点填放到该驱动程序对象中。初始化例程还创建用于每个设备的设备对象,这样使设备对象脱离了驱动程序对象。

下面说明文件与设备对象之间的关系。当打开一个文件时,文件名包括了该文件驻留的设备对象的名称。例如,名称\Device\Floppy0\myfile.dat 引用软盘驱动器 A 上的文件 myfile.dat。其中子字符串\Device\Floppy0 是 Windows Server 2003 内部设备对象的名称,代表了软盘驱动器 A。当打开 myfile.dat 文件时,I/O 管理器就创建一个文件对象,并在文件对象中存储一个 Floppy0 设备的指针,然后给调用者返回一个文件句柄。此后,当调用者使用该文件句柄时,I/O 管理器就能够直接找到 Floppy0 设备对象。

在驱动程序对象与设备对象之间有着密切的关系,下面具体分析。

一方面,驱动程序对象通常有多个与它相关的设备对象,它利用 DeviceObject 指针指向一个设备对象列表,该列表代表驱动程序可以控制的物理设备、逻辑设备和虚拟设备。例如,硬盘的每个分区都有一个独立的包含具体分区信息的设备对象。然而,相同的硬盘驱动程序被用于访问所有的分区。当一个驱动程序从系统中被卸载时,I/O 管理器就会使用设备对象队列来确定哪个设备由于取走了驱动程序而受到了影响。

另一方面,设备对象反过来指向它自己的驱动程序对象,这样 I/O 管理器就知道在接收一个 I/O 请求时应该调用哪个驱动程序。它使用设备对象找到代表服务于该设备驱动程序的驱动程序对象,然后利用在初始请求中提供的功能码来索引驱动程序对象。每个功能码都对应于一个驱动程序的入口点。

驱动程序对象与设备对象的关系如图 7.15 所示。

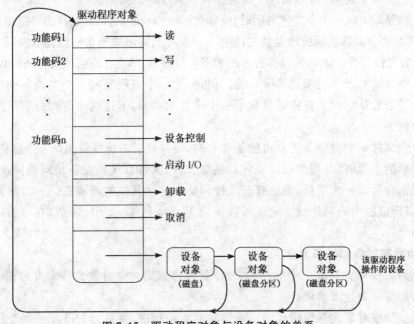

图 7.15　驱动程序对象与设备对象的关系

7.8.7 I/O 请求包

在前面的小节中,我们已经介绍过 I/O 请求包(IRP)。I/O 请求包是 I/O 系统用来存储处理 I/O 请求所需信息的地方。当线程调用 I/O 服务时,I/O 管理器就构造一个 I/O 请求包来表示在整个系统 I/O 进展中要进行的操作。I/O 管理器在 I/O 请求包中保存一个指向调用者文件对象的指针。

每一个 IRP 由两部分组成:固定部分和一个 I/O 堆栈,如图 7.16 所示。IRP 的固定部分包含关于请求的信息;I/O 堆栈则包含一系列 I/O 堆栈单元(I/O stack location),单元的数目应与驱动程序堆栈中处理这一请求的驱动程序数目相同,每个单元对应一个将处理该 IRP 的驱动程序。

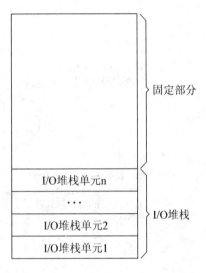

图 7.16 IRP 的结构

在 IRP 固定部分中,主要涉及如下关于请求的信息内容:说明请求是用户模式或核心模式的 RequestorMode,驱动程序需要查看这个值来决定是否认可某些参数;与请求相关联用户模式缓冲区的信息 MdlAddress;与 WDM 驱动程序相关的指针域 AssociatedIrp;对驱动程序只读的标志 Flags,该标志与文件系统有关;与请求完成状态有关的信息 IoStatus 以及 PendingReturned;与取消请求有关的信息 Cancel 以及 CancelRoutine;以及与取消自旋锁有关的信息 CancelIrql。

下面介绍 I/O 堆栈单元中的域。任何内核模式程序在创建一个 IRP 时,都同时创建一个与之关联的 I/O 堆栈。每个堆栈单元都对应一个将处理该 IRP 的驱动程序。为了在一个给定的 IRP 中确定当前 IRP I/O 堆栈单元,驱动程序可以调用 IoGetCurrentIrpStackLocation 函数,该函数返回指向当前 I/O 堆栈单元的指针。

当 I/O 管理器开始分配 I/O 请求包并且初始化 I/O 请求包固定部分的时候,它也就初始化 I/O 请求包中第一个 I/O 堆栈单元,这个单元中的信息与要传递到驱动程序堆栈中第一个驱动程序的信息相对应,第一个驱动程序将要处理该请求。

I/O 堆栈单元主要存放 I/O 请求的函数指针和参数。使用 I/O 功能代码辨别将要发生在特定文件对象上的某种 I/O 操作。I/O 功能代码分为主功能代码和副功能代码。每个 I/O 请求有一个主功能代码并可能有几个副功能代码,主功能代码以 IRP_MJ_开头的符号定义,副功能代码以 IRP_MN_开头的符号定义。例如,IRP_MJ_CREATE 是打开文件的 IRP 主功能代码,它所对应的 Win32 API 函数为 CreateFile。IRP_MJ_PNP 为即插即用 IRP 主功能代码,IRP_MN_START_DEVICE 是表示启动设备的副功能代码。

图 7.17 是一个对单层设备驱动程序的 I/O 请求例子,用来说明 I/O 请求包与前面几节描述的文件、设备和驱动程序对象之间的关系。

在处于活动状态时,每个 IRP 都存储在与请求 I/O 的线程相关的 IRP 队列中。如果一个线程终止或被终止时还拥有未完成的 I/O 请求,这种安排就允许 I/O 系统找到并释放未完成的 IRP。

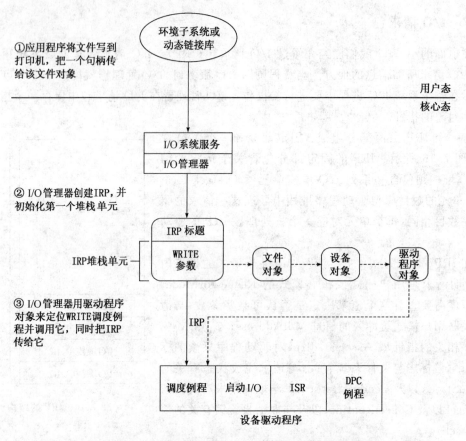

图 7.17 单层驱动程序中一个 I/O 请求涉及的数据结构

从编程的角度看，IRP 是 I/O 管理器在响应一个 I/O 请求时从非分页系统内存中分配的一块可变大小的数据结构内存，I/O 管理器每收到一个来自用户的请求就创建一个该结构，并将其作为参数传给驱动程序的 DispatchXxx、StartIo 等例程。该结构中存放有请求的类型、用户缓冲区的首地址、用户请求数据的长度等信息。驱动程序处理完这个请求后，也在该结构中添入处理结果的有关信息，调用 IoCompleteRequest 将其返回给 I/O 管理器，用户程序的请求随即返回。

7.8.8 Windows 的 I/O 处理

本小节具体分析一个 I/O 请求是如何在系统中传递的。一个 I/O 请求会经过若干个处理阶段。

单层驱动程序操作的设备所经过的阶段，与通过多层驱动程序才能到达设备所经过的阶段是有所不同的。

另外，调用者指定的是同步 I/O 还是异步 I/O，也会引起处理步骤的不同。所以本小节首先介绍 I/O 类型，再具体分析对不同 I/O 请求的处理过程。

1. I/O 类型

(1) 同步 I/O 和异步 I/O

应用程序发出的大多数 I/O 操作都是同步的,也就是说,设备执行数据传输并在 I/O 完成时返回一个状态码,然后程序就可以立即访问被传输的数据。比如,ReadFile 和 WriteFile 函数使用最简单的形式调用时是同步执行的,在把控制返回给调用程序之前,它们完成一个 I/O 操作。

异步 I/O 允许应用程序发布 I/O 请求,然后当设备传输数据的同时,应用程序继续执行。这类 I/O 能够提高应用程序的吞吐率,因为它允许在 I/O 操作进行期间,应用程序继续其他的工作。

在使用异步 I/O 时,有几个要注意的问题。首先,使用异步 I/O 时,必须在 Win32 的 CreateFile 函数中指定 FILE_FLAG_OVERLAPPED 标志。其次,在发出异步 I/O 操作请求之后,线程必须小心地不访问任何来自 I/O 操作的数据,直到设备驱动程序完成数据传输。线程必须通过等待一些同步对象(无论是事件对象、I/O 完成端口或文件对象本身)的句柄,使它的执行与 I/O 请求的完成同步。当 I/O 完成时,这些同步对象将会变成有信号状态(关于如何使用这些对象的详细信息,请参阅 Platform SDK 文档)。

(2) 快速 I/O

快速 I/O 是一个特殊的机制,它允许 I/O 系统不产生 IRP 而直接到文件系统驱动程序或高速缓存管理器去执行 I/O 请求。更具体的分析,请参考有关技术资料。

(3) 映射文件 I/O 和文件高速缓存

映射文件 I/O 是指把磁盘中的文件视为进程的虚拟内存的一部分。程序可以把文件作为一个大的数组来访问,而无需做缓冲数据或执行磁盘 I/O 的工作。

映射文件 I/O 是 I/O 系统的一个重要特性,是 I/O 系统和内存管理器共同产生的。程序访问内存,同时内存管理器利用它的页面调度机制从磁盘文件中加载正确的页面。如果应用程序向它的虚拟地址空间写入数据,内存管理器就把更改作为正常页面调度的一部分写回到文件中。

在操作系统中,映射文件 I/O 主要用于重要的操作中,例如文件高速缓存和映像活动(加载并运行可执行程序)等。文件系统使用高速缓存管理在虚拟内存中的映像文件数据,从而为 I/O 绑定程序提供了更快的响应时间。

映射文件 I/O 也可以在用户态中使用,这需要调用 Win32 的 CreateFileMapping 和 MapViewOfFile 函数。

(4) 分散/集中 I/O

一种特殊类型的高性能 I/O,被称作**分散/集中**(scatter/gather) **I/O**,它可通过 Win32 的 ReadFileScatter 和 WriteFileGather 函数来实现。这些函数允许应用程序执行一个读取或写入操作,从虚拟内存中的多个缓冲区读取数据并写到磁盘上文件的一个连续区域里。

要使用分散/集中 I/O,文件必须以非高速缓存 I/O 方式打开,所使用的用户缓冲区必须是页对齐的,并且 I/O 必须被异步执行(即打开文件时设置 FILE_FLAG_OVERLAPPED 标志)。

2. 对单层驱动程序的 I/O 请求

这一小节将跟踪对单层核心态设备驱动程序的同步 I/O 请求。处理对单层驱动程序的同步 I/O 包括以下七步:

① I/O 请求经过子系统 DLL(Dynamic Link Library)。

② 子系统 DLL 调用 I/O 管理器的 NtWriteFile 服务。

③ I/O 管理器分配一个描述该请求的 I/O 请求包 IRP，并通过调用 IoCallDriver 函数给驱动程序（这里指设备驱动程序）发送请求。

④ 驱动程序将 I/O 请求包中的数据传输到设备并启动 I/O 操作。

⑤ 通过中断 CPU，驱动程序发信号进行 I/O 完成操作。

⑥ 在设备完成了操作并且中断 CPU 时，设备驱动程序服务于中断。

⑦ 驱动程序调用 IoCompleteRequest 函数表明它已经处理完了 IRP 请求，接着 I/O 管理器完成 I/O 请求。

这七步如图 7.18 所示。

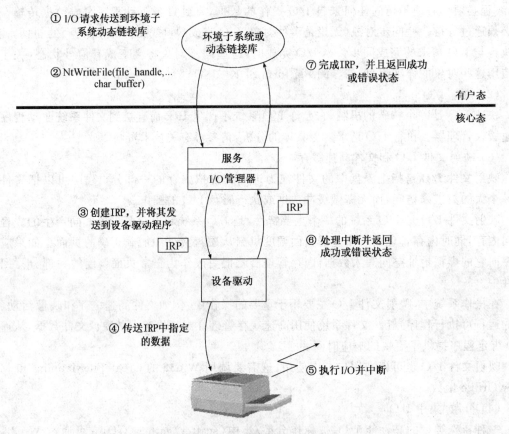

图 7.18　一个同步请求的处理

下面进一步看看中断处理和 I/O 的完成过程。

(1) 处理一个中断

在 I/O 设备完成数据传输之后，它将产生中断并请求服务，这样将调用 Windows Server 2003 的内核、I/O 管理器和设备驱动程序。

当 I/O 设备中断发生时，处理器将控制转交给内核陷阱处理程序，内核陷阱处理程序将在它的中断向量表中搜索定位用于设备的 ISR。Windows Server 2003 上的 ISR 用两个步骤来处理设备中断。当 ISR 被首次调用时，它通常只在设备 IRQL 上停留获得设备状态所必需的一段时间，最后停止设备的中断；然后它使一个 DPC 排除并退出操作，清除中断。过一段时间,在延迟过程调用(Deferred Procedure Call,简称 DPC)例程被调用时,设备完成对中断的处理,之后,设备将调用 I/O 管理器来完成 I/O 并处理 IRP。此时,ISR 也可以启动下一个正在设备队列中等待的 I/O 请求。

使用 DPC 来执行大多数设备服务的优点是,任何优先级位于设备 IRQL 和 Dispatch/DPC IRQL 之间被阻塞的中断允许在低优先级的 DPC 处理发生之前发生。因而中间优先级的中断就可以更快地得到服务。

(2) 完成 I/O 请求

当设备驱动程序的 DPC 例程执行完以后,在 I/O 请求可以考虑结束之前还有一些工作要做。I/O 处理的第三阶段称作"I/O 完成"(I/O completion),它因 I/O 操作的不同而不同。例如,全部的 I/O 服务都把操作的结果记录在由调用者提供的数据结构"I/O 状态块"(I/O status block)中。与此相似,一些执行缓冲 I/O 的服务要求 I/O 系统将数据返回给调用线程。

在上述两种情况中,I/O 系统必须把一些存储在系统内存中的数据复制到调用者的虚拟地址空间中。要获得调用者的虚拟地址,I/O 管理器必须在调用者线程的上下文中进行数据传输,而此时调用者进程是当前处理器上活动的进程,调用者线程正在处理器上执行。I/O 管理器通过在线程中执行一个核心态的异步过程调用(Asynchronous Procedure Call,简称 APC)来完成这个操作。

APC 在特定线程的描述表中执行,而 DPC 在任意线程的描述表中执行,这就意味着 DPC 例程不能涉及用户态进程的地址空间。要注意的是,DPC 具有比 APC 更高的软件中断优先级。

接下来当线程开始在较低的 IRQL 上执行时,挂起的 APC 被提交运行。内核把控制权转交给 I/O 管理器的 APC 例程,它将把数据(如果有)和返回的状态复制到最初调用者的地址空间,释放代表 I/O 操作的 IRP,并将调用者的文件句柄(或调用者提供的事件或 I/O 完成端口)设置为有信号状态。现在才可以考虑完成 I/O。在文件(或其他对象)句柄上等待的最初调用者或其他的线程都将从它们的等待状态中被唤醒并准备再一次执行。

关于 I/O 完成过程中,最后要注意的是:异步 I/O 函数 ReadFileEx 允许调用者提供用户态 APC 作为参数。如果调用者这样做了,I/O 管理器将在 I/O 完成的最后一步为调用者清除这个 APC,这个特性允许调用者在 I/O 请求完成时指定一个将被调用的子程序。

正如在 Platform SDK 文档中对这些函数解释的那样,用户态 APC 完成例程在请求线程的描述表中执行,并且只有当线程进入可报警等待状态时才可以被传送(例如调用 Win32 sleepEx/WaitForSingleObjectEx 或 WaitForMultipleObjectsEx 函数)。

3. 对多层驱动程序的 I/O 请求

对多层驱动程序 I/O 请求的处理是在单层 I/O 处理的基础上变化而来的,图 7.19 用一个由文件系统控制的磁盘作为例子,说明一个异步 I/O 请求是如何通过多层驱动程序的。

首先,I/O 管理器收到 I/O 请求并且创建一个 I/O 请求包来代表它,但是,这一次 I/O 管理器将该 I/O 请求包发送给文件系统驱动程序。根据调用程序发出的请求类型,文件系统驱动程序可以把同一个 I/O 请求包发送给磁盘驱动程序,或者也可以生成另外的个 I/O 请求包并且发送给磁盘驱动程序。

如果文件系统驱动程序收到的 I/O 请求是对磁盘的一次直接请求的话,那么它很可能会重用 IRP。例如，如果应用程序发出的请求是在软盘上的某个文件中读取前 512 个字节，那么 FAT 文件系统驱动程序只是简单地调用磁盘驱动程序，要求它在文件的起始位置开始，从软盘上读取一个扇区。

为了在对分层驱动程序的请求中容纳多个驱动程序对 IRP 的重用，IRP 必须包含一系列 IO 堆栈单元。每一个将被调用的驱动程序都有一个这样的 IO 堆栈单元，其中包含了每个驱动程序为了执行它自己的那部分请求所需要的信息，例如 I/O 功能代码、参数和驱动程序的环境信息。如图 7.19 所示，当 IRP 从一个驱动程序传送到另一个驱动程序时就会填写附加的 IO 堆栈单元。

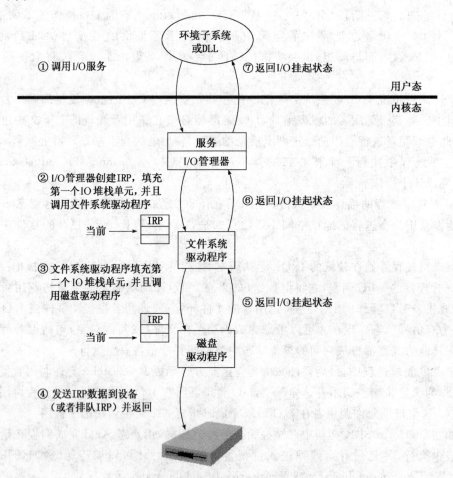

图 7.19　分层驱动程序中的异步 I/O 请求

在磁盘驱动程序完成数据传输之后，磁盘中断并且 I/O 完成，如图 7.20 所示。

作为对 IRP 重用的替代方式，文件系统驱动程序也可以建立一组关联的 IRP，这些 IRP 在单次 I/O 请求中并行工作。例如，如果要从文件中读取的数据分散在磁盘上，那么文件系统驱动程序就可以创建几个 IRP，每个 IRP 从不同的扇区读取所请求数据的一部分。文件系统驱动程序将这些关联的 IRP 发送给磁盘驱动程序，磁盘驱动程序将它们排入设备队列中，每次处理一个 IRP。文件系统驱动程序跟踪返回的数据，当所有关联的 IRP 都完成后，I/O 管理器完成最初的 IRP 并返回调用程序。

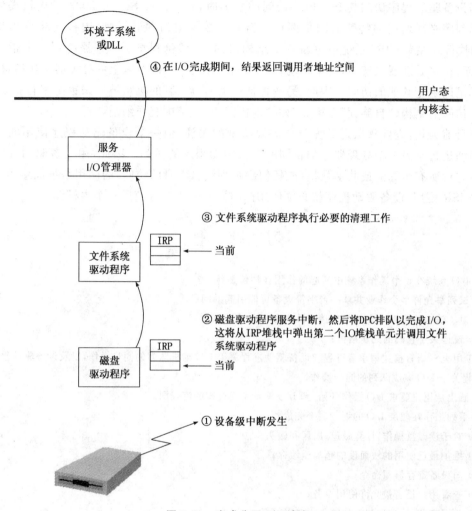

图 7.20 完成分层 I/O 请求

4. 同步

驱动程序必须同步执行它们对全局驱动程序数据的访问,这有两个主要原因:首先,驱动程序的执行可以被高优先级的线程抢先,或时间片(或时间段)到时被中断,或被其他中断所中断;其次,在多处理器系统中,Windows Server 2003 能够同时在多个处理器上运行驱动程序代码。

若不能同步执行,就会导致相应错误的发生。例如,因为设备驱动程序代码运行在低优先级的 IRQL 上,所以当调用者初始化一个 I/O 操作时,可能被设备中断请求所中断,从而导致在它的设备驱动程序正在运行时让设备驱动程序的 ISR 去执行。如果设备驱动程序正在修改其 ISR 也要修改的数据,例如设备寄存器、堆存储器或静态数据,则在 ISR 执行时,数据可能被破坏。

要避免这种情况发生,为 Windows Server 2003 编写的设备驱动程序就必须对它和它的 ISR 对共享数据的访问进行同步控制。在尝试更新共享数据之前,设备驱动程序必须锁定所有其他的线程(或 CPU,在多处理器系统的情况下),以防止它们修改同一个数据结构。

当设备驱动程序访问其 ISR 也要访问的数据时，Windows Server 2003 的内核提供了设备驱动程序必须调用的特殊的同步例程。当共享数据被访问时，这些内核同步例程将禁止 ISR 的执行。在单 CPU 系统中更新一个结构之前，这些例程将 IRQL 提高到一个指定的级别；然而，在多处理器系统中，一个驱动程序能同时在两个或两个以上的处理器上执行，以这种技术不足以阻止其他的访问。因此，另一种被称为"自旋锁"的机制被用来锁定来自指定 CPU 的独占访问的结构（"自旋锁"在第 3 章的"内核同步"一节中有详细描述）。

到目前为止，应该意识到尽管 ISR 需要特别的关注，但一个设备驱动程序使用的任何数据将面临运行于另一个处理器上的相同的设备驱动程序的访问。因此，用设备驱动程序代码来同步它对所有全局的或共享数据（或任何到物理设备本身）的访问）的使用是很危险的。如果数据被 ISR 使用，设备驱动程序就必须使用内核同步例程或者使用一个内核锁。

习 题 七

1. I/O 系统在整个操作系统中所起的作用和地位是什么？
2. 试列举允许多个作业共享一台字符设备可能引起的问题。
3. 对于输入输出系统中的 I/O 请求队列和 I/O 完成队列，试：
(1) 设计关于它们的同步结构；
(2) 用类 C 语言描述请求者进程与设备驱动进程关于 I/O 请求队列的同步操作，以及设备驱动程序与请求者进程关于 I/O 完成队列的同步操作。
4. 画出从用户要求 I/O 操作开始，到 I/O 操作完成过程的流程图。
5. 下列工作在四层 I/O 的哪一层上完成？
(1) 对于读磁盘操作，计算磁道、扇区和磁头；
(2) 维护最近使用的块而设的超高速缓存；
(3) 向设备寄存器写命令；
(4) 查看用户是否被允许使用设备；
(5) 为了打印，把二进制整数转化为 ASCII 码。
6. 串行异步通信端口在现代计算机中主要用于将终端（键盘和监视器）或打印机与计算机相连。典型的信号协议用 1 或 2 个开始位和 1 个结束位打包每个字节。发送者向接收者发送开始位以通知它将要开始传输 1 个字节。然后传送字节的 8 个位，后面跟 1 个结束位。用这种协议在 9 600 波特率的串行线上每秒能传送多少个字节？用于传送控制字节的时间所占百分比是多少？
7. 有三类系统：① 专门用于控制一个 I/O 设备的系统；② 运行单任务操作系统的个人计算机；③ 一个负载很大的服务器。其中哪一个适合采用轮询控制方式？为什么？
8. 在设计一个新操作系统的设备管理功能时，必须要有高速 I/O 的通路，应该选择 DMA 还是通道，说明为什么？
9. 假定一个用户已得到一个输入设备，并要从该设备上读取某些数据，当启动过程校验其状态时，发现其不能正常工作，这时应做何处理？
10. 设备管理需要哪些基本数据结构？它们的作用是什么？
11. 在 I/O 系统中引入缓冲的主要原因是什么？
12. 可以用 C++ 的类型层次定义设备驱动程序，做法是在基类中编码实现所有设备的标准操作，然后在继承类中对特定设备进行细化。描述一个针对键盘、显示器、鼠标、打印机、软磁盘和硬磁盘的带有成员函数和数据的类层次。不必包括函数的实现细节。

13. 用类 C 语言描述设备驱动程序、中断控制器、设备控制表 DCT,以实现以下操作:

(1) open(device);

(2) close(device);

(3) get_block(device,buffer);

(4) put_block(device,buffer)。

14. 如果在 I/O 结束之前重复一个忙等待循环很多次的话,程序轮询一个 I/O 的结束会浪费大量的 CPU 周期。但是如果 I/O 设备已经准备就绪的话,程序轮询方法会比处理一个中断要快得多。给 I/O 设备服务设计一种混合的策略,它结合使用程序轮询和中断方式。

15. 在当代操作系统中,都把 I/O 设备设计成一类特殊的文件。可不可以不采用这种设计思想?并请说明理由。

16. 在进行设备管理时,必须要设计一些数据结构表格,对 I/O 设备的状态进行登记。在本章中给出了四类 I/O 设备的数据结构表格,它们分别是设备控制表 DCT、系统设备表 SDT、控制器表 COCT 和通道控制表 CHCT。能否为一个新的操作系统设备管理部分设计一套设备管理的数据结构,比上述四类 I/O 设备的数据结构更合理?

17. 为设备驱动器实现统一接口和统一设备命名是非常重要的。请考查常用的计算机系统,举例说明该系统中对设备驱动器实现统一接口和统一设备命名的具体实现。

18. 在一个嵌入式操作系统中,配有小型液晶显示屏、笔式输入设备、RAM 盘和网络通信接口。请为该嵌入式操作系统完成下列设计工作:

(1) 提出设备管理部分的设计原则;

(2) 设计一套中断优先级机制;

(3) 对层次化的 I/O 软件的具体设计,特别是有关涉及设备独立性的问题给出具体的设计建议。

19. 请在普遍使用的微机系统中,具体说明在哪些部分采用了缓冲技术?并请分析为什么要在这些部分采用缓冲技术。

20. 设备驱动程序的主要功能是什么?

21. 请根据本书中对 Linux 有关设备驱动程序的介绍,为一个小型液晶显示屏(黑白模式、320×160 显示尺寸)设计一个液晶显示屏设备驱动程序。

22. 衡量 I/O 系统性能的标准有哪些?

23. 实现虚拟设备的主要条件是什么?

24. 请给出在 Windows Server 2003 中,一个典型的 I/O 请求的流程。

25. 什么是 I/O 请求包(IRP),在 Windows Server 2003 的 I/O 系统中起什么作用?

26. 说明在 Windows Server 2003 中同步 I/O 和异步 I/O 的区别。

第8章 死　锁

本章要点

- 死锁的基本概念：死锁、死锁发生的根本原因
- 产生死锁的四个必要条件
- 解决死锁的方法之一：死锁预防
- 解决死锁的方法之二：死锁避免，安全状态与不安全状态，安全序列，银行家算法
- 解决死锁的方法之三：死锁检测和解除
- 资源分配图、死锁定理、判定死锁的方法：资源分配图化简法

本章介绍死锁(deadlock)的基本概念，发生死锁的原因，引起死锁产生的必要条件，然后，讨论解决死锁问题的各种方法。

所谓死锁是指在多道程序系统中，一组进程中的每一个进程均无限期地等待被该组进程中的另一个进程所占有且永远不会释放的资源，这种现象称系统处于死锁状态，简称死锁。处于死锁状态的进程称为死锁进程。

产生死锁的原因主要有两个：一是竞争资源，系统提供的资源数量有限，不能满足每个进程的需求；二是多道程序运行时，进程推进顺序不合理。系统中形成死锁一定同时保持了四个必要条件，即互斥使用资源、请求和保持资源、不可抢夺资源和循环等待资源。注意这四个条件是必要条件，而不是充分条件。

解决死锁问题一般有三种方法：

(1) 死锁预防。预先确定一些资源分配策略，进程按规定申请资源，系统按预定的策略进行分配，这些分配策略均能使产生死锁的四个必要条件中的一个条件不成立，从而使系统不会发生死锁。

(2) 死锁避免。当进程提出资源申请时系统动态测试资源分配情况，仅当能确保系统安全时才把资源分配给进程。一个死锁避免常用的算法是著名的银行家算法，该算法将银行管理贷款的方法应用于操作系统资源管理中，可保证系统时刻处于安全状态，从而使系统不会发生死锁。银行家算法有些保守，并且在使用时必须知道每个进程对资源的最大需求量。

(3) 死锁检测和解除。允许系统中发生死锁现象，即对资源的申请和分配不加任何限制，只要有剩余的资源就把资源分配给申请进程，因此，就可能出现死锁。但是，系统将不断跟踪所有进程的进展，定时运行一个"死锁检测程序"。若检测后没有发现死锁，则系统可以继续工作，若检测后发现系统有死锁，则可通过剥夺资源或撤消进程的方法解除死锁。当然，在解除死锁时要考虑到系统代价。

在一个实际的操作系统中要兼顾资源的使用效率和安全可靠，对不同的资源可采用不同的分配策略，往往采用死锁预防、避免和检测与解除的综合策略，以使整个系统能处于安全状

态不出现死锁。

资源分配图是用有向图的方式描述系统状态。如果资源分配图中没有环路，则系统没有死锁。如果资源分配图中出现了环路，则系统中可能存在死锁。如果处于环路中的每个资源类中均只包含一个资源实例，则环路是死锁存在的充分必要条件。通过化简资源分配图可以判断系统中是否出现死锁。

在多道程序系统中，同时有多个进程并发运行，共享系统资源，从而提高了系统资源利用率，提高了系统的处理能力。但是，若对资源的管理、分配和使用不当，也会产生一种危险，即在一定条件下会导致系统发生一种随机性错误——死锁。这是因为进程在运行时要使用资源，在一个进程申请与释放资源的过程中，其他的进程也不断地申请资源与释放资源。由于资源总是有限的，因而异步前进的诸进程会因申请、释放资源顺序安排不当，造成一种僵局。另外，在进程使用某种同步或通信工具时发送、接收次序安排不当，也会造成类似现象。本书侧重于讨论前者。

死锁问题的研究工作是从理论上和实践上处理操作系统问题的一个成功的、有代表性的例子。对死锁问题的研究涉及到计算机科学中并行程序的终止性问题，死锁是计算机操作系统中的一个很重要的问题，有必要专辟一章进行讨论。

8.1 死锁基本概念

8.1.1 死锁的定义

死锁现象并不是计算机操作系统环境下所独有的，在日常生活乃至各个领域是屡见不鲜的。例如，设一条河上有一座独木桥，过河的人总是沿着自己过河的方向前进而不后退，并且没有规定两岸的人必须谁先过河，则在此独木桥上就有可能发生死锁现象——如果有两个人同时从河的两岸过河的话。图 8.1 给出了生活中十字路口交通死锁的例子。

图 8.1 生活中交通死锁的例子

十字路口有向东、南、西、北四个方向行驶的车流，排头的四辆车几乎同时到达该十字路口，并且相互交叉停了下来；按照道路行驶的一般规则，停在十字路口的车应该给立即右拐的车让路,于是北行的车给西行的车让路,西行的车给南行的车让路,……,依此类推,东行的车将给北行的车让路,从而谁都无法前进,这就产生了死锁。

当死锁发生后,死锁进程将一直等待下去,除非有来自死锁进程之外的某种干预。系统发生死锁时,死锁进程的个数至少为两个;所有死锁进程都在等待资源,并且其中至少有两个进程已占有资源。系统发生死锁不仅浪费了大量的系统资源,甚至会导致整个系统崩溃,带来灾难性的后果。因为,系统中一旦有一组进程陷入死锁,那么要求使用被这些死锁进程所占用的资源或者需要它们进行某种合作的其他进程就会相继陷入死锁,最终可能导致整个系统处于瘫痪状态。所以,死锁是操作系统中的一个重要课题,在操作系统设计中必须高度重视死锁问题。

8.1.2 死锁产生的原因

产生死锁的原因主要有两个:一是竞争资源,系统提供的资源数量有限,不能满足每个进程的需求;二是多道程序运行时,进程推进顺序不合理。

1. 资源的概念

死锁是若干进程因使用资源不当而造成的现象。按照资源的使用性质,一般把系统中的资源分成两类:永久性资源(可重用资源),是指系统中那些可供进程重复使用、长期存在的资源,如内存、外部设备、CPU 等硬件资源,以及各种数据文件、表格、共享程序代码等软件资源。临时性资源(消耗性资源),是指由某个进程所产生、只为另一个进程使用一次、或经过短暂时间后便不再使用的资源,如 I/O 和时钟中断、同步信号、消息等。

永久性资源和临时性资源都可能导致死锁发生。

2. 死锁的例子

下面我们举几个例子,并通过它们来分析归纳出产生死锁的必要条件。

【例1】 申请不同类资源产生死锁。

例如,进程 P_1 和 P_2 运行中都使用设备,假定系统中只有一台输入设备,一台输出设备。

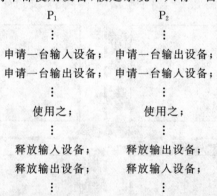

当进程 P_1 申请并获得了该输入设备后,由于某种原因,停止前进。此时 P_2 到达,P_2 进程完成了对输出设备的申请,接下来再申请输入设备,必将被阻塞且进入等待队列等待之,若进程 P_1 重新获得运行机会,接下来便要申请输出设备,同样,也被阻塞进入等待该设备的等待队列。进程 P_1 和 P_2 彼此无限地等待对方释放资源后唤醒自己,形成了僵局,如图 8.2 所示。

【例2】 申请同类资源产生死锁。

假设有一类可重用资源 R,如内存(或磁盘),它包含有 m 个页面(或扇区),由 n 个进程 $P_1, P_2, \cdots, P_n (2 \leq m \leq n)$ 共享。假定每个进程按下述顺序申请和释放页面(或扇区):

```
                申请一页(或扇区)
                     ⋮
                申请一页(或扇区)
                     ⋮
                释放一页(或扇区)
                     ⋮
                释放一页(或扇区)
                     ⋮
```

这里每次申请和释放只涉及 R 的一个分配单元(页面或扇区)。因此,当所有单元全部分配完毕时,很容易发生死锁;占有 R 的单元的所有进程(前 m 个进程)会永远封锁在第二次申请上,而有些进程(n－m 个进程)类似地会封锁在它们的第一次申请上。图 8.3 说明了 n＝3,m＝2 时系统的状态。这类死锁是相当普遍的。例如,在若干输入和输出进程竞争磁盘空间的 SPOOLing 系统中,就可能发生这类死锁。如果磁盘空间完全分配给等待装入的作业输入文件和已部分运行的作业输出记录,则系统就发生了死锁。

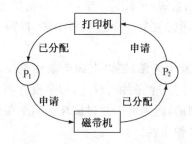

图 8.2 申请不同类资源产生死锁

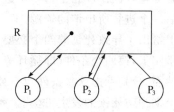

图 8.3 同类资源共享时的死锁现象

【例 3】 P、V 操作使用不当产生死锁。

进程在相互同步与通信中也可能产生死锁现象。例如,第 4 章描述的生产者和消费者问题,若把生产者和消费者程序中前面两个 P 操作位置颠倒,如下:

```
            生产者进程:      消费者进程:
                 ⋮               ⋮
              P(mutex);       P(mutex);
              P(avail);       P(full);
                 ⋮               ⋮
```

当进行了 n 次生产后(或 n 个生产者,每人都送了一个产品后),缓冲区全部占满,avail＝0。若生产者执行 P(mutex)后(此时 mutex＝0),又执行了 P(avail),由于 avail＝－1,使生产者因无可用缓冲区而在 avail 上等待。若又有一个消费者进程到达,并执行了 P(mutex),使 mutex＝－1。因此,消费者也阻塞,并且在 mutex 上等待。此时,生产者、消费者都彼此等待对方来唤醒自己,处于循环等待状态。生产者等待消费者释放一个空缓冲区,而消费者等待生产者释放互斥信号量 mutex。这样便形成了死锁局面。

【例 4】 对临时性资源的使用不加限制而引起的死锁。

在进程通信时使用的信件可以看作是一种临时性资源,如果对信件的发送和接收不加限制的话,则可能引起死锁。比如,进程 P_1 等待进程 P_3 的信件 S_3 到来后再向进程 P_2 发送信件 S_2;P_2 又要等待 P_1 的信件 S_1 到来后再向 P_3 发送信件 S_2、而 P_3 也要等待 P_2 的信件 S_2 来到后

才能发出信件 S_3。在这种情况就形成了循环等待,永远结束不了,产生死锁。

8.1.3 产生死锁的必要条件

死锁的产生与各并发进程的相对速度有关,一般不可重现,它涉及到进程的并发执行、资源共享和资源分配等因素。对于永久性资源,产生死锁有四个必要条件(Coffman 等,1971):

(1) 互斥条件。资源是独占的且排他使用。进程互斥使用资源,即任一时刻一个资源只能给一个进程使用,其他进程若申请一个资源,而该资源被另一进程占用时,则申请者等待,直到资源被占用者释放。

(2) 不可剥夺条件。又称不可抢占或不可强占。进程所获得的资源在未使用完毕之前,不能被其他进程强行剥夺,而只能由获得该资源的进程自愿释放。

(3) 请求和保持条件。又称部分分配或占有申请。进程每次申请它所需要的一部分资源,在申请新的资源的同时,继续占用已分配到的资源。

(4) 循环等待条件。又称环路等待。在发生死锁时,必然存在一个进程等待队列$\{P_1, P_2, \cdots, P_n\}$,其中 P_1 等待 P_2 占有的资源,P_2 等待 P_3 占有的资源,$\cdots$,P_n 等待 P_1 占有的资源,形成一个进程等待环路。环路中每一个进程已占有的资源同时被另一个进程所申请,即前一个进程占有后一个进程所申请的资源。

以上给出了导致死锁的四个必要条件。只要系统发生死锁,则以上四个条件至少有一个成立。事实上,第四个条件(即循环等待)的成立蕴含了前三个条件的成立,似乎没有必要全部列出。然而,分别考虑这些条件对于死锁的预防是有利的,因为可以通过破坏这四个条件中的任何一个来预防死锁的发生,这就为死锁预防提供了多种途径。

8.1.4 解决死锁的方法

目前用于解决死锁的方法有两类,一类是不让死锁发生;另一类是可以允许死锁发生,发生后再加以解决,具体为以下四种:

(1) 预防死锁。通过设置某些严格限制,破坏产生死锁的条件(除第一个条件外的其他条件)以防止死锁发生。这一方法会导致系统资源利用率过低。

(2) 避免死锁。在资源的动态分配过程中,采取某种方法防止系统进入不安全状态,从而避免死锁的发生。这种方法只需以较弱的限制条件为代价,并可获得较高的资源利用。

(3) 检测死锁。允许系统运行过程中发生死锁,即事先不采取任何预防、避免措施。但通过在系统中设置检测机构,可以及时检测出死锁是否真的发生,并能精确地确定与死锁有关的进程与资源,然后采取措施解除死锁。

(4) 解除死锁。这是与死锁检测相配套的措施,用于将进程从死锁状态下解脱出来。

下面详细介绍每一种方法。

8.2 死锁预防

在系统设计时确定资源分配算法,限制进程对资源的申请,从而保证不发生死锁。具体的做法是破坏产生死锁的四个必要条件之一。在 8.1.3 小节中讨论了产生死锁的四个必要条件。如果设法使(2)、(3)、(4)三个条件中的一个不能成立,那么就破坏了死锁产生的条件,从而可以预防死锁的发生。这是一种保证系统不进入死锁状态的静态策略。

应该看到,由于条件(1)是资源使用的固有特性,因此不能改变。例如,打印机不能同时为多个进程所共享,所以破坏互斥条件来防止死锁是不现实的。

8.2.1 破坏"不可剥夺"条件

在允许进程动态申请资源的前提下规定:一个进程在申请新资源的要求不能立即得到满足时,便处于等待状态。而一个处于等待状态的进程的全部资源可以被剥夺。即,这些资源隐式地释放了,被剥夺的资源重新加入到资源表中。仅当该进程重新获得它原有的资源以及得到新申请的资源时,才能重新启动执行。

具体实施方案如下:

若一个进程申请某些资源,首先系统应检查这些资源是否可用,如果可用,就分配给该进程。否则,系统检查这些资源是否已分配给另外某个等待进程。若是,则系统将剥夺所需资源,分配给这个进程。如果等待着的进程没有占用资源,那么,该进程必须等待。在其等待过程中,其资源也有可能被剥夺。

破坏不可剥夺条件以预防死锁的方法适用于这样一些资源,它们的状态是容易保存和恢复的,例如,CPU、内存等。

这种策略实现起来较复杂,而且代价太大。因为,一个资源在使用一段时间后被强行剥夺,会造成前阶段工作失效。而且,在极端情况下,可能出现某个进程反复申请和释放资源,使进程执行无限推迟,还增加了系统开销,延长了进程的周转时间,降低系统的吞吐量和性能。

8.2.2 破坏"请求和保持"条件

第一种方法是每个进程必须在开始执行前就申请它所需要的全部资源,仅当系统能满足进程的资源申请要求并把资源一次性分配给进程后,该进程才能开始执行。这是静态分配资源策略,而资源的动态分配是指进程需要使用资源时才提出申请,系统再进行分配。

采用静态分配资源的策略后,进程在执行过程中不再申请资源,故不可能出现占有了某些资源再等待其他资源的情况,即"请求和保持"的条件不成立,从而防止死锁的发生。

静态分配资源策略的优点是简单、安全、容易实施;但其缺点是严重浪费系统资源,会造成一些资源在很长时间内得不到使用,降低资源利用率。另外,因为当进程获得其所需全部资源后方能开始运行,但由于有些进程长期占用资源,致使进程推迟,甚至得不到运行。

第二种方法是仅当进程没有占用资源时才允许它去申请资源,如果进程已经占用了某些资源而又要再申请资源,则它应先归还所占的资源后再申请新资源。

这种资源分配策略仍会使进程处于等待状态,这是因为进程所申请的资源可能已被其他进程占用,只能等占用者归还资源后才可分配给申请者,但是,申请者是在归还资源后才申请新资源的,故不会出现占有了部分资源再等待其他资源的现象。这种方法也存在着资源利用率低的缺点。

8.2.3 破坏"循环等待"条件

采用**资源有序分配**策略,其基本思想是将系统中所有资源顺序编号,一般原则是,较为紧缺、稀少的资源的编号较大。进程申请资源时,必须严格按照资源编号的顺序进行,否则系统不予分配。即一个进程只有得到编号较小的资源,才能申请编号较大的资源;释放资源时,应按编号递减的次序进行。

例如,设扫描仪、打印机、磁带机、磁盘的编号依次为 1、2、4、5。这样,所有进程对资源的申请,严格地按编号递增的次序提出。

可以证明,按照资源有序分配策略,则破坏了循环等待条件。

令 $R=\{r_1,r_2,\cdots,r_m\}$ 表示一组资源,定义函数 $F(R)=N$,其中,N 是一组自然数。例如,一组资源包括磁盘机、磁带机、扫描仪和打印机,函数 F 可定义如下:

$$F(扫描仪) = 1$$
$$F(磁盘机) = 5$$
$$F(磁带机) = 4$$
$$F(打印机) = 2$$

用反证法,假设采用资源有序分配策略后,系统中仍然存在环路,环路中的进程设为(不失一般性):$\{P_0,P_1,\cdots,P_n\}$,其中,P_i 等待 P_{i+1} 所占有的资源(下标取模运算,从而 P_n 等待 P_0 占有的资源)。由于 P_{i+1} 占有资源 r_i,又申请资源 r_{i+1},从而存在 $F(r_i)<F(r_{i+1})$,该式对所有都成立,于是有

$$F(r_0) < F(r_1) < \cdots < F(r_n) < F(r_0)$$

由传递性得到

$$F(r_0) < F(r_0)$$

这显然错误,故假设不成立,即采用资源有序分配策略,不会出现进程的循环等待。

为提高资源的利用率,通常应当按照大多数进程使用资源的次序对资源进行编号。先使用者编号小,后使用者编号大。

这种硬性规定申请资源的方法,会给用户编程带来限制,按照编号顺序申请资源增加了资源使用者的不便;此外,如何合理编号是一件困难的事情,特别当系统添加新设备类型时,会造成不灵活、不方便;如果有进程违反规定,则仍可能发生死锁。资源有序分配法与资源静态分配策略相比,显然提高了资源利用率,进程实际需要申请的资源不可能完全与系统所规定的统一资源编号一致,为遵守规定,暂不需要的资源也要提前申请,仍然会造成资源的浪费。

8.3 死锁避免

上面讨论的死锁预防的几种策略,总体上是增加了较强的限制条件,从而使实现较为简单,但却严重地影响了系统性能。而本节将讨论施加较少的限制条件,因而会获得较满意的系统性能,从而避免系统发生死锁的方法。

死锁避免的基本思想是:系统对进程发出的每一个系统能够满足的资源申请进行动态检查,并根据检查结果决定是否分配资源;如果分配后系统可能发生死锁,则不予分配,否则予以分配。这是一种保证系统不进入死锁状态的动态策略。

死锁避免和死锁预防的区别在于,死锁预防是设法至少破坏产生死锁的四个必要条件之一,严格地防止死锁的出现。而死锁避免则不那么严格地限制产生死锁的必要条件的存在,因为即使死锁的必要条件存在,也不一定发生死锁。死锁避免是在系统运行过程中注意避免死锁的最终发生。

8.3.1 安全与不安全状态

由于在避免死锁的策略中允许进程动态地申请资源,因而,系统需提供某种方法,使得在进行资源分配之前,先分析资源分配的安全性。当估计到可能有死锁发生时就应设法避免死锁的发生。

如果操作系统能保证所有的进程在有限时间内得到需要的全部资源,则称系统处于"安全状态",否则说系统是不安全的。

所谓**安全状态**是指,如果存在一个由系统中所有进程构成的安全序列$\{P_1,\cdots,P_n\}$,则系统处于安全状态。一个进程序列$\{P_1,\cdots,P_n\}$是安全的,如果对于其中每一个进程$P_i(1\leq i\leq n)$,它以后尚需要的资源量不超过系统当前剩余资源量与所有进程$P_j(j<i)$当前占有资源量之和。系统处于安全状态则不会发生死锁。

如果不存在任何一个安全序列,则系统处于**不安全状态**。不安全状态一定导致死锁,但不安全状态不一定是死锁状态,即系统若处于不安全状态只能表明尚未发生死锁,如图8.4所示。

图8.4 系统状态示意

例如:现有12个同类资源供3个进程共享,进程P_1总共需要9个资源,但第一次先申请2个,进程P_2总共需要10个资源,第一次要求分配5个资源,进程P_3总共需要4个资源,第一次申请2个资源,经第一次分配后,系统中还有3个资源未被分配,系统状态如表8.1所示。

表8.1 第一次分配后的系统状态

	目前占有量	最大需求量	尚需要量
P_1	2	9	7
P_2	5	10	5
P_3	2	4	2
系统剩余资源量		3	

这时,系统处于安全状态,因为还剩余3个资源,可把其中的2个资源再分配给进程P_3,系统还剩余1个资源。进程P_3已经得到了所需的全部资源,能执行到结束且归还所占的4个资源,现在系统共有5个可用资源,可分配给进程P_2。同样地,进程P_2得到了所需的全部资源,执行结束后可归还10个资源,最后进程P_1也能得到尚需的7个资源而执行到结束,然后,归还9个资源,这样,三个进程都能在有限的时间内得到各自所需的全部资源,执行结束后系统可收回所有资源。其安全序列为P_3、P_2、P_1。

若进程P_1提出再申请一个资源的要求,系统从剩余的资源中分配1个给进程P_1后尚剩余2个资源,新的系统状态如表8.2所示。

表 8.2　第二次分配后，系统处于不安全状态

	目前占有量	最大需求量	尚需要量
P_1	3	9	6
P_2	5	10	5
P_3	2	4	2
系统剩余资源量		2	

虽然剩余的 2 个资源可满足进程 P_3 的需求，但当进程 P_3 得到全部资源且执行结束后，系统最多只有 4 个可用资源，而进程 P_1 和进程 P_2 还分别需要 6 个资源和 5 个资源，显然，系统中的资源已不能满足剩下两个进程的需求了，即这两个进程已经不能在有限的时间里得到需要的全部资源，因此找不到安全序列，系统已从安全状态转到了不安全状态。

只要能使系统总是处于安全状态就可避免死锁的发生。每当有进程提出资源申请时，系统可以通过分析各个进程已占有的资源数目、尚需资源的数目以及系统中可以分配的剩余资源数目，以决定是否为当前的申请进程分配资源。如果能使系统处于安全状态，则可为进程分配资源，否则暂不为申请进程分配资源。

8.3.2　银行家算法

最著名的死锁避免算法是由 Dijkstra[1965] 和 Habermann[1969] 提出来的**银行家算法**。这一名称的来历是基于该算法将操作系统比作一个银行家，操作系统的各种资源比作周转资金，申请资源的进程比作向银行贷款的顾客。那么操作系统的资源分配问题就如同银行家利用其资金发放贷款的问题，一方面银行家能贷款给若干顾客，满足顾客对资金的要求；另一方面，银行家可以安全地收回其全部贷款而不至于破产。就像操作系统能满足每个进程对资源的要求，同时整个系统不会产生死锁。

为保证资金的安全，银行家规定：

(1) 当一个顾客对资金的最大需求量不超过银行家现有的资金时就可接纳该顾客；

(2) 顾客可以分期贷款，但贷款的总数不能超过该顾客对资金的最大需求量；

(3) 当银行家现有的资金不能满足顾客尚需的贷款数额时，对顾客的贷款可推迟支付，但总能使顾客在有限的时间里得到贷款；

(4) 当顾客得到所需的全部资金后，一定能在有限的时间里归还所有的资金。

操作系统按照银行家的规定为进程分配资源，进程首先提出对资源的最大需求量，当进程在执行中每次申请资源时，系统测试该进程已占用的资源与本次申请的资源数之和是否超过了该进程对资源的最大需求量。若超过则拒绝分配资源，若没有超过，则系统再测试系统现存的资源能否满足该进程尚需的最大资源量，若能满足则按当前的申请量分配资源，否则也要推迟分配。这样做，能保证在任何时刻至少有一个进程可以得到所需要的全部资源而执行结束，执行结束后归还的资源加入到系统的剩余资源中，这些资源又至少可以满足另一个进程的最大需求，……，于是，可以保证系统中所有进程都能在有限的时间内得到需要的全部资源。

1. 数据结构

为实现银行家算法，系统中须设置若干数据结构。

(1) 可使用资源向量 Available

它是一个具有 m 个元素的数组,其中,每一个元素代表一类可使用资源数目,其初值为系统中所配置的该类全部可使用资源的数目。其数值随该类资源的分配与回收而动态改变。若 Available[j]＝k,表示系统中现有 k 个 r_j 类资源。

(2) 最大需求矩阵 Max

一个 n×m 的矩阵,它定义了系统中 n 个进程中每一个进程对 m 类资源的最大需求。如果 Max[i,j]＝k,表示进程 P_i 至多需要 k 个 r_j 类资源。

(3) 分配矩阵 Allocation

一个 n×m 矩阵,它定义了系统中每类资源当前已分配给一个进程的资源数。如果 Allocation[i,j]＝k,表示进程 P_i 当前已分得 k 个 r_j 类资源。

(4) 需求矩阵 Need

一个 n×m 矩阵,用以表示每一个进程尚需的各类资源数目。如果 Need[i,j]＝k,表示进程 P_i 还需要 k 个 r_j 类资源,才能完成任务。显然有

$$Need[i,j]=Max[i,j]-Allocation[i,j]$$

(5) 工作向量 Work

它是一个具有 m 个元素的数组,其中,每一个元素代表系统可提供给进程继续运行所需的各类资源数目。在执行安全性检查开始时,Work := Available。

(6) 状态标志 Finish

它是一个具有 n 个元素的数组,其中,每一个元素表示进程 P_i 已获得足够的资源可以执行完毕,并能释放全部获得资源的状态。其初始值为 false,达到上述要求时其值为 true。

(7) 进程申请资源向量 Request

若 Request[i,j]＝k,表示进程 P_i 需要申请 k 个 r_j 类资源。

为了简化算法的表述,我们将矩阵 Allocation 和 Need 中的每一行元素看做一个向量,分别记为 $Allocation_i$ 和 $Need_i$。$Allocation_i$ 表示当前分配给进程 Pi 的资源,$Need_i$ 表示进程 P_i 尚需的资源。再引进一些记号,令 X 和 Y 表示长度为 n 的向量,说 X≤Y,当且仅当 X[i]≤Y[i],对于所有的 i＝1,2,3,…,n 都成立。例如,如果 X＝(1,7,3,2),Y＝(0,3,2,1),则 Y≤X;若 Y≤X 且 Y≠X,则 Y＜X。

2. 算法介绍

(1) 银行家算法

当进程 P_i 申请一个资源时,系统完成以下工作。

① 如果 $Request_i$＞$Need_i$,表示出错,因为进程申请的资源多于它自己申报的最大量;

② 如果 $Request_i$＞Available,则 P_i 必须等待;

③ 否则,系统假设已分给 P_i 所申请的资源(试探性分配),并修改系统状态:

Available := Available － $Request_i$;

$Allocation_i$:= $Allocation_i$ ＋ $Request_i$;

$Need_i$:= $Need_i$ － $Request_i$;

④ 调用安全性算法,判断现在的系统状态是否仍处于安全状态,若是,则真正实施分配;否则,拒绝此次分配,恢复原来的系统状态,进程 P_i 等待。

Available := Available ＋ $Request_i$;

$Allocation_i$:= $Allocation_i$ － $Request_i$;

$Need_i := Need_i + Request_i;$

(2) 安全性算法

安全性算法是银行家算法的子算法,是由银行家算法调用的。判断一个状态是否安全的算法如下:

① 令 Work 和 Finish 分别是长度为 m 和 n 的向量,初始化。

Work := Available;

Finish[i] := false (i=1,2,…,n);

② 寻找符合下列条件的 i。

Finish[i]=false 并且 $Need_i \leqslant Work$

如果没有这样的 i 存在,转到步骤④;

③ Work := Work + $Allocation_i$;

Finish[i]=true;

转到步骤②;

④ 如果对所有的 i,Finish[i]=true 都成立,则系统处于安全状态;否则,系统是不安全的。

3. 银行家算法应用实例

下面通过一个例子来说明怎样应用银行家算法进行资源分配。假定某系统有三类资源 A、B、C,A 类资源共有 10 个资源实例,B 类资源共有 5 个资源实例,C 类资源共有 7 个资源实例,现有 5 个进程 P_1、P_2、P_3、P_4、P_5,它们对各类资源的最大需求量和第一次分配后已占有的资源量如表 8.3 所示。

表 8.3 银行家算法应用例子:第一次分配后的系统状态

进程\资源申请	目前占有量			最大需求量			尚需要量		
	A	B	C	A	B	C	A	B	C
P_1	0	1	0	7	5	3	7	4	3
P_2	2	0	0	3	2	2	1	2	2
P_3	3	0	2	9	0	2	6	0	0
P_4	2	1	1	2	2	2	0	1	1
P_5	0	0	2	4	3	3	4	3	1
系统剩余资源量				A	B	C			
				3	3	2			

应用银行家算法,找到一个进程安全序列 P_2、P_4、P_5、P_3、P_1,可以得出结论:表 8.3 中的系统状态是安全状态。在此状态下,进程 P_2 提出新的资源申请:A 类 1 个,B 类 0 个,C 类 2 个,进行试探性分配后,系统状态如表 8.4 所示。

应用银行家算法,仍然可以找到一个进程安全序列 P_2、P_4、P_5、P_1、P_3,表明该系统状态是安全状态,可以真正实施资源分配。

在表 8.4 所示状态下,进程 P_5 又申请资源:A 类 3 个,B 类 3 个,C 类 0 个,此时系统不能实施分配,因为该申请超过了系统当前剩余的资源量。若进程 P_1 提出新的资源申请:A 类 0 个,B 类 2 个,C 类 0 个,也不能实施资源分配,因为根据银行家算法,若进行了分配,将导致系统进入不安全状态,则在新的系统状态下找不到进程安全序列。

表 8.4 银行家算法应用例子：新的系统状态

资源申请 进程	目前占有量			最大需求量			尚需要量		
	A	B	C	A	B	C	A	B	C
P_1	0	1	0	7	5	3	7	4	3
P_2	3	0	2	3	2	2	0	2	0
P_3	3	0	2	9	0	2	6	0	0
P_4	2	1	1	2	2	2	0	1	1
P_5	0	0	2	4	3	3	4	3	1
系统剩余资源量				A	B	C			
				2	3	0			

银行家算法是通过动态地检测系统中资源分配情况和进程对资源的需求情况来决定如何分配资源的,在能确保系统处于安全状态时才把资源分配给申请者,从而避免系统发生死锁。由于银行家算法是在系统运行期间实施的,要花费相当多的时间,该算法的时间复杂性为 $m \times n^2$。银行家算法要求每类资源的数量是固定不变的,而且必须事先知道资源的最大需求量,这难以做到。不安全状态并非一定是死锁状态,如果一个进程申请的资源当前是可用的,但该进程必须等待,这样资源利用率会下降。

8.4 死锁检测与解除

以上两节讨论了死锁预防和死锁避免的几种方法,但是这些方法都比较保守,并且都是以牺牲系统效率和浪费资源为代价的,这恰恰与操作系统的设计目标相违背。假如系统为进程分配资源时,不采取任何限制性措施来保证系统不进入死锁状态,即允许死锁发生,但操作系统不断地监督进程的进展路径,判定死锁是否真的发生,并且,一旦死锁发生,则采取专门的措施解除死锁,并以最小代价使整个系统恢复正常,这就是**死锁检测和解除**。

8.4.1 死锁检测

操作系统可定时运行一个"死锁检测"程序,该程序按一定的算法去检测系统中是否存在死锁。检测死锁的实质是确定是否存在"循环等待"条件,检测算法确定死锁的存在并识别出与死锁有关的进程和资源,以供系统采取适当的解除死锁措施。

下面介绍一种死锁检测机制：

(1) 为每个进程和每个资源指定唯一编号；

(2) 设置一张资源分配状态表,每个表目包含"资源号"和占有该资源的"进程号"两项,资源分配表中记录了每个资源正在被哪个进程所占有；

(3) 设置一张进程等待分配表,每个表目包含"进程号"和该进程所等待的"资源号"两项；

(4) 死锁检测算法：当任一进程 P_j 申请一个已被其他进程占用的资源 r_i 时,进行死锁检测。检测算法通过反复查找资源分配表和进程等待表,来确定进程 P_j 对资源 r_i 的申请是否导致形成环路,若是,便确定出现死锁。

例如,系统中有进程 P_1、P_2 和 P_3 共享资源 r_1、r_2 和 r_3。在某一时刻资源使用情况如表

8.5(a)所示。此后先后发生 P_1 申请 r_2,P_2 申请 r_3,P_3 申请 r_1。当执行死锁检测算法后,得到表 8.5(b);再执行死锁检测算法,得到表 8.5(c);再执行死锁检测算法,得到表 8.5(d)。检查表 8.5(d)与表 8.5(a),确定出现死锁。

表 8.5 死锁检测的例子

资源分配表		进程等待表		进程等待表		进程等待表	
资源号	进程号	进程号	资源号	进程号	资源号	进程号	资源号
r_1	P_1	P_1	r_2	P_1	r_2	P_1	r_2
r_2	P_2			P_2	r_3	P_2	r_3
r_3	P_3					P_3	r_1
⋮	⋮	⋮	⋮	⋮	⋮	⋮	⋮
(a)		(b)		(c)		(d)	

8.4.2 死锁解除

一旦检测到死锁,便要立即设法解除死锁。一般说来,只要让某个进程释放一个或多个资源就可以解除死锁。死锁解除后,释放资源的进程应恢复它原来的状态,才能保证该进程的执行不会出现错误。因此,死锁解除实质上就是如何让释放资源的进程能够继续运行。

为解除死锁就要剥夺资源,此时,需要考虑以下几个问题:

(1) 选择一个牺牲进程,即要剥夺哪个进程的哪些资源?

(2) 重新运行或回退到某一点开始继续运行。若从一个进程那里剥夺了资源,要为该进程做些什么事情?显然,这个进程是不能继续正常执行了。必须将该进程回退到起点或某个状态,以后再重新开始执行。令进程夭折的方法虽然简单,但代价大;而更有效的方法是只让它退回到足以解除死锁的地步即可。那么,问题转换成进程回退的状态由什么组成?怎样才能方便地确定该状态,这就要求系统保持更多的有关进程运行的信息。

(3) 怎样保证不发生"饿死"现象,即如何保证并不总是剥夺同一进程的资源,而导致该进程处于"饥饿"状态。

(4) "最小代价",即最经济合算的算法,使得进程回退带来的开销最小。但是,"最小开销"是很不精确的,进程重新运行的开销包括很多因素:

① 进程的优先级;

② 进程已经运行了多长时间,该进程完成其任务还需要多长时间?

③ 该进程使用的资源种类和数量?这些资源能简单地剥夺吗?

④ 为完成其任务,进程还需要多少资源?

⑤ 有多少进程要被撤消?

⑥ 该进程被重新启动运行的次数?

一旦决定一个进程必须回退,就一定要确定这个进程回退多少。最简单的办法是从头来,让其重新运行,这将会使一个进程的工作"前功尽弃"。

死锁解除法可归纳为两大类。

1. 剥夺资源

使用挂起/激活机制挂起一些进程,剥夺它们占有的资源给死锁进程,以解除死锁,待以后条件满足时,再激活被挂起的进程。

由于死锁是由进程竞争资源而引起的,所以,可以从一些进程那里强行剥夺足够数量的资源分配给死锁进程,以解除死锁状态。剥夺的顺序可以是以花费最小资源数为依据。每次剥夺后,需要再次调用死锁检测算法。资源被剥夺的进程为了再得到该资源,必须重新提出申请。为了安全地释放资源,该进程就必须返回到分配资源前的某一点。经常使用的方法有:

(1) 还原算法,即恢复计算结果和状态。

(2) 建立检查点主要是用来恢复分配前的状态。这种方法对实时系统和长时间运行的数据处理来说是一种常用技术。在实时系统中,经常在某些程序地址插入检查的程序段,即采用检查点的技术来验证系统的正确性,如发现故障,可从检查点重新启动。因此,在有些实时系统中,一旦发现死锁,可以在释放某进程的资源后,从检查点重新启动。

2. 撤消进程

撤消死锁进程,将它们占有的资源分配给另一些死锁进程,直到死锁解除为止。

可以撤消所有死锁进程,或者逐个撤消死锁进程,每撤消一个进程就检测死锁是否继续存在,若已没有死锁,就停止进程的撤消。

如果按照某种顺序逐渐地撤消已死锁的进程,直到获得为解除死锁所需要的足够可用的资源为止,那么在极端情况下,这种方法可能造成除一个死锁进程外,其余的死锁进程全部被撤消的局面。

按照什么原则撤消进程?较实用而又简便的方法是撤消那些代价最小的进程,或者使撤消进程的数目最小。以下几点可作为衡量撤消代价的标准:

(1) 进程优先数,即被撤消进程的优先数。

(2) 进程类的外部代价。不同类型的进程可以规定出各自的撤消代价。系统可根据这些规定,撤消代价最小的进程,达到解除死锁的目的。

(3) 运行代价,即重新启动进程并运行到当前撤消点所需要的代价。这一点可由系统记账程序给出。

撤消法的优点是简单明了,但有时可能不分青红皂白地撤消一些甚至不影响死锁的进程。

对死锁的处理始终缺少令人满意的完善的解决办法。Howard 在 1973 年提出一个建议,他建议把前面介绍的几种基本方法结合起来,使得系统中各级资源都以最优的方式加以利用。提出这种方法是基于资源可以按层编号,分成不同的级别。在每一级别内部可采用最合适的处理死锁的技术。这样,系统运用这种综合策略将可能不受到死锁的危害。即使出现死锁,由于采用了资源编号技术,死锁也只能出现在某一级别中。而且,在每一级别中,可采用某种基本处理技术。这样一来,操作系统可以缩小死锁危害的范围。按其思想可将系统中的资源分为四级:

(1) 内部资源:由系统使用,如 PCB 表;

(2) 内存:由用户作业使用;

(3) 作业资源:指可分配的设备和文件;

(4) 对换空间:指每个用户作业在辅助存储器上的空间。

对这一分级可以采用下述方法:

(1) 内部资源:利用资源编号可以预防死锁,因为在运行时对各种不能确定的申请不必进行选择;

(2) 内存:可用抢占式进行预防,因为作业始终是可换出内存的,而内存是可抢占的;

(3) 作业资源：可采用死锁避免措施，因为有关资源申请的信息可从作业说明书或作业控制说明中得到；

(4) 对换空间：采用预先分配方式，因为通常知道最大存储需求量。

这一思想说明了可以借助不同的基本技术综合处理死锁。

总之，死锁是一种人们不希望发生的，它对计算机系统的正常运行有较大的损害，但它又是一种随机的、不可避免的现象。当然，还有一种最简单的方法来处理死锁，即像鸵鸟一样对死锁视而不见。每个人对死锁的看法都是不同的。数学家认为要彻底防止死锁的产生，不论代价有多大；工程师们想要了解死锁发生的频率、系统因各种原因崩溃的频率以及死锁的严重程度，如果死锁每五年平均产生 1 次，而每个月系统都会因硬件故障、编译器出错误或者操作系统故障而崩溃 1 次，那么大多数的工程师们不会不惜代价地去清除死锁。

8.5 资源分配图

8.5.1 死锁的表示——资源分配图

进程的死锁问题可以用有向图更加准确而形象地描述，这种有向图称为系统**资源分配图**。一个系统资源分配图 SRAG(System Resource Allocation Graph)可定义为一个二元组，即 SRAG=(V,E)，其中 V 是顶点的集合，而 E 是有向边的集合。顶点集合可分为两种部分：$P=(P_1,P_2,\cdots,P_n)$，是由系统内的所有进程组成的集合，每一个 P_i 代表一个进程；$R=(r_1,r_2,\cdots,r_m)$，是系统内所有资源组成的集合，每一个 r_i 代表一类资源。

边集 E 中的每一条边是一个有序对$\langle P_i,r_j\rangle$或$\langle r_j,P_i\rangle$。P_i 是进程($P_i\in P$)，r_j 是资源类型($r_j\in R$)。如果$\langle P_i,r_j\rangle\in E$，则存在一条从 P_i 指向 r_j 的有向边，它表示 P_i 提出了一个要求分配 r_j 类资源中的一个资源的申请，并且当前正在等待分配。如果$\langle r_j,P_i\rangle\in E$，则存在一条从 r_j 类资源指向进程 P_i 的有向边，它表示 r_j 类资源中的某个资源已分配给了进程 P_i。有向边$\langle P_i,r_j\rangle$叫做申请边，而有向边$\langle r_j,P_i\rangle$则叫做分配边。

在有向图中，用圆圈表示进程，用方框表示每类资源。每一类资源 r_j 可能有多个实例，可用方框中的圆点(实心圆点)表示各个资源实例。申请边为从进程到资源的有向边，表示进程申请一个资源，但当前该进程在等待该资源。分配边为从资源到进程的有向边，表示有一个资源实例分配给进程。注意：一条申请边仅指向代表资源类 r_j 的方框，表示申请时不指定哪一个资源实例，而分配边必须由方框中的圆点引出，表明哪一个资源实例已被占有。

当进程 P_i 申请资源类 r_j 的一个实例时，将一条申请边加入资源分配图，如果这个申请是可以满足的，则该申请边立即转换成分配边；当进程随后释放了某个资源时，则删除分配边。图 8.5 是一个资源分配图的示例。

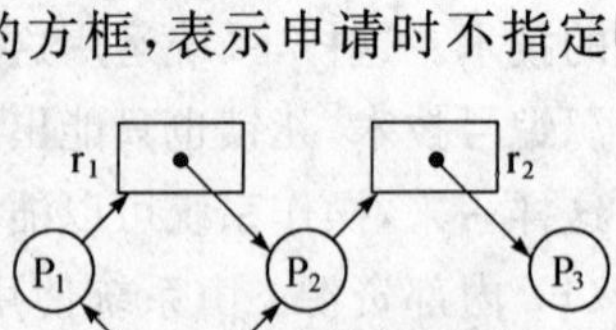

图 8.5　系统资源分配图示例
(无环路，无死锁)

图 8.5 给出的内容如下：

集合 P、R、E 分别为

$P=\{P_1,P_2,P_3\}$，　　　　$R=\{r_1,r_2,r_3,r_4\}$，

$E=\{\langle P_1,r_1\rangle,\langle P_2,r_2\rangle,\langle r_1,P_2\rangle,\langle r_2,P_3\rangle,\langle r_3,P_1\rangle,\langle r_3,P_2\rangle\}$

资源实例个数为

$$|r_1|=1, |r_2|=1, |r_3|=2, |r_4|=3$$

进程状态如下：

(1) 进程 P_1 已占用一个 r_3 类资源，且正在等待获得一个 r_1 类资源；

(2) 进程 P_2 已占用 r_1 和 r_3 类资源各一个，且正在等待获得一个 r_2 类资源；

(3) 进程 P_3 已占用一个 r_2 类资源。

8.5.2 死锁判定法则

基于上述资源分配图的定义，可给出判定死锁的法则，又称为**死锁定理**。

(1) 如果资源分配图中没有环路，则系统没有死锁。

(2) 如果资源分配图中出现了环路，则系统中可能存在死锁。

① 如果处于环路中的每个资源类中均只包含一个资源实例，则环路的存在即意味着死锁的存在。此时，环路是死锁的充分必要条件。

② 如果处于环路中的每个资源类中资源实例的个数不全为1，则环路的存在是产生死锁的必要条件而不是充分条件。

以图 8.5 中的资源分配图为例，假设此时进程 P_3 申请一个 r_3 类资源，由于此时已没有可用的 r_3 资源，于是在图中加入一条新的申请边 $\langle P_3, r_3 \rangle$，如图 8.6 所示。

此时，资源分配图中有两个环路：

$$P_1 \to r_1 \to P_2 \to r_2 \to P_3 \to r_3 \to P_1$$
$$P_2 \to r_2 \to P_3 \to r_3 \to P_2$$

显然，进程 P_1, P_2, P_3 都陷入了死锁，因为进程 P_3 正在等待进程 P_1 或 P_2 释放 r_3 类资源中的一个实例，但 P_2 又在等待 P_3 释放 r_2，P_1 又在等待 P_2 释放 r_1。

在图 8.7 所示的资源分配图中也存在一个环路：

$$P_1 \to r_1 \to P_3 \to r_2 \to P_1$$

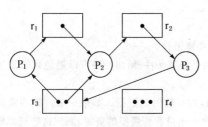

图 8.6 有环路，有死锁

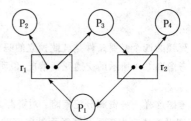

图 8.7 有环路，但无死锁

但系统没有产生死锁，因为当 P_4 释放了一个 r_2 类资源后，可将它分给 P_3 或者 P_2 释放一个 r_1 类资源后将它分给 P_1，这两种情况下环路都消失了，因而不会发生死锁。

由此可见，资源分配图中有环路，有可能发生死锁，也可能没有死锁。

8.5.3 资源分配图化简法

可以利用化简资源分配图的方法，来检测系统是否为死锁状态。

所谓化简是指若一个进程的所有资源申请均能被满足的话，可以设想该进程得到其所需的全部资源,最终完成任务,运行完毕,并释放所占有的全部资源。这种情况下,则称资源分配图可以被该进程化简。假如一个资源分配图可被其所有进程化简,那么称该图是可化简的,否则称该图是不可化简的。

化简方法如下:

(1) 在资源分配图中,找出一个既非等待又非孤立的进程节点 P_i,由于 P_i 可获得它所需要的全部资源,且运行完后释放它所占有的全部资源,故可在资源分配图中消去 P_i 所有的申请边和分配边,使之成为既无申请边又无分配边的孤立节点。

(2) 将 P_i 所释放的资源分配给申请它们的进程,即在资源分配图中将这些进程对资源的申请边改为分配边。

(3) 重复(1)、(2)两步骤,直到找不到符合条件的进程节点。

经过化简后,若能消去资源分配图中的所有边,使所有进程都成为孤立节点,则该图是可完全化简的;否则为不可化简的。

对于较复杂的资源分配图,可能有多个既非等待、又非孤立的进程节点,不同的简化过程是否会得到不同的化简图呢?可以证明,所有的化简顺序将导致相同的不可化简图。同样可以证明,系统处于死锁状态的充分条件是,当且仅当该系统的资源分配图是不可完全化简的。

以图 8.6 和图 8.7 为例,说明资源分配图的化简过程以及得出的结论。在图 8.6 中,找不到任何一个既非等待、又非孤立的进程节点,所以该资源分配图是不可化简的,根据上述介绍,该系统发生了死锁。在图 8.7 中,首先找到既非等待、又非孤立的 P_4 节点,消去其分配边,得到一个可用的资源 r_2,由于 P_3 有一条对 r_2 的申请边,可将该资源分配给 P_2,即将 P_2 的申请边改为分配边。在得到的新的资源分配图中,可以找到既非等待、又非孤立的进程节点 P_3,继续将相应的分配边消去,并将 P_1 对 r_1 的申请边改为分配边,…,最终资源分配图中的所有进程节点都变成孤立节点,资源分配图是可简化的,所以可以得出结论,该系统没有发生死锁。在图 8.6 中,可以先挑出进程节点 P_2,结论是一致的。

习 题 八

1. 死锁的四个必要条件是彼此独立的吗?试给出最少的必要条件。

2. 考虑图 8.1 所示的交通死锁情况,说明其产生死锁的四个必要条件;给出一种可以避免死锁发生的简单方法。

3. 考虑这样一种资源分配策略:对资源的申请和释放可以在任何时刻进行。如果一个进程的资源得不到满足,则考查所有由于等待资源而被阻塞的进程,如果它们有申请进程所需要的资源,则把这些资源取出分给申请进程。

例如,考虑一个有三类资源的系统,Available = (4,2,2)。进程 A 申请(2,2,1),可以满足;进程 B 申请(1,0,1),可以满足;若 A 再申请(0,0,1),则被阻塞(无资源可分)。此时,若 C 申请(2,0,0),它可以分得剩余资源(1,0,0),并从 A 已分得的资源中获得一个资源,于是,进程 A 的分配向量变成:Available = (1,2,1),而需求向量变成:Need = (1,0,1)。

(1) 这种分配方式会导致死锁吗?若会,举一个例子;若不会,说明死锁的哪一个必要条件不成立。

(2) 会导致某些进程的无限等待吗?

4. 假定一个系统有 4 种资源,R = {6,4,4,2},当前系统状态如表 8.6 所示。该状态安全吗?请阐述理由。

表8.6　习题4

进程 \ 资源申请	目前占有量				最大需求量			
	A	B	C	D	A	B	C	D
P_1	2	0	1	1	3	2	1	1
P_2	1	1	0	0	1	2	0	2
P_3	1	1	0	0	1	1	2	0
P_4	1	0	1	0	3	2	1	0
P_5	0	1	0	1	2	1	0	1

5. 设系统只有一种资源，进程一次只能申请一个资源。进程申请的资源总数不会超过系统的资源总数。问下列情况哪些会发生死锁？

　　　进程数　资源总数
(1)　　1　　　1
(2)　　1　　　2
(3)　　2　　　1
(4)　　2　　　2
(5)　　2　　　3

现在假设进程最多需要两个资源，问下列情况哪些会发生死锁？

　　　进程数　资源总数
(6)　　1　　　2
(7)　　2　　　2
(8)　　2　　　3
(9)　　3　　　3
(10)　 3　　　4

6. 考虑由4个相同类型资源组成的系统，系统中有3个进程，每个进程最多需要2个资源。该系统是否会发生死锁？为什么？

7. 一个计算机系统有某种资源6个，供n个进程使用，每个进程至少需要2个资源。当n为何值时，系统不会发生死锁？

8. 某系统有同类资源m个，供n个进程共享。如果每个进程至少申请一个资源，且所有进程对资源的最大需求量之和小于(m + n)，证明该系统不会发生死锁。

9. 设系统有三种类型的资源，数量为(4,2,2)。系统中有进程P_1、P_2、P_3按如下顺序申请资源：

　　进程P_1申请(2,2,1)
　　进程P_2申请(1,0,1)
　　进程P_1申请(0,0,1)
　　进程P_3申请(2,0,0)

该系统按照死锁预防中破坏"不可剥夺"条件的方案，对上述申请序列，给出资源分配过程。指出哪些进程需要等待资源，哪些资源被剥夺。进程可能进入无限等待状态吗？

10. 银行家算法有某些不足之处，使得该算法难以在计算机系统中应用，试说明之。

11. 在实际的计算机系统中，资源数和进程数是动态变化的。当系统处于安全状态时，如下变化是否可能使系统进入不安全状态？

(1) 增加 Available　　(2) 减少 Available　　(3) 增加 Max
(4) 减少 Max　　　　 (5) 增加进程数　　　　(6) 减少进程数

12. 设系统中每类资源的资源数为1，写出时间复杂度为$O(n^2)$的死锁检测算法(n是进程个数)。

13. 假设一条河上有一座由若干个桥墩组成的桥,若一个桥墩一次只能站一个人,想要过河的人总是沿着自己过河的方向前进而不后退,且没有规定河两岸的人应该谁先过河。显然,如果有两个人 P_1 和 P_2 同时从两岸沿此桥过河,就会发生死锁。请给出解决死锁的各种可能的方法,并阐述理由。

14. 有3个进程 P_1、P_2 和 P_3 并发执行,进程 P_1 需使用资源 r_3 和 r_1,进程 P_2 需使用资源 r_1 和 r_2,进程 P_3 需使用资源 r_2 和 r_1。

(1) 若对资源分配不加限制,会发生什么情况,为什么?

(2) 为保证进程能执行到结束,应采用怎样的资源分配策略?

15. 某系统当前有同类资源10个,进程 P、Q、R 所需资源总数分别为 8、4、9。它们向系统申请资源的次序和数量如表 8.7 所示。

(1) 系统采用银行家算法分配资源,请给出系统完成第6次分配后各进程的状态及所占资源量。

(2) 在以后各次的申请中,哪次的申请要求可先得到满足?

表 8.7 习题 15

次序	进程	申请量	次序	进程	申请量
1	R	2	6	Q	2
2	P	4	7	R	3
3	Q	2	8	P	2
4	P	2	9	R	3
5	R	1			

16. 化简如图 8.8 所示的资源分配图,并说明系统是否处于死锁状态。

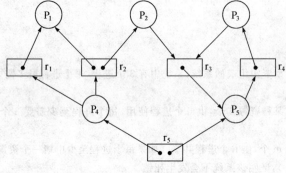

图 8.8 习题 16

17. 考虑哲学家就餐问题,假设哲学家的生活过程如图 8.9 所示。

这五个哲学家在什么情况下会进入死锁状态?重新设计一种无死锁的方法,并考虑新设计的方法中是否存在"饥饿"现象?

18. 某计算机系统有10台可用磁带机。在这个系统上运行的所有作业最多要求4台磁带机。此外,这些作业在开始运行的很长时间内只要3台磁带机;它们只在自己工作接近结束时才短时间地要求另一台磁带机。假设这些作业是连续不断地到来的。

(1) 若作业调度策略是静态分配资源,那么最多能同时运行几个作业?作为这种策略的结果,实际上空闲的磁带机最少有几台?最多有几台?

(2) 若采用银行家算法将怎样进行调度?最多能同时运行几个作业?作为这种策略的结果,实际上空闲的磁带机最少有几台?最多有几台?

19. 设有三个进程 P_1、P_2、P_3,各自按下列顺序执行程序代码:

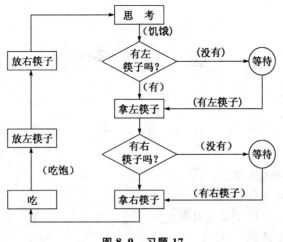

图 8.9　习题 17

```
       进程 P₁       进程 P₂       进程 P₃
         ↓            ↓            ↓
        P(S₁)        P(S₃)        P(S₂)
        P(S₂)        P(S₁)        P(S₃)
         ⋮            ⋮            ⋮
        V(S₁)        V(S₃)        V(S₂)
        V(S₂)        V(S₁)        V(S₃)
         ↓
```

其中，S_1、S_2、S_3 是信号量，且初值均为 1。

在执行时是否会产生死锁？如可能产生死锁，请说明在什么情况下会产生死锁？并给出一个防止死锁产生的修改办法。

20．一个系统是否可能处于既不是死锁又不是安全的状态吗？如可能，请举例说明；如不可能，请证明所有的状态或是死锁或是安全的。

21．画出 5 个进程陷入死锁的所有非同构模型。

第 9 章 操作系统设计

本 章 要 点

- 操作系统设计的主要难点
- 操作系统的设计目标和设计阶段
- 操作系统结构设计的主要原则和方法
- 操作系统的体系结构

操作系统的设计一般可分为三个阶段：功能设计、算法设计和结构设计，其中结构设计是本章讨论的主要内容。

操作系统作为一个软件系统来说，是以庞大且复杂而著称的，这样的系统复杂程度高、研制周期长、正确性难以保证，一个良好的操作系统结构将为解决这些困难打下坚实的基础。

随着计算机硬件和软件技术的发展，操作系统也在不断变化和发展。操作系统的结构和设计正在逐步从模块化结构，向面向对象和构件化结构的方向演变。鉴于目前大量的操作系统仍旧是属于模块化结构的，所以本章的重点是分析操作系统的模块化结构设计，并用适当的篇幅介绍面向对象和构件化操作系统结构。

模块化操作系统结构研究的目标就是：系统模块化、模块标准化、通信规范化。模块化分应该遵循高内聚、低耦合的原则，模块内部要紧凑、联系密切而模块之间的联系要比较松散。从并发程序的角度来看，操作系统的基本构成模块有三种类型：进程、类程以及管程。进程掌握一定的系统资源，是系统并发的体现之一；类程则是专用资源的管理者；管程则是共享临界资源的管理者。

常见的操作系统体系结构包括：整体式结构、层次式结构、虚拟机结构、客户/服务器（微内核）结构、Exokernel 结构、面向对象操作系统和构件化操作系统等。它们各有特色，有着不同的应用领域。

鉴于嵌入式操作系统的日益重要性，本章中安排了一个小节讨论整体式结构、模块和分层结构以及微内核结构在嵌入式操作系统设计中的利弊。

系统结构直接影响到系统的可靠性、可适应性及可移植性，也影响到系统的功效。因此，结构设计是设计任何大型软件的关键部分。首先，一个新的结构设计方法的出现，往往伴随着一种新的结构概念和新的结构工具，结构概念和结构工具的研究是研究结构设计方法的先导。其次，随着操作系统的发展而出现的多种结构和结构设计方法各有自己的适用范围，而且有的还是互为补充的方法，最后，研究结构设计方法的主要思想方法可以简洁地归结为分解和抽象。

作为实际操作系统结构设计的例子，本章的结尾简要分析了 Linux 操作系统和 Windows Server 2003 的体系结构特点。Linux 是一个整体式结构操作系统，它的模块机制使它带有可扩展系统的特征。而 Windows Server 2003 没有单纯使用某一种体系结构，它的设计融合了分层操作系统和客户/服务器(微内核)操作系统的特点。

操作系统作为一个软件系统来说,是以庞大且复杂而著称的。以 IBM 公司的 OS/360 系统为例:它由 4000 余个模块组成,共约 100 万条指令,花费 5000 人年,经费达数亿美元。但仍然有很多错误,每个版本都隐藏着上千个错误。其负责人 Brooks 在描述 OS/360 的研制过程中的困难和混乱时曾说:"……像巨兽在泥潭中做垂死挣扎,挣扎得越猛,泥浆就沾得越多。最后没有一个野兽能逃脱淹没在泥潭中的命运,……程序设计就像是这样一个泥潭。……一批批程序员在泥潭中挣扎,……没有人料到问题会这样棘手。这就是在20世纪60年代出现的软件危机现象,由于 OS/360 研制开发所陷入的困境,曾推动了软件工程方法与技术的诞生。毫无疑问,今天操作系统的开发应遵循软件工程的原则和方法。

9.1 操作系统设计问题

操作系统是一个极其复杂和庞大的软件系统,操作系统本身以及它所管理的对象都是并发的系统,因而操作系统设计有着不同于一般应用系统设计的特征。

一个操作系统的开发会有什么问题呢?

1. 复杂程度高

主要表现在:程序长,有的功能模块包含数百万条指令;接口信息多,各个组成部分之间的信息交换很多,而且错综复杂;动态性强,程序本身包含较多的动态部分;并行性强,不同部分之间可以同时操作。

具体说来,操作系统是一个很大的程序,现在的 UNIX 操作系统有超过 100 万行的代码,而 Windows 有超过 3000 万行的代码。而且在操作系统中,各种子系统如:文件系统与内存系统之间的相互作用有时是不可预测的。操作系统必须处理同步机制,管理同步比管理顺序执行要难得多,而且还产生了死锁等一系列问题。它要提供用户之间共享信息和资源的机制,同时还要保证共享的安全;而应用程序就不会有这种问题。一个操作系统存在的时期非常长,UNIX 已经存在 25 年,Windows 也已经存在了大约 10 年。因此,操作系统的设计者必须考虑到将来硬件等情况的变化,并为这些变化做好准备,以支持不断推陈出新的各种 I/O 设备,同时还要解决应用程序不必考虑的硬件冲突问题。而且操作系统的设计者并不知道他们的系统将被如何使用,所以操作系统要具有一定的适应性,来保证每个用户的需要。另外操作系统对以前的版本兼容性的要求比较高,系统可能对字长、文件名或其他各方面都有严格的限制。操作系统还是防止外部用户的入侵的屏障,必须采取措施防止它的用户进行不正确的操作。而一些应用文件如文字处理程序等就不会有这种问题。

2. 研制周期长

一般的软件研制开发周期包括:需求捕获,由用户提供软件的需求,并根据需求制作软件规格说明书;设计者根据软件规格说明书进行软件设计;实现者编写、调试、测试程序并整理各种开发文档,然后提交给用户使用,在应用的过程中不断地改进和提高软件的品质。操作系统的研发也基本遵从这样的过程范式,它的研制周期一般为 5 年左右。例如,微软的 Windows NT 从 1988 年提出设计目标到 1993 第一个可用的版本 Windows NT3.1 发布经历了将近 5 年的时间,而它的第一个被广泛应用的版本 Windows NT 4.0 则到 1996 年后半年才正式发布。由此对操作系统开发的难度可见一斑。

3. 正确性难以保证

因为上述两个原因,操作系统包含的成份很多,接口复杂,参与开发的人员的流动量较大,因此,整个软件的正确性很难保证。

解决这一问题的途径就是发展良好的操作系统结构,采用先进的开发方法和工程化的管理方法,使用高效的开发工具。

9.2 操作系统的设计目标

操作系统是计算机系统的重要组成部分,是计算机系统工作时经常起作用的程序。同时,它又是一种复杂程度高的大型程序,为使计算机系统可靠而有效地工作,必须配置一个高质量的操作系统。一个高质量的操作系统应具有可靠性、高效性、易维护性、易移植性、安全性、可适应性和简明性等特征。

1. 可靠性

可靠性包括了正确性和健壮性。

操作系统是计算机系统中最基本、最重要的软件,随着计算机应用范围的日益扩大,对操作系统的可靠性要求也越来越高。无可靠性,将严重影响使用效果。例如,用于导弹控制的操作系统必须绝对可靠,否则所造成的后果将不堪设想。

影响操作系统正确性的因素有很多,最主要的是并发、共享以及随之带来的不确定性。并发使得系统中各条指令流的执行次序可以任意交叉;共享导致对于系统资源的竞争,使不同的指令执行序列之间产生直接和间接的相互制约;以上两点又引起系统的不确定,这种随机性要求系统能动态地应付随时发生的各种内部和外部事件。因此,需要对于操作系统的结构进行研究。一个设计良好的操作系统不仅应当是正确的,而且其正确性应当是可验证的。

可靠性除了正确性这一基本要求外,还应包括能在预期的环境条件下完成所期望的功能的能力以及在发生硬件故障或某种意外的环境下,操作系统仍能做出适当处理、避免造成严重损失的鲁棒性要求。

2. 高效性

对于支持多道程序设计的操作系统来说,其根本目标是提高系统中各种资源的利用率,即提高系统的运行效率。一个计算机系统在其运行过程中或处于目态,或处于管态。处于目态时为用户服务,处于管态时可能为用户服务(如为进程打开文件或完成打印工作),也可能做系统维护工作(如进程切换、调度页面、检测死锁等)。

假设一个计算机系统,在一段时间 T 之内,目态下运行程序所用的时间为 T_u,管态下运行程序为用户服务所用的时间为 T_{su},管态下运行程序做系统管理工作所用的时间为 T_{sm},则可定义系统运行效率 η 为

$$\eta = \frac{T_u + T_{su}}{T_u + T_{su} + T_{sm}} \times 100\%$$

显然,η 越大,系统运行效率越高。为了提高系统运行效率,应当尽量减少用于系统管理所需要的时间 T_{sm}。我们亦把 T_{sm} 称为**系统开销**(时间开销)。

3. 易维护性

易维护性包括易读性、易扩充性、易剪裁性、易修改性等。一个实际的操作系统投入运行

后,有时希望增加新的功能,删去不需要的功能,或修改在运行过程中所发现的错误,为了对系统实施增、删、改等维护操作,必须首先了解系统,为此要求操作系统具有良好的可读性。

4. 可移植性

可移植性指的是把一个程序从一个计算机系统环境中移到另一个计算机系统环境中并能正常运行的特性。操作系统的开发是一项非常庞大的工程。为了避免重复工作,缩短软件研制周期,现代操作系统设计都将可移植性作为一个重要的目标。而影响可移植性的最大因素就是和机器有关的硬件部分的处理。为了便于将操作系统由一个计算环境迁移到另外一个计算环境中,应当使操作系统程序中与硬件相关的部分相对独立,并且位于操作系统程序的底层,移植时只需修改这一部分。

5. 安全性

操作系统的安全性是计算机软件系统安全性的基础,它为用户数据保护提供了最基本的机制。这一点在网络环境中显得更为重要。

6. 可适应性

可适应性指的是一种特定计算机系统环境中的软件对于另一种计算机系统环境的适应能力。研制一个大型软件的费用十分昂贵,而使用要求又在不断变化,经常要求对系统做些修改,以适应环境和要求的变化。如果一个系统没有可适应性,它将是一个僵死的系统,是无生命力的。

7. 简明性

无简明性,开发人员就无法了解一个大型程序的设计目的和细节。

具有简明性、可靠性、可适应性的系统称为可维护的系统,称之为易管理的。可适应性和可移植性统称为灵活性。

9.3 操作系统的设计阶段

设计一个操作系统一般可分为三个阶段:功能设计、算法设计和结构设计。操作系统的三个设计阶段是互相渗透的,因此不能截然分开它们。其总的目的是要求能够设计出一个具有好结构、高功效,又具有所需要的功能的系统。

1. 功能设计

功能设计指的是根据系统的设计目标和使用要求,确定所设计的操作系统应具备哪些功能以及操作系统的类型。

2. 算法设计

算法设计是根据计算机的性能和操作系统的功能,来选择和设计满足系统功能的算法和策略,并分析和估算其效能。

3. 结构设计

结构设计则是按照系统的功能和特性要求,选择合适的结构,使用相应结构设计方法将系统逐步地分解、抽象和综合,使操作系统结构清晰、简明、可靠、易读、易修改,而且使用方便,适应性强。

本书的前面部分已经比较充分地讨论了操作系统的各个功能模块以及各种功能的实现算法,本章将主要就结构设计作一些深入的探讨。

9.4 操作系统结构设计

9.4.1 何谓"结构"?

任何事物都有结构问题,结构就是构成一个事物的各种基本成份以及它们之间的关系,结构反应了对事物的分解和事物的内部矛盾。为了设计和掌握一个复杂的大型系统,设计者总是要将它分解成若干个小的相对独立的成份。这样,对每一个成份就比较容易掌握,而且这种分解往往使得各个成份之间的联系较为简单,这就是结构的一般看法。

软件结构研究的对象主要是组成软件的各部分划分的原则以及它们之间的关系(即通信),简言之,就是软件的构成法则和组合方法。对软件结构的探讨是从1972年Dijkstra提出的结构化程序设计思想开始的,经过了近20年的研究及实践已经取得了很大的进展。其中对于操作系统结构的认识也经历了一个漫长的过程。所谓操作系统的结构,是指其各部分程序的存在方式及相互关系。若操作系统的各部分程序以程序模块方式存在,相互之间通过调用建立起关系,那么这种操作系统具有模块接口结构;若各部分程序以进程的方式存在,相互之间通过通信建立起关系,那么这种操作系统具有进程结构;若操作系统能按照诸模块的调用顺序或主进程的信息发送顺序把模块和进程分层,各层之间只能单向依赖,这样就分别产生了模块层次结构的操作系统或进程层次结构的操作系统。

操作系统是一种大型软件,为了研制操作系统,必须分析它的结构。也就是要弄清楚如何把这一大型软件划分成若干较小的模块以及这些模块间有着怎样的接口。在操作系统中,有些模块需要使用另一些模块内的数据,而系统的某些功能又需要若干模块协同工作来实现。同时,操作系统还是一个具有并发特性的大型程序,模块间的接口是相当复杂的,信息交换也是十分频繁的,因而对结构的研究就显得更加重要了。而任何一个软件开发出来投入运行之后,就进入了系统维护阶段。只有易读、易懂,维护人员才能真正了解操作系统的结构和工作原理,从而做好系统维护工作。

综上,要达到这样的目的,操作系统需要一个好的结构。

早期的操作系统设计中,由于计算机结构还比较简单,系统规模也较小,逻辑关系较简单,设计者往往只注重功能设计和效率,而忽视了结构的设计。但随着计算机结构的复杂化,应用范围的不断扩大,使用要求的不断提高,不仅要求有较强的系统功能,而且要求有较强的可适应性和可靠性。后来又提出了容错的概念,即要设计一种在某些硬、软件失效的情况下仍能正常工作的系统,从而使人们愈发认识到系统结构对系统性能的重大直接影响,因而越来越重视操作系统的结构设计。操作系统的结构和结构设计方法的研究近年来已成为软件工程界的一个重要研究领域。

纵观操作系统的结构和结构设计方法的演变,可以说,操作系统的结构正在逐步从模块化结构向面向对象和构件化结构演变。

鉴于目前大量的操作系统仍旧是属于模块化结构的,所以本章的重点是分析操作系统的模块化结构设计,并用适当的篇幅介绍面向对象和构件化操作系统结构。

9.4.2 模块化操作系统结构研究的目标

可以用下面三条来概括模块化操作系统结构研究的目标：
(1) 系统模块化；
(2) 模块标准化；
(3) 通信规范化。

前面已经叙述，对一个大系统来说，为了分解其复杂性，总是把它分解为相对独立的成份，这样对每一个小的成份就比较容易掌握(必要时再分解)，而且要使各个成份之间的联系尽量简单，这些成份就是构成系统的"模块"。

究竟什么是模块呢？非形式化、直觉的认识就是具有一定功能的程序块，这个定义并不严格。把程序分解成模块是很自然的想法，一个模块中可以包含一个或多个程序段落，但是什么算一个模块，怎样分解系统为模块，定义并没有进一步的说明。

随着研究的深入，模块的概念也进一步严格化，新的理解将**模块**看做一组数据结构以及定义在这组数据结构上的一组操作。对模块的访问只能通过这些操作来完成，这称之为**信息隐蔽**。如果模块具有并发的特性，那么这些操作将要互斥地执行。

具体来讲模块内的操作的对象就是模块内的数据结构，如同加减乘除一样，它们操作的对象不同，含义也不尽相同。从结构化方法的角度看，操作就是对一组数据进行加工，成为一组输出数据，所以一般来讲操作只有一个入口和一个出口。例如一个管理缓冲的模块，有两个操作：送操作和取操作。

目前的计算机语言大都是模块化的，它们反映了程序和数据的局部化、强调了功能对实现的抽象，模块的调用者只需要知道模块的功能，而不需要知道模块的实现细节。

模块标准化指两方面的内容：一是标准设计，做到模块规格划一，遵循相同的模块构造准则，符合一定的模块(构件)标准；二是需要总结、提炼操作系统的基本成份，然后把这些基本成份定型化、模块化，即把反应操作系统本质的一些程序成份固定下来变成"标准件"、"构件"或者说构建操作系统的"积木"。

通信规范化主要是指模块之间的接口应该清晰划一，模块的联系方式要统一，这是标准化的一种方式。例如，对于模块间的顺序关系，通信的方法一般使用直接调用；而对于并行的模块之间，通信通常使用原语。而通信的规范化表明系统各个并行的模块之间的通信联系只通过数目有限的原语来实现。

9.4.3 模块设计的主要原则

1. 模块划分

怎样划分模块取决于对操作系统的理解。模块的划分与模块的通信是紧密联系的，模块划分得不好将影响到通信的种类和通信的数量多少，而系统结构的复杂性包括模块内部的复杂性以及模块间通信的复杂性两方面的因素，这样，模块过大或者过小都不合适。模块过大，增加了模块内部的复杂性，使内部联系增加；模块过小，则增加了外部联系的复杂性使得模块之间的联系比较混乱。因而，适当复杂程度的模块以及因此而获得的模块独立性是结构设计所追求的主要目标。

衡量一个模块独立性的尺度是内聚(Cohesion)和耦合(Coupling)。**内聚**是模块的相对功能强度的一种度量,它反映了一个模块所包含的功能多少以及这些功能之间的相互关联程度。**耦合**则是模块之间相互依赖性的一种度量,即模块之间相互联系以及相互影响的程度。

模块划分应该遵循高内聚、低耦合的原则。即模块内部要紧凑、联系密切而模块之间的联系要比较松散。一般可以采取以数据结构为中心的模块划分方法。依据面向对象的观点,这些模块应该与系统中的实体具有一定的对应关系。在很多时候,模块和对象、对象类是一致的。但是对于操作系统来说,仅仅有一般面向对象系统的基本概念还不足以很好地表达它的复杂性,比如,操作系统中的并发控制就不好直接表达。

2. 模块分类

操作系统是一个大型的并发程序,以往的操作系统往往大量的使用汇编语言书写,原因在于使用高级语言无法实现与机器硬件体系结构密切相关的关键程序,并且传统的高级语言一般不支持并发程序的开发,即便是实现了,往往也比较复杂而效率不高。但是用高级语言代替汇编语言有很多优点:用高级语言写的程序简明易读,易于调试和维护并且便于移植,同时开发的代价和时间消耗也比较小。如何把高级语言应用于操作系统开发呢?通常有两种途径:其一,开发直接支持并发程序设计的高级语言,例如并发 PASCAL、Modula-Ⅱ等;其二,在高级语言中增加新的语言特性支持高级语言和汇编语言混合编程,程序中通过汇编指令的嵌入实现支持并发的基础设施,在这一方面,现代的各种 C 语言编译系统均有类似的支持,而且许多现代商业操作系统也是使用 C 语言和汇编语言编写而成的。

并发程序设计语言则在语言的层面上帮助实现正确的并发操作。前面的章节中已经介绍了进程同步、互斥的关系以及它们的实现原语,这些原语都是最基本的通信工具,在大型系统中直接利用他们去解决问题比较困难,也无法保证程序的正确性。有意或者无意的滥用这些原语,会对系统造成灾难性的后果,例如使整个系统死锁。因此需要提供更高级的同步工具来控制并发程序的复杂度。并发程序设计语言可以做到这一点,它从语言的层次上提供了模块化结构和同步工具。

从并发程序的角度来看,操作系统的基本构成模块有三种:进程、类程以及管程。

(1) 进程

进程的概念是大家所熟知的,在并发程序设计中,进程的静态定义由以下几方面组成:私有数据、若干顺序程序以及权限。需要明确几点:进程所操作的数据应该是它的私有数据,别的进程不能访问;进程掌握一定的系统资源,进程与进程之间是并发执行的,对资源的访问也是并发进行的;进程内并发执行的基本单位是线程,每一个线程对应一段顺序程序。

有关进程的更详细内容,在前面的有关章节已经做了充分讨论,在此不再赘述。

(2) 类程

类程定义了一个非共享的数据结构、作用在这个数据结构上的一组操作以及一些必要的初始化自己的代码,如图 9.1 所示。从面向对象的角度来看,类程对应了系统中的各种专用资源实体,可以用系统对象以及对象类来表示。对于操作系统来说,类程则是专用资源的管理者,对类程的调用表示对专用资

图 9.1 类程的构成

源的使用。一般来说,每个类程只能在操作系统初始化的时候初始化一次。各种系统资源都可以用类程表示,例如程序控制栈等。下面以系统栈和并发 PASCAL 为例说明类程。

在并发 PASCAL 中类程的表示如下:

```
type 类程名 = class
    变量说明
    procedure P1(……);
    begin……end;
    ……
    procedure Pn(……);
    begin……end;
begin
    初始化代码
end.
```

可以看出,这和面向对象语言中类的定义很像,实际上它们在概念以及实现上也是比较一致的,类程的定义和类程的实体的区别正如同对象类和对象的区别一样,定义是一个抽象数据类型的模板,而实体则是有具体存储空间和运行能力的,不同的实体,即使是由同一个类型定义的,它们也是相互独立的,具有各自的非共享数据存储区域。

下面我们给出这个栈的描述。在这个简化的例子中,栈的存储区域是一个有界数组,对栈的操作包括压栈、弹栈、清空以及取栈顶元素等几个基本操作。有界数组是类程的私有变量,在类程之外由编译器保证它们是不可直接访问的。

```
type stacks = class
    var e, f, i, l, n, bottom, limit, top : integer;
    stack: array[1..n]of real;
procedure full;
begin
    if top >= limit   then f :=1
                      else f :=0
end;
procedure empty;
begin
    if top < bottom   then e :=1
                      else e :=0
end;
procedure entry-pop (var x: real);
begin
    empty;
    if e=1   then error
             else
```

```
                    begin
                        x := stack[top];
                        top := top-1
                    end
        end;
        procedure entry-push (value: real);
        begin
            full;
            if f=1  then error
                    else
                        begin
                            top := top+1
                            stack[top] := value;
                        end
        end;
        procedure entry-clear;
        begin
            top := 1;
        end;
        procedure entry-get-top(var x: real);
        begin
            x := stack[top];
        end;
        begin
            e := 0;
            f := 0;
            for i := 1 to n do stack[i] := 0.0;
            bottom := a(stack[1]);
            limit := a(stack[n]);
            top := bottom
        end.
```

一个类程不必使全部的操作对外可见，可以通过 ENTRY 实现访问控制的说明，例如这个栈的实现中操作 empty 和 full 就没有导出符号，它们在类程外是不可见的，这也由编发 PASCAL 的编译器保证。

在并发程序中建立类程有如下优点：
① 给出了对某些数据结构的标准操作，使程序员方便地调用它们而不必自己实现；
② 能有效地控制程序员对数据结构直接和随意的访问，减少了不必要的、人为的程序错误；
③ 类程实现了信息隐蔽，程序员只要知道类程访问接口以及接口的含义就可以使用，不必要了解它们的实现细节；
④ 程序的其他部分只涉及到对类程中外部过程和函数的调用，因此即使类程的实现变化

了,只要接口部分没有变化,调用类程的程序也不需要任何修改。

(3) 管程

管程定义了一个共享数据结构、作用在其上的一组操作、初始化代码以及权限,如图 9.2 所示。

从面向对象的角度来看,管程不能直接用一般的对象和对象类表示,必须用带有并发控制机构(例如锁)的对象或者对象类来表示,它们对应了操作系统中的临界共享资源的实体。从操作系统的角度来看,管程就是公共资源的管理者,对管程的调用表示了对公共资源的访问。这里的资源共享可以是在所有进程间的,也可以是部分进程间的。

管程与类程非常相似,在并发 PASCAL 中的定义方式也是差不多的,不同之处在于关键字 class 被换成了 monitor。

下面是一个行缓冲区管程定义的例子:

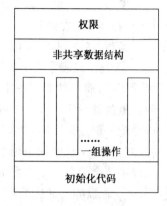

图 9.2 管程的构成

```
type linebuffer = MONITOR
var
    contents: line;
    full: boolean;
    sender, receiver: queue;
procedure entry receive (var text: line);
begin
    if not full then delay(receiver);
    text := contents;
    full := false;
    continue(sender)
end;
procedure entry send (text: line);
begin
    if full then delay(sender);
    contents := text;
    full := true;
    continue(receiver)
end;
begin
    full := false
end.
```

因为管程可以被多个进程所访问,但它们又只能互斥地访问管程,即只有当一个进程退出管程,或者由于条件不满足而被加入等待队列时,另一个进程才能进入管程。管程中一般包含队列变量,当某条件不满足时,可以通过对队列变量的操作,将调用延迟,直到另一个进程调用管程并对该队列做了一个"继续"操作为止。

如例子所示，这个管程包括了两个过程 receive 和 send。进程通过调用 send 过程向缓冲区发送一行信息，而通过调用 receive 从缓冲区接收一行信息。当缓冲区满时，发送进程在等待队列 sender 上面，直到接收进程从缓冲区接收了一行信息，队列变量 sender 执行继续操作以后，等待队列中的某个进程才被唤醒。当缓冲区为空的时候，接收进程在队列 receiver 上，直到发送进程向缓冲区发送了一行信息，队列变量 receiver 执行了"继续"操作以后。

(4) 管程、类程和进程的比较

类程与管程非常相似，但是它们之间也有三个主要的区别：

① 类程代表非共享数据结构，管程代表共享数据结构。多个进程可以共享一个管程所管理的资源，而不能共享一个由类程所管理的资源。这种区别在并发程序中的实现方法为：一种类型的管程定义在整个程序中只有一个实例，只能初始化一次。系统为其所管理的数据结构分配一份存储空间，如果一个进程或者其他管程需要调用该管程，只需要在权限中登记。进程和管程对类程的调用则不同，它们要使用一个类程的时候，必须在自己的局部变量中说明，这样系统会为每一个类程实例的声明分配一份独立的存储空间。

② 管程的定义比类程的定义增加了权限部分，这个权限指出了该类管程对其他哪些类的管程具有调用权限。权限在管程定义的首部，以参变量的形式给出。若某一变量所属的数据类型是另一管程的定义，则说明它对该管程拥有调用权。

③ 管程主要用于操作系统的进程同步，它为操作系统的构造提供了有力的工具。管程最本质的特点就是把共享数据和对它们的操作视做一个不可分割的、对外界透明的整体。它们与进程相互分离，使得进程本身不存在直接共享的问题，这样有利于正确地实现进程间通信。管程正是用于进程间通信的强有力的工具，它自动地确保各个进程之间互斥的使用它所管理的资源，避免了大量与时间有关的错误。进程通过管程管理共享资源、实现相互通信，多个进程不能同时调用同一个管程，它们对管程的访问必须串行化，这些同步关系将由并发程序设计语言以及相应的编译系统自动处理。

管程和进程也有异同：

① 系统设置管程和进程的目的不同，进程是为了更好地刻画和实现系统的并发性而设置的操作系统基础设施，操作系统通过对进程表的管理在宏观上实现了多个程序的并发执行。管程是为了解决进程之间共享资源（临界资源）的问题而设置的，管程通过其中的等待队列，使不同进程对临界资源的访问序列化。

② 进程和管程除了程序本身以外，还增加了用于系统管理的数据结构，对于进程来说就是 PCB，对于管程来说就是等待队列，这些数据结构帮助操作系统实现对进程和管程的管理。

③ 进程与管程之间的关系是管程被进程所调用。用户进程由操作系统的进程调度程序控制运行，当需要使用临界资源的时候调用管程执行，此时，调用进程将被挂起，等待管程执行完之后，该进程才得以继续。

④ 进程可由系统动态创建而产生，并在一定的条件下消亡，具有生命周期。管程是操作系统中固有的成份，是操作系统实现临界资源互斥访问的基础设施，一般没有创建和消亡的过程，只能被进程调用。

9.5 操作系统的体系结构范型

本节首先介绍传统的整体式结构以及层次式结构操作系统,经典的 UNIX 以及 Linux 操作系统都采用了整体式结构。虽然整体式结构的设计思想似乎是陈旧的,但是用整体式结构设计出来的操作系统,其生命力是极强的。因此,本章安排了较多的篇幅讨论整体式结构以及层次式结构。

虚拟机结构也是早期操作系统设计中所采用的思想。近年来,随着计算机硬件性能的大幅提高,以及人们对安全性能的高度重视,虚拟机结构正在焕发出新的青春,得到前所未有的重视。

客户/服务器(微内核)结构是 20 世纪 90 年代发展起来的操作系统结构,正在获得广泛的应用。

另外,本章对一些新型操作系统结构,如 Exokernel 结构、面向对象操作系统和构件化操作系统等,也分别进行了介绍。它们各有特色,有着不同的应用领域。

9.5.1 整体式结构

这是早期操作系统设计中所采用的方法,即首先确定操作系统的总体功能,然后将总功能分解为若干个子功能,实现每个子功能的程序称为模块。再按照功能将上述每个大模块分解为若干个较小的模块,如此下去,直至每个模块仅包含单一功能或紧密联系的小功能为止,即分解为最基本的模块为止。最后通过接口将所有模块连接起来形成一个整体。我们把这种操作系统的结构称之为**模块组合结构**。它的主要优点是,结构紧密,接口简单直接,系统效率较高。此时,操作系统是一个有多种功能的系统程序,可以看成是一个整体模块,也可看成是由若干个模块按一定的结构方式组成的。

模块组合法(或称无序模块法、模块接口法等)中,系统中的模块不是根据程序和数据本身的特性而是根据它们完成的功能来划分的,数据基本上作为全程量使用。在系统内部,不同模块的程序之间可以不加控制地互相调用和转移,信息的传递方式也可以根据需要随意约定,因而造成模块间的循环调用,它的缺点有以下三点:

(1) 模块间转接随便,各模块互相牵连,独立性差,系统结构不清晰。

(2) 数据基本上作为全程量处理,系统内所有模块的任一程序均可对其进行存取和修改,从而造成了各模块间有着更为隐蔽的关系。要更换一个模块,或修改一个模块都比较困难,因为要弄清各模块间的接口,按当初设计时随意约定的格式来给信息,这是一件相当复杂的事。

(3) 由于模块组合结构常以大型表格为中心,为保证数据完整性,往往采用全局封中断办法,从而限制了系统的并发性。对系统中实际存在的并发性也未能抽象出明确的概念,缺乏规格的描述方法。所以,这种结构的可适应性比较差。它只适用于规模比较小、使用环境比较稳定却要求效率比较高的系统。

这种方法的关键在于"接口",因为把各基本模块之间的有机连接都推到"接口"上去了,所以无需太多的结构设计工作,很快就可进入编码阶段,而且模块之间转接的灵活性使得系统具有效率高的优点。但是,由于各基本模块之间可以任意相互调用,各模块之间相互依赖,甚至可能构成循环,形成一个复杂的网络。这种网络实际上是一种相当复杂的有向图，它使得难于对结构做出综合性的观察，也难于对系统做局部性修改，因而可靠性、易读性和适应性都很难得到保证。随着系统规模的不断增大，采用这种结构构造的系统的复杂性迅速增长，以致人们难以驾驭，这就促使人们去寻求新的结构概念和新的结构设计方法。

整体式结构操作系统的典型代表是早期 UNIX 操作系统(参见图 9.3)。虽然整体式结构操作系统有不少缺点，但是整体式结构操作系统有着长期的发展历史，其性能特点已经稳定，主要特点如下：

（1）成熟：首先，整体式结构操作系统的技术十分成熟，有大量的经验教训可以获取，相关的测试技术也是可以借鉴的。这也可能是 Linux 仍旧采用整体式结构设计的一个原因。

（2）便于系统性能优化：由于所有的系统操作都在系统空间中完成，所以性能优化就比较容易完成。因为不同任务间的通信都可以直接在系统空间中完成。为了优化，系统中的一个部件可以直接访问和修改另一个部件的数据，从而减少了整体系统中通信和控制流的开销。

（3）性能良好：整体式结构操作系统的性能已经得到公认。某些整体式结构操作系统是针对特定硬件设计的，从而有利于性能的优化。

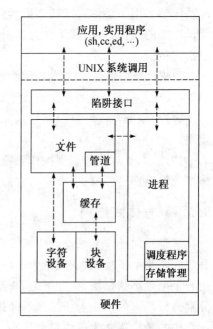

图 9.3　典型整体式结构操作系统——早期 UNIX

现代整体式结构操作系统成功的典型就是 Linux。Linux 虽然是一个整体式结构的操作系统，但是在性能和可移植性等诸多方面，都获得了广泛的应用。

9.5.2　层次式结构

1. 层次式结构综述

显然，要解决整体式结构的缺点就必须减少各模块之间毫无规则地互相调用，相互依赖的关系，特别是消除循环现象。层次式结构正是从这点出发的，它力求使模块间调用的无序性变为有序性。因此所谓**层次式结构**就是把操作系统的所有功能模块，按功能流程图的调用次序，分别排列成若干层，各层之间的模块只能是单向依赖或单向调用(如只允许上层或外层模块调用下层或内层模块)关系。这样，不但操作系统的结构清晰，而且不构成循环。图 9.4 表示了这种调用关系。

在一个层次结构的操作系统中，若不仅各层之间是单向调用的，而且每一层中的同层模块之间不存在互相调用的关系，则称这种层次结构关系为**全序的层次关系**，如图 9.4 中实线调用关系所示。但是在实际的大型操作系统中，要建成一个全序的层次结构关系是十分困难的，往往无法完全避免循环现象，此时我们应使系统中的循环现象尽量减少。请注意，循环调用和循环等待不一定就发生死锁，循环等待在死锁研究中只是个必要条件而不是充分条件，所以尽管存在循环现象，只要小心加以控制是可以避免死锁的。例如我们可以让各层之间的模块是单向调用的,但允许同层之间的模块可以互相调用,可以有循环调用现象,这种层次结构关系称为**半序的层次关系**,如图 9.5 中箭头调用关系所示。

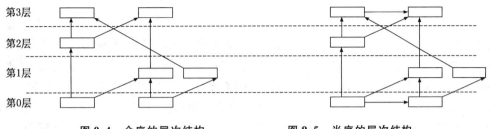

图 9.4　全序的层次结构　　　　图 9.5　半序的层次结构

层次结构法的优点是:它既具有模块接口法的优点——把复杂的整体问题分解成若干个比较简单的相对独立的成份,即把整体问题局部化,使得一个复杂的操作系统分解成许多多功能单一的模块;同时它又具有模块接口法不具有的优点,即各模块之间的组织结构和依赖关系清晰明了。这不但增加了系统的可读性和可适应性,而且还使我们对操作系统的每一步都建立在可靠的基础上。因为层次结构是单向依赖的,上一层各模块所提供的功能(以及资源)是建立在下一层的基础上的。或者说上一层功能是下一层的扩充和延续。最内层是硬件基础——裸机,裸机的外层是操作系统的最下面(或内层)的第一层。按照分层虚拟机的观点,每加上一层软件就构成了一个比原来机器功能更强的虚拟机,也就是说进行了一次功能扩充。而操作系统的第一层是在裸机基础上进行的第一次扩充后形成的虚拟机,以后每增加一层软件就是在原虚拟机上的又一次扩充,又成为一个新的虚拟机。因此只要下层的各模块设计是正确的,就为上层功能模块的设计提供了可靠基础,从而增加了系统的可靠性。

层次式结构的优点还在于很容易对操作系统增加或替换掉一层而不影响其他层次。不难理解,采用层次结构法设计的操作系统具有易于调试、易于修改、易于扩充、易于维护、易于保证正确性等优点。因而被广泛地采用。

层次式结构的操作系统的各功能模块应放在哪一层,系统一共应有多少层,这是一个很自然地会提出的问题。但对这些问题通常并没有一成不变的规律可循,必须要依据总体功能设计和结构设计中的功能流图和数据流图进行分层,大致的分层原则如下:

(1) 为了增加操作系统的可适应性,并且方便于将操作系统移植到其他机器上,必须把与机器特点紧密相关的软件,如中断处理、输入输出管理等放在紧靠硬件的最低层。经过这一层软件扩充,硬件的特性就被隐藏起来了,方便了操作系统的移植。为了便于修改移植,它把与硬件有关和与硬件无关的模块截然分开,而把与硬件有关的 BIOS(管理输入输出设备)放在最内层。所以当硬件环境改变时只需要修改这一层模块就可以了。

(2) 对于一个计算机系统来说,往往具有多种操作方式(例如既可在前台处理分时作业,又可在后台以批处理方式运行作业,也可进行实时控制),为了便于操作系统从一种操作方式转变到另一种操作方式,通常把三种操作方式共同要使用的基本部分放在内层,而把随三种操作方式而改变的部分放在外层:如批作业调度程序和联机作业调度程序、键盘命令解释程序和作业控制语言解释程序等,这样操作方式改变时仅需改变外层,内层部分保持不变。

(3) 当前操作系统的设计都是基于进程的概念,进程是操作系统的基本成份。为了给进程的活动提供必要的环境和条件,因此必须要有一部分软件——系统调用的各功能,为进程提供服务,通常这些功能模块(各系统调用功能)构成操作系统内核,放在系统的内层。内层中又分为多个层次,通常将各层均要调用的那些功能放在更内层。

2. 进程分层结构

并发性是操作系统的一个重要特征,在并发程序设计中,往往产生与时间有关的错误。为了描述操作系统的这种并发的动态的性质,在美国麻省理工学院设计的兼容分时系统 CTSS(Compatible Time-Sharing System)中首先提出了描述并发性的结构概念——进程,或者称作任务(TASK),采用这个概念,把含有并发活动的系统划分为若干异步运行的、与时间无关的顺序程序模块。这样一来,操作系统的基本任务就是协调这些异步运行的进程,使它们能够协同工作。20 世纪 60 年代后期,研究的焦点是如何使共享系统资源的诸进程安全同步,即解决进程间的通信问题。1968 年 E.W. Dijkstra 提出的 T.H.E 系统(见图 9.6)发展了许多有关进程通信的概念的技术,如临界区、信号灯及 P、V 操作等,实现了并发执行的诸进程间的同步,避免了与时间有关的错误的产生,并在此基础上发展了功能更强的通信工具。

进程概念的引入使并发程序的结构更为清晰,同时也增加了系统的安全性。每个进程有自己的专用数据,共享数据则通过临界区使用。进程间传送信息可以利用系统提供的统一的消息机构实现,进程间控制的转移均由进程调度程序(又叫低级调度程序)统一管理,这个程序属于系统中不同于进程的一个特殊成份,即核心。进程之间可由存储管理硬件隔离,每个进程既是活动的主体,又是被保护的对象,可由系统的统一机构实现权限检查。这样,进程是系统实现并发活动的单位,也是存储管理及保护的单位,进程模块是构造系统的基本单位。

5	操作员
4	用户程序
3	输入/输出管理
2	操作员-进程通信
1	内存和磁盘管理
0	处理器分配和多道程序

图 9.6 T.H.E 系统分层示意图

有序分层与进程调度相结合,构成的系统结构称为进程分层结构。进程分层结构是把系统中所有的进程模块按照一定的原则排列在若干层上,并且要求这些层之间是一种单向依赖关系,如图 9.7 所示。这样,系统就由一个核心和位于各层上的若干进程所组成,这种结构称之为**进程分层结构**,这种结构设计方法又叫进程调度法。

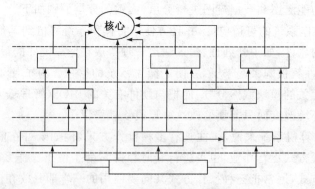

图 9.7 进程分层结构示意图

进程分层结构的优点是:由于引入了描述并发性的结构概念,从而较好地刻画了系统的并发特征,动态地描述了系统的执行过程。进程模块的独立性强,易维护,易调整,整个系统结构清晰,形式整齐划一。

进程分层结构的缺点是:由于系统中所有进程的控制转移、通信等任务全部交给系统的核心去管理,要花费一定的代价,其一,必须设立一个进程控制块,用以保留进程的状态信息,增加了内存开销;第二,进程之间的控制转移、状态保留及信息传送,均由核心去管理,时间消耗多,效率下降;第三,系统并发活动过多,调度负担过重,且同步操作过于分散,易于造成死锁,影响了系统的安全性。这些代价对于必须并发的程序是必要的。因为它们之间的执行次序是随意的,但是,对于可以顺序执行的程序的嵌套调用关系,则成为多余的了。为了克服这些缺点,近几年又发展了新的结构和结构设计方法。

目前正在运行着的大量系统采用的是进程分层结构,不过每个系统都根据各自的具体情况和特殊要求,做了些适当的限制,如预先估计系统的实际并发度,然后在系统初启时,一次创建固定数目的进程等。

3. 层次管程结构

为了控制并发程序设计的复杂性,使并发程序易于理解和易于保证其正确性,人们在吸取模块组合结构和进程分层结构优点的基础上,不断寻求一种抽象的概念和严格的表示法,从而发展了以数据为中心的模块概念和操作系统的层次管程结构。

操作系统中通常要求处理一组进程。这些进程之间有着各种各样的关系,如一个进程在其执行过程中可创建另一个进程,被创建的进程又独立于其创建者,甚至在创建者结束后仍能独立地存在。还有,系统程序往往要求其模块中所用的变量能相对独立于其算法部分的执行而存在。如要求在模块执行完毕后,其中某些变量的值依然保留;又如,要求模块有可重入的功能,即除其算法部分不允许在执行过程中被修改外,引用该模块时也应自带有关的变量。这些系统程序特有的性质强烈地影响着系统程序的结构。

早在1972年,E. W. Dijkatra首先提出了管程的雏形。他认为,应该把有关共享数据的操作合并在一个模块中,将P、V操作集中,由一个称作"秘书"的程序来管理,而不是分散在系统的各个部分。这样,可以使并发程序容易理解,可以使各模块之间的相互使用更加清晰,而且也有利于保证系统的安全。

1974年,C. A. R. Hoare和P. B. Hansen同时明确地给出了管程的定义。C. A. R. Hoare将Sumila67中类(class)的概念加以推广、把数据及其上的操作集中起来作为一种抽象数据类型,从而得到了管程(monitor)和类程(class)的定义。

管程是能使并发进程同步,并在它们之间传送数据,能控制竞争使用共享物理资源的各个进程所应遵循的次序的这样一类系统构造。它由一个共享数据结构和各个进程在该数据结构上的一组操作及初启操作三部分组成。

管程是对共享资源的抽象,而对于专用资源则被抽象成另一种程序设计单位——类程。类程也是定义为一个数据结构和其上的一组操作,这些操作提供了对这些数据的有控制权的存取。类程与管程形式相同,但是其功能和调用方式均不同。类程是控制单个资源的操作。但管程却可控制共享资源;类程只能被一个进程或类程调用,但管程可被多个进程调用。

管程与类程的主要区别在于管程管理共享资源,将竞争共享资源的并发进程通过同步操作处理成顺序执行。类程则管理专用资源,类程被进程调用,被看做进程的延伸,不同的进程调用各自的类程。

这种抽象数据类型对外隐蔽了其中的数据及有关操作细节,在外面只能看到抽象的过程名字,这个名字就是这个抽象数据类型上的运算符。P. B. Hansen 则从资源保护和编译程序检查等角度提出管程的概念,并在并发 PASCAL 语言中给出管程的表示。C. A. R. Hoare 和 P. B. Hansen 定义的管程实际上只是提供了一种保证数据完整性的简单实现方法,我们称它为 HBH 管程,它规定了管程中的过程必须互斥执行。

1977 年 N. Wirth 在他设计的 Modula 语言中保留了 HBH 管程信息隐蔽的特点,但把管程的类型定义改成模块,增加了移入量、移出量,简化了同步原语,从而发展了以数据为中心的模块概念。

以进程、类程和管程的观点来看操作系统,一个动态的系统则由内核和一组有限个满足规定调用关系的进程 P、类程 C 和管程 M 构成。其中进程是系统中唯一能动的成份,管程和类程都是被动成份。存取图被用来描述所有系统成份之间的存取关系以及由这些成份构成的系统层次结构。

一张存取图 G 由两个集合组成:G=(V,E)。V 是系统成份的集合,V={$P_1,P_2,\cdots,P_l$} $\cup$ {$M_1,M_2,\cdots,M_n$} $\cup$ {$C_1,C_2,\cdots,C_m$},V 中的元素在图中用圆圈表示;E 是有向边的集合,$\langle V_i,V_j \rangle \in E$ 表示系统成份存取权,即表示 V_i 可以调用 V_j 的过程。图 G 中顶点 P 的入度为零,M 的入度为 k(k>1),C 的入度为 1。

利用存取图就可以根据存取权将所有系统成份组成层次结构。下面是一个实例:假设有如图 9.8 的系统,其中有两个缓冲区和三个进程。卡片机进程负责将数据从读卡机输出至第一缓冲区,复制进程将该缓冲区的内容处理以后送到第二缓冲区,然后再由打印机进程负责控制打印输出。其中处理分为三步:每个文件都用一个空页开头,一个空页结尾;每一页都用一个空行开头,一个空行结尾;每一行首位都留空格。此系统中缓冲区被定义为管程,处理的三个步骤被定义为三个类程,依次为 C_F、C_P、C_L。这种方法构造的系统层次结构如图 9.9 所示。

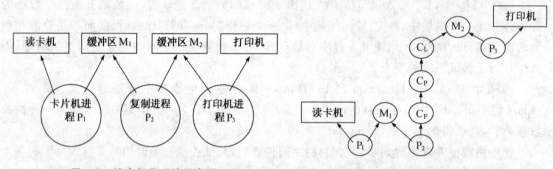

图 9.8 读卡打印系统示意图　　　　　图 9.9 读卡打印系统层次结构

1978 年以来,南京大学、北京大学和科学院计算所共同设计的系统程序设计语言 XCY 支持了三种模块——路径(Path)、类程和管程,在概念上,路径和进程是类似的。XCY 语言允许系统程序员定义自己的同步通信工具,并且在保证数据完整性的前提下构造自己的管程,这样就更适用于一般操作系统的模块化设计。

管程、类型等以数据为中心的模块概念及其语言表示的引入,对并发程序设计产生很大影响,它把以往看来彼此无关的许多问题统一起来了。编译程序实现作用域检查和类型检查,以确保数据完整性,从而达到资源保护的目的,它有利于并发程序的正确性验证。由于管程实现了内部信息隐蔽和管程之间的抽象接口,使得人们容易独立地设计和调试各个管程,达到分级设计的目的。PCM方法就是在此基础上提出的一个操作系统的结构设计方法。

操作系统的主要目的是使多个程序共享计算机系统资源,而且这些程序对资源的要求是动态提出的,是不可预测的。所以,系统设计者的主要任务是为各类资源建立资源分配和管理的算法。

系统按资源管理的观点分解成若干模块,用数据表示抽象系统资源,同时分析了共享资源和专用资源在管理上的差别,按不同的管理方式定义模块的类型和结构,使同步操作相对集中,从而增加了模块的相对独立性。

从功能和实现相结合的观点出发,从系统中提炼出管程、类程、一般模块和路径等各基本成份,使一个复杂的系统可分解为由这几种基本成份构成的模型。同时,在分解和提炼这些模块的基础上,将它们按照一定的准则编入各层,包括核心在内。核心是最内层,可看成是管理中央处理机的一个专门管程。最外层是反映系统并发的若干路径,其余各层均包含有若干管程、类程和一般模块。我们称操作系统的这种结构为**层次管程结构**,这种结构设计方法为PCM方法。

层次管程结构的优点是:结构清晰、统一;同步操作相对集中,增加了系统的安全性;用高级语言书写程序,可以缩短系统的研制周期,利用编译时的检查取代硬件保护机构,不仅更加灵活,而且降低了运行时检查的开销;由于只有路径是系统中并发执行的单位,因此可以按照系统要求的并发度来设置路径;由于去掉了不必要的平行性,从而减少了系统开销。

层次管程结构的局限性主要有两点:第一,由于管程概念的一个重要特征是保证模块内数据的完整性,因而,为了保证每一个管程所管理的数据的完整性,可以采用局部互斥技术,或用缩小临界区的办法。但在解决任意管程嵌套调用问题时,仅是局部互斥就难于实现了,就要根据具体情况,或者采用全局互斥,或者采用限制嵌套类型与重数等策略,这些都限制了使用范围。第二,虽然资源管理的局部化增加了模块的独立性和系统的安全性,但对全局性资源,或者同时涉及多个资源的管理时就不方便了,这也是引起管程嵌套调用的一个因素。

层次管程结构是近年来发展起来的一种操作系统结构。A. M. Lister 和 P. J. Sayer 已用它在 DECPDP-15 上构造了一个小型实验系统。实践表明,对任何小型系统,整个操作系统是可以按这种结构来构造的,并证明了这种方法是有效的。P. B. Hansen 也用此结构构造了单用户操作系统(SOLO),并已被移植在英国 NPL 实验室的计算机上。我们也用这种结构构造了一个大型操作系统 DJS200/XT2。设计过程表明,层次管程结构对大型操作系统也是可行的。

9.5.3 虚拟机结构

1. 虚拟机原理

层次结构设计导出一个重要概念就是虚拟机概念。IBM 的 VM 操作系统就是应用虚拟机概念的很好实例。

利用 CPU 调度和虚拟存储器技术,操作系统给人一种错觉,好像系统的多个进程中的每一个都在自己的 CPU 上运行,有自己的内存。一般说来,每个进程有自己的特征,如系统调用和文件系统等,这些都不是裸机能提供的。这样,在裸机上面添加一层软件,来扩充机器的功能,该软件层和裸机相结合在一起,形成一台比原来机器性能更好、功能更强的机器,这种经软件改造的机器被称为**虚拟机**。虚拟机可递归进行扩充。

物理资源通过共享可变为多个虚拟机。CPU 调度程序使各个进程共享 CPU,从而使每个用户感觉有自己的处理机。而请求分页技术可为每个虚处理机提供它自己使用的虚拟存储器。事实上,一个虚拟机的虚拟存储内存可大于或小于物理机的实际内存。SPOOLing 系统的文件系统就提供了虚拟读卡机和虚拟行式打印机。通常,分时用户的终端提供了虚拟机控制台的功能。

处理磁盘系统是一个难办的问题。设物理机有 3 台磁盘机。但是想要提供 7 台虚拟机。显然,不可能为每台虚拟机分配一台磁盘机,而虚拟机软件本身也需要实际的盘空间用来支持虚拟存储和 SPOOLing 技术。一种解决办法是提供多个虚拟盘,除了大小之外,在其他方面它们都是按照需要在物理盘上分配若干磁道。当然,全部小盘容量的总和一定小于物理可用的实际数量。

这样,每个用户都有自己的虚拟机,在其上运行自己所需的软件,如 IBM VM 系统(见图 9.10)。用户通常运行会话监控系统(CMS：Conversational Monitor System)单用户交互式操作系统,因此,用户见到在虚拟机上运行的是单用户系统。而实现虚拟机的软件完成多道程序设计,将多个虚拟机转换到一台物理机上。这个方案把多用户交互式系统分为两个较小的设计问题,所以很有用。

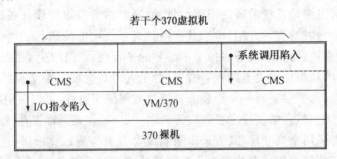

图 9.10　IBM VM/370 系统体系结构

虚拟机概念越来越得到广泛使用和流行,而其实现确实是相当困难的。其难点在于怎样提供下层机器的精确的副本。例如,下层机有两种方式:用户态和管态。由于是虚拟机式操作系统,它可以在管态下运行;而虚拟机本身只可在用户态下执行。因此,就像物理机有两种方式一样,虚拟机也必须有两种方式:虚拟用户方式和虚拟管理方式,二者都是运行在物理用户方式下。像执行系统调用或执行特权指令,这些在实际机器上导致从用户方式转到管理方式,在虚拟机上也必须从虚拟用户方式转到虚拟管理方式。

这种转换通常是容易实现的。如系统调用,可以通过在虚用户态方式下在虚拟机上运行一个程序而得到,在实际机器中系统调用要转到虚拟机的管理程序。虚拟用户态也是物理用户态。当虚拟机管理程序得到控制权时,它可以为虚拟机改变寄存器和程序计数器的内容,来模拟系统调用的影响。然后,它可以重新启动该虚拟机,此时所处状态是在虚管理态下。如果虚拟机想从虚拟读卡机上读卡,它要执行一条特权 I/O 指令。因虚拟机是在物理用户态下运行,该指令产生捕获事件,陷入到虚拟机管理程序,后者模拟此 I/O 指令的影响。其结果就像在实际机器的管理态下在一台实在的读卡机上读卡一样。

当然,在实际机器上和在虚拟机上执行的时间是不同的,这是二者的主要差别。对于 I/O 来说,虚拟 I/O 比真实 I/O 花费的时间可能长一些,也可能短一些。一般来说,在虚拟机上执行 CPU 指令要比在真实机器上慢。

虚拟机概念带来很多好处，它可以实现完全保护，而虚拟机系统为操作系统的研究和开发提供了完美的工具，而通常所说的核扩充方法就是实现虚拟机的技术。这种方法是以裸机（硬件）为核心，外面一层一层地"穿上"软件"外衣"，最终在用户面前的机器就是功能强、使用方便的多台虚拟机。虚拟机方法把多道程序和扩充机器的功能完全分开了，使每一部分都简单、灵活，更易于维护。

2. 现代虚拟机

虚拟机的概念出现在20世纪60年代。近年来随着计算机硬件技术的发展以及人们对信息安全的重视，虚拟机的概念得到了前所未有的重视和应用，虚拟机服务器已经从大型机拓展到Intel平台，

目前Intel虚拟机领域主要有四家公司在竞争，包括VMware、Connectix、Swsoft和Xen Source等。而微软公司目前也加入到虚拟机软件的竞争中来。这里简要介绍Java虚拟机和VMware等现代虚拟机技术。

（1）Java虚拟机

当1995年SUN推出Java语言。这是一种面向对象、分布式、安全的多线程语言。Java的一个特点是平台无关性。所谓平台无关性是指Java能运行于不同的系统平台上。

Java之所以有平台无关性，是由于Java虚拟机（Java Virtual Machine，简称JVM）的存在。Java虚拟机建立在硬件和宿主操作系统之上，具有Java二进制代码的解释执行功能。使用Java编写的程序，不受硬件平台和操作系统的限制，由JVM解释执行。

可见由于Java虚拟机的存在，Java语言代码可以通过网络在各种计算机上进行迁移，能够在网络中的各种计算机上正常运行，符合当代网络计算模式的要求。

Java虚拟机是软件模拟的虚拟计算机，可以在任何处理器上执行保存在.class文件中的字节码。Java虚拟机中的Java解释器负责将字节码文件解释成为特定的机器码以投入运行。Java虚拟机的建立需要针对不同的软硬件平台做专门的实现，既要考虑处理器的型号，也要考虑操作系统的种类。目前在SPARC结构、x86结构、MIPS和PPC等嵌入式处理芯片上、在UNIX、Linux、Windows和部分实时操作系统上都有Java虚拟机的实现。

Java虚拟机在执行.class文件中字节码时，需要经过三个步骤，并进行代码安全性检查。首先由类装载器（class loader）负责把类文件（.class文件）加载到Java虚拟机中，在此过程需要检验该类文件是否符合类文件规范。其次字节码校验器（bytecode verifier）检查该类文件的代码中是否存在着某些非法操作，例如applet程序中写本机文件系统的操作。如果字节码校验器检验通过，由Java解释器负责把该类文件解释成为机器码以投入运行。Java虚拟机采用的是"沙盒"运行模式，即把Java程序的代码和数据都限制在一定内存空间里执行，不允许程序访问该内存空间外的内存，如果是applet程序，还不允许访问客户端机器的文件系统。

（2）VMware

VMware虚拟机软件提供了硬件级的虚拟，虚拟了Intel平台，可以在一台电脑上模拟出来若干台虚拟PC，每台虚拟PC可以运行单独的操作系统和应用程序而互不干扰。这样可以实现一台电脑"同时"运行几个操作系统，还可以将这几个操作系统连成一个网络。

比如，可以在一台电脑上先安装Windows Server 2000，再在Windows Serve 2000上安装虚拟机软件VMware，利用VMware模拟出来3台PC，在这3台PC上分别运行RedHat 7.2、Windows 98和Solaris 8 for x86操作系统。这样，包括Windows Server 2000在内，一共有4

个操作系统同时在一台电脑上运行,互不干扰,并且处在同在一个局域网内。

VMware 虚拟机软件通过分区(partition)技术为运行于 VMware 的操作系统映像提供了一整套虚拟的 Intel x86 兼容硬件。这套虚拟硬件虚拟了全部硬件设备——主板芯片集、CPU、内存、SCSI 和 IDE 磁盘设备、端口以及显示设备等等。并且每个虚拟机都被封装到一个文件中,因此可以实现工作负载的无缝移植。

VMware 在模拟一个 Intel 平台时,由于它本身就是建立在 Intel 的平台上,这样,VMware 可将许多指令直接传给 CPU 执行,而不需要转译,由此加快运行速度。相比较之下,Java 虚拟机就必须先将 Java byte-code 转成 Intel 指令才能进行模拟。显然,Java 虚拟机的运算速度就要慢一些。

VMware 虚拟技术有两个显著特点。第一,直接在硬件上运行虚拟机,根本不需要宿主操作系统。第二,VMware 实现了分区隔离,每个分区只能占用一定的系统资源,包括磁盘 I/O 和网络带宽。有了安全隔离,某个分区上的恶意用户就无法破坏另一个分区。

Intel 平台服务器虚拟技术还是新生事物,由于 VMware 具有硬件独立性和封装能力,VMware 虚拟机目前已经在刀片式服务设备和网格计算等领域有了诸多的应用。

9.5.4 客户/服务器(微内核)结构

操作系统结构技术的发展是与整个计算机技术的发展相联系的。当前计算机技术发展的突出特点是要求广泛的信息和资源的共享。这一要求促使网络技术的普遍应用和发展。由于网络技术逐渐成熟并实用化,再加以数据库连网已是计算机应用的新趋势,所以为用户提供一个符合企业信息处理应用要求的分布式的系统环境是十分必要的。事实上,在一个企业或部门中,数据一般总是在它产生的各个现场上就近被存储、管理、加工、组织和使用,只有少量的数据或加工后的信息才是供全局共享或为局部所使用的。所以,分布式处理才是真正合乎客观实际和新的应用需要的潮流。如果操作系统是采用客户/服务器结构,它将非常适宜于应用在网络环境下,应用于分布式处理的计算环境中。这种体系结构所具有的一些特征(后面将会看到)又被称为微内核的操作系统体系结构。

1. 第一代微内核结构

典型的采用微内核结构模式的操作系统有卡内基·梅隆大学研制的 Mach 和 Windows NT 的早期版本。这是第一代微内核结构,它们的共同特点是操作系统由下面两大部分组成:

(1) 运行在核心态的内核:它提供所有操作系统基本都具有的那些操作,如线程调度、虚拟存储、消息传递、设备驱动以及内核的原语操作集和中断处理等。这些部分通常采用层次结构并构成了基本操作系统。因为这时的内核只提供了一个很小的功能集合,所以通常又称为微内核。

(2) 运行在用户态的并以客户/服务器方式运行的进程层:这意味着除内核部分外,操作系统所有的其他部分被分成若干个相对独立的进程,每一个进程实现一组服务,称为服务进程(用户应用程序对应的进程,虽然也以客户/服务器方式活动于该层,但不作为操作系统的功能构成成份看待)。这些服务进程可以提供各种系统功能、文件系统服务以及网络服务等。服务进程的任务是检查是否有客户机提出要求服务的请求,并在满足客户机进程的请求后将结果返回。而客户机可以是一个应用程序,也可以是另一个服务进程。客户机进程与服务器进程之间的通信是采用发送消息进行的,这是因为每个进程属于不同的虚拟地址空间,它们之间不能直接通信,必须通过内核进行,而内核则是被映射到每个进程的虚拟地址空间内的,它可以操纵所有进程。客户机进程发出消息,内核将消息传给服务进程。服务进程执行相应的操作,其结果又通过内核用发消息方式返回给客户机进程,这就是客户/服务器的运行模式。

这种模式的优点在于,它将操作系统分成若干个小的并且自包含的分支(服务进程),每个分支运行在独立的用户进程中,相互之间通过规范一致的方式接收发送消息而联系起来。操作系统在内核中建立起了最小的机制,而把策略留给在用户空间中的服务进程,这带来了很大的灵活性,直接的好处是:

① 可靠:由于每个分支是独立的、自包含的(分支之间耦合最为松散),所以即使某个服务器失败或产生问题,也不会引起系统其他服务器和系统其他组成部分的损坏或崩溃。

② 灵活:便于操作系统增加新的服务功能,因为它们是自包含的,且接口规范。同时修改一个服务器的代码不会影响系统其他部分,可维护性好。

③ 适宜于分布式处理的计算环境:因为不同的服务可以运行在不同的处理器或计算机上,从而使操作系统自然地具有分布式处理的能力。

2. 第一代微内核结构的缺陷

当然第一代微内核结构也有它的缺陷,主要在于效率方面。因为所有的用户进程只能通过微内核相互通信,微内核本身就成为系统的瓶颈,在一个通信很频繁的系统中,微内核往往不能提供很高的效率。

第一代微内核性能上的问题有两个方面的原因。其一是,在进行系统调用时,产生了过大的上下文切换开销。其二是,低效率的 RPC。下面进行具体的分析。

在单体结构中,客户机对服务器的文件操作请求需要两次切换:一次控制转向内核(从应用切换到内核),另一次控制转回应用(所请求的服务完成之后)。

在第一代微内核中,同样的操作需要进行四次上下文切换:一次到内核,请求把一条消息发往服务器;一次到服务器,提供所请求的服务;一次控制从服务器返回内核;最后,控制返回给客户机。事实上,由于通常服务器自身被分成了若干应用,所以可能会需要更多的切换。例如,假设设备驱动位于自身的地址空间,那么在文件服务器需要调用一个磁盘设备驱动程序时,这样的上下文切换会增加到 8 次(参见图 9.11)。

在整体式内核文件操作中的上下文切换

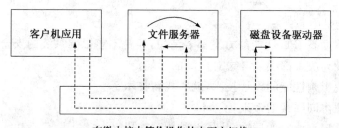

在微内核中等价操作的上下文切换

图 9.11 在整体式内核和第一代微内核中的上下文切换

第一代微内核性能上的第二个问题表现为低效率 RPC（Remote Procedure Call）。RPC 可以发生在机器之间（即通过网络）或在机器内（即 IPC，在同一个机器内的不同保护域之间）。RPC 是一个客户应用调用某个服务器上的一个过程。为了调用某个服务器上另一个服务，有关的 IPC 以及上下文切换都被封装起来，使得应用可以像调用普通子程序一样实现该调用。

3. 第二代微内核结构

在 20 世纪 80 年代和 90 年代初期，由于基于微内核操作系统在性能方面所存在的问题，有关微内核操作系统的研究几乎停滞了。新的第二代微内核出现在 20 世纪 90 年代后期。第二代微内核针对第一代微内核的缺陷，采取以性能为中心的严格设计，取得了满意的效果。第二代微内核的典型系统是 L4 和 QNX。下面对 L4 做一些介绍分析。

L4 是 GMD（German National Research Center for Information Technology）在 1995 年研发的，其前身是 L3。L3 内核是一个实现数据类型 task 的抽象机，一个 task 包括了线程（thread）、称为数据空间（data space）的存储对象以及一个数据空间映射进去的地址空间（address space）。页面处理通过默认或外部 pager 任务完成。所有任务之间的交互以及与外部世界的交互都是基于 IPC 的。IPC 在 L3 中大量使用，线程通过（包含字串与/或存储对象的）消息通信。逻辑以及物理设备驱动作为用户级的任务通过 IPC 实现。

L4 提供三种抽象（task、thread 和 address space），并且只有 7 种系统调用、12 KB 的代码。L4 吸取了过去微内核的教训。L4 的 IPC 通信速度比第一代快 20 倍。例如跨地址空间 IPC 大约是 $4\,\mu s$，而 Mach 的对应速度是 $115\,\mu s$。由于 IPC 是最常用的功能，所以这个差别给予 L4 较大的性能改善。在 L4 中，实现一个空 RPC 需要 280 个 CPU 周期，与第一代微内核 Mach 的 3000 个 CPU 周期相比，是极大的改进。

有研究小组在 L4 移植了 Linux，并与第一代 Mach 微内核上的 MkLinux 进行性能比较，考察第二代微内核是否合适在真实世界中应用。在 L4Linux 中，Linux 内核作为服务器运行在 L4 上，L4 将整个物理内存映像进 Linux 服务器。L4 通过 IPC 消息把中断传递给 Linux 服务器，并通过 IPC 处理 Linux 的系统调用。

L4Linux 与 MkLinux 的实验对比结果如下。在一台 133MHz Pentium PC 上，Linux 的 getpid() 系统调用花费 $1.68\,\mu s$，而 L4Linux 是 $3.94\,\mu s$，而在 MkLinux in-kernel 中是 $15.41\,\mu s$，在 MkLinux 的用户模式中是 $110.60\,\mu s$。比较整个系统调用的性能，L4Linux 达到 91.7% 的 Linux，MkLinux in-kernel 是 71%，而 MkLinux user 是 51%。实验结果表明，在第二代微内核上可以实现高性能并具有高度的可扩展性的常规操作系统。

这里列出 L3/L4 研究人员为了克服第一代微内核的 IPC 困境所坚持提出的一系列设计原则：

(1) IPC 性能是中心；
(2) 任何能够提高 IPC 性能的方案都要考虑，但是不能影响系统的安全；
(3) 所有的设计决策都必须考虑对性能的影响；
(4) 如果出现影响性能的设计技术，就寻找新技术；
(5) 必须考虑协同因素的效果；
(6) 设计必须覆盖所有的层次，从体系结构到编码；
(7) 设计必须处在一个坚实的基础上。有些设计依赖独特硬件，而有的则更通用，后者更适合视为一个坚实的设计基础。

可见,第二代微内核之所以能够取得了较第一代微内核明显的高性能,其原因不是由于什么诀窍,而是源于在操作系统的所有设计阶段进行严格的设计协同与实现的结果。

9.5.5 Exokernel 结构

传统的操作系统对系统资源进行抽象和保护。例如,通过虚拟存储器抽象物理存储器,通过文件抽象磁盘块,通过进程抽象 CPU,等等。传统的抽象和保护有三个优点:

首先,它为下面的硬件提供了一个可移植的接口;应用就无须考虑硬件的具体细节。

其次,提供了大量的默认功能,应用程序员不需要编写设备驱动和其他底层代码。

第三,提供保护,操作系统控制了所有资源,控制了应用对资源的访问,避免了错误和故障。在多个应用和多个用户使用同一个机器时,这样的抽象和保护是有益的。

这样的设计给予授权服务器和内核以管理资源的权利,而不被信任的应用只能通过特权软件和相关接口使用资源。如此的设计存在固有的问题,由于应用的需求是多方面的,面向应用的接口就要考虑应用各种可能的需要。而实现这样全能的接口既不可行,代价也会过于高昂。

1. Exokernel 思想

美国 MIT 的 Exokernel 研究人员认为,无论操作系统提供怎样的抽象,面对一些应用而言,传统操作系统对系统资源的抽象和保护,仍旧是不合用的。所以,MIT 的 Exokernel 研究人员提出一种取消所有的操作系统抽象的解决方案,在 Exokernel 中,没有进程,也没有线程,只有 CPU 时间片和保护域。

Exokernel 提出了一种新的操作系统结构的设计考虑。Exokernel 只有一项责任,就是为各种应用提供带保护到硬件资源的通路。Exokernel 以几乎没有任何抽象的方式展示硬件。

考虑到不是所有的应用都需要定制资源管理,从而不需要直接与 Exokernel 通信,这样,就考虑多数程序可以与一类库链接,这些库隐藏了传统操作系统对低级资源的抽象。但是,与传统操作系统实现这些抽象方式不同,库实现是没有特权的,因此可以在需要时被修改和被替代。这些库称为库操作系统(Library Operating Systems,简称 LibOS)。Exokernel 实现了虚存、文件系统、网络处理以及进程。在这些库的上面进行应用的编制。

Exokernel 结构允许不可信的应用代码尽可能安全地控制资源,允许应用在不破坏系统的整体性基础上进行创新。例如,在虚存中,Exokernel 保护分页用的物理页面和磁盘块,但是把其他的管理留给应用(即,页面处理、分配、出错处理以及页表布局等)。Exokernel 的这种思想使得不可信的应用软件与拥有特权的操作系统一样功能强大,但是又不牺牲保护和效率。

2. Exokernel 设计原则

图 9.12 是基于 Exokernel 的系统结构示意图。图中,有一个 Exokernel 薄层,通过一套低级原语安全地连通并提供物理资源。LibOS 使用低级 Exokernel 接口,实现高层次的抽象,并且可以实现能够最佳满足特定用户应用需求的定制。这是一种可以扩展、定制和替代的抽象。例如,页表的结构可以在 LibOS 中变化,应用可以选择最合适的页表的特定实现。

Exokerne 设计原则如下:

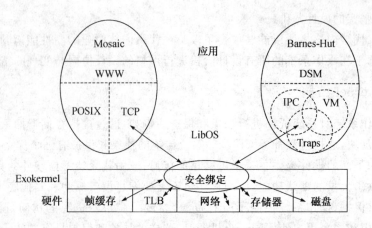

图 9.12 基于 Exokernel 的系统结构示意图

(1) 安全地提供物理资源

Exokernel 结构的关键在于，内核应该提供安全的低级原语，从而允许所有的硬件尽可能地被直接访问。这包括物理存储器、CPU、磁盘存储器、TLB（Translation Look-aside Buffer）等，也包括一些不是很明确的机器资源，诸如中断、例外处理以及交叉域调用（cross-domain call）等。而一些高级抽象，比如 UNIX 信号或 RPC 语义等则不应该在 Exokernel 原语中。Exokernel 必须为 LibOS 提供特权指令，以便实现在传统操作系统中的诸如进程和地址空间一类的抽象。

(2) 提供资源分配

Exokernel 应该允许 LibOS 请求特定的物理资源。例如，如果一个 LibOS 可以请求某个物理页面，那么就会减少工作集中的可能高速缓存中的冲突。而且，这种资源分配是显式的，LibOS 可以参加对相关资源的决策。这样资源的运用效率得到了提高。

(3) 提供资源物理名称

Exokernel 应该提供物理名称。这样就消除了所请求的虚拟名称和物理名称之间的转换。物理名称可以用来进行有效的资源属性编码。例如，在物理-引用的直接映像缓存中，一个物理页面的名称就可以确定哪个页面发生了冲突。

(4) 提供撤回操作

Exokernel 应该提供可见的资源撤回协议，这样 LibOS 可以有效完成应用级的资源管理。可见的撤回允许使用物理名称，并允许 LibOS 选择要进行撤回的特定资源。

9.5.6　面向对象操作系统

近 20 年来，面向对象程序设计语言的诞生并逐步流行，为人们提供了一种以对象为基本计算单元、以消息传递为基本交互手段的软件模型，该模型以拟人化的观点来看待客观世界（客观世界由一系列对象构成，这些对象间的交互就形成了客观世界的活动），符合人们的思维模式和现实世界的结构，随后而兴起的面向对象方法学也就逐步成为软件开发的流行方法。面向对象技术的成功也反映到操作系统研究领域中来。

1. 面向对象操作系统的基本概念

首先，面向对象操作系统是一个面向对象的软件系统。在面向对象操作系统中所有实体由对象表示,这些对象是类的实例。这包括:对硬件设备的封装;传统操作系统的实体,如进程、文件、资源分配和管理的系统数据结构、系统策略模块低级的操作系统数据结构,如页表以及设备控制寄存器等。

典型的类有 Processor(描述物理处理器)、Process(描述控制的逻辑线程)、PageTable(描述硬件页表)、VirtualMemoryRange(描述一段连续内存)、DeviceRegister(描述物理设备寄存器)以及 PhysicalMemoryFrame(描述物理存储器页面框)等。

2. 面向对象操作系统与传统操作系统的主要差别

面向对象操作系统与传统操作系统的主要差别是,它提供原语作为消息发送给系统对象。在面向对象操作系统中发送的消息具有以下三个特性中的一种:系统对象之间的正常(可信)消息发送,应用对象之间的正常消息发送以及应用对象和系统对象之间的不可信消息发送,参见图 9.13。

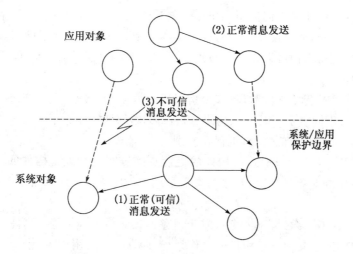

图 9.13 在面向对象操作系统中的方法调用

在面向对象操作系统中,操作系统提供一套应用接口原语,允许将应用请求与操作系统功能绑定,从而实现需要的服务并保证系统数据和功能的完整性。在系统一边的消息发送,对应的方法是正常的过程调用。在应用一边的消息发送也对应着正常的过程调用。而在应用向系统对象发送消息时,对应的调用方法必须跨越系统/应用边界,这就必须提供保护并且实现对系统服务的动态绑定。

如果是没有保护的面向对象操作系统,这种跨越系统/应用边界的调用就需要采用额外的非间接的方法实现,以便把消息发给系统对象。而有保护的面向对象操作系统则实现对系统对象的、超越特权级别的透明方法调用。

面向对象操作系统需要命名机制,以便为应用提供引用,或为系统对象提供权能字。一种解决方案是为应用提供到名字服务器对象的预定义引用,该服务器对象把符号名映像到引用。名字服务器通过一套对象集合定义了所有的为应用的系统服务。这些对象的类,该应用定义了操作系统应用接口。通过动态加减应用的名字服务器中的对象,就扩展或减少了接口。

3. 面向对象操作系统的优点

在传统方法中,与硬件结构相关的代码,必须重新编写。而面向对象操作系统通过类继承，可以做到代码的共享和重用。通常，一个新的设备或处理器的结构与原有的硬件差别不大。这样共同代码的部分可以抽象为新的类，而差别部分可以用这个类的子类描述。

面向对象操作系统可以方便地实现策略与机制分离。以进程调度为例。相关的机制很简单，空处理器需要通过某种途径从就绪进程中取得一个进程运行。而相关的策略就是如何确定就绪进程的运行次序。在面向对象技术中，调度问题可通过一个抽象 Schedular 类获得类的层次来解决这个问题。使用 FIFO-Schedular 类的一个实例就实现 FIFO 调度。而把该对象用 Priority-Schedular 类的实例替代，就把调度策略修改为基于优先级调度了。注意，这种调度策略的巨大变化，就只是替换一个对象，而在具体的程序设计中仅仅需要改变代码中的一行。

9.5.7 构件化操作系统

1. 构件的思想

对软件复用的关注使得人们试图寻找比对象粒度更大、更易于复用的基本单元，从而导致了软件构件技术的兴起，如果说在早期构件还基本上是一种设计级元素的话，那么近几年分布对象技术的进展已使得人们可以在语言级别上实现一个构件实体，面向构件的计算模型已被视为新一代的软件模型。

构件是软件开发过程中不同阶段（如分析、设计、编码、测试等）生成的不同形态（如类、框架、构架、模式等）、不同表示（如图形、伪码、语言等）的软件实体。

构件与对象之间存在类似之处，也存在差别。

首先，对象的概念限定性较强，而构件的概念更加宽泛。对象是构件的多种形态中的一种，但是构件不一定是对象。其次，对象基本上是一种程序员的设计工具。而构件更多的是一种具体的实体。

从构件的定义来看，多数面向对象或基于对象的操作系统都是基于构件的系统。事实上，在某种程度上，UNIX 是某种基于构件的操作系统，即，内核；实用程序，诸如 shell、cp 以及 ls；设备驱动程序；login 进程；X-Window；虚拟文件系统；等等。不过在这个粒度上的操作系统已经被广泛接受，所以一般不把 UNIX 看成是某种基于构件的操作系统。

2. 构件化操作系统的优势

采用构件的思想设计操作系统具有如下的优势。

解决软件的复用问题。构件是一种可以获取、配置和相互作用以组成一个功能系统的独立产品的部件。其方法的主要特点是：在每个构件内部建立严格的状态封装；各个构件功能专注，具有较强的相对独立性。这种封装有助于复用。

根据需要通过将操作系统的系统构件（如硬件抽象层构件、内存管理构件、进程与进程调度构件、文件系统构件）组装起来就可以生产出一个符合需求的构件化操作系统，如果需求发生变化，则可以通过添加构件或替换构件以满足需求，而不用重新编写操作系统。操作系统的通信设施也可以实现为构件，构件之间通过定义良好的接口进行交互。

构件化操作系统目前活跃于嵌入式操作系统领域，由于它具有可配置可替换的特性，并且能很好地支持软件复用，因而适应于嵌入式系统的低成本，专用性，可裁减性，进入市场快，以及可配置性的需求。

开发构件化操作系统大致有两种途径：一种是把现有的操作系统构件化，然后再用得到的构件组装成新的系统。由于操作系统本身具有各部分之间关系紧密复杂的特性，所以把操作系统构件化——是指把操作系统分成一个个完成独立功能的构件——并不是一件容易的事情。另一种途径就是用构件化的观点重新开发新的操作系统。

3. 典型构件化操作系统

在研究型操作系统中,试图通过构件来构造操作系统的典型系统有 Choices、OS-Kit、Coyote、PURE 以及 2K 等。这些系统都对操作系统构件进行了某种定义,不过各有设计处理和结构上的差别。

早期系统有 Choices 和 OS-Kit。Choices 使用一个复杂的面向对象的框架来构造整个操作系统。相反,OS-Kit 则提供一套操作系统构件用来配置操作系统。但是 OS-Kit 不提供任何规则来协助构造操作系统。Coyote 则采用非面向对象技术,重点放在通信协议的配置问题上。不过其再配置能力也许可以用在嵌入式操作系统领域中。PURE 是一个用于嵌入式操作系统领域的,提供操作系统构件进行配置和组装的项目。PURE 采用面向对象技术,提供嵌入式操作系统配置和定制用的各种构件。2K 则更多地考虑适应性,允许应用尽可能定制。2K 面向小型移动设备,如 PDA 等。

商业化构件化操作系统也有一些取得了成功,其中有 JavaOS、Jbed、MMLite、Pebble、icWORKSHOP 以及 eCos 等。它们都是面向嵌入式应用的基于构件的操作系统。不过对构件之间的交互作用的处理则各不相同。

9.5.8 嵌入式操作系统结构

嵌入式操作系统在当代操作系统中占据越来越重要的地位。所以本章专门安排一个小节对嵌入式操作系统的结构进行讨论。

嵌入式操作系统面向的应用领域很复杂,因而为了适应不同的需求,它们的结构也多种多样。

从应用要求上看,嵌入式操作系统应具有如下特点:

(1) 占用系统资源要少。这是因为不少嵌入式系统本身资源有限、嵌入式微处理器的运算速度有限、整个系统的存储空间相对较小,不论从性能角度还是成本角度都不可能允许嵌入式操作系统占据整个系统中一大部分的资源。

(2) 运行时占用较小的内存空间。通常嵌入式系统本身的整体内存空间比较有限。远远小于与一般桌面或台式计算机系统的内存空间。在目前的技术水平和通常的成本控制要求下,其数量级在几十K字节到几兆字节之间。

(3) 实时响应要求严格。在关键领域应用的嵌入式操作系统对实时响应的要求极其严格,比如嵌入在飞机碰撞检测处理的操作系统,起着避免机毁人亡的关键作用,必须达到系统规定的硬实时指标;而从事一般应用的嵌入式操作系统,至少也应能够具备软实时性能。

(4) 可靠性要求高。在关键领域应用的嵌入式操作系统不允许发生任何影响系统可靠性的故障,重新启动系统就可能意味着重大事故的发生。

(5) 较低的能源消耗。嵌入式系统经常通过电池等有限电源供电,因此节省能源、维持尽量长时间的正常运行,也通常是对嵌入式操作系统的重要要求之一。系统应该具有较小的能耗,并且具有较强的能源管理功能,能够根据系统的整体状况,降低某些部件的能源消耗,甚至关闭对某些次要部件的能源供应,以保证对关键部件的能源供应。

(6) 尽可能具有可移植性与结构及功能上的可配置性。从减少成本、缩短研发周期考虑,要求一个嵌入式操作系统能够应用在不同的微处理器平台上,并能针对硬件系统的变化进行结构及功能上的配置,以满足不同应用的要求。

1. 整体式结构与嵌入式操作系统

从原理上看,采用整体式结构思想设计专门针对有明确要求以及硬件适用环境的嵌入式操作系统是可行的。但是,这样设计出来的操作系统,依旧存在整体式结构操作系统所固有的问题。比如"系统演化困难、缺乏灵活性"等等。如果希望在一个系统平台的基础上,针对不同嵌入式应用进行配置或定制,那么整体式结构显然是不可取的。

Linux 是一个整体式结构的操作系统。从实际应用上看,一些机构和个人将 Linux 改造为嵌入式操作系统,在实时要求不严格的领域,取得了一定程度的成功。

但是,从本质上看,整体式结构的 Linux 并不完全适用于嵌入式领域。其主要问题如下:

(1) 过大的内核运行空间:Linux 内核的大小一直在不断增长,到 2004 年年初,Linux 内核已经超过 30 MB(.tar.gz)。典型的 Linux 运行空间需要 1.5MB(非压缩)。由于 Linux 内核的模块化结构,可以重新配置内核。不过,即使经过仔细的配置,不包括网络处理的内核运行空间也还需要 260KB。

(2) 不符合嵌入式领域对任务调度的要求:Linux 原本不是为了实时应用的,所以采用了非抢占的进程调度策略。为了实现实时响应,一般采取另外插入实时处理模块的方法。

(3) 存在中断不响应区(disable interrupt regions)问题:在实时操作系统中,存在着不能响应中断的情形,即所谓中断潜伏时间。有研究小组试图找出 Linux 不能响应中断的那些区域,并进行分析。由于打开或关闭中断的指令使用的是在相关的寄存器中的变量,再加上嵌套等情形,所以分析工作是很困难的。不过研究人员还是找出了约一半数量的不能响应中断的区域,共有 620 个,还有一半没有发现。而且某些区域甚至有三重循环,其执行时间在 100 MHz 的机器上会达到 250 μs。显然,这是任何一个实时操作系统研发人员都不想看到的。

2. 模块和分层结构与嵌入式操作系统

为了设计上的简化,一些嵌入式操作系统往往采用简单的单地址空间结构,以换取系统运行的高效率。通常的方式是系统不区分用户空间和系统空间,所有的用户程序运行在同样的地址空间中。应用开发完成后与操作系统一起链接成一个单一的可执行代码内存映像文件,并被固化到目标设备的只读存储器中。这种方式极大地弱化了操作系统进行隔离和保护的能力,因而,一旦一个用户程序运行出错,很可能会导致整个系统崩溃。尽管如此,多数嵌入式应用具有较少的动态特征,也就是说系统中将运行的程序在系统设计阶段基本上是已知的,因而严格的测试可以将这一负面影响降到最低。另一方面,因为简单,系统在运行效率、实时性能和代码规模方面通常具有优秀的表现。这种结构在设计上通常兼有模块和分层的思想,一方面具有一个由不同模块组成的操作系统核心,另一方面也有较为明确的用户 API 集合,从逻辑上将操作系统核心与用户程序分离,但对于用户程序滥用地址空间却无法限制。

RTEMS 是这种结构的一个典型例子。RTEMS 内部明确化分为三个层次:RTEMS 核心、各功能模块、API 的实现。这种划分似乎有点类似于微内核结构,然而根本的不同是它没有隔离与保护措施。RTEMS 将应用、操作系统乃至目标硬件构成了一个整体,软件部分只在逻辑上被区分,各软件实体共享地址空间。系统各部分有明确的分工,具有一定的层次(主要从依赖关系上讲),但允许跨层访问。

采用类似结构的系统还有很多,例如 eCos、pSOS、Deltacore 等。

3. 微内核结构与嵌入式操作系统

我们在前面客户/服务器(微内核)结构一节中,分析过微内核的特点。从应用对嵌入式操作系统的要求来看,采用微内核结构设计嵌入式操作系统主要有如下长处:

(1) 在微内核中只保留了最基本、最重要的系统功能,占用空间小。

(2) 微内核结构的可伸缩性、可扩展性特别适合设计针对某类嵌入式应用的系统。

可以首先设计一个通用的针对某类嵌入式应用的嵌入式操作系统微内核。在该微内核基础上,构造面向特定应用的嵌入式操作系统,从而达到提高性能、同时缩短了设计周期的效果。

微内核结构尽管有着突出的优点,但是在应用到嵌入式操作系统中仍旧需要进行设计上的专门考虑。

首先,要精心选择进入微内核的系统功能。实现小内存运行的关键技术是依据嵌入式应用系统的特点,精心选择进入微内核的系统功能。不同的嵌入式应用系统有着不同的要求,凡是考虑不需要的功能,就撤去。这是在设计微内核嵌入式操作系统中的一项关键。

比如,有的类型的嵌入式应用中,不需要文件系统,所有的可执行代码都处于 ROM 中,并且在需要时动态装载进 RAM 中,那么就可以撤去所有涉及有关文件系统的系统调用考虑,简化进程间通信的设计,从而降低整个系统的开销。

还有,在一些嵌入式应用中,内存空间较小,而且也不使用外部较大容量的存储设备。在这种情形下,不采用虚拟存储管理或页面分配技术,程序直接在物理空间中运行是可取的。而且可以节省空间。

其次,要限制线程在内核中的使用。线程的使用在减小系统开销、提高运行效率方面,较进程而言已经前进了一大步。但是大量线程所带来的对系统内存的开销,仍旧是比较大的。

由于微内核结构在性能上的优势,所以大量嵌入式操作系统都采用了微内核结构。比如,VxWorks、Windows CE、PalmOS、QNX [Qnx]以及 Microware OS-9 等。

这些系统提供了较为完整的任务(进程)的概念,具有动态加载程序并提供动态链接库的功能,甚至提供了虚存支持。它们从功能上已经接近通用操作系统。它们执行环境与传统的桌面系统是类似的。这些系统与通用操作系统最大的不同在于设计目标:

其一,这些系统具有比一般通用操作系统更多的平台支持,包括不同处理器家族、主板和各种设备,同时非常便于移植。

其二,这些系统具有很强的配置能力,绝大多数功能允许用户根据应用需求取舍。

其三,这些系统充分考虑了实时应用的影响,更加重视系统行为的可预测性,而不是吞吐率。

其四,这些系统一般没有多用户的概念。一些较大的嵌入式操作系统还在硬件的支持下提供内存保护。

9.5.9 结构设计小结

结构设计是一个具有普遍性的问题,任何大型复杂的工程任务都要认真地考虑结构,具有并发特征的操作系统当然不会例外。

系统结构直接影响到系统的可靠性、可适应性及可移植性,也影响到系统的功效。因此,结构设计是设计任何大型软件的关键部分。

首先,由分析结构设计方法的发展过程,可以发现,一个新的结构设计方法的出现,往往伴随着一种新的结构概念和新的结构工具。如早期按功能划分模块而出现了整体式结构(模块组合结构)。随着进程作为结构概念的出现,发展了进程调度法,产生了操作系统的层次式结构(进程分层结构)。近年来,由于引入了数据为中心的模块概念,抽象出了管程、类程、路径等新的结构工具,从而发展了 PCM 方法,出现了操作系统的层次管程结构,而客户/服务器结构则与微内核结构概念密不可分。由此可见,结构概念和结构工具的研究是研究结构设计方法的先导。

其次,我们看到,随着操作系统的发展而出现的多种结构和结构设计方法各有自己的适用范围,而且有的还是互为补充的方法,如对于需要并发性的地方,特别是在多处理机的情况下,进程和消息通信机制仍然是一种理想的结构,而对于需处理成顺序执行的地方则采用管程较为合适。事实上,我们仔细分析各种结构,也可发现,后面发展的结构通常都吸收了以前的结构的优点。如层次管程结构就是吸取了模块组合结构和进程分层结构的优点而发展起来的,而且随着计算机系统的发展,随着程序设计方法学的研究的不断深入,随着软件开发工具的不断创新,必将会出现更新的结构和更好的结构设计方法。

最后,研究结构设计方法的主要思想方法可以简洁地归结为分解和抽象。分解的标准是使各成份间的依赖性降低到最低程度,从而使结构更加清晰、灵活,功效更高,也更容易维护。一个好的分解还依赖于抽象,只有把系统的基本成份抽象出来,才能有效地进行分解。这些也反映了程序设计范型发展过程中的出现的重要思想。

9.6 其他设计问题

9.6.1 操作系统的接口设计

操作系统的接口应该简单、完善并且可以有效地实现。简单的接口易懂、易用,并且实现起来极少出现错误。接口的简单并不是说它不能提供什么功能,一个好的接口应该使得用户可以方便地使用系统提供的任何功能。这二者相结合就要求操作系统的接口提供足够的功能,但是绝不繁琐。操作系统的接口设计包括两方面的内容:用户界面设计以及程序设计接口的设计。在设计操作系统接口的时候,这二者都有成熟的范型可以利用。

1. 操作系统的用户界面设计

现在的操作系统通常包含了图形用户界面,许多系统采用了图符式图形用户界面的交互设计范型,例如微软的视窗系列操作系统、SUN 的 Solaris 等。现在也有不少系统开始采用基于标记语言的图形用户界面,典型的有使用 HTML 的基于 WWW 页面的用户界面,这是一个发展方向。

2. 程序设计接口

这方面目前使用得比较多的范型是由 POSIX 规范定义的,各种 UNIX 均提供符合 POSIX 规范的程序设计接口。Windows 2000/XP 则主要提供了 Win32 范型的程序设计接口。

一般来说,操作系统的系统调用接口应该尽可能少并且每一个调用应该尽可能简单,因为增加了更多的代码,就会引入更多的错误。

9.6.2 一些操作系统的实现技术

1. 策略与机制的分离

现代操作系统的设计和实现讲求策略与机制的分离。所谓机制就是为实现某一个功能而提供的基础设施,而策略就是对这些基础设施加以利用,通过不同的组合方式、不同的参数配给等实现不同的功能目标。其一、将机制放进操作系统而把策略留给用户程序;其二,把机制放在较底层而把策略留在较高层;把机制集中在少数模块实现而策略散布在系统的很多地方。例如线程调度问题,操作系统核心实现了调度的基本机制,比如说那是一个具有256级优先队列的可抢占的调度算法,可是它并不管谁会被调度、谁的优先级是多少,它只负责按照一定的规则取出线程让其执行。策略的实现者则负责填写、改变线程优先级来达到不同的调度目的。

2. 静态结构与动态结构

操作系统的开发者经常会遇到选择静态结构还是动态结构的问题,通常静态结构更加容易理解,效率高,而动态结构实现往往比较复杂,但是具有更好的扩展性。一个简单的例子就是进程描述表。采用静态的数组结构时,访问算法非常简单而有效,但是进程的数目往往受限,因为要扩展一个静态数组是一件十分耗时而且麻烦的事情。如果采用链表结构,则进程数目不成问题,但是在链表中搜索一个特定的项目变得效率很低。

一般来说,当存储空间非常充裕的时候可以考虑采用静态结构,而在对实现的扩展性和适应性要求严格的地方则采用动态结构。

3. 自顶向下的实现与自底向上的实现

系统设计一般来说是自顶向下的,实现系统的时候,理论上可以是自顶向下的,也可以是自底向上的。采用前者的时候,系统实现从系统调用的处理程序开始,看它们需要什么样的系统机制和数据结构来支持。这些支持例程不断地写出来,很快就涉及到硬件的操作了。这种方式因为只有高层的实现,因而很难同步的测试系统。所以很多系统的实现者实际上采用了自底向上的构造方法。最初实现的是最低层的和硬件相关的部分,包括基本的I/O、中断处理、时钟管理程序等。之后是简单的调度程序,然后才是详细的系统数据结构定义与实现,其他功能才逐渐跟上。对于那些具有实力的大型软件公司,则通常是先做好了整个系统的详细设计,然后在一个很大的开发团队中分组实现不同的功能模块,最后进行拼装。

4. 隐藏硬件细节

硬件的种类太繁多了,一些非常底层细节都可以被隐藏在像硬件抽象层这样的系统模块中,可是还有许多的硬件细节是无法被这样隐藏。例如各种中断纷繁复杂,因为硬件设备的不可预知,操作系统的设计者没办法保证对它们做出完整、正确的处理,可是系统要在不同的机器上面运转起来就需要隐藏不同的中断信息。简单的处理方法就是发生中断时系统产生一个特定的消息,消息内容仅仅表明中断的类型,系统并不处理,而由收到消息的调度程序根据系统中断和驱动程序的映射表格,调度相应的驱动程序处理。

许多操作系统被设计成为能在多种硬件平台上面运行的系统,这些平台的差异可能体现在处理器、存储管理机制、字长、内存大小等许多方面。这些一般不能通过HAL定义。通常的处理办法是两种:① 动态检测信息,填入系统表格,例如内存大小的处理;② 在编译器中提供编译指示(例如 C 语言的宏开关),通过使用一个文件和设置编译指示开关,要求编译器编译代码的不同部分而生成不同的版本。

5. 间接处理

间接处理是指在被处理的对象和处理者之间增加一个映射层,以适应系统的不同应用场合。最直接的例子就是键盘处理。IBM 键盘的扫描码并不是 ASCII 码,键盘处理程序发现一个键被敲击了一次,它取得了键盘的扫描码,然后去查一个系统的键盘映射表,将这次压键解释为某一个字符。这个过程带来的好处是,当系统更换了使用习惯,例如用户从一个熟悉英语的美国人变成了一个只懂法语的法国老太太时,系统只需要更换一下键盘映射表就可以把键盘使用习惯从英语键盘变成法语键盘。操作系统中使用间接处理的例子还很多,此处不再举例。

6. 其他

其他的设计和实现问题还很多,比如如何优化一个操作系统的性能,这个问题比较复杂,主要的问题包括:优化什么样的代码;时间-空间的权衡;如何使用缓冲技术;如何寻找系统瓶颈等,本书不再展开详细的讨论了。另一个需要提一下的是操作系统开发过程中的项目管理问题,操作系统软件很庞大,往往会有一个庞大的开发团队,如何管理好这个团队,并且保证软件的质量是一门很大的学问,有兴趣的读者可以参看软件工程项目管理的有关书籍,结合操作系统的特点加以思考。

9.7 Linux 的体系结构

Linux 是一个复杂、庞大并且效率很高的通用操作系统。正是因为 Linux 具有良好的体系结构,它才能在保持效率的基础上不断地扩充自己的能力,丰富自己的功能。从体系结构层次上来说 Linux 不是层次式结构,也不是微内核结构,它是一个整体式结构,它的模块机制使它带有可扩展系统的特征。Linux 内核主要由五个子系统组成:进程调度、内存管理、虚拟文件系统、网络接口、进程间通信,如图 9.14 所示。

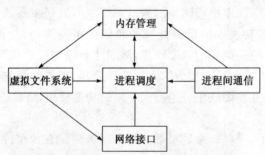

图 9.14 Linux 的子系统以及相关关系

处于中心位置的是进程调度子系统,所有其他的子系统都具有运行的实体,或者是中断处理例程,或者是核心级的进程,或者是用户进程,这些都依赖于进程调度才可以并发的操作。一般情况下,当一个进程等待系统服务完成时,它被挂起;当服务结束时,进程被恢复执行。例如,当一个进程通过网络发送一条消息时,网络接口需要挂起发送进程,直到成功地完成消息的发送后,网络接口给进程返回一个代码,表示操作的成功或失败。

各个子系统之间的依赖关系如下:

(1) 进程调度与内存管理之间的关系：这两个子系统互相依赖。在多道程序环境下，程序要运行必须为之创建进程，而创建进程的第一件事情就是将程序和数据装入内存。

(2) 进程间通信与内存管理的关系：进程间通信子系统要依赖内存管理支持共享内存通信机制，这种机制允许两个进程除了拥有自己的私有空间，还可以存取共同的内存区域。

(3) 虚拟文件系统与网络接口之间的关系：虚拟文件系统利用网络接口支持网络文件系统(NFS)，也利用内存管理支持 RAMDISK 设备。

(4) 内存管理与虚拟文件系统之间的关系：内存管理利用虚拟文件系统支持交换，交换进程(swapd)定期由调度程序调度，这也是内存管理依赖于进程调度的唯一原因。当一个进程存取的内存映射被换出时，内存管理向文件系统发出请求，同时，挂起当前正在运行的进程。

除了这些依赖关系外，内核中的所有子系统还要依赖于一些共同的资源。这些资源包括所有子系统都用到的过程。例如：分配和释放内存空间的过程，打印警告或错误信息的过程，还有系统的调试例程，等等。

9.7.1 进程调度(SCHED)

进程调度负责为每个进程分配处理器时间。当需要选择下一个进程运行时，由调度程序选择最值得运行的进程。可运行进程实际上是仅等待 CPU 资源的进程，如果某个进程在等待其他资源，则该进程是不可运行进程。Linux 使用了比较简单的基于优先级的进程调度算法选择新的进程。

Linux 的进程调度子系统具有如下的功能角色：
(1) 系统时钟的管理者；
(2) 中断调度的策略实施者；
(3) 进程调度的机制的实现者以及调度策略的实施者；
(4) 进程资源的控制者和管理者；
(5) 内核模块机制的建立者。

进程调度提供了两级接口：第一是从内核导出的用户可以使用的接口，主要针对应用程序开发者；第二是核心内可见的接口，主要针对核心模块以及驱动程序开发者。

9.7.2 内存管理(MM)

内存管理子系统负责实现多个进程安全的共享主存。Linux 支持虚拟存储，即在计算机中运行的每个程序，都有自己独立的编址空间，其代码、数据、堆栈的总量可以超过实际内存的大小，操作系统只是把当前使用的程序块保留在内存中，其余的程序块则保留在磁盘中。必要时，操作系统负责在磁盘和内存间交换程序块。内存管理从逻辑上分为硬件无关部分和硬件相关部分。硬件无关部分提供了进程的映射和逻辑内存的对换；硬件相关部分为内存管理硬件提供了虚拟接口。

内存管理子系统主要提供如下的功能：
(1) 公平的物理分配能力；
(2) 安全的进程间的存储共享能力；
(3) 虚拟存储系统实现进程间的存储分离与保护；
(4) 大物理内存与大进程编址空间支持。

9.7.3 虚拟文件系统(Virtual File System,简称 VFS)

虚拟文件系统隐藏了各种硬件的具体细节,为所有的设备提供了统一的接口,这一特性使得 VFS 可以支持数十种不同的具体文件系统。虚拟文件系统由逻辑文件系统和设备驱动程序两个大的功能体系构成。逻辑文件系统指 Linux 所支持的文件系统,如 Ext2、fat 等;设备驱动程序指为每一种硬件控制器所编写的设备驱动程序模块。

设备驱动程序负责把所有的物理设备规约为统一的表示,为用户提供统一的调用接口。与其他的 UNIX 系统类似,Linux 有字符设备、块设备以及网络设备三种基本的设备类型,相应的也有三种设备驱动程序。所有的驱动程序都支持文件访问接口,例如提供 read、write、seek 等基本函数。

Linux 通过类似 i 节点的方式实现了一组高层文件访问接口,具体的实现则由逻辑文件系统与虚拟文件系统的接口层实现,这样,通过这层映射,在 Linux 中用户访问各种实际的文件系统具有了统一的形式。虚拟文件系统还具有映射能力,将一个实际的文件系统的树状目录挂载到虚拟文件系统树状目录的某个位置。VFS 使得用户不必关心文件存储时的物理格式、也不必关心访问不同的逻辑文件系统时的区别,大大地提高了系统的可用性。

9.7.4 网络接口(NET)

NET 提供了对各种网络标准的存取和各种网络硬件的支持。网络接口可分为网络协议和网络驱动程序。网络协议部分负责实现每一种可能的网络传输协议。网络设备驱动程序负责与硬件设备通信,每一种可能的硬件设备都有相应的设备驱动程序。

Linux 主要支持 Socket 通信模型,它实现了两个标准的 Socket 库:BSD Socket 和 INET Socket,其中,前者是用后者实现的。图 9.15 体现了 Linux 的网络子系统的构成。

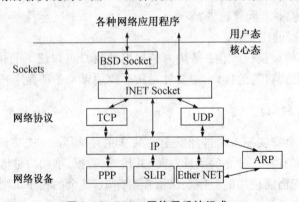

图 9.15 Linux 网络子系统组成

9.7.5 进程间通信(IPC)

IPC 支持进程间各种通信机制。主要包括几大类:信号(Signal)、锁(Lock)、管道(Pipeline)、信号量(Semaphore)、消息(Message)、套接字(Socket)、共享内存(Shared Memory)、等待队列(Wait Queue)和 System V 的 IPC 机制。

9.7.6 Linux 的核心模块机制

Linux 是一个整体式结构,为了使 Linux 具有良好的可扩展性,Linux 实现了一个称之为模块机制的内核动态伸缩方案。具体而言就是 Linux 可以根据需求,在不必重新编译内核和重新启动系统的情况下,可以将运行在核心的模块动态地加入和移走。大多数 Linux 模块是设备驱动程序或伪设备驱动程序,如网络驱动程序、文件系统等。

可以使用 insmod 和 rmmod 命令来装载和卸掉 Linux 模块,内核自己也可以调用内核驻留程序来按需要装载和卸掉模块。按需动态装载模块可以使内核保持最小,并更具灵活性。例如,一个系统很少用到 VFAT 文件系统,所以可以使 Linux 内核只在装载 VFAT 分区时,才自动加载实现 VFAT 文件系统的模块。当卸掉 VFAT 分区时,内核会检测并自动卸掉 VFAT 文件系统模块。当测试新程序时,如果不想每次都重新编译内核,动态装载模块的技术是非常有用的。但是,过多的运用模块会大量地消耗核心地址空间,并对速度有一定影响。模块装载程序是一段代码,它的数据将占用一部份内存。这样还会造成不能直接访问内核资源、效率不高的问题。一旦 Linux 模块被装载后,它就和一般内核代码一样。换句话说,Linux 内核模块可以像其他内核代码使系统崩溃。

当卸掉一模块时,内核先确定该模块不会再被调用,然后通过某种方式通知它。在该模块被内核卸掉以前,该模块须释放所有占用的系统资源(例如,内存或中断钩子)。当模块被卸掉后,内核从内核符号表中删除所有该模块提供的资源。如果模块代码不严谨,它将使整个操作系统崩溃。

9.8 Windows Server 2003 的操作系统体系结构

作为一个实际应用中的操作系统,Windows Server 2003 没有单纯地使用某一种的体系结构,它的设计融合了分层操作系统和客户/服务器(微内核)操作系统的特点。

Windows Server 2003 像其他许多操作系统一样通过硬件机制实现了核心态(管态,kernel mode)以及用户态(目态,user mode)两个特权级别。当操作系统状态为前者时,CPU 处于特权模式,可以执行任何指令,并且可以改变状态。而在后面一个状态下,CPU 处于非特权模式,只能执行非特权指令。一般说来,操作系统中那些至关紧要的代码都运行在核心态,而用户程序一般都运行在用户态。一旦用户程序使用了特权指令,操作系统能就借助于硬件提供的保护机制剥夺用户程序的控制权并做出相应处理。

在 Windows Server 2003 中,只有那些对性能影响很大的操作系统组件才在核心态下运行。在核心态下,组件可以和硬件交互,组件之间也可以交互,并且不会引起描述表切换和模式转变。例如,内存管理器、高速缓存管理器、对象及安全管理器、网络协议、文件系统(包括网络服务器和重定向程序)和所有线程及进程管理,都运行在核心态。因为核心态和用户态的区分,应用程序不能直接访问操作系统特权代码和数据,所有操作系统组件都受到了保护,以避免被错误的应用程序侵扰。这种保护使得 Windows Server 2003 可能成为坚固稳定的应用程序服务器,并且从操作系统服务的角度,如虚拟内存管理、文件 I/O、网络和文件及打印共享来看,Windows Server 2003 作为工作平台仍是稳定的。

Windows Server 2003 的核心态组件使用了面向对象设计原则,例如,它们不能直接访问某个数据结构中由单独组件维护的消息,这些组件只能使用外部的接口传送参数并访问或修改这些数据。可 Windows Server 2003 并不是一个严格的面向对象系统,出于可移植性以及效率因素的考虑,Windows Server 2003 的大部分代码不是用某种面向对象语言写成,它使用了 C 语言并采用了基于 C 语言的对象实现。

Windows Server 2003 的最初设计是相当微内核化的,随着不断的改型以及对性能的优化,目前的 Windows Server 2003 已经不是经典定义中微内核系统。Windows Server 2003 将很多系统服务的代码放在了核心态,包括像文件服务、图形引擎这样的功能组件,应用的事实证明这种权衡使得 Windows Server 2003 更加高效而且并不比一个经典的微内核系统更加容易崩溃。

Windows Server 2003 的体系结构的框架如图 9.16 所示。

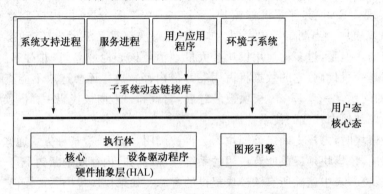

图 9.16 Windows Server 2003 体系结构框图

9.8.1 Windows Server 2003 的构成

图 9.17 中粗线将 Windows Server 2003 分为用户态和核心态两部分。粗线上部的方框代表了用户进程,它们运行在私有地址空间。用户进程有四种基本类型:

(1) 系统支持进程(system support process),例如登录进程 WINLOGON 和会话管理器 SMSS,它们不是 Windows Server 2003 服务,不由服务控制器启动。

(2) 服务进程(service process)就是 Windows Server 2003 的服务,例如事件日志服务。

(3) 环境子系统(environment subsystems),它们向应用程序提供运行环境(操作系统功能调用接口)。Windows Server 2003 有三个环境子系统:Win32、POSIX 和 OS/2 1.2。

(4) 用户应用程序(user applications),它们是 Win32、Windows 3.1、MS-DOS、POSIX 或 OS/2 1.2 这五种类型之一。

从图 9.17 中可以看到服务进程和用户程序是不能直接调用操作系统服务的,它们必须通过子系统动态链接库(subsystem DLLs)和系统交互。子系统动态链接库的作用就是将文档化函数(公开的调用接口)转换为适当的 Windows Server 2003 内部系统调用。

粗线以下是 Windows Server 2003 的核心态组件,它们都运行在统一的核心地址空间中。

(1) 核心(kernel)包含了最低级的操作系统功能,例如线程调度、中断和异常调度、多处理器同步等。

(2) 执行体(executive)用来实现高级结构的一组例程和基本对象。执行体包含了基本的操作系统服务,例如内存管理器、进程和线程管理、安全控制、I/O 以及进程间的通信。

(3) 硬件抽象层(HAL：Hardware Abstraction Layer)将内核、设备驱动程序以及执行体同硬件分隔开来,使它们可以适应多种平台。

(4) 设备驱动程序(device drivers)包括文件系统和硬件设备驱动程序等,其中硬件设备驱动程序将用户的 I/O 函数调用转换为对特定硬件设备的 I/O 请求。

(5) 图形引擎包含了实现图形用户界面(GUI：Graphical User Interface)的基本函数。

从基本的构成看,Windows Server 2003 和大多数的 UNIX 系统很相似,它也是一个集成操作系统——它的重要组件和设备驱动程序共享内核受保护的地址空间,任何操作系统组件和设备驱动程序可以很容易地破坏其他组件和驱动程序使用的数据,不过实际中这种事情很少发生。这些重要的系统成份都和应用程序隔离,这种保护使得 Windows Server 2003 保持了高效和健壮。

9.8.2 Windows Server 2003 的可移植性

Windows Server 2003 用两种方法实现了对硬件结构和平台的可移植性。

首先,Windows Server 2003 是一个分层的设计,依赖于处理器体系结构或平台的系统底层部分被隔离在单独的模块之中,系统的高层可以被屏蔽在千差万别的硬件平台之外。提供操作系统可移植性的两个关键组件是 HAL 和内核。依赖于体系结构的功能(如线程描述表切换)在内核中实现,在相同体系结构中,因计算机而异的功能在 HAL 中实现。

其次,Windows Server 2003 几乎全部使用高级语言写成——执行体、实用程序和设备驱动程序都是用 C 语言编写的,图形子系统部分和用户界面是用 C++编写的。只有那些必须和系统硬件直接通信的操作系统部分(如中断陷阱处理程序),或性能极度敏感(如描述表切换)的部分是用汇编语言编写的。汇编语言代码主要分布在内核及 HAL 中,极少量分布于执行体的少数区域(例如实现互锁指令的执行体例程)、Win32 子系统的核心部分和少数用户态库中。

9.8.3 Windows Server 2003 的详细体系结构

图 9.17 展示了图 9.16 的一些细节,下面我们就依据图 9.17 对 Windows Server 2003 的具体构成部分做些介绍。

1. 内核

内核执行 Windows Server 2003 中最基本的操作,主要提供下列功能：线程安排和调度；陷阱处理和异常调度；中断处理和调度；多处理器同步；供执行体使用的基本内核对象(在某些情况下可以导出到用户态)。

Windows Server 2003 的内核始终运行在核心态,代码短小紧凑,可移植性也很好。一般说来,除了中断服务例程(ISR：Interrupt Service Routine),正在运行的线程是不能抢先内核的。

(1) 内核对象

内核提供了一组严格定义的、可预测的、使得操作系统得以工作的基础设施,这为执行体的高级组件提供了必需的低级功能接口。内核除了执行线程调度外,几乎将所有的策略制定留给了执行体。这一点充分体现了 Windows Server 2003 将策略与机制分离的设计思想。

内核通过一组称作"内核对象"的简单对象帮助控制、处理并支持执行体对象的创建,以降低系统的策略开销。大多数执行体级别的对象都封装了一个或多个内核对象。内核控制对象集为

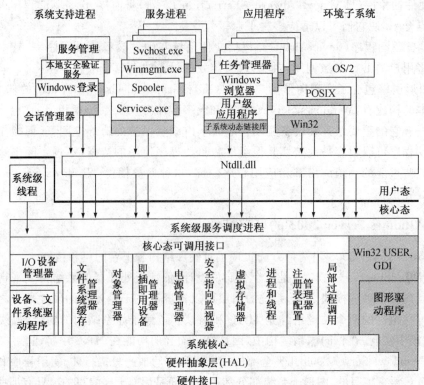

图 9.17 Windows Server 2003 的体系结构详图

控制各种操作系统功能建立了基本语义,它包括内核进程对象、异步过程调用(APC: Asynchronous Procedure Call)对象、延迟过程调用(DPC: Deferred Procedure Call)对象和几个由 I/O 系统使用的对象,例如中断对象。调度程序对象负责同步操作并影响线程调度,包括内核线程、互斥体(Mutex)、事件(Event)、内核事件对、信号量(Semaphore)、定时器和可等待定时器。执行体使用内核函数创建内核对象的实例,使用它们构造更复杂的对象提供给用户态。

(2) 硬件支持

内核的另外一个重要功能就是把执行体和设备驱动程序同硬件体系结构的差异隔离开,包括处理功能之间的差异,例如中断处理、异常情况调度和多处理器同步。内核支持一组在整个体系结构上可移植、语义完全相同的接口,Windows Server 2003 可以在任何机器上调用那些独立于体系结构的接口,不管代码是否因体系结构而异,这些接口的语义总是保持不变。一些内核接口实际上是在 HAL 中实现的,因为同一体系结构内可能也因平台系统而异。

内核包含少量支持老版本 MS-DOS 程序所必需的 x86 专用代码,这些接口是不可移植的。另一个内核中的体系结构专用代码的例子是提供缓冲区和 CPU 高速缓存转化支持的接口。因高速缓存执行方式的不同,对于不同的体系结构,这一支持需要的代码也不同。

2. 硬件抽象层(HAL)

HAL 是一个可加载的核心态模块 HAL.DLL,它为运行在 Windows Server 2003 上的硬件平台提供低级接口。HAL 隐藏各种与硬件有关的细节,例如 I/O 接口、中断控制器以及多处理器通信机制等任何体系结构专用的和依赖于计算机平台的函数。

3. 执行体

Windows Server 2003 的执行体包括五种类型的函数：从用户态导出并可调用的函数，这些函数的接口在 NTDLL.DLL 中；从用户态导出并可调用、但当前通过任何文档化的子系统函数都不能用的函数；在 Windows Server 2003 DDK 中已经导出并且文档化的核心态调用的函数；在核心态组件中调用但没有文档化的函数，如在执行体内部使用的支持例程；组件内部的函数。

执行体包含下列重要的组件：进程和线程管理器创建及中止进程和线程；虚拟内存管理器实现虚拟内存；安全引用监视器在本地计算机上执行安全策略；I/O 系统执行独立于设备的输入/输出，并为进一步处理调用适当的设备驱动程序；高速缓存管理器。

另外，执行体还包括四组主要的支持函数，供执行体组件使用：对象管理例程；本地过程调用（LPC：Local Procedure Call）机制，在同一台计算机上的客户机进程和服务进程之间传递信息；一组广泛的公用运行时函数，例如字符串处理、算术运算、数据类型转换和完全结构处理；执行体支持例程，例如系统内存分配（页交换区和非页交换区）、互锁内存访问和两种特殊的同步对象。

4. 设备驱动程序

设备驱动程序是可加载的核心态模块，是 I/O 系统和相关硬件之间的接口。Windows Server 2003 上的设备驱动程序不直接操作硬件，而是调用 HAL 功能作为与硬件的接口。

Windows Server 2003 中有如下几种类型的设备驱动程序：硬件设备驱动程序操作硬件；文件系统驱动程序接受面向文件的 I/O 请求，并把它们转化为对特殊设备的 I/O 请求；过滤器驱动程序截取 I/O 并在传递 I/O 到下一层之前执行某些特定处理。Windows Server 2003 支持即插即用和高级电源选项，它使用 Windows 驱动程序模型（WDM：Windows Driver Model）作为它的标准驱动程序模型。

5. 环境子系统和子系统动态链接库

Windows Server 2003 有三种环境子系统：POSIX、OS/2 和 Win32（OS/2 只能用于 x86 系统）。在这三个子系统中，Win32 子系统一直处于活动状态，而其他两个子系统只是在需要时才被启动。

环境子系统的作用是将基本的执行体系统服务的某些子集提供给应用程序，函数调用不能在子系统之间混用。用户应用程序不能直接调用 Windows Server 2003 系统服务，必须通过一个或多个子系统动态链接库作为中介才可以完成。每一个可执行的映像（.EXE）都受限于唯一的子系统。进程创建时，程序映像头中的子系统类型代码会告诉 Windows 新进程所属的子系统。

Windows Server 2003 中 Win32 是主子系统，基本函数都放在该子系统中，并且让其他子系统调用 Win32 子系统来执行显示 I/O。

POSIX 代表了 UNIX 类型的操作系统接口的国际标准集，它鼓励制造商实现兼容的 UNIX 风格接口，以使编程者能够很容易地将他们的应用程序从一个系统移到另一个系统。Windows Server 2003 实际上并不包括 POSIX 子系统。为了提供对 POSIX 标准的支持，微软公司提供了一个独立于操作系统的软件 Windows Service for UNIX（SfU），也称为 Interix，它是原 POSIX 子系统的超集。

OS/2 子系统在实用性方面受到很大的限制,它仅支持 x86 系统以及基于 16 位字符的 OS/2 1.2 或视频 I/O 应用程序。

习 题 九

1. 在设计操作系统时要考虑哪些因素,为什么?
2. 一个优秀的操作系统设计应该具备什么样的特点,如何理解这些设计目标?你认为 Windows Server 2003、Linux 等操作系统是否具备这些特点,请举例说明。
3. 操作系统设计的过程包括哪些阶段,在每个阶段都要考虑什么问题。
4. 什么是操作系统的结构?研究操作系统结构的主要问题和目标是什么?
5. 设计操作系统模块应该遵循什么样的原则?
6. 从结构设计的角度看,操作系统模块有哪几类?它们各自有什么特点,又有什么异同?
7. 请举例说明模块组合法的基本思想以及优缺点。
8. 层次式结构有哪些常见的类型?试比较它们的异同点。
9. 层次管程结构的主要思想是什么?相应的设计方法带来了什么好处?
10. 请用管程、类程和进程方法实现读数据并打印数据的例子。
11. 有哪些常见的操作系统的体系结构?Windows Server 2003 和 Linux 各自采用了什么样的体系结构?
12. 为什么 Linux 操作系统要采用整体式结构?
13. 客户/服务器的操作系统体系结构在分布式系统中使用非常广泛,你认为它能够用于单机环境么?
14. Windows Server 2003 具有客户/服务器结构的特征,那么在这些方面 Windows Server 2003 对原有的模型作了哪些调整,你认为这些调整是否有用?
15. 在客户/服务器的体系结构中,进程服务将决定谁被调度。系统的调度机制将在操作系统的核心内完成,而调度的策略则在进程服务中完成。那么进程描述表应存放在什么地方,是核心还是进程服务的私有地址空间?我们知道调度时的切换动作一定是在核心内完成的,那么核心是如何知道切换到哪里去呢?
16. 请分析虚拟机结构在近年又获得重视的可能原因。
17. Java 虚拟机有什么特点?
18. 读者如果使用过某种虚拟机软件,请具体分析其特点,包括该虚拟机软件对计算机硬件和操作系统等方面的要求。
19. 第二代微内核结构为什么能够获得较第一代微内核结构更好的性能?
20. 美国 MIT 的研究人员为什么要提出 Exokernel 结构?这种 Exokernel 结构有什么特点?
21. 在设计 Exokernel 结构时要考虑哪些原则?
22. 哪种结构适合运用在功能较全面的、通用型的嵌入式操作系统中?
23. 有一种嵌入式应用所提供的存储器空间很小,系统加应用不足 1M 字节,没有常见的 PC 机中的外设,但是要求较高的运行效率,应该采用哪种结构?
24. 能否将 Linux 应用在嵌入式操作系统中?请具体说明理由。
25. 请各举出一个适合使用嵌入式 Linux 操作系统的场景和不适合使用嵌入式 Linux 操作系统的场景。
26. 面向对象操作系统与传统操作系统的主要差别是什么?
27. 为什么要使用构件思想设计操作系统?
28. 构件化操作系统能够带来哪些益处?
29. 操作系统接口设计应该注意什么问题?
30. 操作系统设计时讲求策略与机制的分离,请用你所熟悉的系统为例,说明这一点。

31. 现代操作系统的设计很讲究机制与策略的分离,以使操作系统的结构和实现能够在一定范围内适应不同应用的需要。例如 Solaris 的调度器实现了进程调度的基本机制,同时它允许通过动态调整核心参数实现不同负载下的系统性能平衡,这就是一种机制与策略的分离。请再给出一个例子,说明怎样根据调度将机制与策略分开。

32. 请构造一种机制,允许父进程控制子进程的调度策略。

第 10 章 操作系统安全

本 章 要 点

- 计算机系统安全性:计算机系统脆弱性,计算机系统面临的威胁,安全目标
- 操作系统安全:基本概念(主体与客体、策略与机制、可信软件与不可信软件、安全功能与安全保证),操作系统的安全机制,安全设计原则
- 硬件安全机制:存储保护,CPU 安全技术
- 软件安全机制:身份识别(口令、挑战响应、加密、一次性口令),访问控制(自主访问控制、强制访问控制),可信通道,事件审计
- 信息安全与加密
- 恶意程序防御机制:恶意程序的分类,病毒防御机制,防范一般安全性攻击
- 隐蔽信道:隐蔽存储信道,隐蔽时间信道
- 基准监视器与安全内核:基准监控器,安全内核,可信进程
- 计算机安全模型:安全模型的作用和特点,Bell-LaPadula 计算机安全模型
- 计算机安全分级系统:安全性策略定义,安全层次与级别,UNIX 系统的安全级别
- 操作系统运行安全与保护:进程保护,内存保护,I/O 访问控制
- 网络安全:防火墙,防火墙的实现
- 安全防范实施

计算机系统处在信息化社会的关键位置上,计算机系统本身的安全性也随着计算机应用的广泛和深入而受到社会各界的高度重视。尽管如此,各种计算机系统的安全问题仍然层出不穷。

计算机系统安全的核心问题是操作系统的安全性,操作系统是计算机系统安全的基石。因此,如何设计安全的操作系统就成了关键问题。本章首先分析了计算机系统脆弱性以及计算机系统所面临的各种威胁——有入侵者,有恶意程序,还有数据的意外受损。本章指出计算机系统安全的主要目标是:安全性、完整性和保密性。

有关操作系统安全的一些基本概念,诸如主体与客体,策略与机制,可信软件与不可信软件,以及安全功能与安全保证等,都是很重要的。本章还对操作系统的安全机制以及安全设计原则做了概括性的介绍。这些内容对于读者深入理解本章的相关内容是有益的。

操作系统的各项功能与它底层计算机硬件特性的关系极为密切。同样,操作系统的安全机制也离不开计算机硬件的支持。本章简要介绍了在存储保护、CPU 安全方面的硬件技术。

从软件的角度看,操作系统的安全机制主要有三种:身份识别、访问控制和程序防御。

操作系统的第一道防线是身份识别。身份识别包括识别和验证这两方面的内容。口令,是最常用的识别身份手段,因此有必要对口令的安全性、口令的选择、口令记录与查找口令的传送以及加密等方面进行较深入的探讨。

操作系统的第二道防线是访问控制,它是操作系统安全的核心环节。访问控制是在身份识别的基础上,根据用户的身份对提出的资源访问请求加以控制。一般客体的保护机制有两种,一种是自主访问控制,另一种是强制访问控制。本章对这两种访问控制的各种实现途径,做了较为具体的阐述。

操作系统的第三道防线是程序防御。系统要采取各种措施防范恶意程序的破坏。这些恶意程序的类型是多种多样的,有病毒和蠕虫、逻辑炸弹、特洛伊木马以及天窗等。

人们发现,在操作系统中除了合法的信息信道之外,还存在有隐蔽的信息信道。操作系统的设计者和使用者希望发现信道,从而可以堵塞泄露系统信息的路径。黑客希望发现隐蔽信道,从而可以找到攻击计算机系统的隐蔽途径。本章对两种类型的隐蔽信道——存储信道和时间信道,都专门进行了讨论,并介绍发现和堵塞隐蔽信道的经验和措施。

目前常用的安全操作系统技术是安全内核技术。安全内核技术的关键是"基准监控器",本章对基准监控器以及有关的技术做了介绍和评价。

在有关计算机安全的理论研究方面,Bell-LaPadula 奠定了计算机安全模型的理论基础。有关该安全模型的基本思想和主要内容是本章重点之一。

在 Bell-LaPadula 模型的基础上,美国国防部公布了《可靠计算机评价准则》。这本橘皮书的思想已被安全操作系统的设计者们溶于安全操作系统的设计中了。我国在 1999 年公布了《计算机信息系统安全保护等级划分准则》(本章简称《准则》),这是我国计算机系统安全级别的划分标准。在本章中,对上述两个《准则》的主要内容做了介绍。

有了各种安全操作系统保护机制,还是远远不够的。操作系统必须对运行的程序施加保护。为此本章专门安排了有关进程保护、内存保护和 I/O 访问控制的一些技术手段方面的内容。

在 Internet 环境下,通信与网络的安全性问题是不能忽视的。几乎所有的计算机系统都通过某种方式,与某个网络相连,或者与其他计算机系统通信。防火墙是指施用在通信与网络上的一些安全防范措施的总称,为此本章安排了专门的小节介绍防火墙技术。

除了各种技术手段之外,在操作系统的运行环境中,如果没有严格的安全防范实施措施,再优秀的技术也是虚设。最好的报警系统是系统管理员及用户,读者务必要记住这一点,并时刻保持警惕。

10.1 计算机系统安全性

计算机系统在国民经济、社会和国防中的作用是非常重要的。计算机已渗透到社会的各个方面,由于在计算机系统内存储着大量的数据和文件,如何保证计算机系统的安全也越来越重要。

计算机系统的安全问题大致可分为恶意性和意外性两种类型。所谓**恶意性安全**问题,是指未经许可,对敏感信息的读取、破坏或使系统服务失效。在网络化时代,这类问题占极大比例,引起金融上的损失、犯罪以及对个人或国家安全的危害。所谓**意外性安全**问题,是指由于硬件错误、系统或软件错误以及自然灾害造成的安全问题。这种意外性安全问题可能直接造成损失,也可能为恶意破坏留下可乘之机。

比如,就有人利用计算机自身的电磁辐射进行恶意破坏。由于存在电磁波外泄,从而有可能产生信息泄露;另外,如果受外界电磁场的干扰,也容易破坏系统的正常工作。

又如,计算机系统的软件易受到各种各样的攻击。利用操作系统的弱点可以对系统资源进行非法使用，一些有价值的软件可以很容易被非法复制，甚至会引发计算机犯罪。

计算机系统涉及很多因素，例如，人、各种设施、设备、系统软件、应用软件、计算机内存储的数据、文件、网络上传输的大量信息等。因此，计算机系统的安全成为一个很重要的问题。人们从各个方面，投入诸多人力、物力与财力从事计算机安全的研究。但是，为安全采取的措施越多，系统成本就越高。所以，要根据实际情况采取相应措施，使系统安全性能价格比达到一个合理的水平。

10.1.1 计算机系统的脆弱性

计算机系统本身存在着一些固有的脆弱性，表现在以下几个方面。

(1) 数据的可访问性。在一定条件下，用户可以访问系统中的所有数据，电子信息可以很容易被拷贝下来而不留任何痕迹，并可以随意将其复制或删改。一旦获取了对计算机系统的访问权，系统内的数据全可为你所用。尽管操作系统可以设置一些关卡，但对于计算机系统专业人员来说，保守秘密相对很难。

(2) 存储数据密度高，存储介质脆弱。在一块磁盘上，可以存储大量数据信息，但是磁盘也容易受损坏与玷污，从而造成大量数据受损。

(3) 电磁波辐射泄露与破坏。计算机在工作时或数据在网络上传输时，都能够辐射出电磁波，任何人都可以借助并不复杂的设备，在一定范围内接收到它，从而造成信息泄露。同样，采用一定频率、一定强度的电磁波攻击计算机，被攻击的计算机系统会遭到破坏。

(4) 通信网络可能泄密，并易于受到攻击。随着 Internet 的普及，连接系统的通信线路，就可能被攻击。一台远程终端上的用户也可以通过计算机网络，接到计算机系统上，攻入或破坏系统。

10.1.2 计算机系统面临的威胁

社会对信息资源进行共享和有效处理的迫切需求是推动计算机技术发展的原动力。但是在 20 世纪后期，特别是进入 21 世纪之后，以计算机技术为核心的 IT 业遇到了严重的信息安全问题，不能在因特网背景下为经济、政治、金融、军事等领域提供有效的信息安全保障。人们认识信息安全问题通常是从对系统所遭到的各种成功或者未成功的入侵攻击的威胁开始的，这些威胁大多是通过挖掘操作系统和应用程序的弱点或者缺陷来实现的，

互联网计算机发生的第一次大规模安全侵犯是在 1988 年的 11 月 2 日，当时 Cornell 大学毕业生 Robert Tappan Morris 在 Internet 网上发布了一种蠕虫程序，结果导致了全世界数以千计的大学、企业和政府实验室计算机的瘫痪。现在还不知道 1988 年 11 月 2 日的发作是否是一次实验，还是一次真正的攻击。不管怎么说，病毒确实让大多数 Sun 和 VAX 系统在数小时内臣服。Morris 的动机还不得而知，也有可能这是他开的一个高科技玩笑，但由于编程上的错误导致局面无法控制。

很多安全问题都是源于操作系统的安全脆弱性。所以，必须研究操作系统的安全性问题。下面首先介绍针对操作系统安全的主要威胁。

1. 入侵者

从安全性的角度来说，我们把那些喜欢闯入与自己毫不相干区域的人叫做入侵者。

入侵者表现为两种形式：被动入侵者仅仅想阅读他们无权阅读的文件；主动入侵者则怀

有恶意,他们未经授权就想改动数据。在设计操作系统抵御入侵者时,我们必须要考虑抵御哪一种入侵者。以下是一些常见的入侵者种类:

(1) 普通用户的随意浏览。许多人都有个人计算机并且它们被连接到共享文件服务器上。人类的本性促使他们中的一些人想要阅读他人的电子邮件或文件,而这些电子邮件和文件往往没有设防。如,大多数的 UNIX 系统在缺省情况下新建的文件是可以被公众访问的。

(2) 内部人员的窥视。学生、系统程序员、操作员或其他技术人员经常把进入本地计算机系统作为个人挑战之一。他们通常拥有较高技能,并且愿意花费长时间的努力。

(3) 尝试非法获取利益者。有些银行员工试图从他们工作的银行窃取金钱。他们使用的手段包括调走多年不使用的账户,改变应用软件截取用户的利息,或者直接发信敲诈勒索("付钱给我,否则我将破坏所有的银行记录!")。

(4) 商业或军事间谍。受到竞争对手或外国资助的间谍,通常使用窃听手段,有时甚至通过搭建天线来收集目标计算机发出的电磁辐射,其目的在于窃取密码、机密数据、专利、技术、设计方案和商业计划等。

显然,防范商业或军事间谍与防止学生尝试在计算机系统内放入笑话是完全不同的。安全和防护上所做的努力应该取决于是针对哪一类入侵者。

2. 恶意程序

另一类安全上的隐患就是恶意程序。恶意程序是指非法进入计算机系统并能给系统带来破坏和干扰的一类程序。恶意程序包括病毒和蠕虫、逻辑炸弹、特洛伊木马以及天窗等,一般我们把这些恶意程序都用病毒一词来代表。本章稍后会给予进一步的分析。

从某种意义上来说,编写病毒的人也是入侵者,他们往往拥有较高的专业技能。一般的入侵者和病毒的区别在于前者指想要私自闯入系统并进行破坏的个人,后者指被人编写并释放传播企图引起危害的程序。

3. 数据的意外受损

除了恶意入侵造成的威胁外,有价值的信息也会意外受损。造成数据意外受损的原因有:

(1) 天灾:火灾、洪水、地震、战争、动乱或是老鼠对磁带和软盘的撕咬。

(2) 软硬件错误:CPU 故障、磁盘或磁带不可读、通信故障或是程序里出现的错误。

(3) 人为过失:不正确的操作、错误的磁带或磁盘安装、运行错误的程序、磁带或磁盘的遗失以及其他的可能过失,等等。

上述大多数情况可以通过适当的备份,尤其是对原始数据的异地备份来避免。在防范数据不被狡猾的入侵者获取的同时,防止数据意外遗失应得到更广泛的重视。事实上,数据意外受损带来的损失往往比入侵者带来的损失可能更大。在美国"911事件"中,一些在受损大楼中办公的公司由于事先在异地建立有数据备份中心,在灾难事件发生之后很快就利用数据备份中心的数据重建了公司业务,从而逃过了被迫关门的命运。

10.1.3 计算机系统安全目标

计算机系统安全主要涉及三方面内容:安全性、完整性和保密性。

1. 安全性

计算机系统安全性是一个整体的概念,包含了系统的硬件安全(硬件、存储及通信媒体的安全),软件安全(软件、程序不被篡改、失效或非法复制),数据安全(数据、文档不被滥用、更改和非法使用),也包含了系统的运行安全。前三类安全要求是静态的概念,运行安全则是动态的概念。计算机动态、静态的系统安全构成了完整的计算机系统安全概念。

安全又分为外部安全与内部安全。

(1) 外部安全

物理安全。是指计算机物理设备的安全,包括设备、设施和建筑物防护措施,防电磁辐射和防止灾害(自然灾害与人为灾害)等措施。

人事安全。指对参与计算机系统工作的人员进行审查,选择信任的人员等措施。

过程安全。是指准许某人对机器的访问和物理的 I/O 处理,例如,打印输出,磁带与磁盘的管理、复制,可信软件的选择,连接用户终端,以及其他日常系统的管理过程中所采取的安全措施。

(2) 内部安全

内部安全是指在计算机系统的软件、硬件中,提供保护机制来达到安全要求。内部安全的保护机制尽管是有效的,但仍需与适当的外部安全控制相配合。应相辅相成,交替使用。

(3) 杜绝非法入侵者

人们花了很大力气用于营造计算机系统的外部安全与内部安全。但是,有一点是不容忽视的,那就是防止非法用户的入侵,特别要防范冒名顶替者假冒合法的授权用户进行非法使用。

2. 完整性

完整性是保护计算机系统内软件和数据不被非法删改或受意外事件的破坏的一种技术手段。它可分为软件完整性与数据完整性两方面内容。

(1) 软件完整性

在软件设计阶段,具有不良品质的程序员可以对软件进行别有用心的改动,他可以在软件中留下一个陷阱或者后门,以备将来在一定条件下对系统进行攻击。

选择值得信任的系统软件设计者,是一个非常重要的问题。同时,也更需要采用软件测试工具来检查软件的完整性,并保证这些软件处于安全环境之外时,不能被轻易地修改。

装有微程序的 ROM 部件,也有可能被攻击,并对它进行修改。近年出现的 CIH 病毒就是一个典型的 ROM 部件被攻击的病毒事件。

在一个系统中,为保证软件的完整性,就必须对该软件进行验证,但验证的过程不能包括在这个软件中。因此,一般要由一些受保护的硬件来完成。比如,针对 CIH 病毒,有的厂家在主板设计上做了改进,防止未被授权的程序修改 ROM 中内容。

(2) 数据完整性

所谓**数据完整性**是指,在计算机系统中存储的或是在计算机系统间传输的数据,不被非法删改或受意外事件的破坏。

数据完整性被破坏,通常有以下几个原因:

① 系统的误操作。如系统软件故障,强电磁场干扰等。

② 应用程序的错误。由于偶然或意外的原因,应用程序破坏了数据完整性。

③ 存储介质的损坏。由于存储介质的硬损伤,使得存储在介质中的数据完整性受到了破坏。

④ 人为破坏。这是一种主动性的攻击与破坏。

3. 保密性

保密性是计算机系统安全的一个重要方面,它主要利用各种技术手段对信息进行处理,防止信息泄露。

此外，为保证系统安全而采取的安全措施本身，也必不可少地需要加以保护，如口令表、访问控制表等。这类信息是非常敏感的，它们不应被非法读取或删改。

再有，加密也是对数据有效保护的技术手段。

最后一个安全性问题是信息私密性或者称为"隐私（privacy）"问题，即如何保证私人的信息不被滥用。人们经常发现提供给银行或移动通信公司的个人信息，被非法盗取、暴露者出售。比如，在2004年就发现许多明星的私人电话被在网络上非法公布了，引发一系列法律和道德问题。这个话题绝对是十分重要的，不过它不是本书的讨论范围。

10.2 操作系统安全

本节介绍有关操作系统安全的一些基本概念，操作系统的安全机制以及操作系统安全的设计原则。

10.2.1 操作系统安全的基本概念

本小节介绍包括主体与客体，策略与机制，可信软件与不可信软件，以及安全功能与安全保证等有关操作系统基本安全的基本概念。

1. 主体与客体

在一个操作系统中，每一个实体组件或是主体或是客体，或者既是主体又是客体。

所谓主体是一个主动的实体。系统中最基本的主体应该是使用系统的用户，包括一般用户和系统管理员、系统安全员、系统审计员等特殊用户。主体是使用客体的事物。

客体是一个被动的实体。在操作系统中，客体代表计算系统中的被保护体，如内存、文件、硬件设备、数据结构及保护机制本身等。

被保护客体中有一类属于敏感客体，即能够影响操作系统正常工作、使系统最终混乱和停止运行的关键客体部位。计算机系统中的共享客体则是安全的关键因素，这些共享客体有：计算机内存、可共享的I/O设备（如磁盘、磁带、打印机等）可共享的程序及子过程、可共享的数据以及安全机制本身等。操作系统在被授权控制这些客体并完成共享时，必须保护它们，建立必要的安全机制。

进程是操作系统中最活跃的实体，包括用户进程和系统进程，一般有着双重身份。在这里，进程作为用户的客体，同时又是其访问对象的主体。当一个进程运行时，它必定为某一用户服务——直接或间接地处理该用户的事件请求。于是，该进程成为该用户的客体，或为另一进程的客体。可见，操作系统中的任一进程，总是直接或间接为某一用户服务。服务者是请求者的客体，请求者是服务者的主体，而最原始的主体是用户，最终的客体是一定记录介质上的信息（数据）。

系统进程是为所有用户提供服务的，因而它的权限随着服务对象的变化而变化，所以需要将用户的权限与为其服务的进程的权限动态地相关联。当某个系统进程与一个特定用户相关联时，这个系统进程在运行中就代表该用户对客体资源进行访问。

用户进程是为某一用户服务的，它在运行中代表该用户对客体资源进行访问，其权限应与所代表的用户相同。

2. 策略与机制

在讨论操作系统的安全问题时,一个组织的安全策略定义了用于授权使用其计算机及信息资源的一组规则。

而计算机保护机制是实施组织安全策略的工具。相同的计算机系统,其操作系统相同,但是可拥有不同的安全策略,即使他们采用了相同的保护机制。

例如,某学院的计算机系可能有这样的策略:即本科生实验室中的计算机只能轮流安排给计算机专业不同班级的本科生使用。为了支持此策略,有关的实现机制则需要既检查计算机专业学生的证件,又要检查学生所属的计算机专业班级列表。此机制的具体实现可能还需要其他诸如身份验证等设备来完成。

3. 可信软件与不可信软件

在讨论操作系统安全时,必须确信用户不会将属于该用户所有数据泄露给不应看到它的其他用户或对它进行不适当的修改。至于用户也许会对他的数据处理不当,这是另外的问题。信息的拥有者若想泄密,计算机是无能为力的。

一般来说,软件可以分为三大可信类别:

(1) 可信软件。软件保证能安全运行,不过系统的安全仍旧依赖于对该软件的无错操作。

(2) 良性软件。软件并不确保始终能安全运行,但必须确信它不会有意地违反规则。良性软件的错误被视为偶然性的,而且这类错误的发生虽然会影响系统的安全运行,但是不会影响或者破坏系统的安全。

(3) 恶意软件。该软件的来源不明或者其意图不明。从安全的角度出发,这类软件只能被视为恶意的,即认为该软件将对系统的安全造成破坏。

从上面对软件的划分,我们可以看到,最好的良性软件可能是可信软件;而一般而言,良性软件不是可信软件,即它们是不可信的,因为它不能保证系统的安全运行;但良性软件又不是恶意软件,因为它并不会对系统的安全造成破坏。

日常应用的软件多数是良性的,不论该软件是由优秀的程序员或者由不合格的程序员编写的,也不论该软件是系统程序还是应用程序。那么如何将恶意程序与良性程序分开呢?一般认为,良性程序不会泄露或者破坏数据,但是不能保证它偶尔会与恶意程序产生同样的不良效果。

由于没有一个客观的方法量度恶意程序与良性程序二者间的差异,因此处理异常敏感信息的环境中,则把良性和恶意软件归为同一类,即不可信软件。在处理异常敏感信息的环境中,这是构建安全系统的安全内核的一条基本原则。

在研究操作系统安全的过程中,一般认为操作系统核心是可信的。而其他的用户程序或者应用程序则是不可信的。之所以这样,是因为我们认为操作系统是由可信人员根据严格的标准开发出来的,并且通过先进的软件工程技术,例如形式化模型设计与验证技术或者其他技术,进行了严格的验证。

在设计操作系统的过程中,一般已经采取了措施,使得操作系统的核心部分成为可信软件,它们处于一个安全边界之内;而操作系统的一些非核心部分,则处于安全边界之外,即便它们不可信时,但也不会对系统造成破坏,即是安全的。

4. 安全功能与安全保证

在评估一个操作系统的安全性时,需要考虑两个方面的因素。一个因素是该操作系统的安全功能,即操作系统的设计者或者生产厂家所宣称的该操作系统的安全性能。另一个需要考虑的因素则是,这些宣称的安全功能有多高的可信度,如何确保这些安全功能是真正已经实现的,而且是有效的,即安全保证的?

为了有一个公正的标准对操作系统的安全功能进行测度,有关部门发布了各种安全评价体系(准则)。在这些安全评价体系(准则)中,系统所实现的安全功能被划分为不同的安全等级。安全功能主要说明操作系统所实现的安全策略和安全机制符合评价准则中哪一级的功能要求。而安全保证则通过一定的方法保证操作系统所提供的安全功能确实达到了规定的功能要求。有关的安全保证可以通过多个方面进行描述,诸如,系统的安全设计策略、实现机制、安全功能的测试和验证技术、相关的安全管理措施等。对系统配置管理、发行与使用、开发和指南文档、生命周期支持、测试和脆弱性评估等方面的管理要求也是确立操作系统的安全保证的重要部分。

在世界各国已经发布的安全评价体系(准则)中,有的将安全功能和安全保证结合在一起。比如美国橘皮书 TCSEC 准则。而美国国家标准与技术协会和国家安全局联合开发的联邦标准以及欧洲的 ITSEC 标准,则是把安全特性与保障能力分离成两个独立的部分。

我国的 GBl7859-1999 的制定主要是参考了美国橘皮书 TCSEC 和红皮书(NCSC-TG-005),将安全功能与安全保证合在一起,共同对安全产品进行要求和评价。而 GB/T18336-2001 则将安全功能与安全保证独立开来,分别要求。

10.2.2 操作系统的安全机制

在设计一个操作系统的安全性时,可以考虑的安全机制有如下几个方面:

(1) 物理隔离。例如,有的涉及国家核心机密的计算机系统干脆不与任何外部的网络系统发生任何物理上的联系。通过网络发起的任何攻击,也就当然不会影响到这样的系统了。

(2) 时间隔离。可以要求具有不同安全级别的进程在不同的时间间隔中运行。在某个时间段,低级别的进程被禁止运行。例如,某个网络服务器在进行内部系统调整、测试或升级时,不允许来自服务器外部的任何访问请求进入。

(3) 逻辑隔离。操作系统通过对系统中的主体和客体规定不同的安全级别,对主体的存取进行控制和限定,不允许主体存取其允许范围外的任何客体。比如,在 UNIX 系统中,可以对用户或用户组对某个文件的读、写等权限进行严格的限制。

(4) 密码隔离。进程以一种其他进程不可知的方式隐藏数据及计算。

通常,在设计操作系统的安全性时,很少单独运用一种机制,而是综合应用上述机制。

就这些机制实现的复杂性来看,物理隔离是最简单的,其次是时间隔离,逻辑隔离相对比较复杂,而最复杂的则是密码隔离。就系统资源的利用效率来看,显然物理隔离和时间隔离的机制有可能导致资源的利用率严重下降。所以在设计操作系统的安全性时,还必须综合考虑保证操作系统达到一定使用效率。

10.2.3 操作系统安全设计原则

一个操作系统的安全性设计是件相当困难的工作。人们在这个问题上奋斗了几十年也没有取得多少成就。不过还是有一些公认原则可以遵循的。国际知名教授 Andrew S. Tanenbaum 在《现代操作系统》一书中列出了如下一些操作系统安全的设计原则：

首先，应该公开系统设计方案。设计人员以为入侵者并不知晓系统工作原理的想法只会迷惑自己，因为入侵者迟早会弄明白。如果设计人员怀有这种侥幸心理，那么系统就完了。

第二，不提供缺省访问设置。一旦有了怀疑，系统就应该说"不"。

第三，时刻检查当前权限。系统不应该在进行完访问许可检查后仍然保持原有信息以便后续使用。一些系统在用户第一次打开文件时进行访问检查，但在用户下次访问时就不再检查了，即便所有者改变了文件的安全保护或甚至删除了文件也是如此。

第四，给每个进程尽可能小的权限。这一原则展现了一个细粒度的防护方案。比如，如果编辑器仅仅享有访问被编辑文件的权限，那么被安放了特洛依木马的编辑程序就无法进行破坏活动了。

第五，安全保护机制应该简单、一致，并深入到系统的最底层。试图改善当前不安全系统的安全架构是徒劳的，因为安全性就像正确性一样，不是修修补补可以达到的。

第六，所选的安全架构应该是心理上可接受的。如果用户感到保护自己的文件很费力，他们就不会使用。虽然如此，一旦出现了错误他们就会大声抱怨。仅仅回答，"这是你自己的错误"是不能被他们接受的。

除了上述内容之外，几十年来极为宝贵的经验是：设计应该尽量简单。

如果系统遵循上述指导原则，由单一结构构成，优雅而且简单，那么这个系统就很有可能是安全的。庞大的系统是潜在的不安全系统。代码越多，安全漏洞和 bug 就越多。从系统安全性角度来说，最简单的设计就是最好的设计。

10.3 硬件安全机制

操作系统与计算机系统的硬件结构密切相关。优秀的硬件保护性能是高效、可靠、安全操作系统的基础。最关键的计算机硬件安全机制主要涉及存储保护技术以及 CPU 的安全技术等。

10.3.1 存储保护

从操作系统安全角度看，计算机硬件应该提供存储保护，保护用户在存储器中的数据。保护单元可以是存储器中的某种数据范围，可为字、字块、页面或段。显然，保护单元越小，则存储保护精度越高。存储保护机制应该防止用户程序对操作系统的影响，并且能够对进程的存储区域实行互相隔离。下面介绍两种常见的存储保护技术。

1. 内存块保护码

为了实现存储保护，IBM360 机器采用了内存块保护码的办法，即把内存划分为块，每块为 2K 字节，并且每块都分配有一个 4 位的保护码。在 PSW 中包含有一个 4 位的密钥，如果一个正运行的进程试图对与 PSW 密钥中的保护码不同的内存进行访问，那么就由硬件引起陷阱。因为可修改保护码和密钥的只有操作系统，这样一种办法可以有效地防止某个用户进程试图干涉其他进程或试图干涉操作系统本身。

2. 基址和界限寄存器

在操作系统的存储管理中,我们知道可以采用基址(base)和界限(limit)寄存器技术解决地址重定位和存储保护问题。其方法是在机器里专门设置了基址寄存器和界限寄存器。在调度一个进程时,其分区的起始地址被调入基址寄存器,分区长度被调入界限寄存器。在访问内存时,进程生成的每一个地址被自动加上基址寄存器的内容,如果基址寄存器是100K,一条CALL 100指令实际上被转换为CALL 100K+100,而指令本身不必修改。界限寄存器自动检查指令,以确保它们没有试图访问当前分区以外的地址。由硬件保护基址和界限寄存器,以防止用户程序修改它们。

IBM 个人计算机中采用了此方法的一个较弱版本,即只有基址寄存器(段寄存器),没有界限寄存器。

10.3.2 CPU 安全技术

CPU 是计算机系统的基础和核心,因此 CPU 制造厂家都在致力于设计各种 CPU 硬件保护技术。这里简要介绍保护环技术和 NX 指令技术。

1. 保护环技术

在 Intel Pentium 的保护机制中,有 4 个保护级,其中 0 级权限最高,3 级最低。在任何时刻,运行程序都处在由 PSW 中的两位所指出的某个保护级上,系统中的每个段也有一个级别。

只要程序只使用与它同级的段,一切都会很正常。对更高级别数据的存取是允许的,而对更低级别的数据的存取是非法的并会引起陷阱。调用不同级别(更高或更低)的过程是允许的,但是要通过一种被严格控制的方法。为执行越级调用,CALL 指令必须包含一个选择符而不是地址。选择符指向一个称为调用门(call gate)的描述符,由它给出被调用过程的地址。因此,要跳转到任何一个不同级别的代码段的中间都是不可能的,只有正式指定的入口点可以使用。保护级和调用门的概念又被称为保护环(protection ring)。

这个机制的一种典型的应用是这样划分的:在 0 级是操作系统内核、I/O 处理、存储管理和其他关键的操作;在 1 级是系统调用处理程序,用户程序可以通过调用这里的过程执行系统调用,但是只有一些特定的和受保护的过程可以被调用;在 2 级是库过程,它可能是由很多正在运行的过程共享的,用户程序可以调用这些过程,读取他们的数据,但是不能修改他们;最后,运行在级别 3 上的用户程序受到的保护最少。

2. CPU NX 技术

近年来比较新的 CPU 硬件保护技术,是所谓的 NX(No eXecute)技术,这是一种内存溢出保护技术。有的公司称该技术为 EDB(Execute Disable Bit)保护技术。其主要原理是:系统通过处理器的 NX 功能,对内存中没有明确包含可执行代码的数据区,标记为 NX 即"不可执行"。如果某程序试图执行这些带"NX"标记的数据(这些数据有时会是病毒的源代码),那么操作系统将会自动关闭该程序。这样就能阻止非法程序在内存中运行。

在一般情况下,缓冲区溢出攻击会使内存中的缓冲区溢出,修改原先保存在堆栈中的返回地址,使之指向保存在某处的非法程序的入口。此时一旦堆栈中的数据在被 CPU 读入时,就可能转向运行保存在任意位置的非法程序。而 NX 技术则禁止了从堆栈及缓冲区等数据区中执行非法程序的可能,从而提高了系统的安全性能。

值得指出的是，我国的自主CPU产品龙芯一号在片内提供了类似的硬件机制，可以抗御缓冲区溢出攻击，从而增加了系统的安全性。

3. CPU加密技术

另一种硬件安全技术，则是在处理器中内嵌一种保密装置，来增强系统的安全功能。此项新技术使用户可以储存与安全相关的信息，以及开启或者封锁处理器内部经过加密的信息。Transmeta公司已经推出了具有这样技术的处理器。其他公司也在陆续推出类似的技术。

显然，保密装置内建在微处理器内，相比安装在另外一片芯片上，当然具有较强的安全功能。这样减少了处理器与另一芯片进行联结的需要，也就减少了泄密的可能。

10.4 软件安全机制

本节介绍从软件设计的角度，操作系统可以采用的各种安全机制。其中最常见的安全机制有身份识别、访问控制、事件审计和数字加密等。下面分别加以介绍。

10.4.1 身份识别

身份识别一般涉及两方面的内容，一个是识别，一个是验证。所谓识别就是要明确访问者是谁？即必须对系统中的每个合法（注册）的用户具有识别能力。要保证识别的有效性，必须保证任意两个不同的用户都不能具有相同的识别符。所谓验证是指访问者声称自己的身份后（比如，向系统输入特定的识别符）。系统还必须对它声称的身份进行验证，以防冒名顶替者。识别符可以是非秘密的，而验证信息必须是秘密的。

一般而言，身份识别有三类：

第一类："你知道什么?"这是对应于被识别人员的知识验证。

常见的"你知道什么"系统是口令验证。用户必须证明他知道一个秘密的口令，然后才有权访问计算机。

在口令机制中，有四种常用们方式，它们是：

普通文本

挑战性响应

加密

一次性口令

在这四种方式中，加密是最灵活也是最安全的。但是这种方式有专利问题存在，专利使得少数人富有，于是要到若干年之后才会有好的身份识别技术推广应用。

第二类："你有什么?"这是对应于被识别人员所持有物品的验证。

一般对这个类型的识别是使用某种物品。

最简单的物品识别方法是在终端上加锁，使用终端的第一步就是用钥匙打开相应的锁，然后，再做相应的注册工作。但是钥匙很容易被复制。

常见的物品识别方法还有：特别身份证、带磁条或光学条码的Smart card等。Smart card卡上嵌有微处理器芯片与存储器。"你有什么？"以是否拥有这些合适的物品作为识别依据。

值得指出的是，还必须有方法保护用于识别的物品本身。一旦发生丢失，应使这些物品在丢失后即失去效用。

第三类:"你是谁?"这是对应于被识别人员自身固有特征的验证。

基于知识的识别,有可能出现遗忘、出错、被窃取和欺骗等各种问题。基于物品的识别则有可能出现出错、被窃取和被仿冒欺骗等各种问题。在安全性要求较高的场合,人们注意到利用人类的某些特征进行识别更为有效。

人类的特征一般分为两种:一种是人的生物特征;一种是人的下意识动作留下的特征。

人的生物特征可以是面部、指纹、手印、视网膜、语音甚至 DNA 等。

人的下意识动作也会留下一定的特征,例如签名(手写)。由于人们频繁地、熟练地进行签名,这种动作已形成习惯,成为一种条件反射式的动作,不再受手臂肌肉的人为控制,从而形成一种下意识的动作。因此,签名会留下许多的特征。比如:书写时的力度、笔迹的特点等。根据这些特征就能够鉴别出签名人的身份。

人的特征具有很高的个性化色彩,世界上几乎没有两个的人的特征是完全一样的,所以安全性很高。基于生理特征的识别和验证机制已经进入实用,但实现起来费用相当昂贵。

基于特征的识别安全性高,但目前已出现特征被仿冒的现象,笔迹、指纹、声音、视网膜都可仿冒。因此,综合运用各种手段是较重要的一环。

1. 口令

口令是计算机和用户双方都知道的某个"关键字"(keyword),是一个需要严加保护的对象,它作为一个确认符号串只能对用户和操作系统本身识别。

(1) 口令的安全性

口令的安全性是操作系统设计时需要认真考虑的问题,它包括口令字符串的选择、口令数据的存放、口令的查找匹配等。

由于口令所包含的信息位较少,因此,它作为一种保护机制是很有限的。一个短的和明显的口令很容易被识破,使入侵者破坏安全注册有了可乘之机。在穷举攻击中,入侵者尝试所有可能的口令,尝试数目同具体口令系统的实现有关。在尝试数目较大时,临时入侵者是很难实现攻击的。对专业破译者而言,其成功破译的可能性同他采用方法的计算复杂性有关。

如果口令均匀分布,查找期望口令的搜索次数为口令总数的一半,然而口令并非均匀分布。由于人的思考记忆方式和心理因素,常常选择那些简单、易记、有某种规律和特征或者对自己有某种意义的字词作口令。攻击者利用人们的这些习惯,有目的地、分类地尝试获取口令,例如,在有的系统中,只测试长度小于或者等于 3 的口令仅需 18 秒。若假定口令为常用英文单词,对含有 8 万常用单词字典的检查仅需要 80 秒。如果用户采用与自身有关的东西作为口令,如亲友名、动物、街道、重要日期等,尝试成功的可能性就更大。研究表明,采用这种相关性进行口令探查的成功概率甚至达到 86%。

(2) 口令的选择

口令的选择是一个重要问题,必须选择合适的口令,并使口令很难被猜出且很难确定。

生成口令有两种途径,一为由拥有者自己选择,另一为由系统自动生成随机的口令。前者的优点是容易记,不会被忘记。但缺点是易被破获。后者的优点是随机性好,不易被猜测出来,但用户记忆很困难。

人们常常选择的口令有以下几种,倒过来拼写的有意义的字、用户的姓名、住址、街道名、城市名、汽车号码、房间号、社会保险号、电话号码、生日等。这些都对有意窃取别人口令的人提供方便。随机生成方产生的口令难于记忆。但是,研究表明:人类记忆有一些特点,同样对于一串没有意义的字符串,如果它们按人们正常发音规则发音,即使没有任何意义,也可以容易地记住。

对口令选择的建议如下。

① 增加组成口令的字符种类。除采用 A—Z 的字母外,增加字符种类可增加口令的破译难度。例如,仅采用大写 A—Z 字母,只有 26 种口令,加上大小写和数字后成为 62 种,若采用这些字符的组合,则大大增加了口令的选择度和破译难度。

② 采用较长的口令。当口令的字符数超过 5 时,其组合数将呈爆炸型增长趋势。口令越长,被发现和破译的可能性就越低。

③ 避免使用常规名称、术语和单词。非常规的字符组合会增大攻击者穷举搜索的难度,而不能使用简单的字典搜索。为帮助用户选择口令,有的操作系统随机地产生一些口令让用户挑选,这些口令虽无意义但可以拼读,可以有效地使用。

④ 保护口令秘密。不要将口令书面记录,也不要告诉任何人,并且定期更换口令,放弃过时的口令。有的操作系统在口令到期后提示并警告用户改换口令,或在口令失效后禁止用户操作和访问,或者强迫用户修改口令,这就更增大了口令使用的安全性。更换口令时,为了防止口令的重用,有的操作系统会拒绝最近使用过的口令,防止重复使用导致失密。

(3) 口令记录与查找

口令在系统中的保存是一个问题。口令不能用明文保存在系统之中。如果用加密方法对系统中存放的口令加密(如采用 DES 算法),那么加密密钥的保存又成了一个严重的安全问题。一旦密钥泄露,就可能把系统中所有口令都泄露出去。所以要求对系统中保存的口令的加密规定为单向,即只能进行加密,解密是不可能的。系统利用这种方法对口令进行验证时,首先将用户输入的口令进行加密运算,将运算结果与系统中保存的该口令的密文进行比较,相等就认为合法,否则认为是非法的。

系统口令表或口令文件也是攻击者的目标。因为口令验证需要将用户输入的口令与系统记录的口令进行比较确认,如果攻击者找到系统记录的口令,就不必去花费心机猜测。系统中用户的口令与用户 ID 一起形成一个列表,这个表是一个关键数据结构,根据系统设计不同,它可以作为一个文件存放在磁盘等辅助存储器中,也可作为一个特殊块存放在磁盘某个区域。为了加快系统响应,该口令表的副本还可能调入内存。入侵者可能会利用操作系统的某个漏洞找到这个表,从而盗取口令。

口令表的安全保护是强制性的,仅允许操作系统本身访问,或者进一步强制为仅允许那些需要访问该表的系统模块(如用户身份识别模块)访问,不允许其他无关的系统模块(如调度程序、记账程序或存储管理模块)访问。

一般情况下,对口令的加密存放将大大加强口令的安全系数。

(4) 口令的传送

口令一定要以安全的方式传送,否则它可能被泄露,使其失去意义。用加密方法解决不了这个问题,因为还要对接收者的身份进行识别,如果对此不进行识别,无法保证口令会正确地传送到合法用户手中。而对接收者身份的识别正是口令要解决的问题。所以必须考虑其他方法。比如,在申领银行信用卡时,口令是采用寄信方式传送,把要传送的口令记录在一个"三明治"信封内,即信封的夹层中有复写纸,用打字机(不装色带)在信封外打口令时,内部的复写纸便把打的字迹留在了信封内,而在信封外不见痕迹,并且只有撕开信封,才会见到内容。这样,就防止在信封传递过程中被非法打开。

当用户进入系统时,计算机终端上会出现请求"请输入口令:",这时用户会不假思索地打入他的口令,但这可能是个骗局。由于这时系统并没有向用户证明它是真正正确的系统,所以,用户面对的可能是一个专门设计的用于窃取用户口令的冒充者。因此,为防止用户受骗就必须使对话的双方(这种对话有时有人对人、机对机)彼此进行识别。这就是口令交换问题。

2. 挑战响应(challenge response)

当对话双方为了进行彼此识别而进行口令交换时,有一个突出的问题是:如果双方只是简单地直接进行口令交换,那将由哪一方先发出它的口令?有什么办法能够保证他是在与一个合法的对方进行通话,而不是一个冒充者呢?这时可以采用挑战响应机制。

挑战响应系统的工作原理如下:设有一对实体,A 与身份识别系统 B,他们打算相互通信,在通信之前他们必须对对方的身份进行识别,为此,他们都有各自的口令 P1、P2,并且还应当保存对方的口令。设 A 的口令为 P1,B 必须对 A 的身份识别,那么 A 就必须识别 B,所以他不能直接将他的口令发送给 B。

以下是识别步骤:

(1)用户 A 通知身份识别系统 B,他希望连接系统 B。

(2)身份识别系统 B 随机生成一个挑战 X1 并发送给用户 A。

(3)用户将他的口令 P1 同 B 发来的随机生成数 X1 利用单向函数 F 处理。该处理结果 Y1 回送给身份识别系统 B。

(4)身份识别系统 B 从口令库中取出用户 A 的普通文本口令 P1,然后利用单向函数 F 完成同样的处理得到 Y2。如果 Y1 和 Y2 结果一致,那么用户的身份就被正确地识别了。

单向函数 F 保证了即使知道了 X1 与 Y1,也无法恢复口令 P1。

这样一个挑战响应系统具有如下优点:可以用于远程的身份识别,因为口令不适合通过通信线路传输,但它可以存储在硬盘上。

3. 加密

加密的目的是将明文——也就是原始信息或文件,通过某种手段变为密文,通过这种手段,只有经过授权的人才知道如何将密文恢复为明文。对无关的人来说,密文是一段无法理解的编码。加密和解密算法(函数)往往是公开的,要想确保加密算法不被泄露是徒劳的。

这里简要介绍一种常见的加密方法:公共密钥。公共密钥是一种非对称加密方法,用于加密和解密的钥匙是不同的。基于公共密钥密码的身份识别有许多种,这里列出一种方法的识别步骤:

(1)用户通知身份识别系统,他希望连接;

(2)身份识别系统生成一个随机数,并发送给用户;

(3)用户用他的私有密钥对随机数加密,并把结果送给身份识别系统;

(4)身份识别系统用用户公共密钥对该结果进行解码;

(5)如果结果同送出的随机数相符,则对用户身份识别成功。

4. 一次性口令

一次性口令是每次使用后都作更换的口令。采用一次性口令进行身份识别是相当保密的,因为截取到的口令是无用的,不过,要求用户记住给出口令响应值的算法,受到记忆算法的复杂性限制。

10.4.2 访问控制

计算机系统中,大量的信息常常是以文件的形式出现。对信息施加的保护,则表现在对文件的访问在实际上受到控制。**访问控制**是计算机保护中极其重要的一环。它是在身份识别的基础上,根据身份对提出的资源访问请求加以控制。在访问控制中,对其访问必须进行控制的资源称为客体,同理,必须控制它对客体的访问的活动资源,称为主体。主体即访问的发起者,通常为进程、程序或用户。客体包括各种资源,如文件、设备、信号量等。访问控制中第三个元素是保护规则,它定义了主体与客体可能的相互作用途径。

为了进行访问控制,可以把访问控制信息保存在一个访问控制矩阵中。访问控制矩阵中的每行表示一个主体,每列则表示一个受保护的客体,而矩阵中的元素,则表示主体可以对客体的访问模式(参见表10.1)。访问控制矩阵以某种形式存放在系统中。

表 10.1 访问控制矩阵示例

客体 主体	客体1 (文件1)	客体2 (文件2)	客体3 (打印机1)	客体i	客体N
主体1(用户1)	读、写、执行	读、写	执行		读、写、执行
主体2(用户2)	读				
主体3(用户3)	读	读	执行		
主体j	读、写、执行	读、写		读、写	
主体M	读	写			读、写、执行

一般对客体的访问控制机制有两种。一种是自主访问控制(discretionary access control),一种是强制访问控制(mandatory access control)。

1. 自主访问控制

所谓的**自主访问控制**是一种最为普遍的访问控制手段,用户可以按自己的意愿对系统的参数做适当修改,以决定哪些用户可以访问他们的文件,亦即一个用户可以有选择地与其他用户共享他的文件。用户有自主的决定权。

为了实现完备的自主访问控制系统,目前,在系统中访问控制矩阵并不是完整地存储起来,因为矩阵中的许多元素常常为空。空元素将会造成存储空间的浪费,而且查找某个元素会耗费很多时间。实际上常常是基于矩阵的行或列来表达访问控制信息。下面将分别介绍。

(1) 基于行的自主访问控制

所谓基于行的自主访问控制是在每个主体上都附加一个该主体可访问的客体的明细表。常见的基于行的自主访问控制有权限字以及前缀表等方式。

① 权限字

权限字是一个提供给主体对客体具有特定权限的不可伪造标志。主体可以建立新的客体,并指定这些客体上允许的操作。它作为一张凭证,允许主体对某一客体完成特定类型的访问。仅当用户通过操作系统发出特定请求时才建立权限字,每个权限字也标识可允许的访问,例如,用户可以创建文件、数据段、子进程等新客体,并指定它可接受的操作种类(读、写或执行),也可以定义新的访问类型(如授权、传递等)。

具有转移或传播权限的主体 A 可以将其权限字的副本传递给 B,B 也可将权限字传递给 C,但为了防止权限字的进一步扩散,B 在传递权限字副本给 C 时可移去其中的转移权限,于是,C 将不能继续传递权限字。

权限字也是一种程序运行期间直接跟踪主体对客体的访问权限的方法。一个进程具有自己运行时的作用域,即访问的客体集,如程序、文件、数据、I/O 设备等,当运行进程调用子过程时,它可以将访问的某些客体作为参数传递给子过程,而子过程的作用域不一定与调用它的进程相同。即调用进程仅将其客体的一部分访问传递给子过程,子过程也拥有自己能够访问的其他客体。由于每个权限字都标识了作用域中的单个客体,因此,权限字的集合就定义了作用域。权限字也可以集成在系统的一张综合表中(如存取控制表),每次进程请求都由操作系统检查该客体是否可访问,若可访问,则为其建立权限字。

权限字必须存放在内存中不能被普通用户访问的地方,如系统保留区、专用区或者被保护区域内,在程序运行期间,只有被当前进程访问的客体的权限字能够很快得到,这种限制提高了对访问客体权限字检查的速度。由于权限字可以被收回,操作系统必须保证能够跟踪应当删除的权限字,彻底予以回收,并删除那些不再活跃的用户的权限字。

作为例子,在现代 UNIX 中,包括 Linux,使用的不再是一个简单的 setuid 系统,而是构造权限字模式。所用的权限字类似于 setuid,但是给予了细化。一个可执行文本可以被标记,从而获得一指定特权,而并非或者全是、或者全不是的 setuid 系统。

在 Linux 中,为了支持这一模式,对如下代码作了修改:

```
if (suser()){
    /* Do some privileged operation. */
}
```

被修改成:

```
if (capable(CAP_DAC_OVERRIDE)){
    /* Do directory access override */
}
```

目前 Linux 有 26 种不同的权限类别。

② 前缀表

前缀表包含受保护的文件名(客体名)及主体对它的访问权限。当系统中有某个主体欲访问某个客体时,访问控制机制将检查主体的前缀是否具有它所请求的访问权。但是这种方式存在一些问题。首先,前缀大小总是有限制的。当一个主体可以访问很多客体时,它的前缀也将是非常大的,因而也很难管理。其次,在一个客体生成、撤消或改变访问权时,可能会涉及许多主体前缀的更新,因此需要进行许多操作。另外,在删除一个客体时,需要判断在哪些主体前缀中有该客体,可见访问权的撤消也是很困难的,除非对每种访问权系统都能自动校验主体的前缀。

（2）基于列的自主访问控制

所谓基于列的访问控制是指按客体附加一份可访问它的主体的明细表。基于列的访问控制有两种方式，保护位和存取控制表。

① 保护位

保护位对所有的主体、主体组（用户、用户组）以及该客体（文件）的拥有者，规定了一个访问模式的集合。实际上，保护位方式不能完备地表达访问控制矩阵。不过，UNIX 系统采用了此方法。

在 UNIX 中，每个 UNIX 用户用一个用户身份证（UID）进行验证。每个用户也可从属于不同的用户组，由组的身份证（GID）注明。UNIX 用十个字符描述了访问相应文件和目录所需的权限。开头的"d"字符表示此项目是一个目录，"-"字符表示其是一个文件。后面的 9 个字符三个一组地进行解释，第一组表示文件所有者对此文件的使用权限。第二组描述了该文件所属组成员对此文件的所持有的权限，第三组描述了其他所有用户拥有的许可（它被叫做"通用"许可位）。如果某个三元组在第一个位置上有一个"r"字符，相应的用户对此文件或目录就有读取的许可；"-"表示该用户不具备读的许可。第二个位置的"w"代表写的许可，第三个位置的"x"代表运行的许可。

② 存取控制表

存取控制表可以决定任何一个特定的主体是否可对某一个客体进行访问。它是利用在客体上附加一个主体明细表的方法来表示访问控制矩阵的。表中的每一项包括主体的身份以及对该客体的访问权。例如，对某文件的存取控制表，可以存放在该文件的文件说明中，通常包含有对此文件的用户的身份，文件主或是用户组，以及文件主或用户组成员对此文件的访问权限。如果采用用户组或通配符的概念，则存取控制表不会很长。

目前，存取控制表方式是自主访问控制实现中比较好的一种方法。

2. 强制访问控制

自主访问控制是保护系统资源不被非法访问的一种有效手段。在自主访问控制方式中，合法用户可运行一个程序来修改他拥有的文件存取控制表，而操作系统无法区分这是恶意攻击者的非法操作修改，还是用户自己的正当操作。

另一种更有力的访问控制手段是强制访问控制。**强制访问控制**是指：系统对主体和客体都分配一个特别的安全属性，用户不能改变他自身和其他任何客体的安全属性。通过比较主体和客体的安全属性，系统决定一个主体是否可以访问某个客体。通过一些访问限制，系统可以阻止某个进程共享文件，还可以阻止用一个共享文件向其他进程传递信息。

强制访问控制给用户自己的客体施加了限制，但也限制了用户自己。但是，为了防范非法者，只得这么做。另外，强制访问控制可以防止在用户无意操作时泄露机密信息。

强制访问控制一般有以下两种方法：

（1）限制访问控制。在使用这个方法的系统中，用户要想修改存取控制表，只有请求特权系统调用。这个调用功能依据的是通过用户终端输入的信息，它不移靠别的程序的信息来修改存取控制表。

（2）限制系统功能。在必要时，应该对系统的某些功能进行限制，而且这种限制由系统自动实施。比如，共享是计算机系统的优点，但也带来问题，所以要限制共享文件。当然共享文件是不可能完全限制的。再比如，专用系统可以禁止用户编程，这样可以防止一些非法的攻击。但是如果该专用系统连接在网络中，黑客还是有可能攻入这种专用系统的。

下面举一个带强制访问控制的实际系统的例子：Secure Xenix 系统。在 Secure Xenix 文件目录系统中，对目录与目录名的安全级有相当严格的处理。当用户生成一个目录时，生成的目录名具有它的父目录的安全级，然而，目录本身的安全级别可能高于它的父目录的安全级，这种目录称为升级目录。显然，用户要想使用升级目录，它需要先退出系统，然后以升级目录级，重新申请进入系统，否则该用户就不能访问该升级目录，因为它的安全级别高于用户自身的安全级别。

10.4.3　可信通道

在计算机系统中，用户是通过不可信的中间应用层与操作系统核心相互作用的。用户不论在计算机系统上从事什么工作，都必须确信"我是在与该操作系统打交道"，而不是与一个特洛伊木马打交道。在对系统的安全攻击中，就有采用特洛伊木马模仿系统的登录过程，从而窃取用户的口令。可见需要一个机制来保障用户与操作系统核心的通信，这种机制就是可信通道。

为用户建立可信通道的一种现实方法是通过通用终端给操作系统核心发信号，这个信号是不可信软件不能拦截、覆盖或伪造的，一般称这个信号为"安全注意键"。

Windows 2000 为此目的采用了 Crtl＋Alt＋Del 组合键。如果用户坐在终端前开始按 Ctrl＋Alt＋Del，当前用户就会被注销并启动新的登录程序。保证用户看到真正的登录提示，而非登录模拟器。没有任何办法可以跳过这一步，从而防止用户名和口令不被别人窃走。

10.4.4　事件审计

事件审计的含义就是对系统中有关安全的活动进行记录、检查及审核。它的主要目的就是检测和阻止非法用户对计算机系统的入侵，并显示合法用户的误操作。审计为系统进行安全事件发生前的预测、报警，安全事件的查询、定位，以及安全事件发生之后的处理等工作提供详细、可靠的依据。另外从安全管理的角度上看，事件审计为能够有效地追查安全事件发生的地点、过程以及责任人提供了必要的条件。

可见审计是操作系统安全的一个重要方面。美国国防部的橘皮书中就明确要求"可信计算机必须向授权人员提供一种能力，以便对访问、生成或泄露秘密或敏感信息的任何活动进行审计"。在我国 GBl7859-1999 中也有相应的要求。

通常审计过程是一个独立的过程，它与系统的其他功能相隔离。操作系统必须能够生成、维护及保护事件审计过程，使其免遭修改、非法访问及毁坏，特别要保护审计数据，要严格限制未经授权的用户访问它。

1. 审计事件

事件审计的最基本单位是审计事件。这是一个可区分、可识别、可标志和可记录的用户行为，即审计事件。各种用户行为都可以成为被审计的事件。比如，用户创建了一个名为 fileA 的文件，这个操作通常是通过系统调用 create 或 open 等系统调用命令实现的。系统可以设置事件 create，在用户调用上述系统调用时由核心记录下来。显然，用户对文件、消息、信号量、共享区等对象的操作都可以定义为要求被审计的事件集。在定义了审计事件集之后，用户的操作就处于系统监视之下，一旦其行为落入其审计事件集中，系统就会将这一信息记录下来。否则，系统将不对该事件进行审计。

显然，要进行审计就会会增大系统的开销，审计占用了 CPU 时间也占用了部分存储空间。所以，如果设置的审计事件过多，势必使系统的性能，如响应时间、运行速度等会下降很多。在实际的审计事件设置过程中，要选择最主要的事件加以审计，不能设置太多的审计事件，以免影响系统性能。

2．审计记录和审计日志

通常，审计记录应包含如下的信息：代表正在进行事件的主体的标识符；审计事件的日期和时间；事件的类型；事件的成功与失败等。另外，审计记录还应该记录事件发生的源地点、客体名以及客体的安全级等重要信息。

3．一般操作系统审计的实现

系统如何才能保证所有安全相关的事件都能够被审计呢？在一般的操作系统（如 UNIX、Linux 等）中，用户程序与操作系统的唯一接口是系统调用。这样，在系统调用的入口，安排审计控制，就可以审计系统中所有使用系统调用的事件了。

当发生可审计事件时，要在审计点调用审计函数并向审计进程发消息，由审计进程完成审计信息的缓冲、存储和归档等工作。

10.5　信息安全与加密

由于计算机系统在本质上存在着脆弱性，尽管在采取了物理措施（如机房进出制度）和操作系统中的访问控制等安全上的措施，仍然有安全问题存在。为了使计算机系统中的信息难以被泄露，即使被窃取了也极难识别，或者极难篡改，可以对数据进行加密，即用密码学的方法和技术从根本上保证信息不被篡改和泄露。

密码的出现可以追溯到远古时代，密码学经历了手工阶段、机械阶段、电子阶段，到今天已进入了计算机时代。目前，密码学已经发展成一门系统的技术科学，它涉及了通信、计算机、微电子学等多个学科领域。密码学所应用的数学工具也从简单的代数学发展到涉及近世代数、信息论、数论、组合论和计算复杂性理论等多个领域。

密码学包括密码设计、密码分析、密钥管理、验证技术等内容。密码设计的思想是伪装信息，使局外人不能理解信息的真正含义，而局内人却能够理解伪装信息的本来含义。密码设计的中心内容是对数据进行加密和解密的方法。由于密码学不是本书的范围，这里仅做上述简单介绍。

10.6　恶意程序防御机制

恶意程序是指非法进入计算机系统并能给系统带来破坏和干扰的一类程序。本节讨论对恶意程序的防御机制。

10.6.1　恶意程序的分类

一般而言，恶意程序可以具体分为如下两大类。

1．独立运行类

此类包括细菌和蠕虫。细菌是一种可以自身复制的程序。它不停地运行，抢占了大量的

CPU 时间和磁盘空间,最终使系统瘫痪。蠕虫是指一种可利用网络传播的程序,它独立运行并自身复制,利用网络资源抢占网络信道和计算机内存,导致网络阻塞。

2. 宿主寄生类

此类包括病毒和特洛依木马。病毒是一种短小程序,它必须附着在其他代码块上才能运行、复制和传播。特洛依木马则是一种在正常程序中隐藏的特殊指令序列。它在特殊条件满足时执行恶意操作,而平时不影响系统,所以也称为逻辑炸弹。

通常,我们用计算机病毒这个术语涵盖了上述各类恶意程序。病毒具有以下基本特点:

(1) 隐蔽性。病毒程序代码驻留在存储介质上,通常无法以操作系统提供的文件管理方法观察到。

(2) 传染性。当用户利用信息载体交换信息时,病毒程序可能以用户不能察觉的方式随之传播。即使在同一台计算机上,病毒程序也能在存储介质的不同区域间传播,附着到多个文件上。

(3) 潜伏性。病毒程序感染正常的计算机之后,一般不会立即发作,而是潜伏下来,等到激发条件(如日期、时间、特定的字符串等)满足时才触发执行病毒程序的恶意代码部分,从而产生破坏作用。

(4) 破坏性。病毒的破坏形式是多种多样的。比如,有的病毒发作时会在屏幕上输出一些奇怪的信息;有的则破坏存储介质上的数据文件和程序;引导型病毒可能会使计算机无法启动;而有些病毒大量地侵占磁盘存储空间,使计算机运行速度变慢,等等。

值得注意的是,在早期操作系统设计时,并未考虑对恶意程序的防御机制。计算机病毒的出现突破了早期的计算机安全防御策略。而且恶意程序的编制者一般都对欲攻击的操作系统进行了深入分析,利用其难以察觉的设计隐患和漏洞,有针对性地编制病毒程序。这些病毒程序高度依赖于它们所运行的操作系统,因此防御必须因系统不同而采取不同措施。

目前,各类新型操作系统都增加了一些新的安全机制,专门处理对计算机病毒的防御、检测和消除。

下面具体分析各类恶意程序。

(1) 病毒和蠕虫

病毒是能够自我复制的一组计算机指令或者程序代码。通过编制或者在计算机程序中插入这段代码,以达到破坏计算机功能、毁坏数据从而影响计算机使用的目的。

蠕虫类似于病毒,它可以侵入合法的数据处理程序,更改或破坏这些数据。尽管蠕虫不像病毒一样复制自身,但蠕虫攻击带来的破坏可能与病毒一样严重,尤其是在没有及时发觉的情况下。不过一旦蠕虫入侵被发现,系统恢复会容易一些,因为它没有病毒的复制能力,只有一个需要被清除的蠕虫程序。最具代表性的 Ska 蠕虫是一个 Windows 电子邮件和新闻组蠕虫,它被伪装为"Happy99.exe"的电子邮件附件,首次运行时会显示焰火,运行之后,每个从本机发送的电子邮件和新闻组布告都会导致再次发送消息。由于人们收到的"Happy99.exe"来自于他们所认识的人,通常会信任这个附件并且运行它。

(2) 逻辑炸弹

逻辑炸弹是加在现有应用程序上的程序。一般逻辑炸弹都被添加在被感染应用程序的起始处,每当该应用程序运行时就会运行逻辑炸弹。它通常要检查各种条件,看是否满足运行炸弹的条件。如果逻辑炸弹没有取得控制权就将控制权归还给主应用程序,逻辑炸弹仍然安静地等待。当设定的爆炸条件被满足后,逻辑炸弹的其余代码就会执行。此时它通常造成程序中断、发生刺耳噪声、更改视频显示、破坏磁盘上的数据、利用硬件缺点引发硬件失效、磁盘异常、操作系统运行速度减慢或系统崩溃等危害。它也可以通过写入非法值控制视频卡的端口使监视功能失败、使键盘失效、破坏磁盘以及释放出更多的逻辑炸弹以及病毒(间接攻击)。逻辑炸弹不能复制自身,不能感染其他程序,但这些攻击已经使它成为了一种极具破坏性的恶意代码类型。

逻辑炸弹具有多种触发方式,例如计数器触发方式、时间触发方式、复制触发方式(当病毒副本数量达到某个设定值时激活)等。

(3) 特洛伊木马

特洛伊木马是一段计算机程序,表面上在执行合法任务,实际上却具有用户不曾料到的非法功能。它们伪装成友好程序,可以隐藏在用户渴望得到的任何东西内部,如免费游戏、MP3歌曲、字处理程序、编译程序或其他应用程序内部,由可信用户在合法工作中不知不觉地运行。一旦这些程序被执行,一个病毒、蠕虫或其他隐藏在特洛伊木马程序中的恶意代码就会被释放出来。

特洛伊木马通常继承了用户程序相同的用户 ID、存取权、优先权甚至特权。因此,特洛伊木马能在不破坏系统的任何安全规则的情况下进行非法操作,这也使它成为系统最难防御的一种危害。多数系统不是为防止特洛伊木马而专门设计的,一般只能在有限的情况下进行防御。

一个有效的特洛伊木马对原有程序的正常运行没有明显的影响,也许永远看不出它的破坏性。比如,一个文本编辑程序中的特洛伊木马会小心地复制用户编辑中的文件,并且将这些拷贝放到入侵者(使用特洛伊木马的人)将来可以访问到的地方。由于系统不能区分特洛伊木马和合法程序,只要不知情的用户使用了这个文本编辑程序,系统就不能阻止特洛伊木马的运作。

与特洛依木马有关的方法还有登录哄骗。它是这样工作的:通常当没有人登录到 UNIX 终端或局域网上的工作站时,会显示一个虚假的登录屏幕。当用户坐下来输入登录名后,系统会要求输入密码。如果密码正确,用户就可以登录并启动 shell 程序。当用户坐下来输入登录名后,程序要求输入密码并屏蔽了响应。随后,登录名和密码被写入文件并发出信号要求系统结束 shell 程序。这使得虚假的登录程序能够正常退出登录并触发真正的登录程序,好像是用户出现了一个拼写错误并要求再次登录,这时真正的登录程序开始工作了。通过在多个终端上进行登录哄骗,入侵者可收集到多个密码(参见图 10.1)。

图 10.1 (a)真实的登录屏幕 (b)虚假的登录屏幕

防止登录哄骗的唯一实用的办法是将登录序列与用户程序不能捕捉的键组合起来。

(4) 天窗

天窗，或者称为后门陷阱，是嵌在操作系统里的一段非法代码，渗透者利用该代码提供的方法侵入操作系统而不受检查。天窗由专门的命令激活，一般不容易发现。而且天窗所嵌入的软件拥有渗透者所没有的特权。通常天窗设置在操作系统内部，而不在应用程序中，天窗很像是操作系统里可供渗透的一个缺陷。

安装天窗就是为了渗透，它可能是由操作系统厂家的一个不道德的雇员装入的。比如，一个系统程序员可以在登录程序中插入一小段代码，让所有使用"ghost"登录名的用户成功登录而不论密码文件中的密码是什么。如果后门陷阱被程序员放入计算机生产商的产品中并漂洋过海，那么这个程序员日后就可以用"ghost"这个登录名，任意登录到这家公司生产的计算机上，而无论谁拥有它或密码是什么。

与特洛伊木马不同，天窗只能利用操作系统的缺陷或者混入系统的开发队伍中进行安装。因此开发安全操作系统的常规技术就可以避免天窗，而不需要专门的技术解决这个问题。

10.6.2 病毒防御机制

病毒通常的运行过程是：入侵—运行—潜伏—传播—激活—破坏。对病毒的防御机制也必须针对病毒的运行过程，进行防范。

1. 阻止入侵

病毒防御机制最关键的一步，是阻止病毒入侵。要尽力保证进入系统的任何数据源的合法性、健康性。这可以消除相当一部分病毒的入侵。

2. 病毒检测和消除

理论上已经证明，不存在通用的检测计算机病毒的方法和程序。同时，病毒一般都针对欲攻击的操作系统的设计隐患和漏洞而炮制的，所以计算机病毒与所运行的操作系统有密切的关系。

有的操作系统自身并不提供病毒检测和消除功能，而把它留给独立的病毒检测消除软件去实现。

3. 病毒防御机制

病毒防御机制的实施通常由专门的防御程序模块完成。它们与系统的存取控制、资源保护等安全机制配合，重点在防御操作系统的敏感数据结构，如系统进程表、关键缓冲区、共享数据段、系统记录、中断矢量表和指针表等。

对病毒防御机制可以采用存储映像、数据备份、修改许可、区域保护、动态检疫等方式。

存储映像是指保存操作系统关键数据结构在内存中的映像，以防病毒破坏或便于系统恢复，例如，将系统中断矢量表、设备链表、系统配置参数表等做成一个映像，形成一个副本，在系统运行过程中比较或恢复这些关键数据。

数据备份类似于映像，但主要针对文件和存储结构，将系统文件、操作系统内核、磁盘主结构表、文件主目录及分配表等都建立副本，并保存在磁盘上以作备份。

修改许可是一种认证机制，在用户操作客体下，每当出现对文件或关键结构的写操作时，提示用户要求确认。这也是防止病毒感染传播的一种基本手段。

区域保护借助于禁止许可机制，对关键数据区和系统参数区等，由系统内核采取禁止写操作的措施。一般情况下，用户都知道，他们只能在允许的区域内操作，不能随意进入到未经许可的其他区域中。

动态检疫则将主动性引入了防御机制。在系统运行的每时每刻,它都监视某些敏感的操作或者操作企图,一旦发现则给出提示并予以记录。它可以和病毒检测软件配合,发现病毒的随机攻击。

上述的机制可以嵌入到操作系统模块中或者以系统驻留程序的方法来实现。它们对操作系统设计来说,起到一种打"补丁"的效果。更深入的病毒防御机制应该在操作系统设计初期予以考虑。

10.6.3 防范一般安全性攻击

常见的测试系统安全性的一般方法是雇用一组专家,看他们是否能侵入系统。这就是人们所谓的老虎团队(tiger team)或渗透团队(penetration team)。多年来,通过这些方式发现了大量的系统都存在安全性极为脆弱的区域。

Tanenbaum 教授在《现代操作系统》一书中列出了一些最常用也最易成功的攻击方式。在设计系统时,一定要抵挡住下面的攻击方法:

(1) 请求调用大量的内存页、磁盘空间或磁带而只是读取其中的信息。许多系统在分配这些资源之前并不删除信息,而这些资源里包含了大量前任所有者创建的有趣信息。

(2) 尝试非法的系统调用,或使用非法参数进行合法调用,或参数虽然合法但不合理,如数千字符长的文件名等。许多系统都可能被搞混乱。

(3) 开始登录并在登录过程的中途按 Del、Rubout 或 Break 键。这时有些系统会杀掉校验密码的进程并允许登录。

(4) 试图改变操作系统存放在用户空间里的复杂操作指令(如果存在这样的指令)。在某些系统中(特别是大型主机),打开文件之前会建立一个包含文件名和许多其他参数的较大的数据结构,并发送到系统。一旦文件被读写,系统就更新数据结构。改变这些参数会导致安全性上的严重破坏。

(5) 查找写有"不要做 X 操作"的手册。尽可能地尝试多个不同的 X 操作。

(6) 说服某个系统程序员添加后门陷阱程序,使持有你登录名的任何用户都可以跳过主要的系统安全检查而成功登录。

(7) 尝试了所有的方法都失败后,渗透团队的人员会找到系统管理员的秘书,佯装成一个忘记密码的用户来寻求帮助。另外一个方法是私下贿赂这个秘书。秘书也许很容易接触到各类有价值的信息,但自己的薪水却很少。请不要低估任何人,因为他们都可能带来麻烦。

这些攻击方式以及其他方式虽然是多年前的例子,但上述攻击方式至今仍在使用,必须加以认真防范。

10.7 隐 蔽 信 道

在操作系统中,进程间需要进行通信,用户需要访问共享文件,程序在共享内存区中需要交换信息,这些操作的实现都要进行信息传送。上述这些信息传送信道均是合法的信息信道。

人们在研究中发现,在操作系统中,除了合法的信息信道之外,还存在有隐蔽的信息信道。什么是隐蔽信息信道呢?所谓**隐蔽信息信道**是指,在系统中存在的一些并非经由专门(合法)

设计的、可以传送信息的通道。它们不是在设计和实现时为某一类信息传送的需要而专门设计的，操作系统的设计者和使用者往往甚至没有意识到这类信道的存在，所以它是隐蔽的。隐蔽信道可以用来传送一些信息，也可以通过对隐蔽信道的监听，搜集操作系统内部的信息。正因为隐蔽信道不是在设计时安排的，所以这些隐蔽信道也就得不到操作系统安全机制的保护。

通常隐蔽信道是有经验的操作系统设计者和使用者或黑客在对操作系统进行研究分析时发现的。操作系统的设计者和使用者希望发现信道，从而可以堵塞泄露系统信息的路径。黑客希望发现隐蔽信道，从而可以找到攻击计算机系统的隐蔽途径。

举一个潜在的隐蔽信道的例子，如果一个进程可以修改系统中的一个信息位，而且该信息位可以由另一进程读取，那它就是一个潜在的隐蔽信道。

有两种类型的隐蔽信道：一种是存储信道（storage channel），另一种是时间信道（timing channel）。存储信道是指：如果一个进程在对某一个客体进行写操作时，另一个进程可以观察到该进程写操作的结果；时间信道是指：运行中的一个进程产生的对系统性能的影响，另一个进程可以观察到这种影响，而且这种影响可通过一个时间基准进行测量。

通常用两个参数来度量隐蔽信道：第一个参数是带宽，用每秒比特位（b/s）来度量，带宽的含义是信息传送的速度，也就是信息以多快的速度泄露。第二个参数是容量，用字位来衡量，指隐蔽信道一次所能传送的最大信息量。

10.7.1 隐蔽存储信道

通常可以发现隐蔽存储信道的地方有三类。它们分别是共享资源、客体属性和客体实体。

共享资源是比较容易注意到的，存在于有隐蔽信道的地方。在计算机中处处都有共享资源存在着，比如内存、磁盘、磁带机、I/O 缓冲区、可共享的 I/O 设备以及这些共享设备的队列等。

比如，如果对提交的打印没有限额的话，那么一个进程就可以提交大量的打印作业，甚至堵塞了打印队列。这时其他的进程再提交打印作业就会收到出错信息。进一步分析可以看到，在提交大量的打印作业的进程和收到出错信息的进程之间，就有一个隐蔽存储信道存在着，它的信道宽度是一比特位，利用这个就可以传送信息。在许多系统中，都可以查看打印队列中的总作业数量，在这种情形下，隐蔽存储信道的宽度更宽。

显然，只要规定每个进程各自的打印作业数量配额，为每个进程设一个队列，并与其他进程无关，就能防止进程通过这一信道窥视其他进程的信息，从而消除了这一隐蔽存储信道。

对文件名的修改，很可能是一种隐蔽存储信道。比如，一个进程可以修改一个文件名，另一个进程就有可能以读到这个文件名。这样在修改文件名的进程与读到这个文件名的另一个进程之间，就有一个隐蔽存储信道存在。这是一个使用客体属性作为隐蔽存储信道的例子。可见对文件名施行强制访问控制有时也是必须的。

客体属性很容易用于隐蔽存储信道。因为客体属性在系统中普遍存在。比如文件属性，就有文件名、文件长度、文件格式、修改日期以及存取控制表等。虽然绝大部分文件属性的值不能被进程直接修改，但是，漏洞还是有可能存在，使入侵者有机可乘。比如有的进程可以操作文件的存取控制表，由于一般存取控制表都比较长，这会是一种很宽的隐蔽信道。再比如，文件的最近修改日期与时间属性也有可能被利用，但是如果一个文件要经过比较长的时间才更新，这一隐蔽存储信道的带宽就不会太宽了。

还可以利用一个文件的存在与否,作为隐蔽存储信道。虽然这个有关文件存在与否的事实,只包含一个比特的信息量,信道很窄,但是,在系统文件生成与删除操作的速度很快时,这一带宽就可能很可观了。这个例子就是客体实体成为隐蔽存储信道的情况。

如何利用文件的存在与否,作为隐蔽存储信道呢?一种比较简单的办法是尝试访问这个文件,然后检查系统返回的状态码。不同的系统会告诉你不同的信息,有的报告说文件不存在,有的通知你无权访问。如果系统不是无权访问,还可以试着生成一个同名文件,如果发生了重名等错误,那就可以肯定文件存在。如果允许生成这个新文件,那么,这个文件肯定是以前所不存在的。

10.7.2 隐蔽时间信道

隐蔽存储信道不需要时间基准。但是隐蔽时间信道需要一个时间基准。这是隐蔽存储信道和隐蔽时间信道之间的重要差别。如果无法判断时间间隔,那就不会出现时间信道。

这里举一个产生隐蔽时间信道所需时间基准的例子。如果一个进程知道向终端写入一个字符所需的时间,比如每 1 毫秒可写入一个字符,那么进程就可以自己制造以 1 毫秒为单位的时间基准,进程每向终端写入了一个字符就说明时间过去了一个 1 毫秒。

其他进程有可能干扰隐蔽时间信道。比如在上面的例子中,如果有其他的进程需要高速、连续地向同一台终端写入大量字符,那么,这一个隐蔽时间信道就遇上了"高噪声"。这时隐蔽时间信道所需时间基准就严重失准了,也就是说,它的有效带宽就变窄了。这就是黑客往往选择夜深人静的时候发起攻击的原因之一,这时系统中正在运行的进程相对少得多。

要消除隐蔽时间信道,可以不准进程访问时钟。但正如前面的例子说明的,进程可以通过其他的办法自己制造时钟。至今没有形式化的方法发现隐蔽时间信道,并检测出它的存在,因而很难完全消除它。

10.8 基准监视器与安全内核

本节主要介绍构造一个可信系统时采用的一种技术,即基准监视器或安全内核。

所谓可信系统是这样的系统,它们在形式上申明了安全要求并满足了这些安全要求。每一个可信系统的核心是最小的可信计算基准(TCB:Trusted Computing Base),其中包含了硬件和软件必须实施的所有安全规则。如果这些可信计算基以规范化形式工作,那么,无论发生了什么错误,都不会影响在系统的安全性。

10.8.1 基准监视器

典型的 TCB 包括了大多数的硬件(除了不影响安全性的 I/O 设备)、操作系统核心的一部分、大多数或所有掌握超级用户权力的用户程序(如在 UNIX 中的 SETUID 根程序)。必须包含在操作系统中的 TCB 功能有:进程创建、进程切换、内存页面管理以及部分的文件与 I/O 管理。在安全设计中,为了减少空间以及纠正错误,TCB 通常完全独立于操作系统的其他部分。

TCB 中的一个重要组成部分是基准监视器,它是实施安全策略的硬件和软件的统称。在系统中,凡是一个主体(例如,作业、进程、程序)对客体(系统资源:数据、文件、设备、缓冲区、页、分段)的访问能否进行,必须由"基准监控器"做出判决。而要做出这一判决必须依据"访问控制数据库"(access control database)中的信息。"访问控制数据库"内保存有系统的安全状态信息,它们包括有关安全属性和访问权限等信息。这些信息是动态的,它随着系统主体和客体的生成与删除以及访问权限的修改而变化。

对主体到客体的每次访问都加以控制,就是"基准监控器"的任务(参见图 10.2)。

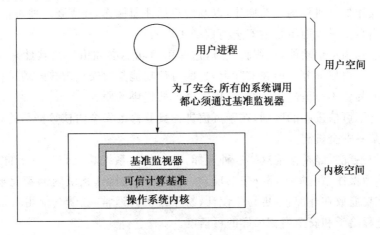

图 10.2　基准监视器

10.8.2　安全内核

我们在讨论操作系统安全的设计原理时,可以互换使用"基准监控器"概念与安全内核概念这两个术语。

可以把安全内核视作为一个初等的操作系统,它是为操作系统服务的。一般而言,安全内核是由硬件和一个嵌在硬件与传统的操作系统间的一个软件层组成。可以认为,在安全内核中的硬件与软件是可信的,并且它们都处于安全防线之内。而操作系统的其他部分和应用程序处在同一方,它们都在安全防线之外,因而它们都是不可信的。

通常,安全内核应该满足下面的有关原则:

(1) 完备性。完备性是指主体不通过"基准监控器",就不能对客体进行任何的访问操作。完备性原则离不开硬件的支持。有时,如果安全内核不得不让一个不可信程序在系统中运行,则硬件必须保证该程序不能超越安全内核的访问控制。

不过,操作系统的实际实现与这条原则之间还有不少的差别。比如,从原则上看,操作系统在对文件、存储器或 I/O 缓冲区里的任何信息进行访问时,都要对它们实施控制。但是在实际实现过程中,一些主体对这些客体进行适度的、合理的访问,就没有必要都通过"基准监控器"了。

(2) 隔离性。隔离性是指安全内核与外部系统必须隔离开来。这主要是防止进程可能对安全内核本身进行非法修改。一种比较有效的办法是将安全核代码固化在 ROM 中。显然,隔离性不是大多数操作系统要求的基本原则之一,但是安全内核必须符合这一要求。

(3) 可验证性。可验证性是指无论使用什么办法构造安全内核,都要保证可以对安全内核的正确性进行验证。

另外,为了满足可验证性原则,应该在构造安全内核之前,首先开发一个相应的安全模型,用该模型来精确定义有关安全的涵义,并且通过该模型的功能来证明与有关安全定义的一致性。

(4) 简单性。在设计安全内核时,要注意安全内核接口功能的简单性。应该尽量将与安全内核无关的系统功能排除在外,使安全内核自身尽可能的小。

10.8.3 可信进程

为了解决操作员与机器的交互操作,以及用户的注册操作,还需要一些可信功能。通常这些可信功能是由自主进程而不是由安全内核来实现的。

可信进程也称为可信功能,从逻辑上看,这些可信功能必须由可信软件来实现,它们应该是安全内核的一个组成部分。但在实际上,这些可信功能是由安全内核外的进程完成的,它们同安全防线外的其他不可信进程一样,使用安全内核提供的服务。

可信进程与不可信进程的区别,在于可信进程具有修改安全内核数据基的特权,而且可信进程可以逾越某些安全机制。

在设计操作系统时经常面临这样一种选择,是将某一系统功能作为一个自主进程来实现呢,还是将它作为操作系统的一部分来实现。一般而言,在操作系统内部实现某一功能,会更安全;但是把该功能放在外部,则更易于设计、易于维护。通常,注册功能由可信进程实现,但是,应当对该进程给予和安全内核一样的可信度。

10.9 计算机安全模型

在进行操作系统的安全性设计时,需要依据给定的安全策略开展工作。安全策略是对系统安全需求的形式化或者非形式化描述。而计算机安全模型就是对安全策略的抽象和无歧义的描述。本节首先介绍安全模型的作用和特点,然后重点分析著名的 Bell-LaPadula 计算机安全模型。

10.9.1 安全模型的作用和特点

计算机安全模型的目的就在于明确地表达系统对安全性能方面的需求,为设计开发安全系统提供指导方针。一般而言,安全模型有以下一些特点:
(1) 它是精确的、无歧义的;
(2) 它是简易和抽象的,所以容易理解;
(3) 它是一般性的,只涉及安全性质,而不涉及系统的其他功能;
(4) 它是系统安全策略的显式表示。

安全模型一般分为两种:形式化的安全模型和非形式化的安全模型。非形式化安全模型仅模拟系统的安全功能。而形式化安全模型则需要依靠数学工具,精确地描述安全性及其在系统中使用的情况。

对于安全性能要求特别高的系统,有必要运用形式化的数学模型来精确表达安全模型。形式化的安全模型是设计开发高级别的安全系统的前提。

对于一般的系统,可以用自然语言描述一个非形式化安全模型。这样一个非形式化的安全模型对于提高系统的安全性来说,也是很有价值的。

10.9.2 Bell-LaPadula 计算机安全模型

Bell-LaPadula 模型由 MITRE 公司的 Bell D. E. 与 L. J. LaPadula 在 1973 年首先提出。

它强调了强制访问控制的概念,在计算机安全历史上有重大的影响,实际上,直至今日许多的安全标准,如美国国防部的橘皮书《可靠计算机评价准则》,都是建立在 Bell-LaPadula 模型之上的。Bell-LaPadula 模型是在主体自主访问控制的基础之上,加上一层基于安全等级划分的非自主访问,即强制访问控制策略。

Bell-LaPadula 模型定义了主体与客体的关系。这种关系是基于书面安全条例的分级与分类思想,并引进了一个新的术语,即支配。如果一个主体的级别大于或等于客体的级别,而且主体的类别包含了客体所有从属的类别,则这个主体对客体具有支配权。例如,如果用户的 vi 进程在俄罗斯类别中的机密级上工作,那么此用户就可以读俄罗斯类别中的机密级或更低级的文件。

可将 Bell-LaPadula 模型中的一个保护系统视为有限状态自动机,当前状态可以表示为一组主体、一组客体与一访问矩阵(参见表 10.1)。访问矩阵中的每一条代表可能的访问权限。在该访问矩阵中定义了三种基本的访问权利:读、写和执行。

通过以下操作可以改变当前状态:

get   允许主体取得对一客体的一种或几种权利,如读,写等
release   与 get 相反,允许主体释放它对一客体具有的权利
give   使主体把它对某客体具有的权利传给另一主体
rescind   与 give 相反,取消另一主体对某客体的权利
create   在矩阵中加入新的客体
delete   从矩阵中移走一客体
change security level   允许一主体改变它的安全等级

在访问矩阵记载的权限之外,赋予每一主体一个安全许可,每一客体与一安全等级相连。Bell-LaPadula 模型假定上述这些条件在执行中不会改变。

Bell 与 LaPadula 证明了,在他们的模型中所有改变系统安全状态的操作,都具有两个重要性质:

(1) 简单安全条件(Simple Security Condition)。主体 S 只有在客体 O 的安全等级比它的许可小或相等时才能读取。这条性质保证了具有某种许可的主体只能读取比它安全等级低或相等的客体。例如,机密级用户只能读取普通或机密级的内容,不能读取绝密级的文件。对读操作来说,主体必须对客体有支配权。这种原则叫向下读原则,即主体可以读与主体同级或低一级的客体。向下读被认为是简单安全条件。

(2) 主体 S 只有在客体 O 的安全等级比它大或相等时才能写客体。这条性质保证信息不能泄露给安全等级低的客体。例如,机密级的用户只能把信息传给绝密级或机密级的客体,而不能透露给普通级的用户。这一性质涉及写操作。对写操作来说,客体必须对主体具有支配权。例如,当用户的 vi 进程在绝密级下操作或在不同的类别中工作时,用户就不能将一个机密级信息写入更低密级的文件中,从而造成机密的泄露。这种原则叫向上写原则也叫做星号原则。

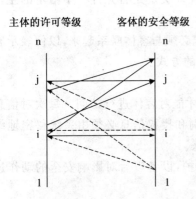

图 10.3 信息在 Bell- LaPadula 模型中的传递

以上两条性质保证信息只能有一个传播方向,从安全等级低的层级向高的层级或同层传

递。信息的传递如图10.3所示。

10.10 计算机安全分级系统

计算机系统的安全保密要求可以因为处理的信息密级、系统的用途、应用环境不同而不同。比如处理秘密信息的计算机安全要求与处理绝密信息的要求不同;处理商用的系统和军用系统的要求不相同;在战争时期与和平时期对计算机安全要求也不相同。这就要求对系统的安全性、保密性应有一个定性或定量的评估。

评估的方法一般分为三类。

(1) 风险评估:辨别各种系统的脆弱性及其对系统构成的威胁的评估。

(2) EDP 审计评估:指电子数据处理系统(EDP)的事件审计,即对被调查系统及其环境进行连续性和完整性管理方法的评估,这是对其获取的数据进行评估。

(3) 安全评估:对系统防止假设的威胁和攻击的方法进行评估。它的重点放在控制上。对于这方面进行的评估,最典型的是美国国防部《可靠计算机评价准则》。

《可靠计算机评价准则》由美国国防部出版,书皮为橘皮色,又称橘皮书。橘皮书现已成为计算机系统安全级别的划分标准。虽然这本橘皮书并不是一本安全操作系统的设计说明书,但现在设计者们已把橘皮书中的思想溶于安全操作系统的设计中了。

我国在1999年公布的《计算机信息系统安全保护等级划分准则》(《准则》),是我国计算机系统安全级别的划分标准。

10.10.1 安全性策略定义

橘皮书在以下几方面制定了安全要求的准则。

1. 安全策略类准则

(1) 安全策略。必须有一种由系统实施的、明确的和定义好的安全策略。对于主体和客体,必须有一个由系统使用的规则集合。利用这个规则集合来决定是否允许一个给定的主体对一特定客体访问。

(2) 标记。客体应按敏感程度加以标记,访问控制标记必须与客体联系起来,以便表示客体的敏感级别并记录哪些主体可以对特定的客体进行访问的方式。

2. 责任类准则

(1) 识别。每个主体都必须在验明身份(用户识别)后才能对客体进行访问。每次对信息的访问都应识别谁在要求访问,他有权访问什么信息? 识别和授权信息必须由系统秘密地维护,并与完成某些同安全有关动作的每个活动元素结合起来。

(2) 责任。对审计信息应有选择地保存并妥善加以保护,以备以后对影响安全的动作进行跟踪,查清责任。

3. 保证类准则

(1) 保证。计算机系统应包括能使上述各条要求实现所必需的硬件和软件控制机制,这些机制可以嵌在操作系统内,并用秘密方法执行指定任务。

(2) 连续保护。实现上述要求的可信机制必须能连续地提供保护,用以对抗未经授权的篡改。如果实现上述策略的硬件和软件机制本身是客体,那么这个计算机系统是难以保证真正安全的,因为这些客体会遭到未经授权的修改或破坏。连续保护的要求与计算机系统的整个生命周期有着直接的关系。

按照《可靠计算机评价准则》来测试系统的安全性主要包括硬件部分和软件部分。整个测试过程对生产厂商来说是很昂贵的,而且往往需几年才能完成。一个申请某个安全级别的系统只有在符合所有的要求后才发给证书。

橘皮书将重点集中在防止对敏感信息的伤害方面,而忽略了防范像拒绝服务之类的对计算机安全性的攻击。拒绝服务是由于用户出于某种恶意或无意,过多地占据系统资源而造成的后果。Morris 蠕虫就是一种拒绝服务式攻击,它让系统过载而不能正常工作。拒绝服务的攻击可使计算机系统在关键时刻瘫痪。

10.10.2 安全层次与级别

我国的《准则》定义了五级安全层次,《准则》的级别如下:第一级:用户自主保护级;第二级:系统审计保护级;第三级:安全标记保护级;第四级:结构化保护级;第五级:访问验证保护级。

从第一级(用户自主保护级)到第五级(访问验证保护级)。每一级别都包含前一级别的所有安全性条款,所以级别的条款是叠加而成的。如第二级比第一级所要求的安全性要高,而第五级比其他任何级别所需要的安全性都高。我国的《准则》的这五个安全层次基本上是参照美国的橘皮书的安全层次,并做了一定的修改后制订的。

下面叙述美国橘皮书的安全层次与级别要求。

美国的橘皮书定义了四个安全层次,从 D 层(最低保护层)到 A 层(验证性保护层)。在这四个层中又分了七个级别。每一级别都包含前一级别的所有安全性条款,所以级别的条款是叠加而成的。级别的名字是层次名加一位数字,数字越大安全性越高,如 B2 级比 B1 级所要求的安全性要高,而 A1 级比其他任何级别所要求的安全性都高。

下面具体介绍美国橘皮书可靠计算机评价准则的层次与级别的含义。

1. D 级:最小保护等级

属于 D 层的系统是不安全的。这些系统除了特定的安全措施外谈不上有什么安全性。一个人只要能启动系统,他就能访问系统中的所有文件和资源。

运行 MS-DOS 或 Windows 的 PC 机、运行非 UNIX 系统的 Macintosh 都属于这一层。虽然有些安全性软件包可以提高 PC 机的安全保护能力,但其资格是不足以列入 C 级的。

2. C1 级:选择性安全保护

大多数 UNIX 系统都被归为 C1 级。C1 级并没有提供足够的安全性,以至于生产商家并不为获取 C1 级证书而去破费。还有,如果一个系统被验证具有 C1 级以上的安全级别,则这个系统可以用在要求 C1 级系统的场地中,以填补 C1 级系统的空白。

选择性安全保护意味着每个用户对属于他们自己的客体具有支配权。某个用户可以不允许其他用户写他的文件而允许其他用户读他的文件,还可以将某个只有该用户才能读的文件做一个拷贝文件,对这个拷贝文件进行权限更改以使大家都可以读这个拷贝文件。存取权限有三个层次:用户本身(文件的属主)、同组用户、其他用户(任何用户)。

用户必须用一个注册名和一个口令来验明身份。这个注册验证是用来验明主体是以某个用户的身份进行工作的。

3. C2级：受控制的存取保护

这一级别增加了审计及验证机制。审计建立起涉及到安全性事件的记录，如同系统管理所进行的一些监视工作。系统管理员可配置审计系统以便记录更多的事件，审计的同时也引发了验证的必要性。因为只有验证了触发事件者的身份后，审计才具有意义。审计也带来了副作用，即占用了系统资源，如处理器及磁盘系统等。加密后的口令不能让非特权用户存取。在 C1 级系统中，加密后的口令出现在用户的数据管理文件中。把加密后的口令隐蔽起来将有助于阻止对口令的攻击。

4. B1级：可标记的安全保护

B1 级是第一个可以支持多个安全密级（如绝密级与机密级）的级别。B1 级包括强制性存取控制。在强制性存取控制下的客体的存取权限是不能由文件的属主来改变的。对 B1 级系统的确认需要对安全模型进行非形式化的验证。标记完善了对主、客体的安全级别的描述及分类。标记并不是取代选择性安全保护中的权限与属主，而是在这之外另外增加的。当然系统中也增加了查看客体标记以及对客体标记进行操作的命令。

5. B2级：结构化的保护

B2 级要求每个客体都有标记。像磁盘、磁带及终端之类的设备可能具有单一的安全密级，也可能具有多重的安全密级。多密级设备，如磁带设备，必须有保护客体标记的能力。B2 级系统的确认需要对安全模型进行形式化的验证。

B2 级系统开始对隐蔽信道进行限制。隐蔽信道是一种非直接的通信方法，隐蔽信道的一端是一个在高级别上操作的主体，隐蔽信道的另一端是一个在低级别上操作的进程。隐蔽信道常常意味着对系统功能的不恰当的使用，就像用威尼斯式软百叶窗帘发出莫斯电码一样，而百叶窗帘原来是用来遮挡太阳光的。举一个运行隐蔽信道的例子：可以通过占用最后一个空闲块，然后在某个时刻释放它来发送 1 位信息，从而达到向进程发送信号的目的。

6. B3级：安全域

B3 级系统是用硬件把安全域互相分离开的。安全域可能是可靠计算机的一部分，如基准监视器。内存管理硬件可以保护安全域不被运行在其他域中的软件存取及修改。B3 级系统必须提供一条可靠路径。所谓可靠路径，是指保证用户所用的终端是直接与可靠的软件相连接的。

7. A1级：验证设计

对 A1 级系统的确认需要对安全模型的正确性进行形式化的数学证明，同时还要求对隐蔽信道做形式化的分析，以及对最高安全级别的形式化说明。还要有可靠的发行方式。可靠的发行方式是指系统的软件、硬件在装运过程中受到保护，即用安全措施来防止系统受到损害。只有极少的系统能获取 A1 级许可证。

上述分级系统的顶端是无限的，如果需要，还可以加入新的安全级别，如 A2 级等。

10.10.3　UNIX 系统的安全级别

UNLX 系统无需任何修改就基本符合 C1 级条款。UNIX 厂家不会特意制造一个确认的 C1 级的系统。在某些方面，UNIX 系统具有橘皮书中较 C1 级更高的安全级别的特性。UNIX 系统内核在一个物理上的安全域中运行，这个域受到硬件的保护。安全域保护着在它内部的核心及安全机制。因为安全机制本身是无法躲过的，所以要想突破 UNIX 的安全机制,就要通过合法的手段去达到某种非法目的。

为了防御攻击,必须正确设置文件和目录的属主及权限。用户必须懂得如何选择一个可靠的口令,以及如何避免被别人骗取特权。

10.11 操作系统运行安全与保护

本节主要讨论操作系统对程序运行施加的保护。现代操作系统都支持并行,支持多用户、多任务。因此,操作系统必须要能做到:使各用户彼此隔离,但允许通过受控路径进行信息交换与共享。操作系统还要通过软、硬件的合作,支持各个进程间的隔离,以达到保护的目的。

10.11.1 进程保护

系统内部把用户和作业都转换为相应的进程,并且为进程设立了进程控制块。当系统创建一个进程时,为它设立一个进程控制块,再通过它对进程施加管理与控制。系统通过进程控制块感知进程的存在,进程控制块是表征进程的唯一实体。本节讨论有关进程的保护的一些具体方法。

1. 参数检查

在操作系统内核设计中,参数的检查往往不被注意到。如果系统中的所有程序行为都良好,而且编写质量也很高,那也许不需要进行参数检查。如果有程序怀有恶意,或编写质量差,那么参数检查就很有必要。另一方面,如果没有参数检查,操作系统的内核运行会不稳定也不安全。

在数据或命令从一个较低权限的客体(比如一个用户程序)来到有较高特权的客体(比如内核)时,就有必要进行参数检查。如果没有对参数仔细检查,那么就可能会遭遇到不允许在较高权限的客体中出现的情况。

(1) 缓冲器溢出

通常差的参数检查会引起的最常见问题,就是缓冲器溢出。这里举一段代码的例子:

```
void myfunction(char * filename)
{
    char buffer[1000];
    strcpy(buffer, filename);
}
```

在上列的代码中,数组缓冲区已在栈中加以定义。但是,如果传递的文件名长度超过了1000个字符,会出什么事?栈溢出,而且函数返回地址也可能被重写。

为什么要举这一个例子呢?因为,一个聪明的攻击者就会利用这样的代码,在缓冲区内容上安排指针指向一个新的返回地址,然后允许攻击者执行他所预先安排的任何代码。

(2) 缓冲区溢出的预防

解决缓冲区溢出的方案是,重新编写防范型的代码,做合理的参数检验。例如防范型的代码可以如下编写:

```
void mufunction( * filename)
{
    char buffer[1000];
    if (strlen(filename) > sizeof(buffer)-1)
        panic("File name too long!");
    strcpy(buffer, filename);
}
```

这就防止了缓冲区溢出。

2. 动态特权访问

在许多系统中,往往需要在执行中动态改变一个进程的客体。在操作系统中一般存在两种系统状态:用户态与特权态。许多重要的指令,如控制 I/O 操作,访问内部寄存器或者改变 CPU 当前状态等,都必须在特权态下运行。进程在运行时,按照要求,在这些不同的保护域中切换,以动态地取得对客体的访问权。

实施动态特权访问,通常有两种做法:

(1) 通过一特权代理进程,由代理去完成特权操作;

(2) 通过特权加载操作,用户进程获得某种临时特权。

在第一种机制中,无特权的用户进程需要与一个特权进程对话并通过一个规定的身份识别过程。然后,特权进程可以代表该用户进程完成相关的访问。

在第二种机制中,无特权的进程执行一个标志有特殊权利的程序,获得某种临时特权。这里举一个例子,在 UNIX 中,运行机制是通过诸如执行 setuid 而完成的。setuid 在运行时,具有可执行的所有者的有效特权。另一个例子是,在 VAX-11 中,进一步把系统状态分为四类:Kernel、Executive、Supervisor 与 User,并赋予不同的访问权限。

在 UNIX 中,setuid 的长处是简单,用它很容易获得专门的可执行的特权。不需要开发一个身份识别协议或另行设计一个特权识别系统。

setuid 缺点是,无特权的用户进程通过执行 setuid,控制了该进程运行中的大量客体。因此,需要十分小心,以防止用户进程的真实目的不是临时性获得执行特权,而是永久性获得特权。

一个常见错误是,允许用户指定一个配置文件。这会允许用户读取系统中的任何文件,用户只要把它指定为 setuid 执行文本的配置文件即可。

10.11.2 内存保护

访问是内存保护机制的关键,访问的种类也不只限于读、写和执行。访问一般通过程序来完成,因此,程序可被看作是访问的媒介。

1. 访问控制

访问控制是计算机保护中非常重要的一环。访问控制机制应实现如下目标:

(1) 设置访问权限。为每一主体设定对某一客体的访问权限,具有授权和撤权功能。

(2) 检查每次访问。超越访问权限的行为被认为是非法访问,予以拒绝、阻塞或告警,并防止撤权后对客体的再次访问。

(3) 允许最小权限。最小权限原则限定了主体为完成某些任务必须具有的、最小数目的客体访问权限,除此之外,不能进行额外的信息访问。

(4) 访问验证。除了检查是否允许访问外,还应检查在客体上所进行的活动是否是适当的,是正常的访问还是非正常的访问。

在本章的"访问控制"一节中,已经对各种访问控制方法做了介绍和分析。

2. 基址和界限寄存器

对于未采用虚拟存储器技术的内存系统,可以采用基址和界限寄存器方式,这种技术在本章前面的"硬件安全机制"小节中已经介绍过了。由操作系统经特权命令来设置上、下界寄存器的值,从而划定了每个进程的运行区域,禁止它越界访问。由于用户程序不能改变上、下界的值,因此无论如何出错,也只能破坏该用户自身的程序,侵犯不到别的用户程序及操作系统程序。

然而,基址和界限寄存器保护方式只适用于每个用户程序占用内存中一个或多个(当有多对上、下界限寄存器的多重分区时)连续的区域,而对分页的管理方式,基址和界限寄存器保护方式则不合适。因为分页方式会造成用户程序的各页离散地分布于内存内,从而无法使用这种保护方式。这时,就得采用其他的保护方式,诸如页表保护和保护键方式,有关内容可以参阅操作系统的存储保护章节。

3. 保护环

保护环是一种对程序的运行、实施分等级的保护方式。这里,程序的运行域包括了运行状态、运行的上下文关系以及运行模式。一般的运行域可以看成是一种基于保护环的等级式结构。在本章的"CPU 安全技术"小节中,已经对此有所介绍。

在保护环中,最内层环号最小,具有最高的特权,而在最外层环号最大,具有最小的特权。

为了隔离操作系统程序与用户程序,可以只设置两环系统。有的系统采用多环设置。这种保护是把程序按其重要性及对整个系统能否正常工作的影响大小,进行程序分层。

一般在保护环中规定:某一内环不被其外层的环侵入。允许在某一环内的进程能够控制和利用本环以及低于本环特权的环,换句话说,拥有了内层环的进程可以对较外层环有更高的权力。

利用保护环的结构,可以在内存的每个页或段的描述中,为每一种访问模式,如(W、R、E),各自设立一个最大的环号,这三个环号称为环界。这样,每一个页(段)的描述就是一个环界集。

要注意,如果某页(段)具有较低特权的环是可写的,那么在较高的特权环内执行该页(段)的内容是危险的。从安全性考虑,不允许把低特权环内编写(修改)的程序放在高特权环内运行。因为该页(段)内容中有可能含有破坏系统运行或偷窃系统机密信息的非法程序。

10.11.3 I/O 访问控制

在操作系统中,有大量的对输入输出进行管理的功能。在所有的操作系统中,都对 I/O 操作提供了一个相应的高层系统调用。这样,用户在调用时不需要过问控制 I/O 操作的细节问题。

不过,有些系统为了增加灵活性,提高系统的性能,反而允许用户在所调用的通道程序里设置许多细节。这样用户也许会感到对 I/O 操作更加清晰,仿佛自己可以直接控制 I/O 设备一样。可是,为实现这一目的,操作系统要进行许多复杂的内部校验,用来保证用户对通道程序控制的 I/O 操作,同时不会对系统的安全形成威胁。

在对 I/O 访问控制时,有几个涉及信息流通路径,它们是设备与介质之间、设备与存储器之间以及 CPU 与设备之间的访问判决。对于这些接口的访问判决,要取决于对主体(决定了设备或 CPU 为谁操作)以及所受影响的客体(存储区或介质)的识别。

从安全的角度来看,可以不区分介质与设备。因为对介质的读/写控制与对设备的读/写控制是完全等价的。例如,假设某设备是一个智能磁盘控制器,而磁盘驱动器中的介质(磁盘)是由用户提供的,该介质完全不受操作系统控制。所以操作系统仅需控制写入控制器的命令与数据,而没有必要去控制写入介质(磁盘)的内容。

从另一个角度看,如果一个磁盘控制器能够安全地完成操作系统请求的操作,显然该控制器就应该看成是操作系统的一部分,所以它应在系统安全防线内。在这种情况下,向磁盘传送数据,当然是一个重要的安全因素。

最简单的对 I/O 访问控制方法,是将设备与介质看作是一个客体。一个进行 I/O 操作的进程必然受到对设备进行读/写两种访问的控制,因为 I/O 操作不是向设备写入数据就是从设备接收数据。这也就意味着,可以不照看设备到介质间的路径,而对 CPU 到设备间的路径施以必要的读/写访问控制。

10.12 网络安全

Internet、通信以及各种网络延伸了计算机的用途。用户可用 Internet、通信及网络的这种延伸,注册到远程计算机上或在计算机之间传送数据。Internet、通信与网络同时也增加了对网上计算机的访问次数。

从计算机的安全方面来说,Internet、通信与网络并没有超越物理上的安全的范围。其做法就是把计算机、磁盘、磁带、打印机及终端放入一间封闭的房间中。这房间围上了铜质屏蔽帘以防止电磁信号辐射出去。只有经过授权的人才能进入这间屋子,但他们不能把存在磁介质上的软件及数据带进或带出,除非经过一系列严格的安全检查过程。

如果一台计算机通过网络接到其他不安全的计算机上,就需要做出相当大的努力使得这台计算机仍然保持安全。一台不可靠的计算机可以窃听在网上的两台可靠(安全)计算机的对话,从而使得整个网络不安全。在大型分布式网络的情况下,如 Internet 网,几乎也没有办法使得跨网连接或直接连接的计算机之间的通信是安全的。通常每台单独的计算机的安全性都可得到保证,但若把这些计算机连在一起,由于它们的网络连接,就不能认为这些计算机是完全安全的。比如,连接在计算机上的调制解调器就给安全性带来了问题。任何一个有计算机的人都可通过电话网来刺探调制解调器。一旦找到了调制解调器,捣乱者就像坐在一台待注册的终端面前,从而使带有调制解调器的计算机处于可能被攻击的不安全状态中。

10.12.1 防火墙

防火墙是指施用在通信与网络上的某些安全防范措施的总称。防火墙主要用在网络的防护上。防火墙使得内部网络与 Internet 之间或者与其他外部网络之间互相隔离,通过限制网络的互访来保护内部网络。

归纳起来,防火墙的功能有:

(1) 过滤掉不安全的服务和非法用户；
(2) 控制对特殊站点的访问；
(3) 提供监视 Internet 安全和预警的方便端点。

尽管防火墙有许多安全防范功能，但由于互联网的开放性，它也有一些力所不能及的地方，这表现在：

(1) 防火墙不能防范不经由防火墙的攻击。例如，如果允许从受保护网内部不受限制地向外拨号，一些用户可以形成与 Internet 的直接的连接，从而绕过防火墙，造成一个潜在的后门攻击渠道。

(2) 防火墙不能防止已感染了病毒的软件或文件的传输。这只能通过在每台主机上安装反病毒软件来消除病毒。

(3) 防火墙不能防止数据驱动式的攻击。当有些表面看来无害的数据被邮寄或复制到 Internet 主机上，并被执行而发起攻击时，就会发生数据驱动式的攻击。例如，一种数据驱动的攻击可以使一台主机修改与安全有关的文件，从而使入侵者下一次更容易入侵该系统。

10.12.2 防火墙的实现

简单的防火墙可以只用路由器实现。复杂的防火墙可以用主机甚至一个子网来实现。防火墙可以在 IP 层里设置屏障，也可以用应用层软件来阻止外来攻击。但无论如何配置，设置防火墙都是为了在内部网与外部网之间设立唯一的通道。这有点像把所有的鸡蛋放到一个篮子里的策略。但反过来考察，它也是"一夫当关，万夫莫开"的关口。防火墙简化了网络的安全管理。如果没有防火墙，就必须在每个主机上安装安全软件。而且对每个主机都要进行定时检查，因为这时每个主机都处于可能直接受攻击范围之内。

总的来说，防火墙只是一种整体安全防范政策的一部分。这种安全政策必须包括用户知道自身责任的安全准则、与网络访问、当地和远程用户认证、拨出拨入呼叫、磁盘和数据加密以及病毒防护的有关政策。

网络上易受攻击的各个点必须以相同程度的安全防护措施加以保护。在没有全面的安全对策的情况下设置防火墙，就形同在一顶帆布帐篷上装置了一个金属防盗门一样可笑。

10.13 安全防范实施

一个表面上守规矩而且文质彬彬的入侵者，混在众多上机的用户中是很难察觉的。一般操作系统没有安装报警装置，所以无法告知有人入侵。最好的报警系统就是系统管理员及用户，要时刻保持警惕，并坚持对系统及其网络做经常性的检查，检查其是否正确工作。

有的操作系统，内部就具有报警机制。这种机制可以察觉到一次失败的注册，以及对某一特殊文件的访问。但是如果所进行的破坏活动并不涉及这些文件及失败注册，则具有报警机制的系统也无能为力。此时所用的报警方法，就像同时在门上和档案柜上装上报警装置，但如果侵入者有门的钥匙而又不碰那个档案柜，则不会触发报警装置，但是该侵入者仍可在有限的范围内进行其他的破坏工作。

系统管理员也可设置某些警告装置。例如，login 程序可被换成更为安全的版本；也可编写一些程序来监视某些文件，当这些文件被修改甚至被访问时，就给出警告信息。

但这些方法都不能捕获入侵者或捣乱者。报警系统也只能告知发生了什么事。操作系统中的安全性问题是由那些保持警惕的系统管理员及用户们发现的。所以,读者必须懂得怎么判断系统是否正常,判断谁干了坏事,并且还要修补造成入侵者进入的漏洞。

要经常注意使用日常观察系统的一些工具,学会发现无论是正在进行的、还是以前发生的入侵事件,以及系统管理员应该做些什么事。每个系统都应有正式宣布禁止非法进入系统的有关条款。为了对系统入侵者进行起诉,还必须学会怎样收集及保存入侵证据。

观察系统的工具并不深奥,事实上大多数用户已经非常熟悉了。应该养成坚持经常运用这些工具的习惯。如系统管理员可不时检查一下上机的用户以及系统中运行的进程,也可在等人一起去吃午饭时,运行一下"监视程序"。更重要的是当管理员发觉到某些异常现象时,要时刻运用这些监视工具。

操作系统的安全问题涉及到许多领域,在本章节中,只能对有关内容做一些初步的介绍和分析,限于篇幅,有不少关于操作系统的安全的内容未在这里做具体讨论。

习 题 十

1. 计算机安全包含三个方面:安全性、完整性和保密性。在这三个方面中,哪一个是计算机安全的核心?为什么?

2. 软件的完整性是相当重要的。假设读者正在主管操作系统设备驱动程序的设计和开发,请提出一个软件测试方案,可以在设备驱动程序软件的测试阶段,检查这些软件中是否有陷阱或者后门。

3. 请针对下述两项要求,为一个新型操作系统分别设计一套采用口令方式的身份识别系统:
(1) 该口令系统可以抵抗一般、业余级攻击者对口令的破解;
(2) 该口令系统能够在攻击者采用计算机口令自动生成装置时,确保在 5 分钟内不被攻破。

4. Bell 与 LaPadula 模型中有两个重要性质,简单安全条件和星号原则。在操作系统安全设计中,如何保证这两个重要性质得到遵守?

5. 请对 Windows 9x 操作系统的安全性做出比较全面的评价,说明 Windows 9x 可以符合美国国防部橘皮书的哪一个级别,并请具体陈述理由。

6. 某单位想采用 Linux 作为安全操作系统的基础,为此,需要对 Linux 的安全性做出评价。请提出一套 Linux 的安全性评价实施方案,据此,该单位可以自行完成对 Linux 安全性的评价工作。

7. 如果打算把 Windows 9x 类操作系统的安全性提升到美国橘皮书的 C2 级,请问应该对该操作系统作哪些改进?为什么?

8. 目前有不少操作系统都宣称达到了橘皮书的 C2 级,请设计一个方案用来验证这些操作系统是否真地达到了 C2 级?

9. 试设计一个程序,可以实现挑战响应的原理,对申请身份识别的用户进行合法性识别。

请对 UNIX 访问控制机制做出分析,说明 UNIX 访问控制机制的长处和容易受到攻击的弱点所在。可否提出一个对 UNIX 访问控制机制的改进方案?

10. 权限字是一个提供给主体对客体具有特定权限的不可伪造的标志,Linux 也支持权限字模式。请举例说明 Linux 中如何应用权限字模式?

11. 在设计权限字模式时,必须注意不能让进程直接改动它自己的权限字表,否则进程可能给自己增加没有权利访问的资源权限,从而危害系统的安全。请设计一个方案:防止进程试图改动它自己的权限字表;若有这种试图现象出现,安全监控系统立即加以记录,且该记录不能被任何进程修改或删除。

12. 从自主访问控制方式看,UNIX 类系统采用了保护位方式,请分析如何加强 UNIX 类系统保护位方式?

13. 试分析：在 Windows 9x/2k 中,存在哪些隐蔽信道？在这些隐蔽信道中,哪些是存储信道？哪些是时间信道？

14. 在 UNIX 类系统中,存在哪些隐蔽信道？在这些隐蔽信道中,哪些是存储信道？哪些是时间信道？

15. 如果读者能够发现某一个操作系统中存在着隐蔽信道,请设计一个堵塞该隐蔽信道的方案。若有可能,编写一个程序试验之。

16. 对运行的进程在必要时进行参数检查是很重要的。请设计一个方案,一旦出现数据或命令从一个较低权限的客体来到有较高特权的客体时,就进行参数检查。

17. 在 UNIX 中,使用 setuid 很容易获得专门的可执行的特权。试编写一个通过使用 setuid 获得某种特权的程序。并且请考虑：如何堵塞这种随意获得特权的漏洞？

18. 在 Windows 9x 管理的整个内存中,有哪些内存部分是用户进程可以随意访问的？这些对内存的随意访问,会造成什么后果？

19. 如果不对 I/O 设备的访问加以必要的控制,会有可能出现哪些安全方面的问题？

20. 安全内核技术的关键是"基准监视器",能否设法对基准监视器进行有恶意的修改？试说明理由。

21. 可信通道是有可能被假冒的,如何提高可信通道的可信性？

22. 请叙述当前对 Windows9x/2k 和 UNIX 类操作系统危害较大的病毒。并说明它们是如何利用系统的安全漏洞攻进系统,从而造成危害的？如何防止这类病毒的攻击？

23. 针对读者最常用的计算机操作系统安全性的状况,指出该操作系统安全性能的最大薄弱环节在哪里？并提出一套全面提升该操作系统安全性能的可实施方案。

参 考 文 献

1. Andrew S. Tanenbaum, Modern Operating Systems(Second Edition). Prentice Hall, 2001
2. Abraham Silberschatz Peter Baer Galvin Greg Gagne. Operating System Concepts (Sixth Edition). Addison-Wesley, 2002
3. David A. Solomon and Mark E. Russinovich, Inside Windows 2000 (Third Edition). Microsoft, 2000
4. Gary Nutt. Operating Systems(Third Edition). Addison-Wesley, 2004
5. [美]William Stallings 著,陈渝译,向勇审校. 操作系统——精髓与设计原理(第五版). 北京：电子工业出版社,2006
6. [美]David A. Solomon Mark E. Russinovich 著,詹剑锋,张文耀,黄艳等译. Windows 2000 内部揭密. 北京：机械工业出版社,2001
7. 杨芙清,俞士汶. 操作系统结构分析. 北京：北京大学出版社,1986
8. P. B. 汉森著,杨芙清等译. 并发程序的系统结构. 北京：国防工业出版社,1982
9. 孟庆昌. 操作系统教程——UNIX 实例分析(第二版). 西安：西安电子科技大学出版社,2001
10. 张尧学,史美林. 计算机操作系统教程（第 2 版）. 北京：清华大学出版社,2000
11. 汤子瀛,哲凤屏,汤小丹. 计算机操作系统(修订版). 西安：西安电子科技大学出版社,2001
12. 刘乃琦,吴约. 计算机操作系统. 北京：电子工业出版社,1997
13. 谭耀铭. 操作系统. 北京：中国人民大学出版社,1999
14. 何炎祥等. 操作系统原理. 上海：上海科学技术文献出版社,1999
15. 周长林,左万历. 计算机操作系统教程. 北京：高等教育出版社,1994
16. 孟静 编著. 操作系统教程——原理和实例分析. 北京：高等教育出版社,2001
17. 王素华. 操作系统. 北京：人民邮电出版社,1995
18. 屠立德,屠祁. 操作系统基础（第三版）. 北京：清华大学出版社,2000
19. 邹鹏,罗宇,王广芳,杨松琪. 操作系统原理(第二版). 北京：国防科技大学出版社,1995
20. 陆丽娜,齐勇,白恩华. 计算机操作系统原理与技术. 西安：西安交通大学出版社,1995
21. 黄千平,陈洛资等. 计算机操作系统. 北京：科学出版社,1989
22. 朱继生,宗大华,周虹,马亚丽. 最新操作系统教程. 北京：电子工业出版社,1997
23. 黄水松,林子禹,陈莘萌,粟福章. 操作系统. 北京：科学出版社,1993
24. 冯耀霖,杜舜国. 操作系统. 西安：西安电子科技大学出版社,1989
25. 陆松年,翁亮,薛质,肖决钰. 操作系统教程. 北京：电子工业出版社,2000
26. 张昆苍. 操作系统原理 DOS 篇. 北京：清华大学出版社,1994
27. 蒋静,徐志伟. 操作系统原理·技术与编程. 北京：机械工业出版社,2004
28. 陈莉君. 深入分析 Linux 内核源代码. 北京：人民邮电出版社,2002
29. 毛德操,胡希明. Linux 内核源代码情景分析(上册). 杭州：浙江大学出版社,2001
30. Maurice J. Bach 著,陈葆珏等译. UNIX 操作系统设计. 北京：机械工业出版社,2000